음악 수학

음악 수학

음악에게 수학의 헌정

추정호 옮김 데이비드 벤슨 지음

i!i
에이콘

크리스틴 나타샤에게

음악 수학: 음악에게 수학의 헌정

고대 그리스 시대의 화음과 정수론의 관계 또는 음악 패턴과 군론의 관계처럼, 음악과 수학 사이에 관해서 많은 논의가 있었다. 지은이는 이 책에서 교사, 학생, 관심 있는 아마추어들이 두 고대 학문 사이의 실제 상호작용을 다양한 수준에서 이해할 수 있도록 폭넓게 소개한다.

수학 및 음악은 물론이고 물리학, 생물학, 심리음향학, 과학사, 디지털 기술을 포함한 광범하고 긴 이야기를 다룬다. 음악의 가장 기본은 우리가 실제로 소리를 듣는 방식이므로 사람 귀의 구조와 푸리에 분석의 관계로 시작한다. 이것을 악기의 수학과 결합하면 협음과 불협음에 대한 이해, 더 나아가서 음계의 발달과 평균율을 이해할 수 있다. 책의 후반부에서 조금 색다른, 음악에서의 대칭에 대해서, 그리고 현대에 사용되는 음악과 소리를 생성하고 분석하는 디지털 기술을 소개한다. 아날로그 음악, 디지털 음악 그리고 그 사이의 많은 것들에 관해 알고 싶으면 이 책은 반드시 필요하다.

6

니콜라스 슬로님스키의 『Book of Musical Anecdotes』(셔머, 1998)에서 인용된 "The Musical World"(런던, 1834)에 나온 '오래된 바이올린에 대한 가난한 연주자의 찬가'

THE POOR FIDDLER'S ODE TO HIS OLD FIDDLE

Torn
Worn
Oppressed I mourn
B a d
S a d
Three-quarters mad
Money gone
Credit none
Duns at door
Half a score
Wife in lain
Twins again
Others ailing
Nurse a railing
Billy hooping
Betsy crouping
Besides poor Joe
With fester'd toe.
Come, then, my Fiddle,
Come, my time-worn friend,
With gay and brilliant sounds
Some sweet tho' transient solace lend,
Thy polished neck in close embrace
I clasp, whilst joy illumines my face.
When o'er thy strings I draw my bow,
My drooping spirit pants to rise;
A lively strain I touch—and, lo!
I seem to mount above the skies.
There on Fancy's wing I soar
Heedless of the duns at door;
Oblivious all, I feel my woes no more;
But skip o'er the strings,
As my old Fiddle sings,
"Cheerily oh! merrily go!
"PRESTO! good master,
"You very well know
"I will find Music,
"If you will find bow,
"From E, up in alto, to G, down below."
Fatigued, I pause to change the time
For some *Adagio*, solemn and sublime.
With graceful action moves the sinuous arm;
My heart, responsive to the soothing charm,
Throbs equably; whilst every health-corroding care
Lies prostrate, vanquished by the soft mellifluous air.
More and more plaintive grown, my eyes with tears o'erflow,
And Resignation mild soon smooths my wrinkled brow.
Reedy Hautboy may squeak, wailing Flauto may squall,
The Serpent may grunt, and the Trombone may bawl;
But, by Poll,* my old Fiddle's the prince of them all.
Could e'en Dryden return, thy praise to rehearse,
His Ode to Cecilia would seem rugged verse.
Now to thy case, in flannel warm to lie,
Till call'd again to pipe thy master's eye.
*Apollo.

* 지치고 / 닳고 / 억눌린 나는 슬퍼한다 / 형편없고 / 슬프고 / 반은 미치고 / 돈은 없고 / 신용도 없고 / 빚 독촉장이 문 앞에 / 열 개 정도 있고 / 아내는 누워 있고 / 또 쌍둥이 / 다른 애들은 아프고 / 간호사는 욕하고 / 빌리는 뛰어다니고 / 벳시는 기침하고 / 게다가 불쌍한 조는 / 발이 곪고. / 자, 나의 바이올린이여 / 오라, 나의 오랜 친구여 / 화려하고 명랑한 소리로 / 잠시나마 위안이 되는 / 달콤한 당신의 목을 꼭 껴안고 / 기쁨이 내 얼굴을 비춘다. / 당신의 현을 당길 때 나는 활을 당기고 / 내 처진 영혼은 일어나기 위해 헐떡인다. / 내가 만지는 생생한 변형, 아! / 나는 하늘에 올라탄 것 같다. / 거기 화려한 날개가 있어 나는 날아오른다. / 문 앞 독촉장을 무시하고 / 모든 것을 잊어 내 고통은 더 이상 없다. / 다른 현으로 넘어갈 때 / 바이올린은 노래한다. / 즐겁게! 명랑하게! / 매우 빠르게! 주인님 / 잘 알듯이 / 나는 음악을 찾아낸다. / 활로 연주해주세요. / 미에서 알토로 위로 솔까지 그리고 밑으로 / 지쳐서 휴식을 취하기 위해 / 일부 아다지오는 엄숙하고 숭고하게. / 우아하게 구불구불한 팔을 움직인다. / 부드러운 매력에 반응하는 내 가슴 / 같은 정도의 통증, 건강을 해치는 모든 것은 / 부드럽고 감미로운 공기에 압도된다. / 점점 더 애통해져 눈에 눈물이 흐르고 / 곧 순한 체념이 주름진 이마를 부드럽게 한다. / 고음의 오보에는 끽끽거릴 수 있고, 울부짖는 플루트는 악을 쓸 수 있고 / 피리는 끙끙 앓을 수 있고, 트롬본은 웅얼거릴 수 있다. / 그러나 아폴로가 내 오래된 바이올린이 그들 모두의 왕자라 했다. / 드라이든이 다시 돌아오더라도, 리허설에 대한 당신의 찬양은 / 세실리아에 대한 그의 찬가가 거칠게 느껴질 것이다. / 이제 당신의 경우에, 면옷을 입고 누워 기다린다. / 당신 주인의 눈에 들어 다시 부를 때까지.

옮긴이 소개

추정호(jhchu@hotmail.com)

KAIST에서 수학 및 기계공학을 공부하고 이론 유체역학으로 박사 학위를 받았다. 증권사에서 퀀트로서 금융공학 분야의 일을 하고 있으며, 클라우드 컴퓨터를 금융권에 도입했고 세계 인명사전에 등재됐다. 현실 세계를 수학으로 모델링한 후에 컴퓨터로 시뮬레이션하는 것을 좋아한다. 양자 컴퓨터, 인공지능, 음악 수학, 게임 이론에 관심이 많다. 삭막한 정서로 피아노를 연습하고 굳은 몸으로 단전호흡을 하고 있다.

옮긴이의 말

수학은 이성의 음악이고 음악은 감성의 수학이다.

청소년 시절에 음악에 별 관심 없었다. 그 후에도 아무런 상관없이 지내다가 40대 중반에 불현듯 동네에 있는 조금 큰 피아노 학원에 갔다. 집에서 가까워서 찾아간 이 학원은 서울에서 유명한 대입 전문 학원이었고 레슨을 맡아 주신 선생님은 연주학 박사 학위를 가지신 분이었다.

문제는 초등학생보다 못한 내 음악 감성과 굳은 손가락에 있었다. 연습을 해도 별로 진전이 없었다. 다행히 계속 음악에 노출되다 보니 음악에 대한 관심은 높아졌다. 그러다가 우연히 동네 도서관에서 알게 된 대니얼 J. 레비틴의 『뇌의 왈츠』(마티, 2008)를 읽은 후에 음악을 새롭게 생각하게 되었다.

미국 MIT대학교 교수인 스티븐 핑커는 『마음은 어떻게 작동하는가』(동녘, 2007)에서 음악은 "청각적 치즈케이크"에 불과하다는 주장을 했다. 비유를 하자면 안경을 걸기 위해서 코가 진화 적응한 것이 아니라 진화의 부산물이라는 것이다. 이런 주장에 반대하면서 레비틴은 인류 생존을 위해서 음악이 필요했다는 증거들을 뇌과학, 진화생물학 등 다양한 분야에서 제시했다.

개인적인 생각으로는 음악은 진화 적응인 것 같지만 본인이 전공했던 수학은 진화의 부산물인 것 같다. 수학은 역사적으로 동양보다 서양이 더 발달했고, 시험을 준비하는 학생들만 관심을 갖는다. 이렇게 음악과 수학은 뚜렷한 차이가 있지만, 그럼에도 피타고라스, 아인슈타인, 하이젠베르크, 파인만 등과 같이 음악에도 능통한 유명한 수학자와 과학자들이 많다. 분명히 음악과 수학에는 공통점이 있는 것 같다.

호프스태더의 『괴델, 에셔, 바흐』(까치, 2017)는 (미술까지 포함한) 이런 공통점에 대해 자세히 설명한다. 무한을 다루는 수학, 무한히 상승할 수 있는 2차원 계단, 영원히 반복되는 캐넌을 생각하면 공통점이 느껴진다. 특히, 바흐의 "그랩 캐넌"을 "뫼비우스 띠"를 이용해 시각화한 유명한 유튜브 영상을 보면 말로 표현하기 어렵지만 음악과 수학의 공통점을 알 수 있다.

호프스태더가 언급한 바흐의 작품집은 『Musical offering』이다. 독일의 피아노 산업을 장려했던 프리드리히 대왕이 바흐를 궁중으로 초청해 소장하고 있던 여러 대의 피아노를 보여주었다. 바흐는 이에 대한 답례로 각각의 피아노에서 즉흥 연주를 했고 집에 돌아간 후에 연주한 곡을 정리해서 대왕에게 헌정하는 작품집에 이 제목을 사용했다.

인터넷에서 이 책의 원서를 처음 본 순간, 『Musical offering』을 패러디한 책 제목부터 심상치 않은 내공이 느껴졌다. 이 책은 기대를 저버리지 않았다. 귀의 해부학에서 시작해 음향학, 음계의 역사와 원리, 디지털 음악, 무조음악을 모두 수학적 관점에서 상세하게 설명하고 있다. 가히 『Mathematical offering』이라 할 만하다.

최근에는 AI가 예술 영역으로 많이 확장됐고, AI 작곡자도 나왔다. 현재 유행하는 작곡 알고리듬은 딥러닝에 기반을 두고 있지만, 보다 기초적인 세부사항을 설명하고 있는 이 책이 이런 분야에 도움이 되길 바란다. 아울러 흔쾌히 출판을 맡아주신 에이콘출판사 권성준 사장님과 관계자 여러분께 감사드린다.

읽을거리

1. 『과학으로 풀어보는 음악의 비밀』(뮤진트리, 2022)
2. 『조율의 시간』(민음사, 2019)
3. 『득음: 소리의 이치와 원리를 깨쳐 궁극에 이르다』(시대의 창, 2020)

지은이 소개

데이비드 벤슨 David Benson

영국 애버딘대학교 순수수학과의 6대 의장 교수다. 조지아, 옥스퍼드, 노스웨스턴, 예일에서 경력을 쌓았고 전 세계 여러 곳을 방문하며 연구했다. 열렬한 아마추어 가수이며 많은 오페라에서 공연했다.

지은이의 말

이 책을 쓰는 데 오랜 시간이 걸렸다. 수학과 음악 사이의 관계에 대한 관심은 1990년대 초반에 구입한 중고 신시사이저에서 시작됐다. 이것은 간단한 주파수 변조 모델을 사용해 소리를 생성하지만 결과는 흥미롭고 복잡해 나는 완전히 매료될 수밖에 없었다. 작동 원리를 이해하기 위해서 소리의 본질과 음악과 수학의 관계를 연구하게 됐고, 이는 매우 긴 여정이 됐다.

많은 자료를 수집했으며, 이를 주제로 하는 강의를 개설하기로 했다. 결국 2000년과 2001년 수학과 학부 수업을, 2003년에 신입생 세미나를 열었다. 학생들의 반응은 흥미로웠다. 많은 학생이 특정 주제에는 관심을 보였으나 다른 주제에는 다소 무관심했다. 그러나 각 학생들이 흥미를 가지는 주제는 저마다 달랐다.

이를 염두에 두고 각각의 부분은 어느 정도 독립적으로 읽을 수 있도록 구성했다. 허나 논쟁의 여지가 있는 부분은 있다. 이는 시작 부분에서 설명할 것이다. 순서대로 읽지 않아도 괜찮으나 최소한 시작 부분의 '들어가며'는 읽어보는 것을 추천한다.

책의 수학적 수준은 매우 다양하다. 그래서 읽기에 부담스럽다고 느끼면 건너뛰어도 좋다.

또한 학부 과정의 교과서로 사용할 수 있도록 책을 구성했다. 따라서 다양한 난이도의 연습 문제를 제시했고 온라인 버전의 부록에 답의 개요가 있다.

케임브리지대학 출판사의 허락으로 이 책의 온라인 버전을 무료로 배포한다. 온라인 버전의 책은 인쇄된 책과 동일하지 않다. 온라인 버전에는 인쇄 버전에 아직 적합하지 않은 일부 임시 내용이 있다. 인쇄 버전의 이미지 품질은 온라인 버전보다 훨씬 더 좋다. 그리고 온라인 버전은 계속 변하므로 이를 참조하는 것은 불안정하다.

감사의 글

책의 초기 원고를 읽고 5장과 6장에 대해 유용한 의견을 제시하고 흥미로운 기사와 녹음(부록 G 참조)을 알려준 매누얼 옵 디 코울Manuel Op de Coul에게 감사한다. 수정 사항과 유용한 의견을 보내주신 폴 에를리치Paul Erlich, 엑사비어 그라시아Xavier Gracia, 헤르만 야라밀로Herman Jaramillo에게 감사한다. 녹음에 사용한 음계에 대한 정보를 알려준 로버트 리치Robert Rich에게도 감사하다(6.1절과 부록 G 참조). 또한 이 책에 관심을 갖고 6.7절의 볼렌-피어스 음계에 관해 이메일로 여러 번 논의한 하인즈 볼렌Heinz Bohlen에게 감사한다. 책의 초고를 읽고 개선을 위해 많은 의견을 준 익명의 심사위원에게도 감사의 말을 전하고 싶다. 그리고 나의 설명을 참을성 있게 듣고 이해하고 개선 사항을 지적해 텍스트를 정리할 수 있도록 도와준 학생들에게 감사한다. 마지막으로, 출판 세부 사항에 관한 제 바람을 수용해주신 케임브리지대학교 출판사의 데이비드 트라나David Tranah에게 깊은 감사의 말을 전한다.

이 책은 AMSLaTeX으로 조판했다. 음악 예제는 MusicTeX을 사용했고 그래프는 MetaPost을 사용해 캡슐화된 포스트스크립트eps 파일로 만들어 graphicx 패키지로 본문에 삽입했다.[1]

1 한글 번역서는 InDesign으로 조판했다. – 옮긴이

차례

에이콘출판의 기틀을 마련하신 故 정완재 선생님 (1935-2004)

들어가며

옥타브와 완전5도 같은 음정이 다른 음정보다 더 협음이 되는 것은 무엇 때문인가? 이는 문화적인 것인가, 아니면 물리적인 것인가? 반드시 이렇게 돼야 하는가? 완전한 한 옥타브 불협음이나 한 옥타브보다 조금 더 높은 음정이 더 협음을 되는 것을 상상할 수 있는가?

질문에 대한 답은 명확하지 않으며 관련된 문헌은 잘못된 것이 많다. 정확하지 않은 것 중 하나가 갈릴레오 갈릴레이의 설명이지만, 가장 설득력 있고 널리 알려져 있다. 이것은 주기성과 관련이 있다.

주장은 다음과 같다. 정확하게 옥타브 간격을 가지는 두 개 사인파를 그리면 하나는 다른 것보다 정확히 두 배의 주파수를 가지므로 그 합은 여전히 규칙적으로 반복되는 패턴을 가진다.

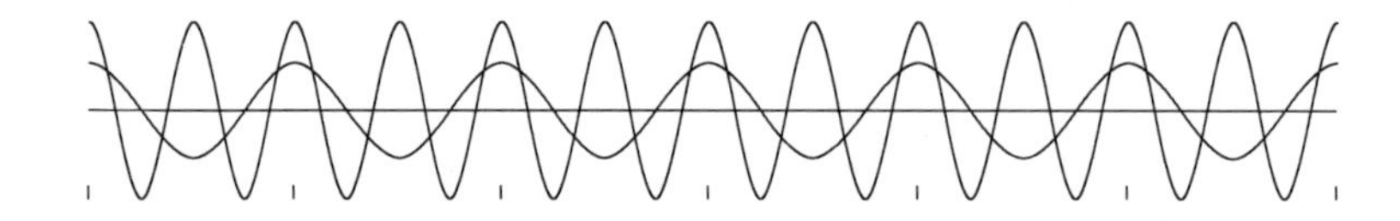

이와 약간 다른 주파수 비율은 끊임없이 변하는 패턴을 가지므로 듣기에 "고통스러운 소리"가 된다.

안타깝게도 이 설명이 틀렸다는 것을 쉽게 증명할 수 있다. 순수 사인파의 경우, 정확히 한 옥타브 떨어진 한 쌍의 신호에 대해 특별한 것이 귀에 감지되지 못하며 잘못 조율된 옥타브가 불쾌하게 들리지 않는다. 음악 전문가의 음정 인식은 여기에서 고려하지 않는다. 반면 주파수가 약간만 다른 한 쌍의 순수 사인파는 불쾌한 소리를 낸다. 그리고 정확한 옥타브가 불쾌하게 들리고, 한 옥타브 이상의 음정이 기분 좋게 들리는 음색을 합성할 수 있다. 이것은 악기에 의해 자연스럽게 생성되는 스펙트럼을 확장하는 방법이다. 이런 실험은 4장에서 설명한다.

옥타브가 협음으로 느껴지는 이유는 우리가 연주하는 악기에서 유래된 것으로 밝혀졌다. 현악기와 관악기는 기본 주파수의 정수 배로 정확하게 구성된 소리를 자연스럽게 낸다. 우리의 악기가 달랐다면 우리의 음계는 아마 적절하지 않았을 것이다. 예를 들어 인도네시아 가믈란에서는 모든 악기가 타악기다. 타악기는 기본 주파수의 정확한 정수 배를 생성하지 않는다(3장에서 설명한다). 그래서 서양 음계는 가믈란 음악에 부적절하며 실제로도 사용되지 않는다.

협음과 불협음에 대한 논의를 본격적으로 하기 전에 정리가 필요한 또 다른 근본 질문으로 첫 번째 장을 시작한다. 즉, 사인파를 주어진 주파수의 "순수한" 소리로 간주하는 특별한 점은 무엇인가? 주기적으로 변하는 다른 파동을 가져와 주어진 주파수의 순수한 소리로 정의할 수 있을까?

이에 대한 답은 인간의 귀가 작동하는 방식과 관련 있다. 첫째, 순수 사인파의 수학적 특성 중에서 단순 조화 운동에 대한 2차 미분방정식의 일반 해와 관련 있다. 주어진 위치에서 변위에 비례하는 복원력을 가지는 모든 물체는 사인파로 진동한다. 주파수는 비례상수에 의해 결정된다. 귀에 있는 달팽이관 내부의 기저막은 탄력적이므로, 막의 위치에 따라 비례상수가 달라지는 2차 미분방정식으로 기저막의 점을 수학적으로 모델링할 수 있다.

결과적으로 귀는 화음 분석기의 역할을 하게 된다. 들어오는 소리가 특정 사인파의 합으로 표현되면 기저막의 해당 지점이 진동하고 이는 뇌로 가는 자극으로 변한다.

여기서 중요한 두 번째 질문이 나온다. 소리는 어느 정도까지 사인파로 분해될 수 있는가? 다르게 표현하면 현이 어떻게 한 번에 여러 개의 다른 주파수로 진동할 수 있는가? 이 질문에 대답하는 수학적 주제가 푸리에 분석이며 2장의 주제다. 주기적인 소리를 주어진 주파수의 정수 배의 합으로 분해하는 이론이 '푸리에 급수' 이론이다. 좀 더 일반적인 비주기 소리를 분해하면 연속 주파수 스펙트럼이 나오는데 이는 더 어려운 '푸리에 적분' 이론이다. 이산 스펙트럼과 푸리에 적분 이론을 합치려면 함수가 아닌 '분포 distribution'를 도입해야 한다. 그러면 소리의 주파수 스펙트럼이 양의 에너지를 고려하는 단일 주파수에서 가질 수 있다.

3장에서는 악기와 관련된 수학에 대해 설명한다. 2장에서 소개한 푸리에 이론의 관점에서 서술하지만, 여기서는 푸리에 이론에 대한 심도 깊은 이해가 필요한 것은 아니다. 2장 전체를 완전하게 공부할 필요는 없다. 북과 징의 경우에는 소리가 기본 주파수의 정수 배가 되지 않으며 2장에서 설명한 베셀 함수 이론을 이용해 설명한다.

4장에서는 협음과 불협음에 대해 설명한다. 이것을 이용해 5장과 6장에서 음계와 평균율에 대해 설명한다. 여기서 근본 질문이 또 나온다. 현대 서양 음계가 한 옥타브를 균등하게 12 간격을 나눈 음표로 구성된 이유는 무엇인가? 12는 어디에서 나온 것인가? 항상 이랬을까? 다른 가능성이 있는가?

이들 장에서 유리수와 음정 사이의 관계를 강조한다. 표준 서양 음계의 발전에 집중해 피타고라스 음계에서 16세기에서 19세기까지의 순정률, 단음계, 불규칙한 평균율을 거쳐 최종적인 현대 평균율을 설명한다.

또한 임의 전조가 가능한 단음계를 만드는 31음 평균율과 같은 다른 여러 음계에 대해서도 설명한다. 홀수 배음만을 기초로 하는 볼렌-피어스 음계와 웬디 카를로스 음계가 같이 심지어 옥타브에 기초하지 않은 음계도 있다.

이런 음계의 논의에서 연분수가 자연스럽게 나온다. 이를 이용하면 $\log_2(3)$ 또는 $\log_2(\sqrt[4]{5})$와 같은 수의 유리수 근삿값을 구할 수 있다.

음계에 대해 설명한 후에 음악과 관련된 수학의 몇 가지 다른 큰 주제를 따로 설명한다. 첫 번째는 컴퓨터와 디지털 음악에 관한 것이다. 7장에서 소리와 음악을 0과 1의 수열로 표현하는 방법을 설명하고, 다시 그 결과를 이해하기 위해 푸리에 이론을 사용한다. 예를 들어 나이퀴스트 정리는 샘플 속도가 주어질 때 스펙트럼에서 샘플 속도 절반까지의 주파수 소리만 나타낼 수 있는 것을 말한다. 디지털 소리의 표현과 밀접하게 연관된 z-변환을 설명하고 이것을 사용해 소리를 조작하고 생성하는 신호 처리를 설명한다.

이로부터 8장에서 디지털 신시사이저가 나온다. 여기서 다시 악기 소리를 원래대로 만드는 것이 무엇인지에 대한 질문에 직면하게 된다. 가장 흥미로운 소리는 주파수 스펙트럼이 시간에 따라서 고정되지 않는다는 것을 발견했기에 시간에 따른 스펙트럼의 변화를 이해해야 한다. 많은 소리가 1초도 되지 않는 작은 부분에 소리를 식별할 수 있는 중요한 단서를 포함하고 소리의 나머지 안정적인 부분은 상대적으로 덜 중요한 것을 알게 된다.

여기에서 FM 합성을 중심으로 설명한다. 이것은 소리를 합성하는 간단하고 오래된 방법이지만 더 복잡한 다른 합성 방법을 소개하지 않고 합성의 두드러진 특징을 살펴볼 수 있다.

9장에서는 주제를 거의 완전히 바꿔 음악에서 대칭의 역할을 살펴본다. 여기서의 논의는 상당히 낮은 수준이며 이 주제만으로도 많은 책을 쓸 수 있다. 대칭과 관련된 수학 영역은 "군론"이며, 여기서는 음악에 적용할 수 있는 군론의 간단한 아이디어를 독자에게 소개한다.

마지막으로 이 책의 한계에 대해 말한다. 음악은 수학이 아니다. 음악의 수학적 측면을 이야기하는 동안, 분위기와 감정을 표현하는 매체로서 음악이 가지는 힘을 간과해서는 안 된다. 이에 대해서 흥미로운 질문이 무척 많지만 수학으로는 별로 알 수 없다.

> 소리로 구성된 리듬과 멜로디는 감정과 비슷하지만 맛, 색깔, 냄새는 왜 그렇지 않을까? 작용이 동작이듯이 이들이 동작이어서 그런가? 에너지 자체는 느낌에 속하며 느낌을 생성한다. 그러나 맛과 색깔은 같은 방식으로 작용하지 않는다.
>
> (아리스토텔레스, Problems, 19권, 29)

01
파동과 배음

1.1 소리란 무엇인가?

음악을 전달하는 매체는 소리이다. 음악을 잘 이해하기 위해서는 소리의 특성과 우리가 그것을 어떻게 인식하는지에 대한 기초적인 이해가 필요하다.

소리는 공기의 진동이다. 소리를 제대로 이해하려면 먼저 공기에 대해 잘 이해해야 한다. 공기는 기체이다. 이는 공기의 원자와 분자가 고체나 액체처럼 서로 가까이 있지 않는 것을 의미한다. 그러면 왜 공기 분자는 땅에 떨어지지 않을까? 피사의 사탑에서 수행한 갈릴레오 실험에서 물체는 크기와 질량에 관계없이 동일한 가속도로 땅으로 낙하한다.

이유는 공기의 원자와 분자가 매운 빠르게 움직이기 때문이다. 정상적인 압력에서 실온의 공기 분자는 1초에 약 450~500미터(또는 한 시간에 1500킬로미터 이상)의 평균 속도로 움직인다. 최고 속도의 급행 열차보다 매우 더 빠르다. 각각의 공기 분자는 매우 가벼워서 우리 피부와의 충돌을 느끼지 못한다. 그러나 피부에 압력으로 복합적으로 작용해 우리가 급속히 팽창하는 것을 막아준다.

공기 분자의 평균 자유 행로mean free path는 6×10^{-8}미터이다. 이것은 다른 공기 분자와 충돌하기 전에 평균적으로 이동하는 거리이다. 공기 분자 간의 충돌은 완전 탄성 충돌이어서 속도가 감소하지 않는다.

공기 분자가 얼마나 자주 충돌하는지 계산할 수 있는데, 충돌 횟수는 다음과 같다.

$$\text{충돌횟수} = \frac{\text{평균 속도}}{\text{평균 자유 행로}} \sim 1\text{초 동안에 } 10^{10}\text{번 충돌}$$

이제 공기 분자가 낙하하지 않는 이유를 설명할 수 있다. 공기 분자는 짧은 시간 낙하하는 도중에 다시 튕겨져 올라간다. 중력의 효과는 압력의 변화로 관찰할 수 있다. 고도가 높을수록 기압은 눈에 띄게 낮아진다.

따라서 공기는 좁은 영역에 많은 개수의 분자로 구성돼 있으며, 계속해서 서로 튕겨져 나와 압력을 만든다. 물체가 진동하면 공기 중에 압력이 증가하고 감소하는 파동을 만든다. 이 파동은 다음 절에서 설명하는 방식으로 귀에서 소리로 인식되지만 먼저 파동 자체의 특성을 설명한다.

소리는 1초에 약 340미터(또는 한 시간에 1200킬로미터)의 속도로 공기 중에서 이동한다. 이는 특정 공기 분자가 파동의 방향으로 이 속도로 이동하는 것이 아니다(위 참조). 그 대신 압력의 국소 교란이 이 속도로 전파되는 것을 의미한다. 이것은 바다에 파도가 지나갈 때 바다 표면에서 일어나는 일과 유사하다. 특정한 물 입자가 파도와 같이 움직이는 것이 아니라 단지 표면의 교란이 전파되는 것뿐이다.

그러나 음파와 수면파 사이에는 큰 차이점이 하나 있다. 수면파의 경우에 파동과 관련된 입자는 위 아래 방향으로 국소적으로 움직이며 파동의 전파 방향과 수직이다. 이러한 파동을 **횡파**transverse wave라고 한다. 전자기파도 횡파이다. 그러나 소리의 경우 파동과 관련된 입자의 운동은 파동 전파 방향과 일치한다. 이러한 파동을 **종파**longitudinal wave라고 한다.

종파

사람이 인식하는 것에 영향을 미치는 네 가지 주요 속성을 음파가 가지고 있다. 첫 번째는 **진폭**amplitude으로 진동의 크기를 의미하며, 소리의 크기로 나타난다. 일상 소리의 일반적인 진폭은 매우 미세한 거리이며, 보통 1밀리미터도 채 되지 않는다. 두 번째 속성은 **음높이**pitch로, 우선 진동 주파수에 해당하는 것으로 생각하면 된다. 세 번째는 **음색**timbre으로 소리의 주파수 스펙트럼 모양에 해당한다(1.7절과 2.15절 참조). 네 번째는 지속 시간 duration으로 음이 울리는 시간의 길이를 의미한다.

이런 개념들은 여러 가지 이유로 인해 수정이 필요하다. 첫 번째는 대부분의 진동이 단일 주파수로 구성되지 않아 주파수를 정의한다고 말하는 것이 어렵다. 두 번째는 위의 속성들이 소리 자체의 관점이 아니라 소리를 인식하는 관점에서 정의돼야 한다. 예를 들어 인지된 소리의 음높이가 파형에 실제로 존재하지 않는 주파수를 나타낼 수 있다. 이런 현상을 빠진 기본 음missing fundamental이라고 하며 심리 음향학의 주제이다.

소리 속성

물리 속성	인식 속성
진폭	음크기
진동수	음높이
스펙트럼	음색
지속 시간	음길이

읽을거리

Harvey Fletcher, Loudness, pitch and the timbre of musical tones and their relation to the intensity, the frequency and the overtone structure, *J. Acoust. Soc. Amer.* 6 (2) (1934), 59–69.

1.2 인간의 귀

소리를 더 깊이 이해하기 위해서는 인간이 귀로 소리를 인지하는 방법을 공부해야 한다. 이 절에서 설명한다. 설명을 위해 그레이의 해부학Gray's Anatomy을 많이 차용했다.

귀는 외이外耳, 중이中耳 또는 고막tympanum, 내이內耳 혹은 미로labyrinth라는 세 부분으로 나눈다. 그림 1.1을 참조하라. 외이는 머리 바깥쪽에 보이는 부분으로 귓바퀴pinna(복수형 pinnae) 또는 auricle라고 하며 타원 형태이다. 속이 빈 중간 부분캉커, concha은 소리를 집중시켜서 증폭하는 반면, 바깥쪽 가장자리 나선helix은 수직 공간 분리와 연관돼 음원의 높이를 판단할 수 있다.

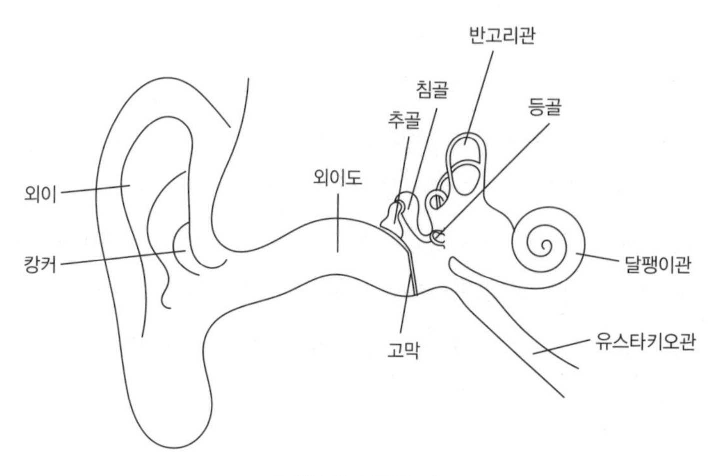

그림 1.1 사람의 귀

외이는 외이도外耳道, meatus auditorious externus 또는 간단히 meatus라고 하는 관으로 소리를 보낸다. 이것은 공기로 가득 채워진 길이가 약 2.7cm이고 지름이 0.7cm인 관이다. 외이도 안쪽 끝에는 고막tympanic membrane이 있다.

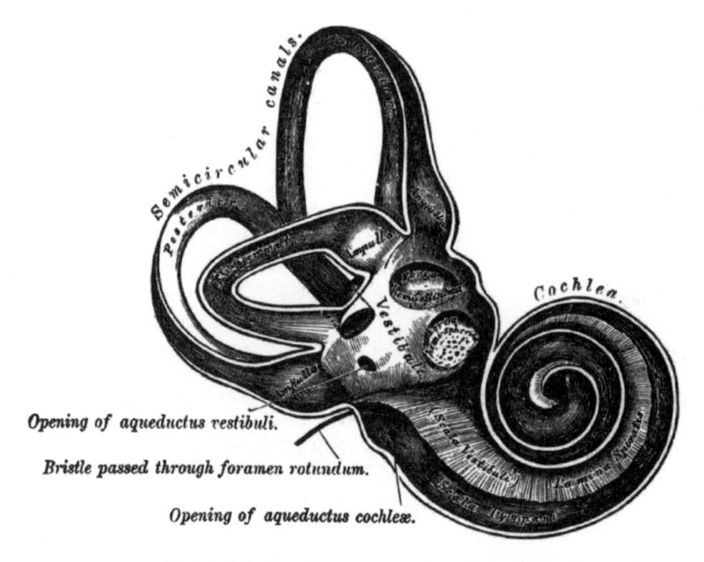

그림 1.2 골 미로 해부도. 그레이(1901)에서 확대

고막에서 외이와 중이가 나누어진다. 중이 또는 공기로 채워져 있다. 중이는 세 개의 매우 작은 뼈(이소골연쇄, 耳小骨連鎖)에 연결돼 고막의 움직임을 내이로 전달한다.

고막은 고막의 움직임을 내이로 전달하는 3개의 매우 작은 뼈(소골 사슬)에 연결돼 있다. 세 개의 뼈는 **추골**槌骨, the hammer, malleus, **침골**砧骨, the anvil, incus, **등골**鐙骨, the stirrup, stapes이다. 이 세 개의 뼈가 시스템을 구성해 고막과 내이의 작은 구멍을 덮고 있는 막을 연결한다. 이 막을 **난원창**卵圓窓, oval window이라 한다.

내이labyrinth는 두 부분으로 구성된다. 뼈가 움푹 들어가서 구멍으로 구성된 **골성미로**骨性迷路, osseous labyrinth(그림 1.2 참조[1])와 그 안에 들어 있는 **막미로**膜迷路, membranous labyrinth이다. 골성미로는 다양한 유체로 채워져 있고 전정前庭기관vestibule, 반고리관semicircualr canals, 달팽이관cochlea으로 구성된다. 전정기관은 다른 두 부분을 연결하고 중이의 안쪽에 위치한 중앙 공동이다. 반고리관은 전정기관 위와 뒤에 있으며 균형 감각에 중요한 역할을 한다. 달팽이관은 전정기관의 앞쪽 끝에 있으며 달팽이 껍질과 모양이 비슷하다. 그림 1.3을 참조하라. 달팽이관의 목적은 소리를 신경 경로로 전달하기 전에 다양한 주파수 성분으로 분리하는 것이다(2장에서 더 명확하게 설명한다). 단일 음표의 배음에서 가장 관심이 가는 것은 달팽이관의 기능이므로 좀 더 자세히 살펴본다.

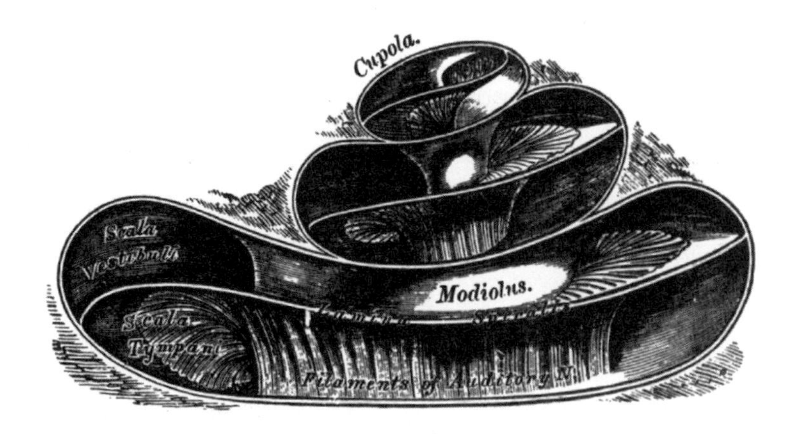

그림 1.3 달팽이관 해부도. 그레이(1901)에서(확대)

1 그림은 1974년에 Running Press에서 재인쇄한 Henry Gray, F.R.S "Anatomy, Descriptive and Surgical" 1901년판에서 가져왔다.

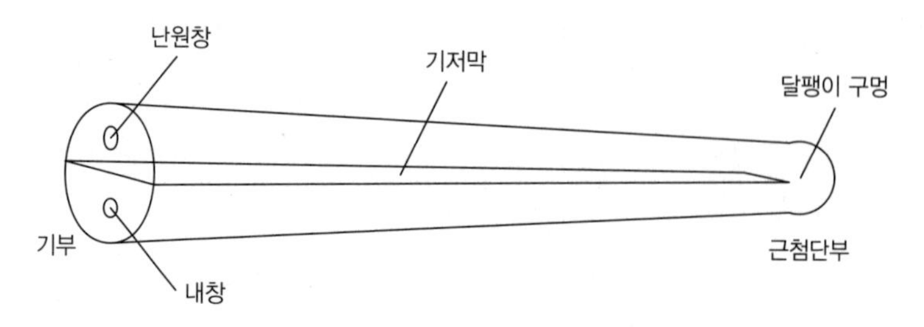

그림 1.4 펼친 달팽이관

달팽이관은 **달팽이축**modiolus 또는 **축주**軸柱, columella라고 하는 중심축을 중심으로 바깥에서 안쪽으로 대략 2와 3/4바퀴 정도 꼬여 있다. 펼친다면 길이가 약 30mm인 점점 작아지는 원뿔 튜브가 될 것이다. 그림 1.4를 참조하라.

내이의 다른 부분과 만나는 넓은 끝쪽기부, 基部은 직경이 약 9mm이고 좁은 끝쪽근첨단부에서는 직경이 약 3mm이다. **골나선판**骨螺旋板, lamina spiralis ossea이라고 부르는 골판骨板, bony shelf이 달팽이축에서 돌출돼 달팽이관 길이 전체를 따라서 돈다. **제2나선판**第二螺旋板, lamina spiralis secundaria이라고 부르는 두 번째 골판이 외벽에서 안쪽으로 돌출돼 있다. 이런 골판에 부착된 막을 **기저막**membrana basilaris, basilar membrane이라고 한다. 이것은 달팽이관과 반대 방향으로 가늘어져서(그림 1.5 참조) 골판이 나머지 공간을 채운다.

달팽이관의 단면은 타원형과 비슷하고 내부는 기저막으로 두 부분으로 나뉜다. 윗부분을 **전정계단**前庭階段, scala vestibuli, 아랫부분을 **고실계단**鼓室階段, scala tympani이라고 한다. 기저막의 근첨단부에 **달팽이 구멍**helicotrema으로 부르는 작은 구멍이 있어 두 부분의 소통이 가능하게 한다. 기부에는 전정기관과 소통하는 두 개의 창이 있다. 각 창은 얇고 유연한 막으로 덮여 있다. 위쪽 창은 **스카르파막**membrana tympani secundaria이라는 막으로 덮여 있고 등골과 연결된다. 이 창을 **난원창**fenestra ovalis, round window이라고 하며 면적은 2.0~3.7mm^2이다. 아래쪽 창은 **내창**fenestra rotunda, round window이라 하고 2mm^2 정도의 면적을 가진다. 이 창을 덮고 있는 막은 다른 것과 연결돼 있지 않다. 기저막을 따라 있는 작은 유모有毛세포가 수많은 말단 신경과 연결돼 청각 신경계를 형성한다. 이런 복잡한 신경 경로 시스템을 통해 정보를 뇌로 전달한다. 유모세포는 4열로 배열돼 기저막에서 **코르티 기관**organ of Corti을 형성한다.

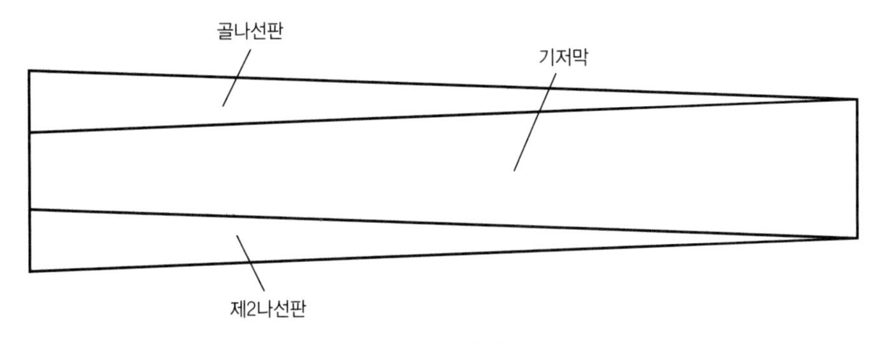

그림 1.5 기저막

이제 음파가 귀에 도달하면 어떻게 되는지 설명한다. 음파는 외이에서 집중돼 고막을 진동시킨다. 이로써 추골, 침골, 등골이 시스템으로 움직이며, 결국 등골이 빠르게 스카르파막을 교대로 밀고 당기게 된다. 이로 인해 달팽이관 내부의 유체가 달팽이관의 길이 방향으로 앞뒤로 흐르게 된다. 전정계단과 고실계단의 유체 흐름 방향은 반대가 돼서 기저막을 위아래로 움직이게 한다.

순수 사인파가 등골에서 달팽이관 내부의 유체로 전달될 때 어떤 일이 발생하는지 살펴본다. 달팽이관의 특정 지점에서 유체 파동의 전달 속도는 진동의 주파수뿐만 아니라 기저막의 딱딱함과 밀도 그리고 달팽이관의 단면적에 따라 달라진다. 주파수를 고정해 생각하면, 근첨단부 쪽으로 갈수록 파동 이동 속도는 감소한다. 달팽이관이 협소해 해당 주파수의 파동을 유지하지 못하는 지점에서 거의 영이 된다. 그 지점에서 넓은 쪽 방향에서는 파동 운동을 흡수하기 위해 기저막의 진동 진폭의 최댓값을 가져야 한다. 최댓값이 발생하는 정확한 위치는 주파수에 따라 다르다. 따라서 뇌로 신경 신호를 보내는 유모세포의 위치를 조사하면 들어오는 사인파의 주파수를 알 수 있다.

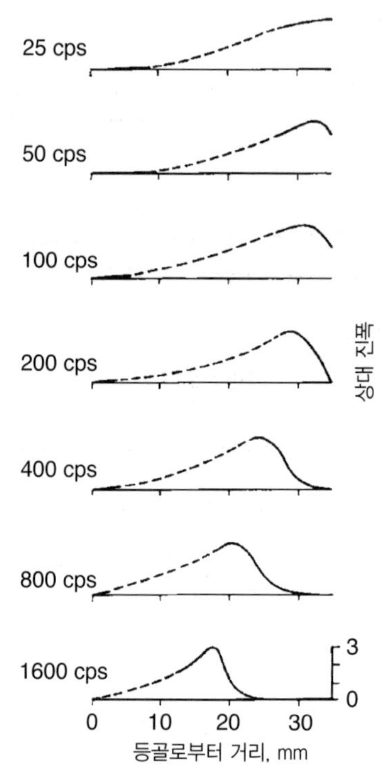

그림 1.6 기저막의 진동 패턴에 대한 폰 베케시의 그림. 실선은 측정값이고 점선은 외삽이다(Copyright The McGraw-Hill Companies, Inc).

귀가 들어오는 소리의 주파수 성분을 알아낸다는 명제는 옴의 음향 법칙Ohm's acoustic law으로 알려져 있다. 들어오는 사인파의 주파수를 뇌가 "알아내는" 방법에 대한 위의 설명은 헤르만 헬름홀츠Hermann Helmholtz가 제시하였고 음높이 인식의 장소 이론으로 알려져 있다.

1950년대 폰 베케시가 측정한 결과는 이 이론과 부합한다. 그림 1.6은 그의 1960년 책(그림 11-43)에서 가져온 것이다. 그림은 죽은 사람의 기저막 진동 패턴을 다양한 주파수에 대해 보여준다.

폰 베케시의 관측에서 볼 수 있듯이, 매우 가까운 주파수를 귀가 놀라울 정도로 구별할 수 있는 것은 달팽이관의 수동 메커니즘만으로는 완전히 설명할 수 없다. 좀 더 최근 연구에서 일종의 정신물리학적 피드백 메커니즘이 튜닝을 날카롭게 하고 민감도를 증가시키는 것을 발견했다. 즉, 달팽이관과 뇌 사이의 신경 경로에 의해 양방향으로 정보가 전달되며, 이로써 들어오는 음향 자극을 능동적으로 증폭한다. 바깥쪽 유모세포는 정보를 수동적으로 기록할뿐만 아니라 기저막을 능동적으로 자극하기도 한다. 그림 1.7을 참조하라.

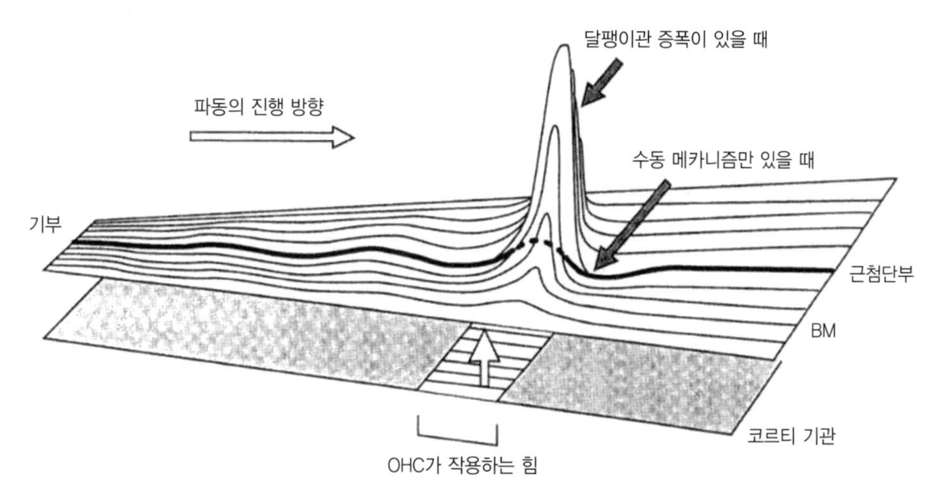

그림 1.7 달팽이관에서 피드백. Kruth and Stobart(2000)에 있는 요나단 아쉬모어의 논문에서 가져온 그림. 그림에서 OHC는 "바깥쪽 유모세포", BM은 기저막을 나타낸다.

이런 피드백의 결과로 들어오는 신호가 크면 피드백의 이득이 작이지고, 자극이 매우 약하면 자극을 인식할 수 있도록 피드백의 이득이 커진다.

피드백의 성가신 부작용은 귀의 기계적 손상으로 난청이 발생하면 신경 피드백 메커니즘이 임의의 소음이 증폭될 때까지 피드백 이득을 높여서 귀에서 노래가 들리거나 이명tinnitus이 발생한다. 귀머거리라고해서 들리지 않는 것은 아니다.

마스킹masking 현상은 헬름홀츠 이론으로 쉽게 설명할 수 있다. 1876년에 알프레드 메이어가 강한 낮은 음은 약한 높은 음을 인지하지 못하게 하지만, 강한 높은 음은 약한 낮은 음에 영향을 주지 않는 것을 발견했다. 이는 높은 음이 만드는 기저막 운동이 낮은 음이 만드는 기저막 운동보다 달팽이관의 기부에 더 가깝기 때문이다. 그래서 공명 위치에 도달하려면 낮은 음의 소리가 더 높은 소리의 공명 위치를 항상 통과해야 한다. 이로 인한 기저막의 움직임이 더 높은 주파수의 인식을 방해한다.

읽을거리

Anthony W. Gummer, Werner Hemmert and Hans-Peter Zenner, Resonant tectorial membrane motion in the inner ear: its crucial role in frequency tuning, *Proc. Natl. Acad. Sci. (US)* **93** (16) (1996), 8727-8732.

James Keener and James Sneyd, *Mathematical Physiology*, Springer-Verlag, 1998. 23장에서 달팽이관에 대한 매우 정교한 수학 모델을 제시한다.

Moore, Brian C. J. (1997), *Psychology of Hearing*.

James O. Pickles (1988), *An Introduction to the Physiology of Hearing*.

Christopher A. Shera, John J. Guinan, Jr. and Andrew J. Oxenham, Revised estimates of human cochlear tuning from otoacoustic and behavioral measurements, *Proc. Natl. Acad. Sci. (US)* **99** (5) (2002), 3318-3323.

William A. Yost (1977), *Fundamentals of Hearing. An Introduction*.

Eberhard Zwicker and H. Fastl (1999), *Psychoacoustics: Facts and Models*.

1.3 귀의 한계

음악에서 주파수는 1초 동안 주기의 개수인 헤르츠[Hz]로 표시한다. 사람의 귀가 반응하는 주파수의 범위는 대략적으로 20Hz에서 20,000Hz이다. 이 범위 밖의 주파수에 대해서는 기저막에서 공진이 일어나지 않는다. 그러나 20Hz 미만의 음파에 대해서는 듣지 못하지만 느낄 수는 있다.[2] 다음의 표에서 다양한 동물에 대한 가청 범위를 비교했다.[3]

---

2 그러나 다음 논문을 참조하라. Tsutomi Oohashi, Emi Nishina, Norie Kawai, Yoshitaka Fuwamoto and Hiroshi Imai, "High frequency Sound Above the Audible Range Affects brain electric activity and sound perception", Audio Engineering Society preprint No. 3207 (91st convention, New York City). 여기에서 저자들은 최대 60KHz의 대역폭으로 가믈란(인도네시아 전통 음악 연주단 - 옮긴이) 음악을 녹음하는 방법을 설명한다. 그리고 26KHz 이상의 주파수용 추가 트위터(고음 재생용 스피커 - 옮긴이)가 있는 스피커 시스템을 이용해 녹음을 재생했다. 트위터는 분리된 앰프를 사용해 스위치로 조절할 수 있다. 녹음에 대한 청취자의 주관적인 평가와 청취자 반응의 EEG(electroencephalogram, 뇌전도)가 추가 트위터가 켜져 있는지 혹은 꺼져 있는지 여부에 영향을 받는 것을 발견했다. 그러나 청취자들은 트위터가 소리에 영향을 주지 않으며 트위터만으로는 무언가를 들을 수 없다고 했다. 또한 고주파 자극이 없을 때에도 EEG의 변화가 계속 지속돼 실험 세션 간에 긴 시간이 필요한 것을 발견했다.

관련 있는 다른 논문은 Martin L. Lenhardt, Ruth Skellett, Peter Wang and Alex M. Clarke, "Human ultrasonic speech perception, Science", 253, 5 July 1991, 82-85.이다. 이 논문에서 골전도 초음파 청력을 정상인 사람과 청력 장애를 가진 노인 그리고 난청인 사람들이 주파수 식별과 음성 감지를 위해 사용할 수 있는 것을 보고했다. 이러한 메커니즘이 달팽이관의 전정계단에 인접한 작은 구형 공동인 "구형낭(球形囊, saccule)"과 관련이 있을 것으로 추측했다.

제임스 보이크의 연구에 따르면 다른 악기와 달리 심벌즈의 경우에는 관찰 가능한 진동 에너지의 약 40%가 20kHz에서 100kHz 사이의 주파수에 있으며 이 범위의 고음에서도 강도가 떨어지지 않는다.

이 연구는 2000년에 칼텍 음악 연구실의 홈페이지에서 발표한 "There's life above 20 kilohertz: a survey of musical-instrument spectra up to 102.4 kHz"에 나와 있다.

3 Fay, "Hearing in Vertebrates. A Psychophysics Databook." Hill-Fay Associates, 1988에서 인용

동물	범위(Hz)
거북이	20-1000
금붕어	100-2000
개구리	100-3000
비둘기	200-10000
참새	250-12000
인간	20-20000
침팬지	100-20000
토끼	300-45000
개	50-46000
고양이	30-50000
기니피그	150-50000
쥐	1000-60000
생쥐	1000-100000
박쥐	3000-120000
돌고래(병코돌고래)	1000-130000

소리의 강도는 데시벨decibel, dB로 측정한다. 0dB은 제곱미터당 10^{-12}와트의 전력을 나타내며, 이는 사람의 귀가 인식할 수 있는 가장 약한 소리 강도 정도이다. 10dB(1"벨", 1bel)을 더하면 전력 강도는 10배가 된다. 따라서 전력을 *b*배 하면 신호 강도의 수준은 $10\log_{10}(b)$dB이 더해진다. 결국 dB의 스케일은 대수logarithmic이며 *n*dB은 제곱미터당 $10^{(n/10)-12}$와트의 전력을 나타낸다.

가끔 dB을 상대 측도로 사용해 강도가 10배 증가하면 dB은 10 증가한다. 상대 측도로서 dB은 전력의 비율을 표시하며 소리와 연관성은 상관없다. 예로서 앰프의 전력 이득과 신호 대비 잡음 비율을 dB로 나타낸다. $\log_{10}(2)$는 대략 0.3(소수점 다섯 자리까지는 0.30103)이므로 전력 비율 2:1이 약 3dB의 차이이다.

상대 측정값과 구별하기 위해 dB SPLsound pressure level, 음압 레벨이라는 표기를 사용해 위에서 설명한 소리의 절대 측정값을 나타낸다. 또한 dB SPL 대신에 가중치 곡선을 사용해 모든 주파수에 동일한 중요성을 부과하지 않는다. A, B, C라는 세 가지 표준 곡선이 있다. A 곡선을 가장 많이 사용하며, 약 2000Hz에서 최댓값을 가지고 양쪽으로 빠르게 떨어진다. 그림 1.8을 참조하라. B 곡선과 C 곡선은 보다 더 평평하며 극단에서 떨어진다. A 곡선을 사용한 측정을 dBA 또는 좀 더 정확하게 dBA SPL로 표기한다.

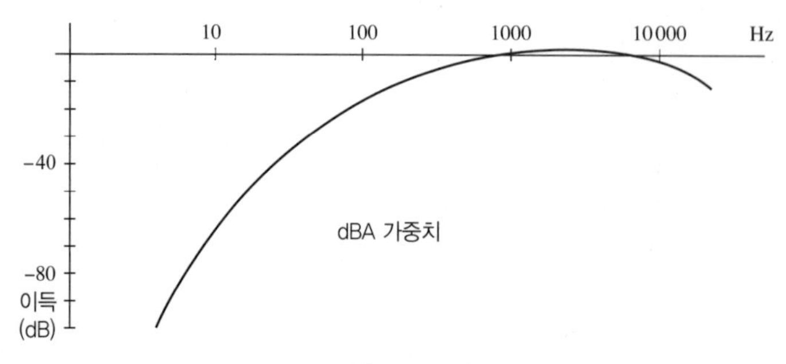

그림 1.8 곡선 A

가청 임곗값threshold of hearing은 사람이 들을 수 있는 가장 약한 소리 수준이다. 이 값을 데시벨 단위로 표시하면 주파수에 따라서 다양하게 변한다. 사람의 귀는 2000Hz보다 약간 높은 주파수에 가장 민감하며, 사람의 평균 가청 임곗값은 0dB보다 조금 높다. 100Hz에서 임곗값은 약 50dB이고 10,000Hz에서는 약 30dB이다. 속삭임은 약 15~20dB, 대화는 약 60~70dB이며 약 130dB이면 귀에 통증을 느낀다.

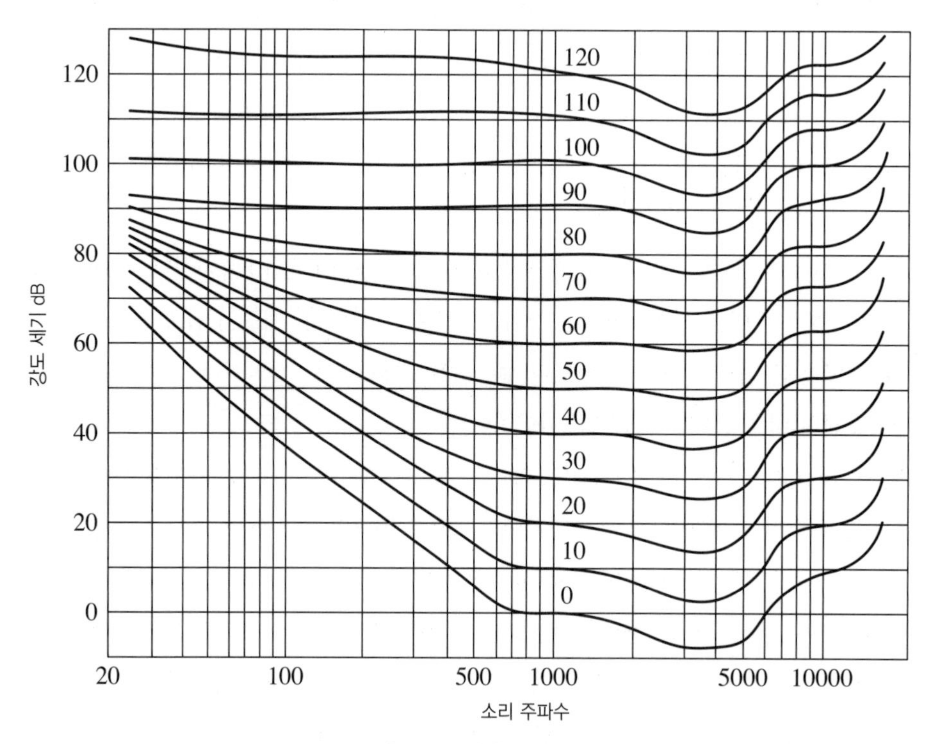

그림 1.9 동일 음량 곡선

음압 수준과 음량 인식 사이의 관계는 주파수에 따라 다르다. 플레처와 먼슨[4]이 얻은 그림 1.9의 그래프는 다양한 주파수의 순수한 톤에 대한 동일한 음량으로 인식되는 곡선이다.

음량의 단위는 폰phon이며, 다음으로 정의한다. 청취자가 표준 1000Hz 신호와 동일한 강도로 판단될 때까지 신호 크기를 조정한다. 폰 값은 같은 음량의 1000Hz의 신호 압력의 값으로 정의한다. 이 그래프의 곡선을 플레처-먼슨 곡선 또는 이소폰isophons, 등음량선이라 한다.

소리 생성에서 발생하는 시간당 에너지는 매우 적다. 클라리넷을 가장 크게 불면 약 0.05와트이고 트롬본은 5~6와트이다. 사람이 말하는 평균 목소리는 약 0.00002와트이며, 베이스 가수가 가장 큰 소리를 내면 0.03와트가 된다.

소리의 강도와 주파수에 대해 차이역差異閾, just noticeable difference을 사용한다. 이것은 일반적으로 두 개의 연속된 음에 대해 어느 음이 높은지(또는 더 큰지)를 75%의 사람이 정확하게 인식하는 가장 작은 차이를 나타낸다. 두 경우 모두 주파수와 강도에 따라 다르다. 강도에 대한 차이역보다 주파수에 대한 차이역이 더 중요하며 다음 표에 나타냈다(Pierce, 1983). 측정 단위는 센트이다. 1200센트가 1옥타브이다(센트 단위에 관한 자세한 내용은 5.4절 참조).

주파수(Hz)	강도(dB)										
	5	10	15	20	30	40	50	60	70	80	90
31	220	150	120	97	76	70					
62	120	120	94	85	80	74	61	60			
125	100	73	57	52	46	43	48	47			
250	61	37	27	22	19	18	17	17	17	17	
550	28	19	14	12	10	9	7	6	7		
1,000	16	11	8	7	6	6	6	6	5	5	4
2,000	14	6	5	4	3	3	3	3	3	3	
4,000	10	8	7	5	5	4	4	4	4		
8,000	11	9	8	7	6	5	4	4			
11,700	12	10	7	6	6	6	5				

4 H. Fletcher and W. J. Munson, Loudness, its definition, measurement and calculation, J. Acoust. Soc. Amer. 5(2) (1933), 82–108.

이 표에서 낮은 음보다 높은 음에서 주파수의 작은 변화에 사람의 귀가 훨씬 더 민감하다는 것을 볼 수 있다. 위의 표가 동시음이 아닌 연속음을 이용한 것을 주의해야 한다. 동시음의 경우 대응하는 용어는 **구별 한계**limit of discrimination이다. 이것은 동시음에서 두 개의 개별 높이를 각각 인식할 수 있는 가장 작은 주파수 차이이다. 동시음은 맥놀이beat를 만들고(1.8절 참조), 이로 인해 훨씬 더 작은 주파수 차이를 알아차릴 수 있다. 이것은 음계 이론에서 매우 중요하다. 음계에서 각 음은 여러 개의 동시음인 화음을 위한 것이기 때문이다. 그래서 음계는 조율의 아주 작은 변화에 예상보다 매우 민감하다.

보스[5]는 미하엘 프레토리우스Michael Praetorius의 **시온의 뮤즈**(Musae Sioniae, 1609) 6장의 두 성부를 이용해 흔히 사용하는 12음계의 조율에 대한 귀의 민감도를 연구했다. 결론은 음정이 **순정률**(5.5절 참조)에서 5센트 이하의 모든 음계는 모두 같은 것으로 인식하였지만, 차이가 증가하면 차이가 극적으로 드러났다. 현대의 12음계 평균율에서 장3도가 순정률과 약 14센트 차이가 있는 것을 고려하면 이 결론은 매우 흥미롭다. 5장에서 이 주제에 관해 더 자세하게 설명한다.

연습문제

1. 소리 강도는 진폭의 제곱에 비례한다. 진폭을 두 배로 하면 몇 dB이 되는가?
2. (객관식) 독립적인 70dB의 음원 두 개가 같이 들린다. 결과적으로 들리는 소리의 dB은?

   (a) 140dB, (b) 76dB, (c) 73dB, (d) 70dB, (e) 앞의 항목에 없음

1.4 왜 사인파인가?

음높이 인식에 관한 논의와 사인파의 관련성은 무엇인가? 비슷하게 오르락내리락하며 주기적인 다른 파동 꾸러미를 사용해 같은 논의를 할 수 있는가?

답은 단순 조화 운동에 대한 미분방정식에 있다. 다음 절에서 논의한다. 간단하게 설명하면 다음의 미분방정식을 고려한다.

---

5 Vos, Subjective acceptability of various regular twelve-tone tuning systems in two-part musical fragments, "J. Acoust. Soc. Amer." 83 (6) (1988), 2383 - 2392.

$$\frac{d^2y}{dt^2} = -\kappa y$$

이에 대한 해는 다음으로 주어진다.

$$y = A\cos\sqrt{\kappa}t + B\sin\sqrt{\kappa}t$$

또는 다음과 같이 서술할 수 있다.

$$y = c\sin(\sqrt{\kappa}t + \phi)$$

(두 가지 형태의 해가 동일한 것은 1.8에서 설명한다.) 그림 1.10을 참조하라. 위의 미분방정식은 물체가, 크기는 평형 위치로부터 거리에 비례하고 방향은 평형 위치를 향하는 힘을 받을 때 일어나는 일을 서술한다.

사람의 귀의 경우, 위의 미분방정식은 기저막의 특정 지점의 운동 또는 외부 공기와 달팽이관 사이의 전달 사슬의 임의의 위치에서 발생하는 운동 방정식에 근사approximation로 볼 수 있다. 사실, 여러 가지 면에서 정확하지는 않다. 첫 번째 부정확성은 실제 기저막 표면의 운동을 설명하려면 2차 편미분방정식partial differential equation을 사용해야 한다. 이것은 상수 κ의 기원을 설명하는 것을 제외하고는 해석에 큰 영향을 미치지 않는다. 두 번째 부정확성은, 실제로 강제 감쇠 조화 운동forced damped harmonic motion을 고려해야 한다. 이것은 감쇠 항을 가지며, 유체의 점도와 기저막이 완전 탄성체가 아니라는 사실에서 나온다.

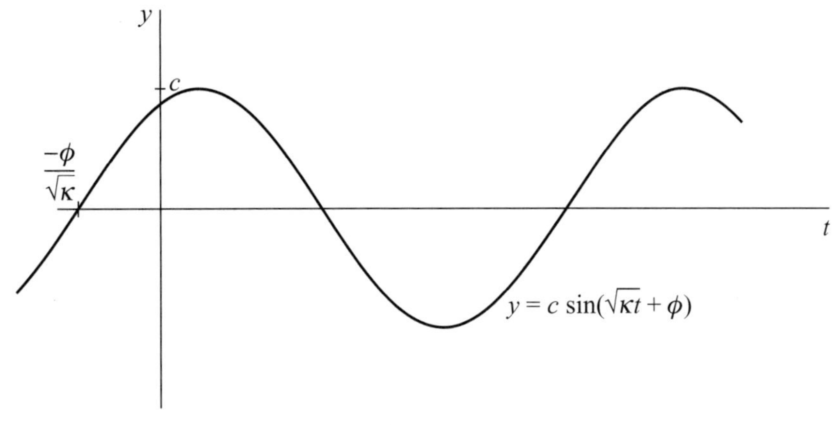

그림 1.10

1.10절과 1.11절에서의 강제 감쇠 조화 운동도 사인 곡선이지만 빠르게 감쇠하는 일시적 성분을 포함하는 것을 볼 것이다. 들어오는 사인파에 대해 감쇠 시스템이 최대로 반응하는 공진 주파수resonant frequency가 있다. 세 번째 부정확성은, 소리가 매우 큰 경우에는 복원력이 비선형적일 수 있다. 이로부터 몇 가지 흥미로운 음향 현상을 보일 것이다. 마지막으로, 대부분의 음표는 단일 사인파로 구성돼 있지 않다. 예를 들어 현을 뜯으면 주기적인 파동이 발생하지만 일반적으로 다양한 진폭을 갖는 사인파의 합으로 구성된다. 따라서 기저막에 다양한 진폭의 진동이 있을 것이며 더 복잡한 신호가 뇌로 전송된다. 주기적인 파동을 사인파의 합으로 분해하는 것을 푸리에 분석Fourier analysis이라 하며, 이는 2장에서 설명한다.

1.5 조화 운동

다음과 같은 힘을 받는 질량 m의 입자를 생각한다. 힘의 방향은 평형 위치 $y = 0$을 향하고 크기는 평형 위치로부터의 거리 y에 비례한다.

$$F = -ky$$

여기서 k는 비례상수이다. 뉴턴의 운동 법칙에서 다음 방정식을 얻는다.

$$F = ma$$

여기에서 a는 가속도를 나타내고, t는 시간을 나타낸다.

$$a = \frac{\mathrm{d}^2 y}{\mathrm{d}t^2}$$

위의 식을 결합하면 이차 미분방정식을 얻는다.

$$\frac{\mathrm{d}^2 y}{\mathrm{d}t^2} + \frac{ky}{m} = 0 \qquad (1.5.1)$$

$\frac{\mathrm{d}y}{\mathrm{d}t}$를 $\dot{y}$로, $\frac{\mathrm{d}^2 y}{\mathrm{d}t^2}$을 $\ddot{y}$로 표기하면 위의 방정식은 다음이 된다.

$$\ddot{y} + ky/m = 0$$

방정식의 해는 다음으로 주어진다.

$$y = A\cos(\sqrt{k/m}\,t) + B\sin(\sqrt{k/m}\,t) \tag{1.5.2}$$

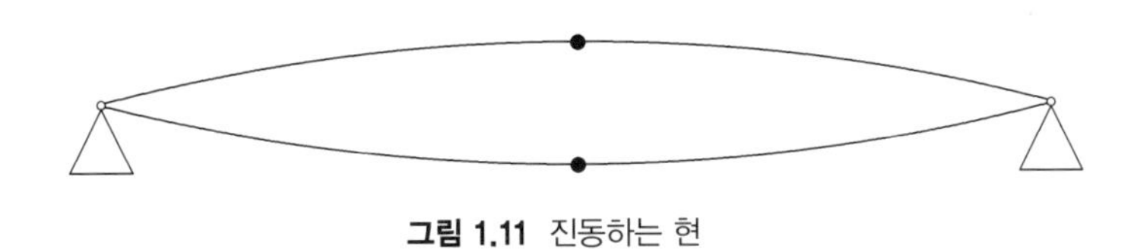

그림 1.11 진동하는 현

이러한 함수가 주어진 미분방정식의 해가 되는 사실이 주기적으로 진동하는 다른 파동이 아닌 사인파가 주기적 파동의 조화 분석의 기초가 되는 이유이다. 이것이 달팽이관에 있는 기저막의 특정 지점의 움직임을 지배하는 미분방정식이고, 따라서 소리에 대한 인간의 인식을 지배하기 때문이다.

연습문제

1. 함수 (1.5.2)가 미분방정식 (1.5.1)을 만족하는 것을 보여라.
2. 방정식 (1.5.1)의 일반 해 (1.5.2)를 다음의 형태로 표현할 수 있는 것을 보여라.

$$y = c\sin(\sqrt{k/m}\,t + \phi)$$

A와 B를 이용해 c와 ϕ를 나타내라(1.8절을 참조하라).

1.6 진동하는 현

여기에서 진동하는 현에 대해서 간단하게 알아본다. 3.2절에서 다시 이 주제로 돌아와 편미분방정식으로 더 세밀하게 분석한다. 양쪽 끝에 고정된 진동하는 현을 생각한다. 우선 무거운 구슬이 현의 중간에 매달려 있는 것을 생각한다. 구슬의 질량 m이 현의 질량보다 훨씬 크다고 가정한다. 그림 1.11을 참조하라. 그러면 현은 구슬에 평형점 방향으로 힘을 작용한다. 힘의 크기는 평형점으로부터 작은 변위 y에 비례한다.

$$F = -ky$$

앞의 절의 설명에서 다음의 미분방정식을 얻을 수 있다.

$$\frac{d^2 y}{dt^2} + \frac{ky}{m} = 0$$

미분방정식의 해는 다음으로 주어진다.

$$y = A\cos(\sqrt{k/m}\,t) + B\sin(\sqrt{k/m}\,t)$$

여기에서 상수 A와 B는 구슬의 초기 위치와 초기 속도에서 결정할 수 있다.

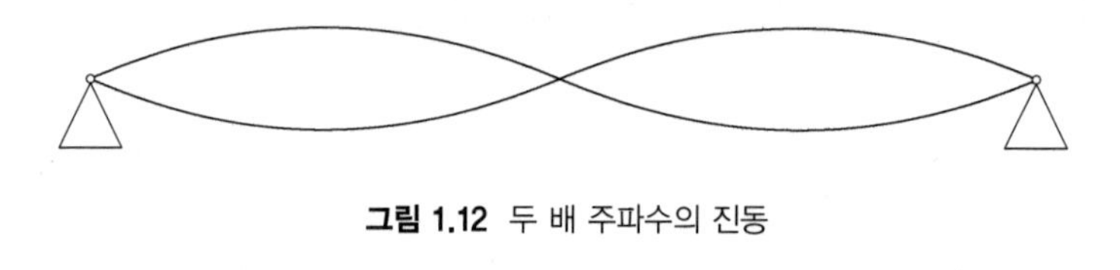

그림 1.12 두 배 주파수의 진동

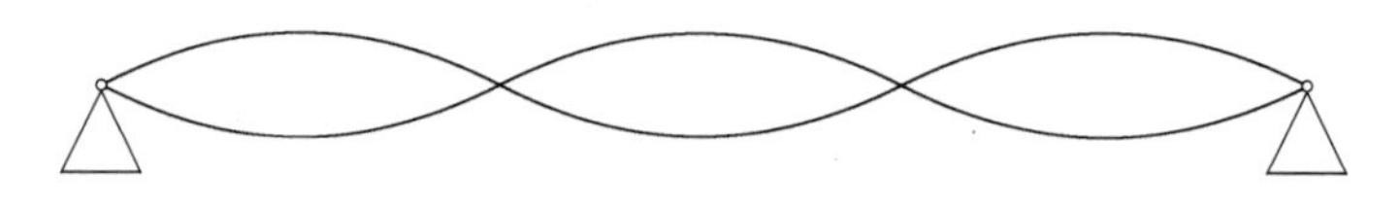

그림 1.13 세 배 주파수의 진동

질량이 현에 균일하게 분포되면 더 많은 진동 "모드mode"가 가능하다. 예를 들어 현의 중간 지점은 고정된 상태로 유지되는 반면 반쪽의 두 개가 반대 위상으로 진동한다. 그림 1.12를 참조하라. 기타의 경우 현을 뜯는 동안 중간 지점을 만졌다가 즉시 놓으면 된다. 이 효과는 현의 고유 음높이보다 정확히 한 옥타브 위 또는 정확히 두 배의 주파수를 가지는 소리가 된다. 이러한 방식으로 배음을 사용하는 것은 기타 연주자들 사이에서 흔히 볼 수 있다. 각각의 절반이 순수한 사인파로 진동하면 중간점을 제외한 점들의 움직임은 다음으로 서술된다.

$$y = A\cos(2\sqrt{k/m}\,t) + B\sin(2\sqrt{k/m}\,t)$$

현을 뜯는 동안 한쪽 끝에서 현 길이의 정확히 3분의 1 지점을 건드리면 현의 고유 음높이보다 한 옥타브와 완전 5도, 즉 정확히 3배의 주파수의 소리가 난다. 그림 1.13을 참조하라. 그러면 현의 세 부분이 순수 사인파로 진동하고 중간의 3분의 1은 바깥쪽의 두 부분과 반대 위상을 가지며 현에서 고정되지 않은 점의 운동은 다음으로 서술된다.

$$y = A\cos(3\sqrt{k/m}\,t) + B\sin(3\sqrt{k/m}\,t)$$

그림 1.14 440Hz

일반적으로 뜯어진 현은 다양한 진폭을 가지는 고유 진동수의 배수인 모드들의 모든 혼합으로 진동한다. 관련된 진폭은 현을 뜯거나 두드리는 정확한 방식에 따라 다르다. 예를 들어 피아노와 같이 망치로 두드리는 현은 바이올린과 같이 뜯는 현과 다른 진폭들을 가진다. 현의 전형적인 점의 일반 운동 방정식은 다음과 같다.

$$y = \sum_{n=1}^{\infty}\left(A_n\cos(n\sqrt{k/m}\,t) + B_n\sin(n\sqrt{k/m}\,t)\right)$$

여기에서 몇 가지 문제가 있다. 다음의 두 장에서 다시 살펴볼 것이다. 현이 동시에 여러 다른 주파수로 어떻게 진동할 수 있을까? 이것은 푸리에 급수 이론과 파동 방정식의 주제이다. 푸리에 급수를 공부하기 전에 먼저 사인파끼리의 상호작용을 이해해야 한다. 1.8절에서 설명한다. 3.2절에서 파동 방정식과 이것의 해를 이용해 현의 진동에 대해서 다시 설명한다.

1.7 사인파와 주파수 스펙트럼

수학에서 각도는 라디안radian으로 측정한다. 한 주기는 2π 라디안이므로 주파수가 νHz이고 최대 진폭이 c이며 위상phase이 ϕ인 사인파는 다음으로 주어진다.

$$c\sin(2\pi\nu t + \phi) \tag{1.7.1}$$

$\omega = 2\pi\nu$를 각속도angular velocity라고 한다. 각도 ϕ의 역할은 사인파가 시간 축을 가로지르는 위치를 알려준다(1.4절의 그래프를 다시 살펴보라). 예로서, 코사인파는 $\cos x = \sin(x + \frac{\pi}{2})$로 사인파와 연관돼 있어서, 코사인파는 다른 위상을 가지는 사인파에 불과하다.

예를 들어 현대 음악에서는 가온도middle C 바로 위의 A음을 440Hz로 둔다(그림 1.14).[6] 그러므로 이것은 다음의 파동으로 표현할 수 있다.

$$c\sin(880\pi t + \phi)$$

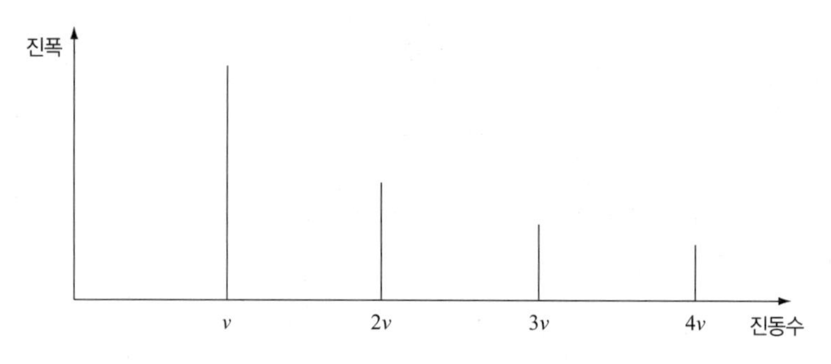

그림 1.15 진동하는 현의 스펙트럼

다음의 사인과 코사인에 대한 합의 공식을 사용하면 이것을 사인과 코사인의 선형 결합으로 바꿀 수 있다.

$$\sin(A + B) = \sin A \cos B + \cos A \sin B \tag{1.7.2}$$

$$\cos(A + B) = \cos A \cos B - \sin A \sin B \tag{1.7.3}$$

그래서 다음을 얻는다.

$$c\sin(\omega t + \phi) = a\cos\omega t + b\sin\omega t$$

여기에서

$$a = c\sin\phi, \qquad b = c\cos\phi$$

그리고 반대로 a, b가 주어지면 c, ϕ를 다음으로 구할 수 있다.

$$c = \sqrt{a^2 + b^2}, \qquad \tan\phi = a/b$$

6 역사적으로 1939년 5월 런던에서 열린 국제 회의에서 이것을 현대 음악의 음높이로 합의했고 미국에서는 1925년에 채택했다. 이전에는 다양한 표준 주파수가 사용됐다. 예로서, 모차르트 시대에 A음은 약간 낮은 422Hz에 가까운 값을 가져서 현대인에게는 반음 정도 낮게 들린다. 더 이전의 시대인 바로크 시대와 그 이전 시대에는 훨씬 더 많은 변화가 있었다. 예를 들어, 영국 튜더 왕가 시대의 세속적인 성악의 음높이는 현대 음악과 거의 같았지만, 가정용 건반 악기는 약 3키(key) 낮았고 교회 악기는 2키 이상 높았다.

이 절의 마지막으로 음을 이해하는 데 중요한 **스펙트럼**spectrum에 대해 소개한다. 소리의 스펙트럼은 주파수에 대해 소리의 진폭을 나타내는 그래프다. 2.15절에서 보다 더 정확하게 정의한다. 그러나 여기서는 기본 주파수 $\nu = \sqrt{k/m}/2\pi$로 진동하는 현의 스펙트럼 그래프를 이용해 직관적으로 설명한다(그림 1.15 참조).

이 그래프는 기본 주파수의 정수 배의 주파수 성분을 가지고 높은 주파수에서 진폭이 갑자기 감소하는 **이산**discrete 주파수 스펙트럼의 소리를 보여준다. 백색 잡음(그림 1.16 참조)과 같은 일부 소리는 다음과 같은 **연속**continuous 주파수 스펙트럼을 갖는다. 이런 용어의 정확한 의미는 푸리에 이론과 분포 이론을 이용해야 한다.

주파수 스펙트럼을 이용하면 일부 정보가 손실되는 것에 주의해야 한다. 즉, 각 주파수 성분의 위상에 대한 모든 정보를 잃는다.

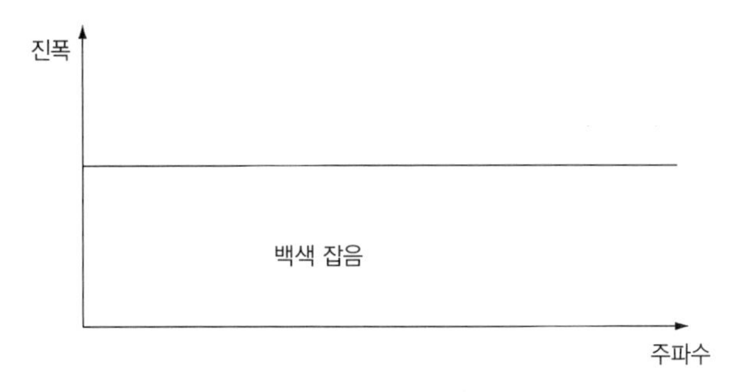

그림 1.16 백색 잡음

연습문제

1. $\cos\theta = \sin(\pi/2+\theta)$와 식 (1.8.9)–(1.8.10)을 사용해 $\sin u + \cos v$를 삼각함수의 곱으로 표현하라.

1.8 삼각함수의 관계식과 맥놀이

순수한 사인파 또는 코사인파 두 개가 동시에 재생되면 어떻게 될까? 예를 들어 두 개의 매우 가까운 음이 동시에 연주될 때 맥놀이[beat]가 들리는 이유는 무엇인가? 맥놀이를 이용해 피아노 현을 조율하므로 이것의 원리를 이해하는 것이 중요하다.

이 질문에 대한 답은 삼각함수 관계식 (1.7.2)와 (1.7.3)에 있다. $\sin(-B) = -\sin(B)$이고 $\cos(-B) = \cos(B)$이므로 식 (1.7.2)와 (1.7.3)에서 B를 $-B$로 치환하면 다음을 얻는다.

$$\sin(A - B) = \sin A \cos B - \cos A \sin B \tag{1.8.1}$$

$$\cos(A - B) = \cos A \cos B + \sin A \sin B \tag{1.8.2}$$

식 (1.7.2)와 (1.8.1)을 더해서 다음을 얻는다.

$$\sin(A + B) + \sin(A - B) = 2 \sin A \cos B \tag{1.8.3}$$

위 식을 다음과 같이 표기할 수 있다.

$$\sin A \cos B = \tfrac{1}{2}(\sin(A + B) + \sin(A - B)) \tag{1.8.4}$$

비슷한 방법으로 식 (1.7.3)과 (1.8.2)를 더하거나 빼면 다음 식을 얻는다.

$$\cos(A + B) + \cos(A - B) = 2 \cos A \cos B \tag{1.8.5}$$

$$\cos(A - B) - \cos(A + B) = 2 \sin A \sin B \tag{1.8.6}$$

또는

$$\cos A \cos B = \tfrac{1}{2}(\cos(A + B) + \cos(A - B)) \tag{1.8.7}$$

$$\sin A \sin B = \tfrac{1}{2}(\cos(A - B) - \cos(A + B)) \tag{1.8.8}$$

이를 이용하면 사인파와 코사인파의 합 또는 차를 사인과 코사인의 곱으로 표현할 수 있다. 예로서 사인과 코사인의 곱을 적분하고자 할 때, 이 식을 사용할 수 있다.

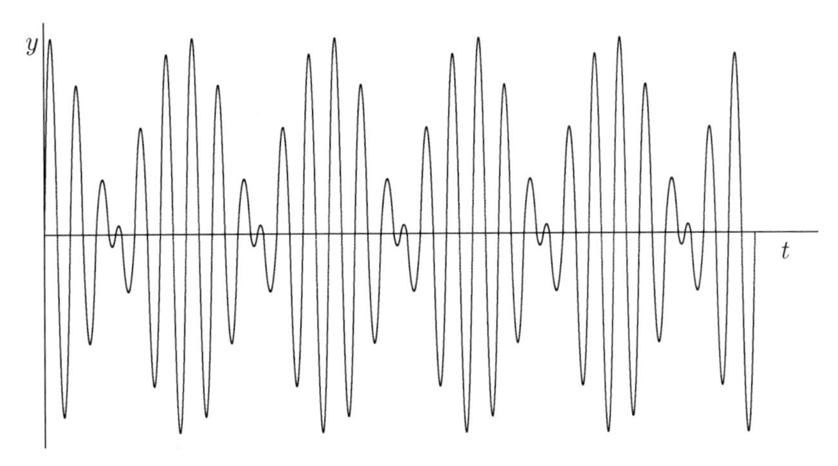

그림 1.17 $y = \sin(12t) + \sin(10t) = 2\sin(11t)\cos(t)$

여기서는 반대의 과정이 더 중요하다. 그래서 $u = A + B$, $v = A - B$라 둔다. 이를 A, B에 대해서 풀면 $A = \frac{1}{2}(u + v)$, $B = \frac{1}{2}(u - v)$를 얻는다. 식 (1.8.3), (1.8.5), (1.8.6)에 대입하면 다음을 얻는다.

$$\sin u + \sin v = 2\sin\tfrac{1}{2}(u + v)\cos\tfrac{1}{2}(u - v) \tag{1.8.9}$$

$$\cos u + \cos v = 2\cos\tfrac{1}{2}(u + v)\cos\tfrac{1}{2}(u - v) \tag{1.8.10}$$

$$\cos v - \cos u = 2\sin\tfrac{1}{2}(u + v)\sin\tfrac{1}{2}(u - v) \tag{1.8.11}$$

이로써 사인파와 코사인파의 합과 차를 사인과 코사인의 곱으로 표현했다. 그림 1.17을 참조하라. 이 절의 끝에 있는 연습문제에서 사인파와 코사인파가 혼합된 경우에 대해서 설명한다.

피아노 조율사가 현 세 개를 조율한다고 가정한다. 첫 번째 현은 가온도의 위에 있는 A음을 440Hz에 맞췄다. 두 번째 현은 조율이 완전하지 않아서 436Hz에서 공진한다. 세 번째 현은 감쇠해 두 번 현과 간섭하지 않는다. 여기서 위상과 진폭을 무시하면 두 개의 현에서 나는 소리는 다음이 된다.

$$\sin(880\pi t) + \sin(872\pi t)$$

식 (1.8.9)를 이용하면 위의 합을 다음과 같이 표기할 수 있다.

$$2\sin(876\pi t)\cos(4\pi t)$$

이것은 두 현이 내는 주파수의 평균인 주파수 438Hz을 가지는 사인파로 합성된 효과를 인식하는 것을 의미한다. 그러나 진폭은 두 현이 내는 주파수의 차이에 반인 2Hz를 가지는 느린 코사인파를 가지며 진동한다. 이런 느린 진동은 우리가 맥놀이로 인식한다. 진동하는 코사인 파동은 한 주기에 두 번의 최고값을 가지므로 1초에 맥놀이의 개수는 2개가 아니라 4개가 된다. 그래서 초당 맥놀이의 개수는 두 주파수의 차이와 일치한다. 피아노 조율사는 맥놀이가 사라지도록 두 번째 현을 첫 번째 현에 조율한다. 즉, 맥놀이가 느려져서 궁극적으로 없어지도록 현의 길이를 조절한다.

위상과 진폭을 포함하려면 다음과 같이 표현할 수 있다.

$$c\sin(880\pi t+\phi)+c\sin(872\pi t+\phi')$$

여기에서 각도 ϕ와 ϕ'은 두 현의 위상을 나타낸다. 이로부터 다음 식을 얻는다.

$$2c\sin\left(876\pi t+\tfrac{1}{2}(\phi+\phi')\right)\cos\left(4\pi t+\tfrac{1}{2}(\phi-\phi')\right)$$

그래서 위의 식을 이용해 두 현의 사인파 위상과 맥놀이 위상의 관계를 구할 수 있다.

진폭이 다른 경우에는 맥놀이가 명확하지 않게 된다. 소리가 더 큰 부분이 "남아 있기" 때문이다. 이로 인해 진동하는 코사인 값이 0이 될 때 진폭이 0이 되지 못한다.

연습문제

1. 피아노의 같은 음을 내는 세 개의 현 중 두 개를 비교하는 조율사가 초당 5개의 맥놀이를 듣는다. 두 음 중 하나가 표준음 A(440Hz)인 경우 다른 현의 진동 주파수는 어떻게 되는가?
2. $\int_0^{\pi/2}\sin(3x)\sin(4x)\,dx$를 계산하라.
3. (a) 공식 (1.8.7)에서 $A=B=\theta$로 두면 코사인 두배각 공식을 얻는다.

$$\cos^2\theta=\tfrac{1}{2}(1+\cos(2\theta)) \tag{1.8.12}$$

   $\cos^2\theta$와 $\cos(2\theta)$의 그래프를 그려라. 이 그래프를 이용해 공식 (1.8.12)를 설명하라.

   (b) 공식 (1.8.8)에서 $A=B=\theta$로 두면 사인 두배각 공식을 얻는다.

$$\sin^2\theta = \tfrac{1}{2}(1 - \cos(2\theta)) \tag{1.8.13}$$

$\sin^2\theta$와 $\cos(2\theta)$의 그래프를 그려라. 이 그래프를 이용해 공식 (1.8.13)을 설명하라.

4. 공식 (1.7.1)에서 계수 c는 파형의 가장 높은 지점을 결정하기 때문에 최대 진폭peak amplitued이라 한다. 음향 공학에서는 RMSRoot Mean Square, 제곱평균제곱근 진폭이 더 유용하다. 이것이 소비 전력을 결정하기 때문이다.

RMS 진폭은 한 주기 동안의 제곱값을 적분하고 주기로 나누어 평균 제곱을 구한 다음 제곱근을 취해 계산한다. 식 (1.7.1)로 주어지는 순수 사인파의 경우에 RMS 진폭이 다음으로 주어지는 것을 보여라.

$$\sqrt{\nu \int_0^{\frac{1}{\nu}} [c\sin(2\pi\nu t + \phi)]^2\, dt} = \frac{c}{\sqrt{2}}$$

5. 식 (1.8.8)에서 $\sin kt \sin \frac{1}{2}t$를 $\frac{1}{2}(\cos(k - \frac{1}{2})t - \cos(k + \frac{1}{2})t)$로 표현해 다음 식을 증명하라.

$$\sum_{k=1}^{n} \sin kt = \frac{\cos\frac{1}{2}t - \cos\left(n + \frac{1}{2}\right)t}{2\sin\frac{1}{2}t} = \frac{\sin\frac{1}{2}(n+1)t\ \sin\frac{1}{2}nt}{\sin\frac{1}{2}t} \tag{1.8.14}$$

비슷한 방법으로 다음 식을 증명하라.

$$\sum_{k=1}^{n} \cos kt = \frac{\sin\left(n + \frac{1}{2}\right)t - \sin\frac{1}{2}t}{2\sin\frac{1}{2}t} = \frac{\cos\frac{1}{2}(n+1)t\ \sin\frac{1}{2}nt}{\sin\frac{1}{2}t} \tag{1.8.15}$$

6. 순수 사인파 두 개가 있다. 하나의 주파수가 다른 것의 두배 주위이다. 맥놀이를 들을 수 있는가?(8.10절의 연습문제 1번을 참조하라.)

1.9 중첩

소리 두 개를 중첩하는 것은 해당 파동 함수를 더하는 것이다. 이것은 선형성linearity 개념의 일부이다. 일반적으로 시스템은 두 가지 조건이 만족하면 선형이다. 첫 번째는 중첩superposition이다. 동시 입력 신호 두 개의 합인 입력 신호가 만드는 출력 신호가 출력 각각의 합으로 나타나는 것을 의미한다. 두 번째는 동질성homogeneity이다. 입력 수준을 상수 배로 확대하면 출력 수준이 동일한 상수 배로 확대되는 것을 의미한다.

동일한 주파수의 조화 운동을 중첩하면 다음과 같이 작동한다. 주파수는 같지만 진폭과 위상이 다른 단순 조화 운동 두 개는 더해져서 항상 동일한 주파수의 또 다른 단순 조화 운동이 된다. 앞의 절에서 이에 대한 몇 가지 예를 봤다. 이 절에서는 실제로 이것을 수행하기 위한 쉬운 그래픽 방법이 있음을 소개한다.

$\omega = 2\pi\nu$일 때, $c \sin(\omega t + \phi)$ 형태의 사인파를 생각한다. 이것은 다음 원형 운동의 y축 성분이다.

$$x = c\cos(\omega t + \phi)$$
$$y = c\sin(\omega t + \phi)$$

$\sin^2\theta + \cos^2\theta = 1$이므로, 위의 방정식을 제곱한 후에 더하면 점 (x, y)는 다음 식을 만족해 반지름이 c이고 중심이 원점인 원에 놓이는 것을 알 수 있다.

$$x^2 + y^2 = c^2$$

t가 변함에 따라 점 (x, y)는 원주를 시계 반대 방향으로 초당 ν번 회전한다. 그래서 ν는 원점을 중심으로 초당 원을 회전하는 횟수를 나타내고 ω를 라디안으로 나타낸 초당 각속도를 나타낸다. 위상 ϕ는 $t = 0$일 때 양의 x축과 $(0, 0)$에서 (x, y)까지의 선분이 마주보는 각도를 반시계 방향으로 측정한 값이다. 그림 1.18을 참조하라.

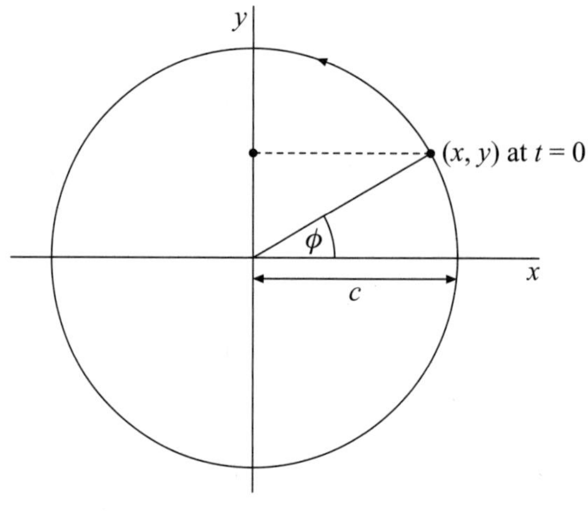

그림 1.18 원형 운동

이제, 같은 주파수를 가지는 사인파 두 개 $c_1 \sin(\omega t + \phi_1)$, $c_2 \sin(\omega t + \phi_2)$를 고려한다. $t = 0$일 때 대응하는 벡터는 다음과 같다.

$$(x_1, y_1) = (c_1 \cos\phi_1, c_1 \sin\phi_1)$$
$$(x_2, y_2) = (c_2 \cos\phi_2, c_2 \sin\phi_2)$$

이러한 사인파를 충첩하기 위해서(즉, 더하기 위해서) 위의 벡터를 간단하게 더해 다음을 얻는다.

$$\begin{aligned}(x, y) &= (c_1 \cos\phi_1 + c_2 \cos\phi_2, c_1 \sin\phi_1 + c_2 \sin\phi_2)\\ &= (c \cos\phi, c \sin\phi)\end{aligned}$$

(x_2, y_2)에서 시작하는 (0, 0)에서 (x_1, y_1)까지 선분의 복사본을 그리고 (x_1, y_1)에서 시작하는 (0, 0)에서 (x_2, y_2)까지 선분의 복사본을 그려서 평행사변형을 형성한다. 이렇게 구한 평행사변형에서 원점에서 가장 멀리 떨어진 점 (x, y)까지의 직선 거리가 진폭 c가 된다. 각도 ϕ는 이 직선과 x축 사이의 각도를 반시계 방향으로 측정한 값이다. 그림 1.19를 참조하라.

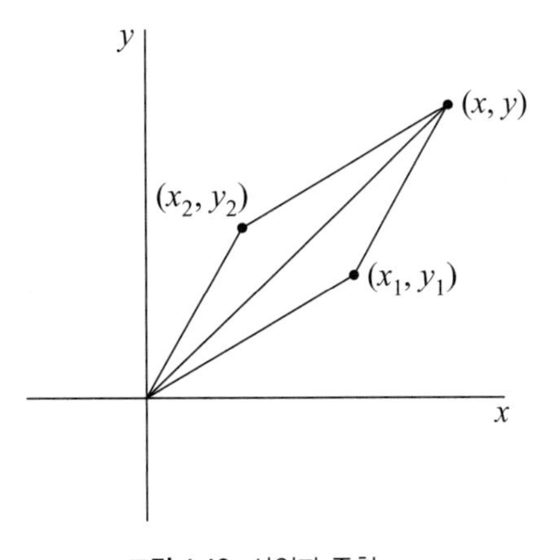

그림 1.19 사인파 중첩

연습문제

1. 다음의 파동을 $c \sin(2\pi \nu t + \phi)$의 형태로 나타내라.

   (i) $\cos(2\pi t)$

   (ii) $\sin(2\pi t) + \cos(2\pi t)$

   (iii) $2 \sin(4\pi t + \pi/6) - \sin(4\pi t + \pi/2)$

2. 오일러 관계식 $e^{i\theta} = \cos\theta + i \sin\theta$을 이용해 이 절에서 설명한 그래픽 방법을 다음 형태의 복소 평면의 운동으로 해석하라.

$$z = c e^{i(\omega t + \phi)}$$

1.10 감쇠 조화 운동

감쇠 조화 운동damped harmonic motion은 복원력 $F = -ky$에 다음과 같이 속도에 비례하는 마찰력이 있을 때 발생한다.

$$F = -ky - \mu \dot{y}$$

μ가 양수이면 이런 추가 항이 운동을 감쇠시키고 μ가 음수이면 조화 운동을 촉진시킨다. 최종적으로 다음의 미분방정식을 얻는다.

$$m\ddot{y} + \mu\dot{y} + ky = 0 \tag{1.10.1}$$

이것은 상수 계수의 선형 2차 미분방정식이다. 방정식을 풀기 위해 해를 다음 형태로 가정한다.

$$y = e^{\alpha t}$$

그러면 $\dot{y} = \alpha e^{\alpha t}$, $\ddot{y} = \alpha^2 e^{\alpha t}$를 얻는다. y가 원래 미분방정식을 만족하기 위해서는 다음의 보조방정식auxiliary equation을 α가 만족해야 한다.

$$mY^2 + \mu Y + k = 0 \tag{1.10.2}$$

이차방정식 (1.10.2)는 두 개의 근 $Y = \alpha$, $Y = \beta$를 가지므로, $y = e^{\alpha t}$와 $y = e^{\beta t}$는 (1.10.1)의 해가 된다. (1.10.1)이 선형이므로 다음 형태의 조합 또한 해가 된다.

$$y = Ae^{\alpha t} + Be^{\beta t}$$

보조방정식 (1.10.2)의 **판별식**discriminant은 다음이다.

$$\Delta = \mu^2 - 4mk$$

$\Delta > 0$이면, 감쇠의 영향이 심한 경우이며 보조방정식의 근은 다음과 같다.

$$\alpha = (-\mu + \sqrt{\Delta})/2m$$
$$\beta = (-\mu - \sqrt{\Delta})/2m$$

그리고 미분방정식 (1.10.1)의 해는 다음으로 주어진다.

$$y = Ae^{(-\mu+\sqrt{\Delta})t/2m} + Be^{(-\mu-\sqrt{\Delta})t/2m} \tag{1.10.3}$$

이 경우에는 운동이 심하게 감쇠돼 사인파를 구별할 수 없다. 이런 시스템을 **과도감쇠**overdamped라고 하며, 결과로 나타나는 운동을 **데드비트**dead beat라고 한다.

$\Delta < 0$이면, 감쇠의 영향이 적은 경우이며 시스템은 **과소감쇠**underdamped라고 한다. 이 경우 Δ가 실수의 제곱근을 가지지 않으므로 보조방정식 (1.10.2)는 실근을 갖지 않는다. 그러나 $-\Delta$가 양수이므로 제곱근을 가지므로 이를 이용해 보조방정식의 해를 표현할 수 있다.

$$\alpha = (-\mu + \mathrm{i}\sqrt{-\Delta})/2m,$$
$$\beta = (-\mu - \mathrm{i}\sqrt{-\Delta})/2m$$

여기에서 $\mathrm{i} = \sqrt{-1}$이다. 그러므로 미분방정식의 해는 다음과 같다.

$$y = e^{-\mu t/2m}\left(Ae^{\mathrm{i}t\sqrt{-\Delta}/2m} + Be^{-\mathrm{i}t\sqrt{-\Delta}/2m}\right)$$

실수 해가 필요하므로 오일러 방정식 $e^{\mathrm{i}\theta} = \cos\theta + \mathrm{i}\sin\theta$를 이용하면 다음이 된다.

$$y = e^{-\mu t/2m}((A + B)\cos(t\sqrt{-\Delta}/2m) + \mathrm{i}(A - B)\sin(t\sqrt{-\Delta}/2m))$$

실수 $A' = A + B$, $B' = \mathrm{i}(A - B)$를 선택하면 다음의 실수 해를 얻는다.

$$y = e^{-\mu t/2m}(A'\sin(t\sqrt{-\Delta}/2m) + B'\cos(t\sqrt{-\Delta}/2m)) \tag{1.10.4}$$

이것은 감쇠 계수 $e^{-\mu t/2m}$을 가지는 조화 운동이다.

$\Delta = 0$인 경우는 특별하며 해는 다음이다.

$$y = (At + B)e^{-\mu t/2m} \tag{1.10.5}$$

조화 운동이 보이지 않는 면에서 전체적으로 $\Delta > 0$인 경우와 닮았다. 이런 시스템을 임계감쇠critically damped라고 한다.

보기

1. 다음 방정식은 과도감쇠이다.

$$\ddot{y} + 4\dot{y} + 3y = 0 \tag{1.10.6}$$

보조방정식은 다음과 같다.

$$Y^2 + 4Y + 3 = 0$$

이것은 $(Y+1)(Y+3) = 0$으로 인수분해되며 $Y = -1$, $Y = -3$이 된다. 그러므로 (1.10.6)의 해는 다음으로 주어진다.

$$y = Ae^{-t} + Be^{-3t}$$

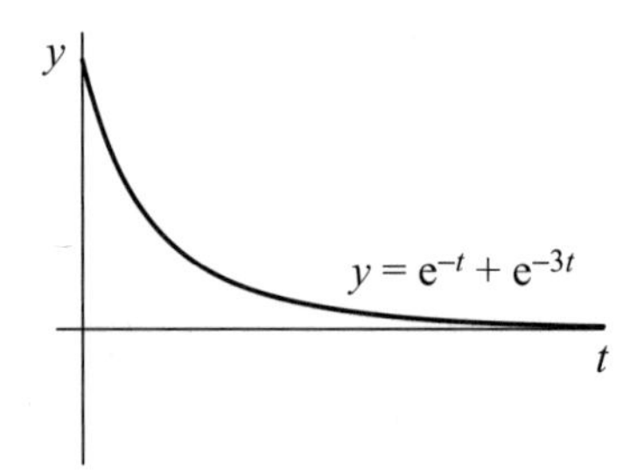

2. 다음 방정식은 과소감쇠이다.

$$\ddot{y} + 2\dot{y} + 26y = 0 \tag{1.10.7}$$

보조방정식은 다음과 같다.

$$Y^2 + 2Y + 26 = 0$$

완전제곱 형태를 만들면 $(Y+1)^2+25=0$이 돼, 해는 $Y=-1\pm 5\mathrm{i}$이다. 그러므로 (1.10.7)의 해는 다음이 된다.

$$y = \mathrm{e}^{-t}(A\mathrm{e}^{5\mathrm{i}t} + B\mathrm{e}^{-5\mathrm{i}t})$$

또는

$$y = \mathrm{e}^{-t}(A' \cos 5t + B' \sin 5t) \tag{1.10.8}$$

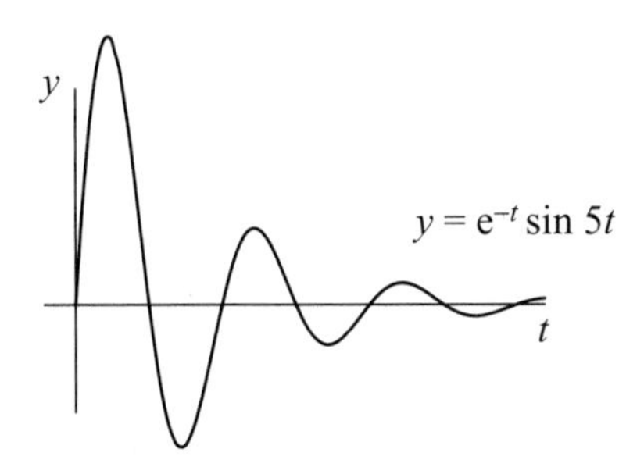

3. 다음 방정식은 임계감쇠이다.

$$\ddot{y} + 4\dot{y} + 4y = 0 \tag{1.10.9}$$

보조방정식은 다음이 된다.

$$Y^2 + 4Y + 4 = 0$$

이것은 $(Y+2)^2=0$으로 인수분해돼 $Y=-2$가 유일한 해다. 그러므로 (1.10.9)의 해는 다음으로 주어진다.

$$y = (At + B)\mathrm{e}^{-2t}$$

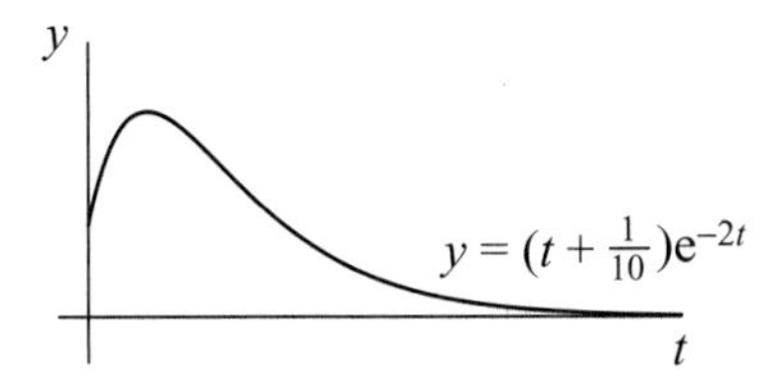

연습문제

1. $\Delta = \mu^2 - 4mk > 0$이면 함수 (1.10.3)이 미분방정식 (1.10.1)의 실수 해가 되는 것을 보여라.
2. $\Delta = \mu^2 - 4mk < 0$이면 함수 (1.10.4)가 미분방정식 (1.10.1)의 실수 해가 되는 것을 보여라.
3. $\Delta = \mu^2 - 4mk = 0$이면 보조방정식 (1.10.2)가 완전제곱이 되며 함수 (1.10.5)가 미분방정식 (1.10.1)의 실수 해가 되는 것을 보여라.

1.11 공명

강제 조화 운동forced harmonic motion은 다음의 형태와 같이 방정식 (1.10.1)에 (종종 주기적인) 외력항 $f(t)$가 있는 것이다.

$$m\ddot{y} + \mu\dot{y} + ky = f(t) \tag{1.11.1}$$

이것은 외부 자극 $f(t)$가 가해지는 감쇠 시스템을 나타낸다. 특별히 $f(t)$가 사인파인 경우에 관심이 있다. 이것이 강제 조화 운동을 나타내기 때문이다. 강제 조화 운동은 대부분의 악기에서 소리 생성과 달팽이관에서 소리 인식을 설명한다. 뒤에서 강제 조화 운동이 공명resonance 현상을 일으키는 것을 살펴본다.

두 단계로 방정식의 해를 구한다. 첫 번째 단계는 1.10절에서 설명한 대로 외력항 없이 방정식 (1.10.1)의 일반 해를 구해 보조해complementary function를 얻는다. 두 번째 단계는 (추측을 포함한) 어떤 방법으로든 방정식 (1.11.1)에 대한 해를 하나 구한다. 이것을 특수 해particular integral라고 한다. 그러면 방정식 (1.11.1)에 대한 일반 해는 보조 해와 특수 해의 합이 된다.

보기

1. 다음 방정식을 고려한다.

$$\ddot{y} + 4\dot{y} + 5y = 10t^2 - 1 \tag{1.11.2}$$

$y = at^2 + bt + c$ 형태의 특수 해를 찾고자 한다. 미분을 하면 $\dot{y} = 2at + b$, $\ddot{y} = 2a$가 된다. 이를 (1.11.2)에 대입해 다음을 얻는다.

$$2a + 4(2at + b) + 5(at^2 + bt + c) = 10t^2 + t - 3$$

t^2의 계수를 비교하면 $5a = 10$, 즉 $a = 2$가 된다. 그리고 t의 계수를 비교하면 $8a + 5b = 1$, 그래서 $b = -3$이다. 마지막으로 상수항을 비교하면 $2a + 4b + 5c = -3$이며 $c = 1$이다. 그래서 특수 해는 $y = 2t^2 - 3t + 1$이다. 이것을 보조해 (1.10.8)에 더하면 (1.11.2)의 일반 해가 다음으로 주어진다.

$$y = 2t^2 - 3t + 1 + e^{-2t}(A' \cos t + B' \sin t)$$

2. 보다 더 흥미로운 보기로서 다음을 생각한다.

$$\ddot{y} + 4\dot{y} + 5y = \sin 2t \qquad (1.11.3)$$

다음 형태의 특수 해를 찾고자 한다.

$$y = a \cos 2t + b \sin 2t$$

$\cos 2t$와 $\sin 2t$의 계수를 비교해 다음의 방정식 두 개를 얻는다.

$$-8a + b = 1,$$
$$a + 8b = 0$$

연립방정식을 풀면 $a = -\frac{8}{65}$, $b = \frac{1}{65}$를 얻는다. 그러므로 (1.11.3)의 일반 해는 다음이 된다.

$$y = \frac{\sin 2t - 8 \cos 2t}{65} + e^{-2t}(A' \cos t + B' \sin t)$$

이 책에서 관심을 가지는 강제 조화 운동은 다음 방정식으로 기술된다.

$$m\ddot{y} + \mu\dot{y} + ky = R\cos(\omega t + \phi) \qquad (1.11.4)$$

이것은 진폭 R과 각속도 ω의 외력항을 갖는 감쇠 조화 운동(1.10절 참조)을 나타낸다.

보기와 같이 진행하기 위해 다음 형태의 특수 해를 찾는다.

$$y = a \cos \omega t + b \sin \omega t$$

두 번째 보기와 같이 진행할 수 있다. 그러나 간단한 계산을 위해 복소수를 도입한다. 미분방정식이 선형이고 다음 식에 주의한다.

$$Re^{i(\omega t+\phi)} = R(\cos(\omega t + \phi) + i\sin(\omega t + \phi))$$

그러면 단위 진폭과 각 속도 ω를 가지는 복소수 외력항을 가지는 다음의 방정식의 특수 해를 구하면 충분하다.

$$m\ddot{y} + \mu\dot{y} + ky = Re^{i(\omega t+\phi)} \tag{1.11.5}$$

그런 후에 실수부를 취하면 식 (1.11.4)의 특수 해를 구할 수 있다.

(1.11.5)의 해를 구하기 위해 $y = Ae^{i(\omega t+\phi)}$의 형태를 고려한다. A를 결정해야 한다. $\dot{y} = Ai\omega e^{i(\omega t+\phi)}$이고 $\ddot{y} = -A\omega^2 e^{i(\omega t+\phi)}$이므로 (1.11.5)에 대입하고 $e^{i(\omega t+\phi)}$로 나누면 다음을 얻는다.

$$A(-m\omega^2 + i\mu\omega + k) = R$$

또는

$$A = \frac{R}{-m\omega^2 + i\mu\omega + k}$$

보조해는 감쇠하므로 실제로 "정상 상태[steady state]"를 나타내는 특수 해는 다음으로 주어진다.

$$y = \frac{Re^{i(\omega t+\phi)}}{-m\omega^2 + i\mu\omega + k}$$

위의 식에서 분모는 복소수의 상숫값이므로 해는 복소평면에서 원을 중심으로 움직인다. 실수 부분은 원의 반지름이 진폭이고 위상이 분모의 인수에 의해 결정되는 사인파가 된다.

결과로 얻는 진동의 진폭, 따라서 (단위 진폭의 외력항으로 시작했기에) 공진의 크기는 해의 절댓값으로 주어진다.

$$|y| = \frac{R}{\sqrt{(k - m\omega^2)^2 + \mu^2\omega^2}}$$

이런 진폭 증폭은 $(k - m\omega^2)^2 + \mu^2\omega^2$의 미분이 영이 되는 다음 값에서 최댓값이 된다.

$$\omega = \sqrt{\frac{k}{m} - \frac{\mu^2}{2m^2}}$$

이때 진폭은 $mR/(\mu\sqrt{km - \mu^2/4})$이다. 위의 ω값을 시스템의 공진 주파수resonant frequency라고 한다. 이 ω값은 보조해 (1.10.4)의 진동수보다 조금 작은 것을 알 수 있다.

$$\omega = \frac{\sqrt{-\Delta}}{2m} = \sqrt{\frac{k}{m} - \frac{\mu^2}{4m^2}}$$

그리고 보조해의 진동수는 대응하는 감쇠 없는 해의 진동수보다 조금 작다.

$$\omega = \sqrt{\frac{k}{m}}$$

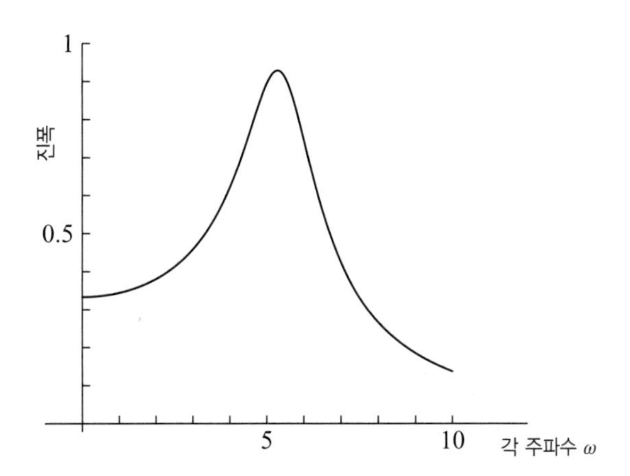

그림 1.20 강제 과소감쇠 방정식의 진폭

보기

다음의 과소감쇠 방정식을 고려한다.

$$\ddot{y} + 2\dot{y} + 30y = 10\sin\omega t$$

위의 공식에서 최종적으로 얻는 정상 상태의 사인파 모양의 해는 진폭 $10/\sqrt{900-56\omega^2+\omega^4}$를 가진다. 최댓값은 $\omega = \sqrt{28}$에서 가진다. 그림 1.20을 참조하라.

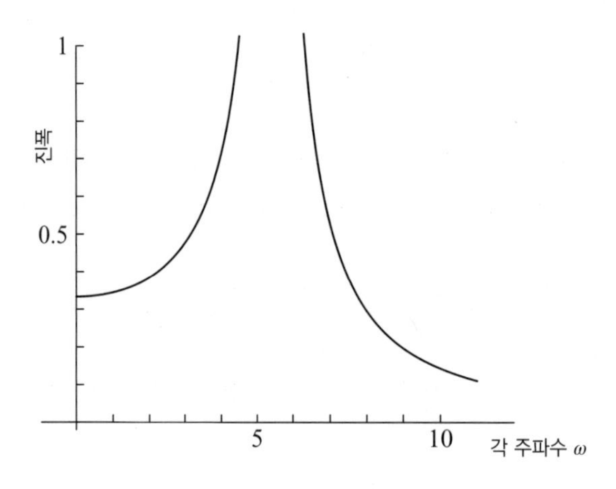

그림 1.21 감쇠가 없는 방정식의 진폭

감쇠항이 없는 다음 방정식의 정상 상태에서 진폭을 생각한다.

$$\ddot{y} + 30y = 10\sin\omega t$$

이것은 $10/|30-\omega^2|$이 된다. $\omega=\sqrt{30}$에서 "무한대로 뾰족한" 피크를 가진다. 그림 1.21을 참조하라.

이제 공진 시스템에 대한 공진 주파수와 대역폭bandwidth이라는 용어를 도입한다. 공진 주파수는 정상 상태의 해가 최대 진폭을 가지는 주파수이다. 대역폭은 위 그래프에서 피크의 너비를 설명하는 모호한 용어이다. 따라서 위의 감쇠된 보기에서 대역폭을 대략 4.5~6.5로 설명할 수 있고 감쇠되지 않은 보기에서는 대역폭이 다소 넓어 보인다. 때때로 최대 진폭의 $1/\sqrt{2}$배를 가지는 두 점 사이의 거리를 이용해 대역폭을 정확하게 정의하기도 한다. 전력이 진폭의 제곱에 비례하므로 이것은 전력의 2배에 해당하며 $10\log_{10}(2)$dB, 대략 3dB의 차이에 해당한다.

02
푸리에 이론

길버트와 설리반Gilbert and Sullivan의 노래 〈Modern Major General〉의 멜로디에 따라서

I am the very model of a genius mathematical,

나는 수학 천재의 바로 그 본보기다.

For I can do mechanics, both dynamical and statical,

나는 역학을 할 수 있다. 동역학, 정역학 모두.

Or integrate a function round a contour in the complex plane,

그리고 복소평면에서 함수의 경로 적분을 할 수 있다.

Yes, even if it goes off to infinity and back again;

물론, 함수가 무한대를 가지더라도

Oh, I know when a detailed proof's required and when a guess'll do

오, 언제 자세한 증명이 필요한지 그리고 언제 추측이 필요한지 안다.

I know about the functions of Laguerre and those of Bessel too,

라게르 함수와 베셀 함수에 대해서도 알고.

I've finished every tripos question back to 1948;

나는 1948년에 자격 시험을 끝냈다.

There ain't a function you can name that I can't differentiate!
내가 미분할 수 없는 함수를 찾을 수 없다!
There ain't a function you can name that he can't differentiate [Tris]
그가 미분할 수 없는 함수를 찾을 수 없다. [삼중]

I've read the text books and I can extremely quickly tell you where
나는 교과서를 다 읽어서 너에게
To look to find Green's Theorem or the Principle of d'Alembert
그린의 정리와 달랑베르 원리가 어디 있는지 즉시 알려줄 수 있다.
Or I can work out Bayes' rule when the loss is not Quadratical
그리고 손실함수가 이차가 아닐 때 베이즈 공식을 적용할 수 있다.
In short I am the model of a genius mathematical!
즉 나는 수학 천재 수학의 본보기이다.

For he can work out Bayes' rule when the loss is not Quadratical
그는 손실함수가 이차가 아닐 때 베이즈 공식을 적용할 수 있기 때문에,
In short he is the model of a genius mathematical!
즉 그는 수학 천재 수학의 본보기이다.

Oh, I can tell in seconds if a graph is Hamiltonian,
오, 그래프가 해밀턴인지 몇 초만에 알 수 있다.
And I can tell you if a proof of 4CC's a phoney 'un
그리고 4번 문제의 증명이 틀렸는지 알려줄 수 있다.
I read up all the journals and I'm ready with the latest news,
모든 저널을 읽고 최신 뉴스를 접하고 있다.
And very good advice about the Part II lectures you should choose.
그리고 너가 선택하는 강의에 대해 조언해줄 수 있다.
Oh, I can do numerical analysis without a pause,
아, 쉬지 않고 수치 해석을 할 수 있고,

Or comment on the far-reaching significance of Newton's laws
뉴턴 법칙의 광범위한 의미에 대해 설명할 수 있다.
I know when polynomials are soluble by radicals,
다항식이 라디칼로 언제 풀 수 있는지 알고 있다.
And I can reel off simple groups, especially sporadicals.
그리고 나는 단순군 특히 스포라디칼을 술술 말할 수 있다.
For he can reel off simple groups, especially sporadicals [Tris]
그는 단순군 특히 스포라디칼을 술술 말할 수 있기 때문이다. [삼중]

Oh, I like relativity and know about fast moving clocks
오, 나는 상대성이론을 좋아하고 빨리 가는 시계를 안다.
And I know what you have to do to get round Russell's paradox
그리고 러셀의 역설을 극복하기 위해 무엇을 해야 하는지 안다.
In short, I think you'll find concerning all things problematical
결국, 너의 모든 문제에 대해.
I am the very model of a genius mathematical!
나는 수학 천재 수학의 바로 그 본보기이다.

In short we think you'll find concerning all things problematical
결국, 너의 모든 문제에 대해
He is the very model of a genius mathematical!
그는 수학 천재의 바로 그 본보기이다.

Oh, I know when a matrix will be diagonalisable
오, 나는 행렬이 언제 대각화되는지 안다.
And I can draw Greek letters so that they are recognizable
그리고 알아볼 수 있도록 그리스 문자로 쓸 수 있다.
And I can find the inverse of a non-zero quaternion
그리고 영이 아닌 사원수의 역을 구할 수 있다.

I've made a model of a rhombicosidodecahedron;

내가 마름모십이면체의 모델을 만들었다.

Oh, I can quote the theorem of the separating hyperplane

오, 나는 분리 초평면의 정리를 인용할 수 있다.

I've read MacLane and Birkhoff not to mention Birkhoff and MacLane

나는 버코프와 매클레인뿐 아니라 매클레인과 버코프도 읽었다.

My understanding of vorticity is not a hazy 'un

와도에 대한 나의 이해는 뚜렷하다.

And I know why you should (and why you shouldn't) be a Bayesian!

그리고 나는 너가 베이지안이어야 하는 이유(또는 아니어야 하는 이유)를 알고 있다.

For he knows why you should (and why you shouldn't) be a Bayesian! [Tris]

그는 너가 베이지안이어야 하는 이유(또는 아니어야 하는 이유)를 알고 있기 때문이다. [삼중]

I'm not deterred by residues and really I am quite at ease

나는 잔차로 단념하지 않고 오히려 편안해한다.

When dealing with essential isolated singularities,

특히 고립된 특이점을 다룰 때는.

In fact as everyone agrees (and most are quite emphatical)

사실 모두가 동의하는 것처럼 (대부분이 매우 강조하듯이)

I am the very model of a genius mathematical!

나는 천재 수학의 바로 그 본보기이다.

In fact as everyone agrees (and most are quite emphatical)

사실 모두가 동의하듯이 (대부분이 매우 강조하듯이)

He is the very model of a genius mathematical! 그

는 수학 천재의 바로 그 본보기이다.

– 샴페인 어바나 청년 하키 협회 노래책에서, 케임브리지(사적 배포) 1976.

2.1 들어가며

현이 동시에 다른 여러 주파수로 어떻게 진동할 수 있는가? 이 문제는 17세기와 18세기의 많은 위대한 수학자와 음악가의 마음을 사로잡았다. 이 문제에 기여한 사람에는 마랭 메르센, 다니엘 베르누이, 바흐 가족, 장드롱 달랑베르, 레온하르트 오일러, 장바티스트 조제프 푸리에가 있다.

여기서는 푸리에의 조화 분석 이론에 대해 설명한다. 이것은 주기적인 파동을 사인과 코사인의 (일반적으로 무한 개의) 합으로 분해하는 것이다. 관련 주파수는 주기적인 파동이 가지는 기본 주파수의 정수 배이며 각각의 진폭은 적분으로 결정된다. 푸리에 급수와 이것의 연속 주파수 스펙트럼에 대응하는 푸리에 적분에 대한 참고 도서는 Tom Körner(1988)이다. 그러나 설명 방식이 이 책에 비해 매우 추상적이다.

이 부분이 책의 나머지 부분보다 아마도 수학적으로 더 까다로울 것이다. 뒷부분을 읽기 위해서 여기의 내용을 모두 이해할 필요는 없지만 푸리에 이론을 어느 정도 이해하면 도움이 될 것이다.

그림 2.1 장바티스트 조제프 푸리에(1768–1850)의 판화. 보일리(1823), 파리 학술원

2.2 푸리에 계수

푸리에(그림 2.1 참조)는 삼각함수의 급수를 사용해 주기함수를 분석할 수 있다는 아이디어를 제시했다.[1] 함수 $\cos\theta$와 $\sin\theta$는 주기 2π를 가지는 주기함수periodic이다. 다음을 만족한다.

$$\cos(\theta + 2\pi) = \cos\theta,$$
$$\sin(\theta + 2\pi) = \sin\theta$$

즉, θ축을 따라 2π만큼 이동해도 함수값에 영향을 주지 않는다. 주기가 2π인 주기함수는 다른 함수 $f(\theta)$는 많이 있다. 단지 다음 식을 만족하면 된다.

$$f(\theta + 2\pi) = f(\theta).$$

반열린 구간half-open interval $[0, 2\pi]$에서 원하는 대로 함수 f를 정의하면 위의 식에서 다른 값 θ에 대해서 함수값을 결정할 수 있다.

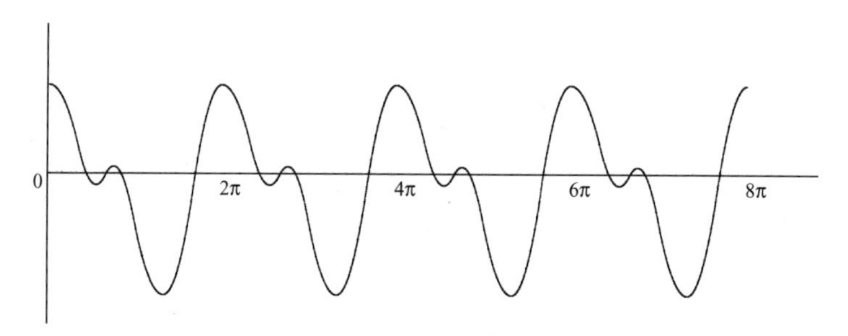

그림 2.2 주기가 2π인 주기함수

주기가 2π인 주기함수의 다른 보기로 상수함수 그리고 양의 정수 n에 대해 함수 $\cos(n\theta)$와 $\sin(n\theta)$가 있다. n이 음의 값을 가지는 경우는 다음의 관계식 때문에 새로운 함수를 도입하지 못한다.

1 푸리에 급수의 기본 아이디어는 장바티스트 조제프 푸리에의 『La Théorie Analytique de la Chaleur(열의 분석에 대한 이론)』, (F. Didot, 1822)에서 소개됐다. 푸리에는 1768년 프랑스 오세르에서 재단사의 아들로 태어났다. 어린 시절에 고아가 됐고 베네딕토회 수도회가 운영하는 학교에서 교육을 받았다. 프랑스 혁명 기간 동안 정치적으로 활동했으며 거의 처형될 뻔했다. 혁명 후, 푸리에는 파리의 새로운 사범학교에서 공부했다. 라그랑주, 몽주, 라플라스 등이 교사였다. 1822년에 위에서 언급한 결과의 출판으로 파리의 학술원의 종신 위원으로 선출됐다. 그 후 1830년 사망할 때까지 디리클레, 리우빌, 스튀름과 같은 젊은 수학자들을 격려하는 데 힘썼다.

$$\cos(-n\theta) = \cos(n\theta),$$
$$\sin(-n\theta) = -\sin(n\theta)$$

보다 일반적으로 다음 형태의 급수를 생각한다.

$$f(\theta) = \tfrac{1}{2}a_0 + \sum_{n=1}^{\infty}(a_n \cos(n\theta) + b_n \sin(n\theta)) \tag{2.2.1}$$

여기에서 a_n과 b_n은 상수이다. 그래서 $\frac{1}{2}a_0$는 단지 상수이다. 계수 $\frac{1}{2}$가 붙은 이유는 뒤에서 알게 된다. 이런 급수를 삼각 급수trigonometric series라고 한다. 급수가 수렴하면 $f(\theta + 2\pi) = f(\theta)$를 만족하는 함수를 정의한다.

여기서 자연스러운 문제는 다음이다. 주어진 주기함수와 일치하는 합을 가지는 삼각 급수를 구할 수 있는가? 이에 대한 답을 하기 전에 다음 문제를 먼저 생각한다. 삼각 급수로 정의된 함수에 대해 계수 a_n과 b_n을 어떻게 복원하는가?

답은 다음 공식에 있다($m \geq 0$, $n \geq 0$에 대해).

$$\int_0^{2\pi} \cos(m\theta)\sin(n\theta)\,\mathrm{d}\theta = 0 \tag{2.2.2}$$

$$\int_0^{2\pi} \cos(m\theta)\cos(n\theta)\,\mathrm{d}\theta = \begin{cases} 2\pi & m = n = 0\text{일 때,} \\ \pi & m = n = 0\text{일 때,} \\ 0 & \text{그 외의 경우} \end{cases} \tag{2.2.3}$$

$$\int_0^{2\pi} \sin(m\theta)\sin(n\theta)\,\mathrm{d}\theta = \begin{cases} \pi & m = n > 0\text{일 때,} \\ 0 & \text{그 외의 경우} \end{cases} \tag{2.2.4}$$

적분을 하기 전에 식 (1.8.2)–(1.8.8)을 이용해 삼각함수의 곱을 합으로 변형하면 위의 식을 증명할 수 있다.[2] (2.2.3)의 $m = n = 0$에서 추가적으로 발생하는 계수 2가 (2.2.1)의 a_0 앞에 있는 계수 $\frac{1}{2}$를 설명한다.

이로부터, 계수 a_m을 구하기 위해서는 $f(\theta)$에 $\cos(m\theta)$를 곱한 후에 적분을 한다. 이 과정을 식 (2.2.1)에 적용하면 어떤 일이 발생하는지 살펴보자. 적분과 무한 합의 순서를 교

2 관계식 (2.2.2)–(2.24)를 종종 "직교 관계식"(orthogonality relation)이라 한다. 아이디어는 적분 가능한 주기함수가 $\langle f, g\rangle = \frac{1}{2\pi}\int_0^{2\pi} f(\theta)g(\theta)\mathrm{d}\theta$로 주어지는 내적을 가지는 무한 차원의 벡터 공간을 형성한다는 것이다. 주어진 내적에 대해, 함수 $\sin(m > \theta)$ $(m > 0)$와 $\cos(m\theta)(m \geq 0)$는 "직교" 또는 수직이다.

환할 수 있으면 영이 아닌 값을 가지는 것은 오직 하나뿐이다. 그래서 $m>0$에 대해 다음을 얻는다.

$$\begin{aligned}\int_0^{2\pi}\cos(m\theta)f(\theta)\,\mathrm{d}\theta &= \int_0^{2\pi}\cos(m\theta)\left(\tfrac{1}{2}a_0+\sum_{n=1}^{\infty}(a_n\cos(n\theta)+b_n\sin(n\theta))\right)\mathrm{d}\theta \\ &= \tfrac{1}{2}a_0\int_0^{2\pi}\cos(m\theta)\,\mathrm{d}\theta \\ &\quad +\sum_{n=1}^{\infty}\left(a_n\int_0^{2\pi}\cos(m\theta)\cos(n\theta)\,\mathrm{d}\theta+b_n\int_0^{2\pi}\cos(m\theta)\sin(n\theta)\,\mathrm{d}\theta\right) \\ &= \pi a_m\end{aligned}$$

최종적으로 $m>0$에 대해 다음 식을 얻는다.

$$\boxed{a_m=\frac{1}{\pi}\int_0^{2\pi}\cos(m\theta)f(\theta)\,\mathrm{d}\theta} \tag{2.2.5}$$

해석학 이론에서 합이 균등 수렴하면 적분과 무한합의 순서를 교환할 수 있다.[3] 같은 조건에서 $m>0$에 대해 다음을 얻는다.

$$\boxed{b_m=\frac{1}{\pi}\int_0^{2\pi}\sin(m\theta)f(\theta)\,\mathrm{d}\theta} \tag{2.2.6}$$

식 (2.2.5)와 (2.2.6)이 정의하는 함수 a_m과 b_m을 함수 $f(\theta)$의 푸리에 계수Fourier coefficient라 한다.

이제, 식 (2.2.1)의 a_0 앞에 있는 계수 $\frac{1}{2}$에 대해 알 수 있다. π는 2π의 반이고 $\cos(0\theta)=1$이므로 다음을 얻는다.

$$a_0=\frac{1}{\pi}\int_0^{2\pi}\cos(0\theta)f(\theta)\,\mathrm{d}\theta \tag{2.2.7}$$

이것은 계수 a_m에 대한 공식 (2.2.5)가 모든 $m\geq 0$에 대해 성립하는 것을 의미한다.

---

3 $[a, b]$에서 정의된 함수의 수열 f_n이 f에 "균등(uniform)" 수렴하는 것은 주어진 $\varepsilon>0$에 대해 (x와 무관한) $N>0$이 존재해 모든 $x\in[a, b]$와 $n\geq N$에 대해 $|f_n(x)-f(x)|<\varepsilon$를 만족하는 것이다. Rudin, "Principles of Mathematical Analysis", third edn., McGraw-Hill 1976, 정리 7.16의 따름정리를 참조하라. 2.5절에서 이 정의에 대하서 추가 언급을 할 것이다.

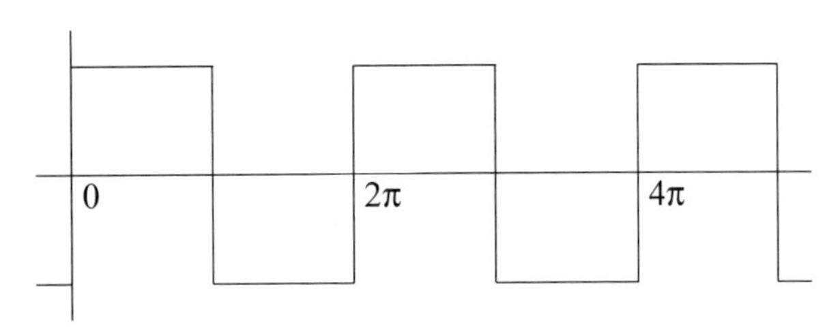

그림 2.3 사각파

식 (2.2.5), (2.2.6), (2.2.7)을 사용해 a_m과 b_m을 정의할 때, 식 (2.2.1)의 우변이 항상 $f(\theta)$로 수렴하면 좋을 것이다. f가 충분히 좋은 경우에는 이것이 성립한다. 그러나 불행하게 모든 함수 f에 대해 성립하지는 않는다. 2.4절에서 수렴을 보장하는 f에 대한 조건에 대해 조사한다.

당연하겠지만, 완전한 한 주기를 나타내는 2π의 길이를 가지는 임의의 구간을 0부터 2π까지 적분 대신에 사용할 수 있다. 보기로서 $-\pi$에서 π까지 적분하는 것이 경우에 따라서 편리하다.

$$\begin{aligned} a_m &= \frac{1}{\pi}\int_{-\pi}^{\pi} \cos(m\theta) f(\theta)\,\mathrm{d}\theta, \\ b_m &= \frac{1}{\pi}\int_{-\pi}^{\pi} \sin(m\theta) f(\theta)\,\mathrm{d}\theta \end{aligned}$$

실제에서, 변수 θ는 시간과 잘 어울리지 못한다. 주기가 2π로 고정되지 않기 때문이다. 주기가 T초이면 기본 주파수는 $\nu = 1/T$Hz(헤르츠, 초당 사이클)로 주어진다. $\theta = 2\pi\nu t$로 치환하는 것이 정확하다. $F(t) = f(2\pi\nu t) = f(\theta)$로 두고 (2.2.1)에 대입하면 다음 형태의 푸리에 급수를 얻는다.

$$F(t) = \tfrac{1}{2}a_0 + \sum_{n=1}^{\infty}(a_n \cos(2n\pi\nu t) + b_n \sin(2n\pi\nu t))$$

그리고 푸리에 계수에 대한 공식은 다음이다.

$$a_m = 2\nu\int_0^T \cos(2m\pi\nu t) F(t)\,\mathrm{d}t, \qquad (2.2.8)$$

$$b_m = 2\nu\int_0^T \sin(2m\pi\nu t) F(t)\,\mathrm{d}t \qquad (2.2.9)$$

보기

사각파는 클라리넷이 만드는 파형과 닮았다. 홀수 배음[odd harmonics]이 지배적이다. $0 \le \theta < \pi$에 대해서 $f(\theta) = 1$로 정의하고, $\pi \le \theta < 2\pi$에 대해서 $f(\theta) = -1$로 정의한 (그런 후에 $f(\theta + 2\pi) = f(\theta)$를 이용해 주기함수가 되도록 모든 θ에 대해 확장한) 함수 $f(\theta)$가 사각파이다.

이 함수는 다음의 푸리에 계수를 가진다.

$$
\begin{aligned}
a_m &= \frac{1}{\pi}\left(\int_0^{\pi} \cos(m\theta)\,\mathrm{d}\theta - \int_{\pi}^{2\pi} \cos(m\theta)\,\mathrm{d}\theta\right) \\
&= \frac{1}{\pi}\left(\left[\frac{\sin(m\theta)}{m}\right]_0^{\pi} - \left[\frac{\sin(m\theta)}{m}\right]_{\pi}^{2\pi}\right) = 0 \\
b_m &= \frac{1}{\pi}\left(\int_0^{\pi} \sin(m\theta)\,\mathrm{d}\theta - \int_{\pi}^{2\pi} \sin(m\theta)\,\mathrm{d}\theta\right) \\
&= \frac{1}{\pi}\left(\left[-\frac{\cos(m\theta)}{m}\right]_0^{\pi} - \left[-\frac{\cos(m\theta)}{m}\right]_{\pi}^{2\pi}\right) \\
&= \frac{1}{\pi}\left(-\frac{(-1)^m}{m} + \frac{1}{m} + \frac{1}{m} - \frac{(-1)^m}{m}\right) \\
&= \begin{cases} 4/m\pi & (m \text{ odd}), \\ 0 & (m \text{ even}) \end{cases}
\end{aligned}
$$

사각파에 대한 푸리에 급수를 얻는다.

$$
\tfrac{4}{\pi}\left(\sin\theta + \tfrac{1}{3}\sin 3\theta + \tfrac{1}{5}\sin 5\theta + \cdots\right) \tag{2.2.10}
$$

그림 2.4에 이 급수의 앞의 몇 개 항의 부분합을 나타냈다.

이 보기에서 몇 가지 특징을 주목해야 한다. 첫 번째는 그래프가 사각파로 수렴하는 것처럼 보인다. 그러나 아주 천천히 수렴하고 그 과정에서 그래프가 점점 더 울퉁불퉁해지고 있다. 다음으로, 처음 함수의 불연속점에서 어떤 일이 일어나는지 주의하라. 푸리에 계수는 불연속에서의 함수값에 의존하지 않으므로 그 정보를 복원할 거라고 기대할 수 없다. 대신에 수열은 함수의 불연속점의 높은 값과 낮은 값의 평균으로 수렴한다. 이것은 일반적인 현상이며 2.5절에서 다시 설명한다.

마지막으로 불연속점 바로 옆에서 매우 흥미로운 일이 벌어진다. 오버슈트[overshoot]가 발생하고 결코 작아지지 않는 것처럼 보인다.

이것은 급수가 제대로 수렴하지 않는다는 것을 의미할까? 애매한 부분이 있다. 고정된 θ값에서는 급수는 잘 수렴한다. 문제가 생기는 것은 θ의 값을 불연속점에 점점 더 가까이 다가갈 때이다. 이는 **균등**uniform 수렴을 하지 않기 때문이다. 이 오버슈트를 깁스 현상Gibbs phenomenon이라 하며 2.5절에서 더 자세히 설명한다.

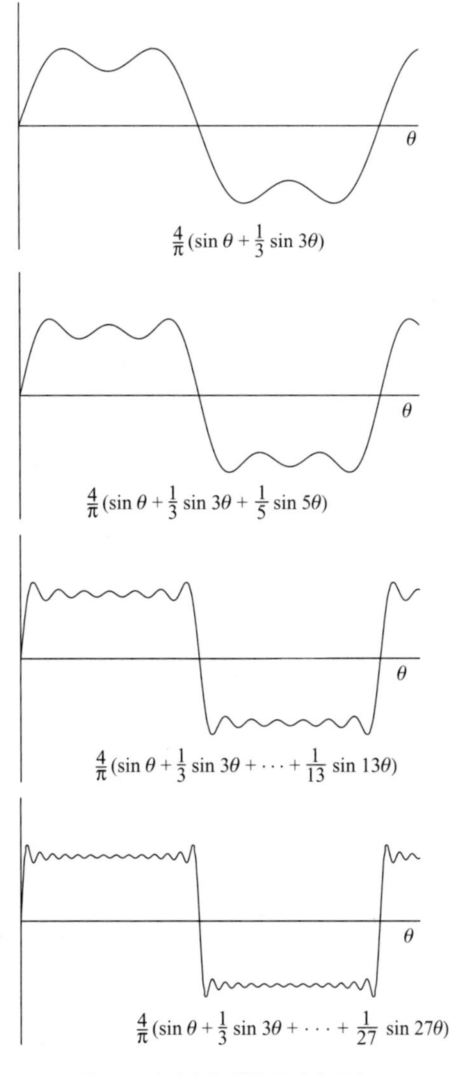

그림 2.4 사각파에 대한 푸리에 급수

연습문제

1. 적분 내부에 있는 삼각함수의 곱을 적분을 행하기 전에 합으로 표현해 식 (2.2.2)–(2.2.4)를 증명하라.
2. θ에 대한 다음 함수는 주기함수인가? 그렇다면, 최소 주기를 결정하고 기본 주파수의 배음이 존재하는 것을 확인하라. 그렇지 않다면, 이유를 설명하라.
   (i) $\sin\theta + \sin\frac{5}{4}\theta$
   (ii) $\sin\theta + \sin\sqrt{2}\,\theta$
   (iii) $\sin^2\theta$
   (iv) $\sin(\theta^2)$
   (v) $\sin(\theta) + \sin(\theta + \frac{\pi}{3})$
3. 함수 $\sin(220\pi t) + \sin(440\pi t)$와 함수 $\sin(220\pi t) + \cos(440\pi t)$의 그래프를 그려라. 그래프의 모양이 꽤 다르게 보여도 두 함수가 같은 음을 나타내는 이유를 설명하라.

2.3 우함수와 기함수

함수 $f(\theta)$가 $f(-\theta) = f(\theta)$를 만족하면 **우함수**even function라 하고, $f(-\theta) = -f(\theta)$를 만족하면 **기함수**odd function라 한다. $\cos\theta$는 우함수이고 $\sin\theta$는 기함수이다. 물론 대부분의 함수는 우함수도 기함수도 아니다. 함수가 우함수이면서 기함수가 되면 이것은 영이다. $f(\theta) = f(-\theta) = -f(\theta)$이기 때문이다.

주어진 함수 $f(\theta)$에 대해 $f(\theta)$와 $f(-\theta)$의 평균 $\frac{1}{2}(f(\theta) + f(-\theta))$를 이용하면 우함수를 구할 수 있다. 비슷하게 $\frac{1}{2}(f(\theta) - f(-\theta))$는 기함수이다. 이 둘을 더하면 원래 함수 $f(\theta)$가 된다. 그래서 $f(\theta)$를 **우부분**even part과 **기부분**odd part의 합으로 표기할 수 있다.

$$f(\theta) = \frac{f(\theta) + f(-\theta)}{2} + \frac{f(\theta) - f(-\theta)}{2}$$

주어진 함수를 우함수와 기함수의 합으로 표현하는 이런 방법이 유일한 방법인 것을 보이기 위해서, 먼저 두 개의 표현식 $f(\theta) = g_1(\theta) + h_1(\theta)$, $f(\theta) = g_2(\theta) + h_2(\theta)$가 주어졌다고 가정한다. 여기에서, g_1, g_2는 우함수이고 h_1, h_2는 기함수이다. $g_1 + h_1 = g_2 + h_2$를 정열

하면 $g_1 - g_2 = h_2 - h_1$을 얻는다. 좌변은 우함수이고 우변은 기함수이다. 결국, 기함수이면서 우함수여서 영이 된다. 최종적으로 $g_1 = g_2$, $h_1 = h_2$를 만족한다.

기함수와 우함수의 곱은 짝수와 홀수의 (곱셈이 아닌) 덧셈과 같은 결과를 준다.

X	우함수	기함수
우함수	우함수	기함수
기함수	기함수	우함수

임의의 기함수 $f(\theta)$와 임의의 $a > 0$에 대해 다음이 만족한다.

$$\int_{-a}^{0} f(\theta)\,\mathrm{d}\theta = -\int_{0}^{a} f(\theta)\,\mathrm{d}\theta$$

그래서

$$\int_{-a}^{a} f(\theta)\,\mathrm{d}\theta = 0$$

예로서, $f(\theta)$가 주기 2π인 우함수이면 $\sin(m\theta)f(\theta)$는 기함수이고 푸리에 계수 b_m은 영이 된다.

$$b_m = \frac{1}{\pi}\int_{0}^{2\pi} \sin(m\theta)f(\theta)\,\mathrm{d}\theta = \frac{1}{\pi}\int_{-\pi}^{\pi} \sin(m\theta)f(\theta)\,\mathrm{d}\theta = 0$$

비슷하게, $f(\theta)$가 주기 2π인 기함수이면 $\cos(m\theta)f(\theta)$는 기함수이고 푸리에 계수 a_m은 영이 된다.

$$a_m = \frac{1}{\pi}\int_{0}^{2\pi} \cos(m\theta)f(\theta)\,\mathrm{d}\theta = \frac{1}{\pi}\int_{-\pi}^{\pi} \cos(m\theta)f(\theta)\,\mathrm{d}\theta = 0$$

예로서, 사각파의 경우에 $a_m = 0$이 영이 되는 것을 설명할 수 있다. 사각파는 $f(\pi) \neq f(-\pi)$이므로 정확한 우함수는 아니다. 그러나 적분 구간에서 유한한 개수의 점에서 함수값을 바꿔도 적분값에 영향을 주지 않기에 $f(\pi)$와 $f(-\pi)$의 값을 영으로 대체해도 같은 푸리에 계수를 가지는 우함수를 얻을 수 있다.

같은 보기에서 $b_{2m} = 0$이 되는 이유를 다른 대칭을 이용해 설명할 수 있다. 우함수와 기함수의 논의는 차수 2인 대칭 $\theta \mapsto -\theta$를 기반으로 하고 있다. 주기 2π인 주기함수는 차수 2인 다른 대칭을 가지고 있다. 즉, $\theta \mapsto \theta + \pi$이다. $f(\theta + \pi) = f(\theta)$를 만족하는 함수 $f(\theta)$를 반주기 대칭half-period symmetric이라 하고, $f(\theta + \pi) = -f(\theta)$를 만족하면 반주기 반대칭half-period antisymmetric이라 한다. 임의의 함수 $f(\theta)$는 반주기 대칭 함수와 반주기 반대칭 함수로 분해할 수 있다.

$$f(\theta) = \frac{f(\theta) + f(\theta + \pi)}{2} + \frac{f(\theta) - f(\theta + \pi)}{2}$$

반주기 대칭과 반주기 반대칭 함수의 곱은 기함수와 우함수의 곱과 같은 결과를 준다.

$f(\theta)$가 반주기 반대칭이면, 다음을 얻는다.

$$\int_{\pi}^{2\pi} f(\theta)\,\mathrm{d}\theta = -\int_{0}^{\pi} f(\theta)\,\mathrm{d}\theta$$

그래서

$$\int_{0}^{2\pi} f(\theta)\,\mathrm{d}\theta = 0$$

함수 $\sin(m\theta)$와 $\cos(m\theta)$는 m이 짝수이면 둘 다 반주기 대칭이고 m이 홀수이면 둘 다 반주기 반대칭이 되는 것에 주의한다. 그러므로 $f(\theta)$가 반주기 대칭 $f(\theta + \pi) = f(\theta)$이면, 홀수 첨자의 푸리에 계수 a_{2m+1}과 b_{2m+1}는 영이 된다. 반면에 $f(\theta)$가 반대칭 $f(\theta + \pi) = -f(\theta)$이면 짝수 첨자의 푸리에 계수 a_{2m}과 b_{2m}이 영이 된다(a_0에 대해서도 성립하는 것을 확인하라). 반주기 대칭은 실제로 주기의 반을 주기로 가지는 것과 같기 때문에 주파수 성분이 기본 주파수의 짝수 배만 가진다. 반면, 반주기 반대칭 함수는 기본 주파수의 홀수 배의 주파수 성분만을 가진다.

사각파의 보기에서 함수는 반주기 반대칭이다. 그래서 계수 a_{2m}과 b_{2m}은 영이 된다.

연습문제

1. $\int_0^{2\pi} \sin(\sin\theta)\sin(2\theta)\,\mathrm{d}\theta$를 계산하라.
2. $\tan\theta$를 (주기 π를 가지는 함수이지만) 주기 2π를 가지는 함수로 간주해, 우함수와 기함수 이론, 또한 반주기 대칭 함수와 반주기 반대칭 함수의 이론을 사용해 영이 되는

$\tan\theta$의 푸리에 계수를 결정하라. 또한 영이 아닌 첫 번째 계수를 찾아라.

3. $f(\theta) = f(\pi - \theta)$를 만족하는 주기 2π를 가지는 함수 $f(\theta)$에 대해 영이 되는 푸리에 계수를 결정하라. $f(\theta) = -f(\pi - \theta)$인 경우에는?
(힌트: 대칭 $\theta \mapsto \pi - \theta$에 대해 반대칭인 함수에 대해 $\int_{-\pi/2}^{\pi/2} f(\theta)\mathrm{d}\theta$와 $\int_{\pi/2}^{3\pi/2} f(\theta)\,\mathrm{d}\theta$를 비교하라.)

2.4 수렴 조건

안타깝게도 주어진 주기함수 $f(\theta)$를 사용해 관계식 (2.2.5)와 (2.2.6)을 이용해 푸리에 계수 a_m과 b_m을 구한 후에 삼각 급수 (2.2.1)을 만들어도 급수의 합이 항상 원래 함수 $f(\theta)$가 되는 것은 아니다. 가장 분명한 문제는 두 함수가 θ의 단일 값에서만 다른 경우에는 같은 푸리에 계수가 나온다. 따라서 추가 조건 몇 개를 부과하지 않고는 푸리에 계수에서 원래 함수를 복구할 수 없다. 그러나 함수가 충분히 좋은 경우에는 앞의 방법으로 복원이 가능하다. 다음은 디리클레의 결과이다.

정리 2.4.1 $f(\theta)$가 주기 2π를 가지고 구간 $[0, 2\pi]$에서 유한한 개수의 점을 제외하고 연속이며 유계 연속 도함수를 가진다. 그러면 a_m과 b_m을 관계식 (2.2.5)와 (2.2.6)으로 정의하면 (2.2.1)로 정의되는 수열은 $f(\theta)$가 연속인 모든 점에서 $f(\theta)$로 수렴한다.

증명

Körner(1988)의 정리 1과 15장, 16장을 참조하라. □

이 정리의 특수한 경우로 중요한 것은 다음이다. C^1 함수를 연속 미분을 가지는 미분 가능한 함수로 정의한다. $f(\theta)$가 주기 2π인 C^1 주기함수이면, 닫힌 구간 $[0, 2\pi]$에서 $f'(\theta)$는 연속이므로 유계를 가진다. 따라서 $f(\theta)$는 위 정리의 조건을 만족한다.

$f(\theta)$의 푸리에 급수가 $f(\theta)$로 수렴하기 위해 $f(\theta)$의 연속성 또는 미분 가능성은 충분조건이 되지 못하는 것에 주의해야 한다. 폴 두보이스-레이몬드는 계수 a_m과 b_m가 유계를 가지지 않는 연속함수의 예를 제시했다. 이런 함수는 결코 쉬운 것이 아니어서 여기에서 설명하지는 않는다. 이 시점에서 많은 독자들이 이러한 함수의 존재는 수학적으로만 중요한 사항일 뿐이고 실세계의 모든 함수는 원하는 만큼 미분할 수 있다는 생각을 가질 것이다. 그러나 실생활의 많은 현상이 실제로 브라운 운동의 형태로 지배된다. 이러한 현상

을 서술하는 함수는 모든 곳에서 연속이지만 어느 곳에서도 미분할 수 없는 경향이 있다.[4] 음악에서 노이즈가 이런 현상의 한 예다. 음악 합성에 사용하는 많은 함수는 연속이지도 않다. 톱니 함수와 사각파가 대표적인 예다.

그러나 푸리에 급수의 수렴 문제와 함수 $f(\theta)$를 푸리에 계수 a_n과 b_n에서 재구성하는 문제는 다른 것이다. 페예르Fejér는 19살에 모든 연속함수 $f(\theta)$를 푸리에 계수로부터 재구성할 수 있다는 놀라운 정리를 증명했다. 기본 아이디어는 다음이다. 다음의 식으로 부분합 s_m을 정의한다.

$$s_m = \tfrac{1}{2}a_0 + \sum_{n=1}^{m}(a_n \cos(n\theta) + b_n \sin(n\theta)) \tag{2.4.1}$$

부분합이 수렴하면 다음으로 정의하는 이것의 평균도 같은 값으로 수렴한다.

$$\sigma_m = \frac{s_0 + \cdots + s_m}{m+1}$$

그러나 s_m이 수렴하지 않아도 σ_m이 수렴할 수 있다. 수렴을 매끈하게 하는 것에 대한 연구는 페여르 이전에 벌써 오일러Euler에 의해 연구가 됐다. 그 후에 세자로Cesàro로 광범위하게 연구해 세자로 합계라는 이름을 가진다.

정리 2.4.2 (페예르) $f(\theta)$가 리만 적분 가능한 주기함수이면, m이 무한대로 가면 $f(\theta)$가 연속인 모든 점에서 세자로 합 σ_m은 $f(\theta)$의 값으로 수렴한다.[5]

증명

2.7절에서 증명을 소개한다. Körner(1988), 2장을 참조하라. □

---

4 모든 점에서 연속적이지만 모든 점에서 미분할 수 없는 함수의 첫 번째 예는 바이어슈트라스(Weierstrass)가 다음 책에서 제시했다. "Abhandlungen aus der Functionenlehre(함수에 관한 논문)", Springer(1886), p. 97. 여기에서 $0<b<1$이고 a가 홀수 정수이며 $ab>1+\frac{3\pi}{2}$를 만족하면 $f(t)=\sum_{n=1}^{\infty} b^n \cos a^n(2\pi\nu)t$는 균등 수렴하는 급수여서 $f(t)$가 모든 점에서 연속이지만 모든 점에서 미분 불가능한 것을 증명했다. 하디(Hardy)는 논문 "Weierstrass's non-differentiable function", Trans. Amer. Math. Soc. 17 (1916), 301–325에서 ab에 대한 한계 조건을 $ab>1$로 바꾸어도 성립한다는 것을 증명했다. Manfred Schroeder, "Fractals, Chaos and Power Laws", W. H. Freeman and Co., 1991, p. 96에서는 이런 형식의 함수를 "프랙탈(fractal)" 파형으로 볼 수 있다고 언급했다. 예를 들어, $a=2^{13/12}$로 설정하면 이 함수의 속도는 두 배가 돼 원래 소리와 비슷하지만 반음이 낮아지고 b만큼 더 부드러워진다. 이런 종류의 자기 유사성(self-similarity)은 프랙탈의 특징이다.

5 연속함수는 리만 적분 가능한 함수이다. 그러므로 페예르 정리는 모든 연속 주기함수에 적용할 수 있다.

이 정리에서 모든 연속함수를 푸리에 계수로부터 재구성할 수 있다는 것을 알 수 있다. 그러나 함수가 정리 2.4.1의 조건을 만족하지 않으면 함수의 재구성이 푸리에 급수의 단순합이 아니라 세자로 합을 이용해야 하는 것을 명심해야 한다.

다른 의미에서 푸리에 급수가 수렴하는 경우가 있다. 가장 중요한 것이 평균 제곱 수렴 mean square convergence이다.

정리 2.4.3 $f(\theta)$는 주기가 2π인 연속함수이다. $0 \leq n \leq m$인 정수이다. 그러면 $\cos(n\theta)$, $\sin(n\theta)$의 선형 조합으로 표현되는 모든 함수 $g(\theta)$ 중에서, (2.4.1)로 정의되는 부분합 s_m이 $f(\theta)$의 근사로서 다음 식으로 정의하는 $g(\theta)$의 평균 제곱 오차를 최소화한다.

$$\frac{1}{2\pi}\int_0^{2\pi} |f(\theta) - g(\theta)|^2 \, d\theta$$

그리고 m이 무한대인 극한에서는 $f(\theta)$의 근사로서 s_m의 평균 제곱 오차는 영이 된다.

증명

Körner(1988), 32–34장을 참조하라. □

연습문제

1. 함수 $f(x) = x^2 \sin(1/x^2)$은 모든 점 x에서 미분 가능하지만, $x = 0$ 주위에서 미분값이 무계 unbounded임을 보여라.

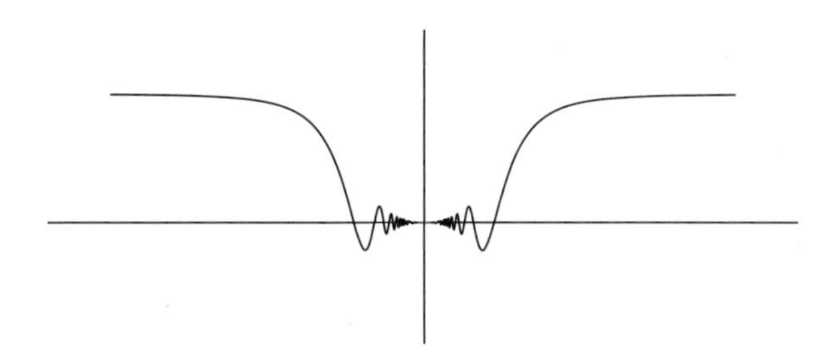

2. 주기함수 $f(\theta) = |\sin\theta|$($\sin\theta$의 절댓값)의 푸리에 급수를 구하라. 즉, 식 (2.2.5)와 (2.2.6)을 이용해 계수 a_m과 b_m을 구하라. 적분을 수행하기 위해서 0부터 2π까지 구간을 부분 구간 두 개로 나눠야 한다.

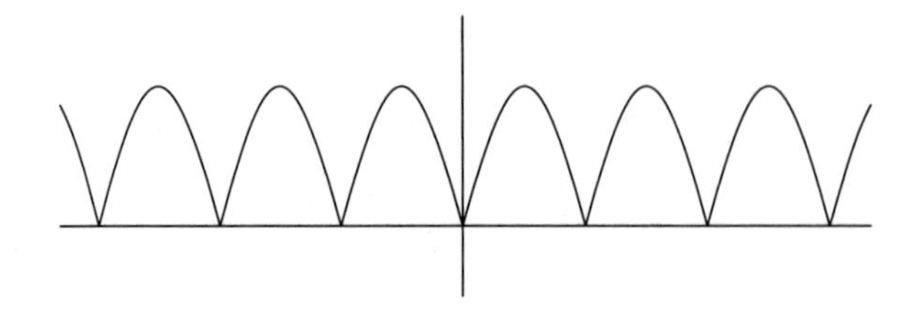

3. $\phi(\theta)$는 2π 주기를 가지는 톱니 함수이다. 즉, $0<\theta<2\pi$에 대해 $\phi(\theta)=(\pi-\theta)/2)$이고 $\phi(0)=\phi(2\pi)=0$이다. $\phi(\theta)$에 대한 푸리에 급수를 구하라.[6]

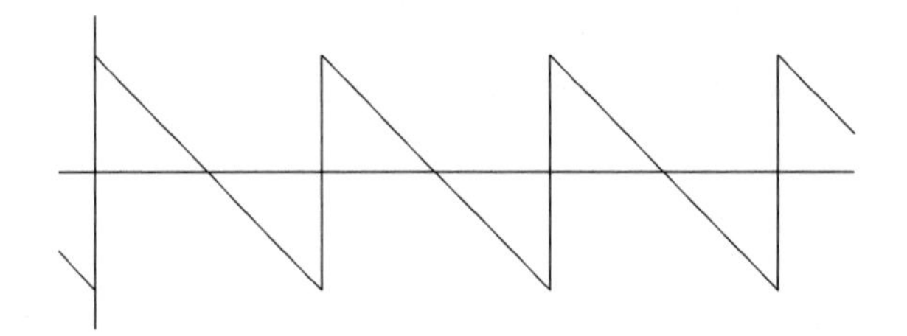

4. 다음의 삼각파로 구성된 연속 주기함수의 푸리에 급수를 구하라.

$$f(\theta)=\begin{cases}\frac{\pi}{2}-\theta & 0\le\theta\le\pi,\\ \theta-\frac{3\pi}{2} & \pi\le\theta\le2\pi\end{cases}$$

그리고 $f(\theta+2\pi)=f(\theta)$

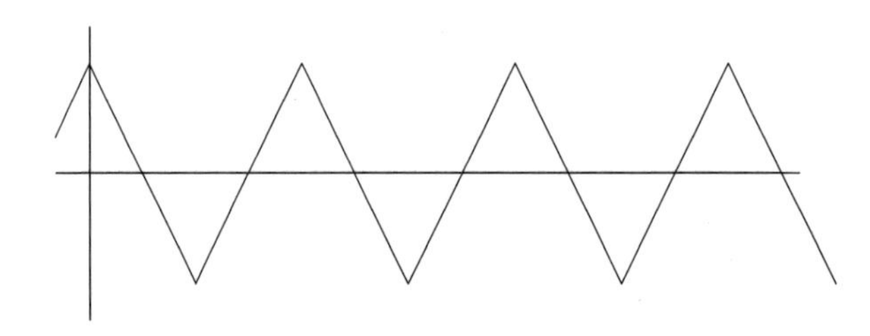

5. (a) $f(\theta)$가 주기 2π를 가지는 유계 함수(그리고 리만 적분 가능한 함수)이면 (2.25)–(2.2.7)에서 구한 푸리에 계수 또한 유계인 것을 증명하라.

6 톱니 모양 파형은 바이올린과 같이 활로 연주하는 현악기가 만드는 파형과 유사하다. 활로 현을 당기면 정지 마찰 계수를 초과할 때 현이 갑자기 놓아진다. 운동 마찰 계수는 작아서 무시하면, 현이 활에서 놓아지면 현이 다른 반대 극단으로 빠르게 운동한다. 3.4절을 참조하라.

(b) $f(\theta)$는 주기 2π를 가지는 미분 가능한 주기함수이다. $f(\theta)$에 대한 푸리에 계수 $a_m(f)$, $b_m(f)$와 미분 $f'(\theta)$에 대한 푸리에 계수 $a_m(f')$, $b_m(f')$의 관계를 구하라(힌트: 부분 적분을 이용하라).

(c) $f(\theta)$는 주기 2π를 가지고 k번 미분 가능한 함수이고 $f^{(k)}(\theta)$는 유계이다. 그러면 $f(\theta)$의 푸리에 계수 a_m과 b_m은 $1/m^k$의 상수 배로 유계되는 것을 보여라.

이 문제에서 $f(\theta)$의 매끈성이 푸리에 계수의 소멸 속도에 반영되는 것을 알 수 있다.

6. $-\pi \le \theta \le \pi$에 대해 $f(\theta) = \theta^2$으로 정의되고 $f(\theta + 2\pi) = f(\theta)$를 이용해 모든 θ에 대해 확장한 $f(\theta)$의 푸리에 급수를 구하라. $\theta = 0$과 $\theta = \pi$에서 값을 계산하고 이 값을 이용해 $\sum_{n=1}^{\infty} \frac{(-1)^n}{n^2}$과 $\sum_{n=1}^{\infty} \frac{1}{n^2}$을 구하라.

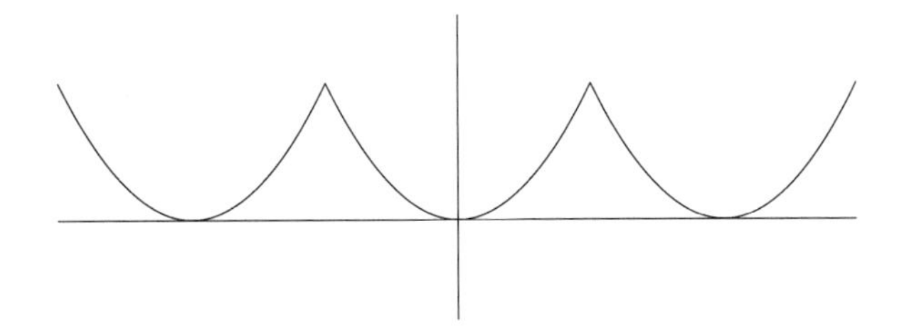

2.5 깁스 현상

닫힌 구간에서 정의된 함수가 유한 개수의 점을 제외하고 연속이고 해당 점에서 (동일하지 않더라도) 좌극한과 우극한이 존재하는 경우를 조각 연속piecewise continuous이라 한다. 점 $x = a$에서 조각 연속함수 $f(\theta)$의 불연속 크기를 $f(a^+) - f(a^-)$로 정의한다. 여기에서,

$$f(a^+) = \lim_{\theta \to a^+} f(\theta), \qquad f(a^-) = \lim_{\theta \to a^-} f(\theta)$$

는 한 점에서 좌극한과 우극한을 의미한다. 주기함수는 주기를 형성하는 닫힌 구간에서 조각 연속이면 전체 영역에서 조각 연속이 된다.

음을 합성할 때 만나는 많은 함수는 연속이 아니라 조각 연속이다. 여기에는 사각파와 톱니 함수의 파형을 포함한다.

$0 < \theta < 2\pi$일 때 $\pi(\theta) = (\pi - \theta)/2$와 $\phi(0) = 0$ 그리고 $\phi(\theta + 2\pi) = \phi(\theta)$로 정의하는 조각

연속 톱니 함수를 $\phi(\theta)$로 표기한다. 그림 2.5를 참조하라. 그러면 임의의 조각 연속 주기 함수 $f(\theta)$에 (C와 α가 상수인) $C\phi(\theta+\alpha)$ 형태의 유한 개의 함수 조합을 더해 좌극한과 우극한이 일치하도록 할 수 있다. 그런 다음 불연속 점에서 함수값을 변경할 수 있다. 이렇게 하는 것은 푸리에 계수에 영향을 주지 않고 함수를 연속적으로 만들 수 있다. 그러므로 일반적인 조각 함수에 대한 푸리에 급수를 이해하는 것은 연속함수의 푸리에 급수와 $\phi(\theta)$ 하나의 푸리에 급수만 이해하는 것으로 충분하게 된다. 이 함수의 푸리에 급수는 다음으로 주어진다(2.4절의 연습문제 3 참조).

$$\phi(\theta) = \sum_{n=1}^{\infty} \frac{\sin n\theta}{n}$$

불연속점($\theta = 0$)에서 모든 항들이 영이므로 급수의 합은 영으로 수렴한다. 이것은 이 점에서 좌극한과 우극한의 평균이다. 모든 조각 연속함수에 대해 2.4절에서 설명한 세자로 합 σ_m이 모든 점에서 수렴하고, 불연속점에서는 σ_m이 좌우극한의 평균값에 수렴하기 때문이다.

$$\lim_{m\to\infty} \sigma_m(a) = \tfrac{1}{2}(f(a^+) + f(a^-))$$

함수 $\phi(\theta)$를 더 조사하면 불연속점 주위의 수렴은 생각보다 쉽지 않은 것을 알 수 있다. 다음 식을 정의한다.

$$\phi_m(\theta) = \sum_{n=1}^{m} \frac{\sin n\theta}{n} \tag{2.5.1}$$

각 점 a에서 $\lim_{m\to\infty} \phi_m(a) = \phi(a)$가 되는 점마다 수렴pointwise convergence이지만, 이 수렴은 균등하지 않다.

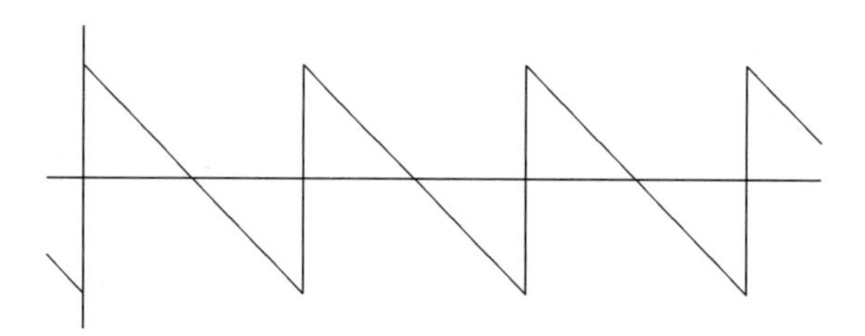

그림 2.5 톱니 모양 함수

해석학에서 점마다 수렴의 정의는 θ의 주어진 값 a와 $\varepsilon > 0$이 주어지면, 적절한 N이 존재해 $m \geq N$일 때 $|\phi_m(a) - \phi(a)| < \varepsilon$을 만족하는 것이다. 균등 수렴은 주어진 $\varepsilon > 0$에 대해 적절한 N이 존재해 θ의 모든 점 a에 대해 $m \geq N$일 때 $|\phi_m(a) - \phi(a)| < \varepsilon$을 만족하는 것이다. 위의 함수 ϕ의 푸리에 급수에서는 m이 증가해도 영이 되지 않는 오버슈트가 발생한다. 비록 θ의 특정한 값 a에 대해 수렴해도 오버슈트의 최댓값이 발생하는 점은 불연속점으로 점점 더 접근한다. 오버슈트의 크기보다 작은 ε을 선택하면 균등 수렴하지 않는 것을 알 수 있다. 이런 오버슈트를 깁스 현상이라 한다.[7] 그림 2.6을 참조하라.

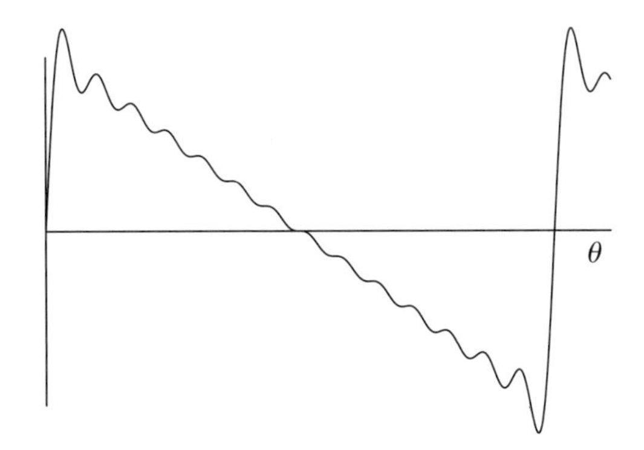

그림 2.6 $\sin\theta + \frac{1}{2}\sin 2\theta + \cdots + \frac{1}{14}\sin 14\theta$

오버슈트의 실체를 보이기 위해 급수의 극한에서 오버슈터의 크기를 계산할 것이다. 우선 $\phi_m(\theta)$를 미분해 최댓값과 최솟값을 계산한다. $\phi_m(2\pi - \theta) = -\phi_m(\theta)$여서 관심 구간을 $0 \leq \theta \leq \pi$로 한정한다. 다음의 관계식을 얻는다.

$$\phi'_m(\theta) = \sum_{n=1}^{m} \cos n\theta = \frac{\sin \frac{1}{2}m\theta \, \cos \frac{1}{2}(m+1)\theta}{\sin \frac{1}{2}\theta}$$

(1.8절의 연습문제 6 참조) 그러므로 $0 \leq k \leq \lfloor \frac{m-1}{2} \rfloor$에 대해 $\theta = \frac{(2k+1)\pi}{m+1}$과 $\theta = \frac{2k\pi}{m}$에서 $\phi'_m(\theta)$가 영을 가진다.[8]

7 조사이어 윌러드 깁스는 1898년에 〈네이처〉의 러브(Love)와의 편지에서 이 현상을 설명했다. 그는 이 주제를 다루는 헨리 윌브라함의 On a certain periodic function, "Cambridge & Dublin Math. J." 3 (1848), 198–201의 논문을 몰랐던 것 같다.

8 기호 $\lfloor x \rfloor$는 x보다 작거나 같은 정수 중에서 가장 큰 값을 나타낸다.

$\sin\frac{1}{2}\theta$는 구간 $0 \le \theta \le 2\pi$에서 양의 값이다. $\theta = \frac{(2k+1)\pi}{m+1}$에서 $\sin\frac{1}{2}m\theta$는 sign $(-1)^k$이며 $\cos\frac{1}{2}(m+1)\theta$는 $(-1)^k$에서 $(-1)^{k+1}$로 바뀐다. 그러므로 $\phi_m'(\theta)$는 양에서 음으로 바뀐다. 결국 $\theta = \frac{(2k+1)\pi}{m+1}$에서 ϕ_m는 극대값을 가진다. 비슷하게, $\theta = \frac{2k\pi}{m}$에서는, $\cos\frac{1}{2}(m+1)\theta$는 sign $(-1)^k$이고 $\sin\frac{1}{2}m\theta$는 $(-1)^{k-1}$에서 $(-1)^k$로 바뀌므로 $\phi_m'(\theta)$는 음에서 양으로 바뀐다. 결국 $\theta = \frac{2k\pi}{m}$에서 $\phi_m(\theta)$는 극소값을 가진다. 이런 극대값과 극소값이 교차한다.

$0 \le \theta \le 2\pi$에서 $\phi_m(\theta)$의 첫 번째 극대값은 $\frac{\pi}{m+1}$에서 발생한다. 여기서 $\phi_m(\theta)$은 값은 다음이다.

$$\phi_m\left(\tfrac{\pi}{m+1}\right) = \sum_{n=1}^{m} \tfrac{1}{n}\sin\left(\tfrac{n\pi}{m+1}\right) = \frac{\pi}{m+1}\sum_{n=1}^{m}\frac{\sin\left(\frac{n\pi}{m+1}\right)}{\left(\frac{n\pi}{m+1}\right)}$$

이것은 다음 적분에 대해 크기 $\frac{\pi}{m+1}$를 가지는 $(m+1)$개 등간격의 리만 합이다.

$$\int_0^{\pi} \frac{\sin\theta}{\theta}\, d\theta$$

($\lim_{\theta\to 0}\frac{\sin\theta}{\theta} = 1$에 주의하면 닫힌 구간 $0 \le \theta \le \pi$에서 피적분 함수를 연속되기 위해서는 $\theta = 0$에서 값을 1로 정의해야 한다.) 그러므로 m이 무한대가 되면 $\phi(\theta)$의 푸리에 급수의 앞의 m개 항의 합이 가지는 최댓값은 다음이 된다.

$$\int_0^{\pi} \frac{\sin\theta}{\theta}\, d\theta \approx 1.851\,937\,0$$

이것은 함수의 최댓값인 $\frac{\pi}{2} \approx 1.570\,7963$보다 약 $1.178\,9797$배 크다. 불연속의 크기가 $\frac{\pi}{2}$가 아니라 π이므로, 불연속 크기의 비례로서 오버슈트는 약 8.9490%이다.[9] 그러므로 임의의 조각 연속함수가 불연속 바로 다음에 갖는 푸리에 급수의 오버슈트의 크기는 불연속 크기 곱하기 8.9490%이다.

함수가 오버슈트한 후에 언더슈트^undershoot^로 바뀐다. 그리고 다시 오버슈트를 반복한다. 반복할수록 크기는 앞의 것보다 작아진다. 위와 비슷한 계산을 거치면 $\phi_m(\theta)$의 k번째 임계점은 m이 무한대가 될 때 $\int_0^{k\pi}\frac{\sin\theta}{\theta}\, d\theta$가 된다. 그래서 첫 번째 언더슈트($k = 2$)는 극

---

9 이 값은 막심 보처가 Introduction to Theory of Fourier's series "Ann. Math." (2) 7(1905–6), 81–152에서 처음 계산했다. 다른 많은 출처에서는 무분별한 인용과 관련 있을 것 같은 알 수 없는 이유로 오버슈트의 크기를 2배로 과대 계산했다.

한값 약 1.418 1516을 가지며 이는 $\frac{\pi}{2}$의 0.9028223배이다. 그러므로 언더슈트의 크기는 불연속 크기의 4.8588%이다.

깁스의 현상의 다음과 같이 앰프의 반응으로 설명할 수 있다. 아무리 좋은 앰프여도 입력 파동이 사각파이면 출력의 불연속점에서 약 9%의 오버슈트가 발생한다. 실제 앰프는 반응하지 못하는 주파수 한계가 있다. 그러나 앰프를 개선해 한계 주파수를 아무리 높여도 이런 현상은 제거할 수 없다.

브라운관 제작자 또한 이런 문제에 부딪친다. 관을 통과하는 전자 빔을 왼쪽에서 오른쪽으로 선형적으로 옮기다가 갑자기 왼쪽으로 방향을 바꿀 때 오버슈트가 발생한다. 이를 해결하기 위해 많은 노력을 기울였다.

위에서 언급했듯이 깁스 현상은 점마다 수렴과 균등 수렴의 차이를 보여주는 좋은 보기이다. 함수의 수열 $f_n(\theta)$가 $f(\theta)$로 점마다 수렴하는 경우는 고정된 θ의 값에 대해 $f_n(\theta)$의 값이 $f(\theta)$로 수렴하면 된다. 균등 수렴의 경우에는 $f_n(\theta)$와 $f(\theta)$의 거리가 n에는 의존하지만 θ와는 무관한 값으로 유계되며 n이 무한대로 갈 때 영으로 수렴해야 한다. 위의 보기에서 푸리에 급수의 n번째 부분합과 원래 함수 사이의 거리는 θ와 무관하고 n에만 의존하는 값으로 유계되지만 대략 0.28114보다 작아지지 않는다. 따라서 이 푸리에 급수는 점마다 수렴하지만 균등 수렴은 하지 않는다.

연습문제

다음 관계식을 증명하라.

$$\int_0^x \frac{\sin\theta}{\theta}\,d\theta = \sum_{n=0}^{\infty} \frac{(-1)^n x^{2n+1}}{(2n+1)(2n+1)!}$$

위의 공식을 사용해 본문에서 주어진 $\int_0^\pi \frac{\sin\theta}{\theta}\,d\theta$의 근삿값을 검증하라.

2.6 복소수 계수

푸리에 급수 이론은 복소 변수의 지수함수를 도입하면 상당히 간단해진다. 다음 관계식에 주의한다.

$$e^{i\theta} = \cos\theta + i\sin\theta, \qquad \cos\theta = \frac{e^{i\theta} + e^{-i\theta}}{2}, \tag{2.6.1}$$
$$e^{-i\theta} = \cos\theta - i\sin\theta, \qquad \sin\theta = \frac{e^{i\theta} - e^{-i\theta}}{2i}$$

이로부터 (2.2.1)을 다음과 같이 변형할 수 있다.[10]

$$f(\theta) = \sum_{n=-\infty}^{\infty} \alpha_n e^{in\theta} \tag{2.6.2}$$

여기에서 $\alpha_0 = a_0/2$이고 $m > 0$에 대해서 $\alpha_m = a_m/2 + b_m/(2i)$, $\alpha_{-m} = a_m/2 - b_m/(2i)$이다. 반대로, (2.6.2) 형태의 급수가 주어지면 $a_0 = 2\alpha_0$, $m > 0$에 대해서 $a_m = \alpha_m + \alpha_{-m}$, $b_m = i(\alpha_m - \alpha_{-m})$을 이용해 급수 (2.2.1)을 다시 얻을 수 있다. 식 (2.2.2)–(2.2.4)는 다음의 단일 관계식인 된다.[11]

$$\int_0^{2\pi} e^{im\theta} e^{in\theta}\, d\theta = \begin{cases} 2\pi & \text{if } m = -n, \\ 0 & \text{if } m \neq -n \end{cases}$$

그리고 식 (2.2.5)–(2.2.7)은 다음이 된다.

$$\alpha_m = \frac{1}{2\pi} \int_0^{2\pi} e^{-im\theta} f(\theta)\, d\theta \tag{2.6.3}$$

연습문제

2.2절에서 설명한 사각파에 대해 다음을 증명하라.

$$\alpha_m = \begin{cases} 2/im\pi & m \text{ odd}, \\ 0 & m \text{ even} \end{cases}$$

그러므로 다음의 푸리에 급수를 얻는다.

$$\sum_{n=-\infty}^{\infty} \frac{2}{i(2n+1)\pi} e^{i(2n+1)\theta}$$

---

10 복소수 값을 가지는 실변수 함수를 다루고 있는 것에 주의해야 한다. 이 책에서는 복소 변수함수는 다루지 않는다.

11 복소수상에서 이 식을 직교 관계식으로 해석할 수 있다. 내적은 $\langle f, g \rangle = \frac{1}{2\pi}\int_0^{2\pi} f(\theta)\overline{g(\theta)}d\theta$로 선택해야 한다.

2.7 페예르 정리의 증명

이제 페예르 정리를 증명하고자 한다. 이 부분은 처음 읽을 때에는 넘어가도 상관없다.

푸리에 급수의 복소수 형태를 이용하면 부분합 (2.4.1)이 다음이 된다.

$$s_m = \sum_{n=-m}^{m} \alpha_n \mathrm{e}^{\mathrm{i}n\theta} \tag{2.7.1}$$

그러므로 아래의 세자로 합 σ_m을 얻는다.

$$\begin{aligned}
\sigma_m(\theta) &= \frac{s_0 + \cdots + s_m}{m+1} \\
&= \frac{1}{m+1} \sum_{j=0}^{m} \sum_{n=-j}^{j} \alpha_n \mathrm{e}^{\mathrm{i}n\theta} \\
&= \frac{1}{m+1} \big(\alpha_{-m} \mathrm{e}^{-\mathrm{i}m\theta} + 2\alpha_{-(m-1)} \mathrm{e}^{-\mathrm{i}(m-1)\theta} + 3\alpha_{-(m-2)} \mathrm{e}^{-\mathrm{i}(m-2)\theta} + \cdots \\
&\qquad + \cdots + m\alpha_{-1} \mathrm{e}^{-\mathrm{i}\theta} + (m+1)\alpha_0 \mathrm{e}^0 + m\alpha_1 \mathrm{e}^{\mathrm{i}\theta} + \cdots + \alpha_m \mathrm{e}^{\mathrm{i}m\theta} \big) \\
&= \sum_{n=-m}^{m} \frac{m+1-|n|}{m+1} \alpha_n \mathrm{e}^{\mathrm{i}n\theta} \\
&= \sum_{n=-m}^{m} \frac{m+1-|n|}{m+1} \left(\frac{1}{2\pi} \int_0^{2\pi} \mathrm{e}^{-\mathrm{i}nx} f(x)\, \mathrm{d}x \right) \mathrm{e}^{\mathrm{i}n\theta} \\
&= \frac{1}{2\pi} \int_0^{2\pi} f(x) \left(\sum_{n=-m}^{m} \frac{m+1-|n|}{m+1} \mathrm{e}^{\mathrm{i}n(\theta-x)} \right) \mathrm{d}x \\
&= \frac{1}{2\pi} \int_0^{2\pi} f(x) K_m(\theta - x)\, \mathrm{d}x
\end{aligned}$$

마지막 식의 함수 K_m은 페예르 핵이라고 한다.

$$K_m(y) = \sum_{n=-m}^{m} \frac{m+1-|n|}{m+1} \mathrm{e}^{\mathrm{i}ny}$$

$y = \theta - x$로 치환해 다음을 알 수 있다.

$$\frac{1}{2\pi} \int_0^{2\pi} f(x) K_m(\theta - x)\, \mathrm{d}x = \frac{1}{2\pi} \int_0^{2\pi} f(\theta - y) K_m(y)\, \mathrm{d}y$$

기하 급수를 제곱하는 것을 이용하면 $y \neq 0$에 대해 다음을 얻는다.

$$
\begin{aligned}
K_m(y) &= \frac{1}{m+1}\left(\mathrm{e}^{-\mathrm{i}my} + 2\mathrm{e}^{-\mathrm{i}(m-1)y} + \cdots + (m+1)\mathrm{e}^{0} + \cdots + \mathrm{e}^{\mathrm{i}my}\right) \\
&= \frac{1}{m+1}\left(\mathrm{e}^{-\mathrm{i}\frac{m}{2}y} + \mathrm{e}^{-\mathrm{i}(\frac{m}{2}-1)y} + \cdots + \mathrm{e}^{\mathrm{i}\frac{m}{2}y}\right)^2 \qquad (2.7.2) \\
&= \frac{1}{m+1}\left(\frac{\mathrm{e}^{\mathrm{i}\frac{m+1}{2}y} - \mathrm{e}^{-\mathrm{i}\frac{m+1}{2}y}}{\mathrm{e}^{\mathrm{i}\frac{1}{2}y} - \mathrm{e}^{-\mathrm{i}\frac{1}{2}y}}\right)^2 \\
&= \frac{1}{m+1}\left(\frac{\sin\frac{m+1}{2}y}{\sin\frac{1}{2}y}\right)^2
\end{aligned}
$$

그리고 식 (2.7.2)에서 $K_m(0)=m+1$을 알 수 있다. 그림 2.7은 m의 값에 대한 $K_m(y)$의 그래프를 보여준다.

함수 $K_m(y)$는 모든 y에 대해 $K_m(y) \geq 0$을 만족한다. 임의의 $\delta>0$에 대해 구간 $[\delta, 2\pi-\delta]$에서 $m \to \infty$일 때 균등하게 $K_m \to 0$이 된다. 그리고 $\int_0^{2\pi} K_m(y)\,\mathrm{d}y = 2\pi$이다. 그래서 다음을 얻는다.

$$
\begin{aligned}
\sigma_m(\theta) = \frac{1}{2\pi}\int_0^{2\pi} f(\theta-y)K_m(y)\,\mathrm{d}y &\approx \frac{1}{2\pi}\int_{-\delta}^{\delta} f(\theta-y)K_m(y)\,\mathrm{d}y \\
&\approx f(\theta)\left(\frac{1}{2\pi}\int_{-\delta}^{\delta} K_m(y)\,\mathrm{d}y\right) \approx f(\theta)
\end{aligned}
$$

θ에서 $f(\theta)$가 연속이면, 매우 작은 δ를 선택하면 두 번째 근사를 (m에 무관하게) 충분히 가깝게 할 수 있다. 그런 후에, 매우 큰 m을 선택하면 첫 번째 근사와 세 번째 근사를 충분히 가깝게 할 수 있다. 그러므로 페예르 정리가 증명된다.

연습문제

(i) (2.6.3)을 (2.7.1)에 대입해 다음을 증명하라.

$$
s_m(\theta) = \frac{1}{2\pi}\int_0^{2\pi} f(x)D_m(\theta-x)\,\mathrm{d}x
$$

여기에서 D_m은 디리클레 핵Dirichlet kernel이라 한다.

$$
D_m(y) = \sum_{n=-m}^{m} \mathrm{e}^{\mathrm{i}ny}
$$

(ii) 치환을 이용해 다음을 증명하라.

$$s_m(\theta) = \frac{1}{2\pi}\int_0^{2\pi} f(\theta - y)D_m(y)\,\mathrm{d}y$$

(iii) 기하급수의 공식을 $D_m(y)$에 적용해 다음을 보여라.

$$D_m(y) = \frac{\sin\left(m+\frac{1}{2}\right)y}{\sin\frac{1}{2}y}$$

(iv) $|D_m(y)| \le |\operatorname{cosec}\frac{1}{2}y|$임을 보여라.

(v) m이 작은 경우에 디리클레 핵의 그래프를 그려라. m이 큰 경우는 어떻게 되는가?

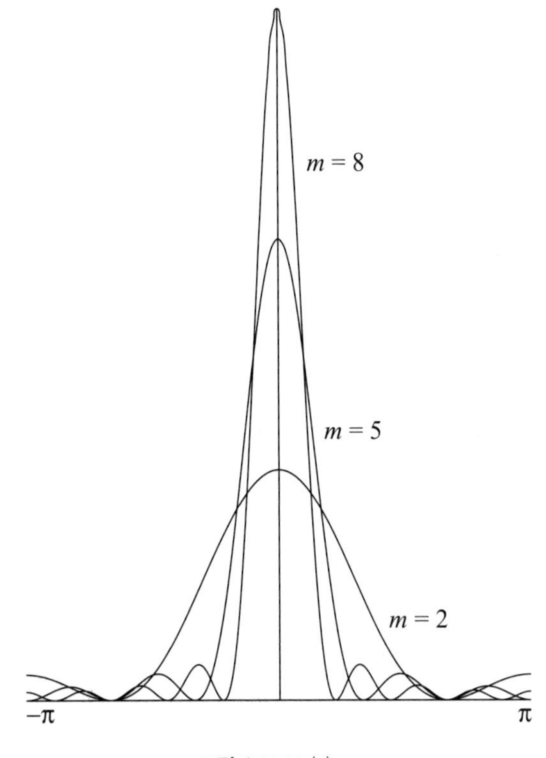

그림 2.7 $K_m(y)$

2.8 베셀 함수

베셀 함수[12]는 푸리에 급수 이론을 θ의 함수로 $\sin(z \sin \theta)$와 $\cos(z \sin \theta)$에 적용한 결과이다. 여기서 z는 지금은 실수(또는 복소수)의 상수로 생각하면 된다. 뒤에서는 변수가 된다. 베셀 함수는 두 가지 용도가 있다. 하나는 3.6절에서 드럼의 진동을 이해하는 것이고, 다른 것은 8.8절에서 FM 합성에서 측파대sideband의 진폭을 이해하는 것이다.

$\sin(z \sin \theta)$는 θ에 대해 기함수이므로, (2.2.1)의 푸리에 계수 a_n은 모든 n에 대해 영이 된다(2.3절 참조). 다음을 주의한다.

$$\sin(z \sin(\pi + \theta)) = -\sin(z \sin \theta)$$

그러면 푸리에 계수 b_{2n} 또한 영이 된다(다시 2.3절 참조). 계수 b_{2n+1}은 매개변수 z에 의존하므로 이것을 $2J_{2n+1}(z)$로 표기한다. 계수 2는 뒤의 계산을 간단하게 하기 위해 넣은 것이다. 결국 다음의 푸리에 전개 (2.2.1)을 얻는다.

$$\boxed{\sin(z \sin \theta) = 2 \sum_{n=0}^{\infty} J_{2n+1}(z) \sin(2n+1)\theta} \tag{2.8.1}$$

비슷하게, $\cos(z \sin \theta)$는 θ에 대해서 우함수이므로 계수 b_n은 영이 된다. 그리고 다음 식이 성립한다.

$$\cos(z \sin(\pi + \theta)) = \cos(z \sin \theta)$$

그래서 $a_{2n+1} = 0$이 된다. 계수 a_{2n}을 $2J_{2n}(z)$로 표기하면 다음을 얻는다.

$$\boxed{\cos(z \sin \theta) = J_0(z) + 2 \sum_{n=1}^{\infty} J_{2n}(z) \cos 2n\theta} \tag{2.8.2}$$

위의 전개식에서 나타난 푸리에 계수인 함수 $J_n(z)$를 제1종 베셀 함수Bessel function라고 한다.

---

12 프리드리히 빌헬름 베셀은 독일의 천문학자이며 가우스의 친구였다. 1784년 7월 22일 민덴에서 태어났다. 베셀은 직장 생활을 선원으로 시작했다. 그러나 1806년 릴리엔탈에 있는 천문대의 조수가 됐다. 1810년에 쾨니히스베르크에 새로 생긴 프로이센 천문대의 소장이 돼 1846년 3월 17일 죽을 때까지 그곳에서 머물렀다. 그의 이름을 딴 함수에 대한 연구는 원래 (1824년경에) 2.11절에서 설명할 행성 운동을 위한 것이었다.

식 (2.2.5)와 (2.2.6)을 이용하면 위의 식에서 푸리에 계수 $J_n(z)$를 적분 형태로 나타낼 수 있다.

$$2J_{2n+1}(z) = \frac{1}{\pi}\int_0^{2\pi} \sin(2n+1)\theta \sin(z\sin\theta)\,\mathrm{d}\theta$$

피적분 함수가 θ에 대해 우함수이므로, 0부터 2π까지의 적분은 0부터 π까지의 적분의 두 배이다.

$$J_{2n+1}(z) = \frac{1}{\pi}\int_0^{\pi} \sin(2n+1)\theta \sin(z\sin\theta)\,\mathrm{d}\theta$$

이제, θ를 $\pi-\theta$로 변환하면 함수 $\cos(2n+1)\theta\ \cos(z\ \sin(\theta))$의 부호가 바뀌는 것에 주의하면 다음을 얻는다.

$$\frac{1}{\pi}\int_0^{\pi} \cos(2n+1)\theta \cos(z\sin\theta)\,\mathrm{d}\theta = 0$$

이것을 $J2_{n+1}(z)$의 표현식에 대입하면 다음을 얻는다.

$$\begin{aligned} J_{2n+1}(z) &= \frac{1}{\pi}\int_0^{\pi} [\cos(2n+1)\theta \cos(z\sin\theta) + \sin(2n+1)\theta \sin(z\sin\theta)]\,\mathrm{d}\theta \\ &= \frac{1}{\pi}\int_0^{\pi} \cos((2n+1)\theta - z\sin\theta)\,\mathrm{d}\theta \end{aligned}$$

비슷한 방법으로 다음 식을 얻을 수 있다.

$$2J_{2n}(z) = \frac{1}{\pi}\int_0^{2\pi} \cos 2n\theta \cos(z\sin\theta)\,\mathrm{d}\theta$$

그리고 비슷한 계산을 통해 다음 식으로 변형할 수 있다.

$$J_{2n}(z) = \frac{1}{\pi}\int_0^{\pi} \cos(2n\theta - z\sin\theta)\,\mathrm{d}\theta$$

결국 n이 홀수, 짝수와 상관없이 모든 값에 대해 다음의 관계식을 얻는다.

$$\boxed{J_n(z) = \frac{1}{\pi}\int_0^{\pi} \cos(n\theta - z\sin\theta)\,\mathrm{d}\theta} \qquad (2.8.3)$$

이 식을 $n \geq 0$인 정수에 대한 베셀 함수의 정의 식으로 간주할 수 있다. 이 정의 식은 n이 음의 정수인 경우에도 의미를 가지며 다음을 얻을 수 있다.[13]

$$J_{-n}(z) = (-1)^n J_n(z) \tag{2.8.4}$$

그러므로 (2.8.1)과 (2.8.2)를 다음과 같이 표현할 수 있다.

$$\sin(z \sin\theta) = \sum_{n=-\infty}^{\infty} J_{2n+1}(z) \sin(2n+1)\theta \tag{2.8.5}$$

$$\cos(z \sin\theta) = \sum_{n=-\infty}^{\infty} J_{2n}(z) \cos 2n\theta \tag{2.8.6}$$

또한 다음을 얻는다.

$$\sum_{n=-\infty}^{\infty} J_{2n}(z) \sin 2n\theta = 0,$$

$$\sum_{n=-\infty}^{\infty} J_{2n+1}(z) \cos(2n+1)\theta = 0$$

이것은 양의 하첨자 항이 대응하는 음의 하첨자 항과 상쇄되기 때문이다. 그래서 식 (2.8.5)와 (2.8.6)은 다음으로 표현할 수 있다.

$$\sin(z \sin\theta) = \sum_{n=-\infty}^{\infty} J_n(z) \sin n\theta \tag{2.8.7}$$

$$\cos(z \sin\theta) = \sum_{n=-\infty}^{\infty} J_n(z) \cos n\theta \tag{2.8.8}$$

그래서 식 (1.7.2)을 이용하면 다음을 얻는다.

$$\begin{aligned}
\sin(\phi + z\sin\theta) &= \sin\phi\cos(z\sin\theta) + \cos\phi\sin(z\sin\theta) \\
&= \sin\phi \sum_{n=-\infty}^{\infty} J_n(z)\cos n\theta + \cos\phi \sum_{n=-\infty}^{\infty} J_n(z)\sin n\theta \\
&= \sum_{n=-\infty}^{\infty} J_n(z)(\sin\phi\cos n\theta + \cos\phi\sin n\theta)
\end{aligned}$$

---

13 n이 정수가 아닌 경우에는 위의 식을 $J_n(z)$의 정의로 사용할 수 없다. 대신에 미분방정식 (2.10.1)을 사용해야 한다. Whittaker and Watson, "A Course in Modern Analysis", Cambridge University Press, 1927, p.358을 참조하라.

결국 식 (1.7.2)를 이용한 식을 정리하면 최종적으로 다음의 식을 구할 수 있다.

$$\boxed{\sin(\phi + z\sin\theta) = \sum_{n=-\infty}^{\infty} J_n(z)\sin(\phi + n\theta)} \tag{2.8.9}$$

이 방정식은 8.8절의 FM 합성에서 기본이 되는 식이다. 비슷한 계산을 통해 다음 식 또한 구할 수 있다.

$$\cos(\phi + z\sin\theta) = \sum_{n=-\infty}^{\infty} J_n(z)\cos(\phi + n\theta) \tag{2.8.10}$$

이 식은 식 (2.8.9)에서 ϕ를 $\phi + \frac{\pi}{2}$로 치환하거나 또는 z와 θ를 상수로 두고 ϕ에 대해서 미분해 구할 수도 있다.

그림 2.8은 베셀 함수 몇 개의 그래프를 보여준다.

연습문제

1. 식 (2.8.1)과 (2.8.2)에서 θ를 $\frac{\pi}{2} - \theta$로 치환해 $\sin(z\cos\theta)$와 $\cos(z\sin\theta)$에 대한 푸리에 급수를 구하라.
2. 식 (2.8.9)에서 식 (2.8.10)을 유도하라.

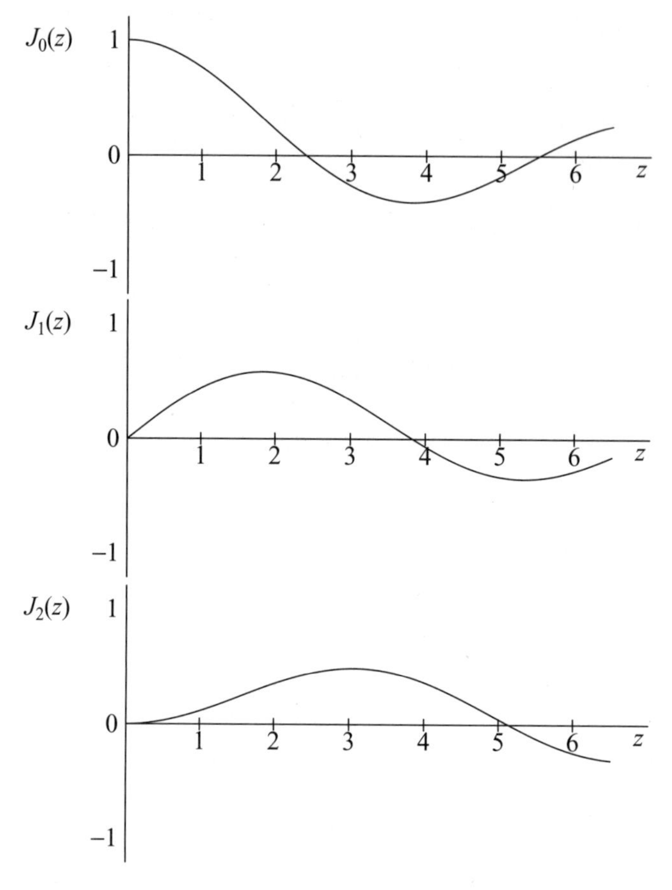

그림 2.8 베셀 함수

2.9 베셀 함수의 성질

식 (2.8.9)에서 베셀 함수와 도함수 사이의 관계를 구할 수 있다. θ와 ϕ를 고정하고 (2.8.9)를 z에 대해 미분하면 다음을 얻는다.

$$\sin\theta\,\cos(\phi + z\sin\theta) = \sum_{n=-\infty}^{\infty} J_n'(z)\sin(\phi + n\theta) \tag{2.9.1}$$

반면, (2.8.10)에 $\sin\theta$를 곱하고 식 (1.8.4)를 이용하면 다음을 얻는다.

$$\sin\theta\ \cos(\phi + z\sin\theta) = \sum_{n=-\infty}^{\infty} J_n(z).\tfrac{1}{2}(\sin(\phi + (n+1)\theta) - \sin(\phi + (n-1)\theta))$$

$$= \sum_{n=-\infty}^{\infty} \tfrac{1}{2}(J_{n-1}(z) - J_{n+1}(z))\sin(\phi + n\theta) \tag{2.9.2}$$

마지막 단계에서, 합을 두 부분으로 나눈 후에 하첨자 n을 하나는 $n-1$, 다른 것은 $n+1$로 바꾸고 다시 재결합했다.

(2.9.1)과 (2.9.2)를 비교해 다음 식을 얻고 싶다.

$$\boxed{J_n'(z) = \tfrac{1}{2}(J_{n-1}(z) - J_{n+1}(z))} \tag{2.9.3}$$

이를 위해서는 $\sin(\phi + n\theta)$가 독립이라는 사실이 필요하다. 이것을 푸리에 급수를 이용해서 증명할 수 있다.

보조정리 2.9.1 다음의 관계식에서 a_n과 a_n'이 θ와 ϕ와 무관하고 모든 ϕ와 θ에 대해서 식이 만족한다.

$$\sum_{n=-\infty}^{\infty} a_n \sin(\phi + n\theta) = \sum_{n=-\infty}^{\infty} a_n' \sin(\phi + n\theta)$$

그러면, 각각의 계수는 $a_n = a_n'$이 성립한다.

증명

좌변에서 우변을 빼면, $\sum_{n=-\infty}^{\infty} c_n \sin(\phi + n\theta) = 0$(여기에서 $c_n = a_n - a_n'$)이면 모든 $c_n = 0$인 것을 증명하면 된다. 이를 위해 (1.7.2)를 이용해 다음을 얻는다.

$$\sum_{n=-\infty}^{\infty} c_n \sin\phi\cos n\theta + \sum_{n=-\infty}^{\infty} c_n \cos\phi\sin n\theta = 0$$

$\phi = 0$과 $\phi = \frac{\pi}{2}$를 대입하면 다음을 알 수 있다.

$$\sum_{n=-\infty}^{\infty} c_n \cos n\theta = 0 \tag{2.9.4}$$

$$\sum_{n=-\infty}^{\infty} c_n \sin n\theta = 0 \tag{2.9.5}$$

(2.9.4)에 $\cos m\theta$를 곱한 후에 0부터 2π까지 적분하고 π로 나눈다. (2.2.3)에서 $c_m + c_{-m} = 0$을 얻는다. 비슷하게, (2.9.5)와 (2.9.4)에서 $c_m - c_{-m} = 0$을 얻는다. 둘을 더한 후에 2로 나누면 $c_m = 0$이 된다. □

이것으로 방정식(2.9.3)이 증명된다. 보기로서, (2.9.3)에서 $n = 0$으로 두고 (2.8.4)를 이용하면 다음을 얻는다.

$$J_1(z) = -J_0'(z) \tag{2.9.6}$$

비슷하게, z와 ϕ를 상수로 두고 θ에 대해 (2.8.9)를 미분하면 다음을 얻는다.

$$z\cos\theta\ \cos(\phi + z\sin\theta) = \sum_{n=-\infty}^{\infty} nJ_n(z)\cos(\phi + n\theta) \tag{2.9.7}$$

그리고 (2.8.10)에 $z\cos\theta$를 곱하고 (1.8.7)을 이용하면 다음을 얻는다.

$$\begin{aligned} &z\cos\theta\ \cos(\phi + z\sin\theta) \\ &\quad= \sum_{n=-\infty}^{\infty} J_n(z).\tfrac{z}{2}(\cos(\phi + (n+1)\theta) + \cos(\phi + (n-1)\theta)) \\ &\quad= \sum_{n=-\infty}^{\infty} \tfrac{z}{2}(J_{n-1}(z) + J_{n+1}(z))\cos(\phi + n\theta) \end{aligned} \tag{2.9.8}$$

(2.9.7)과 (2.9.8)을 비교하고 보조정리 2.9.1을 이용하면 다음의 점화식을 얻는다.

$$\boxed{J_n(z) = \frac{z}{2n}(J_{n-1}(z) + J_{n+1}(z))} \tag{2.9.9}$$

연습문제

$\int_0^\infty J_1(z)\,dz = 1$을 증명하라($\lim_{z\to\infty} J_0(z) = 0$을 사용하라).

2.10 베셀 방정식과 멱급수

식 (2.9.3)과 (2.9.9)를 이용하면 베셀 함수 $J_n(z)$에 대한 미분방정식 (2.10.1)을 유도할 수 있다. (2.9.3)을 두 번 이용해 다음을 얻는다.

$$\begin{aligned} J_n''(z) &= \tfrac{1}{2}(J_{n-1}'(z) - J_{n+1}'(z)) \\ &= \tfrac{1}{4}J_{n-2}(z) - \tfrac{1}{2}J_n(z) + \tfrac{1}{4}J_{n+2}(z) \end{aligned}$$

그리고 (2.9.9)를 (2.9.3)에 대입해 다음을 구한다.

$$\begin{aligned} J_n'(z) &= \tfrac{1}{2}\left(\tfrac{z}{2(n-1)}(J_{n-2}(z) + J_n(z)) - \tfrac{z}{2(n+1)}(J_n(z) + J_{n+2}(z))\right) \\ &= \tfrac{z}{4(n-1)}J_{n-2}(z) + \tfrac{z}{2(n^2-1)}J_n(z) - \tfrac{z}{4(n-1)}J_{n+2}(z) \end{aligned}$$

비슷한 방법으로, (2.9.9)를 두 번 이용해 다음을 얻는다.

$$\begin{aligned} J_n(z) &= \tfrac{z}{2n}\left(\tfrac{z}{2(n-1)}(J_{n-2}(z) + J_n(z)) + \tfrac{z^2}{2(n+1)}(J_n(z) + J_{n+2}(z))\right) \\ &= \tfrac{z^2}{4n(n-1)}J_{n-2}(z) + \tfrac{z^2}{n^2-1}J_n(z) + \tfrac{z^2}{4n(n+1)}J_{n+2}(z) \end{aligned}$$

위의 공식 세 개를 결합하면 다음을 구할 수 있다.

$$J_n''(z) + \tfrac{1}{z}J_n'(z) - \tfrac{n^2}{z^2}J_n(z) = -J_n(z)$$

또는

$$\boxed{J_n''(z) + \frac{1}{z}J_n'(z) + \left(1 - \frac{n^2}{z^2}\right)J_n(z) = 0} \tag{2.10.1}$$

이제 미분방정식인 **베셀 방정식**Bessel's equation의 일반 해에 대해서 설명한다.

$$f''(z) + \frac{1}{z}f'(z) + \left(1 - \frac{n^2}{z^2}\right)f(z) = 0 \tag{2.10.2}$$

이것은 이차 선형 미분방정식의 한 가지이며, 해 하나가 알려져 있으면 모든 해를 구하는 일반적인 절차가 알려져 있다. 이 경우에는 $f(z) = J_n(z)g(z)$로 치환하고 새로운 함수 $g(z)$에 대한 미분방정식을 구한다. 다음에 주의한다.

$$\begin{aligned} f'(z) &= J_n'(z)g(z) + J_n(z)g'(z), \\ f''(z) &= J_n''(z)g(z) + 2J_n'(z)g'(z) + J_n(z)g''(z) \end{aligned}$$

이 식들을 베셀 방정식 (2.10.2)에 대입해 다음을 얻는다.

$$\left(J_n''(z) + \frac{1}{z}J_n'(z) + \left(1 - \frac{n^2}{z^2}\right) J_n(z)\right) g(z) + \left(2J_n'(z) + \frac{1}{z}J_n(z)\right) g'(z) + J_n(z)g''(z) = 0$$

$g(z)$의 계수는 식 (2.10.1)에 의해 영이 되고 다음 식만 남는다.

$$\left(2J_n'(z) + \frac{1}{z}J_n(z)\right) g'(z) + J_n(z)g''(z) = 0 \tag{2.10.3}$$

이것은 $g'(z)$에 대해 분리 가능한 일차방정식이어서 다음과 같이 변수 분리한다.

$$\frac{g''(z)}{g'(z)} = -2\frac{J_n'(z)}{J_n(z)} - \frac{1}{z}$$

그리고 양변을 적분해 다음이 된다.

$$\ln|g'(z)| = -2\ln|J_n(z)| - \ln|z| + C$$

여기에서 C는 적분 상수이다. 양변에 지수함수를 취하면 다음이 된다.

$$g'(z) = \frac{B}{zJ_n(z)^2}$$

여기에서 $B = \pm e^C$이다. 다른 방법으로 식 (2.10.3)에 $zJ_n(z)$를 곱하고 $zJ_n(z)^2 g'(z)$의 미분이 영인 것을 이용하면 위의 식을 직접 구할 수 있다.

다시 한 번 더 적분해 다음을 얻는다.

$$g(z) = A + B\int \frac{\mathrm{d}z}{zJ_n(z)^2}$$

여기에서 적분 기호는 선택한 부정 적분을 의미한다. 결국, 베셀 방정식의 일반 해는 다음으로 주어진다.

$$f(z) = AJ_n(z) + BJ_n(z)\int \frac{\mathrm{d}z}{zJ_n(z)^2} \tag{2.10.4}$$

다음 함수를 정의한다.

$$Y_n(z) = \frac{2}{\pi} J_n(z) \int \frac{\mathrm{d}z}{z J_n(z)^2}$$

적분 상수를 적절하게 선택하면 노이만의 제2종 베셀 함수Neumann's Bessel function of the second kind 또는 웨버 함수Weber's function가 된다. 계수 $2/\pi$는 $J_n(z)$와 $Y_n(z)$의 공식이 비슷하게 보이도록 (모두는 아니지만 대부분의 저자들이) 도입한 것이다. 보다 더 구체적인 사항까지는 언급하지 않는다. 위의 적분에서 z가 양의 방향에서 영으로 접근하면 $Y_n(z)$가 $-\infty$로 발산하는 것을 볼 수 있다. 이 절의 마지막 부분에서 여기에 관해 좀 더 구체적으로 설명한다.

다음으로 $J_n(z)$에 대한 멱급수를 설명한다. $J_0(z)$부터 시작한다. 식 (2.8.2)에 $z = \theta = 0$으로 두면 $J_0(0) = 1$이 된다. (2.8.4)에서 $J_0(z)$는 z에 대한 우함수이다. 그래서 다음 형태의 멱급수를 찾으려고 한다.

$$J_0(z) = 1 + a_2 z^2 + a_4 z^4 + \cdots = \sum_{k=0}^{\infty} a_{2k} z^{2k}$$

여기에서 $a_0 = 1$이다. 다음에 주의한다.

$$J_0'(z) = 2a_2 z + 4a_4 z^3 + \cdots = \sum_{k=1}^{\infty} 2k a_{2k} z^{2k-1}$$

$$J_0''(z) = 2 \cdot 1\, a_2 + 4 \cdot 3\, a_4 z^2 + \cdots = \sum_{k=1}^{\infty} 2k(2k-1) a_{2k} z^{2k-2}$$

식 (2.10.1)에 $n = 0$으로 두고 a_{2k-2}의 계수를 비교하면 다음을 얻는다.

$$2k(2k-1)a_{2k} + 2k a_{2k} + a_{2k-2} = 0$$

또는

$$(2k)^2 a_{2k} = -a_{2k-2}$$

그래서 $a_0 = 1$로 시작해 $a_2 = -1/2^2$, $a_4 = 1/(2^2 \cdot 4^2), \ldots$을 얻고 귀납적으로 모든 k에 대해 다음을 얻는다.

$$a_{2k} = \frac{(-1)^k}{2^2 \cdot 4^2 \ldots (2k)^2} = \frac{(-1)^k}{2^k (k!)^2}$$

그러므로

$$J_0(z) = 1 - \frac{z^2}{2^2} + \frac{z^4}{2^2 \cdot 4^2} - \frac{z^6}{2^2 \cdot 4^2 \cdot 6^2} + \cdots = \sum_{k=0}^{\infty} \frac{(-1)^k \left(\frac{z}{2}\right)^{2k}}{(k!)^2} \qquad (2.10.5)$$

멱급수의 계수가 매우 빨리 영으로 수렴하기 때문에, 무한대의 수렴 반경을 가진다.[14] 이것은 균등 수렴이므로, 항별로 미분이 가능하다. 그러므로 멱급수의 합이 베셀 방정식을 만족하는 것을 알 수 있다. 급수의 계수를 그렇게 선택했기 때문이다. $z = 0$에서 함수값이 1이 되는 베셀 방정식의 해는 유일하므로, 멱급수의 합이 실제로 $J_0(z)$가 되는 것이 증명된다.

(2.10.5)를 항별로 미분하고 (2.9.6)을 이용하면 다음을 얻는다.

$$J_1(z) = \frac{z}{2} - \frac{z^3}{2^2 \cdot 4} + \frac{z^5}{2^2 \cdot 4^2 \cdot 6} - \cdots = \sum_{k=0}^{\infty} \frac{(-1)^k \left(\frac{z}{2}\right)^{1+2k}}{k!(1+k)!}$$

(2.9.9)를 이용해 n에 귀납법을 사용하면 다음을 얻는다.

$$\boxed{J_n(z) = \sum_{k=0}^{\infty} \frac{(-1)^k (\frac{z}{2})^{n+2k}}{k!(n+k)!}} \qquad (2.10.6)$$

이 멱급수 또한 무한대의 수렴 반경을 가진다.

멱급수에서 $z \to 0^+$일 때 $Y_n(z)$에 대한 정보를 얻을 수 있다. z의 양의 작은 값을 가지는 경우, $J_n(z)$는 $z^n/2^n n!$ 더하기 매우 작은 항들과 같다. 그래서 $\frac{1}{zJ_n(z)^2}$은 $2^{2n}(n!)^2 z^{-2n-1}$ 더하기 매우 작은 항들과 같고, $\int \frac{1}{zJ_n(z)^2}\, dz$는 $-2^{2n-1} n!(n-1)! z^{-2n}$ 더하기 매우 작은 항들과 같다. 결국, $Y_n(z)$는 $-2^n(n-1)! z^{-n}/\pi$ 더하기 매우 작은 항들이다. 특히, 이로부터 $z \to 0^+$이면 $Y_n(z) \to -\infty$임을 알 수 있다.

연습문제

1. $y = J_n(\alpha x)$가 다음 미분방정식의 해가 되는 것을 보여라.

---

14 주어진 z에 대해 연속하는 항의 비율이 영이 되면 비율 테스트에 의해 이 급수는 수렴한다.

$$\frac{d^2y}{dx^2}+\frac{1}{x}\frac{dy}{dx}+\left(\alpha^2-\frac{n^2}{x^2}\right)y=0$$

그리고 이 방정식의 일반 해가 $y=AJ_n(\alpha x)+BY_n(\alpha x)$로 주어지는 것을 보여라.

2. $y=\sqrt{x}\,J_n(x)$가 다음 미분방정식의 해가 되는 것을 보여라.

$$\frac{d^2y}{dx^2}+\left(1+\frac{\frac{1}{4}-n^2}{x^2}\right)y=0$$

이 방정식의 일반 해를 구하라.

3. $y=J_n(e^x)$가 다음 미분방정식의 해가 되는 것을 보여라.

$$\frac{d^2y}{dx^2}+(e^{2x}-n^2)y=0$$

이 미분방정식의 일반 해를 구하라.

4. 다음은 베셀 미분방정식 (2.10.1)을 구하는 다른 방법이다.

(a) ϕ와 θ를 고정하고 z에 대해 (2.8.9)를 두 번 미분하라.

(b) z와 ϕ를 고정하고 θ에 대해 (2.8.9)를 두 번 미분하라.

(c) (b)의 결과에 z^2를 나누고 (a)의 결과에 더한 후에 관계식 $\sin^2\theta+\cos^2\theta=1$을 이용해 다음을 유도하라.

$$\sum_{n=-\infty}^{\infty}\left(J_n''(z)+\frac{1}{z}J_n'(z)+\left(1-\frac{n^2}{z^2}\right)J_n(z)\right)\sin(\phi+z\theta)=0$$

(d) 보조정리 2.9.1을 사용해 베셀 방정식 (2.8.9)가 성립하는 것을 보여라.

(다음 연습문제는 베셀 함수의 멱급수와 점화식을 구하는 다른 방법으로 복소 해석학에 대한 지식을 요구한다.)

5. 다음을 증명하라.

$$\begin{aligned}J_n(z)&=\frac{1}{2\pi}\int_0^{\pi}e^{i(n\theta-z\sin\theta)}\,d\theta+\frac{1}{2\pi}\int_0^{\pi}e^{-i(n\theta-z\sin\theta)}\,d\theta\\&=\frac{1}{2\pi}\int_{-\pi}^{\pi}e^{-i(n\theta-z\sin\theta)}\,d\theta\end{aligned}$$

$t = \mathrm{e}^{\mathrm{i}\theta}$(즉, $\frac{1}{2\mathrm{i}}(t - \frac{1}{t})$)로 치환해 다음 식을 구하라.

$$J_n(z) = \frac{1}{2\pi\mathrm{i}} \oint t^{-n-1} \mathrm{e}^{\frac{1}{2}z(t-\frac{1}{t})}\, \mathrm{d}t \tag{2.10.7}$$

여기에서 경로 적분은 단위원상에서 반시계 방향으로 행한다. 코쉬 적분 공식을 사용해 $J_n(z)$가 $e^{\frac{1}{2}z(t-\frac{1}{t})}$의 로랑 전개에서 t^n의 계수가 되는 것을 보여라.

$$\mathrm{e}^{\frac{1}{2}z(t-\frac{1}{t})} = \sum_{n=-\infty}^{\infty} J_n(z) t^n$$

6. (2.10.7)에 $t = 2s/z$를 대입해 다음을 구하라.

$$J_n(z) = \frac{1}{2\pi\mathrm{i}} \left(\frac{z}{2}\right)^n \oint s^{-n-1} \mathrm{e}^{s - \frac{z^2}{4s}}\, \mathrm{d}s$$

경로 적분에 대해 논의하라. 피적분 함수를 z의 멱급수로 전개해 다음을 유도하라.

$$J_n(z) = \frac{1}{2\pi\mathrm{i}} \sum_{k=0}^{\infty} \frac{(-1)^k}{k!} \left(\frac{z}{2}\right)^{n+2k} \oint s^{-n-k-1} \mathrm{e}^s\, \mathrm{d}s$$

그리고 항별 적분에 대한 타당성을 보여라. $s = 0$에서 피적분 함수의 잔차가 $n + k \geq 0$이면 $1/(n+k)!$이고 $n + k < 0$이며 영이 되는 것을 보여라(0! = 1에 주의한다). (2.10.6)의 멱급수를 유도하라.

7. (a) 멱급수 (2.10.6)을 이용해 다음을 보여라.

$$J_n(z) = \tfrac{z}{2n}(J_{n-1}(z) + J_{n+1}(z))$$

(b) 멱급수 (2.10.6)을 항별로 미분해 다음을 보여라.

$$J_n'(z) = \tfrac{1}{2}(J_{n-1}(z) - J_{n+1}(z))$$

베셀 함수에 대한 읽을거리

Milton Abramowitz and Irene A. Stegun, "*Handbook of Mathematical Functions*", National Bureau of Standards, 1964, reprinted by Dover in 1965 and still in print. 여기에는 $J_n(z)$와 $Y_n(z)$를 포함한 많은 특수 함수에 대한 광범위한 테이블이 있다.

Frank Bowman, "*Introduction to Bessel Functions*", reprinted by Dover in 1958 and still in print.

G. N. Watson (1922), "*A Treatise on the Theory of Bessel Functions*"는 베셀 함수에 대한 800페이지나 되는 두꺼운 책이다. 이 책은 베셀 함수에 대해 1922년까지 알려진 대부분이 있고, 여전히 표준 참고 도서이다.

E. T. Whittaker and G. N. Watson, "*Modern Analysis*", Cambridge University Press, 1927, Chapter XVII.

베셀 함수에 대한 테이블과 중요한 공식의 요약은 부록 B를 참조하라. 계산을 위한 C++ 프로그램도 첨부했다.

2.11 FM 피드백과 행성 운동의 푸리에 급수

8.9절의 FM 합성 이론에서 피드백은 다음 형식의 방정식으로 표현되는 것을 보게 될 것이다.

$$\phi = \sin(\omega t + z\phi) \tag{2.11.1}$$

여기서 ω와 z는 상수이며 $|z| \leq 1$이다. 방정식은 ϕ를 t의 함수로 암묵적으로 정의한다. 이와 같은 방정식을 사용해 놀랍게도 ϕ를 t의 함수로 명시적으로 찾을 수 있다.

케플러 법칙의 행성 운동 이론에서 타원 궤도의 (초점이 아닌) 중심에서 행성까지의 선분과 타원의 장축이 이루는 각도 θ는 다음을 만족한다.

$$\omega t = \theta - z\sin\theta \tag{2.11.2}$$

여기서 z는 타원의 이심률[15]이고 $0 \leq z \leq 1$의 범위이다. $\omega = 2\pi\nu$는 평균 각속도이다. 다시 언급하지만, 이 방정식은 θ를 t의 함수로 암묵적으로 정의한다.

15 타원의 이심률은 초점에서 중심까지의 거리와 장축 길이의 비율로 정의한다.

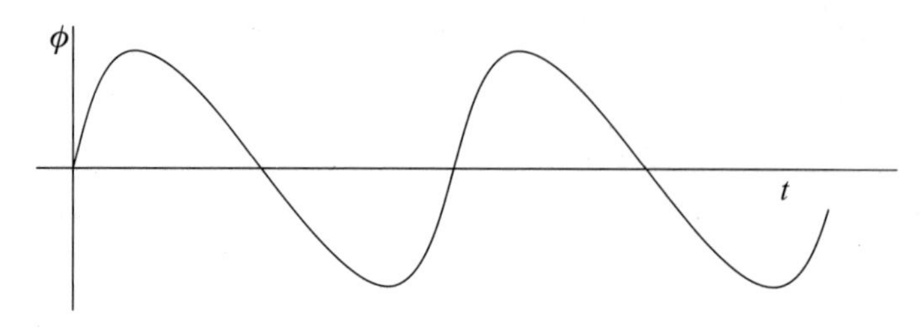

그림 2.9 $Z=1/2$

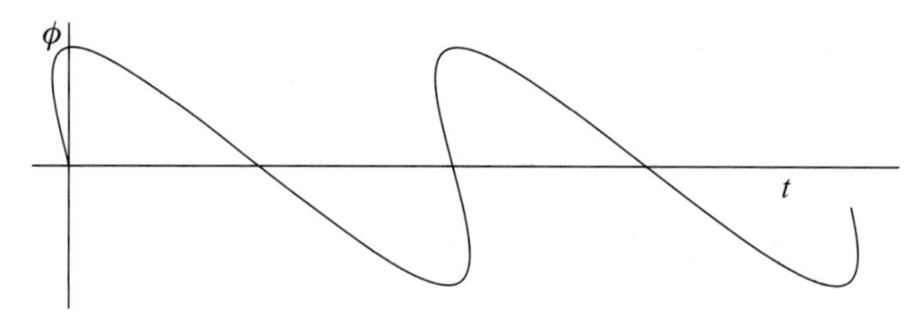

그림 2.10 $Z=3/2$

위의 두 방정식은 모두 t에 대한 주기함수를 정의한다. 첫 번째 경우는 ϕ이고 두 번째 경우는 θ이다. 사실, 이 둘은 같은 것을 나타내는 다른 표현일 뿐이다. 방정식 (2.11.2)에서 (2.11.1)을 얻기 위해서는 치환 $\theta = \omega t + z\phi$를 이용하면 된다. 반대 방향으로는 역치환 $\phi = (\theta - \omega t)/z$를 사용하면 된다.

같은 함수가 다른 응용 분야에서도 나타난다. 연습문제에서 비선형 음향학과 관련된 것을 살펴볼 것이다.

t의 함수로서 ϕ의 그래프를 그리기 위해서는 θ를 매개변수로 두고, $t = (\theta - z\sin\theta)/\omega$, $\phi = \sin\theta$로 둔다. 그림 2.9는 $z = \frac{1}{2}$일 때 그래프를 보여준다.

$|z| > 1$이면 매개화된 방정식은 여전히 유효하지만 t의 함수로서 ϕ가 유일하게 결정되지 않는 것을 보게 된다. 그림 2.10은 $z = \frac{3}{2}$일 때 결과를 보여준다.

여기서는 식(2.11.2)을 살펴보고 z를 상수로 간주해 t의 함수로 $\phi = \sin\theta$의 푸리에 계수를 구한다. 답은 베셀 함수로 주어진다. 사실, 행성 운동에서 이 방정식의 해는 베셀이 $J_n(z)$를 도입한 원래 동기였다.[16]

16 Bessel, Untersuchung der Theils der planetarischen Störungen, welcher aus der Bewegung der Sonne entsteht(태양 운동으로 발생하는 행성 섭동에 관한 연구), "Berliner Abh." (1826), 1–52.

우선 편의상 $T=\omega t$로 둔다. 그리고 $|z| \le 1$이면 $\theta - z\sin\theta$가 실수 전체 집합에서 정의되고 실수 전체 집합의 함수값을 가지는 단조 증가 함수임에 주의한다. 그러므로 각각의 T에 대해 식 (2.11.2)에서 유일한 θ값을 구할 수 있다. 그래서 θ를 T에 대한 연속함수로 간주할 수 있다. 그리고 θ와 T에 2π를 더하거나, θ와 T에 둘 다 마이너스를 곱해도 식 (2.11.2)가 변하지 않으므로, $z\phi = z\sin\theta = \theta - T$는 주가 2π를 가지는 T에 대한 기함수이다. 그래서 다음의 푸리에 전개를 가진다.

$$z\phi = \sum_{n=1}^{\infty} b_n \sin nT \tag{2.11.3}$$

계수 b_n은 식 (2.2.6)을 이용해 직접 계산할 수 있다.

$$b_n = \frac{1}{\pi}\int_0^{2\pi} z\phi \sin nT \, \mathrm{d}T = \frac{2}{\pi}\int_0^{\pi} z\phi \sin nT \, \mathrm{d}T$$

부분 적분을 이용하면 다음을 얻을 수 있다.

$$b_n = \frac{2}{\pi}\left[-z\phi\frac{\cos nT}{n}\right]_0^{\pi} + \frac{2}{\pi}\int_0^{\pi} z\,\frac{\mathrm{d}\phi}{\mathrm{d}T}\,\frac{\cos nT}{n}\,\mathrm{d}T$$

$T=0$와 $T=\pi$에서 $\phi=0$이므로 첫 번째 항은 사라진다. 두 번째 항을 정리하면 다음이 된다.

$$b_n = \frac{2}{n\pi}\int_0^{\pi} \cos nT\,\frac{\mathrm{d}(z\phi)}{\mathrm{d}T}\,\mathrm{d}T$$

$\int_0^{\pi}\cos nT\,\mathrm{d}T = 0$이므로, 다음을 얻을 수 있다.

$$\begin{aligned} b_n &= \frac{2}{n\pi}\int_0^{\pi} \cos nT\,\frac{\mathrm{d}(z\phi+T)}{\mathrm{d}T}\,\mathrm{d}T = \frac{2}{n\pi}\int_0^{\pi}\cos nT\,\frac{\mathrm{d}\theta}{\mathrm{d}T}\,\mathrm{d}T \\ &= \frac{2}{n\pi}\int_0^{\pi}\cos nT\,\mathrm{d}\theta \end{aligned}$$

마지막 단계에서 T가 0에서 π로 변하면 θ도 같은 영역에서 변하는 것을 이용했다. $T=\theta-z$를 대입하면 다음이 된다.

$$b_n = \frac{2}{n\pi}\int_0^{\pi} \cos(n\theta - nz\sin\theta)\,\mathrm{d}\theta$$

식 (2.8.3)과 비교해 최종적으로 다음을 얻는다.

$$b_n = \frac{2}{n}J_n(nz)$$

이를 (2.11.3)에 다시 대입하면,

$$\boxed{\phi = \sin\theta = \sum_{n=1}^{\infty}\frac{2J_n(nz)}{nz}\sin n\omega t} \tag{2.11.4}$$

이 푸리에 급수는 FM 합성의 피드백 (2.11.1), 행성 운동 (2.11.2), 비선형 음향 (2.11.5)과 관련이 있다.

연습문제

식 (2.11.1)을 만족하는 함수 ϕ를 ω는 상수이고 z와 t에 관한 함수로 생각하면, ϕ는 다음 미분방정식의 해가 된다.

$$\frac{\partial\phi}{\partial z} = \frac{\phi}{\omega}\frac{\partial\phi}{\partial t} \tag{2.11.5}$$

α가 영이 아닌 상수이면, $\psi(z, t) = \alpha\phi(\alpha z, t)$가 이 방정식의 다른 해가 되는 것을 보여라. (주의: 위의 방정식은 "비선형nonlinear"이다. 그래서 해를 더하거나 해에 상수를 곱하는 것이 다른 해가 되지 않는다.)

이 방정식은 비선형 음향학과 관련 있다. 이 분야에서 (2.11.4)의 확장dilation으로 주어지는 해를 푸비니 해Fubini solution[17]라고 한다. 실제로는 베셀이 이보다 한 세기 이전에 먼저 발견했다. 그림 2.10은 $|\alpha z| > 1$일 때 해이며 음향 쇼크 파동을 나타낸다(여기에서 αz는 변형 범위 변수distortion range variable라 한다).

---

17 유진 푸비니, Anomalies in the propagation of acoustic waves at great amplitude (in Italian, 큰 진폭을 가지는 음파 전파의 이상 현상), "Alta Frequenza" 4(1935), 530 – 581. 유진 푸비니(Eugene Fubini, 1913–1997)는 본인의 이름을 딴 푸비니 정리를 증명한 수학자 귀도 푸비니(1879–1943)의 아들이다.

2.12 펄스 스트림

여기서는 사각 펄스의 스트림에 관해 설명한다. 두 가지 목적을 가진다. 우선 8장의 아날로그 신시사이저에 대한 예비 지식이다. 아날로그 합성에서 시간에 따라서 변하는 주파수 스펙트럼을 얻는 한 가지 방법은 PWM펄스 폭 변조, Pulse Width Modulation이라는 기술을 사용하는 것이다.[18] 이를 위해 LFO저주파 발진기, Low Frequency Oscillator(8.2절 참조)를 사용해 기본 주파수를 일정하게 유지하면서 정사각형의 펄스 폭을 변화한다.

펄스 스트림을 연구하는 두 번째 목적은 펄스 폭을 일정하게 유지하고 주파수를 줄여서 2.13절에서 소개하는 푸리에 변환Fourier transform의 정의를 유도하는 것이다.

다음과 같이 정의된 사각파의 주파수 스펙트럼을 조사한다.

$$f(t) = \begin{cases} 1 & 0 \le t \le \rho/2, \\ 0 & \rho/2 < t < T - \rho/2, \\ 1 & T - \rho/2 \le t < T \end{cases}$$

여기에서 ρ는 0과 T 사이의 값이고 $f(t+T) = f(t)$이다. 그림 2.11을 참조하라.

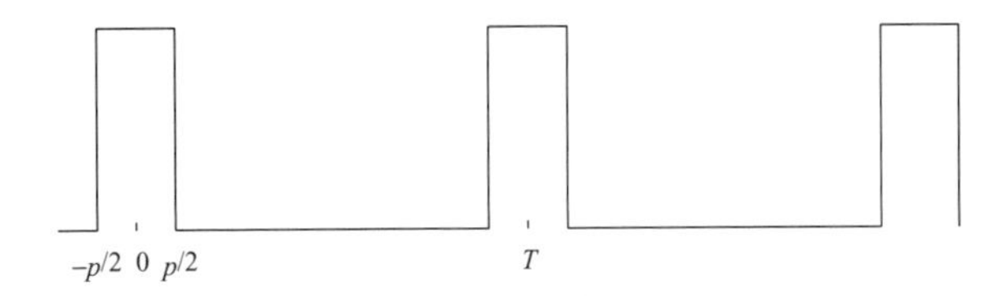

그림 2.11 사각파

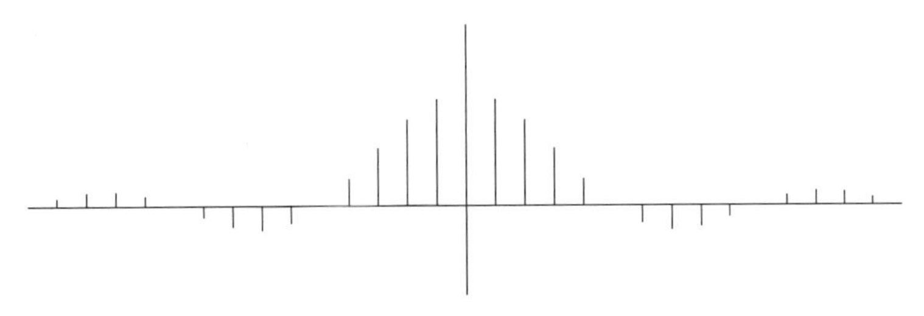

그림 2.12 $T = 5\rho$일 때 주파수 스펙트럼

18 Roland JP-8000/JP-8080과 같은 현대적인 아날로그 신시사이저에서도 사용된다.

그림 2.13

푸리에 계수는 다음으로 주어진다.

$$\alpha_m = \frac{1}{T}\int_{-\rho/2}^{\rho/2} \mathrm{e}^{-2m\pi \mathrm{i}t/T}\,\mathrm{d}t = \frac{1}{m\pi}\sin(m\pi\rho/T)$$

예로서, $T=5\rho$일 때 주파수 스펙트럼을 그림 2.12에 나타냈다.

ρ를 고정하고 T를 증가시키면 스펙트럼의 모양은 동일하게 유지되지만 수직 방향으로 축소돼 수평축을 따라 에너지 밀도는 일정하게 유지된다. 이를 고려해 α_m 대신 $T\alpha_m$으로 스케일을 재조정하는 것이 합리적이다. 이렇게 하고 ρ를 고정하고 T를 증가시키면 그래프가 채워지기만 한다. 예를 들어서 그림 2.13에서와 같이 원래 사각파에서 모든 두 번째 피크를 제거하면 스펙트럼이 그림 2.14에서와 같이 채워진다.

ρ를 고정하고 T를 무한대로 보내면, 하나의 사각파에 대한 푸리에 변환을 얻는다. 이것은 (적절하게 스케일을 조절하면) $\sin(\nu)/\nu$이다. 여기에서 ν는 주파수를 나타내는 연속 변수이다.

그림 2.14

2.13 푸리에 변환

푸리에 급수는 2.2–2.4절에서 설명한 대로 주기를 갖는 파형을 사인과 코사인의 무한 합으로 분해하거나 또는 동등하게 (2.6절의) e^{int} 형식의 복소수 지수함수로 분해한다. 비슷하게 비주기적 함수를 분해하고자 한다. 이것이 푸리에 변환 이론이다. 이 이론은 푸리에 급수 이론보다 조건이 더 까다롭다. 특히 일반 함수generalized function 또는 분포distribution를 도입하지 않으면, 이 이론은 시간 변수 t가 매우 큰 양수나 음수에서 0이 되는 함수만 가능하다. 이를 음악적 관점에서 다루기 위해 윈도우window 이론을 소개한다. 중요한 것은 주기함수는 시작점과 끝점이 없기 때문에 실제 소리는 사실 주기적이지 않다. 그리고 예를 들어 교향곡 전체에 대해 주파수 분석을 하지 않는다. 그 이유는 저주파 정보의 위상에 매우 민감하기 때문이다. 매 순간 소리의 주파수 스펙트럼을 얻어서 이를 시간에 대해 표시하고 싶어 한다. 이제 정보가 충분하지 않기 때문에 소리의 순간 주파수 스펙트럼을 묻는 것은 실제로 의미가 없다는 것을 알 수 있다. 결국, 각 시점 주변의 시간 윈도우에 대한 파형을 알고 분석해야 한다. 작은 윈도우 크기는 시점에 더 국한된 정보를 제공하지만 스펙트럼의 주파수 성분은 모호해진다. 윈도우 크기가 크면 주파수 구성 요소가 더 정확하지만 시간 축을 따라 더 모호해진다. 이 한계는 프로세스에 내재돼 있으며 파형을 얼마나 정확하게 측정하는지와는 관련이 없다. 이러한 점은 하이젠베르크의 불확정성 원리와 유사하다.[19]

실수 변수 t를 가지는 함수 $f(t)$가 실수값 또는 복소수값을 가질 때, 이 함수의 푸리에 변환 $\hat{f}(\nu)$는 다음으로 정의되는 실수 변수 ν를 가지는 함수이다.[20]

---

19 사실, 이것은 단순한 비유 이상이다. 양자역학에서 입자의 위치와 운동량에 대한 확률 분포는 추가 계수로 플랑크 상수 $\hbar$를 가지는 푸리에 변환과 연관 있다. 하이젠베르크의 불확정성 원리는 푸리에 변환과 관련된 두 수량의 평균값으로부터의 기대 편차에 적용되며 이러한 기대 편차의 곱은 최소 $\frac{1}{2}$이다. 따라서 양자 역학적에서는 추가 계수로 인해 곱은 최소 $\frac{\hbar}{2}$가 된다.

20 문헌에 따라서 이 정의가 조금씩 다를 수 있다. 대부분이 2π의 위치에 관한 것이다. 여기에서 사용한 방식은 변수 ν가 주파수를 직접 나타낸다. 대부분의 저자들은 이 정의의 지수에 있는 2π를 삭제한다. 이것은 각속도 ω를 사용하는 것과 같다. 이렇게 하면 공식 (2.13.3)에 $1/2\pi$의 계수를 가져서 마음에 들지 않는 비대칭을 유발하거나 또는 대칭을 위해서는 (2.13.1)과 (2.13.3) 모두에 계수 $1/\sqrt{2\pi}$를 가져서 성가시게 된다.

엄밀하게 말하면 식 (2.13.1)의 의미는 다음과 같다.

$$\lim_{a\to-\infty}\lim_{b\to\infty}\int_a^b f(t)\mathrm{e}^{-2\pi i\nu t}\,\mathrm{d}t$$

그러나 특별한 경우에 위의 이중 극한이 존재하지 않지만 아래의 극한이 존재하는 경우가 있다.

$$\lim_{R\to\infty}\int_{-R}^{R} f(t)\mathrm{e}^{-2\pi i\nu t}\,\mathrm{d}t$$

이런 약한 대칭 극한을 "코쉬의 주요값(Cauchy principal value)"이라 한다. 주요값은 푸리에 변환에서 자주 사용된다.

$$\boxed{\hat{f}(\nu) = \int_{-\infty}^{\infty} f(t)\mathrm{e}^{-2\pi \mathrm{i}\nu t}\,\mathrm{d}t} \tag{2.13.1}$$

이 공식의 해석에서 t는 시간을, ν는 주파수를 나타낸다. 따라서 $\hat{f}(\nu)$는 주파수 ν에 $f(t)$가 얼마나 있는지 측정한 것으로 생각하면 된다. 결국 신호 $f(t)$를 가능한 모든 주파수에서 주기적인 성분으로 분해한 것이다. 푸리에 변환에서 신호를 재조합하는 것은 식 (2.13.3)에 설명된 **역푸리에 변환**inverse Fourier transfomr을 이용한다.

함수의 푸리에 변환이 존재하기 위해서는 위의 적분이 수렴해야 한다. 이를 위해서는 $f(t)$에 추가 조건이 필요하다. 수렴을 보장하는 합리적인 조건은 다음이다. 적분 $\int_{-\infty}^{\infty} |f(t)|\,\mathrm{d}t$가 수렴하면 함수 $f(t)$를 $(-\infty, \infty)$에서 L^1 **또는 절대 적분 가능**absolutely integrable이라 한다. 특히 이로부터 $|t| \to \infty$이면 (측도가 영인 집합을 제외한 곳에서) $f(t)$는 영이 된다. 이 조건은 부분 적분을 더 쉽게 한다. 2.17절에서 분포 이론을 이용해 더 넓은 종류의 함수에 대해 이 정의를 확장한다. 예로서, 사인파에 대한 푸리에 변환을 정의할 수 있다.

주어진 함수의 푸리에 변환을 계산하는 것은 일반적으로 어려운 작업이다. 보기로서, $\mathrm{e}^{-\pi t^2}$의 푸리에 변환을 계산한다. 이 함수는 특별하게 푸리에 변환이 자기 자신이 되는 함수이다.

정리 2.13 $\mathrm{e}^{-\pi t^2}$의 푸리에 변환은 $\mathrm{e}^{-\pi\nu^2}$이다.

증명

$f(t) = \mathrm{e}^{-\pi t^2}$으로 둔다. 그러면 다음을 얻는다.

$$\begin{aligned}\hat{f}(\nu) &= \int_{-\infty}^{\infty} \mathrm{e}^{-\pi t^2}\mathrm{e}^{-2\pi \mathrm{i}\nu t}\,\mathrm{d}t \\ &= \int_{-\infty}^{\infty} \mathrm{e}^{-\pi(t^2+2\mathrm{i}\nu t)}\,\mathrm{d}t \\ &= \int_{-\infty}^{\infty} \mathrm{e}^{-\pi((t+\mathrm{i}\nu)^2+\nu^2)}\,\mathrm{d}t\end{aligned}$$

$x = t + \mathrm{i}\nu$, $\mathrm{d}x = \mathrm{d}t$로 치환해 다음을 얻는다.

$$\hat{f}(\nu) = \int_{-\infty}^{\infty} \mathrm{e}^{-\pi(x^2+\nu^2)}\,\mathrm{d}x \tag{2.13.2}$$

적분의 형태에서 $\hat{f}(\nu)$는 실수인 양수이다. 그러나 적분값을 구하는 것은 명확하지 않다. 다음의 잘 알려진 트릭을 사용하면 적분값을 구할 수 있다. 양변을 제곱한 후에 우변을 다음과 같이 이중 적분으로 만든다.

$$\begin{aligned}\hat{f}(\nu)^2 &= \int_{-\infty}^{\infty} \mathrm{e}^{-\pi(x^2+\nu^2)}\,\mathrm{d}x \int_{-\infty}^{\infty} \mathrm{e}^{-\pi(y^2+\nu^2)}\,\mathrm{d}y \\ &= \int_{-\infty}^{\infty}\int_{-\infty}^{\infty} \mathrm{e}^{-\pi(x^2+y^2+2\nu^2)}\,\mathrm{d}x\,\mathrm{d}y\end{aligned}$$

이제 (x, y) 평면상의 이중적분을 극좌표 (r, θ)로 변환한다. 극좌표에서 면적 요소가 $r\,\mathrm{d}r\,\mathrm{d}\theta$인 것을 유의하면 다음을 얻을 수 있다.

$$\hat{f}(\nu)^2 = \int_0^{2\pi}\int_0^{\infty} \mathrm{e}^{-\pi(r^2+2\nu^2)}\,r\,\mathrm{d}r\,\mathrm{d}\theta$$

위의 적분에서 피적분 함수는 θ에 대해 상수이므로 θ에 대해 적분한다. 그리고 남은 적분은 직접 적분한다.

$$\begin{aligned}\hat{f}(\nu)^2 &= \int_0^{\infty} 2\pi r \mathrm{e}^{-\pi(r^2+2\nu^2)}\,\mathrm{d}r \\ &= \left[-\mathrm{e}^{-\pi(r^2+2\nu^2)}\right]_0^{\infty} \\ &= \mathrm{e}^{-2\pi\nu^2}\end{aligned}$$

최종적으로, (2.12.3)에서 $\hat{f}(\nu)$가 양의 값이므로 제곱근을 취하면 $\hat{f}(\nu) = \mathrm{e}^{-\pi\nu^2}$을 얻는다. □

다음은 함수의 미분값에 대한 푸리에 변환의 공식에 관한 것이다.

정리 2.13.2 $f'(t)$의 푸리에 변환은 $2\pi\mathrm{i}\nu\hat{f}(\nu)$이다.

증명

부분 적분에서 다음을 알 수 있다.

$$\begin{aligned}\int_{-\infty}^{\infty} f'(t)\mathrm{e}^{-2\pi\mathrm{i}\nu t}\,\mathrm{d}t &= \left[f(t)\mathrm{e}^{-2\pi\mathrm{i}\nu t}\right]_0^{\infty} - \int_{-\infty}^{\infty} f(t)(-2\pi\mathrm{i}\nu)\mathrm{e}^{-2\pi\mathrm{i}\nu t}\,\mathrm{d}t \\ &= 0 + 2\pi\mathrm{i}\nu\hat{f}(\nu)\end{aligned}$$

□

역변환 공식은 다음으로 주어진다. 정리 2.4.1과 비교해야 한다.

정리 2.13.3 $f(t)$는 조각 C^1 함수이다(즉, 유한한 점을 제외하고 $f(t)$는 C^1이다). 그래서 L^1이 된다. 그러면 $f(t)$가 연속이 되는 점의 함수값은 다음의 **역푸리에 변환**inverse Fourier Transform 으로 주어진다.

$$f(t) = \int_{-\infty}^{\infty} \hat{f}(\nu) e^{2\pi i \nu t}\, d\nu \tag{2.13.3}$$

(식 (2.13.1)과 지수의 부호가 다름에 유의하라.)

불연속 점에서는, 위의 식의 우변은 2.5절과 같이 좌극한과 우극한의 평균 $\frac{1}{2}(f(t^+) + f(t^-))$이 된다.

푸리에 급수와 마찬가지로, 조각 연속함수 L^1에 대해서 위의 정리가 성립하는 것은 아니다. 그러나 세자로 합과 유사한 것이 여기에서도 잘 작동한다. 처음 n개 부분합의 평균과 유사한 것은 역푸리에 변환을 정의하는 피적분 함수에 주요값을 계산하기 전에 $(1 - |\nu|/R)$을 도입하는 것이다.

정리 2.13.4 $f(t)$는 조각 연속 L^1 함수이다. 그러면 $f(t)$가 연속인 점에서 함수값은 다음으로 주어진다.

$$f(t) = \lim_{R\to\infty} \int_{-R}^{R} \left(1 - \frac{|\nu|}{R}\right) \hat{f}(\nu) e^{2\pi i \nu t}\, d\nu$$

불연속 점에서 위의 우변은 $\frac{1}{2}(f(t^+) + f(t^-))$가 된다.

연습문제

1. (a) 이 부분은 Mac OS X 운영체제를 위한 것이다.

www.dr-lex.34sp.com/software/spectrograph.html에서 주파수 분석 프로그램인 iTunes용 SpectroGraph 플러그인을 다운로드하라.

(b) 이 부분은 Windows 운영체제를 위한 것이다.

www.relisoft.com/freeware/index.htm에서 Sound Frequency Analyzer를 다운로드하라. 이것은 Windows 95 이상의 PC에서 실시간 오디오 주파수를

분석하는 무료 프로그램이다. 내장 마이크가 없을 경우 PC의 오디오 카드에 마이크를 연결해야 한다.

두 경우 모두 프로그램을 이용해 주변에 있는 악기 소리, 종소리, 휘파람 소리를 윈도우 주파수 스펙트럼 분석을 해보라. "이(ee)", "오(oo)", "아(ah)"와 같은 다양한 모음 소리를 분석해보라. 그리고 목소리의 높낮이를 변화시켜보라. 두 프로그램 모두 고속 푸리에 변환을 사용한다(7.10절 참조).

Windows Media Player는 간단한 오실로스코프를 가지고 있다. 윈도우의 "업데이트 확인"을 이용해 Media Player 버전 7 이상을 다운로드한다.[21] 원하는 음악을 재생하고 "지금 재생으로 전환"을 눌러 화면을 전환한 후에 "시각화"에서 "막대와 파동"을 선택한다. 오실로스코프의 모양을 보아서는 파형이 어떻게 소리가 나는지에 대한 의미 있는 정보를 얻는 것은 거의 불가능하다는 것을 알 수 있다.

2. $\int_{-\infty}^{\infty} e^{-x^2}\,dx$를 구하라.

(힌트: 정리 2.13.1의 증명에서와 같이 적분을 제곱한 후에 극좌표계로 바꿔라.)

3. a가 상수일 때, $f(at)$의 푸리에 변환이 $\frac{1}{a}\hat{f}(\frac{\nu}{a})$임을 보여라.

4. a가 상수일 때, $f(t-a)$의 푸리에 변환이 $e^{-2\pi i\nu a}\,\hat{f}(\nu)$임을 보여라.

5. 2.12절의 사각파 펄스에 대한 푸리에 변환을 구하라.

$$f(t) = \begin{cases} 1 & -\rho/2 \le t \le \rho/2\text{일 때} \\ 0 & \text{그 외의 경우} \end{cases}$$

6. 정리 2.13.1과 부분 적분을 사용해 $2\pi t^2 e^{-\pi t^2}$의 푸리에 변환이 $(1-2\pi\nu^2)e^{-\pi\nu^2}$임을 보여라.

2.14 역변환 공식의 증명

여기의 목적은 푸리에 역변환의 공식인 정리 2.13.3을 증명하는 것이다. 즉, 적절한 조건을 만족하는 경우에 $f(t)$의 푸리에 변환이 다음으로 주어진다고 가정한다.

21 번역서는 버전 11로 테스트했다. 이후 메뉴는 버전 11을 기준으로 한다. – 옮긴이

$$\hat{f}(\nu) = \int_{-\infty}^{\infty} f(t) \mathrm{e}^{-2\pi i \nu t}\, \mathrm{d}t \tag{2.14.1}$$

그러면, 다음 적분의 코쉬 주요 값으로 원래 함수 $f(t)$가 재구성되는 것을 의미한다.

$$f(t) = \int_{-\infty}^{\infty} \hat{f}(\nu) \mathrm{e}^{2\pi i \nu t}\, \mathrm{d}\nu \tag{2.14.2}$$

먼저, 여기에 푸리에 급수에서 만난 같은 어려움이 있다. 즉, 한 점에서만 $f(t)$의 값을 변경해도 $\hat{f}(\nu)$는 바뀌지 않는다. 그래서 기대할 수 있는 최선의 재구성 값은, 존재한다면 좌극한과 우극한의 평균 $\frac{1}{2}(f(t^+) + f(t^-))$이다.

적분 변수와 독립 변수로 t를 두 군데에서 사용하는 것을 피하기 위해 (2.14.2)의 t대신에 τ를 사용한다. 그러면 (2.14.2)의 우변의 코쉬 주요 값은 다음이 된다.

$$\lim_{A\to\infty} \int_{-A}^{A} \left(\int_{-\infty}^{\infty} f(t) \mathrm{e}^{-2\pi i \nu t}\, \mathrm{d}t \right) \mathrm{e}^{2\pi i \nu \tau}\, \mathrm{d}\nu$$

그래서 이 식이 $f(\tau)$ 또는 $\frac{1}{2}(f(\tau^+) + f(\tau^-))$와 비교해야 하는 식이다. 바깥쪽 적분은 유한구간이고 안쪽 적분은 절대 수렴을 하므로, 적분의 순서를 바꿔 (2.14.2)가 다음이 되는 것을 알 수 있다.

$$\begin{aligned}
&\lim_{A\to\infty} \int_{-\infty}^{\infty} f(t) \int_{-A}^{A} \mathrm{e}^{2\pi i \nu(\tau - t)}\, \mathrm{d}\nu\, \mathrm{d}t \\
&= \lim_{A\to\infty} \int_{-\infty}^{\infty} f(t) \left[\frac{1}{2\pi i(\tau - t)} \mathrm{e}^{2\pi i \nu(\tau - t)} \right]_{\nu=-A}^{A} \mathrm{d}t \\
&= \lim_{A\to\infty} \int_{-\infty}^{\infty} f(t) \frac{\sin 2\pi A(\tau - t)}{\pi(\tau - t)}\, \mathrm{d}t
\end{aligned}$$

여기에서 $\sin\theta = \frac{1}{2i}(\mathrm{e}^{i\theta} - \mathrm{e}^{-i\theta})$를 이용해 복소 지수함수를 사인 함수로 나타냈다.

$\int_0^{\infty}$에서 $x = t - \tau$, $t = \tau + x$의 변수 변환을, $\int_{-\infty}^{0}$에서는 $x = \tau - t$, $t = \tau - x$의 변수 변환을 이용하면 (2.14.2)가 다음이 되는 것을 알 수 있다.

$$\lim_{A\to\infty} \int_{0}^{\infty} (f(\tau + x) + f(\tau - x)) \frac{\sin 2\pi Ax}{\pi x}\, \mathrm{d}x \tag{2.14.3}$$

그러므로 A가 커짐에 따라서 $\frac{\sin 2\pi Ax}{\pi x}$와 이것의 적분의 거동을 이해해야만 한다. 다음의 정리에서 살펴본다.

정리 2.14.1 (i) $A>0$에 대해 $\int_0^\infty \frac{\sin 2\pi Ax}{\pi x}\,dx = \frac{1}{2}$이다.

(ii) 임의의 $\varepsilon>0$에 대해 다음이 성립한다.

$$\lim_{A\to\infty}\int_0^\varepsilon \frac{\sin 2\pi Ax}{\pi x}\,dx = \tfrac{1}{2} \quad and \quad \lim_{A\to\infty}\int_\varepsilon^\infty \frac{\sin 2\pi Ax}{\pi x}\,dx = 0$$

증명

적분이 수렴하는 것을 보이기 위해 다음을 정의한다.

$$I_n = \int_{n/2A}^{(n+1)/2A} \frac{\sin 2\pi Ax}{\pi x}\,dx$$

그러면 I_n은 부호가 바뀌면서 단조 감소해 영으로 수렴한다. 그러므로 이들의 합은 수렴한다. 적분값을 구하기 위해 우선 다음에 주의한다.

$$\begin{aligned}\int_0^{\frac{\pi}{2}} \frac{\sin(2n+1)u}{\sin u}\,du &= \int_0^{\frac{\pi}{2}} \frac{e^{(2n+1)iu} - e^{-(2n+1)iu}}{e^{iu} - e^{-iu}}\,du \\ &= \int_0^{\frac{\pi}{2}} \left(e^{2niu} + e^{2(n-1)iu} + \cdots + e^{-2niu}\right) du \\ &= \frac{\pi}{2} \end{aligned} \qquad (2.14.4)$$

마지막 단계에서 적분값은 서로 상쇄돼 $e^0=1$인 가운데 항만 남는다.

(로피탈 정리를 사용하면) $u\to 0$일 때 $\frac{1}{\sin u} - \frac{1}{u} \to 0$이다. 그래서 이 식은 구간 $[0, \frac{1}{2}]$에서 음이 아닌 균등 연속함수를 정의한다. 연속하는 양의 영역과 음의 영역의 차이를 단순 계산하면 다음을 얻을 수 있다.

$$\lim_{n\to\infty}\int_0^{\frac{\pi}{2}} \left(\frac{1}{\sin u} - \frac{1}{u}\right)\sin(2n+1)u\,du = 0$$

이를 (2.14.2)와 결합하면 다음이 나온다.

$$\lim_{n\to\infty}\int_0^{\frac{\pi}{2}} \frac{\sin(2n+1)u}{u}\,du = \frac{\pi}{2}$$

이제, $(2n+1)u = 2\pi Ax$로 치환하고 π로 나누면 $n \to \infty$일 때 다음을 얻는다.

$$\frac{1}{\pi}\int_0^{\frac{\pi}{2}} \frac{\sin(2n+1)u}{u}\,\mathrm{d}u = \int_0^{\frac{2n+1}{4A}} \frac{\sin 2\pi Ax}{\pi x}\,\mathrm{d}x \to \frac{1}{2}$$

주어진 A에 대해 $n \to \infty$로 보내면 (i)을 얻는다. $\varepsilon > 0$가 주어지면, $A = \frac{2n+1}{4\varepsilon}$로 두고 $n \to \infty$로 보내면 (ii)를 얻는다. □

정리 2.13.3을 증명하기 위해서 우선 $f(t)$가 L^1이면 푸리에 적분이 의미를 가지는 것에 주의하고 (2.14.2) 또는 (2.14.3)을 보여야 한다. 우선 위의 정리를 사용하면 임의의 $\varepsilon > 0$에 대해서 다음이 성립한다.

$$\lim_{A\to\infty}\int_\varepsilon^\infty (f(\tau+x)+f(\tau-x))\frac{\sin 2\pi Ax}{\pi x}\,\mathrm{d}x = 0$$

그래서 (2.14.3)은 다음 식과 같게 된다.

$$\lim_{A\to\infty}\int_0^\varepsilon (f(\tau+x)+f(\tau-x))\frac{\sin 2\pi Ax}{\pi x}\,\mathrm{d}x$$

그러므로 $\lim\limits_{x\to 0}(f(\tau+x)+f(\tau-x))$가 존재하는 점에서는 정리에서부터 위의 적분은 $\frac{1}{2}\lim\limits_{x\to 0}(f(\tau+x)+f(\tau-x))$와 일치한다. 구체적인 경우로, 조각 연속함수는 이 식이 성립한다.

2.15 스펙트럼

푸리에 변환은 원래 함수의 주파수 분포에 대해 무엇을 알려주는가? 2.6절에서와 마찬가지로 식 (2.6.1)은 복소 지수함수를 사인과 코사인을 이용해 다시 표현하거나 그 반대의 경우를 알려준다. 그러므로 ν와 $-\nu$에서 $\hat{f}$의 값은 주파수 ν를 갖는 성분의 크기뿐만 아니라 위상을 알려준다. 원래 함수 $f(t)$가 실수 값을 가지면 $\hat{f}(-\nu)$는 $\hat{f}(\nu)$의 켤레 복소수이다. 특정값 ν의 에너지 밀도energy density는 진폭 $|\hat{f}(\nu)|$의 제곱으로 정의한다.

$$\text{에너지 밀도} = |\hat{f}(\nu)|^2$$

이 양을 구간상에서 적분하면 이 구간에 해당하는 주파수의 총 에너지가 된다. 그러나 ν와 $-\nu$가 모두 에너지에 기여하므로 ν의 양수 값만 사용하는 경우 정확한 값을 구하기 위해서는 두 배를 해야 한다.

실수 값을 가지는 신호의 **주파수 스펙트럼**frequency spectrum을 나타내는 일반적인 방법은 ν의 양수 값에 대해 $\hat{f}(\nu)$의 진폭과 위상을 별도로 나타내는 것이다. $\hat{f}(\nu)$를 극좌표 $re^{i\theta}$로 표현할 수 있다. 여기서 $r=|\hat{f}(\nu)|$는 해당 주파수 성분의 진폭이고 θ는 위상을 나타낸다. 따라서 r은 항상 영 또는 양의 값이며 θ는 $-\pi$와 π 사이에 놓이도록 선택한다. 그러면 $\hat{f}(\nu)=\overline{\hat{f}(\nu)}=re^{-i\theta}$이므로 ν의 양수 값에 대해 진폭과 위상에서 ν의 음수 값에 대한 정보를 얻을 수 있다. 위상은 많은 경우 진폭보다 덜 중요하므로 주파수 스펙트럼은 종종 $\nu>0$인 경우에 대해 $|\hat{f}(\nu)|$의 값으로 나타낸다. 보기로서, 2.12절에서 설명한 사각파 펄스의 주파수 스펙트럼에 대해 (이 경우에 부호뿐인) 위상 정보를 무시하면 다음 그림을 얻는다.

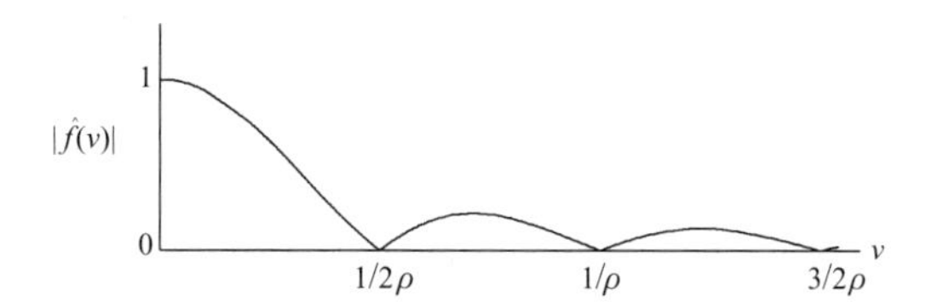

이 그래프에서 주파수를 수평축을 따라 선형으로 표현했다. 그러나 주파수에 대한 사람의 인식은 대수적이어서 수평축을 종종 대수적으로 표현한다. 이렇게 표현하면 2배 주파수를 나타내는 각 옥타브가 축을 따라 동일한 거리로 표시된다.

파르스발Parseval의 항등식은 신호의 총 에너지가 스펙트럼의 총 에너지와 같음을 나타낸다.

$$\int_{-\infty}^{\infty} |f(t)|^2 \, dt = \int_{-\infty}^{\infty} |\hat{f}(\nu)|^2 \, d\nu$$

보다 일반적으로, $f(t)$와 $g(t)$가 두 개의 함수이면 다음이 성립한다.

$$\int_{-\infty}^{\infty} f(t)\overline{g(t)} \, dt = \int_{-\infty}^{\infty} \hat{f}(\nu)\overline{\hat{g}(\nu)} \, d\nu \tag{2.15.1}$$

백색 잡음white noise이라는 용어는 스펙트럼이 평평한 파형을 나타낸다. 분홍색 잡음pink noise은 스펙트럼 레벨이 옥타브당 3dB씩 감소하고 (브라운 운동에서 나온) 브라운 잡음brown noise은 스펙트럼 레벨은 옥타브당 6dB씩 감소한다.

윈도우 푸리에 변환은 가버Gabor[22]에 의해 도입됐고 다음과 같다. 윈도우 함수 $\psi(t)$와 파형 $f(t)$가 주어지면 윈도우 푸리에 변환은 실수인 p와 q 두 개의 변수에 대한 다음의 함수로 정의된다.

$$\mathcal{F}_\psi(f)(p, q) = \int_{-\infty}^{\infty} f(t)\mathrm{e}^{-2\pi \mathrm{i}qt}\psi(t-p)\,\mathrm{d}t$$

이것은 윈도우 함수의 시간축으로 이동해 특정 주파수 성분을 뽑아내는 것으로 볼 수 있다. 전형적인 윈도우 함수는 다음 형태를 가진다.

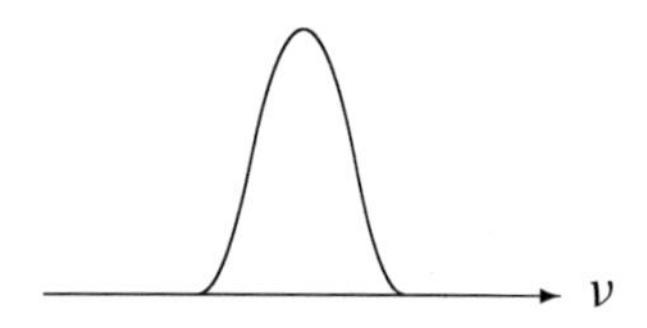

단순한 사각형 펄스보다 매끈한 모서리를 가지는 윈도우 함수를 사용하는 것이 좋다. 윈도우 함수 모서리가 최종 신호에 고주파를 인위적으로 추가 도입하는 경향이 있기 때문이다.

2.16 푸아송의 합 공식

7장에서 디지털 음악을 설명할 때, 푸아송의 합 공식이 필요하다.

정리 2.16.1 (푸아송의 합 공식)

$$\sum_{n=-\infty}^{\infty} f(n) = \sum_{n=-\infty}^{\infty} \hat{f}(n) \qquad (2.16.1)$$

증명

다음을 정의한다.

---

22 Gabor, Theory of communication, "J. Inst. Electr. Eng." 93 (1946), 429-457.

$$g(\theta) = \sum_{n=-\infty}^{\infty} f\left(\frac{\theta}{2\pi} + n\right)$$

그러면 위의 수식의 좌변은 $g(0)$이다. 그리고 $g(\theta)$는 주기 2π를 가져서 $g(\theta + 2\pi) = g(\theta)$가 된다. 그러므로 $g(\theta)$에 대해 푸리에 급수 이론을 적용할 수 있다. 식 (2.6.2)에서 다음을 얻는다.

$$g(\theta) = \sum_{n=-\infty}^{\infty} \alpha_n \mathrm{e}^{\mathrm{i}n\theta}$$

그리고 식 (2.6.3)에서 다음을 얻을 수 있다.

$$\begin{aligned}
\alpha_m &= \frac{1}{2\pi} \int_0^{2\pi} g(\theta)\mathrm{e}^{-\mathrm{i}m\theta}\,\mathrm{d}\theta \\
&= \frac{1}{2\pi} \int_0^{2\pi} \sum_{n=-\infty}^{\infty} f\left(\frac{\theta}{2\pi} + n\right) \mathrm{e}^{-\mathrm{i}m\theta}\,\mathrm{d}\theta \\
&= \frac{1}{2\pi} \sum_{n=-\infty}^{\infty} \int_0^{2\pi} f\left(\frac{\theta}{2\pi} + n\right) \mathrm{e}^{-\mathrm{i}m\theta}\,\mathrm{d}\theta \\
&= \frac{1}{2\pi} \int_{-\infty}^{\infty} f\left(\frac{\theta}{2\pi}\right) \mathrm{e}^{-\mathrm{i}m\theta}\,\mathrm{d}\theta \\
&= \int_{-\infty}^{\infty} f(t)\mathrm{e}^{-2\pi\mathrm{i}mt}\,\mathrm{d}t \\
&= \hat{f}(m)
\end{aligned}$$

세 번째 단계는 길이 2π인 선분을 모아서 실선으로 만드는 것이다. 네 번째 단계는 $\theta = 2\pi t$를 대입하면 된다. 결국, 다음을 얻는다.

$$\sum_{n=-\infty}^{\infty} f(n) = g(0) = \sum_{n=-\infty}^{\infty} \alpha_n = \sum_{n=-\infty}^{\infty} f(n) \qquad \square$$

주의 푸리에 역변환 (2.6.2)의 한계에서 푸아송의 합 공식의 적용에도 한계가 있다. 이에 대한 자세한 논의는 Y. Katznelson, "*An Introduction to Harmonic Analysis.*", Dover (1976), p.129를 참조하라.

2.17 디랙 델타 함수

디랙의 델타 함수 $\delta(t)$는 다음 성질로 정의한다.

(i) $\delta(t) = 0$ for $t \neq 0$

(ii) $\int_{-\infty}^{\infty} \delta(t)\mathrm{d}t = 1$

$\delta(t)$는 $t = 0$에서 가지는 스파이크를 제외하고는 0으로 생각하면 된다. 스파이크가 너무 커서 그 아래 면적이 1이다. 예리한 독자는 이런 성질이 모순을 가진다고 생각할 것이다. 한 점의 함수값을 바꿔도 적분값이 바뀌지 않으므로, 한 점을 제외한 함수가 0이면 적분값은 0이어야 하기 때문이다. 뒷부분에서 이 문제에 대한 해결 방법을 설명한다. 그러나 여기에서 잠시 동안은 문제가 없는 것처럼 $\delta(t)$에 관한 식 (2.13.1)과 (2.13.3)이 성립한다고 생각한다.

$\delta(t)$대신에 $\delta(t - t_0)$를 사용해 델타 함수 정의에 있는 스파이크를 t의 다른 값(여기에서는 $t = t_0$)으로 이동하는 것이 유용하다. 델타 함수의 기본 성질로 적분을 이용해 원하는 점에서 다른 함수의 값을 추출할 수 있다.

즉, $t = t_0$에서 $f(t)$의 값을 찾으려면 $f(t)\delta(t - t_0) = f(t_0)\delta(t - t_0)$에 주의해야 한다. $\delta(t - t_0)$는 $t = t_0$에서만 영이 아니기 때문이다. 그래서 다음을 얻는다.

$$\int_{-\infty}^{\infty} f(t)\delta(t - t_0)\,\mathrm{d}t = \int_{-\infty}^{\infty} f(t_0)\delta(t - t_0)\,\mathrm{d}t = f(t_0)\int_{-\infty}^{\infty} \delta(t - t_0)\,\mathrm{d}t = f(t_0)$$

다음으로, 델타 함수의 푸리에 변환을 알아본다. $f(t) = \delta(t - t_0)$이면 식 (2.13.1)에서 다음이 성립한다.

$$\hat{f}(\nu) = \int_{-\infty}^{\infty} \delta(t - t_0)\mathrm{e}^{-2\pi \mathrm{i}\nu t}\,\mathrm{d}t = \mathrm{e}^{-2\pi \mathrm{i}\nu t_0}$$

즉, 델타 함수 $\delta(t - t_0)$의 푸리에 변환은 복소수 지수 $\mathrm{e}^{-2\pi \mathrm{i}\nu t_0}$이다. 특별히 $t_0 = 0$이면 $\delta(t)$의 푸리에 변환은 상수함수 1이다. $\frac{1}{2}(\delta(t - t_0) + \delta(t + t_0))$의 푸리에 변환은 다음이다.

$$\tfrac{1}{2}\left(\mathrm{e}^{-2\pi \mathrm{i}\nu t_0} + \mathrm{e}^{2\pi \mathrm{i}\nu t_0}\right) = \cos(2\pi\nu t_0)$$

그와 반대로 함수 $\hat{f}(\nu) = \delta(\nu - \nu_0)$에 역푸리에 변환 (2.13.3)을 적용하면 $f(t) = \mathrm{e}^{2\pi \mathrm{i}\nu_0 t}$를 얻는다. 그래서 주파수 ν_0에 집중된 디랙 델타 함수를 복소 지수함수의 푸리에 변환으로

볼 수 있다. 비슷하게 $\frac{1}{2}(\delta(\nu-\nu_0)+\delta(\nu+\nu_0))$는 주파수 ν_0을 가지는 코사인파 $\cos(2\pi\nu_0 t)$의 푸리에 변환이다. 뒷부분에서 이런 계산에 대해 추가 설명을 할 것이다.

푸리에 급수와 푸리에 변환의 관계는 델타 함수를 이용하면 보다 더 명시적으로 표현할 수 있다. $\theta=2\pi\nu_0 t$일 때, $f(t)$를 $\sum_{n=-\infty}^{\infty}\alpha_n e^{in\theta}$ 형태의 t에 대한 주기함수로 가정한다(식 (2.6.2) 참조). 그러면 다음을 얻는다.

$$\hat{f}(\nu)=\sum_{n=-\infty}^{\infty}\alpha_n\delta(\nu-n\nu_0)$$

그러므로 실수값을 가지는 주기함수의 푸리에 변환은 각 주파수 성분의 플러스와 마이너스에서 스파이크를 가져서 주파수 성분의 진폭을 곱한 델타 함수로 구성된다.

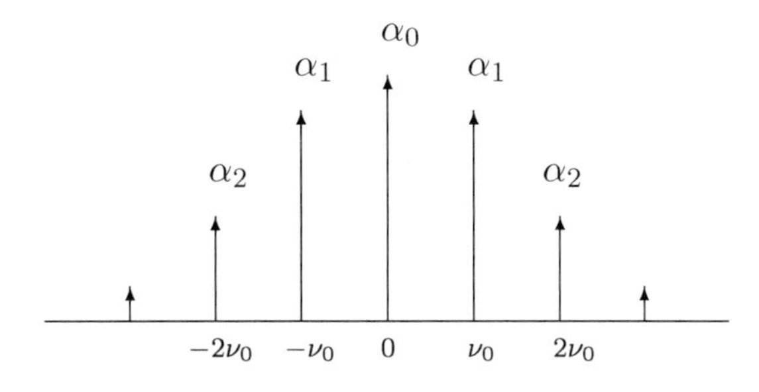

그림 2.15 주기함수의 푸리에 변환

그런데 $\delta(t)$는 어떤 종류의 함수인가? 실제로는 이것은 전혀 함수가 아니다. 이것은 **분포** 또는 **일반화된 함수**generalized function이다. 분포는 함수를 곱하고 적분을 했을 때 일어나는 것으로 정의될 수 있다. 델타 함수가 나타날 때는 뒤에 암묵적인 적분이 숨어 있다.

보다 형식화해 표현하려면 적절한 **테스트 함수**test function 공간에서 시작해,[23] 함수 $f(t)$는 $g(t)$를 (의미를 가진다면) $\int_{-\infty}^{\infty} f(t)g(t)\,dt$로 보내는 선형 사상으로 인식해 분포로 볼 수 있다. 델타 함수는 테스트 함수 $g(t)$를 $g(0)$로 보내는 선형 사상으로 정의되는 분포이다. 이

23 푸리에 변환 이론에서는 (임의의 $m, n \geq 0$에 대해) 임의의 미분 $f^{(m)}(t)$과 t의 임의의 멱함수인 t^n의 곱이 m과 n에 무관한 유계를 가지는 무한히 미분 가능한 함수 $f(t)$로 구성된 "슈바르츠 공간(Schwartz space)" $\mathcal{S}$에서 시작하는 것이 일반적이다. 그러므로 이런 함수는 매우 매끈하고 모든 미분값은 $|t|\to\infty$일 때 매우 빨리 영으로 수렴한다. $\mathcal{S}$에 속하는 함수의 예는 e^{-t^2}이 있다. $\mathcal{S}$에 속하는 함수의 합과 곱 그리고 푸리에 변환은 다시 $\mathcal{S}$에 속한다. $\mathcal{S}$에서 정의된 선형 사상이 연속이 된다는 것을 정의하기 위해, $\mathcal{S}$에 속하는 두 함수 $f(t)$와 $g(t)$의 거리를 m과 n이 임의의 음이 아닌 정수일 때 $t^n f^{(m)}(t)$와 $t^n g^{(m)}(t)$ 값의 거리의 최댓값으로 정의한다. $\mathcal{S}$에서 정의된 분포의 공간을 $\mathcal{S}'$로 표기한다. $\mathcal{S}'$에 속하는 분포를 "완화된(tempered)" 분포라 한다.

분포는 위와 같은 일반 함수에서 나온 것이 아니라는 것을 쉽게 볼 수 있다. 이 절의 시작부에서 이에 대한 설명을 했다. 그러나 분포를 함수인 양 표기할 수 있고, 함수에 대한 분포의 값을 적분으로 표기할 수 있다. 예로서, 분포 $\delta(t)$는 $\int_{-\infty}^{\infty} \delta(t)g(t)\,\mathrm{d}t = \mathrm{g}(0)$로 정의되며, 이것은 단지 테스트 함수 $g(t)$에 대한 분포 $\delta(t)$의 값이 $g(0)$라는 것을 의미한다.

여기에서 한 가지 주의를 해야 하는 것이 있다. 그것은 분포의 곱은 의미를 가지지 않는다는 것이다. 예로서, 델타 함수의 제곱은 분포로서 의미를 가지지 않는다. 결국, $\int_{-\infty}^{\infty} \delta(t)^2 g(t)\,\mathrm{d}t$이 되며 결국 $\delta(0)g(0)$이다. 이것은 숫자가 아니다!

그러나 분포에 함수를 곱할 수 있다. 분포에 $f(t)$를 곱한 것이 $g(t)$에 작용하는 값은 $f(t)$ $g(t)$에 작용하는 원래 분포의 값과 같다. $g(t)$가 테스트 함수일 때, $f(t)g(t)$가 테스트 함수가 되는 $f(t)$에 대해서는 이러한 것이 성립한다. 예로서, 테스트 함수와 다항 함수는 이 조건을 만족한다.

분포는 미분도 할 수 있다. 부분 적분을 이용해 미분의 정의를 한다. 그래서 $f(t)$가 분포이고 $g(t)$가 테스트 함수이면 $f'(t)$를 다음으로 정의한다.

$$\int_{-\infty}^{\infty} f'(t)g(t)\,\mathrm{d}t = -\int_{-\infty}^{\infty} f(t)g'(t)\,\mathrm{d}t$$

보기로서, 테스트 함수 $g(t)$에 대한 $\delta'(t)$의 값은 $-g'(0)$이다.

분포를 다루는 방법을 살펴보기 위해 $t\,\delta'(t)$를 생각한다. 부분 적분을 이용하면 테스트 함수 $g(t)$에 대해 다음을 얻는다.

$$\int_{-\infty}^{\infty} t\delta'(t)g(t)\,\mathrm{d}t = -\int_{-\infty}^{\infty} \delta(t)\frac{\mathrm{d}}{\mathrm{d}t}(tg(t))\,\mathrm{d}t = -\int_{-\infty}^{\infty} \delta(t)(tg'(t) + g(t))\,\mathrm{d}t$$

$t\,\delta(t) = 0$이므로 위의 식은 $-g(0)$가 된다. 테스트 함수에 대해 두 분포가 같은 값을 가지면, 정의에 의해 이들은 같은 분포이다. 그래서 다음을 얻는다.

$$\boxed{t\delta'(t) = -\delta(t)}$$

그러나 이런 종류의 식을 다룰 때에 특별한 주의가 필요하다. 예로서, 위의 식을 t로 나누면 $\delta'(t) = -\delta(t)/t$를 얻는데, 이것은 무의미한 식이다. 같은 논리를 $t\,\delta(t) = 0$에 적용하면 어떻게 되겠는가?

이 시점에서 2.7절에서 제시한 페예르 정리의 증명을 다시 살펴보는 것이 유용하다. 증명의 기본은 함수 $K_m(y)$가 분포 $2\pi\delta(y)$의 유한 근사가 되는 것이다. 이런 식으로 사용하는 델타 함수의 근사는 핵 함수kernel funciton라 하고, 페예르 정리의 증명에서와 같이 편미분방정식 이론에서 매우 중요하다.

분포의 푸리에 변환은 파르스발 관계식 (2.15.1)을 이용해 정의한다. 즉, $f(t)$가 분포이면, 임의의 함수 $g(t)$에 대해서 $\int_{-\infty}^{\infty} f(t)\overline{g(t)}\,\mathrm{d}t$는 $\overline{g(t)}$에 대한 분포의 값을 나타낸다. $\overline{\hat{g}(\nu)}$에 대해 같은 값을 가지는 분포를 $\hat{f}(\nu)$로 정의한다. 즉, $\hat{f}(\nu)$의 정의는 다음이다.

$$\int_{-\infty}^{\infty} \hat{f}(\nu)\overline{\hat{g}(\nu)}\,\mathrm{d}\nu = \int_{-\infty}^{\infty} f(t)\overline{g(t)}\,\mathrm{d}t$$

이 책에서는 함수에만 관심이 있지만, 위의 식은 함수의 푸리에 변환의 정의를 확장해 함수의 푸리에 변환이 함수가 아닌 분포가 되는 경우도 포함한다. 앞에서 함수 $\mathrm{e}^{2\pi i\nu_0 t}$의 푸리에 변환이 분포 $\delta(\nu-\nu_0)$가 되는 것을 보았다.

연습문제

1. 사인파 $f(t)=\sin(2\pi\nu_0 t)$의 푸리에 변환을 디랙 델타 함수로 나타내라.
2. C가 상수인 경우 다음이 만족하는 것을 보여라.

$$\delta(Ct) = \frac{1}{|C|}\delta(t)$$

3. 헤비사이드Heaviside 함수 $H(t)$는 다음으로 정의한다.

$$H(t) = \begin{cases} 1 & \text{if } t \geq 0, \\ 0 & \text{if } t < 0 \end{cases}$$

$H(t)$의 미분이 디랙 델타 함수 $\delta(t)$와 일치하는 것을 보여라.

(힌트: 부분 적분을 사용하라.)

4. $t\,\delta(t)=0$임을 보여라.
5. 정리 2.13.2를 사용해, t^n의 푸리에 변환이 $\left(\frac{-1}{2\pi i}\right)^n \delta^{(n)}(\nu)$가 되는 것을 보여라. 여기서 $\delta^{(n)}$은 디랙 델타 함수의 n번 미분이다.

읽을거리

F. G. Friedlander and M. Joshi, *Introduction to the Theory of Distributions*, second edition, Cambridge University Press, 1998.

A. H. Zemanian, *Distribution Theory and Transform Analysis*, Dover, 1987.

2.18 합성곱

푸리에 변환은 곱을 보존하지 않는다. 대신, 합성곱convolution으로 변환한다. $f(t)$와 $g(t)$가 테스트 함수 두 개이면, 이들의 합성곱 $f * g$를 다음으로 정의한다.

$$(f * g)(t) = \int_{-\infty}^{\infty} f(s)g(t-s)\,\mathrm{d}s$$

함수 f를 함수 g를 이용해 감는다convolve는 의미이다. 위의 공식은 f와 g 중에서 하나가 분포이고 다른 것이 테스트 함수여도 성립한다. 결과로 얻는 것은 테스트 함수가 아니라 단지 함수이다. 두 분포의 합성곱은 항상 의미를 가지는 것은 아니지만 정의되는 경우도 있다. 예로서, 두 상수함수의 합성곱은 정의되지 않지만 디랙 델타 함수 두 개는 정의된다.

다음의 성질들이 두 변의 항들이 의미를 가질 때 성립하는 것은 간단하게 확인할 수 있다.

(i) (교환법칙) $f * g = g * f$

(ii) (결합법칙) $(f * g) * h = f * (g * h)$

(iii) (분배법칙) $f * (g + h) = f * g + f * h$

(iv) (항등원) $\delta * f = f * \delta = f$

여기에서 δ는 디랙 델타 함수이다.

정리 2.18.1 (i) $\widehat{f * g}(\nu) = \hat{f}(\nu)\hat{g}(\nu)$

(ii) $\widehat{fg}(\nu) = (\hat{f} * \hat{g})(\nu)$

증명

(i)을 증명하기 위해, 합성곱의 정의에서 다음을 얻는다.

$$
\begin{aligned}
\widehat{f * g}(\nu) &= \int_{-\infty}^{\infty}\int_{-\infty}^{\infty} f(s)g(t-s)\mathrm{e}^{-2\pi \mathrm{i}\nu t}\,\mathrm{d}s\,\mathrm{d}t \\
&= \int_{-\infty}^{\infty}\int_{-\infty}^{\infty} f(s)g(u)\mathrm{e}^{-2\pi \mathrm{i}\nu(s+u)}\,\mathrm{d}s\,\mathrm{d}u \\
&= \left(\int_{-\infty}^{\infty} f(s)\mathrm{e}^{-2\pi \mathrm{i}\nu s}\,\mathrm{d}s\right)\left(\int_{-\infty}^{\infty} g(u)\mathrm{e}^{-2\pi \mathrm{i}\nu u}\,\mathrm{d}u\right) \\
&= \hat{f}(\nu)\hat{g}(\nu)
\end{aligned}
$$

여기서, 치환 $u = t - s$를 사용했다. (ii)는 (i)에서 역푸리에 변환 공식 (2.13.3)을 사용하면 얻을 수 있다. 즉, t와 ν의 역할을 바꾸면 된다. □

정리의 (i)는 주파수 필터로 해석할 수 있다. 오디오 신호에 주파수 필터를 적용하는 것은 신호 주파수 분포 $\hat{f}(\nu)$에 필터 함수 $\hat{g}(\nu)$를 곱하는 영향을 가지는 것으로 생각할 수 있다. 그래서 시간 영역에서는 이것이 신호 $f(t)$와 필터 함수의 역푸리에 변환 $g(t)$를 합성곱을 하는 것과 대응한다.

일반적으로 필터의 결과는 현재와 이전 시간의 입력값에 의존한다. 합성곱의 공식을 살펴보면 이것은 필터 함수의 역푸리에 변환 $g(t)$가 인자가 음인 경우에 영이 되는 것에 해당한다.

필터에 대한 함수 $g(t)$를 임펄스 반응impulse response이라 한다. 이것이 델타 함수가 되는 경우 최종적으로 입력값이 결과가 되기 때문이다. $t<0$에 대해 $g(t)=0$인 것은 인과율causality을 의미한다.

예로서, $g(t)$가 영에서 델타 함수와 약간 뒤에서 혹을 가진 함수를 더한 것이라 둔다.

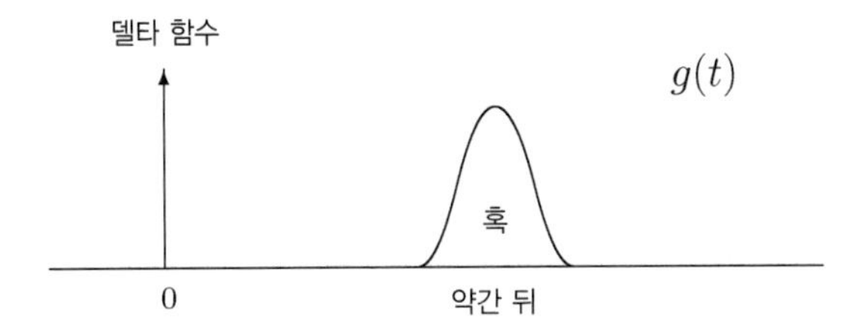

그러면 신호 $f(t)$와 $g(t)$의 합성곱은 $f(t)$와 약간 뒤에서 $f(t)$의 변형된 반향의 합이 된다. $g(t)$의 그래프는 임펄스 반응으로 해석할 수 있다. 즉, 델타 함수가 들어갔을 때 나오는

것이다(여기서는 크랙썸[24]이다). 오늘날에는 음향 효과를 더하기 위해 디지털 필터digital filter를 사용한다. 이것은 합성곱의 이산화 버전이다. 이에 대한 간단한 설명은 7.8을 참조하라.

연습문제

1. $\delta' * f = -f'$을 보여라. $\delta^{(n)} * f$에 관한 공식을 구하라.
2. 결합법칙에 관한 공식 $(f * g) * h = f * (g * h)$를 증명하라.

읽을거리

Curtis Roads (1997), *Sound transformation by convolution*, Roads et al. (1997)의 411-438페이지에서 12번째 논문으로 나와 있다.

2.19 켑스트럼

켑스트럼ceptrum의 개념은 신호의 푸리에 변환에서 주기성을 찾는 것인데 로그 척도를 사용한다. 예를 들어 이를 이용하면 옥타브로 분리된 일련의 주파수 구성 요소를 구할 수 있다. 그래서 신호의 켑스트럼의 정의는 다음과 같다.

$$\widehat{\ln \hat{f}}(\rho) = \int_{-\infty}^{\infty} e^{-2\pi i \rho \nu} \ln \hat{f}(\nu)\, d\nu$$

이것은 일종의 꼬인 역스펙트럼이다. 이 개념은 용어를 도입한 보거르트, 힐리, 터키가 처음 소개했다. 변수 ρ는 큐프렌시quefrency라 하며 주파수의 꼬인 버전이다. 큐프렌시의 피크를 라모닉스rahmonics라 한다.

신호를 필터링filtering하는 것은 푸리에 변환에 함수를 곱하는 것이다. 신호를 리프터링liftering하는 것은 켑스트럼을 구한 후에 함수를 곱하고 다시 역변환을 하는 것이다. 이런 과정은 음운formant을 찾고 추출하는 음성 해석에 많이 사용한다.

24 crack-thump. 총알의 속도가 음속보다 빨라서 먼저 총알이 벽이나 땅과 부딪치는 소리를 crack이라 하고, 뒤에 따라 오는 총성을 thump이라 한다. - 옮긴이

읽을거리

B. P. Bogert, M. J. R. Healy and J. W. Tukey, Quefrency analysis of time series for echoes: cepstrum, pseudo-autocovariance, cross-cepstrum and saphe cracking. In *Proceedings of the Symposium on Time Series Analysis*, Wiley 1963, pages 209 - 243.

Judith C. Brown, Computer identification of wind instruments using cepstral coefficients, *Proceedings of the 16th International Congress on Acoustics and 135th Meeting of the Acoustical Society of America, Seattle*, *Washington*(1998), 1889 - 1890.

Judith C. Brown, Computer identification of musical instruments using pattern recognition with cepstral coefficients as features, *J. Acoust. Soc. Amer*. **105**(3) (1999), 1933–1941.

M. R. Schroeder, ***Computer Speech***, Springer Series in Information Sciences, Springer-Verlag, 1999, Section 10.14 and Appendix B.

Stan Tempelaars (1996), *Signal processing, speech and music*, Section 7.2.

2.20 힐베르트 변환과 순간 주파수

(하이젠베르그의 불확정성 원리로 인해) 순간 주파수 스펙트럼의 개념은 의미가 없지만, 주어진 시점에 신호의 순간 주파수instantaneous frequency의 개념은 있다. 이것은 힐베르트 변환을 이용한다. $f(t)$가 신호 함수이면, 이것의 힐베르트 변환 $g(t)$는 다음 적분의 코쉬 주요값으로 정의한다.[25]

$$g(t) = \frac{1}{\pi} \int_{-\infty}^{\infty} \frac{f(\tau)}{t - \tau} \, \mathrm{d}\tau$$

이로부터 신호 $f(t) + \mathrm{i}g(t)$는 해석적analytic이 된다.

예를 들어, $f(t) = c\cos(\omega t + \phi)$이면 $g(t) = c\sin(\omega t + \phi)$이고 $f(t) + \mathrm{i}g(t) = c\mathrm{e}^{\mathrm{i}(\omega t + \phi)}$가 된다. 이 경우에, $f(t) + \mathrm{i}g(t)$는 복소 평면의 원점을 단위 시간당 ω 라디안으로 반시계 방

25 즉, $g(t) = \lim_{A\to\infty} \lim_{\varepsilon\to 0} \frac{1}{\pi} \left(\int_{-A}^{-\varepsilon} \frac{f(\tau)}{t-\tau} \, \mathrm{d}\tau + \int_{\varepsilon}^{A} \frac{f(\tau)}{t-\tau} \, \mathrm{d}\tau \right)$

향으로 회전한다. 그러므로 $f(t) + \mathrm{i}g(t)$가 원점을 회전하는 속도를 순간 회전 각속도로 정의할 수 있다. 각도 $\theta(t)$는 다음을 만족한다.[26]

$$\tan\theta = g(t)/f(t)$$

위의 식을 미분해 다음을 얻는다.

$$\sec^2\theta \frac{\mathrm{d}\theta}{\mathrm{d}t} = \frac{f(t)g'(t) - g(t)f'(t)}{f(t)^2}$$

다음 관계식에 주의한다.

$$\sec^2\theta = 1 + \tan^2\theta = \frac{f(t)^2 + g(t)^2}{f(t)^2}$$

그러므로

$$\omega(t) = \frac{\mathrm{d}\theta}{\mathrm{d}t} = \frac{f(t)g'(t) - g(t)f'(t)}{f(t)^2 + g(t)^2}$$

결국, 순간 주파수는 다음으로 주어진다.

$$\nu(t) = \frac{\omega(t)}{2\pi} = \frac{1}{2\pi}\frac{f(t)g'(t) - g(t)f'(t)}{f(t)^2 + g(t)^2}$$

같은 논리를 적용하면 순간 진폭instantaneous amplitude을 정의할 수 있고, 값은 $\sqrt{f(t)^2 + g(t)^2}$이 된다. 이것은 $|f(t)|$와 같지 않다. $|f(t)|$는 사인파의 경우에 대해서도 순간 진폭의 개념을 정확하게 표현하지 못하고 있다.

힐베르트 변환의 공식에서, 순간 주파수와 순간 진폭의 정의는 고려하는 시점의 신호의 정보에 대부분 의존하지만 멀리 떨어진 시점의 거동에도 조금은 의존하는 것을 볼 수 있다.

---

26 공식 $\theta = \tan^{-1}(g(t)/f(t))$는 정확하지 않다. 왜 그럴까?

읽을거리

B. Boashash, Estimating and interpreting the instantaneous frequency of a signal – Part I: Fundamentals, *Proc. IEEE* **80** (1992), 520–538.

L. Rossi and G. Girolami, Instantaneous frequency and short term Fourier transforms: applications to piano sounds, *J. Acoust. Soc. Amer.* **110** (5) (2001), 2412–2420.

Zachary M. Smith, Bertrand Delgutte and Andrew J. Oxenham, Chimaeric sounds reveal dichotomies in auditory perception, *Nature* **416**, 7 March 2002, 87–90. 이 기사에서는 음악과 음성에 대한 청각적 인식 모델로서 푸리에 변환과 힐베르트 변환에 대해 논의하고 둘 다 역할을 한다고 결론짓는다.

03

관현악단을 위한 수학

3.1 들어가며

민속 음악학자들은 악기를 다섯 가지 주요 범주로 분류하는데, 이는 악기가 생성하는 소리에 대한 수학적 설명과 합리적으로 잘 일치한다.[1]

1. **몸울림 악기**Idiophone 소리가 진동하는 악기의 몸체에 의해 생성된다. 이 범주에는 드럼과 다른 타악기를 포함된다. 실로폰과 심벌즈와 같은 타격형, 음비라mbira와 발라폰balafon과 같은 뜯는형(라멜로폰, lamellophone), (굽은) 톱과 같은 마찰형, 애롤로디온(aeolsklavier, 19세기 독일 벨로우즈로 나무 막대를 불어내는 악기)과 같은 부는형으로 4개의 세부 분류를 가진다.
2. **막울림 악기**Membranophone 늘려서 긴장시킨 막의 진동으로 소리가 생성된다. 예로서 드럼은 막울림 악기이다. 여기에서도 4개의 세부 분류가 있다. 두드리는 드럼, 뜯는 드럼, 마찰 드럼, 카추kazoo와 같이 노래하는 막이 그것이다.

---

1 이 분류는 〈호른보스텔과 삭스〉(음악잡지, Zeitschrift für Musik, 1914)에 의한 것이며, 다섯 번째 범주인 전자울림악기는 당시에 없었다. 이 마지막 범주는 1961년에 안소니 베인스와 클라우스 바치스만이 〈호른보스텔과 삭스〉의 기사를 번역하면서 추가한 것이다.

〈호른보스텔과 삭스〉의 분류 이전에도 비슷한 것이 있었다. 2000년 이상 거슬러 올라가는 힌두교 음악은 악기를 4개의 유사한 그룹으로 구분한다. 브뤼셀 음악원의 악기 컬렉션 큐레이터인 빅터 마힐론은 1888년에 컬렉션 카탈로그에서 유사한 분류를 사용했다.

3. **현울림 악기**Chordophone 하나 이상의 진동하는 현에 의해 소리가 생성된다. 이 범주에는 바이올린, 하프와 같은 현악기뿐만 아니라 피아노, 하프시코드와 같은 건반 악기도 포함된다.
4. **공기울림 악기** 소리가 진동하는 공기 기둥에 의해서 생성된다. 이 범주에는 플루트, 클라리넷, 오보에와 같은 목관악기, 트롬본, 트럼펫, 프렌치 호른과 같은 금관악기 그리고 투우와 소라 같은 다양한 이국적인 악기가 포함된다.
5. **전자울림 악기**Electrophone 소리가 전기 또는 전자적인 방법으로 생성된다. 여기에는 현대 (아날로그 또는 디지털) 전자 신시사이저와 컴퓨터 프로그램에 의해 생성된 소리가 포함된다. 초기 전자울림 악기로 테레민theremin[2]이 있다. 소리를 기계적으로 생성하고 전자적으로 증폭하고 조작하는 전자 기타와 같은 악기는 전자울림 악기로 분류하지 않는다. 전자기타는 현울림 악기에 속한다.

두 가지 주요 성분이 악기 소리의 특성을 결정한다. 소리의 초기에 일시적인 부분과 소리의 나머지에서 스펙트럼을 구성하는 공진 주파수 집합으로 구성된다. 초기의 일시적인 소리는 수학적으로 설명하기에 매우 어렵지만 소리를 인식하는 데 큰 영향을 준다. 이 주제는 8장에서 다시 다룬다. 여기서는 공진 주파수만 자세하게 설명한다. 이것은 음계 연구와 가장 관련이 있는 소리의 특성이다.

현울림 악기부터 시작한다. 이를 위해 1차원 파동 방정식의 해를 이해해야 한다. 그리고 공기울림 악기를 다룬다. 수학적으로는 매우 비슷하다. 막울림 악기를 이해하기 위해서는 2차원 파동 방정식을 풀어야 하고 베셀 함수가 나오게 된다. 마지막으로, 몸울림 악기는 더 복잡한 4차 방정식과 관련 있다. 전자울림 악기는 8장에서 다룬다.

읽을거리

E. M. von Hornbostel and C. Sachs, Systematik der Musikinstrumente. Ein Versuch, *Zeitschrift für Ethnologie* **4/5** (1914). 영어 번역본: Anthony Baines and Klaus P. Wachsmann as Classification of musical instruments, *The Galpin Society Journal* **14** (1961), 3–29. 번역본은 다음에서도 나왔다. *The Garland Library of Readings in*

2 2개의 진공관을 이용한 맥놀이 현상으로 소리를 내는 전자악기 – 옮긴이

Ethnomusicology **6**, ed. Kay K. Shelemay, 119–145, Garland, 1961.

3.2 현에서 파동 방정식

여기서는 1.6절의 주제로 다시 돌아가, 양쪽 끝에 고정된 현의 진동과 푸리에 급수의 관련성을 설명한다. 보다 정확한 해석을 위해서 변위displacement y를 현의 위치 x와 시간 t 모두의 함수로 생각해야 한다. y가 변수 두 개를 가지는 함수이므로 적절한 방정식은 **편미분**partial derivative으로 표현돼야 한다. 현의 진동을 설명하는 방정식을 1차원 **파동 방정식**wave equation이라고 하며 지금부터 유도한다. 이 방정식은 길이 방향의 임의의 지점에서 기울기가 항상 매우 작은 변위라는 것을 가정한다. 큰 변위의 경우에는 해석이 더 어렵다. 여기서는 **횡파**transverse wave, 즉 현에 수직인 운동에만 관심을 가지는 것에 주의해야 한다. 현에 평행한 운동을 **종파**longitudinal wave라고 하며 여기서는 무시한다.

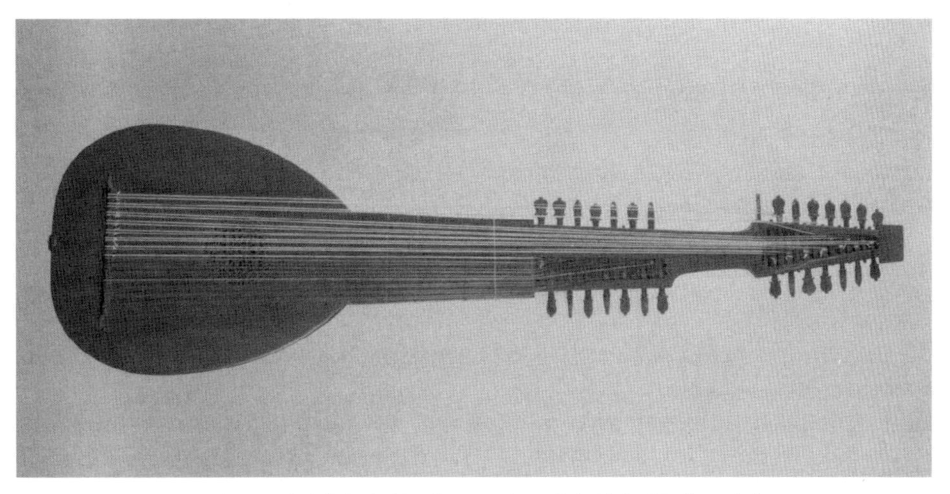

그림 3.1 이탈리아 아치류트(archlute), 17세기, 악기 박물관, 브뤼셀

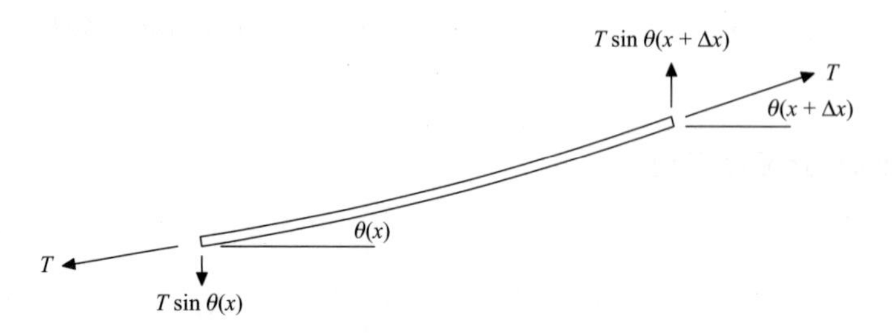

그림 3.2 스트링의 변위

T는 현의 장력(단위는 뉴턴 = kg m/s²)을, ρ는 현의 선형 밀도(단위는 kg/m)를 나타낸다. 그러면 현의 길이 방향의 점 x에서 현과 수평선이 이루는 각도 $\theta(x)$는 $\tan\theta(x) = \frac{\partial y}{\partial x}$를 만족한다. x에서 $x + \Delta x$까지의 작은 현 조각에서, 왼쪽 끝에 작용하는 수직 방향의 힘은 $-T\sin\theta$이고 오른쪽 끝에 작용하는 수직 방향 힘은 $T\sin\theta(x + \Delta x)$가 된다. 그림 3.2를 참조하라.

$\theta(x)$가 작으면 $\sin\theta(x)$와 $\tan\theta(x)$는 근사적으로 같다. 그래서 현 조각의 양 끝에 작용하는 수직 방향 힘의 차이는 근사적으로 다음이 된다.

$$\begin{aligned} T\tan\theta(x+\Delta x) - T\tan\theta(x) &= T\left(\frac{\partial y(x+\Delta x)}{\partial x} - \frac{\partial y(x)}{\partial x}\right) \\ &= T\Delta x\,\frac{\dfrac{\partial y(x+\Delta x)}{\partial x} - \dfrac{\partial y(x)}{\partial x}}{\Delta x} \\ &\approx T\Delta x\,\frac{\partial^2 y}{\partial x^2} \qquad (3.2.1) \end{aligned}$$

현 조각의 질량은 근사적으로 $\rho\Delta x$이다. 그래서 가속도 $a = \frac{\partial^2 y}{\partial^2 x}$에 대한 뉴턴 법칙($F = ma$)을 적용하면 다음을 얻는다.

$$T\Delta x\frac{\partial^2 y}{\partial x^2} \approx (\rho\Delta x)\frac{\partial^2 y}{\partial t^2}$$

양변의 Δx를 제거하면 다음이 된다.

$$T\frac{\partial^2 y}{\partial x^2} \approx \rho\frac{\partial^2 y}{\partial t^2}$$

결국, $\theta(x)$가 크지 않으면 현의 운동은 본질적으로 다음 파동 방정식으로 결정된다.

$$\boxed{\frac{\partial^2 y}{\partial t^2} = c^2 \frac{\partial^2 y}{\partial x^2}}$$

여기에서 $c = \sqrt{T/\rho}$이다.

그림 3.3 장 르 롱 달랑베르(1717–1783)

달랑베르[3]는 식 (3.2.2)의 일반 해를 구하는 놀랍게 간단한 방법을 발견했다. 간단하게 설명하면, 다음의 미분 연산자를

$$\frac{\partial^2}{\partial t^2} - c^2 \frac{\partial^2}{\partial x^2}$$

다음과 같이 인수분해 하는 것이다.

$$\left(\frac{\partial}{\partial t} + c\frac{\partial}{\partial x}\right)\left(\frac{\partial}{\partial t} - c\frac{\partial}{\partial x}\right)$$

---

3 장 르 롱 달랑베르(Jean-le-Rond d'Alembert)는 1717년 11월 16일 파리에서 태어나 1783년 10월 29일 파리에서 사망했다. 데투슈(Destouches)라는 이름을 가진 기사의 사생아였고, 그 어머니가 생 장 르 롱이라는 작은 교회 계단에 버렸다. 여기에서 그의 이름을 따왔다. 유리공예가와 그의 아내의 가정에서 자랐고 1757년 양어머니가 사망할 때까지 같이 살았다. 그러나 그의 아버지는 교육비를 지원하였고, 덕분에 수학 공부를 할 수 있었다. 1738년과 1740년에 작성한 두 편의 논문으로 수학적 능력을 주목받았고, 1740년 프랑스 아카데미 회원으로 선출됐다. 대부분의 수학 논문은 1743–1754년에 그곳에서 작성하였고 파동 방정식에 대한 해법은 다음 논문에 나와 있다. Recherches sur la courbe que forme une corde tendue mise en vibration(매달린 현의 진동에 의해 형성되는 곡선에 대한 연구), "Hist. Acad. Sci. Berlin" 3 (1747), 214 - 219.

그림 3.4 수단 누바 언덕에서 발견된 19세기 리라(lyre). 대영박물관, 런던. ©대영박물관 관리 위원회

좀 더 엄밀하게 설명하면, 우선 다음의 변수 변환을 한다.

$$u = x + ct, \qquad v = x - ct$$

그리고 합성 함수의 미분법을 이용해 다음을 구한다.

$$\frac{\partial y}{\partial t} = \frac{\partial y}{\partial u}\frac{\partial u}{\partial t} + \frac{\partial y}{\partial v}\frac{\partial v}{\partial t} = c\frac{\partial y}{\partial u} - c\frac{\partial y}{\partial v}$$

다시 한 번 더 미분하면, 다음을 알 수 있다.

$$\begin{aligned}\frac{\partial^2 y}{\partial t^2} &= \frac{\partial}{\partial u}\left(\frac{\partial y}{\partial t}\right)\frac{\partial u}{\partial t} + \frac{\partial}{\partial v}\left(\frac{\partial y}{\partial t}\right)\frac{\partial v}{\partial t} \\ &= c\left(c\frac{\partial^2 y}{\partial u^2} - c\frac{\partial^2 y}{\partial u \partial v}\right) - c\left(c\frac{\partial^2 y}{\partial v \partial u} - c\frac{\partial^2 y}{\partial v^2}\right) \\ &= c^2\left(\frac{\partial^2 y}{\partial u^2} - 2\frac{\partial^2 y}{\partial u \partial v} + \frac{\partial^2 y}{\partial v^2}\right)\end{aligned}$$

비슷한 방법으로 다음을 얻는다.

$$\begin{aligned}\frac{\partial y}{\partial x} &= \frac{\partial y}{\partial u}\frac{\partial u}{\partial x} + \frac{\partial y}{\partial v}\frac{\partial v}{\partial x} = \frac{\partial y}{\partial u} + \frac{\partial u}{\partial x}, \\ \frac{\partial^2 y}{\partial x^2} &= \frac{\partial^2 y}{\partial u^2} + 2\frac{\partial^2 y}{\partial u \partial v} + \frac{\partial^2 y}{\partial v^2}\end{aligned}$$

그러면 식 (3.2.2)는 다음 식으로 변형된다.

$$c^2\left(\frac{\partial^2 y}{\partial u^2} - 2\frac{\partial^2 y}{\partial u \partial v} + \frac{\partial^2 y}{\partial v^2}\right) = c^2\left(\frac{\partial^2 y}{\partial u^2} + 2\frac{\partial^2 y}{\partial u \partial v} + \frac{\partial^2 y}{\partial v^2}\right)$$

또는

$$\boxed{\frac{\partial^2 y}{\partial u \partial v} = 0}$$

이 방정식은 직접 적분이 가능하며, 일반 해는 적절하게 선택된 f와 g에 대해 $y = f(u) + g(v)$로 표현된다. 다시 치환하면 최종적으로 다음을 얻는다.

$$\boxed{y = f(x + ct) + g(x - ct)}$$

이것은 두 파동의 중첩을 표현한다. 하나는 왼쪽으로 이동하고 다른 것은 오른쪽으로 이동한다. 둘 모두 속도 c로 움직인다.

경계 조건으로 현의 왼쪽 끝과 오른쪽 끝은 고정돼 있다. 그래서 $x = 0$과 $x = \ell$(현의 길이)에서 (t에 무관하게) $y = 0$을 가진다. $x = 0$에서 조건에서 모든 t에 대해서 다음을 얻는다.

$$0 = f(ct) + g(-ct)$$

그러므로 모든 λ에 대해 다음이 성립한다.

$$g(\lambda) = -f(-\lambda) \tag{3.2.3}$$

최종적으로 다음을 얻는다.

$$y = f(x + ct) - f(ct - x)$$

이것은 물리적으로 왼쪽으로 이동하는 파동이 현의 끝점과 만나 반전돼서 오른쪽으로 이동하는 파동이 돼서 돌아오는 것을 의미한다. 이것은 **반사의 원리**principle of reflection라고 한다. 그림 3.5를 참조하라.

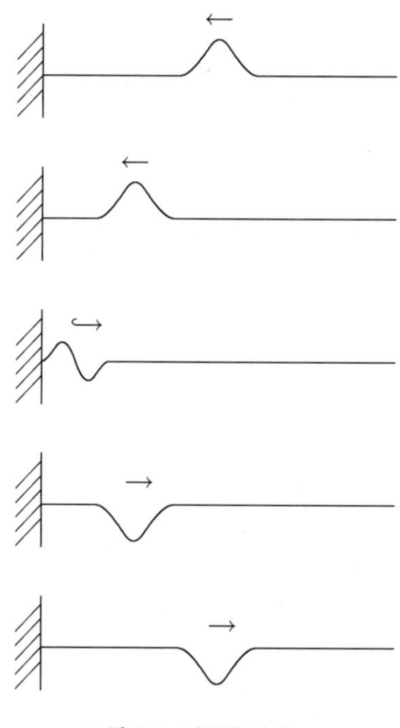

그림 3.5 파동의 반사

다른 경계 조건 $x = \ell$, $y = 0$을 대입하면 모든 t에 대해 $f(\ell + ct) = f(ct - \ell)$을 얻는다. 그러므로 모든 λ에 대해 다음이 성립한다.

$$f(\lambda) = f(\lambda + 2\ell) \tag{3.2.4}$$

다음 정리에서 위의 정보를 요약한다.

정리 3.2.1 (달랑베르) 다음의 파동 방정식을 고려한다.

$$\frac{\partial^2 y}{\partial t^2} = c^2 \frac{\partial^2 y}{\partial x^2}$$

이것의 일반 해는 다음으로 주어진다.

$$y = f(x + ct) + g(x - ct)$$

모든 t에 대해 $x = 0$과 $x = \ell$에서 경계 조건 $y = 0$을 만족하는 해는 다음 형태를 가진다.

$$y = f(x + ct) - f(-x + ct) \tag{3.2.5}$$

여기에서 f는 모든 λ에 대해 $f(\lambda) = f(\lambda + 2\ell)$을 만족한다.

파동 방정식에 대한 달랑베르 해는 강조할 만한 흥미로운 특성을 가진다. 파동 방정식은 2차 편미분이 가능한 함수에만 의미를 갖지만 해는 연속 주기함수 f에 대해 의미를 가진다(불연속함수가 끊어진 현을 표현하는 것은 아니다). 이를 이용하면 뜯은 현이 의미를 가진다. 이것의 초기 변위는 연속이지만 한 번도 미분할 수 없다. 이것은 편미분방정식을 풀 때 일반적으로 나타나는 현상이다. 편미분방정식을 해결하기 위해 자주 사용하는 것은 방정식을 미분이 아닌 적분을 포함한 방정식인 적분방정식으로 변환하는 것이다. 적분 가능한 함수는 미분 가능한 함수보다 훨씬 더 일반적이므로 좀 더 일반적인 해집합을 기대할 수 있다.

식 (3.2.4)는 달랑베르 해에 나타난 함수 f가 주기 2ℓ을 가지는 것을 의미하며, 그래서 f는 푸리에 급수 전개를 가진다. 보기로서, 단지 기본 주파수만 가지면 함수 $f(x)$는 $f(x) = C\cos((\pi x/\ell) + \phi)$의 형태를 가진다. 단지 n번째 배음만을 가지면 $f(x) = C\cos((n\pi x/\ell) + \phi)$의 형태를 가진다.

$$y = C\cos\left(\frac{n\pi(x + ct)}{\ell} + \phi\right) - C\cos\left(\frac{n\pi(-x + ct)}{\ell} + \phi\right) \tag{3.2.6}$$

푸리에 급수 이론에서 일반 해는 위의 배음들의 조합으로 표현되는 것을 알 수 있다. 세부적으로는 어떤 종류의 함수가 허용되고 어떤 종류의 수렴을 기대하는지를 고려해야 한다.

식 (1.8.9)를 이용하면 식 (3.2.6)의 n번째 배음을 다음으로 표현할 수 있다.

$$y = 2C \sin\left(\frac{n\pi x}{\ell}\right) \sin\left(\frac{n\pi ct}{\ell} + \phi\right) \tag{3.2.7}$$

이것은 파동 방정식에 대한 베르누이 해다.[4] 그래서 n번째 배음의 주파수는 $2\pi\nu = n\pi c/\ell$로 주어진다. c를 $\sqrt{T/\rho}$로 대체하면 다음을 얻는다.

$$\boxed{\nu = (n/2\ell)\sqrt{T/\rho}}$$

그림 3.6 마랭 메르센(1588–1648)

이 주파수 공식의 본질은 마랭 메르센(그림 3.6 참조)[5]이 "당겨진 현의 법칙"에서 발견했다. 이것은 당겨진 현의 주파수는 길이에 반비례하고, 장력의 제곱근에 비례하며, 선형 밀도의 제곱근에 반비례한다.

---

4 Daniel Bernoulli, "Réflections et éclairissements sur les nouvelles vibrations des cordes(현의 새로운 진동에 대한 고찰과 설명), Exposées dans les Mémoires de l'Academie de 1747 et 1748", Royal Academy, Berlin, (1755), 147ff.

5 Marin Mersenne, "Harmonie Universelle", Sebastien Cramoisy, 1636–37. R. E. Chapman이 번역했다. "Harmonie Universelle: The Books on Instruments", Martinus Nijhoff, The Hague, 1957. 그리고 1975년 CNRS에서 메르센의 주석이 달린 사본이 프랑스어로 재발행됐다.

연습문제

1. 피아노 와이어는 밀도가 약 5900 kg/m^{3}인 강철로 만든다. 제조업체는 약 1.1×10^9 뉴턴/m^{2}의 응력을 권장한다. 와이어를 따라 전파되는 파동의 속도는 얼마인가? 이것은 단면적에 따라서 다른가? 가온도(262Hz) 소리를 내기 위해서는 현의 길이가 얼마나 돼야 하는가?

2. 음높이를 완전5도 올리기 위해서는 장력을 몇 배 해야 하는가? 길이와 선형 밀도는 일정하다고 가정한다.
   (완전5도는 3:2의 주파수 비율을 나타낸다.)

3. 음악 이론에 관한 부록 F를 먼저 읽고, 그랜드 피아노의 뒷모양이 근사적으로 지수 곡선을 가지는 이유를 설명하라.

3.3 초기 조건

여기서는 앞에서 설명한 파동 방정식 (3.2.2)의 해에서 현의 각 점의 초기 위치와 초기 속도가 현의 후속 동작을 유일하게 결정하는 것을 살펴본다.

$s_0(x)$와 $v_0(x)$는 $0 \le x \le \ell$인 수평 좌표 x의 함수로서 현의 초기 수직 변위와 초기 속도를 나타낸다. 현의 양쪽 끝의 경계 조건을 만족하기 위해 $s_0(0) = s_0(\ell) = 0$과 $v_0(0) = v_0(\ell) = 0$을 만족해야 한다.

우선, 반사의 원리를 이용해 s_0와 v_0를 x 전체의 구간으로 확장한다. $s_0(-x) = -s_0(x)$와 $v_0(-x) = -v_0(x)$, 즉 s_0와 v_0가 x에 대해 기함수인 것을 이용하면 $-\ell \le x \le \ell$ 구간으로 정의구역을 확장할 수 있다. 이 값은 $-\ell$과 ℓ에서 일치한다. 그러므로 주기 2ℓ을 가지는 주기함수, 즉 $s_0(x + 2\ell) = s_0(x)$와 $v_0(x + 2\ell) = v_0(x)$를 이용해 모든 구간으로 확장할 수 있다.

이제, 달랑베르 정리로 주어지는 해에 대입한다. 즉, 일반 해는 다음으로 주어진다.

$$y = f(x + ct) - f(-x + ct) \tag{3.3.1}$$

여기에서 f는 주기 2ℓ을 가지는 주기함수이다. t에 대해 미분하면 속도에 대한 공식을 얻을 수 있다.

$$\frac{\partial y}{\partial t} = cf'(x+ct) - cf'(x-ct)$$

위의 식들에 $t = 0$을 대입하면 다음이 된다.

$$f(x) - f(-x) = s_0(x) \tag{3.3.2}$$

$$cf'(x) - cf'(-x) = v_0(x) \tag{3.3.3}$$

식 (3.3.3)을 적분하고 $v_0(0) = 0$에 주의하면 다음을 얻는다.

$$cf(x) + cf(-x) = \int_0^x v_0(u)\,\mathrm{d}u$$

식을 c로 나누어서 $f(x) + f(-x)$에 대한 식을 구한다. 이것을 (3.3.2)와 더한 후에 2로 나누면 $f(x)$를 구할 수 있다.

$$f(x) = \tfrac{1}{2}s_0(x) + \frac{1}{2c}\int_0^x v_0(u)\,\mathrm{d}u$$

이 식을 (3.3.1)에 다시 대입하면 다음이 된다.

$$y = \tfrac{1}{2}(s_0(x+ct) - s_0(-x+ct)) + \frac{1}{2c}\left(\int_0^{x+ct} v_0(u)\,\mathrm{d}u - \int_0^{-x+ct} v_0(u)\,\mathrm{d}u\right)$$

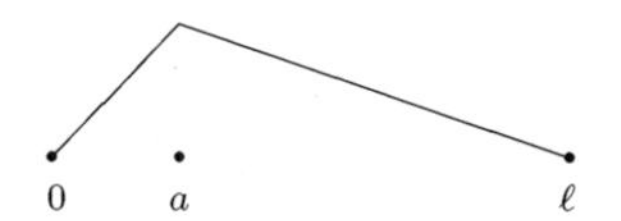

그림 3.7 초기 변위

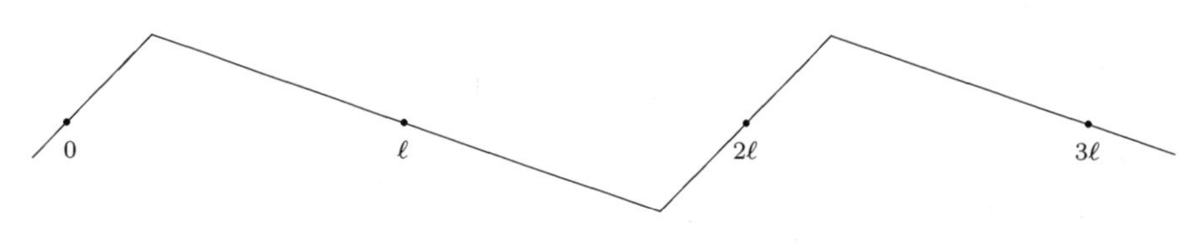

그림 3.8 주기함수로 확장

v_0가 기함수이므로 다음이 성립한다.

$$\int_{x-ct}^{-x+ct} v_0(u)\,\mathrm{d}u = 0$$

결국, 해를 다음으로 표현할 수 있다.

$$\boxed{y = \tfrac{1}{2}(s_0(x+ct) + s_0(x-ct)) + \frac{1}{2c}\int_{x-ct}^{x+ct} v_0(u)\,\mathrm{d}u}$$

이것이 초기 조건과 경계 조건을 만족하는 유일한 해가 되는 것을 쉽게 확인할 수 있다.

예로서, 뜯은 현의 경우와 같이 초기 조건이 영이 되면 해는 다음이 된다.

$$y = \tfrac{1}{2}(s_0(x+ct) + s_0(x-ct))$$

즉, 초기 변위가 현을 따라서 양쪽으로 c의 속도로 진행하고, t 시점의 변위는 진행하는 파동의 평균이 된다.

실제로 어떻게 되는지 살펴보자. $0<a<1$인 a를 선택하고 다음을 정의한다.

$$s_0(x) = \begin{cases} x/a & 0 \le x \le a, \\ (\ell - x)/(\ell - a) & a \le x \le 1 \end{cases}$$

그림 3.7을 참조하라.

반사의 원리를 사용해 위의 식을 앞에서 설명한 것처럼 주기 2ℓ의 함수로 확장한다. 그림 3.8에 나타냈다.

이제, 파동을 왼쪽과 오른쪽으로 움직이게 하고, 결과로 나오는 두 함수를 평균한다. 그림 3.9에 뜯은 현의 움직임을 나타냈다.

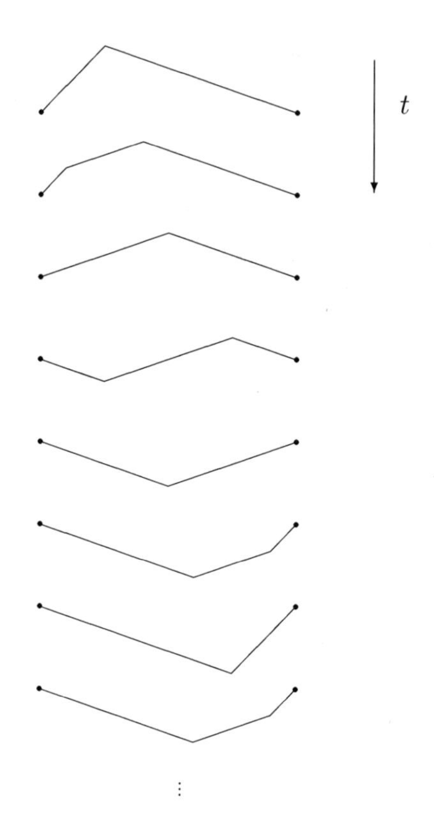

그림 3.9 뜯은 현의 움직임

연습문제

(초기 조건에 있는 오차의 영향) 파동 방정식 (3.2.2)에 대한 초기 조건 두 집합 $s_0(x)$, $v_0(x)$와 $s'_0(x)$, $v'_0(x)$를 생각하고 y와 y'을 각각에 대응하는 해를 나타낸다. 초기 조건 사이의 거리는 다음과 같이 (x에 무관한) 유계를 가진다.

$$|s_0(x) - s'_0(x)| < \varepsilon_s, \qquad |v_0(x) - v'_0(x)| < \varepsilon_v$$

그러면 y와 y'의 거리가 (x와 t에 무관하게) 다음을 만족하는 것을 보여라.

$$|y - y'| < \varepsilon_s + \frac{\ell \varepsilon_v}{2c}$$

이것은 특별히 파동 방정식 (3.2.2)가 초기 조건에 연속적continuously으로 의존하는 것을 의미한다.

읽을거리

J. Beament (1997), *The Violin Explained: Components, Mechanism, and Sound*.

R. Courant and D. Hilbert, *Methods of Mathematical Physics, I*, Interscience, 1953, Section V.3.

L. Cremer (1984), *The Physics of the Violin*.

Neville H. Fletcher and Thomas D. Rossing (1991), *The Physics of Musical Instruments*. Part III, String instruments.

T. D. Rossing (1990), *The Science of Sound*, Section 10.

그림 3.10 리티(riti)를 연주하는 오시노우 쵸우, Jacqueline Cogdell DjeDje, "Turn up the Volume! A Celebration of African Music", UCLA 1999, p. 105에서

3.4 활로 켜는 현

헬름홀츠[6]는 리사주Lissajous 곡선을 이용한 진동 현미경을 사용해 활로 켠 바이올린을 관찰했다. 그는 모든 지점에서 현의 움직임이 삼각형 패턴이지만 관찰 지점에 따라 기울기가 다른 것을 발견했다. 활 주위의 변위는 다음과 같다.

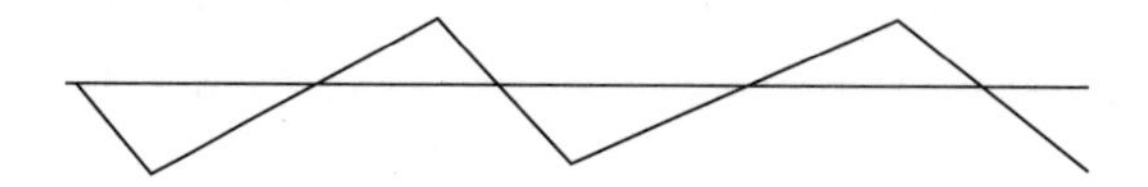

그러나 줄받침bridge 주위의 변위는 다음과 같다.

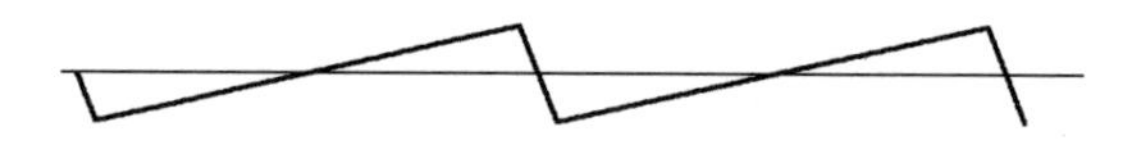

이것은 시간에 대한 속도의 그래프가 다음과 같음을 의미한다.

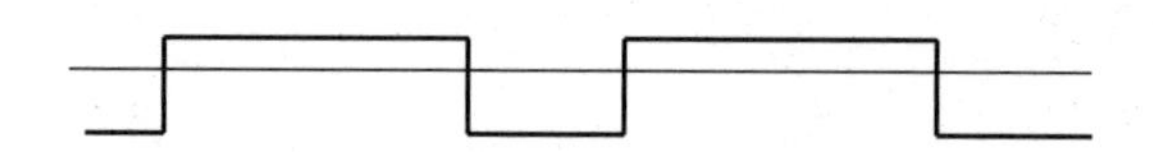

여기서 축 아래의 면적과 위의 면적은 같으며 골의 너비는 줄받침 쪽으로 가면 감소한다. 이 운동의 해석은 현의 동작이 두 개의 서로 다른 단계가 번갈아 가면서 나타난다는 것이다. 한 단계에서는 활이 현에 달라붙어 현을 당긴다. 다른 단계에서는 활이 현에 대해 미끄러진다. 이런 형태의 운동은 정지 마찰 계수가 동적 마찰 계수보다 크다는 것을 반영한다.

최종 결과로 나타나는 전체 현의 운동은 다음과 같은 형식을 갖는다. 운동의 포락선envelope은 아래 포물선과 반대 방향의 포물선, 이 두 개로 설명된다. 포락선 안에서는 임의의 시점에서 현은 양쪽 끝에서 포락선의 점을 가는 직선 두 개를 가진다. 이 점은 그림 3.11과 같이 포락선의 주위를 순환한다.

이 운동을 수학적으로 이해하려면 다음 문제를 풀어야 한다. 모든 t값에 대해 $x = 0$와 $x = \ell$에서 경계 조건 $y = 0$뿐만 아니라 모든 t에 대해서 x의 특정값 x_0에서 미리 정해진 t의

6 Helmholtz(1877)의 V.4절 참조

함수인 y의 조건을 만족하는 파동 방정식 (3.22)의 해는 무엇인가? 물론 $x = x_0$에서 미리 정해진 운동은 올바른 주기성을 가져야 한다. 파동 방정식의 모든 해가 그렇기 때문이다.

$$y(x_0, t + 2\ell/c) = y(x_0, t)$$

(정리 3.2.1의) 파동 방정식의 달랑베르 해를 이용해 문제를 해결하게 되면, 흥미롭고 새로운 문제에 직면하게 된다. $x_0 = \ell/2$로 가정한다. 그러면 다음이 만족한다.

$$f(\ell/2 + ct) - f(-\ell/2 + ct) = y(\ell/2, t)$$

t를 $t + \ell/c$로 치환하면 다음을 얻는다.

$$f(3\ell/2 + ct) - f(\ell/2 + ct) = y(\ell/2, t + \ell/c)$$

위의 두 식을 더하면 다음과 같이 된다.

$$f(3\ell/2 + ct) - f(-\ell/2 + ct) = y(\ell/2, t) + y(\ell/2, t + \ell/c)$$

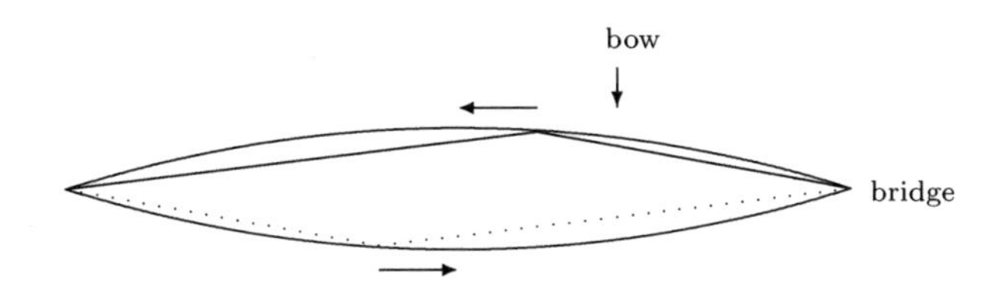

그림 3.11 활로 켠 현의 움직임

여기에서 f는 주기 2ℓ을 가지는 것으로 가정했으므로, 다음이 성립한다.

$$f(3\ell/2 + ct) = f(-\ell/2 + ct)$$

이로부터 다음을 알 수 있다.

$$y(\ell/2, t + \ell/c) = -y(\ell/2, t)$$

그래서 주기 $2\ell/c$인 모든 주기함수가 함수 $y(\ell/2, t)$가 될 수 있는 것은 아니다. 이 함수는 반주기 반대칭이어야 한다. 그러므로 홀수 배음만이 존재하게 된다(2.3절 참조). 이것은 단지 기대일 뿐이다. 결국, 모든 짝수 배음은 $x = \ell/2$에서 노드를 가진다. 그래서 $y(x, t)$에 있는 짝수 배음은 $x = \ell/2$에 참여할 수 없다.

비슷한 문제가 $x = \ell/3$에서도 발생한다. 3으로 나누어지는 배음은 $y(\ell/3, t)$에서 발생하지 않는다. 이들은 $x = \ell/3$에서 노드를 가지기 때문이다. 현 길이의 유리수 비율을 가지는 점에서 이런 문제가 발생한다.

이 문제에 대해서는 달랑베르 해를 사용하는 것보다 베르누이 형태 (3.2.7)을 사용하는 것이 이해하기 편하다.

이 절 시작 부분의 다이어그램에서 나타낸 형태의 함수 $y(x_0, t)$에 관심을 가지므로, $y(x_0, t)$는 t에 대해 기함수로 가정해 코사인파를 제외한 사인파만 푸리에 급수에 참여한다. 그래서 다음을 가정할 수 있다.

$$y(x_0, t) = \sum_{n=1}^{\infty} b_n \sin\left(\frac{n\pi ct}{\ell}\right)$$

파동 방정식은 선형이므로, 급수의 각 성분을 가지고 일을 할 수 있다. 그래서 $y(x_0, t) = b_n \sin(n\pi ct/\ell)$로 둔다. 다음 형태의 해를 찾고자 한다.

$$f(x) = c_n \cos\left(\frac{n\pi x}{\ell} + \phi_n\right)$$

이제 c_n과 ϕ_n을 b_n을 이용해 결정해야 한다. 달랑베르 해 (3.2.5)는 다음을 만족한다.

$$y(x_0, t) = f(x_0 + ct) - f(-x_0 + ct)$$

위의 식을 여기에 대입하면 다음을 얻는다.

$$b_n \sin\left(\frac{n\pi ct}{\ell}\right) = c_n \cos\left(\frac{n\pi(x_0 + ct)}{\ell} + \phi_n\right) + c_n \cos\left(\frac{n\pi(-x_0 + ct)}{\ell} + \phi_n\right)$$

식 (1.8.11)을 이용하면 다음을 알 수 있다.

$$b_n \sin\left(\frac{n\pi ct}{\ell}\right) = 2c_n \sin\left(\frac{n\pi x_0}{\ell}\right) \sin\left(\frac{n\pi ct}{\ell} + \phi_n\right)$$

이것은 t에 대해 항등식이므로, $\phi_n = 0$이고 다음이 성립한다.

$$b_n = 2c_n \sin\left(\frac{n\pi x_0}{\ell}\right)$$

이때, 앞에서 달랑베르 해를 이용할 때와 비슷한 문제가 발생한다. 즉, $\sin(n\pi x_0/\ell)$이 우연히 영이 되고 $b_n \neq 0$이면 해가 존재하지 않는다. 그래서 x_0가 ℓ의 유리수배이면 $y(x_0, t)$에서 빠지는 주파수 성분이 생긴다. 이를 제외하면 문제를 거의 풀었다. c_n의 값은 다음으로 주어진다.

$$c_n = \frac{b_n}{2\sin(n\pi x_0/\ell)}$$

그리고

$$f(x) = \sum_{n=1}^{\infty} \frac{b_n \sin(n\pi x/\ell)}{2\sin(n\pi x_0/\ell)} \tag{3.4.1}$$

위의 식을 (3.2.5)에 대입하면 파동 방정식의 해를 구할 수 있다. (1.8.9)을 이용하면 다음을 얻는다.

$$y = f(x+ct) - f(-x+ct) = \sum_{n=1}^{\infty} b_n \frac{\sin(n\pi x/\ell)\cos(n\pi ct/\ell)}{\sin(n\pi x_0/\ell)}$$

지금까지 수식 전개에서 분명하지 않은 것은 급수 (3.4.1)이 언제 수렴하는가이다. 이 시점에서 활로 켠 현에 관한 헬름홀츠의 관찰을 사용한다. 활로 켠 현의 모양은 임의의 점 x_0에 대해 다음의 삼각파를 가진다.

$$y(x_0, t) = \begin{cases} A\frac{t}{\alpha} & -\alpha \le t \le \alpha, \\ A\dfrac{\ell - ct}{\ell - c\alpha} & \alpha \le t \le \frac{2\ell}{c} - \alpha \end{cases}$$

여기서 α는 x_0에 의존하는 값이며, 현을 따라 x_0까지 삼각형 앞부분 모양을 얼마나 길게 유지하는지를 결정한다. A 또한 x_0에 의존하며 각 점의 최대 진폭을 나타낸다. 식 (2.2.9)를 이용해 다음을 계산한다.

$$\begin{aligned} b_n &= \frac{c}{\ell}\int_{-\alpha}^{\alpha} A\frac{t}{\alpha}\sin\left(\frac{n\pi ct}{\ell}\right)\,\mathrm{d}t + \frac{c}{\ell}\int_{\alpha}^{\frac{2\ell}{c}-\alpha} A\frac{\ell - ct}{\ell - c\alpha}\sin\left(\frac{n\pi ct}{\ell}\right)\,\mathrm{d}t \\ &= \frac{2A\ell^2}{n^2\pi^2 c\alpha(\ell - c\alpha)}\sin\left(\frac{n\pi c\alpha}{\ell}\right) \end{aligned}$$

그러면,

$$c_n = \frac{A\ell^2}{n^2\pi^2 c\alpha(\ell - c\alpha)} \frac{\sin(n\pi c\alpha/\ell)}{\sin(n\pi x_0/\ell)}$$

c_n의 값이 초기 관측에 사용한 x_0에 의존해서는 안 된다. 이를 위해서는 식의 두 사인함수가 같아야 한다.

$$\frac{\pi c\alpha}{\ell} = \frac{\pi x_0}{\ell}$$

즉,

$$\alpha = x_0/c$$

그래서 x_0에서 관측하면 삼각파의 앞부분의 시간 $\alpha/(\ell/c)$는 x_0/ℓ과 같다. 특히 활로 켜는 지점에서 관측을 하면 다음의 원리를 얻는다.

한 주기 전체에서 활로 현을 켜는 부분의 비율은 전체 현의 길이에서 활과 줄받침까지의 거리 비율과 같다.

이제, A는 x_0에 의존하는 상수이다. c_n이 x_0에 의존하지 않기 때문에 상수 $A/c\alpha(\ell - c\alpha) = A/x_0(\ell - x_0)$는 x_0와 무관해야 한다. 이 값을 K라 두면, 현을 따라서 각 점에서 진폭의 공식을 얻을 수 있다.

$$A = Kx_0(\ell - x_0)$$

이 공식은 활로 켠 현의 진동에 대한 진폭의 포락선이 포물선이 되는 것을 보여준다.

읽을거리

L. Cremer (1984), *The Physics of the Violin*.

Joseph B. Keller, Bowing of violin strings, *Comm. Pure and Appl. Math.* **6** (1953), 483 – 495.

B. Lawergren, On the motion of bowed violin strings, *Acustica* **44** (1980), 194 – 206.

C. V. Raman, On the mechanical theory of the vibrations of bowed strings and of musical instruments of the violin family, with experimental verification of the results: Part I, *Indian Assoc. Cultivation Sci. Bull*. **15**(1918), 1–158.

J. C. Schelleng, The bowed string and the player, *J. Acoust. Soc. Amer*. **53** (1) (1973), 26–41

J. C. Schelleng, The physics of the bowed string, *Scientific American* **235** (1) (1974), 87–95. Reproduced in Hutchins, *The Physics of Music*, W. H. Freeman and Co., 1978.

Lily M. Wang and Courtney B. Burroughs, Acoustic radiation from bowed violins, *J. Acoust. Soc. Amer*. **110** (1) (2001), 543–555.

3.5 관악기

관에서 공기의 진동을 이해하기 위해서는 두 개의 변수, 변위와 음압을 도입해야 한다. 둘 모두 파동 방정식을 만족하지만 위상이 다르다.

그림 3.12 중국 허난성에서 발견된 기원전 6000년경의 뼈로 만든 피리. J. F. So, "Music in the Age of Confucius", Smithsonian Institution, 2000, p. 90에서 사진 인용. 가장 오래된 것으로 알려진 플루트는 2004년 12월에 독일 동굴에서 발견됐고, 멸종된 매머드의 엄니로 35,000년 전에 만들어졌다.

관 내부에 정지해 있는 공기를 생각한다. 파동의 운동은 그 점에서 변위로 표현한다. 그래서 x를 관 길이 방향의 위치를 나타내고 $\xi(x, t)$는 t 시점에서 x에 위치한 공기의 변위를 나타낸다. 압력 또한 정지한 값, 대기압 ρ를 가진다. 절대 압력 $P(x, t)$에서 ρ를 뺀 값인 음향 압력acoustic pressure $p(x, t)$를 측정한다.

$$p(x,t) = P(x,t) - \rho$$

이 상황에서 후크Hooke의 법칙은 다음이 된다.

$$p = -B\frac{\partial \xi}{\partial x}$$

여기에서 B는 공기의 체적 탄성율bulk modulus이다. 뉴턴 제2법칙에서 다음을 얻는다.

$$\frac{\partial p}{\partial x} = -\rho \frac{\partial^2 \xi}{\partial t^2}$$

위의 두 식을 조합하면 다음을 만족한다.

$$\frac{\partial^2 \xi}{\partial x^2} = \frac{1}{c^2} \frac{\partial^2 \xi}{\partial t^2} \tag{3.5.1}$$

그리고

$$\frac{\partial^2 p}{\partial x^2} = \frac{1}{c^2} \frac{\partial^2 p}{\partial t^2} \tag{3.5.2}$$

여기에서, $c = \sqrt{B/\rho}$이다. 이것은 변위와 음압 각각에 대한 파동 방정식이다.

경계 조건은 관의 끝이 열렸는지 닫혔는지에 따라 다르다. 닫힌 관의 경우에는 변위 ξ가 모든 t에 대해서 영이 돼야 한다. 열린 관의 경우에는 음압 p가 모든 t에 대해서 영이 돼야 한다.

그래서 플루트와 같이 양쪽이 열린 관의 경우에는 진동하는 현의 경우와 완전히 같은 경계 조건이 음압 p의 거동을 결정한다. 그러므로 3.2절에서 구한 달랑베르 해가 이 경우에도 성립해 기본 주파수의 정수 배인 해를 다시 얻는다. 진동의 기본 모드는 그림 3.13에서 제시했듯이 사인파이다. 변위 또한 사인파이지만 다른 위상을 가진다.

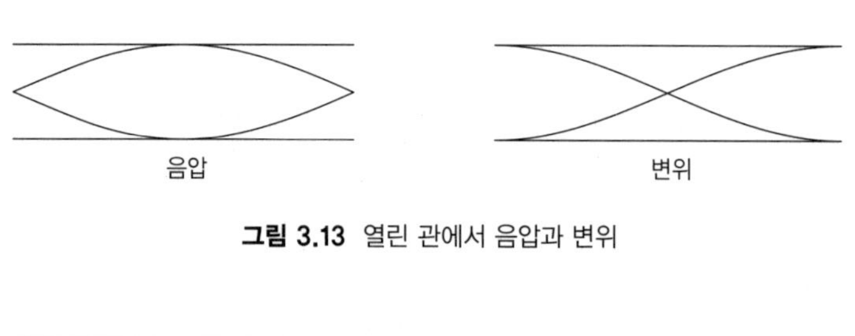

그림 3.13 열린 관에서 음압과 변위

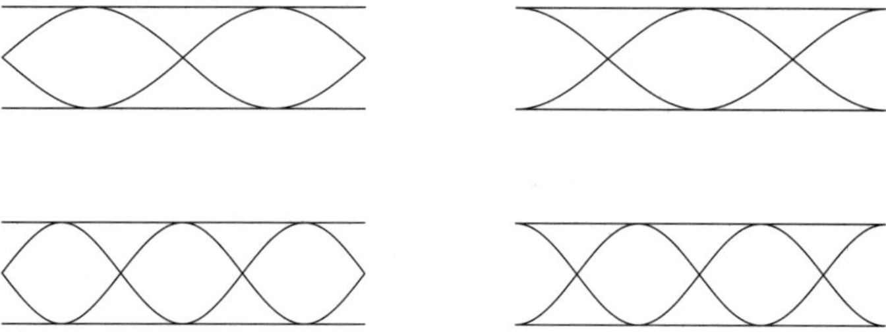

그림 3.14 두 번째와 세 번째 모드

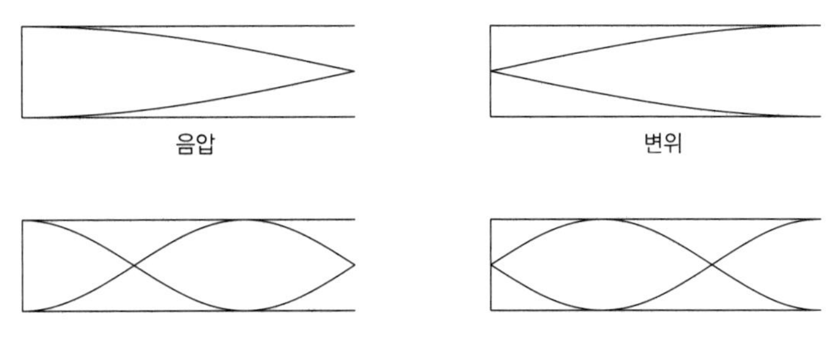

그림 3.15 한쪽이 닫힌 관에서 음압과 변위

그림에서 수직축은 실제로 수평horizontal 변위 또는 압력을 나타낸다. 음파는 종파이므로 수직 변위를 가지지 않는다. 그리고 그래프의 두 부분은 운동의 양쪽 극단만을 표시한다. 압력 그래프의 노드는 변위 다이어그램의 파복波腹, antinode[7]에 해당하며 그 반대의 경우도 마찬가지다. 두 번째와 세 번째 진동 모드를 그림 3.14에 나타냈다.

한쪽 끝이 닫힌 관은 다른 거동을 보인다. 닫힌 면에서 변위가 영이 돼야 하기 때문이다. 처음 모드 두 개를 그림 3.15에 나타냈다. 이 그림에서 관의 왼쪽 끝이 닫혀 있다.

닫힌 관에서는 기본 주파수의 홀수배가 지배적이다. 보기로서, 앞에서 언급한 플루트는 열린 관이므로 기본 주파수의 모든 배수가 존재한다. 클라리넷은 닫힌 관이므로 홀수 배수가 지배적이다.

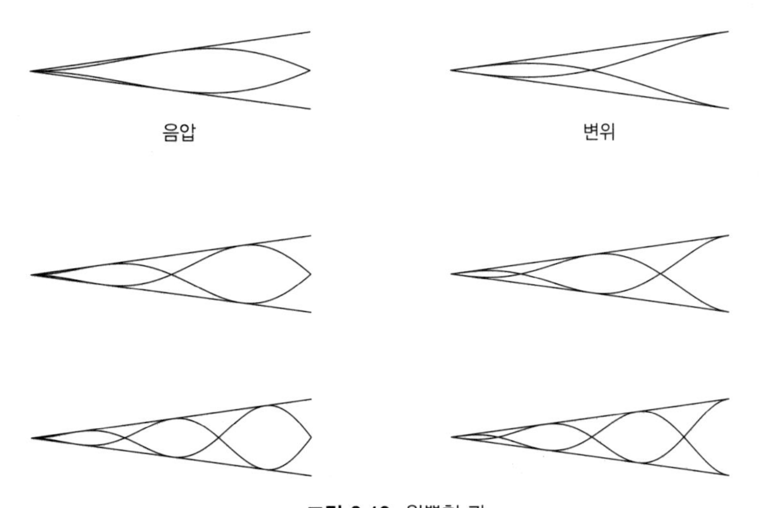

그림 3.16 원뿔형 관

7 파동에서 진폭이 가장 최대인 곳 – 옮긴이

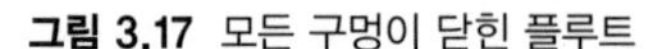

그림 3.17 모든 구멍이 닫힌 플루트

원뿔형 관은 그림 3.16에 나와 있는 것처럼 같은 길이의 열린 관과 같다. 이 그림은 열린 관의 한쪽 끝을 아래로 눌러 얻은 것이다.

오보에는 원뿔형 구멍을 가지므로 다시 모든 배수가 존재한다.

관악기를 세게 불 때 플루트와 오보에는 한 옥타브 높은 소리를 내고, 클라리넷은 한 옥타브에 완전5도를 더한 높은 소리(이것은 주파수가 3배가 된다)를 내는 이유를 여기에서 알 수 있다. 클라리넷의 경우 기본 주파수의 홀수 배수가 우세하지만 실제로는 기본 주파수의 4배에서 짝수에 대해서도 작은 진폭이 있다.

이 시점에서, 열린 끝의 경우에 $p = 0$은 단지 근삿값인 것에 주의해야 한다. 관 바로 밖의 공기 부피는 무한하지 않기 때문이다.

실제 관을 보다 정확하게 표현하기 위해 조정하는 방법은 유효effective 길이를 사용하고 관이 실제보다 약간 더 나아가서 끝나도록 조절하는 것이다. 그림 3.17은 모든 구멍이 닫힌 상태에서 플루트의 기본 진동 모드에 대한 유효 길이를 보여준다.

끝점 보정end correction은 유효 길이가 실제 길이를 초과하는 정도이며 정상적인 조건에서는 일반적으로 관 너비의 약 3/5 정도이다.

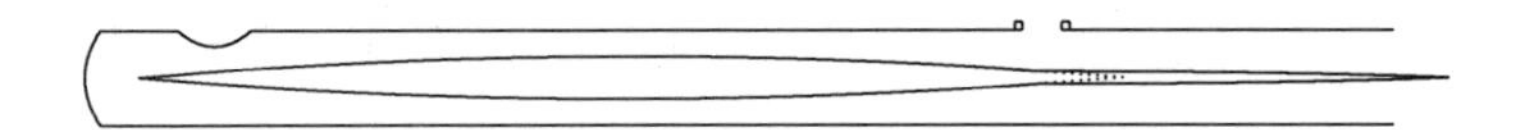

그림 3.18 하나의 구멍이 열린 플루트

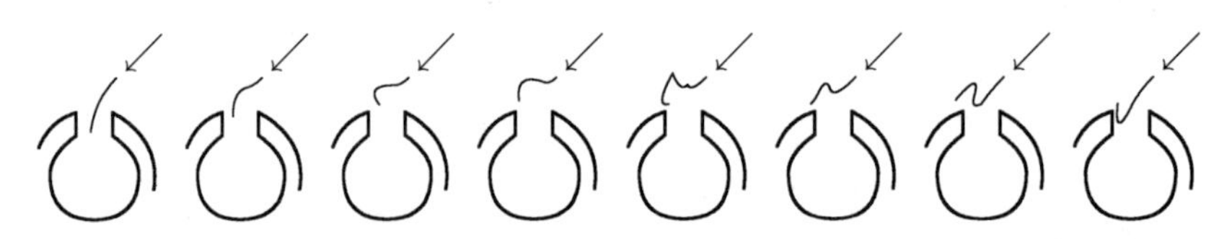

그림 3.19 플루트 불구멍 주위의 공기 흐름

열린 구멍의 효과로 관의 유효 길이가 줄어든다. 그림 3.18은 열린 구멍 하나를 가지는 첫 번째 진동 모드의 그래프이다.

관의 유효 길이는 마치 구멍이 없는 것처럼 음파의 왼쪽 부분을 계속 이어가며 파도가 끝나는 곳을 보면 알 수 있다. 그림에서 점선으로 표시했다. 구멍이 클수록 유효 길이에 미치는 영향이 커진다.

플루트 연주자가 플루트의 불구멍吹口, mouthpiece에 바람을 불면 어떤 일이 벌어질까? 어떻게 소리나는 음을 만들까? 담배 입자를 이용한 콜트만의 스트로보스코프 실험에서 인용한 그림 3.19에서 시간에 따른 공기 흐름을 볼 수 있다. 화살표는 유입되는 공기 흐름을 나타낸다.

이런 공기 흐름은 소용돌이vortex를 형성해 관 안으로 들어간다. 소용돌이는 관의 끝까지 가서 반사된다. 다시 관의 시작 부분에 도달해 반사된다. 이들 중 일부는 새로운 소용돌이가 생성되면서 위상이 다를 것이고 일부는 위상이 같을 것이다. 동일한 위상에 있는 것들은 증폭되고 되먹임해 일관된 음을 만든다. 계속 음과 동기화해 소용돌이가 형성하는데 더 유리하게 된다.

읽을거리

Giles Brindley, The standing wave-patterns of the flute, *Galpin Society Journal* **24** (1971), 5–15.

John W. Coltman (1988), Acoustics of the flute, *Physics Today* **21** (11) (1968), 25–32. Reprinted in Rossing.

Neville H. Fletcher and Thomas D. Rossing (1991), *The Physics of Musical Instruments*. Part IV, Wind instruments.

Ian Johnston (1989), *Measured Tones*, 207–233.

C. J. Nederveen (1998), *Acoustical Aspects of Woodwind Instruments*.

T. D. Rossing (1990), *The Science of Sound*, Section 12.

3.6 드럼

표면에 (단위 면적당 질량인) 면밀도 ρ를 갖는 원형 드럼을 생각한다. 경계에 균일한 장력 T가 작용하면 전체 표면에 균일 장력이 동일하게 작용한다. 장력은 단위 거리당 힘(미터당 뉴턴)으로 측정한다.

2차원에서 파동 방정식을 이해하기 위해 드럼 표면과 같은 막에 대해 1차원의 경우와 유사하게 분석한다. x와 y 두 개 변수로 표면을 매개화하고 표면에서 수직인 변위는 z로 나타낸다. 너비가 Δx이고 길이가 Δy인 표면에 있는 직사각형 요소를 생각한다. 그러면 좌변과 우변의 장력은 $T\,\Delta y$이다. 1차원에서 식 (3.2.1)를 구하는 방법을 이용하면 이 경우에 수직 성분은 근사적으로 다음이 된다.

$$(T\,\Delta y)\left(\Delta x\frac{\partial^2 z}{\partial x^2}\right)$$

비슷하게, 사각형 요소의 앞면과 뒷면의 수직 성분의 차이는 근사적으로 다음이 된다.

$$(T\,\Delta x)\left(\Delta y\frac{\partial^2 z}{\partial y^2}\right)$$

그러므로 곡면 요소의 윗방향 힘의 합은 근사적으로 다음이다.

$$T\,\Delta x\,\Delta y\left(\frac{\partial^2 z}{\partial x^2}+\frac{\partial^2 z}{\partial y^2}\right)$$

곡면 요소의 질량은 근사적으로 $\rho\,\Delta x\,\Delta y$이므로 뉴턴 제2법칙에서 다음을 얻는다.

$$T\,\Delta x\,\Delta y\left(\frac{\partial^2 z}{\partial x^2}+\frac{\partial^2 z}{\partial y^2}\right)\approx(\rho\,\Delta x\,\Delta y)\frac{\partial^2 z}{\partial t^2}$$

양변은 $\Delta x\,\Delta y$로 나누면 편미분방정식으로 주어지는 2차원 파동 방정식을 얻는다.

$$\rho\frac{\partial^2 z}{\partial t^2}=T\left(\frac{\partial^2 z}{\partial x^2}+\frac{\partial^2 z}{\partial y^2}\right)$$

1차원의 경우와 같이 $c=\sqrt{T/\rho}$라 하면, 향후에 막에서 파동 속도가 될 것이다. 그러므로 다음이 성립한다.

$$\frac{\partial^2 z}{\partial t^2} = c^2 \left(\frac{\partial^2 z}{\partial x^2} + \frac{\partial^2 z}{\partial y^2} \right)$$

극좌표 (ρ, θ)을 변환하기 위해서 다음 식에 주의한다.

$$\frac{\partial^2 z}{\partial r^2} + \frac{1}{r}\frac{\partial z}{\partial r} + \frac{1}{r^2}\frac{\partial^2 z}{\partial \theta^2} = \frac{\partial^2 z}{\partial x^2} + \frac{\partial^2 z}{\partial y^2}$$

다음은 극좌표에서 파동 방정식이다.

$$\frac{\partial^2 z}{\partial t^2} = c^2 \left(\frac{\partial^2 z}{\partial r^2} + \frac{1}{r}\frac{\partial z}{\partial r} + \frac{1}{r^2}\frac{\partial^2 z}{\partial \theta^2} \right) \tag{3.6.1}$$

이 방정식에서 분리 가능separable한 해를 찾고자 한다. 즉, 다음 형태를 가정한다.

$$z = f(r)g(\theta)h(t)$$

분리 가능한 해를 구하는 이유는 다음 절에서 자세하게 설명한다. 위의 식을 파동 방정식에 대입해 다음을 얻는다.

$$f(r)g(\theta)h''(t) = c^2 \left(f''(r)g(\theta)h(t) + \frac{1}{r} f'(r)g(\theta)h(t) + \frac{1}{r^2} f(r)g''(\theta)h(t) \right)$$

$f(r)g(\theta)h''(t)$로 나누면 다음이 된다.

$$\frac{h''(t)}{h(t)} = c^2 \left(\frac{f''(r)}{f(r)} + \frac{1}{r}\frac{f'(r)}{f(r)} + \frac{1}{r^2}\frac{g''(\theta)}{g(\theta)} \right)$$

위의 식에서 좌변은 t에만 의존하고 r과 θ에 독립적이며 우변은 r과 θ에만 의존하고 t와 무관하다. t, r, θ는 3개의 독립변수이므로 양변의 공통값은 t, r, θ와 무관한 상수여야 한다. 다음 절에서 이 상수가 음의 값을 가지는 것을 보게 될 것이다. 그래서 $-\omega^2$로 표기한다. 결국, 다음의 방정식 두 개를 얻는다.

$$h''(t) = -\omega^2 h(t) \tag{3.6.2}$$

$$\frac{f''(r)}{f(r)} + \frac{1}{r}\frac{f'(r)}{f(r)} + \frac{1}{r^2}\frac{g''(\theta)}{g(\theta)} = -\frac{\omega^2}{c^2} \tag{3.6.3}$$

(3.6.2)의 일반 해는 다음 식의 상수 배다.

$$h(t) = \sin(\omega t + \phi)$$

여기에서 ϕ는 초기 시간 위상에서 결정되는 상수이다. (3.6.3)에 r^2를 곱한 후에 정리하면 다음이 된다.

$$r^2 \frac{f''(r)}{f(r)} + r\frac{f'(r)}{f(r)} + \frac{\omega^2}{c^2}r^2 = -\frac{g''(\theta)}{g(\theta)}$$

좌표은 r에만 의존하고 우변은 θ에만 의존하므로 공통값은 다시 상수가 된다. 이로써 $g(\theta)$는 상수의 부호에 따라서 사인함수 또는 지수함수가 된다. 그러나 $g(\theta)$는 각도의 함수이므로 주기 2π를 가져야 한다. 그러므로 공통 상수의 값은 정수 n의 제곱이 돼야 한다.

$$g''(\theta) = -n^2 g(\theta)$$

결국, $g(\theta)$는 $\sin(n\theta + \psi)$의 상수배다. 여기에서 ψ는 공간 위상을 나타내는 다른 상수이다. 그래서 다음을 얻는다.

$$r^2 \frac{f''(r)}{f(r)} + r\frac{f'(r)}{f(r)} + \frac{\omega^2}{c^2}r^2 = n^2$$

$f(r)$을 곱하고, r^2으로 나눈 후에 정리하면 다음이 된다.

$$f''(r) + \frac{1}{r}f'(r) + \left(\frac{\omega^2}{c^2} - \frac{n^2}{r^2}\right) f(r) = 0$$

이제, 2.10절의 연습문제 2에서 위의 방정식의 일반 해는 $J_n(\omega r/c)$와 $Y_n(\omega r/c)$의 선형 조합으로 나타나는 것을 보였다. 그러나 함수 $Y_n(\omega r/c)$는 r이 영으로 갈 때 $-\infty$로 발산해 막의 중심에 특이점을 도입하게 된다. 그래서 위의 방정식의 물리적으로 의미 있는 해는 $J_n(\omega r/c)$의 상수배다. 결국, 다음 함수가 파동 방정식의 해가 되는 것을 증명했다.

$$\boxed{z = AJ_n(\omega r/c)\sin(\omega t + \phi)\sin(n\theta + \psi)}$$

드럼의 반지름이 a이면, 만족해야 하는 경계 조건은 모든 t와 θ에 대해서 $r = a$일 때 $z = 0$이다. 그래서 $J_n(\omega a/c) = 0$이 된다. 이것은 ω값의 제약 조건이 된다. 함수 J_n은 이산discrete

무한 집합에서 영의 값을 가진다. 그러므로 ω 또한 이산 무한 집합으로 한정된다.

위의 형태를 가지는 함수의 선형 조합은 두 번 미분 가능한 (3.6.1)의 일반 해를 원하는 만큼 가까이 근사하는 것이 알려졌다. 이것은 푸리에 급수에서 사인 함수와 코사인 함수와 비슷한 것이 드럼에서 일어나는 것이다.

다음 표에서 베셀 함수의 처음 몇 개의 영을 제시한다. 자세한 것은 부록 A를 참조하라.

k	J_0	J_1	J_2	J_3	J_4
1	2.404 83	3.831 71	5.135 62	6.380 16	7.588 34
2	5.520 08	7.015 59	8.417 24	9.761 02	11.064 71
3	8.653 73	10.173 47	11.619 84	13.015 20	14.372 54

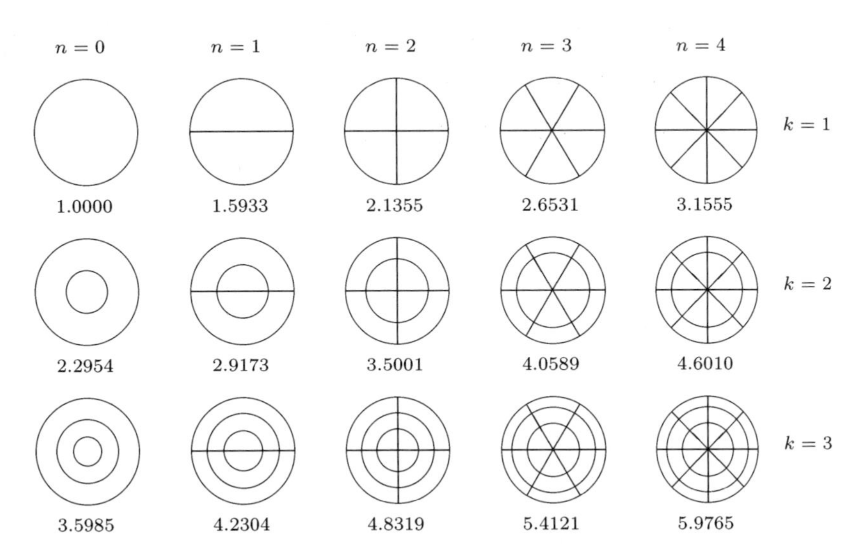

그림 3.20 드럼의 고정점

진동 모드를 선택하려면 음이 아닌 정수 n과 $J_n(z)$의 영을 선택해야 한다. J_n의 k번째 영을 $j_{n,k}$로 표기하면, 대응하는 진동 모드의 주파수는 $(cj_{n,k}/2\pi a)$이며 기본 주파수의 $j_{n,k}/j_{0,1}$배이다. 고정점들은 그림 3.20에서 나타낸 형태를 가진다. 각 그림의 밑에 상태 주파수 $j_{n,k}/j_{0,1}$의 값을 기록했다.

18세기 후반에 클리드니[8]가 정규 진동 모드를 시각화하는 방법을 개발했다. 그는 접시의 진동에 관심이 있었지만 드럼을 포함한 다른 악기에도 같은 기술을 사용할 수 있다. 그는 접시에 모래를 놓고 바이올린 활을 이용해 정규 모드 중 하나로 진동시켰다. 모래는 고정된 선에 모였고 위에서 드럼에 대해 설명한 것과 유사한 그림이 나왔다. 케틀드럼[9]상의 클리드니 패턴 그림을 그림 3.21에서 볼 수 있다.

실제에서는 (케틀드럼과 같이) 공기가 제한된 드럼의 경우 드럼의 기본 모드는 드럼에 포함된 공기의 압축과 팽창으로 빨리 감쇠한다. 따라서 기본 주파수로 들리는 것은 실제로 $n=1$, $k=1$인 모드, 즉 앞의 그림에서 맨 위 행의 두 번째 항목이다. 더 높은 모드는 대부분 공기가 좌우로 움직이는 것과 관련 있다. 공기의 관성으로 $n=0$인 모드, 특히 기본 모드의 주파수가 높아지는 효과가 있는 반면, $n>0$인 모드는 모드 사이의 주파수 간격을 넓어지는 방식으로 주파수가 낮아진다. 그러나 열린 드럼의 경우에는 모든 진동 주파수는 공기의 관성에 의해 낮아지며 낮은 주파수의 진동 주파수가 더 많이 낮아진다.

8 E. F. F. Chladni, "Entdeckungen über die Theorie des Klanges"(소리 이론의 발견), Weidmanns Erben und Reich 1787.

9 구리로 만든 반구형 몸체에 쇠가죽을 댄 북 – 옮긴이

그림 3.21 케틀드럼 위의 클리드니 패턴. Risset, "Les instruments de l'orchestre", Bibliothèque pour la science, Diffusion Belin, 1987에서 인용. Copyright B. Stark, Northern Illinois University.

오케스트라에서 사용하는 케틀드럼을 설계할 때는 공기의 관성을 정교하게 이용해 $n=1$, $k=1$과 $n=2$, $k=1$의 모드가 주파수 비율이 대략 3:2가 되도록 한다. 그러면 실제 주파수의 절반인 손실된 기본 주파수가 사람의 귀에 들린다. 더 나아가 ($k=1$일 때) $n=3$, 4, 5인 모드를 $n=1$, $k=1$ 모드의 주파수와 대략 4:2, 5:2, 6:2의 주파수를 가지도록 조정한다. 그러면 손실된 기본 주파수를 인식하는 데 도움이 된다. $n=1$, $k=1$ 모드의 주파를 드럼의 명목 주파수nominal frequency라 한다.

케틀드럼의 볼록한 부분에 들어 있는 공기가 공진기resonator로 작동한다는 것은 진실이 아니다. 케틀드럼을 완전 4도perfect fourth 정도 높게 다시 조율할 수 있다. 만약 공기가 공진기로 작동한다면 이런 재조율은 매우 좁은 주파수 범위에서만 가능할 것이다. 사실 공기의 공진은 높은 음에서 발생하고 대부분의 음 영역에는 영향을 주지 않는다. 더 중요한 효과는 드럼 표면의 아래 부분에서 음이 방출되지 못하게 해 표면의 윗부분에서 음이 더 효율적으로 방출되도록 하는 것이다.

연습문제

(남성이 아닌) 포르투갈 여성이 아두페adufe라는 양면 사각형 드럼을 연주한다. 사각형 드럼에 대한 파동 방정식에 대한 변수 분리형 해(즉, $z = f(x)g(y)h(t)$의 형태를 가진 해)를 구하라. 답을 이용해 "사각형 드럼의 소리는 어떤 특성을 가지는가?"라는 제목의 리포트를 작성하라. 수식에 대한 설명을 하려고 노력하라. 각 단계별로 설명하고, 제목에 있는 문제에 대한 답을 잊지 마라(즉, 주파수 스펙트럼을 설명하라).

읽을거리

Murray Campbell and Clive Greated (1986), *The Musician's Guide to Acoustics*, Chapter 10.

R. Courant and D. Hilbert, *Methods of Mathematical Physics, I*, Interscience, 1953, Section V.5.

William C. Elmore and Mark A. Heald (1969), *Physics of Waves*, Chapter 2.

Neville H. Fletcher and Thomas D. Rossing (1991), *The Physics of Musical Instruments*, Section 18.

C. V. Raman (1988), The Indian musical drums, *Proc. Indian Acad. Sci*. **A1** (1934), 179–188. Reprinted in Rossing.

B. S. Ramakrishna and Man Mohan Sondhi, Vibrations of Indian musical drums regarded as composite membranes, *J. Acoust. Soc. Amer*. **26** (4) (1954), 523–529.

Thomas D. Rossing (2000), *Science of Percussion Instruments*.

3.7 라플라스 연산자의 고윳값

여기서는 드럼의 진동 모드에 대한 논의를 보다 더 넓은 관점에서 논의한다. 즉, 드럼 모양과 주파수 스펙트럼의 관계를 라플라스 연산자의 고윳값을 이용해 설명한다. 이런 논의는 선형 대수학에서 사용하는 연산자의 고윳값을 나타내는 "스펙트럼"과 음악에서 주파수 성분의 분포를 나타내는 "스펙트럼"의 관계를 설명한다. 논의의 몇 부분은 독자들이 기초 벡터 미적분학vector calculus과 발산 정리divergence theorem에 익숙하다고 가정한다.

연산자 $\frac{\partial^2}{\partial x^2}+\frac{\partial^2}{\partial y^2}$을 ∇^2으로 표기한다. 이것은 라플라스 연산자Laplace operator로 알려져 있다(3차원에서 라플라스 연산자 ∇^2는 $\frac{\partial^2}{\partial x^2}+\frac{\partial^2}{\partial y^2}+\frac{\partial^2}{\partial z^2}$을 나타내고, 임의 개수의 변수에 대해서도 연산자를 정의할 수 있다). 이 표기법을 사용하면 파동 방정식은 다음이 된다.

$$\frac{\partial^2 z}{\partial t^2}=c^2\nabla^2 z$$

닫힌 유계 영역 Ω에서 이 방정식의 해를 생각한다. 그러면 앞에서 설명한 드럼은 Ω가 2차원 원판이 된다.

파동 방정식의 변수 분리 해separable solution는 다음의 형태이다.

$$z=f(x,y)h(t)$$

이것을 파동 방정식에 대입하면 다음을 얻는다.

$$f(x,y)h''(t)=c^2\nabla^2 f(x,y)\,h(t)$$

또는

$$\frac{h''(t)}{h(t)}=c^2\frac{\nabla^2 f(x,y)}{f(x,y)}$$

좌변은 x와 y에 무관하고, 우변은 t에 무관하다. 그래서 공통값은 상수여야 한다. 이 상수를 $-\omega^2$으로 둔다. 음수가 돼야 하는 것이 뒤에 나온다. 그럼 다음을 얻는다.

$$g''(t)=-\omega^2 g(t) \tag{3.7.1}$$

$$\nabla^2 f(x,y)=-\frac{\omega^2}{c^2}f(x,y) \tag{3.7.2}$$

첫 번째 식은 각 주파수 ω를 가지는 단순 조화 운동에 관한 방정식이다. 일반 해는 다음과 같다.

$$g(t) = A\sin(\omega t + \phi)$$

두 번째 방정식을 만족하는 두 번 미분 가능한 영이 아닌 함수 $f(x, y)$를 다음의 **고윳값**eigenvalue을 가지는 라플라스 연산자 ∇^2(보다 정확하게 $-\nabla^2$)의 **고유 함수**eigen function라 한다.

$$\lambda = \omega^2/c^2 \tag{3.7.3}$$

고유 함수와 고윳값에는 두 가지 중요한 종류가 있다. **디리클레 스펙트럼**Dirichlet spectrum은 영역 Ω의 경계에서 영이 되는 고유 함수에 대한 고윳값 집합이다. **노이만 스펙트럼**Neumann spectrum은 경계에 수직 방향 미분이 영이 되는 고유 함수에 대한 고윳값 집합이다. 종속변수가 음압(압력에서 대기압을 뺀 값)인 음파에 대한 파동 방정식을 연구할 때 노이만 스펙트럼이 더 중요하다.

다음은 파동 방정식에 대한 잘 알려진 사실에 대한 요약이다. 영역 Ω의 $-\lambda^2$에 대해 고윳값 $0 < \lambda_1 \le \lambda_2 \le \ldots$을 가지는 디리클레 고유 함수 $f_1, f_2, \ldots$를 다음 성질을 만족하도록 선택할 수 있다.

(i) 모든 고유 함수는 λ_i가 같은 값을 가지는 고유 함수 f_i의 유한 선형 결합이다.
(ii) 각 고윳값은 유한 번만 반복된다.
(iii) $\lim_{n\to\infty} \lambda_n = \infty$이다.
(iv) (완비성completeness) 모든 연속함수는 $f(x, y) = \sum_i a_i f_i(x, y)$ 형태의 절대 균등 수렴하는 급수로 표현할 수 있다.

고윳값 λ_i는 (3.7.3)에서 대응하는 진동수를 결정한다.

$$\omega_i = c\sqrt{\lambda_i}, \qquad \nu_i = c\sqrt{\lambda_i}/2\pi \tag{3.7.4}$$

(각속도 ω는 주파수 ν와 $\omega = 2\pi\nu$의 관계를 가진다.)

Ω상의 파동 방정식에 대한 초기 조건은 $t = 0$에서 Ω에 있는 (x, y)에 대해 z와 $\frac{\partial z}{\partial t}$의 주어진 값이다. 이런 초기 조건을 만족하는 파동 방정식을 풀기 위해 완비성을 사용해 $z = \sum_i a_i f_i(x, y)$와 $\frac{\partial z}{\partial t} = \sum_i b_i f_i(x, y)$로 표기한다. 그러면 유일 해가 다음으로 주어진다.

$$z = \sum_{\lambda} f_i(x, y) \left(a_i \cos(c\sqrt{\lambda}\, t) + \frac{b_i}{c\sqrt{\lambda}} \sin(c\sqrt{\lambda}\, t) \right)$$

지금까지 2차원 파동 방정식의 관점에서 논의를 표현했지만 동일한 주장이 모든 차원에서 성립한다. 예를 들어 1차원이면 현의 진동 모드에 해당하며 푸리에 급수의 이론이 복원된다.

1965년 마크 카츠[Mark Kac]가 제기하고 1991년 고든[Gordon], 웹[Webb], 월퍼트[Wolpert]가 해결한 재미있는 문제가 있다. “드럼의 모양을 들을 수 있는가?” 즉, 디리클레 스펙트럼을 이용해 2차원의 단순 연결된 닫힌 영역의 모양을 알 수 있는가? 단순 연결은 해당 영역에 구멍이 없는 것을 의미한다. 몇 년 전에 수나다[Sunada]가 개발한 방법을 기반으로 고든, 웹, 월퍼트는 동일한 디리클레 스펙트럼을 갖는 다른 영역을 발견했다. 그들의 논문에 나타난 예가 그림 3.22이다.

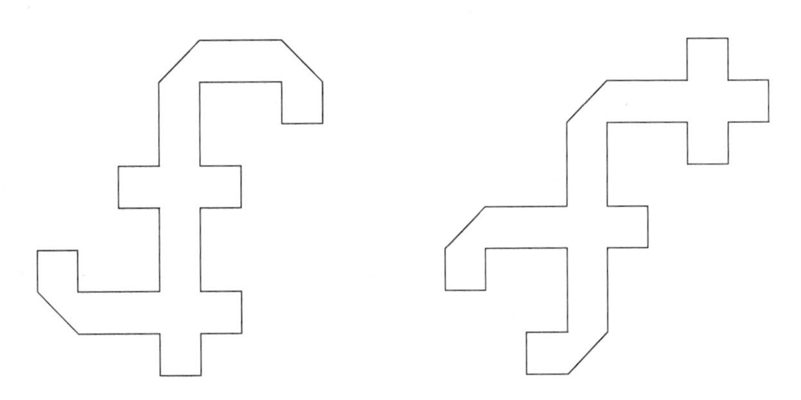

그림 3.22 디리클레 스펙트럼이 동일한 두 영역

분명히 이 연구 이전에 이러한 모양의 진동하는 표면을 사용해 드럼을 만드는 사람이 아무도 없었을 것이다. 동일한 디리클레 스펙트럼을 가진 다른 많은 영역의 쌍이 발견됐다. 다음에 나열된 버저[Buser], 콘웨이[Conway], 도일[Doyle], 셈믈러[Semmler]의 논문에서 이것을 비롯한 다른 많은 것을 볼 수 있다. 그러나 볼록[convex]한 예가 있는지 여부는 아직 알려지지 않았다.

읽을거리

P. Buser, J. H. Conway, P. Doyle and K.-D. Semmler, Some planar isospectral domains, *International Mathematics Research Notices* (1994), 391 - 400.

S. J. Chapman, Drums that sound the same, *Amer. Math. Monthly* **102** (2) (1995), 124 - 138.

Tobin Driscoll, Eigenmodes of isospectral drums. *SIAM Rev*. **39** (1997), 1 - 17.

Carolyn Gordon, David L. Webb and Scott Wolpert, One cannot hear the shape of a drum, *Bull. Amer. Math. Soc*. **27** (1992), 134 - 138.

Carolyn Gordon, David L. Webb and Scott Wolpert, Isospectral plane domains and surfaces via Riemannian orbifolds, *Invent. Math*. **110** (1992), 1 - 22.

V. E. Howle and Lloyd N. Trefethen, Eigenvalues and musical instruments, *J. Comp. Appl. Math*. **135** (2001), 23 - 40.

Mark Kac, Can one hear the shape of a drum?, *Amer. Math. Monthly* **73**, (1966), 1 - 23.

M. H. Protter, Can one hear the shape of a drum? Revisited. *SIAM Rev*. **29** (1987), 185 - 197.

K. Stewartson and R. T. Waechter, On hearing the shape of a drum: further results, *Proc. Camb. Phil. Soc*. **69** (1971), 353 - 363.

T. Sunada, Riemannian coverings and isospectral manifolds, *Ann. Math*. **121** (1985), 169 - 186.

3.8 호른

호른horm과 브라스brass, 황동 계열의 다른 악기는 단단한 벽으로 둘러싸인 변화하는 단면적을 갖는 관으로 볼 수 있다. 다행히 단면적이 관의 정확한 모양이나 곡률보다 더 중요하다.

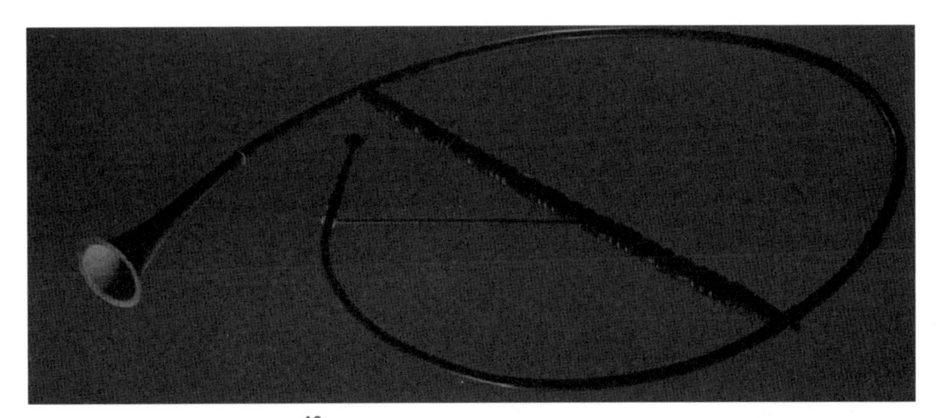

그림 3.23 코르누(Cornu),[10] 폼페이, 서기 1세기(복사본, 19세기) 악기 박물관, 브뤼셀(inv.464)

$A(x)$를 관을 따라 위치 x의 단면적을 나타내고 파면wavefront이 근사적으로 평면이며 관의 방향으로 진행한다고 가정하면 식 (3.5.2)를 **웹스터 호른 방정식**Webster's horn equation으로 변형할 수 있다.

$$\frac{1}{A(x)}\frac{\partial}{\partial x}\left(A(x)\frac{\partial p}{\partial x}\right)=\frac{1}{c^2}\frac{\partial^2 p}{\partial t^2} \tag{3.8.1}$$

또는

$$\frac{\partial^2 p}{\partial x^2}+\frac{1}{A}\frac{\mathrm{d}A}{\mathrm{d}x}\frac{\partial p}{\partial x}=\frac{1}{c^2}\frac{\partial^2 p}{\partial t^2}$$

스튀름-리우빌 방정식 Sturm-Liouville equation 이론을 사용하면 이 방정식의 해를 서술할 수 있다. 스튀름-리우빌 방정식 이론은 편미분방정식에 관한 대부분의 교과서에 나와 있다.

$A(x)$의 구체적인 형태 하나가 물리적으로 중요하다. 이것은 브라스 악기의 실제 모형을 잘 근사할 뿐만 아니라 상대적으로 간단한 해를 얻을 수 있기 때문이다. 즉, **베셀 호른**Bessel horn이라 하고 단면적의 반지름과 면적은 다음으로 주어진다.

$$R(x)=bx^{-\alpha},\quad A(x)=\pi R(x)^2=Bx^{-2\alpha}$$

10 'G' 모양인 약 3m 길이의 고대 로마 금관 악기 – 옮긴이

여기에서, x의 원점과 상수 b는 호른의 양쪽 끝의 반지름이 되도록 결정하고, $B=\pi b^2$이다. $A(x)$를 식 (3.8.1)에 대입하면 상수 B가 사라지는 것에 주의하라. 매개변수 α는 호른의 나팔 모양의 형태를 결정하는 "나팔 모양 매개변수flare parameter"이다. $\alpha=0$이면 원뿔관이 된다. 일반적으로 $\alpha \geq 0$을 가정한다. 해는 다음 형태의 합으로 주어진다.

$$p(x,t) = x^{\alpha+\frac{1}{2}} J_{\alpha+\frac{1}{2}}(\omega x/c)(a\cos\omega t + b\sin\omega t) \tag{3.8.2}$$

여기서 항상 그랬듯이 각 주파수 ω는 호른의 양쪽 끝의 경계 조건을 만족하도록 결정해야 한다.

연습문제

주어진 $A(x)$에 대해 (3.8.2)가 식 (3.8.1)의 해가 되는 것을 확인하라. n을 $\alpha+\frac{1}{2}$로, z를 $\omega x/c$로 대체한 베셀 미분방정식 (2.10.1)이 필요할 것이다.

그림 3.24 실로폰, Yayi Coulibaly (1947) 제작, Jacqueline Cogdell DjeDje, 'Turn up the volume. A celebration of African music', UCLA 1999, p. 253에서 인용

읽을거리

E. Eisner, Complete solutions of the "Webster" horn equation, *J. Acoust. Soc. Amer.* **41** (4B) (1967), 1126–1146.

Neville H. Fletcher and Thomas D. Rossing (1991), *The Physics of Musical Instruments*, Section 8.6.

Osman K. Mawardi, Generalized solutions of Webster's horn theory, *J. Acoust. Soc. Amer.* **21** (4) (1949), 323–330.

Thomas D. Rossing (1990), *The Science of Sound*, Section 11.

A. G. Webster, Acoustical impedance, and the theory of horns and of the phonograph, *Proc. Nat. Acad. Sci. (US)* **5** (7) (1919), 275–282.

3.9 실로폰과 관 모양의 벨

여기서는 얇고 딱딱한 막대에서 발생하는 횡파에 대한 이론을 설명한다. 이 이론은 실로폰이나 관 모양을 가지는 벨과 같은 악기에 적용할 수 있다. 이 경우 드럼의 경우와 마찬가지로 진동 모드가 기본 주파수의 정수 배로 구성되지 않는 것을 보게 될 것이다. 식 (3.9.2)를 유도하고 해를 구하는 것이 이 절의 목표이다.

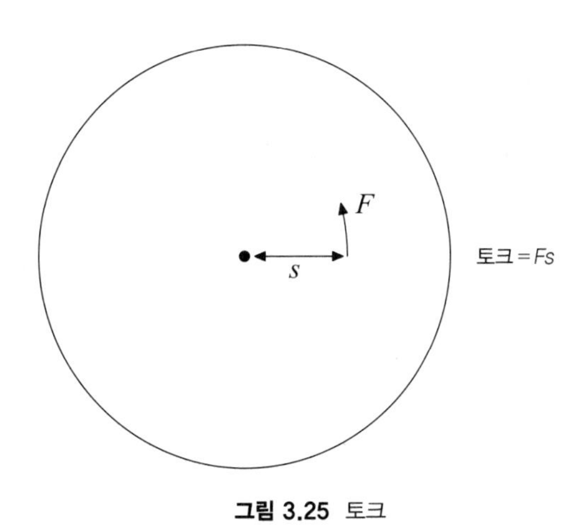

그림 3.25 토크

적절한 미분방정식을 얻기 위해 3.2절의 작은 각에 대한 가정과 막대 조각의 회전 관성으로 인한 운동 저항에 관한 항이 (수직) 선형 관성에 관한 항에 비해 매우 작다고 가정한다. 이것은 얇은 막대에 대해서는 좋은 근사이다. 이 가정의 결과로 막대 조각에 작용하는 토크의 합을 영으로 간주할 수 있다. 축에서부터 거리 s에서 지점에 힘 F를 가해 축을 중심으로 물체를 비틀면 가해진 토크는 Fs가 된다. 그러므로 회전력의 효과는 힘의 크기뿐만 아니라 축으로부터의 거리에 비례한다. 그림 3.25를 참조하라.

길이가 Δx인 막대 조각을 생각하고, $V(x)$를 고려하는 조각의 왼쪽 끝에 의해서 인접하는 조각의 오른쪽 끝에 가해지는 수직력(또는 전단력shearing force)이라 한다.

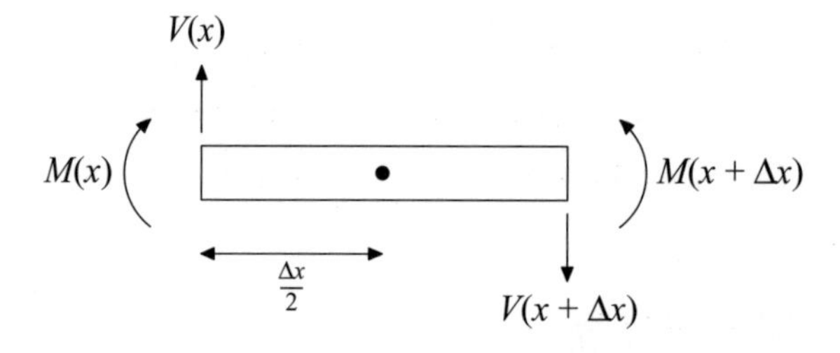

이 전단력에 의해 조각에 가해지는 토크는 다음이 된다.

$$-V(x)\left(\frac{\Delta x}{2}\right) - V(x+\Delta x)\left(\frac{\Delta x}{2}\right) \approx -V(x)\Delta x$$

(음의 부호를 가지는 것은 시계 반대방향의 토크를 양의 부호로 간주하기 때문이다.) 회전 관성을 무시할 수 있는 것으로 가정했기 때문에, 막대가 인접 막대에 작용하는 토크 또는 굽힘 모멘트bending moment $M(x)$는 다음을 만족한다.

$$M(x+\Delta x) - M(x) - V(x)\Delta x \approx 0$$

또는

$$V(x) \approx \frac{M(x+\Delta x) - M(x)}{\Delta x}$$

$\Delta x \to 0$인 극한을 취하면 다음을 얻는다.

$$V(x) = \frac{\mathrm{d}M(x)}{\mathrm{d}x}$$

그러므로 조각에 작용하는 수직 방향의 힘을 계산할 수 있다.

$$V(x) - V(x+\Delta x) \approx -\Delta x \frac{\mathrm{d}V(x)}{\mathrm{d}x} \approx -\Delta x \frac{\mathrm{d}^2 M(x)}{\mathrm{d}x^2}$$

이제, 함수 $V(x)$와 $M(x)$ 등은 x와 t 모두의 함수이다. 위의 설명에서는 t에 대한 의존성을 나타내지 않았다. 실제로 수직 방향의 힘은 다음과 같이 표기해야 한다.

$$-\Delta x \frac{\partial^2 M(x,t)}{\partial x^2}$$

막대의 선형 밀도가 ρ(단위는 kg/m)이면, 막대 조각의 질량은 $\rho\,\Delta x$이다. y를 이용해 수직 방향의 변위를 나타내면, 뉴턴 제2법칙에서 다음을 얻는다.

$$-\Delta x \frac{\partial^2 M}{\partial x^2} = \rho \Delta x \frac{\partial^2 y}{\partial t^2}$$

또는

$$\frac{\partial^2 y}{\partial t^2} + \frac{1}{\rho}\frac{\partial^2 M}{\partial x^2} = 0 \tag{3.9.1}$$

굽힘 모멘트로 막대가 휘게 되면 M과 $\partial^2 y/\partial x^2$ 사이에 밀접한 관계식이 존재한다. 이 관계를 이해하기 위해서 응력stress, 변형도strain, 영률Young's modulus을 먼저 소개한다. 힘 $F = F_2 - F_1$이 길이 L, 단면적 A를 가지는 얇고 딱딱한 막대를 늘이거나 또는 압축하는 것을 생각한다.

L
F_1 → → F_2

그러면 길이는 ΔL만큼 늘어날 것이다. **인장 응력**tension stress(또는 간단히 인장tension)은 다음으로 정의된다.

$$f = F/A$$

인장 변형도tension strain(또는 확장도)는 길이 증가의 비율로 정의한다.

$$\epsilon = \Delta L/L$$

단단한 막대에 대한 후크Hooke의 법칙은 확장이 인장에 비례하는 것을 의미한다.

$$f = E\epsilon$$

비례상수 E를 **영률**Young's modulus[11](또는 종탄성 계수longitudinal elasticity)이라 한다. 실온(18°C)에서 다양한 물체에 대한 영률의 값이 다음 표에 있다.

---

11 영국의 물리학자이자 의사인 토마스 영(Thomas Young)(1773–1829)의 이름에서 따왔다.

물질	영률(N/m²)
알루미늄	7.05×10^{10}
황동	$9.7-10.4 \times 10^{10}$
구리	12.98×10^{10}
금	7.8×10^{10}
(순수한) 철	21.2×10^{10}
납	1.62×10^{10}
은	8.27×10^{10}
강철	21.0×10^{10}
주석	9.0×10^{10}
유리	$5.1-7.1 \times 10^{10}$
자단(rosewood)	$1.2-1.6 \times 10^{10}$

이제 휘어진 막대 조각을 더 자세히 연구할 수 있다. 막대의 중간에는 줄어들지도 늘어나지도 않은 **중립 곡면**neutral surface이 있다. 그림 3.26에서 점선으로 표시했다. 이 곡면의 한쪽 막대 조각은 늘어나고 다른 쪽 막대 조각은 줄어든다. 중립 곡면에서 막대 조각까지의 거리를 η로 표기한다.

중립 곡면의 곡률 반경을 R로 표기하면 중립 곡면에서 막대 선분의 길이는 $R\,\Delta\theta$가 된다. 막대 조각의 길이는 $(R-\eta)\,\Delta\theta$여서 인장 변형도는 $-(\eta\,\Delta\theta)/(R\,\Delta\theta) = -\eta/R$가 된다. 그래서 후크의 법칙에서 막대 조각에 가해지는 인장 응력은 $-E\eta\Delta A/R$이 된다. 여기에서 ΔA는 막대 조각의 단면적을 나타낸다. 그림 3.26을 참조하라.

수평 방향 힘의 합은 영으로 가정했으므로 다음이 만족한다.

$$-\frac{E}{R}\int \eta\,\mathrm{d}A = 0$$

그러므로 $\int \eta\,\mathrm{d}A = 0$이다. 이것은 중립 곡면이 단면적의 **모양 중심**centroid을 지나는 것을 의미한다. 총 굽힘 모멘트는 $-\eta$를 곱한 후에 적분해 구한다.[12]

$$M = \frac{E}{R}\int \eta^2\,\mathrm{d}A$$

12 시계 방향의 모멘트가 양이어서 음의 부호가 붙는다.

$I = \int \eta^2 \,\mathrm{d}A$를 막대 단면의 단면 모멘트sectional moment라고 한다. 그러므로 $M = -EI/R$을 얻는다. 곡률 반경에 대한 공식은 $R = \left(1 + \left(\frac{\mathrm{d}y}{\mathrm{d}x}\right)^2\right)^{\frac{3}{2}} / \frac{\mathrm{d}^2y}{\mathrm{d}x^2}$이다. $\frac{\mathrm{d}y}{\mathrm{d}x}$가 작다고 가정하면 $1/R = \frac{\mathrm{d}^2y}{\mathrm{d}x^2}$으로 근사할 수 있다. 그러므로

$$M(x, t) = EI \frac{\partial^2 y}{\partial x^2}$$

위의 식을 (3.9.1)과 결합하면 다음이 나온다.

$$\boxed{\frac{\partial^2 y}{\partial t^2} + \frac{EI}{\rho} \frac{\partial^4 y}{\partial x^4} = 0} \qquad (3.9.2)$$

이것이 막대에서 진행하는 횡파를 지배하는 미분방정식이다. 오일러-베르누이Euler-Bernoulli의 빔 방정식으로 알려져 있다.

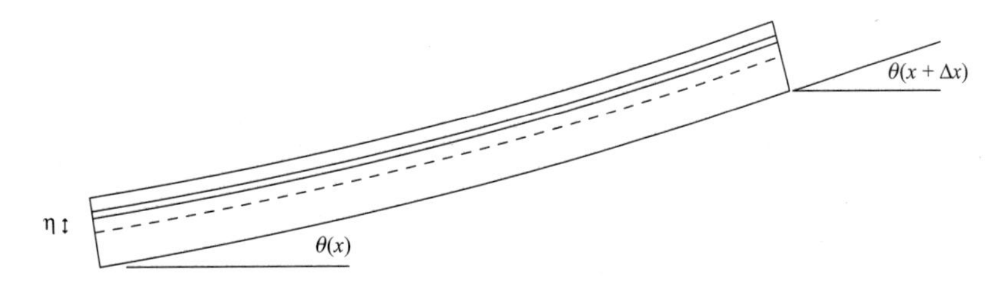

그림 3.26 휘어진 막대

(3.9.2)의 분리 가능한 해를 찾고자 한다. 다음을 가정한다.

$$y = f(x)g(t)$$

다음이 성립한다.

$$f(x)g''(t) + \frac{EI}{\rho} f^{(4)}(x)g(t) = 0$$

또는

$$\frac{g''(t)}{g(t)} = -\frac{EI}{\rho} \frac{f^{(4)}(x)}{f(x)}$$

좌변은 x에 의존하지 않고 우변은 t에 의존하지 않기에 양변은 상수가 된다. 그러므로

$$g''(t) = -\omega^2 g(t) \tag{3.9.3}$$

$$f^{(4)}(x) = \frac{\omega^2 \rho}{EI} f(x) \tag{3.9.4}$$

식 (3.9.3)에서 $g(t)$는 $\sin(\omega t + \phi)$의 배수이고, 식 (3.9.4)는 다음 형태의 해를 가진다.

$$f(x) = A \sin \kappa x + B \cos \kappa x + C \sinh \kappa x + D \cosh \kappa x$$

여기에서,

$$\kappa = \sqrt[4]{\frac{\omega^2 \rho}{EI}} \tag{3.9.5}$$

일반 해는 다음 형태의 정규 모드의 합으로 표현된다.

$$y = (A \sin \kappa x + B \cos \kappa x + C \sinh \kappa x + D \cosh \kappa x) \sin(\omega t + \phi) \tag{3.9.6}$$

경계 조건은 막대 끝의 상황에 의존한다. 경계 조건이 ω를 이산 집합으로 한정한다. 막대의 끝이 자유로우면, 그 점에서 모든 시간 t에서 $V(x, t)$와 $M(x, t)$의 값은 영이 된다. 그래서 $\partial^2 y/\partial x^2 = 0$, $\partial^3 y/\partial x^3 = 0$이 된다. 막대의 끝이 고정돼 있으면 변위와 기울기가 영이 된다. 즉, 막대 끝에 해당하는 x의 값에서 모든 t에 대해 $y = 0$, $\partial y/\partial x = 0$이다.

직접 계산을 통해 다음을 알 수 있다.

$$\begin{aligned}
\partial y/\partial x &= \kappa(A \cos \kappa x - B \sin \kappa x + C \cosh \kappa x + D \sinh \kappa x) \sin(\omega t + \phi), \\
\partial^2 y/\partial x^2 &= \kappa^2(-A \sin \kappa x - B \cos \kappa x + C \sinh \kappa x + D \cosh \kappa x) \sin(\omega t + \phi), \\
\partial^3 y/\partial x^3 &= \kappa^3(-A \cos \kappa x + B \sin \kappa x + C \cosh \kappa x + D \sinh \kappa x) \sin(\omega t + \phi)
\end{aligned}$$

실로폰이나 종 모양의 벨의 경우에는 양쪽 끝이 자유롭다. 양쪽 끝은 $x = 0$와 $x = \ell$로 둔다. $x = 0$에서 $\partial^2 y/\partial x^2 = 0$과 $\partial^3 y/\partial x^3 = 0$에서 $B = D$, $A = C$를 얻는다. $x = \ell$의 조건에서 다음을 얻는다.

$$\begin{aligned}
A(\sinh \kappa\ell - \sin \kappa\ell) + B(\cosh \kappa\ell - \cos \kappa\ell) &= 0, \\
A(\cosh \kappa\ell - \cos \kappa\ell) + B(\sinh \kappa\ell + \sin \kappa\ell) &= 0
\end{aligned}$$

이 식은 다음의 판별식이 영이 될 때 영이 아닌 A와 B가 존재한다.

$$(\sinh \kappa\ell - \sin \kappa\ell)(\sinh \kappa\ell + \sin \kappa\ell) - (\cosh \kappa\ell - \cos \kappa\ell)^2$$

관계식 $\cosh^2 \kappa\ell - \sinh^2 \kappa\ell = 1$과 $\sin^2 \kappa\ell + \cos^2 \kappa\ell = 1$을 이용하면 앞의 식에서 다음을 얻는다.

$$\cosh \kappa\ell \cos \kappa\ell = 1$$

이 식을 만족하는 값 $\kappa\ell$이 식 (3.9.5)에서 가능한 주파수를 결정한다.

$\lambda = \kappa\ell$로 두면 λ는 다음 식의 해가 된다.

$$\cosh \lambda \cos \lambda = 1 \tag{3.9.7}$$

그러면 (3.9.5)에서 각 주파수와 주파수가 다음으로 주어진다.

$$\omega = \sqrt{\frac{EI}{\rho}}\frac{\lambda^2}{\ell^2}; \qquad \nu = \frac{\omega}{2\pi} = \sqrt{\frac{EI}{\rho}}\frac{\lambda^2}{2\pi\ell^2} \tag{3.9.8}$$

수치 계산으로 식 (3.9.7)의 해를 구할 수 있다. 그중 양수인 것을 좀 과도한 자릿수로 제시한다.

$$\begin{aligned}
\lambda_1 &= 4.730\,040\,744\,862\,704\,026\,024\,0481,\\
\lambda_2 &= 7.853\,204\,624\,095\,837\,556\,477\,0667,\\
\lambda_3 &= 10.995\,607\,838\,001\,670\,906\,669\,0325,\\
\lambda_4 &= 14.137\,165\,491\,257\,464\,177\,105\,9179,\\
\lambda_5 &= 17.278\,759\,657\,399\,481\,438\,091\,0740,\\
\lambda_6 &= 20.420\,352\,245\,626\,061\,090\,936\,4112
\end{aligned}$$

n이 증가하면, $\cosh \lambda_n$은 지수적으로 증가해 $\cos \lambda_n$은 매우 작은 양수가 돼야 한다. 그러므로 λ_n은 코사인 함수의 n번째 영인 $(n + \frac{1}{2})\pi$에 접근해야 한다. $n \geq 5$에 대해 다음의 근사는 소수점 아래 20자리까지 성립한다.[13]

$$\lambda_n \approx \left(n + \tfrac{1}{2}\right)\pi - (-1)^n 2e^{-(n+\frac{1}{2})\pi} - 4e^{-2(n+\frac{1}{2})\pi} \tag{3.9.9}$$

---

13 급수의 더 고차항을 표기하면 다음과 같다.

$$\lambda_n \approx \left(n + \tfrac{1}{2}\right)\pi - (-1)^n 2\mathrm{e}^{-(n+\frac{1}{2})\pi} - 4\mathrm{e}^{-2(n+\frac{1}{2})\pi} - (-1)^n \tfrac{34}{3}\mathrm{e}^{-3(n+\frac{1}{2})\pi} - \tfrac{112}{3}\mathrm{e}^{-4(n+\frac{1}{2})\pi} - \cdots$$

(난이도 높은) 그 다음의 항들을 계산하는 데 도전해보라! 검산으로 m번째 지수항의 분수 계수에 $m!$를 곱하면 정수가 돼야 한다.

식 (3.9.8)에서 기본 주파수에 대한 주파수의 비율은 λ_n^2/λ_1^2으로 나타나는 것을 알 수 있다.

n	λ_n^2/λ_1^2
1	1.000 000 000 000 00
2	2.756 538 507 099 96
3	5.403 917 632 383 32
4	8.932 950 352 381 93
5	13.344 286 693 666 89
6	18.637 887 886 581 19

결과로 얻은 주파는 드럼의 경우와 마찬가지로 배음이 아니다. 그러나 n이 증가하면 식 (3.9.9)에서 높은 주파수가 홀수를 제곱한 비율을 가지게 된다.

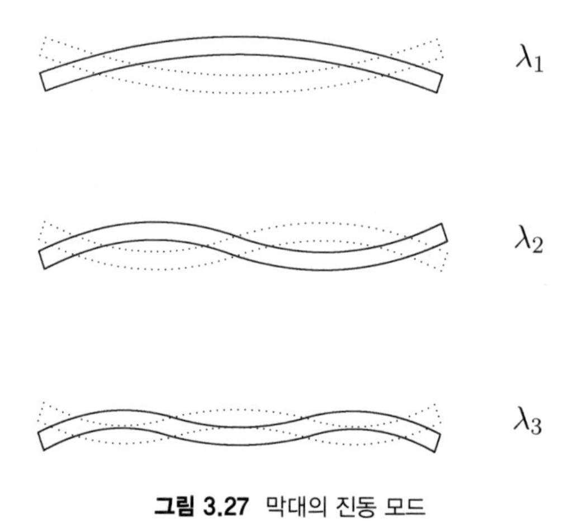

그림 3.27 막대의 진동 모드

위의 λ가 서술하는 진동 모드를 그림 3.27에 나타냈다.

실제 악기는 위에서 설명한 이상적인 막대가 아니어서 주파수 비율이 조금 다르다. 관 모양의 벨은 기본 주파수에 대한 두 번째와 세 번째 주파수가 2.76:1과 5.40:1 비율을 가져 위에서 설명한 이상적인 상황과 가장 가깝다.

오케스트라 실로폰의 막대는 자단rosewood으로 만들거나, 때로는 더 극한의 조건에서도 음높이를 유지하고 더 내구성이 있는 현대적인 재료로 만든다. 그리고 밑면에 잘린 아치가 있다. 이것은 기본 주파수에 대해 두 번째와 세 번째 주파수가 3:1과 6:1의 비율을 갖도록 하기 위해서다. 이 주파수는 각각 기본음 위의 옥타브와 완전5도 그리고 2옥타브와 완전5도에 해당한다.

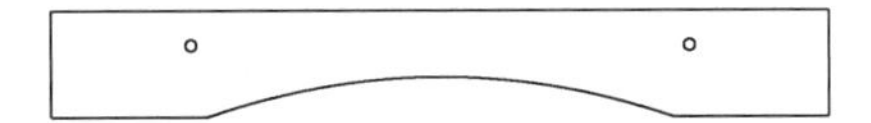

마림바marimba도[14] 로즈우드로 만들고 비브라폰vibraphone, vibe[15]은 알루미늄으로 만든다. 이런 악기의 경우에는 더 깊은 아치를 잘라내서 기본 주파수에 대해 4:1과 (일반적으로) 10:1의 비율을 생성한다. 이들은 기본음보다 각각 2옥타브, 3옥타브와 장3도 위의 음을 나타낸다.

두 번째 주파수의 조율은 나름 정확하게 할 수 있다. 제거되는 부분에 따라 영향을 받는 주파수가 다르기 때문이다. 재료의 끝을 제거하면 기본 주파수와 나머지 주파수가 같이 증가한다. 아치의 측면에서 재료를 제거하면 두 번째 주파수가 낮아지고 아치의 중앙에서 재료를 제거하면 기본 주파수가 낮아진다. 세 번째 주파수를 정확하게 만들기는 더 어렵다. 이것과 더 높은 주파수는 제작자의 예술적 표현에 해당한다. 스트로보스코프 장비를 사용하면 기본 주파수와 두 번째 주파수를 1센트(센트는 반음의 100분의 1) 이내로 조율할 수 있다.

읽을거리

Antoine Chaigne and Vincent Doutaut, Numerical simulations of xylophones. I. Time-domain modeling of the vibrating bars, *J. Acoust. Soc. Amer*. **101** (1) (1997), 539-557.

R. Courant and D. Hilbert, *Methods of Mathematical Physics, I*, Interscience, 1953, Section V.4.

14 멕시코와 과테말라에서 만들어졌고, 긴 폭을 가지고 밑에 울림통이 있는 실로폰의 일종이다. - 옮긴이

15 오르간의 파이프처럼 생긴 공명관을 가진 실로폰의 일종이다. - 옮긴이

William C. Elmore and Mark A. Heald (1969), "*Physics of Waves*," Chapter 3.

Neville H. Fletcher and Thomas D. Rossing (1991), "*The Physics of Musical Instruments*," Section 19.

D. Holz, Investigations on acoustically important qualities of xylophone-bar materials: can we substitute any tropical woods by European species?, "*Proc. Int. Symp. Musical Acoustics*," Jouve (1995), 351–357.

A. M. Jones, "*Africa and Indonesia: the Evidence of the Xylophone and Other Musical and Cultural Factors*," E. J. Brill, 1964. 이 책에는 아프리카와 인도네시아 실로폰의 조율에 대한 많은 측정 자료가 있다. 저자는 아프리카 음악에 인도네시아의 영향이 있었다는 가정하에 아프리카가 포르투갈의 식민지가 되기 전에 인도네시아의 영향권에 있었다고 주장한다.

James L. Moore, "*Acoustics of Bar Percussion Instruments*," Permus Publications, 1978.

Thomas D. Rossing (2000), "*Science of Percussion Instruments*," Chapters 5–7.

3.10 엠비라

내가 워싱턴주 시애틀에서 참석한 강연 시연에서 짐바브웨에서 방문 예술가 두미사니 마라이레가 15개의 건반이 있는 악기가 들어 있는 원형 상자 공진기를 들고 무대 위로 걸어갔다. 그는 청중을 향해 몸을 돌려 둥근 상자를 머리 위로 올렸다. "이게 뭘까요?" 그는 외쳤다.

응답이 없었다.

"좋아요." 그가 말했다. "엠비라입니다. 엠, 비, 라. 이제 내가 뭐라고 했나요?"

몇몇 사람들은 "엠비라. 엠비라에요." 대부분의 관객들은 여전히 어리둥절한 표정으로 앉아 있었다.

"이게 뭔가요?" 마라이레가 약간 짜증이 난 듯이 되풀이했다.

많은 사람들이 "엠비라"라고 외쳤다.

"다시!" 하고 마라이레가 외쳤다.

"엠비라!" 관객들이 대답했다.

"다시!" 그는 소리쳤다.

강당에 "엠비라"가 울려 퍼지자 마라이레는 크게 웃었다. "좋아요." 그는 풍자적으로 말했다. "이렇게 기독교 선교사들이 내게 '피아노'를 말하도록 가르쳤어요".

(폴 F. 베를리너, '엠비라의 영혼', 캘리포니아대학교 출판부)

그림 3.28 짐바브웨의 엠비라 사진. Jacqueline Cogdell DjeDje, 'Turn up the volume. A celebration of African music', UCLA 1999, p.240에서 인용

엠비라mbira는 아프리카, 특히 짐바브웨 쇼나족의 인기 있는 선율 악기이다. 이 악기는 싼즈sanzhi, 리켐베likembe, 칼림바kalimba와 같은 다른 이름을 가진다. 일반적인 민족 음악 범주는 라멜로폰lamellophone이다. 이 악기는 일반적으로 소리를 증폭하고 전달하기 위한 박막과 같은 일종의 공명기가 있는 공명판에 여러 개의 건반으로 구성된다. 건반은 보통

금속으로 만들며, 한쪽 끝은 고정되고 다른 쪽 끝은 자유롭다. 건반을 손가락으로 눌렀다가 갑자기 놓으면 진동이 발생한다.

3.9절의 방법을 사용해 엠비라 건반의 공진 모드를 분석할 수 있다 식 (3.9.6)에 경계 조건을 적용할 때까지는 변화가 없다. 고정된 끝을 $x=0$, 자유로운 끝은 $x=\ell$로 둔다. $x=0$에서 조건 $y=0$는 $D=-B$가 되고 조건 $\partial y/\partial x=0$은 $C=-A$가 된다.

조건 $\partial^2 y/\partial x^2=0$과 $\partial^3 y/\partial x^3=0$은 다음이 된다.

$$-A(\sin\kappa\ell+\sinh\kappa\ell)-B(\cos\kappa\ell+\cosh\kappa\ell)=0,$$
$$-A(\cos\kappa\ell+\cosh\kappa\ell)+B(\sin\kappa\ell-\sinh\kappa\ell)=0$$

위의 방정식은 다음의 판별식이 영이 될 때 A와 B가 영이 아닌 해를 가진다.

$$-(\sin\kappa\ell+\sinh\kappa\ell)(\sin\kappa\ell-\sinh\kappa\ell)-(\cos\kappa\ell+\cosh\kappa\ell)^2$$

위의 식은 다음 식으로 축약된다.

$$\cosh\kappa\ell\cos\kappa\ell=-1$$

앞의 경우와 같이 $\lambda=\kappa\ell$로 두면, λ가 다음 식의 해가 돼야 한다.

$$\cosh\lambda\cos\lambda=-1 \tag{3.10.1}$$

그러면 각 주파수와 주파수는 다시 식 (3.9.8)에서 주어진다. 다음 식 (3.10.1)의 처음 몇 개의 해다.

$$\begin{aligned}
\lambda_1 &= 1.875\,104\,068\,711\,961\,166\,445\,3082,\\
\lambda_2 &= 4.694\,091\,132\,974\,174\,576\,436\,3918,\\
\lambda_3 &= 7.854\,757\,438\,237\,612\,564\,861\,0086,\\
\lambda_4 &= 10.995\,540\,734\,875\,466\,990\,667\,3491,\\
\lambda_5 &= 14.137\,168\,391\,046\,470\,580\,917\,0468,\\
\lambda_6 &= 17.278\,759\,532\,088\,236\,333\,543\,9284
\end{aligned}$$

위의 값은 앞 절에서 구한 값과 기본 주파수의 역할을 하는 값을 제외하면 근사적으로 같다는 것에 주의해야 한다. 식 (3.9.9)와 유사하게 다음 근사식을 얻을 수 있다.

$$\lambda_n \approx \left(n-\tfrac{1}{2}\right)\pi-(-1)^n 2\mathrm{e}^{-(n-\frac{1}{2})\pi}-4\mathrm{e}^{-2(n-\frac{1}{2})\pi}$$

이것은 $n \geq 6$일 때 최소 소수점 20자리는 유효하다. 기본 주파수와의 주파수 비율은 λ_n^2/λ_1^2으로 주어진다.

n	λ_n^2/λ_1^2
1	1.000 000 000 000 00
2	6.266 893 025 770 67
3	17.547 481 936 808 44
4	34.386 061 157 203 00
5	56.842 622 928 102 01
6	84.913 035 970 713 18

물론 위의 숫자들은 각각의 건반이 상수의 단면적을 가지는 이상적인 엠비라를 가정하고 있다. 실제 엠비라의 건반은 변화하는 단면적을 가진다. 그래서 실제 상대 주파수의 값은 위의 표와 많은 차이가 있다. 그러나 중요한 특성인 주파수 성분이 매우 빨리 증가하는 것은 실제 악기에서도 성립한다.

읽을거리

Paul F. Berliner, *The Soul of Mbira; Music and Traditions of the Shona People of Zimbabwe*, University of California Press, 1978. Reprinted by University of Chicago Press, 1993.

3.11 징

첫 번째 근사로서 징을 두께가 균일하고 평평하며 딱딱한 금속 원판으로 간주할 수 있다. 실제로는 징은 약간 휘어지고 두께도 균일하지 않다. 그러나 당분간 이것은 무시한다. 딱딱한 금속판은 드럼과 딱딱한 막대가 혼합된 것처럼 움직인다. 그래서 운동을 지배하는 편미분방정식은 딱딱한 막대와 같이 4차이지만, 드럼과 같이 2차원 형상이어서 편미분을 사용해야 한다. z가 변위를 나타내고 x와 y가 징의 데카르트 좌표를 나타내면 방정식은 다음과 같다.

$$\frac{\partial^2 z}{\partial t^2} + \frac{Eh^2}{12\rho(1-s^2)}\nabla^4 z = 0 \tag{3.11.1}$$

이 방정식은 소피 제르맹Sophie Germain[16]이 (두 번째 항 앞에 있는 상수를 구체적으로 표현하지 않고) 처음 소개했다. 이 방정식에서 h는 판의 두께이다. 간단한 계산으로 $\frac{h^2}{12} = \frac{1}{h}\int_{-h/2}^{+h/2} z^2\,dz$가 두께 방향의 단면 모멘트에 대응하는 것을 알 수 있다(딱딱한 막대의 경우 단면은 이차원이므로 이 점에서는 딱딱한 판이 더 쉽다). E는 앞과 같이 영률, ρ는 면적 밀도, s는 포아송 비율이다. 포아송 비율은 압축에 대해 옆으로 퍼지는 비율을 나타낸다. 앞선 식의 오른쪽 분모에 있는 $(1-s^2)$은 식 (3.9.2)에서 대응하는 항이 없다. 이것은 판을 한 방향으로 아래쪽으로 구부리면 판을 따라 수직 방향으로 말리기 때문이다.

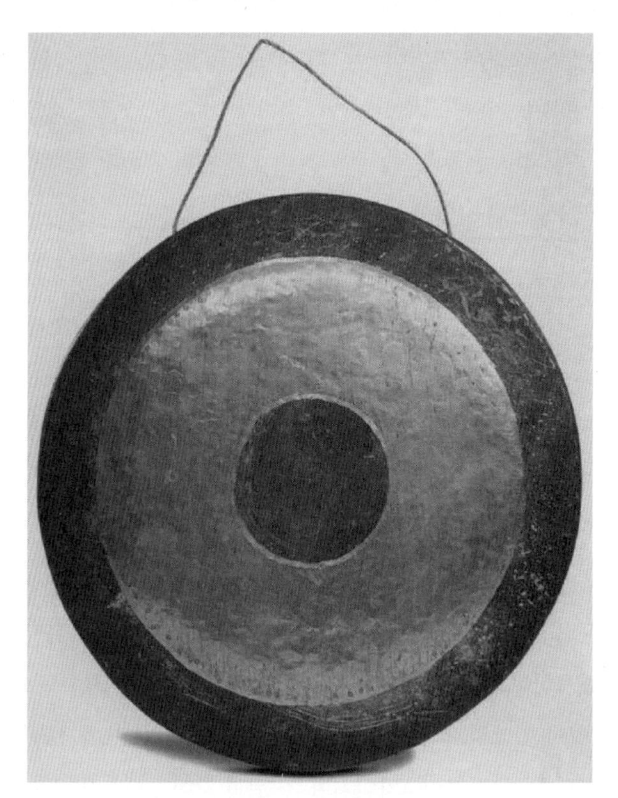

그림 3.29 베이징 음악 연구소의 징. "The Musical Arts of Ancient China", exhibit 20에서 인용

16 소피 제르맹의 논문 "Recherches sur la théorie des surface élastiques"(탄성 표면 이론 연구)는 1815년에 작성돼 1821년에 출판됐고, 그녀는 이 논문으로 1816년에 프랑스 과학 아카데미에서 1kg의 금상을 수상했다. 이 논문은 몇 가지 중대한 오류가 있지만 라그랑쥐, 포아송, 키르히호프, 나비어 등이 이 주제를 연구하는 데 기초가 됐다. 소피 제르맹은 페르마의 마지막 정리 연구에서 최초의 중요한 돌파구를 만든 것으로 더 유명하다. 제르맹은 x, y, z가 $x^5+y^5=z^5$를 만족하는 정수라면 x, y, z중에 적어도 하나는 5로 나누어진다는 것을 증명했다. 더 일반적으로, 5를 $2p+1$도 소수가 되는 임의의 소수 p로 대체해도 마찬가지임을 증명했다.

$\nabla^4 z$의 항은 다음을 나타낸다.

$$\nabla^2\nabla^2 z = \frac{\partial^4 z}{\partial x^4} + 2\frac{\partial^4 z}{\partial x^2 \partial y^2} + \frac{\partial^4 z}{\partial y^4}$$

혼합 미분항에 주의해야 한다. 이 항이 없으면 좌표의 회전 변환에 연산자가 보존되지 않는다.

딱딱한 막대의 경우와 같이, 삼각함수뿐만 아니라 포물선 함수도 사용해야 한다. 이 경우 **쌍곡선 베셀 함수**hyperbolic Bessel function를 사용해야 한다. 다음으로 정의된다.

$$I_n(z) = \mathrm{i}^{-n} J_n(\mathrm{i}z)$$

이 함수와 일반 베셀 함수의 관계는 쌍곡선함수 $\sinh x$, $\cosh x$와 삼각함수 $\sin x$, $\cos x$의 관계와 같다.

변수 분리형 해를 구하기 위해 $z = Z(x,\ y)h(t) = f(r)g(\theta)h(t)$를 (3.11.1)에 대입하면 다음을 얻는다.

$$\nabla^4 Z = \kappa^4 Z \tag{3.11.2}$$

그리고

$$\frac{\partial^2 h}{\partial t^2} = -\omega^2 h \tag{3.11.3}$$

여기에서 ω와 κ는 다음을 만족한다.

$$\kappa^4 = \frac{12\rho(1-s^2)\omega^2}{Eh^2}$$

(3.11.2)를 다음과 같이 인수분해할 수 있다.

$$(\nabla^2 - \kappa^2)(\nabla^2 + \kappa^2)z = 0 \tag{3.11.4}$$

그러므로 다음의 두 방정식 중 하나를 만족하는 함수는 (3.11.2)의 해가 된다.

$$\nabla^2 z = \kappa^2 z \tag{3.11.5}$$

$$\nabla^2 z = -\kappa^2 z \tag{3.11.6}$$

보조정리 3.11.1 (3.11.2)를 만족하는 모든 해 z는 $z_1 + z_2$로 유일하게 표현할 수 있다. 여기에서, z_1은 (3.11.5)의 해이고 z_2는 (3.11.6)의 해다.

증명

기함수와 우함수의 변분 방법을 사용한다. $\nabla^4 z = \kappa^4 z$이면, 다음을 정의한다.

$$z_1 = \tfrac{1}{2}(z + \kappa^{-2}\nabla^2 z), \qquad z_2 = \tfrac{1}{2}(z - \kappa^{-2}\nabla^2 z)$$

그러면, 다음이 만족한다.

$$\nabla^2 z_1 = \tfrac{1}{2}(\nabla^2 z + \kappa^{-2}\nabla^4 z) = \tfrac{1}{2}(\nabla^2 z + \kappa^2 z) = \kappa^2 z_1,$$
$$\nabla^2 z_2 = \tfrac{1}{2}(\nabla^2 z - \kappa^{-2}\nabla^4 z) = \tfrac{1}{2}(\nabla^2 z - \kappa^2 z) = -\kappa^2 z_2$$

그리고 $z_1 + z_2 = z$이다.

유일성을 보이기 위해, z_1', z_2'가 위의 성질을 만족하는 다른 조합이면, 방정식 $z_1 + z_2 = z_1' + z_2'$를 변형하면 $z_1 - z_1' = z_2' - z_2$가 된다. $z_1 - z_1'$과 $z_2' - z_2$의 공통값 z_3은 (3.11.5)와 (3.11.6)을 모두 만족한다. 그래서 $z_3 = \kappa^{-2}\nabla^2 z_3 = -z_3$이 돼서 $z_3 = 0$이다. 결국, $z_1 = z_1'$이고 $z_2 = z_2'$이다. □

식 (3.11.6)의 해는 드럼의 경우와 완전히 같다. 해는 θ에 대한 삼각함수와 r에 대한 베셀 함수의 곱으로 주어진다. 식 (3.11.5)는 베셀 함수 대신에 포물선 베셀 함수를 사용해야 하는 것을 제외하면 비슷하다. 그리고 경계 조건을 만족하기 위해 위의 두 종류의 해를 결합한다. 딱딱한 막대에 대해 삼각함수와 포물선 함수를 이용해 했던 것과 같은 방법이다. 이로써 다음을 얻는다.

$$z = (AJ_n(\kappa r) + BI_n(\kappa r))\sin(\omega t + \phi)\sin(n\theta + \psi)$$

징의 경계 조건은 매우 조심해야 한다. 키르히호프가 1850년에 처음으로 정확한 해석을 제시했다. 그의 경계 조건은 매끈한 경계를 가지는 영역에 대해 서술할 수 있다. 경계의 요소를 원점을 지나가는 y축상의 작은 조각이 되도록 좌표계를 선택하면 다음이 된다.

$$\frac{\partial^2 z}{\partial x^2} + s\frac{\partial^2 z}{\partial y^2} = 0,$$

$$\frac{\partial^3 z}{\partial x^3} + (2-s)\frac{\partial^3 w}{\partial x \partial y^2} = 0$$

위 식의 유도는 Rayleigh, "The Theory of Sound"(1896)의 1권 10장 216절에서 볼 수 있고 경계 조건은 식 (6)으로 나온다. 그는 푸리에 급수 방법을 이용해 정규 모드와 고윳값을 계산했다. 결과는 3.6절의 드럼의 경우와 유사하다. 하지만 $k = 0$이면서 $n = 0$ 또는 $n = 1$는 유실된다. 이것은 징의 진동을 상상해보면 쉽게 이해할 수 있다. 결국 기본 모드는 $k = 0$, $n = 2$이다. 상대 주파수는 Fletcher and Rossing, "The Physics of Musical Instruments"(1991)의 3.6절에 나와 있고, Springer Science and Business Media의 허가를 받고 다음 표에 제시한다.

자유 원형판의 진동 주파수

k	$n = 0$	$n = 1$	$n = 2$	$n = 3$	$n = 4$	$n = 5$
0	—	—	1.000	2.328	4.11	6.30
1	1.73	3.91	6.71	10.07	13.92	18.24
2	7.34	11.40	15.97	21.19	27.18	33.31

실생활에서 사용하는 실제 징은 완전한 원형 접시가 아니다. 많은 징의 디자인은 중앙에 원형 대칭으로 돌출된 부분을 가지는 특징이 있다. 이것은 정규 모드의 주파수와 사운드의 특성을 변형시킨다. 종종 고윳값이 퇴화될 만큼 서로 가까워지고 일반 모드가 혼합될 수 있다. 크라드니의 원본 그림에서 그 증거를 볼 수 있을 것 같다(그림 3.30과 그림 3.20 참조).

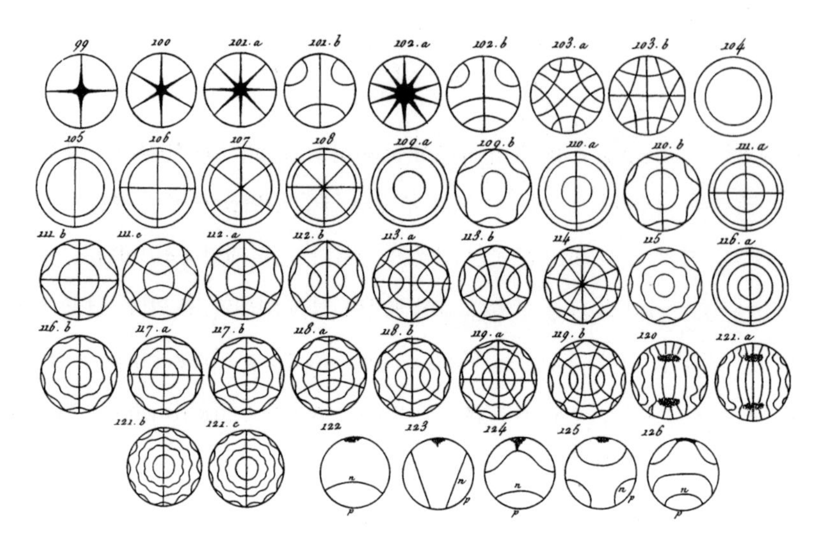

그림 3.30 징의 정규 모드. E. F. F. Chladni, "Traité d'acoustique," Courcier, Paris 1809에서 인용

심벌즈는 디자인과 이론 면에서 징과 비슷하다. 평평한 정도의 편차 때문에 정규 모드가 또 다시 흥미로운 방식으로 결합되는 경향이 있다. 예를 들어 모드 $(n, k) = (7, 0)$은 모드 (2, 1) 또는 (3, 1)과 종종 단일 복합 모드로 퇴화할 만큼 주파수가 충분히 가깝다(Rossing and Peterson, 1982 참조).

읽을거리

R. C. Colwell and J. K. Stewart, The mathematical theory of vibrating membranes and plates, *J. Acoust. Soc. Amer*. **3** (4) (1932), 591–595.

R. C. Colwell, J. K. Stewart and H. D. Arnett, Symmetrical sand figures on circular plates, *J. Acoust. Soc. Amer*. **12** (2) (1940), 260–265.

R. Courant and D. Hilbert, *Methods of Mathematical Physics, I,* Interscience, 1953, Section V.6.

Neville H. Fletcher and Thomas D. Rossing (1991), *The Physics of Musical Instruments*, Sections 3.5–3.6 and Section 20.

Karl F. Graff (1975), *Wave Motion in Elastic Solids*.

Philip M. Morse and K. Uno Ingard (1968), *Theoretical Acoustics*, Section 5.3.

J. W. S. Rayleigh (1896), "*The Theory of Sound*," Chapter X.

Thomas D. Rossing (2000), "*Science of Percussion Instruments*," Chapters 8 and 9.

Thomas D. Rossing and Neville H. Fletcher, Nonlinear vibrations in plates and gongs, "*J. Acoust. Soc. Amer.*" **73** (1) (1983), 345–351.

Thomas D. Rossing and R. W. Peterson, Vibrations of plates, gongs and cymbals, "*Percussive Notes*" **19** (3) (1982), 31.

M. D. Waller, Vibrations of free circular plates. Part I: Normal modes, "*Proc. Phys. Soc.*" **50** (1938), 70–76.

3.12 종

종은 변형이 심한 판이라고 생각할 수 있다. 진동 모드는 본질적으로 유사하지만 $n = 2$에서 시작한다. 그러나 종의 정확한 모양은 다양한 진동 모드가 서로 서로 조정하도록 만든다. 특별한 이름을 갖는 모드 5개가 있다. 모드 $(n, k) = (2, 0)$은 기본이며 험hum이라 한다. 프라임prime은 (2, 1)이며 주파수를 험의 두 배가 되도록 조율해 한 옥타브가 높다. (3, 1)에는 두 가지 모드가 있다. 하나는 허리 주위에 고정 원이고 다른 것은 테두리에 더 가깝다. 허리가 있는 것을 티어스tierce라고 하며 프라임보다 단3도minor third 높도록 조율한다. 다른 모드는 (3, 1♯)으로 표시하기도 하며 가장자리에 더 가까운 고정 원을 가지며 퀸트quint라고 한다. 프라임보다 완전5도 더 높은 음정을 가진다. 노미널nominal모드는 (4, 1)이며 프라임보다 한 옥타브 높게 조율해 험보다 두 옥타브 높다. 노미널 모드가 가장 큰 진폭을 가져서 인지되는 종의 음높이가 된다. 모드 (4, 1♯)는 데시엠deciem이라 하며 일반적으로 노미널보다 장3도major third 높게 조율한다. 종의 진동 모드를 조정하는 데 상당한 기술이 필요한 것을 상상할 수 있다. 이것은 수세기에 걸쳐 발전한 예술이다. 테두리 근처의 두꺼운 링 구조에 특히 주의했다. 위에서 설명한 정보를 그림 3.32에 요약했다.

싱잉볼

주로 의식 목적으로 사용하는 티베트 싱잉볼singing bowl과 같은 것에도 종에 대한 논의를 똑같이 적용할 수 있다. 싱잉볼의 가장자리 안쪽을 나무 망치로 두드려 진동하게 하거나, 와인잔을 두드리는 식으로 망치로 가장자리 바깥쪽을 두드려 진동을 지속시킬 수 있다. 망치를 제거하면 소리가 들리지 않을 때까지 1분 이상 지속되는 경우가 많다.

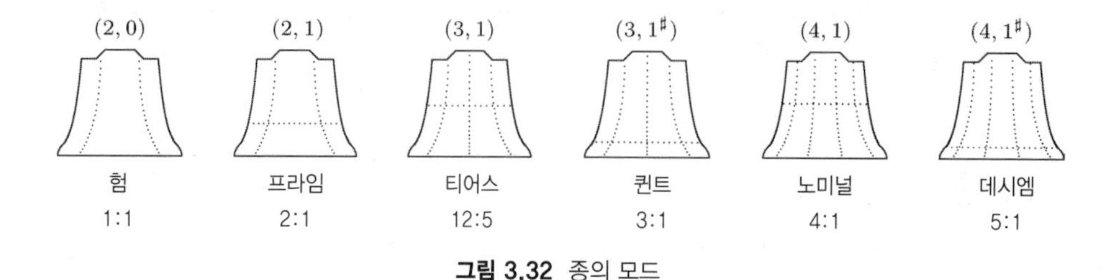

그림 3.32 종의 모드

그림 3.33 티베트의 싱잉볼. ©데이비드 벤슨

내 거실에는 지름이 대략 19cm인 티베트 싱잉볼이 있다. 두 주파수는 명확하게 들을 수 있고 나머지는 음이 너무 높아서 정확하게 듣기 어렵다. 기본음은 약 196Hz이고 두 번째 부분음은 약 549Hz여서 약 2.8:1의 비율이 된다.

중국 종

1977년 중국 후베이성에서 놀라운 것이 발견됐다. 4,000개가 넘는 청동 유물이 있는 거대한 무덤이 발견됐다. 이것은 증후을曾侯乙의 무덤이며 매장 시기는 기원전 433년으로 비문에 매우 정확한 날짜가 나와 있다. 무덤에는 많은 악기가 있었지만 가장 특이한 것은 65개의 청동 종 세트이다. 3옥타브에 걸쳐서 12개의 반음계를 모두 연주할 수 있고 모든 종을 연주하면 5옥타브 범위가 된다.

그림 3.34 증후을 무덤의 종(중단, 높이 75cm, 무게 32.2kg). "Music in the age of Confucius," p. 43에서 그림 인용(다음 쪽 읽을거리 참조)

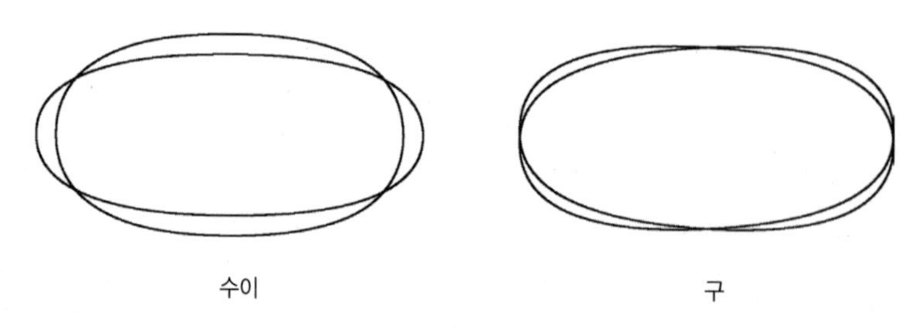

그림 3.35 중국 종의 모드

각 종의 단면은 대략 타원형이다. 종은 별개의 타점strike point이 두 개 있는데, 타점에 따른 정규 모드가 본질적으로 공통점이 없다. 따라서 인지되는 음높이가 상당히 다르다. 낮은 음의 타점을 수이Sui라고 하고 높은 음의 타점을 구gu라고 한다. 이 차이가 장3도 또는 단3도가 되도록 종을 조율한다. 종 외부 표면에 니플nipple을 사용해 모드의 분리한다. 그림 3.34를 참조하라. 진동 모드 수이와 구에 대한 n과 k의 값은 동일하지만 진동 방향은 다르다. 그림 3.35에서 $n = 2$인 모드에 대해 나타냈다. 여기서 그림은 하단 테두리의 움직임을 나타낸다.

이런 두 음을 내는 종을 어떻게 주조했는지는 이해하기가 매우 어렵다. 두 음을 나타내는 비문을 종과 함께 주조했으므로 타점이 미리 결정된 것임에 틀림없다. 더욱이, 이런 디자인은 종의 크기에 따라서 비례 관계가 아니다. 그러므로 동일한 음 간격으로 더 큰 종을 생성하는 방법에 대한 쉬운 공식은 없다. 현대 물리학으로 이러한 종 세트를 제작하는 설계 절차를 이해하는 것은 매우 어렵다.

읽을거리

Lothar von Falkenhausen, *Suspended Music: Chime-bells in the Culture of Bronze Age China*, University of California Press, 1993.

Neville H. Fletcher and Thomas D. Rossing (1991), *The Physics of Musical Instruments*, Section 21.

M. Jing, A theoretical study of the vibration and acoustics of ancient Chinese bells, *J. Acoust. Soc. Amer.* **114** (3) (2003), 1622 – 1628.

Yuan-Yuan Lee and Sin-Yan Shen, *Chinese Musical Instruments*, Chinese Music

Society of North America, 1999.

N. McLachlan, B. K. Nikjeh and A. Hasell, The design of bells with harmonic overtones, "*J. Acoust. Soc. Amer.*" **114** (1) (2003), 505 - 511.

J. Pan, X. Li, J. Tian and T. Lin, Short sound decay of ancient Chinese music bells, "*J. Acoust. Soc. Amer.*" **112** (6) (2002), 3042 - 3045.

R. Perrin and T. Chanley, The normal modes of the modern English church bell, "*J. Sound Vib.*" **90** (1983), 29 - 49.

Thomas D. Rossing, "*The Acoustics of Bells*," Van Nostrand Reinhold, 1984.

Thomas D. Rossing (1990), "*The Science of Sound*," Section 13.4.

Thomas D. Rossing (2000), "*Science of Percussion Instruments*," Chapters 11 - 13.

Jenny So, "*Eastern Zhou Ritual Bronzes from the Arthur M. Sackler Collections*, Smithsonian Institution, 1995. 여기에는 동주 시대의 청동 문물에 대한 사진과 그림이 많다. 357 - 397페이지에서 다양한 종류의 쌍음 종(two tone bell)에 대해 설명한다. 부록(431 - 484페이지)으로 로타어 폰 팔켄하우젠(Lothar von Falkenhausen)과 토마스 로싱(Thomas D. Rossing)의 "색클러 종의 음향학과 음악적 연구"가 있다. 이 부록은 쌍음 종에 대한 음향학과 조율에 대해 상세하게 설명했다.

Jenny So (ed.), "*Music in the Age of Confucius*," Sackler Gallery, Washington, 2000. 멋진 이 책에 증후을 무덤에서 발견된 종 세트 사진이 많다.

3.13 음향학

음향학의 기본 방정식은 소리를 형성하는 공기의 움직임을 설명하는 3차원 파동 방정식이다. 논의는 3.5절의 일차원적의 경우와 유사하다. 음압 p를 절대 압력 P에서 (일정한) 주변 기압 ρ를 뺀 것으로 정의한다. 3차원에서 p는 x, y, z와 t의 함수이다. 이것과 변위 벡터장 $\xi(x, y, z, t)$와 관련된 방정식 두 개가 있다. 첫 번째는 다음으로 표현되는 후크의 법칙이다.

$$p = -B\,\nabla.\boldsymbol{\xi}$$

여기서 B는 공기의 부피 탄성 계수bulk modulus이다. 뉴턴의 제2운동 법칙에서 다음을 얻는다.

$$\nabla p = -\rho \frac{\partial^2 \boldsymbol{\xi}}{\partial t^2}$$

위의 두 식에서 다음을 얻을 수 있다.

$$\nabla^2 p = \frac{1}{c^2} \frac{\partial^2 p}{\partial t^2} \qquad (3.13.1)$$

여기에서 $c = \sqrt{B/\rho}$이다. 그러므로 p는 3차원 파동 방정식을 만족한다.

밀폐된 공간에서 경계 조건은 모든 t에 대해 벽에서 $\nabla p = 0$을 가진다. 분리 가능한 해를 찾는 것은 3.6절에서 드럼의 2차원 경우와 마찬가지로 디리클레와 노이만 고윳값 이론이 된다. 따라서 닫힌 공간에서 ∇^2 고윳값으로 결정되는 특정 공진 주파수resonant frequency 집합이 존재한다. 3.6절과 마찬가지로 주파수와 고윳값의 관계가 $\nu = c\sqrt{\lambda}/2\pi$가 된다(방정식 (3.7.4) 참조). 닫힌 공간의 부피가 작으면 고윳값의 간격이 넓어진다. 그러나 부피가 커짐에 따라서 고윳값의 간격은 작아진다. 예로서, 콘서트 홀은 전체 볼륨이 크고 고윳값은 일반적으로 몇 헤르츠 간격이며 간격은 다소 불규칙적이다. 다행히도 귀는 짧은 시간 윈도우를 사용하는 푸리에 분석에 해당하는 기능을 한다. 그래서 하이젠베르그의 불확정성 원리에 따라 미세한 규모의 주파수 변동은 감지하지 못한다.[17]

3차원 파동 방정식의 해석 해를 구할 수 있는 경우 중에서 매우 유용한 것이 하나 있다. 완전한 구형 대칭을 가지는 경우다. 이것은 음파가 원점에서 등방성isotropic으로 생성되는 물리적 상황에 해당한다. 이 경우 구면 좌표계로 변환하고 각도에 대한 미분은 무시한다. 원점에서 거리를 r로 나타내면 방정식은 다음이 된다.

$$\frac{\partial^2 (rp)}{\partial r^2} = \frac{1}{c^2} \frac{\partial^2 (rp)}{\partial t^2}$$

rp를 종속변수로 간주하면 이것은 실제로 1차원 파동 방정식에 불과하다. 따라서 달랑베르의 정리 3.2.1에서 일반 해가 다음이 되는 것을 알 수 있다.

$$p = (f(r + ct) + g(r - ct))/r$$

함수 f와 g는 각각 원점을 향하거나 원점에서 멀어지는 파동을 나타낸다. $r = 0$에서 문제

17 Manfred Schroeder, "Fractals, Chaos and Power Laws", Springer-Verlag, 1991의 72–73페이지를 참조하라.

가 발생하지 않기 위해서 유한한 크기의 음원을 가져야 한다.

연습문제

1. $\mathbf{u}$가 3차원 공간에서 방향을 나타내는 단위 벡터이면 다음의 함수가 3차원 파동 방정식 (3.13.1)을 만족하는 것을 보여라.

$$p(\mathbf{x}, t) = \mathrm{e}^{\mathrm{i}\omega(ct-\mathbf{u}.\mathbf{x})}$$

   이것은 (또는 이 함수의 실수부는) 속도 c, 각속도 ω를 가지며 방향 $\mathbf{u}$로 진행하는 음파를 나타낸다.

2. 직육면체 모양의 밀폐된 공간에 대해 3차원 파동 방정식의 해를 구하라. 변수 네 개에 대해 변수 분리를 사용하라. 계산을 쉽게 하기 위해 영역의 한쪽 끝에 원점인 좌표계를 사용하라.

04
협음과 불협음

여기서는 협음과 불협음이 가지는 주파수의 간단한 정수 비율에 대해 설명한다.

4.1 배음

3.2절과 3.5절에서 현악기와 관악기가 특정 주파수 ν의 음높이를 가지는 소리를 낼 때, 소리는 본질적으로 그 주파수에 대해 주기적이라는 것을 보았다. 푸리에 급수의 이론에서 이런 소리는 파동 방정식에 대한 베르누이의 해 (3.2.7)과 같이 ν의 정수 배의 주파수와 다양한 위상을 갖는 사인파의 합으로 분해할 수 있다. 주파수 ν를 갖는 소리의 성분을 기본fundamental음이라 한다. 주파수가 $m\nu$인 성분을 m번째 배음harmonic 또는 $(m-1)$번째 고조파overtone라 한다. 예를 들어, $m = 3$이면 세 번째 배음 또는 두 번째 고조파가 된다.[1]

그림 4.1은 가온도에 비해 한 옥타브 낮은 C를 기본음으로 하는 배음을 표시했다. 7배음은 실제로 높은 음자리표 위의 B♭보다 조금 낮다. 현대 평균율에서는 3배음과 5배음도 그림에서 표시한 G와 E 음과 약간 차이가 있다. 이에 대해서는 5장에서 더 자세하게 설명한다.

1 고조파의 순서는 배음의 순서와 혼돈스러워 고조파의 순서는 앞으로 사용하지 않는다.

이런 상황에서 사용하고 있는 또 다른 단어가 있다. 소리의 m번째 **부분음**partial은 바닥에서부터 m번째 주파수 성분을 나타낸다. 예를 들어, 홀수 배음만을 가지는 클라리넷에서 첫 번째 부분음은 기본 또는 첫 번째 배음이고 두 번째 부분음은 세 번째 배음이다. 이 용어는 드럼, 징, 다양한 가믈란과 같이 부분음이 기본음의 단순한 배수가 아닌 소리를 논의할 때 매우 유용하다.

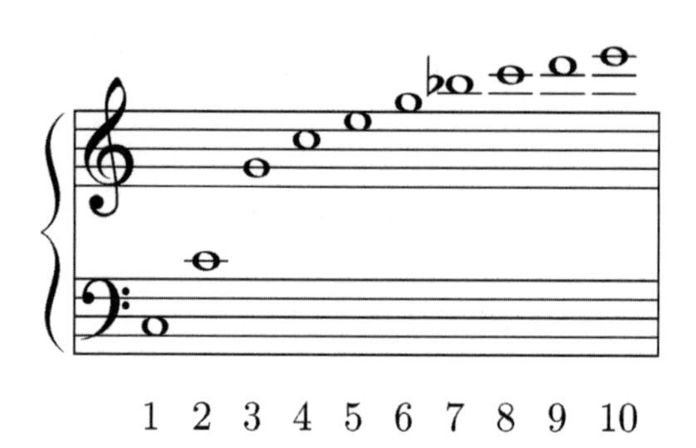

그림 4.1 배음

그림 4.2 가온도 위와 아래의 A

연습문제

다음의 용어를 정의하고 차이점을 설명하라.

(a) m번째 배음 (b) m번째 고조음 (c) m번째 부분음

4.2 단순 정수 비율

두 음이 한 옥타브 떨어져 있으면 협음consonant으로 들리고 두 음의 한 옥타브와 약간 차이 나면 불협음dissonant으로 들리는 이유는 무엇일까? 한 옥타브의 간격은 진동 주파수의 두 배에 해당한다. 따라서 그림 4.2와 같이 가온도 위의 A는 440Hz의 주파수에 해당하고 가온도 아래의 A는 220Hz의 주파수에 해당한다.

3장에서 봤듯이 기존의 (타악기가 아닌) 현악기나 관악기에서 위의 음을 연주하면 각 음에는 주어진 주파수의 구성 요소뿐만 아니라 해당 주파수의 배수에 해당하는 부분음을 포함한다. 따라서 이 두 음은 다음의 부분음을 가진다.

440Hz, 880Hz, 1320Hz, 1760Hz, ...
220Hz, 440Hz, 660Hz, 880Hz, 1100Hz, 1320Hz, ...

반면, 445Hz와 220Hz를 가지는 두 음을 연주하면 다음의 부분음을 가진다.

445Hz, 890Hz, 1335Hz, 1780Hz, ...
220Hz, 440Hz, 660Hz, 880Hz, 1100Hz, 1320Hz, ...

그림 4.3을 참조하라.

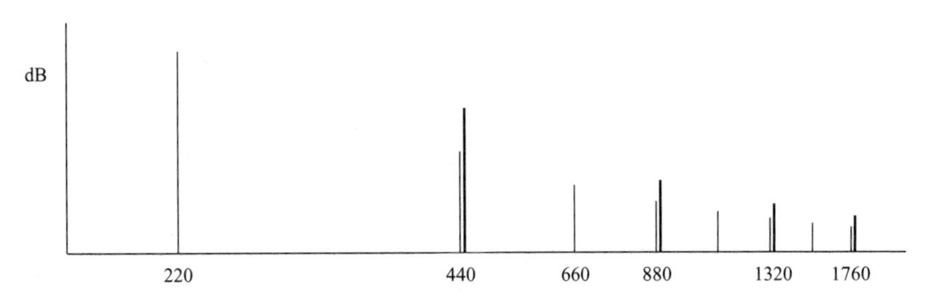

그림 4.3 주파수 445Hz와 220Hz의 두 음표의 부분음들

440Hz와 445Hz 그리고 880Hz와 890Hz의 구성 요소가 있으면 불협음으로 해석돼 귀에 거친 느낌이 생긴다. 뒷부분에서 협음과 불협음에 대한 다양한 설명과 이것이 바른 설명인 이유에 대해 자세하게 논의한다.

음의 부분음에서 역할로 인해 한 옥타브 간격의 음은 매우 잘 어울려서 인간의 뇌는 한 옥타브 떨어져 있는 두 음을 종종 더 높지만 같은 음으로 인식한다. 거의 모든 장르의 음악에서 이것이 사용돼 강화됨에 따라서 그렇지 않은 것을 상상하기 어렵다. 합창단이 "제창in unison"할 때, 일반적으로 남성과 여성이 한 옥타브 차이를 두고 노래한다.[2] 옥타브 수만큼 떨어진 음이 동등한 것으로 간주되는 것을 옥타브 등가octave equivalence라 한다.

완전5도[3]의 음정은 주파수 비율 3:2에 해당한다. 음 두개가 주파수 비율 3:2로 연주되면 낮은 음의 세 번째 부분음이 높은 음의 두 번째 부분음과 일치하고 여러 개의 높은 부분음이 공통적으로 음에 포함된다. 반면, 비율이 3:2와 약간 다르면 낮은 음의 세 번째 부분음과 높은 음의 두 번째 부분음 사이에 거친 느낌이 생겨 음이 불협음으로 들린다.

그림 4.4 피타고라스의 실험(가푸리우스, 1492)

---

2 가시광선이 한 옥타브보다 더 큰 범위를 가져서 하나가 다른 것에 비해 정확하게 두 배의 주파수를 가지는 두 개의 가시광선이 존재하면 색 이론에 어떤 영향을 미칠지 추측해보는 것은 흥미롭다. 그러나 실제 가시 광선의 범위는 한 옥타브에 불과하다. 무지개의 색상이 원으로 결합되는 것처럼 보이는 이유를 설명한다고 말하고 싶을지도 모른다. 그러나 이런 설명은 틀린 것이다. 빛은 일반적으로 배음을 가지지 않기 때문이다.

3 5장에서 현대 서구 음계의 C에서 G까지의 음정은 정확한 완전5도가 아닌 것을 보게 될 것이다.

이런 방식으로 주파수의 작은 정수 비율이 다른 음정보다 더 협음이 된다. 이런 논의는 부분음의 주파수가 기본 주파수의 정수 배인 경우에만 적용되는 것에 주의해야 한다. 피타고라스는 기원전 6세기에 근본적으로 같은 원리를 발견했다. 그는 같은 장력을 가지는 닮은 현 두 개를 함께 울리면 현의 길이가 두 개의 작은 정수의 비율일 때 듣기 좋은 소리를 낸다는 것을 발견했다. 이것은 정수의 산술이 지배하는 최초의 자연 법칙이며 그의 추종자인 피타고라스 학파의 지적 발달에 큰 영향을 미쳤다. 그들은 인문학 교육이 "사과四科, quadrivium",[4] 즉 추상적인 숫자, 음악, 기하, 천문에 적용된 숫자의 네 가지 부문으로 구성된다고 생각했다. 그들은 행성의 운동 또한 작은 정수의 비율의 산술에 의해 비슷한 방식으로 지배될 것이라 기대했다. 이 믿음은 "천상의 음악"[5]이라는 단어로 나타났고, 글자 그대로 행성의 운동으로 생성되는 들리지 않는 소리를 나타내며 현대 천문학이 발달함에 따라서 사라졌다(그러나 6.2절의 연습문제 1에 있는 설명을 참조하라).[6]

4.3 협음과 불협음의 역사

이 주제에 대해서는 테니Tenney의 책과 플롬프Plomp와 르벨트Levelt의 책을 많이 참조했다. 참고 도서는 이 절의 끝에 제시했다.

음악 이론의 역사에서 협음consonance과 불협음dissonance이라는 용어는 명확하게 식별 가능한 여러 의미로 사용됐다. 테니는 유럽 음악의 역사에서 사용한 다음과 같은 용법을 구별했다.

1. 고대 그리스 음악 이론에서 기원후 9세기경까지는 서로 다른 음높이의 음이 동시에 울리는 현대적 의미의 화음은 없었다. 이 용어는 멜로디에서 음정의 관계만을 나타내며, 음계의 개발에 기여했다.

---

4 중세시대 유럽 대학 자유과에서 삼학(문법, 수사학, 논리학) 이후의 교육 과정(산술, 음악, 기하학, 천문학)이다. 이후 신학과 철학을 공부하기 위한 준비 과정이기도 하다. – 옮긴이

5 플라톤, "국가", 10.617, 기원전 380년

6 "천상의 음악"에 내재된 생각은 행성의 운동에 대한 17세기 케플러의 연구에서도 여전히 존재한다. 그는 "세계의 조화"(Harmonices Mundi), (아우크스부르크, 1619)라는 책에서 소개한 자신의 세 번째 법칙을 "조화 법칙(harmonic law)"이라고 불렀다. 그러나 그의 법칙은 물리학에 속하며, 행성 궤도 주기의 제곱은 최대 지름의 세제곱에 비례하는 것이다. 음악적 화음이나 작은 정수의 비율 계산과의 연결 고리는 찾기 어렵다. 케플러의 생각을 기념해 파울 힌데미트가 오페라 "세계의 조화(Die Harmonie der Welt)", 1956–7을 만들었다. 제목은 케플러 책에서 나온 것이다.

2. 약 900년에서 1300년 사이의 초기 다성 음악polyphony에서 이 용어는 음악적 맥락과 무관하게 두 개의 음표에 의해 동시에 생성되는 소리의 질을 나타낸다. 이 기간에는 한 옥타브(2:1), 5도(3:2), 4도(4:3), 한 옥타브에 5도(3:1), 한 옥타브에 4도(8:3)인 6개 음정만을 협음으로 간주했다. 3도와 6도는 불협음으로 간주된다. 이는 당시 사용한 음계가 피타고라스 음계였기 때문이다. 피타고라스 음계에서는 향후 현대적인 음계에 비해 3도와 6도가 더 틀어진sour 소리가 난다(5.2절 참조).
3. 1300년에서 1700년 사이의 대위법과 통주저음通奏低音[7] 시대에는 주변 음악 맥락에서 음들의 집합이 가지는 효과로 바뀌었다. 동일한 음이 한 맥락에서는 협음으로 간주되고 다른 맥락에서는 불협음으로 간주될 수 있다. 협음의 집합이 확장돼 3도와 6도를 포함한다.
4. 18세기에 라모Rameau가 근음fundamental root의 개념을 도입했고, 이후 개별 음은 근음과의 관계에 따라 협음 또는 불협음이 된다.
5. 19세기에 헬름홀츠는 동시에 울리는 두 음이 만드는 소리의 품질로 다시 돌아가서 음의 상부 부분음의 거칠기와 맥놀이에 대해 설명했다. 헬름홀츠의 설명은 특히 플롬프와 리벨트의 연구에서 기저막의 임계 대역폭을 기반한 20세기 아이디어의 기반이 됐다(이어지는 읽을거리 참조). 4장의 논의 또한 플롬프와 리벨트의 연구를 기반으로 한다.

음높이와 주파수 사이의 관계는 16~17세기에 갈릴레오 갈릴레이와 (독립적으로) 메르센Mersenne이 발견했다. 협음에 대한 갈릴레오의 설명은 두 음의 주파수가 단순한 정수 비율이면 전체 파형에 규칙성 또는 주기성이 있고 다른 주파수 비율은 나타나지 않으므로 고막이 "영원한 고통perpetual torment"을 느끼지 않게 된다. 예를 들어, 순수 사인파 두 개가 완전5도 간격(주파수 비율 3:2)이면 다음 그림으로 나타난다.

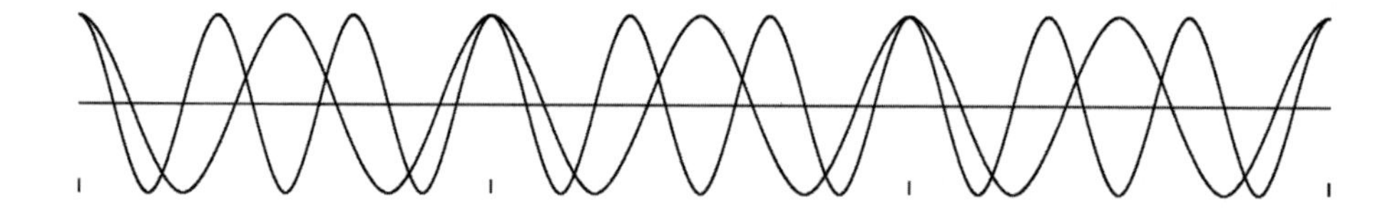

7 베이스 부분을 숫자로 표기하는 것을 의미하는데, 여기서는 바로크 시대로 해석하면 된다. - 옮긴이

이 설명은 일부 순환 논리를 가지는 문제점이 있다. 음이 협음인 이유는 귀가 협음으로 느끼기 때문이다. 그러나 더 심각한 문제는 배음이 아닌 부분음을 사용해 생성한 음에 대한 실험에서 위의 설명과 모순되는 결과가 나온다. 4.6절에서 자세히 설명한다.

17세기에는 기존의 현악기나 관악기의 단순 음이 기본음의 정수 배인 부분음을 가지는 것을 발견했다. 18세기의 이론가이자 음악가인 라모((1722), 3장)는 이것이 이미 이 음정의 협음에 대한 충분한 설명이라고 여겼지만, 조르게Sorge(1703–1778)[8]는 근접한 부분음에 의해 생겨나는 거칠기로 불협음을 처음으로 설명했다. 19세기가 돼서야, 헬름홀츠(1877)가 협음과 불협음을 보다 과학적으로 설명했다. 헬름홀츠는 사람 귀의 구조에 대한 연구를 기반으로 했다. 그의 아이디어는 부분음의 주파수 간격이 작으면 맥놀이가 들리는 반면, 더 큰 주파수 차이가 커지면 거칠기로 변한다는 것이다. 개별 주파수와 관계없이 두 주파수 간의 차이가 30~40Hz일 때 음이 가장 거칠다고 주장했다. 주파수 차이가 더 커지게 되면 거친 느낌이 사라지고 협음이 다시 시작된다. 그런 다음, 높은 음의 모든 부분음이 낮은 음의 부분음에 속하고 거칠기가 발생하지 않기 때문에 옥타브가 협음이라고 추론했다.

1960년대에 플롬프와 리벨트는 다양한 음높이를 가지는 순수 사인파를 이용해 다양한 실험 대상을 통해 협음과 불협음에 대한 철저한 실험적 분석을 최초로 수행했다. 실험 결과는 0(불협음)에서 1(협음)까지의 주관적인 협음 척도의 주파수 비율에 따른 변화는 그림 4.5의 그래프와 같은 형태를 얻었다. 이 그래프의 x축은 다음 절에서 설명하는 임계 대역폭의 배수를 의미한다. 그러므로 그래프의 수평축에 있는 실제 헤르츠 단위는 음높이에 따라 다르지만 그래프의 모양은 변하지 않고 유지된다. 비례상수는 임계 대역폭에 비례하는 것으로 플롬프와 리벨트가 발견했다.

---

8 G. A. Sorge, "Vorgemach der musicalischen Composition," Verlag des Autoris, Lobenstein, 1745–1747.

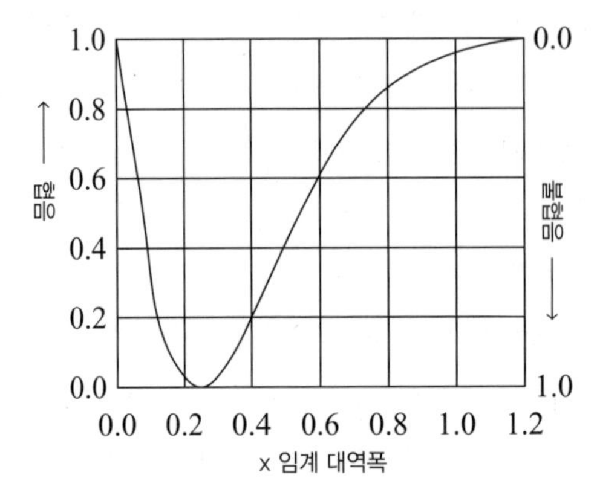

그림 4.5 플롬프와 리벨트의 결과

위 그래프에서 두드러진 특징은 임계 대역폭의 약 1/4에서 최대 불협음이 발생하고 약 1 임계 대역폭 이상에서는 협음이 발생한다.

이 곡선은 배음이 없는 순수 사인파에 대한 것임을 다시 한 번 강조한다. 그리고 협음과 불협음은 음정을 인식하는 것과 다르다. 음악 교육을 받은 사람은 누구나 한 옥타브 또는 완전5도의 음정을 인식할 수 있지만, 순수 사인파의 경우 이런 음정이 가까운 주파수 비율을 가지는 음정보다 더 크지도 덜하지도 않은 같은 협음으로 들린다.

연습문제

a와 b의 비율이 유리수이면 함수 $f(t) = A\sin(at) + B\sin(bt)$가 주기함수가 되는 것을 보여라. 비율이 무리수이면 주기가 가지지 않는 것 또한 보여라(힌트: 함수를 두 번 미분한 후에 원래의 함수와 선형 조합해 하나의 사인파를 만들어라. 이것을 이용해 가능한 주기에 대한 조건을 구하라).

읽을거리

Galileo Galilei, *Discorsi e dimonstrazioni matematiche interno à due nuove scienze attenenti alla mecanica & i movimenti locali*, Elsevier, 1638. Translated by H. Crew and A. de Salvio as "Dialogues Concerning Two New Sciences," McGraw-Hill, 1963.

D. D. Greenwood, Critical bandwidth and the frequency coordinates of the basilar membrane, *J. Acoust. Soc. Amer.* **33** (10) (1961), 1344–1356.

R. Plomp and W. J. M. Levelt, Tonal consonance and critical bandwidth, *J. Acoust. Soc. Amer*. **38** (4) (1965), 548–560.

R. Plomp and H. J. M. Steeneken, Interference between two simple tones, *J. Acoust. Soc. Amer*. **43** (4) (1968), 883–884.

J. Tenney, *A History of 'Consonance' and 'Dissonance'*, Excelsior, 1988.

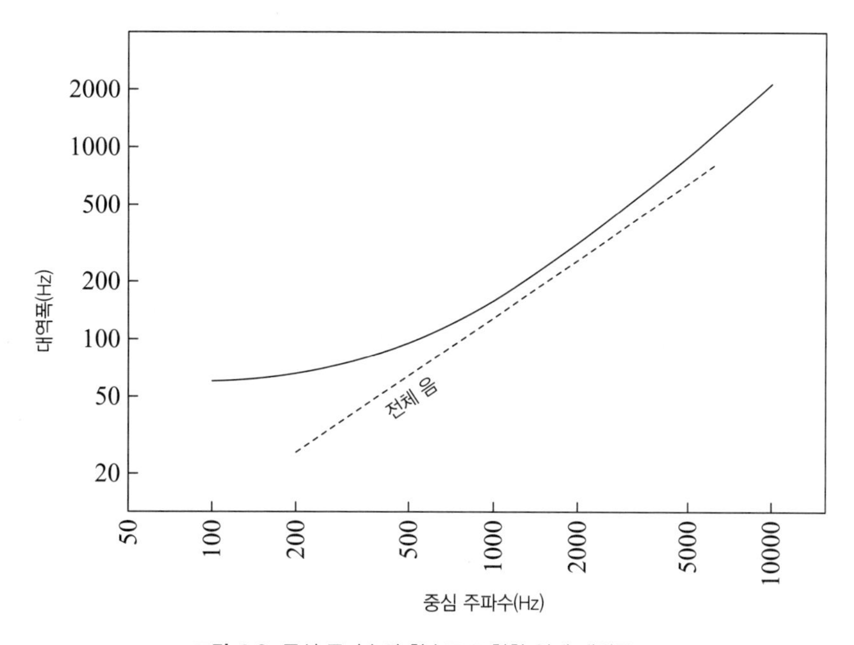

그림 4.6 중심 주파수의 함수로 표현한 임계 대역폭

4.4 임계 대역폭

임계 대역폭critical bandwidth의 개념을 소개하기 위해 달팽이관의 기저막의 각 지점을 특정 대역의 주파수는 통과시키고 해당 대역밖의 주파수는 차단하는 대역 통과 필터band pass filter로 간주한다. 필터의 실제 모양은 더 복잡하지만 간단한 모형으로 필터 포락선의 왼쪽의 위쪽과 오른쪽 가장자리를 수직선과 수평선으로 가정한다. 이것은 1.11절에 주어진 대역폭의 정의와 정확히 유사하며 필터를 더 부드러운 모양으로 가정해도 논의가 크게 바뀌

지 않는다. 이 모형에서 필터의 너비를 임계 대역폭이라 한다. 중심 주파수의 함수로서 임계 대역폭에 대한 실험 데이터는 이 절의 끝에 제시한 읽을거리에서 얻을 수 있다. 그림 4.6에 결과의 대략적인 모양을 나타냈다.

그래프에서 보면 임계 대역폭의 크기는 가청 범위의 대부분에 걸쳐 전체 음과 단3도사이에 위치하며 작은 주파수 영역에서는 장3도로 증가하는 것을 알 수 있다.

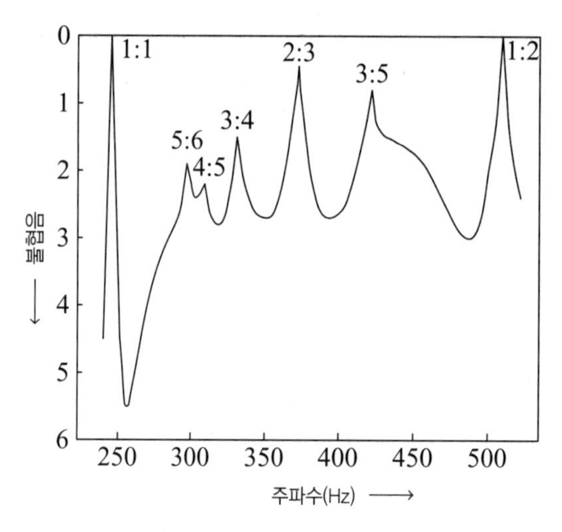

그림 4.7 플롬프-리벨트 곡선

읽을거리

B. R. Glasberg and B. C. J. Moore, Derivation of auditory filter shapes from notched-noise data, *Hear. Res*. **47** (1990), 103–138.

E. Zwicker, Subdivision of the audible frequency range into critical bands (Frequenzgruppen), *J. Acoust. Soc. Amer*. **33** (2) (1961), 248.

E. Zwicker, G. Flottorp and S. S. Stevens, Critical band width in loudness summation, *J. Acoust. Soc. Amer*. **29** (5) (1957), 548–557.

E. Zwicker and E. Terhardt, Analytical expressions for critical–band rate and critical bandwidth as a function of frequency, *J. Acoust. Soc. Amer*. **68** (5) (1980), 1523–1525.

4.5 복잡한 음

플롬프와 리벨트는 연구를 더 발전시켜, 더 복잡한 배음을 가지는 소리에 대해서는 어떤 일이 발생하는지 조사했다. 전체 불협음은 인접한 부분음의 각 쌍에 의해 발생하는 불협음의 합이라는 단순화 가정하에 연구했고, 개별 불협음에 대해서는 그림 4.6의 그래프를 사용했다. 소리가 기본 음에서 최대 6배음까지의 부분음을 가지는 경우에 대해 계산을 수행했다. 그들이 얻은 그래프는 그림 4.7에 나타냈다. 기본(1:1), 한 옥타브(1:2), 완전5도(2:3)에서 날카로운 피크가 나타나고 순정 단3도(5:6),[9] 순정 장3도(4:5), 완전4도(3:4), 순정 장6도(3:5)에서 작은 피크가 나타난다. 더 높은 배음을 고려하면 그래프에 더 많은 피크가 나타난다.

이러한 플롬프-리벨트 곡선을 보다 체계적으로 얻기 위해서는 그림 4.5에 표시된 곡선을 합리적인 공식을 사용해 근사치를 구한다. x가 임계 대역폭의 배수로 나타낸 주파수 차이를 나타내면, 불협 함수의 공식을 다음으로 선택할 수 있다.[10]

$$f(x) = 4|x|e^{1-4|x|}$$

이것은 $x = \frac{1}{4}$에서 최댓값 $f(x) = 1$을 가진다. 미분을 이용하면 쉽게 확인할 수 있다. 그리고 $f(0) = 0$이며 $f(1.2)$는 영이 아닌 작은 값(대략 0.1)을 가진다. 이 값은 플롬프와 리벨트가 제시한 그래프와 완전히 일치하지 않는다. 그러나 그들의 결과를 자세히 조사하면 $f(1.2) = 0$이 확실한 것이 아님을 알 수 있다.

읽을거리

R. Plomp and W. J. M. Levelt, Tonal consonance and critical bandwidth, *J. Acoust. Soc. Amer*. **38** (4) (1965), 548–560.

---

9 순정률에서 단 3도를 의미한다. 이것은 현대 평균율의 단3도와 약간의 차이가 있다. 이어서 나오는 것도 같은 의미이다. – 옮긴이

10 세타레스(Sethares, 1998)는 $f(x) = e^{-b_1 x} - e^{-b_2 x}$, $b_1 = 3.5$, $b_2 = 5.75$를 불협음 함수로 선택했다. 이것을 약 5.5를 곱해 정규화하면 이 책의 함수와 매우 유사하게 된다. 특정 함수의 선택은 임의적이다. 불협음이 매우 주관적으로 정의되고 데이터에 정밀도가 부족하기 때문이다. 중요한 것은 그래프의 모양이 비슷하게 흉내내는 데 있다.

4.6 인공 스펙트럼

기본음에 정확한 배수가 아닌 부분음을 가지도록 음을 인위적으로 조작하면 어떻게 될까? 디지털 신시사이저를 이용하면 이러한 실험을 쉽게 수행할 수 있다. 다음을 부분음으로 가지는 음을 만든다.

440Hz, 860Hz, 1203Hz, 1683Hz, ...

그리고 다음을 부분음으로 가지는 다른 음을 만든다.

225Hz, 440Hz, 615Hz, 860Hz, ...

위의 부분음들은 약간 압착된 배음이 된다. 위의 두 음은 한 옥타브보다 약간 적게 떨어져 있지만 협음으로 들린다. 두 번째 음을 다음으로 변경한다.

225Hz, 440Hz, 615Hz, 860Hz, ...

이런 경우 정확하게 한 옥타브 차이가 나지만 뚜렷한 불협음이 된다. 이런 식으로 음의 배음을 변경할 수 있으면 거의 모든 음정 집합이 협음처럼 보이게 만들 수 있다. 이런 아이디어는 한 옥타브에 8음계를 갖는 평균율에 적합한 스펙트럼을 설계한 피어스Pierce(1966, 아래 참조)가 제안했다. 즉, 그는 기본 주파수의 배수로 주어진 다음의 부분음을 사용했다.

$$1:1, \quad 2^{\frac{5}{4}}:1, \quad 4:1, \quad 2^{\frac{5}{2}}:1, \quad 2^{\frac{11}{4}}:1, \quad 8:1$$

이것은 기본음의 일반 배음들의 확장된 것으로 생각할 수 있다. 위의 부분음을 가지는 합성된 음을 이용해 평균율 8음계에서 두 개의 음을 연주하면, 부분음들은 일치하거나 또는 한 옥타브의 1/8만큼 떨어지게 된다. 피어스의 결론은 다음과 같다.

> 배음이 아닌 부분음을 정확하게 결정한 음을 음악에 제공함으로써 디지털 컴퓨터는 협음을 없애지 않고 12개 음계의 구속에서 음악을 자유롭게 할 수 있다.

이 절의 끝에 나열된 **청각 데모**Auditory Demonstrations CD의 트랙 58~61에 있는 **확장된 부분음으로 조율된 음**tones and tuning with stretched partials이라는 제목을 가지는 데모를 들어볼 가치가 있다. 이 4개의 트랙에서 4개의 파트로 구성된 바흐 코랄의 4가지 다른 버전을 들을 수 있다. 첫 번째 버전에서 코랄은 배음수에 반비례하는 진폭과 기하급수적인 시간 감쇠를 가지는 정확한 배음 부분음으로 합성된 악기로 연주한다. 음계는 평균율로 조율돼, 반음은 2의 12제곱근의 주파수 비율을 나타낸다(5.14절 참조).

두 번째 버전에서는 각 음의 부분음이 확장돼 두 번째 배음은 기본 주파수의 2.1배, 네 번째 배음은 기본 주파수의 4.41배가 된다. 음계 또한 동일한 비율로 확장돼 각 반음의 주파수 비율은 2.1의 12제곱근을 가진다.

세 번째 버전에서는 각 음의 부분음은 정확한 배음이고 음계만 확장됐다. 마지막 네 번째 버전에서는 각 음의 부분음은 확장됐지만 음계가 확장되지 않은 평균율이다.

결과는 매우 흥미롭다. 첫 번째 버전은 정상적으로 들린다. 두 번째는 협음이지만 이상하게 들리다가 잠시 후 거의 정상으로 들린다. 세 번째와 네 번째 버전은 모두 조율이 잘못된 것처럼 들린다. 특히 부분음 확장과 확장되지 않은 음계를 가지는 (네 번째) 버전은 현대 평균율에 따라 잘 조율된 것이지만 소리가 매우 나쁘게 조율된 것처럼 들린다. 이것은 4.3절에서 설명한 갈릴레오의 협음 설명에 모순되는 증거이다.

읽을거리

J. M. Geary, Consonance and dissonance of pairs of inharmonic sounds, *J. Acoust. Soc. Amer.* **67** (5) (1980), 1785 – 1789.

W. Hutchinson and L. Knopoff, The acoustic component of western consonance, *Interface* **7** (1978), 1 – 29.

A. Kameoka and M. Kuriyagawa, Consonance theory I: consonance of dyads, *J. Acoust. Soc. Amer.* **45** (6) (1969), 1451 – 1459.

A. Kameoka and M. Kuriyagawa, Consonance theory II: consonance of complex tones and its calculation method, *J. Acoust. Soc. Amer.* **45** (6) (1969), 1460 – 1469.

Jenö Keuler (1997), Problems of shape and background in sounds with inharmonic spectra, in Leman (1997), ***Music, Gestalt, and Computing***, 214 – 224, with examples from the accompanying CD.

Max V. Mathews and John R. Pierce, Harmony and nonharmonic partials, *J. Acoust. Soc. Amer.* **68** (5) (1980), 1252 – 1257.

John R. Pierce, Attaining consonance in arbitrary scales, *J. Acoust. Soc. Amer.* **40** (1) (1966), 249.

John R. Pierce, Periodicity and pitch perception, *J. Acoust. Soc. Amer*. **90** (4) (1991), 1889 – 1893.

William A. Sethares (1998), *Tuning, Timbre, Spectrum, Scale*. 이 책은 다양한 예를 보여주는 CD가 같이 있다.

William A. Sethares, Adaptive tunings for musical scales, *J. Acoust. Soc. Amer*. **96** (1) (1994), 10 – 18.

William A. Sethares, Specifying spectra for musical scales. *J. Acoust. Soc. Amer*. **102** (4) (1997), 2422 – 2431.

William A. Sethares, Consonance-based spectral mappings. *Computer Music Journal* **22** (1) (1998), 56 – 72.

Frank H. Slaymaker, Chords from tones having stretched partials. *J. Acoust. Soc. Amer*. **47** (6B) (1970), 1569 – 1571.

E. Terhardt, Pitch, consonance, and harmony. *J. Acoust. Soc. Amer*. **55** (5) (1974), 1061 – 1069.

E. Terhardt and M. Zick, Evaluation of the tempered tone scale in normal, stretched, and contracted intonation. *Acustica* **32** (1975), 268 – 274.

들을거리(부록 G 참조)

Auditory Demonstrations CD(Houtsma, Rossing and Wagenaars), tracks 58 – 61. 이 절에서 설명한 확장된 배음과 확장된 음계에 대한 데모이다.

4.7 결합음

다른 주파수 f_1과 f_2을 가지는 두 개의 음을 동시에 크게 연주하면 두 주파수 차이 $f_1 - f_2$에 해당하는 음을 들을 수 있다. 이것은 독일의 오르간 연주자 조르게(1744)와 로미외(1753)가 발견했다. 나중에(1754) 이탈리아의 바이올린 연주자 타르티니가 1714년에 이미 같은 발견을 했다고 주장했다. 헬름홀츠(1856)는 두 주파수 합 $f_1 + f_2$ 에 해당하는 두 번째 약한 음이 있지만 인식하기 훨씬 더 어렵다는 것을 발견했다. 이런 합음^sum tone^과 차음^difference tone^에 해당하는 일반적인 이름은 결합음^combination tone^이며, 특히 차음을 때때로 타르티니의 음Tartini's tone이라 부른다. 합음을 인지하기 어려운 이유는 (헬름홀츠가 간과한) 1.2절 끝에서 설명한 마스킹 현상 때문이다.

결합음이 1.8절에서 논의한 맥놀이 현상과 비슷한 것이라고 가정하고 싶을 것이다. 그러나 이것은 오해의 소지가 있다. 이런 논리에 따르면 주파수가 두 음 차이의 반 또는 두 음 합의 반인 음을 생성할 가능성이 더 높아 보이지만 실제로는 그렇지 않다. 더욱이 우리가 맥놀이를 들을 때 맥놀이 주파수에 해당하는 소리를 듣지 않는다. 기저막에는 그 주파수에 반응하는 해당 장소가 없기 때문이다. 이 둘이 다른 현상이라는 추가적인 증거는 두 음을 각각의 귀로 하나씩 따로 들을 때이다. 이 경우, 맥놀이는 여전히 식별할 수 있지만 결합음은 식별할 수 없다.

헬름홀츠(1877, 부록 7)는 소리가 청각 시스템에서 무시할 수 없는 비선형 효과를 가질 만큼 충분히 크다는 가정하에 결합음에 대해 좀 더 설득력 있는 설명을 했다. 2차 비선형성이 있는 경우, 서로 다른 주파수를 갖는 두 사인파의 합을 외력항으로 갖는 감쇠 조화 진동기는 들어오는 두 개의 주파수뿐만 아니라 이런 주파수의 두 배와 주파수의 합과 차에서도 진동한다.

직관적으로 다음 식에 의한 것이다.

$$\begin{aligned}(\sin mt + \sin nt)^2 &= \sin^2 mt + 2\sin mt \sin nt + \sin^2 nt \\ &= \tfrac{1}{2}(1 - \cos 2mt) + \tfrac{1}{2}(\cos(m-n)t - \cos(m+n)t) \\ &\quad + \tfrac{1}{2}(1 - \cos 2nt)\end{aligned}$$

따라서 청각 시스템의 일부가 비선형 방식으로 동작하는 경우, 2차 비선형성으로 들어오는 주파수의 두 배와 $\cos(m+n)t$와 $\cos(m-n)t$에 해당하는 합음과 차음이 인식된다. 두 배음은 배음과 닮았기에 쉽게 인식할 수 없다.

2차 비선형성은 진동 시스템에서 비대칭을 포함하지만 3차 비선형성은 이런 특성이 없다. 그래서 청각 시스템의 일부에서 3차 비선형성이 2차 비선형성보다 효과가 더 뚜렷하다고 가정하는 것이 합리적이다. 이것은 $2f_1 - f_2$와 $2f_1 - f_2$에 해당하는 결합음이 합음과 차음보다 더 두드러진다는 것을 의미한다. 이것은 실제로 경험하는 것과 일치하는 것으로 보인다. 이런 3차항의 영향은 낮은 볼륨에서도 들을 수 있지만 합음과 차음은 상대적으로 높은 볼륨이 필요하다.

헬름홀츠의 이론(1877, 부록 12)은 왜곡을 일으키는 비선형성이 중이, 특히 고막에서 발생한다는 것이다. 가이넌Guinan과 피크Peake는 실험으로 중이의 비선형성만으로는 이 현상을 설명하기에 부족하다는 것을 보였다. 현재 이론은 합음과 차음을 담당하는 비선형성은 달팽이관 내부에 있는 것을 선호한다. 더욱이 3차 비선형 효과에 대응하는 왜곡은 이제 정신물리학적 피드백이 주 원인이며, 과부하의 결과라기보다 정상적인 청각 기능의 일부인 것으로 간주한다(예를 들어, Pickles(1988), pp. 107 – 109를 참조하라).

복합음complex tone에 대한 가상 음높이virtual pitch와 관련한 개념도 있다. 음이 복잡한 부분음을 가지면 잘 이해되지 않는 매우 복잡한 방법으로 합성음에 음높이를 할당하는 것 같다. 스하우텐Schouten은 헬름홀츠의 논의가 복합음에서 일어나는 것을 완전히 설명하지 못한다는 것을 보였다. 귀가 주파수 1800Hz, 2000Hz, 2200Hz의 소리에 동시에 듣는 경우에 실험 참가자는 200Hz의 음을 듣게 되는데, 이는 "손실 기본음"을 나타내며 결합음으로 설명할 수 있다. 그러나 소리의 주파수가 1840Hz, 2040Hz, 2240Hz인 경우, 헬름홀츠 이론으로는 실험 대상자가 주파수 200Hz의 음을 들을 것으로 예상하지만 실제로는 주파수 204Hz의 음을 듣는다. 이에 대한 스하우텐의 설명은 보다 최근의 연구에서 논란이 되고 있으며, 여전히 이 주제에 대해 잘 이해하지 못하고 있다.

발리저Walliser는 소실 기본음을 설명하는 메커니즘은 제시하지 못했지만 주파수를 결정하는 방법은 제시했다. 그의 방법은 인접한 두 부분음 (또는 소리의 배음) 사이의 주파수 차이를 결정하고, 이것을 가장 낮은 배음의 유리수 배수로 가능한 단순하게 근사하는 것이다. 따라서 위의 예에서 주파수 차이는 200Hz이므로 1840Hz의 1/9을 선택하면 소실 기본음이 204.4Hz가 된다. 이것은 실제로 들리는 것에 대한 매우 좋은 근삿값이다. 그 후에 다른 저자들이 발리저 알고리듬을 약간씩 수정했다. 예를 들어 가장 낮은 부분음을 적절한 의미에서 가장 "지배적인dominant" 것으로 교체하는 것이다. 더 자세한 논의는 무어Moore의 책(1997) 5장에서 볼 수 있다.

리클라이더Licklider 또한 차음이 가까운 주파수의 노이즈에 의해 마스킹되지 않는 것을 실제로 보임으로써 결합음에 대한 헬름홀츠의 설명에 의문을 제기했다. 헬름홀츠의 이론이 맞다면 차음은 마스킹돼야 한다.

결합음과 가상 음높이는 현대 심리 음향학에서 매우 흥미로운 주제로, 현재 활발하게 연구하는 분야이다.

읽을거리

Dante R. Chialvo, How we hear what is not there: a neural mechanism for the missing fundamental illusion, *Chaos* **13** (4) (2003), 1226 – 1230.

Marsha G. Clarkson and E. Christine Rogers, Infants require low-frequency energy to hear the pitch of the missing fundamental, *J. Acoust. Soc. Amer.* **98** (1) (1995), 148 – 154.

J. J. Guinan and W. T. Peake, Middle ear characteristics of anesthetized cats, *J. Acoust. Soc. Amer.* **41** (5) (1967), 1237 – 1261.

J. C. R. Licklider, "Periodicity" pitch and "place" pitch, *J. Acoust. Soc. Amer.* **26** (5) (1954), 945.

Max F. Meyer, Observation of the Tartini pitch produced by sin $9x$ + sin $13x$, *J. Acoust. Soc. Amer.* **26** (4) (1954), 560 – 562.

Max F. Meyer, Observation of the Tartini pitch produced by sin $11x$ + sin $15x$ and sin $11x$ + 2 sin $15x$, *J. Acoust. Soc. Amer.* **26** (5) (1954), 759 – 761.

Max F. Meyer, Theory of pitches 19, 15 and 11 plus a rumbling resulting from sin $19x$ + sin $15x$, *J. Acoust. Soc. Amer.* **27** (4) (1955), 749 – 750.

J. Sandstad, Note on the observation of the Tartini pitch, *J. Acoust. Soc. Amer.* **27** (6) (1955), 1226 – 1227.

J. F. Schouten, The residue and the mechanism of hearing, *Proceedings of the Koningklijke Nederlandse Akademie van Wetenschappen* **43** (1940), 991 – 999.

K. Walliser, Über ein Funktionsschema für die Bildung der Periodentonhöhe aus dem Schallreiz, *Kybernetik* **6** (1969), 65 – 72.

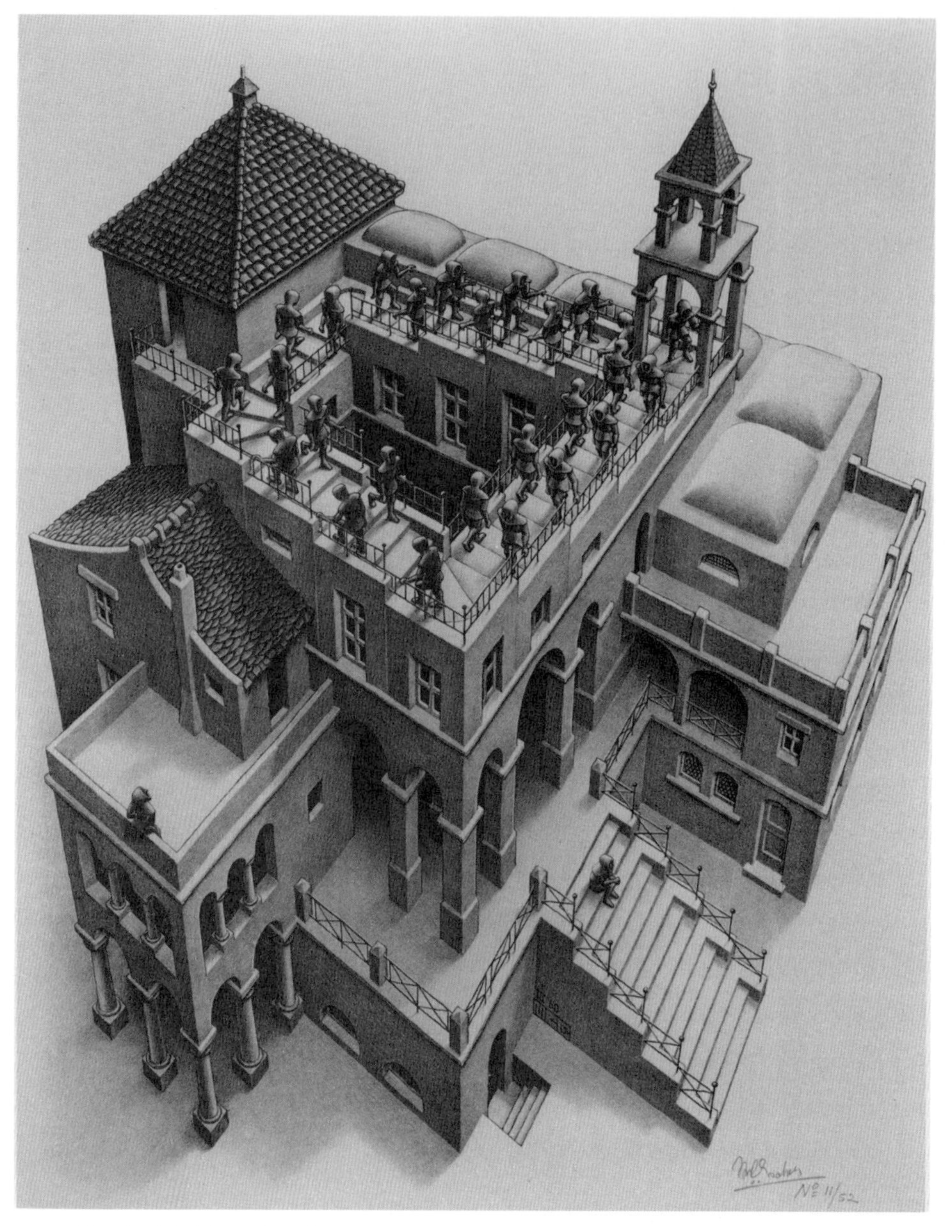

그림 4.8 에셔의 "오르내리기" ©2006 The M. C. Escher Company-Holland. All rights reserved

4.8 음악적 역설

음악 인식에서 가장 유명한 역설은 셰퍼드R. N. Sheparde가 발견했고, 셰퍼드 음계라는 이름을 가진다. 셰퍼드 음계를 들으면 끝이 시작과 연결돼 끝없이 올라가는 음계의 느낌을 받는다. 이것은 에셔Escher의 유명한 그림 오르내리기Ascending and Descending(그림 4.8)에서 계속해서 오르내리는 계단과 비슷하다. 이 효과를 구현하기 위해서 먼저 한 옥타브 간격을 가지는 10개의 부분음으로 구성된 복합음으로 각 음을 구성한다. 그런 후에 중간 부분음이 가장 크게 들리고 낮은 부분음과 높은 부분음이 없어지도록 필터를 통과시킨다. 그림 4.9를 참조하라. 음계의 모든 음에 동일한 필터를 적용하면, 한 옥타브가 올라가면 소리의 지배적인 부분이 한 부분음씩 아래로 이동한다.

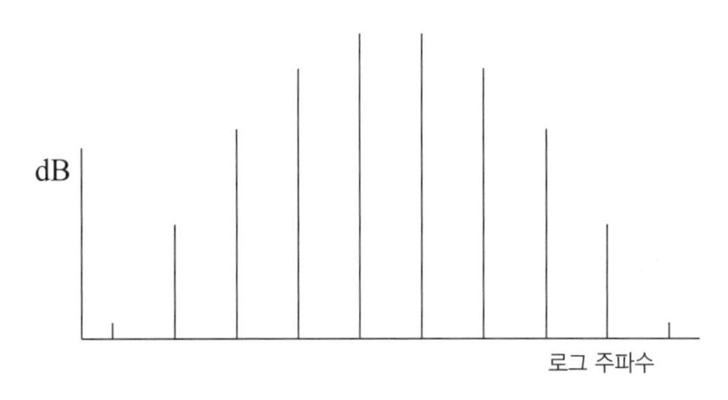

그림 4.9 셰퍼드 음계에서 음들의 주파수

이 소리가 가지는 부분음은 f가 가장 낮은 가청 주파수일 때 $2^n \cdot f$의 형태가 된다.

관련된 역설로 다이애나 도이치Diana Deutsch(1975)가 발견한 셋온음 역설tritone paradox가 있다. 셰퍼드 음계에서 두 음이 정확히 반 옥타브(평균율에서 셋온음), 즉 $\sqrt{2}$의 주파수 계수로 분리돼 있으면[11] 음정이 올라가는지 내려가는지 혼돈될 것이라 예상할 수 있다. 실제로 일부 사람만 혼돈을 경험한다. 다른 사람들은 음정이 올라가는지 내려가는지를 매우 명확하게 인지한다. 그러나 절반은 올라간다고 다른 절반은 내려간다고 일관되게 판단한다.

다이애나 도이치는 다른 많은 역설을 발견했다. 예를 들어, 주파수 400Hz와 800Hz를 가지며 반대 위상인 두 음을 두 귀에 제시하면 실험자의 약 99%는 한쪽 귀에 낮은 음, 다

11 예로서 "도"와 "파#"을 생각할 수 있다. – 옮긴이

른 쪽 귀에 높은 음을 듣는다. 이때 헤드폰을 반대로 해도 여전히 같은 귀에서 낮은 음이 들린다. 자세한 내용은 네이처에 실린 다이애나의 1974년 기사를 참조하라.

읽을거리

E. M. Burns, Circularity in relative pitch judgments: the Shepard demonstration revisited, again, *Perception and Psychophys*. **21** (1977), 563–568.

Diana Deutsch, An auditory illusion, *Nature* **251** (1974), 307–309.

Diana Deutsch, Musical illusions, *Scientific American* **233** (1975), 92–104.

Diana Deutsch, A musical paradox, *Music Percept*. **3** (1986), 275–280.

Diana Deutsch, The tritone paradox: an influence of language on music perception, *Music Percept*. **8** (1990), 335–347.

R. N. Shepard, Circularity in judgments of relative pitch, *J. Acoust. Soc. Amer*. **36** (12) (1964), 2346–2353.

들을거리(부록 G 참조)

Auditory Demonstrations CD(Houtsma, Rossing and Wagenaars). 52번 트랙에 셰퍼드 음계의 시연과 장 클로드 리세Jean-Claude Risset가 고안한 유사하게 연속적으로 변하는 음의 시연이 있다.

05

음계와 음률: 다섯 가지 방법

A perfect fourth? cries Tom. Whoe'er gave birth

완전4도? 톰이 외친다. 누가 낳았나.

To such a riddle, should stick or fiddle

이런 수수께끼를. 매달려 켜야 한다.

On his numbskull ring until he sing

해골 고리가 노래할 때까지

A scale of perfect fourths from end to end.

끝에서 끝까지 완전4도 음계를.

Was ever such a noddy? Why, almost everybody

그런 고개를 끄덕인 적이 있는가? 대부분의 사람들은

Knows that not e'en one thing perfect is on earth—

이 세상에 완전한 것이 없다는 것을 안다.

How then can we expect to find a perfect fourth?

그런데 왜 완전4도를 찾기를 기대하는가?

뮤지컬 세계, 1863.

음악 일화에 관한 니콜라스 슬로님스키의 책에서 인용.

셔머 1998, p. 299에서 재출간.

그림 5.1 J. Frazer, A new visual illusion of direction(방향에 대한 새로운 시각적 환상), "British Journal of Psychology", 1908에서 인용. 이것이 나선이 아니라 동심원인 것을 확인해보라.

그림 5.2 피타고라스

5.1 들어가며

4장에서 일반 악기로 연주되는 음의 경우에는 기본 주파수의 정수 배의 부분음을 생성하고 작은 정수의 비율로 표현되는 주파수 비율에 해당하는 음정이 협음으로 선호되는 것을 보았다. 이것이 서양 음악의 역사에서 나타난 음계와 조율과 어떤 연관을 갖는지에 대해 여기서 살펴본다.

바버Barbour(1951)가 옥타브를 기저로 하는 음계를 광범위한 그룹 5개인 피타고라스Pythagorean, 순정just, 가온음meantone, 평균equal, 불규칙irregular으로 분류했다. 5장의 제목은 이러한 5중 분류뿐만 아니라 음계 개발의 시작점으로 처음 5개의 배음을 사용하는 것을 나타낸다. 여기서 다섯 가지 유형의 음계가 어디에서 왔는지 설명할 것이다.

6장에서는 음계와 음률 이론을 더 발전시켜 옥타브를 기저로 하지 않는 볼렌-피어스Bohlen-Pierce 음계와 웬디 카를로스Wendy Carlos 음계를 소개한다.

5.2 피타고라스 음계

4.2절에서 봤듯이 피타고라스(그림 5.2)는 3:2의 주파수 비율에 해당하는 완전5도 음정이 특히 협음이 되는 것을 발견했다. 이로부터 2:1과 3:2의 비율을 사용해 확실한 음계를 구성할 수 있다고 결론지었다. 이런 음정만을 이용해 피타고라스 학파의 그리스 음악 음계를 만들었다. 고전 그리스 음계에서는 작은 정수의 다른 비율의 음정을 사용하긴 했다.

예를 들어 비율 3:2를 두 번 사용하면 비율이 9:4인 음정을 얻는다. 이는 한 옥타브를 약간 넘는다. 옥타브를 내리면 이 비율을 반으로 줄여 9:8이 된다. 3:2 비율을 다시 사용하면 27:16이 된다. 이런 식으로 계속 진행한다.

여기서 피타고라스 음계라고 하는 것은 다음의 완전5도 음정을 조율해 얻은 것을 의미한다.[1]

1 피타고라스 음계는 다장조임에도 불구하고 "파"부터 시작하는 것에 주의해야 한다. 그리고 그림 5.3의 오도권에서 Ab까지 완전4도 올리면서 조율하고 있다. 만약에 "도"부터 시작하면 완전5도 올려서 "파"음까지 조율하면 177147:131072이 돼 4:3과는 피타고라스 쉼표 차이가 난다. 이런 방식으로 조율하는 것이 중국과 한국에서 전통 음악에서 삼분손익법(三分損益法)을 이용한 12율이다. 관을 셋으로 나누어 하나를 더하는 삼분익일은 완전4도 내리는 것이고, 관을 셋으로 나누어 하나를 빼는 삼분손일은 완전5도 올리는 것이다. 옥타브 등가 원리에서 삼분손일을 두 번 하고 한 옥타브를 내리면 삼분익일하는 것과 같은 효과이다. 몇몇 인터넷 블로그에서 피타고라스 조율과 삼분손익법의 차이에 관해서, 피타고라스 조율은 삼분손일만 계속하는 반면에 삼분손익법은 삼분손일과 삼분익일을 번갈아 가면서 하는 것이라고 언급하고 있는데, 이는 잘못된 것이다. 피타고라스 쉼표를 무시하면 피타고라스 조율과 삼분손익법은 완전히 일치한다. – 옮긴이

파 – 도 – 솔 – 레 – 라 – 미 – 시

이로부터 장음계의 주파수 비율은 다음이 된다.[2]

음표	도	레	미	파	솔	라	시	도
비율	1:1	9:8	81:64	4:3	3:2	27:16	243:128	2:1

이 체계에서 연속하는 두 음은 9:8인 온음major tone, 또는 256:243 즉 $2^8:3^5$인 단반음minor semitone인 두 개의 음정을 가진다.

이 체계에서 단반음은 온음의 절반이 되지 못한다. 단반음 두 개는 9:8가 아닌 $2^{16}:3^{10}$의 주파수 비율을 가진다. 피타고라스 학파는 이것이 거의 같은 것에 주목했다.

$$2^{16}/3^{10} = 1.109\,857\,15\ldots,$$
$$9/8 = 1.125$$

즉, 피타고라스 음계는 다음의 사실을 기반으로 한다.

$$2^{19} \approx 3^{12} \quad \text{또는} \quad 524\,288 \approx 531\,441$$

결국, 완전5도를 12번 올린 후 7옥타브를 내리면 시작한 위치로 거의 정확하게 돌아간다. 정확하게 그렇지 않다는 사실에서 피타고라스 쉼표Pythagorean comma 또는 다이토닉 쉼표ditonic comma인 다음의 주파수 비율이 나온다.

$$3^{12}/2^{19} = 1.013\,643\,265\ldots$$

이것은 단지 온음의 1/9보다 조금 큰 값이다.[3]

피타고라스 학파는 음정을 연속 뺄셈 과정antanairesis과 연관된 것으로 생각한 것 같다. 이것은 나중에 두 정수의 최대공약수를 찾는 유클리드 알고리듬의 기초가 된다(유클리드 알고리듬에 대해서는 보조정리 9.7.1에 설명돼 있다). 옥타브(2:1)에서 완전5도(3:2)를 빼면 완전4도(4:3)가 된다.[4] 완전5도에서 완전4도를 빼면 피타고라스 온음(9:8)이 된다. 완전4도에

2 피타고라스 단음계는 단3도가 32:27, 단6도가 128:81, 단7도가 16:9의 비율로 구성된다.

3 음정은 로그로 측정하기 때문에, 온음을 9등분한다는 것은 실제로 비율의 9제곱근을 구하는 것을 의미한다. 5.4절을 참조하라.

4 이 문장에서 저자는 음정의 뺄셈에 대해 엄밀하게 정의하지 않았다. 음정의 맥락에서 볼 때, "근음을 한 옥타브 올린 후 완전5도 내리면 근음 대비 완전4도가 된다"로 해석하는 것이 가장 자연스럽다. 그러므로 2/1×2/3 = 4/3이므로 주파수 비율 4:3인 완전4도가 된다. 이어지는 문장도 같은 식으로 해석해 계산할 수 있다. 하지만 이런 주파수 배율 계산법과 앞에서 언급한 연속 뺄셈 과정과의 관계는 아직 모호하다. – 옮긴이

서 온음 두 개를 빼면 피타고라스 단반음(256:243)이 된다. 이것을 다이어시스[diesis, 차이]라고 불렀고, 나중에는 리마[limma, 나머지]라고 불렀다. 온음에서 다이어시스를 빼면 피타고라스 장반음(2187:2048)이 되고, 아포톰[apotomē]이라 불렀다. 아포톰에서 다이어시스를 빼면 피타고라스 쉼표(531 441:524 288)가 된다.

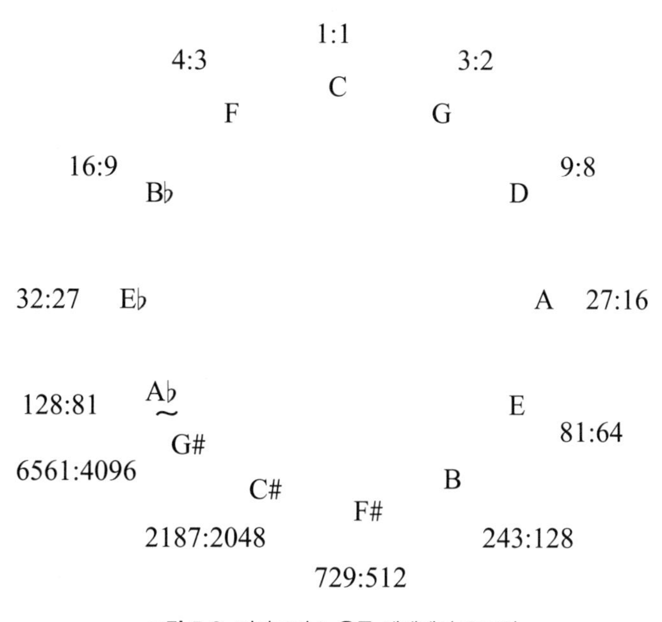

그림 5.3 피타고라스 음률 체계에서 오도권

5.3 오도권

피타고라스 조율 체계는 3:2와 2:1의 비율을 갖는 완전5도와 옥타브를 조율해 12음계로 확장할 수 있다. 이것은 그림 5.3의 "오도권[五度圈, cycle of fifths]"을 조율하는 것과 같다.

그림에서 피타고라스 쉼표는 A♭와 G♯ 사이에서 나타나는데, 실제로는 모든 이명 동음[異名同音, enharmonic]에서 나타난다.

$$\frac{6561/4096}{128/81} = \frac{3^{12}}{2^{19}} = \frac{531\,441}{524\,288}$$

오늘날의 평균율(5.14 참조) A♭와 G♯을 같은 음에 대한 두 개의 다른 이름으로 생각하므로 실제로 5도음들의 원이 된다. 다른 음들도 이름을 여러 개 가진다. 예로서, C와 B♯ 또는 E♭♭, D, C𝄪가 있다.[5] 각각의 이런 음들을 이명동음이라 하고 피타고라스 체계에서는 정확하게 피타고라스 쉼표 하나의 차이를 의미한다. 그래서 피타고라스 체계에서는 5도음들이 원을 형성하지 못하고 그림 5.4와 같이 오도나선spiral of fifths과 비슷하다.

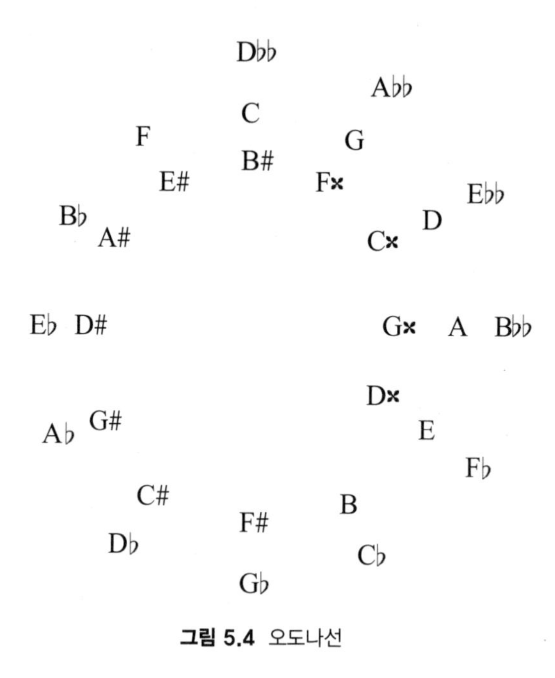

그림 5.4 오도나선

예를 들어, 음표 C에서 시계 방향으로 한 바퀴 완전히 회전하면 B♯로 이동해 피타고라스 쉼표 하나가 더 높아진다. 반대 방향으로 한 바퀴 회전하면 D♭♭가 돼 피타고라스 쉼표 하나가 내려간다. 6.2절에서 피타고라스 나선이 만나지 않는 것을 보일 것이다. 즉, 이 나선의 두 음표는 같지 않다. 12분음표는 상당히 가깝고, 53분음표는 더 가깝고, 665분음표는 실제로 매우 가깝다.

5 기호 𝄪는 이중 반올림을 표현하기 위해 ♯♯ 대신에 사용한다.

연습문제

다음 음들의 이름은 무엇인가?

(a) F보다 피타고라스 쉼표 한 개 낮은 음

(b) B보다 피타고라스 쉼표 두 개 높은 음

(c) B보다 피타고라스 쉼표 두 개 낮은 음

들을거리(부록 G 참조)

Guillaume de Machaut, *Messe de Notre Dame*, Hilliard Ensemble, sung in Pythagorean intonation

5.4 센트

음정을 더하는 것은 주파수 비율을 곱하는 것과 같다. 예를 들어, 한 옥타브의 음정이 2:1의 비율이므로 두 옥타브는 4:1, 세 옥타브는 8:1이 된다. 결국, 두 음 사이의 음정에 대한 인식은 주파수에서 로그적이다. 로그는 곱을 합으로 바꾸기 때문이다.

주파수 비율을 측정하기 위해 1875년경 알렉산더 엘리스Alexander Ellis가 처음 도입한 센트cent를 소개한다. 이것은 현대 문헌에서 가장 많이 사용하는 단위이다. 센트는 한 옥타브에 1200센트인 로그 척도이다. (아래에서 설명할) 현대 평균율의 온음은 200센트이고 반음은 100센트이다. 주파수 비율 r:1을 센트로 변환하는 공식은 다음이다.

$$1200 \log_2(r) = 1200 \ln(r)/\ln(2)$$

n센트의 음정을 주파수 비율로 변환하는 공식은 다음이다.

$$2^{\frac{n}{1200}} : 1$$

예로서, 피타고라스 음계에서 C와 D 사이의 음정은 주파수 비율 9:8이다. 그러므로 센트로 표현하면 다음이 된다.

$$1200 \log_2(9/8) = 1200 \ln(9/8)/\ln(2)$$

이것은 약 203.910센트이다. C장조의 피타고라스 음계는 다음 표와 같다.

음	C(도)	D(레)	E(미)	F(파)	G(솔)	A(라)	B(시)	C(도)
비율	1:1	9:8	81:64	4:3	3:2	27:16	243:128	2:1
센트	0.000	203.910	407.820	498.045	701.955	905.865	1109.775	1200.000

이 책에서는 C장조의 음계를 사용할 것이고 C음을 0센트로 둔다. 다른 음들은 C음보다 높은 정도를 센트로 측정한다.

프랑스에서는 음정을 센트로 표시하지 않고 기본 단위로 사바트savart를 사용한다. 이는 프랑스 물리학자 펠릭스 사바르Félex Savart(1791–1841)의 이름에서 나온 것이다. 주파수 비율 10:1이 1000사바트가 된다.

그래서 한 옥타브 2:1은 다음이 된다.

$$1000 \log_{10}(2) \approx 301.030 \text{ savarts}$$

1사바트는 $10^{\frac{1}{1000}}$:1의 주파수 비율을 가지며, 센트로 표기하면 다음이 된다.

$$\frac{1200}{1000 \log_{10}(2)} = \frac{6}{5 \log_{10}(2)} \approx 3.98631 \text{ cents}$$

연습문제

1. 소수점 이하 세 자리까지 피타고라스 쉼표가 23.460센트임을 보여라. 사바트로는 얼마인가?
2. 3.6절에서 제시한 드럼의 진동 모드에 대한 주파수 비율을 기본음에 대한 센트로 나타내라.
3. C음을 0센트로 두면, 피타고라스 음계에서 E♭♭음을 구하라.

읽을거리

Parry Moon, A scale for specifying frequency levels in octaves and semitones, "*J. Acoust. Soc. Amer.*" **25** (3) (1953), 506–515.

5.5 순정률

> 순정률은 음계의 주파수 비율이 작은 정수 비율이 되도록 조율하는 것을 말한다. 이것은 귀가 배음을 듣는 자연스러운 방법이며 클래식 음악 이론의 기초이다. 가장 많이 사용하는 서양 조율 체계인 평균율은 기계식 건반을 쉽게 만들기 위해 200년 전에 합의한 것에 불과하다. 평균율은 순정률에 비해 사용하기는 훨씬 쉽지만 표현력이 부족한 것으로 느껴진다. 나에게 생명이 없는 죽은 소리로 들린다. 미분음[6]으로 작업하자마자, 흑백에서 컬러로 옮겨간 기분이었다. 특정 음정의 조합은 육체적으로 더 감동을 주는 것을 발견했다. 모든 것이 더 직관적이고 풍부한 감정 표현력을 가졌다. 대신에 작곡을 할 때 훨씬 더 주의를 기울여야 했다. 더 많은 흥미로운 협음이 있었지만, 피해야 하는 새로운 불협음도 있었기 때문이다. 순정률은 제 음악에 분명히 큰 영향을 준 비서구 음악에 대한 이해를 도와주었다.
>
> – 로버트 리치(신더시스트(synthesist))

옥타브와 5도 다음으로 가장 흥미로운 비율은 4:3이다. 완전5도(3:2) 올린 후에 주파수 비율 4:3으로 음을 올리면 4:2 즉 2:1의 비율을 얻는다. 이것은 한 옥타브이다. 그러므로 4:3은 한 옥타브에서 완전5도를 뺀 것이다. 즉 완전4도이다. 결국 이것은 새로운 것이 아니다. 다음으로 새로운 음정은 5:4 비율이다. 이것은 5배음을 2옥타브를 내린 것이다.

이런 식으로 계속하면 음의 배음을 이용해 작은 정수 비율을 가지는 음으로 구성된 음계를 만들 수 있다. 옥타브 등가의 원리를 사용하면 음표의 배음들을 옥타브를 적절하게 내려서 모두 한 옥타브에 배치할 수 있다. 이렇게 얻은 비율은 다음과 같다.

1:1 1배음, 2배음, 4배음, 8배음 등

3:2 3배음, 6배음, 12배음 등

5:4 5배음, 10배음 등

7:4 7배음, 14배음 등

앞에서 봤듯이, 비율 3:2(즉, 6:4)는 완전5도이다. 5:4의 비율은 더 작은 정수의 비율이기 때문에 피타고라스 음계보다 더 협음인 장3도이다. 그래서 주파수 비율이 4:5:6이 순정 장3화음just major triad(도–미–솔)이 된다. 세계의 대부분의 음계는 어떤 형태로든 장3화음

6 반음보다 작은 음정. 특히 4분음 – 옮긴이

을 갖고 있다. 서양 음악에서는 이것을 화음과 음계를 만드는 기본 구성 요소로 간주한다. 주파수 비율 5:4를 포함한 음계는 기원전 1세기 디디모스Didymus와 2세기 프톨레마이오스Ptolemy[7]에 의해 처음 개발됐다. 피타고라스의 장3도 81:64와 프톨레마이오스-디디모스의 장3도 5:4의 차이는 81:80이다. 이 음정을 **신토닉syntonic 쉼표, 디디모스의 쉼표, 프톨레마이오스의 쉼표** 또는 **일반 쉼표**로 다양하게 부른다. 앞으로 이 책에서 형용사 없이 사용하는 **쉼표**는 신토닉 쉼표를 언급한다.

가장 제한된 의미에서 순정률은 일반적으로 주요 3화음 I, IV, V(즉, 도–미–솔, 파–라–도, 솔–시–레) 각각이 주파수 비율 4:5:6을 가지는 음계를 말한다.

따라서 순정 장음계에 대한 다음의 주파수 비율 표를 얻을 수 있다.

음	도	레	미	파	솔	라	시	도
비율	1:1	9:8	5:4	4:3	3:2	5:3	15:8	2:1
센트	0.000	203.910	386.314	498.045	701.955	884.359	1088.269	1200.000

그러므로 **순정 장3도**just major third는 비율 5:4를 가지는 음정(도–미)를 나타내고, **순정 장6도**just major sixth는 비율 5:3을 가지는 음정(도–라)를 나타낸다. 8:5를 가지는 음정(미–도)과 6:5를 가지는 음정(라–도)은 **순정 단6도**just minor sixth와 **순정 단3도**just minor third라고 한다.

순정률의 다양한 종류는 나머지 12음계를 결정하는 방법에 따라서 차이가 있다. 순정률로 인정받기 위해서는 이러한 음 각각이 피타고라스 음계값과 쉼표의 정수만큼의 차이만 가져야 한다. 이러한 맥락에서, 쉼표는 완전4도로 네 번 올리고 두 옥타브[8]와 순정 장3도 내린 결과로 볼 수 있다. 순정률의 종류 중에서는 위의 기본 음계 중의 일부 음표도 쉼표만큼 변경한 것이 있다.

5.6 장조와 단조

앞에서 서양 음악의 기본 구성 요소는 장3화음이며, 순정률에서 4배음, 5배음, 6배음으로 구성되는 것을 보았다. 그림 5.6을 참조하라.

---

7 천동설을 주장한 사람으로 유명하다. – 옮긴이

8 여기까지가 피타고라스 장3도가 된다. – 옮긴이

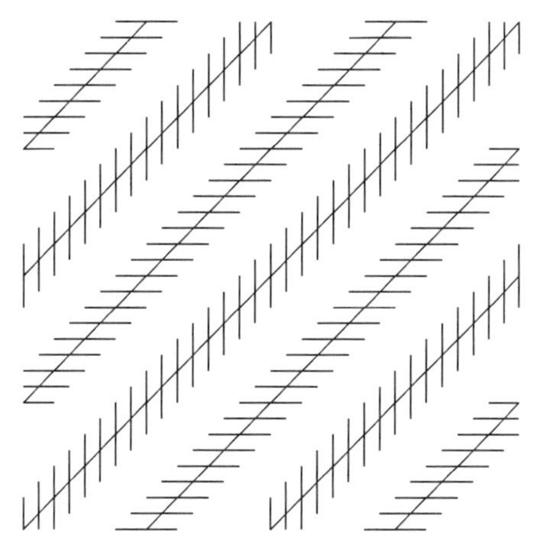

그림 5.5 평행선들

그림 5.6 장3화음

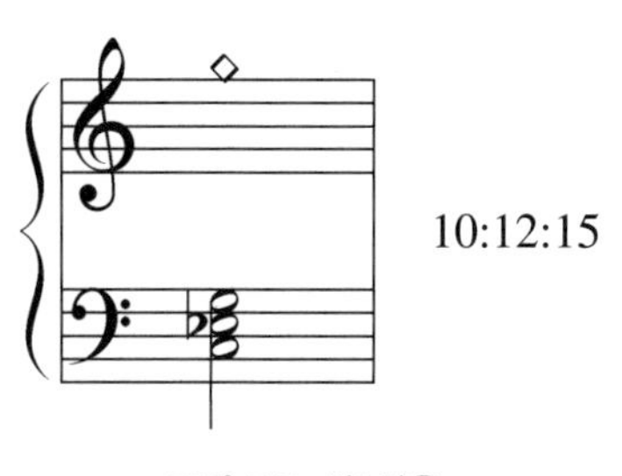

그림 5.7 단3화음

"도-미♭-솔" 형태를 갖는 단3화음은 두 음정의 순서를 반대로 해 만든다. "도-미♭"의 비율은 5:6이고 "미♭-솔"의 비율은 4:5이다. 이러한 비율을 공통 기본음의 배음으로 이해하려는 노력은 무의미해 보인다. 비율을 10:12:15로 표현하면 C음 기본 주파수의

1/10이 되기 때문이다. 3화음에 있는 세 음의 배음을 살펴보고 공통 배음을 찾는 것이 더 의미 있어 보인다. 즉, 다음에 주의한다.

$$6 \times C = 5 \times E\flat = 4 \times G$$

따라서 단3화음을 연주할 때 주의 깊게 들으면 공통 배음을 고를 수 있는데, 이것은 2옥타브 더 높은 솔이다. 미묘한 심리음향학적 이유로 때때로 한 옥타브 높은 것처럼 들린다. 이런 높은 공통 배음의 영향으로 단화음이 슬픔을 연상시킬 것이다.

그림 5.8 7배음을 가지는 화음

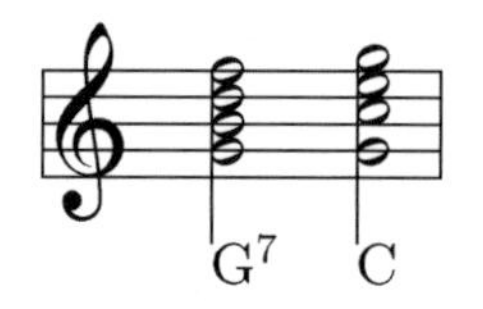

그림 5.9 딸림 7화음

단3화음을 보는 다른 관점은 맛을 바꾸기 위해 중간 음을 약간 낮춘 장3화음의 변형으로 보는 것이다. 음악 이론에는 수정된 화음이 매우 많다. 이는 일반적으로 화음의 구성을 음 하나를 반음 올리거나 내리는 것을 의미한다.

읽을거리

P. Hindemith, *Craft of Musical Composition, I. Theory*. Schott, 1937, Section III.5, *The minor triad*.

5.7 딸림7화음

7배음까지 고려하면 4:5:6:7 비율의 화음을 얻을 수 있다. 이는 7:4 비율의 시♭을 가지는 도-미-솔-시♭으로 볼 수 있다. 그림 5.8을 참조하라.

이것과 매우 밀접한 딸림7화음dominant seventh chord이라는 것이 있다. 딸림 7화음에서는 시♭이 도에 비해 7:4가 아니라 16:9가 더 높은 피타고라스 단7도이다.

이 화음을 도가 아닌 (도보다 3:2 높은) 솔에서 시작하면 "솔-시-레-파"로 구성된 화음이 생성되며 파는 도보다 4:3 높게 된다. 이 화음은 "도-미-솔" 화음으로 해결되려는 강한 성질을 가지고 있다. 반면 4:5:6:7 버전의 화음은 이보다 훨씬 더 안정적이다. 그림 5.9를 참조하라.

6.9절에서 7배음에 대해 좀 더 자세하게 다룬다.

읽을거리

Martin Vogel (1991), *Die Naturseptime*.

5.8 콤마와 시스마

5.2절에서 피타고라스 쉼표는 531441:524288의 주파수 비율 즉, 약 23.460센트의 차이를 의미하며 완전5도를 12번 올린 것과 7옥타브 간의 차이로 정의했다. 5.5절에서 형용사 없이 사용한 쉼표라는 단어는 81:80의 주파수 비율을 나타내는 신토닉 쉼표로 나타냈다. 이는 약 21.506센트의 차이이다.

따라서 신토닉 쉼표와 피타고라스 쉼표의 값은 매우 비슷하며, 이 차이를 시스마schisma라고 한다. 이것은 다음 값을 갖는 주파수 비율을 나타내며 대략 1.953센트이다.

$$\frac{531\,441/524\,288}{81/80} = \frac{32805}{32768}$$

다이어시스마diaschisma[9]는 쉼표보다 하나 작은 시스마, 즉 2048:2025의 주파수 비율로 정

9 역사적으로 로마의 이론가 보에티우스(Boethius)(약 480~524)는 피타고라스 학파의 피톨라오스(Philolaus)가 시스마를 피타고라스 쉼표의 절반으로 정의했고 다이어시스마를 다이어시스의 절반으로 정의했다고 했지만, 이것은 현대적인 정의와 일치하지 않는다.

의한다. 이것은 3옥타브를 올린 후에 완전5도 네 번과 장3도 두 번을 내린 것으로 볼 수 있다.

큰 다이어시스great diesis[10]는 한 옥타브에서 순정 장3도 세 개를 뺀 것, 즉 3개의 신토닉 쉼표에서 피타고라스 쉼표를 뺀 것이다. 이것은 128:125의 주파수 비율, 즉 41.059센트의 차이를 나타낸다. 셉티멀 쉼표septimal comma는 7배음 7:4가 피타고라스 단7도 16:9보다 낮은 정도이다. 따라서 (16/9)(4/7) = 64/63의 비율, 즉 27.264센트의 차이를 나타낸다.

연습문제

1. 소수 세 번째 자리까지, (신토닉) 쉼표는 21.506센트이고 시스마는 1.953센트가 되는 것을 보여라.
2. (베네데티)[11] 모든 장3도와 6도와 완전4도와 완전5도가 그림 5.10과 같은 화성 진행에서 순정률이라 가정하면 음높이가 처음 솔에서 마지막 솔까지 정확히 한 쉼표만큼 위쪽으로 표류drift하는 것을 보여라.

$$\left(\frac{3}{4} \times \frac{3}{2} \times \frac{3}{5} \times \frac{3}{2} = \frac{81}{80}\right)$$

그림 5.10 상향 표류

이 예는, 반주가 없을 때 가수는 순정률로 노래하는 경향이 있다는 잘리노[12]의 주장(1558)에 대한 반대 주장으로 베네데티가 1585년에 제시했다. 고전 화성의 맥락에서 신토닉 쉼표에 대한 추가 논의는 5.11절을 참조하라.

10 다이어시스는 그리스어로 "누출" 또는 "탈출"을 의미하며, 고대 그리스 관악기인 아울로스(aulos)를 연주하는 기법에서 나왔다. 아울로스의 음높이를 약간 올리기 위해 가장 낮은 닫힌 구멍의 손가락을 약간 올려서 소량의 공기가 빠져나가도록 한다.

11 G. B. Benedetti, "Diversarum Speculationum,"(온갖 추측들) Turin, 1585, page 282. Lindley and Turner-Smith (1993), page 16에서 예제를 인용했다.

12 G. Zarlino, Istitutione Harmoniche, Venice, 1558.

3. 다음은 카를하인츠 슈토크하우젠Karlheinz Stockhausen[13]의 인용문이다("Lectures and Interviews," compiled by Robert Maconie, Marion Boyars, 1989, pages 110–111).

가장 순수한 음색을 이용해 교과서에서 말하는 우리가 들을 수 있는 가장 작은 음정인 피타고라스 쉼표 80:81보다 훨씬 더 음정이 작은 가장 미묘한 멜로디 제스처를 만들 수 있다. 그러나 진실은 그렇지 않다. 사인파를 사용하고 계단식 변화 대신 약간의 글리산디glissandi를 이용하면 중국 음악 또는 물리학 교과서나 인지 교과서에서 말하는 것보다 훨씬 더 작은 변화를 느낄 수 있다. 그러나 이것은 음에 의존한다. 음정 관계에서 임의의 음을 사용할 수 없다. 우리는 소리의 본질과 소리가 작곡되는 음계 사이의 관계에 대한 새로운 법칙을 발견했다. 화성과 멜로디는 우리가 재료로 선택할 수 있는 아무렇게나 주어지는 소리로 채워야 하는 추상적인 시스템이 더 이상 아니다. 형태와 물질 사이에는 매우 미묘한 관계가 있다.

(a) 이 인용문에서 오류를 찾고 그것이 실제로 중요하지 않은 이유를 설명하라.

(b) 슈토크하우젠이 언급하고 있는 새로운 관계 법칙은 무엇인가?

5.9 에이츠의 표기법

에이츠[14]는 바버Barbour(1951)에서 사용된 표기법을 고안했는데, 이는 옥타브를 기준으로 음계를 설명하는 데 편리하다. 그의 방법은 음을 피타고라스 방식으로 정의하고 조정할 쉼표의 개수를 나타내는 상첨자를 표기하는 것이다. 각 쉼표는 주파수에 계수 81/80을 곱한다.

예를 들어, 이 체계에서 E^0로 표기된 피타고라스 E는 C의 81:64이다. E^{-1}은 이 값에서 81/80만큼 내려가서 80:64 즉, 5:4인 순정 비율이 된다.

이 표기법에서 순정률의 기본 음계는 다음으로 주어진다.

$$C^0 - D^0 - E^{-1} - F^0 - G^0 - A^{-1} - B^{-1} - C^0$$

---

13 카를하인츠 슈토크하우젠은 2001년 9월 이후 몇 달 동안 독일 언론으로부터 많은 비난을 받았다. 두뇌가 있는 사람이라면 누구든지 그의 홈페이지(www.stockhausen.org)에서 그가 실제로 말한 내용과 맥락이 무엇인지 확인해보라. 인터뷰 전문이 나와 있다.

14 Carl A. Eitz, "Das mathematisch-reine Tonsystem," Leipzig, 1891. 비슷한 표기법이 이전에 하우프트만(Hauptmann)에 의해 사용됐고, 헬름홀츠(1877)에 의해 수정됐다.

이 표기법의 흔한 변형은 상첨자 대신 하첨자를 사용해 C장조의 순정 장3도를 E^{-1} 대신에 E_{-1}로 표기한다.

순정률의 음계를 표시하기 위해서 에이츠 표기법과 조합해 이 책에서 사용하는 시각적 장치는 다음과 같다. 기본 생각은 음표를 삼각형으로 배열하는 것이다. 오른쪽 옆으로 이동하면 음이 완전5도(3:2)만큼 증가한다. 우상향하면 음이 순정 장3도(5:4) 증가하고 우하향하면 음표가 순정 단3도(6:5) 증가한다. 따라서 순정 장3화음 4:5:6은 다음으로 표기된다.

$$\begin{array}{ccc} & E^{-1} & \\ C^{0} & & G^{0} \end{array}$$

순정 단3화음just minor triad은 반대의 음정을 가진다.

$$\begin{array}{ccc} C^{0} & & G^{0} \\ & E\flat^{+1} & \end{array}$$

순정 장음계는 다음의 배열로 나타난다.

$$\begin{array}{ccccccc} & A^{-1} & & E^{-1} & & B^{-1} & \\ F^{0} & & C^{0} & & G^{0} & & D^{0} \end{array}$$

배열을 형성하는 이런 방법은 일반적으로 후고 리만[15]이 고안한 것으로 알려져 있다. 그러나 이런 배열은 18세기 이후 독일 음악 이론에서 일반적이었다. 여기서는 주파수 관계보다 조의 관계와 기능 해석을 표현했다.

다른 쉼표를 포함하도록 에이츠 표기법을 확장한다. 문헌에서는 다양한 표기법을 사용하고 있는데, 이 책에서는 피타고라스 쉼표를 p로, 셉티말 쉼표를 z로 표기한다. 예로서, $G\sharp^{-p}$는 $A\flat^{0}$와 같은 음이고 C^{0}와 $B\flat^{-z}$의 음정은 비율 $\frac{16}{9}\times\frac{63}{64}=\frac{7}{4}$인 7배음이다.

연습문제

1. 5.8절의 연습문제 2의 보기는 에이츠 표기법으로 다음이 되는 것을 보여라.

---

15 Hugo Riemann, "Ideen zu einer 'Lehre von den Tonvorstellungen", Jahrbuch der Musikbibliothek Peters, 1914–1915, page 20; "Grosse Kompositionslehre," W. Spemann, 1902, Volume 1, page 479.

G^0 D^0 A^0 E^0

C^{+1} G^{+1}

2. (a) 시스마는 $D\flat\flat^{+1}$과 C^0의 음정 또는 C^0와 $B\sharp^{-1}$의 음정과 일치하는 것을 보여라.
   (b) 다이어시스마는 C^0와 $D\flat\flat^{+2}$의 음정과 일치하는 것을 보여라.
   (c) 순정률에서 겹치는 6개의 화음 진행이 다이어시스마 표류를 유발하는 보기를 찾아라.
   (d) 순정률에서 시스마 표류를 유발하기 위해서는 몇 개의 겹치는 화음 진행이 필요한가?

5.10 다양한 순정률 음계

에이츠 표기법을 사용해 Barbour(1951)가 나와 있는 여러 가지 순정률을 비교한다. 날짜와 참고 자료 또한 같은 책에서 인용했다.

라미스의 모노코드 Ramis' Monochord

(Bartolomeus Ramis de Pareja, *Musica Practica*, Bologna, 1482)

D^{-1} A^{-1} E^{-1} B^{-1} $F\sharp^{-1}$ $C\sharp^{-1}$

$A\flat^0$ $E\flat^0$ $B\flat^0$ F^0 C^0 G^0

에를랑겐 모노코드 Erlangen Monochord

(익명의 독일어 필사본, 15세기 후반)

E^{-1} B^{-1}

$G\flat^0$ $D\flat^0$ $A\flat^0$ $E\flat^0$ $B\flat^0$ F^0 C^0 G^0

$E\flat\flat^{+1}$ $B\flat\flat^{+1}$

에를랑겐 모노코드, 개정판 Erlangen Monochord, revised

$F\sharp^{-1}$에서 $G\flat^0$, $C\sharp^{-1}$에서 $D\flat^0$, $G\sharp^{-1}$에서 $A\flat^0$와 같이 D^0에서 $E\flat\flat^{+1}$, A^0에서 $B\flat\flat^{+1}$의 차이는 시스마와 같다. 그래서 바버는 에를랑겐 모노코드가 실제로 다음과 같을 거라 추측한다.

E^{-1} B^{-1} $F\sharp^{-1}$ $C\sharp^{-1}$ $G\sharp^{-1}$

$E\flat^{0}$ $B\flat^{0}$ F^{0} C^{0} G^{0} D^{0} A^{0}

폴리아노의 모노코드 1번Fogliano's Monochord No. 1

(Lodovico Fogliano, *Musica Theorica*, Venice, 1529)

$F\sharp^{-2}$ $C\sharp^{-2}$ $G\sharp^{-2}$

D^{-1} A^{-1} E^{-1} B^{-1}

$B\flat^{0}$ F^{0} C^{0} G^{0}

$E\flat^{+1}$

폴리아노의 모노코드 2번Fogliano's Monochord No. 2

$F\sharp^{-2}$ $C\sharp^{-2}$ $G\sharp^{-2}$

A^{-1} E^{-1} B^{-1}

F^{0} C^{0} G^{0} D^{0}

$E\flat^{+1}$ $B\flat^{+1}$

아그리콜라의 모노코드Agricola's Monochord

(Martin Agricola, *De monochordi dimensione*, in *Rudimenta Musices*, Wittemberg, 1539)

$F\sharp^{-1}$ $C\sharp^{-1}$ $G\sharp^{-1}$ $D\sharp^{-1}$

$B\flat^{0}$ F^{0} C^{0} G^{0} D^{0} A^{0} E^{0} B^{0}

드 코의 모노코드De Caus's Monochord

(Salomon de Caus, *Les raisons des forces mouvantes avec diverses machines*, Francfort, 1615, Book 3, Problem III)

$F\sharp^{-2}$ $C\sharp^{-2}$ $G\sharp^{-2}$ $D\sharp^{-2}$

D^{-1} A^{-1} E^{-1} B^{-1}

$B\flat^{0}$ F^{0} C^{0} G^{0}

케플러의 모노코드 1번Kepler's Monochord No. 1

(Johannes Kepler, *Harmonices Mundi*, Augsburg, 1619)

$$
\begin{array}{ccccccccc}
 & & E^{-1} & B^{-1} & F\sharp^{-1} & C\sharp^{-1} & G\sharp^{-1} \\
F^{0} & C^{0} & G^{0} & D^{0} & A^{0} & & \\
 & & E\flat^{+1} & B\flat^{+1} & & &
\end{array}
$$

(참고: $G\sharp^{-1}$은 바버에서 $G\sharp^{+1}$로 잘못 나타났다. 그러나 센트 값은 올바른 것이다.)

케플러의 모노코드 2번Kepler's Monochord No. 2

$$
\begin{array}{cccccc}
 & & E^{-1} & B^{-1} & F\sharp^{-1} & C\sharp^{-1} \\
F^{0} & C^{0} & G^{0} & D^{0} & A^{0} & \\
A\flat^{+1} & E\flat^{+1} & B\flat^{+1} & & &
\end{array}
$$

그림 5.11 요하네스 케플러(1571–1630)

메르센의 스피넷 튜닝 1번 Mersenne's Spinet Tuning No. 1

(Marin Mersenne, *Harmonie Universelle*, Paris, 1636–7)[16]

$$
\begin{array}{cccccccc}
 & & D^{-1} & A^{-1} & E^{-1} & B^{-1} \\
 & B\flat^{0} & F^{0} & C^{0} & G^{0} & \\
G\flat^{+1} & D\flat^{+1} & A\flat^{+1} & E\flat^{+1} & &
\end{array}
$$

메르센의 스피넷 튜닝 2번 Mersenne's Spinet Tuning No. 2

$$
\begin{array}{cccccc}
 & F\sharp^{-2} & C\sharp^{-2} & G\sharp^{-2} & D\sharp^{-2} \\
 & A^{-1} & E^{-1} & B^{-1} & \\
B\flat^{0} & F^{0} & C^{0} & G^{0} & D^{0}
\end{array}
$$

그림 5.12 프리드리히 빌헬름 마르푸르그(1718–1795)

16 메르센은 그림 3.6을 참조하라.

메르센의 류트 튜닝 1번[Mersenne's Lute Tuning No. 1]

D^{-1} A^{-1} E^{-1} B^{-1}

F^{0} C^{0} G^{0}

$G\flat^{+1}$ $D\flat^{+1}$ $A\flat^{+1}$ $E\flat^{+1}$ $B\flat^{+1}$

메르센의 류트 튜닝 2번[Mersenne's Lute Tuning No. 2]

A^{-1} E^{-1} B^{-1}

F^{0} C^{0} G^{0} D^{0}

$G\flat^{+1}$ $D\flat^{+1}$ $A\flat^{+1}$ $E\flat^{+1}$ $B\flat^{+1}$

마르푸르그의 모노코드 1번[Marpurg's Monochord No. 1]

(Friedrich Wilhelm Marpurg, *Versuch über die musikalische Temperatur*, Breslau, 1776)

$C\sharp^{-2}$ $G\sharp^{-2}$

A^{-1} E^{-1} B^{-1} $F\sharp^{-1}$

F^{0} C^{0} G^{0} D^{0}

$E\flat^{+1}$ $B\flat^{+1}$

(마르푸르그의 모노코드 2번은 케플러 모노코드와 같다.)

마르푸르그의 모노코드 3번[Marpurg's Monochord No. 3]

$C\sharp^{-2}$ $G\sharp^{-2}$

E^{-1} B^{-1} $F\sharp^{-1}$

$B\flat^{0}$ F^{0} C^{0} G^{0} D^{0} A^{0}

$E\flat^{+1}$

마르푸르그의 모노코드 4번[Marpurg's Monochord No. 4]

$F\sharp^{-2}$ $C\sharp^{-2}$ $G\sharp^{-2}$

D^{-1} A^{-1} E^{-1} B^{-1}

F^{0} C^{0} G^{0}

$E\flat^{+1}$ $B\flat^{+1}$

말콤의 모노코드Malcolm's Monochord

(Alexander Malcolm, *A Treatise of Musick*, Edinburgh, 1721)

A^{-1} E^{-1} B^{-1} $F\sharp^{-1}$
$B\flat^{0}$ F^{0} C^{0} G^{0} D^{0}
$D\flat^{+1}$ $A\flat^{+1}$ $E\flat^{+1}$

오일러의 모노코드Euler's Monochord

(Leonhard Euler, *Tentamen novœ theoriœ musicœ*, St. Petersburg, 1739)

$C\sharp^{-2}$ $G\sharp^{-2}$ $D\sharp^{-2}$ $A\sharp^{-2}$
A^{-1} E^{-1} B^{-1} $F\sharp^{-1}$
F^{0} C^{0} G^{0} D^{0}

몽발롱의 모노코드Montvallon's Monochord

(André Barrigue de Montvallon, *Nouveau système de musique sur les intervalles des tons et sur les proportions des accords*, Aix, 1742)

A^{-1} E^{-1} B^{-1} $F\sharp^{-1}$ $C\sharp^{-1}$ $G\sharp^{-1}$
$B\flat^{0}$ F^{0} C^{0} G^{0} D^{0}
$E\flat^{+1}$

로미유의 모노코드Romieu's Monochord

(Jean Baptiste Romieu, *Mémoire théorique & pratique sur les systèmes tempérès de musique*, Mémoires de l'académie royale des sciences, 1758)

$C\sharp^{-2}$ $G\sharp^{-2}$
A^{-1} E^{-1} B^{-1} $F\sharp^{-1}$
$B\flat^{0}$ F^{0} C^{0} G^{0} D^{0}
$E\flat^{+1}$

그림 5.13 레오나르드 오일러(1707–1783)

키른베르거 1 Kirnberger I

(Johann Phillip Kirnberger, *Construction der gleichschwebenden Temperatur*, Berlin, 1764)

$$\begin{array}{cccccccccccc} & & & & & A^{-1} & & E^{-1} & & B^{-1} & & F\sharp^{-1} \\ D\flat^{0} & A\flat^{0} & E\flat^{0} & B\flat^{0} & F^{0} & & C^{0} & & G^{0} & & D^{0} & \end{array}$$

루소의 모노코드 Rousseau's Monochord

(Jean Jacques Rousseau, *Dictionnaire de musique*, Paris, 1768)

$$\begin{array}{ccccccc} F\sharp^{-2} & & C\sharp^{-2} & & & & \\ & A^{-1} & & E^{-1} & & B^{-1} & \\ F^{0} & & C^{0} & & G^{0} & & D^{0} \\ & A\flat^{+1} & & E\flat^{+1} & & B\flat^{+1} & \end{array}$$

그림 5.14 콜린 브라운의 풍금. Science Museum/Science and Society Picture Library의 허가를 받고 첨부한다.

6.1절에서 다시 순정률로 돌아가 5보다 큰 소수를 사용해 만든 음계를 고려한다. 6.8절에서는 격자를 사용해 논의를 체계화하는 방법을 살펴보고 위의 음계들을 주기를 가지는 블록으로 해석한다.

연습문제

1. 이 절에서 설명한 순정률 중에서 몇 개를 선택해 다음의 단위로 음의 값을 계산하라.

(i) 센트

(ii) 주파수(C음 주파수의 배수)

2. 다음의 완전5도를 가지는 피타고라스 음계에서 $D^0-G\flat^0-A^0$, $A^0-D\flat^0-E^0$, $E^0-A\flat^0-B^0$가 D, A, E를 근음으로 가지는 순정 장3화음의 좋은 근사가 되는 것을 보여라.

$$G\flat^0 - D\flat^0 - A\flat^0 - E\flat^0 - B\flat^0 - F^0 - C^0 - G^0 - D^0 - A^0 - E^0 - B^0$$

이런 화음에서 3도음은 (센트 단위로) 얼마나 멀리 떨어져 있는가?

3. 콜린 보이스(1875)의 풍금을 그림 5.14에 나타냈다. 한 옥타브 정도의 건반 평면도를 그림 5.15에 나타냈다. 검은 건반과 흰색 건반의 대각선 방향의 행이 번갈아 가며 나

오며 각 검은 건반 왼쪽 상단 모서리에 있는 빨간 말뚝을 평면도에서 작은 원으로 표시했다. 이 건반은 순정률로 다양한 조를 연주하기 위한 것이다. 다음 음들에 해당하는 건반 위치를 찾아라.

(i) 순정 장3화음
(ii) 순정 단3화음
(iii) 순정 장음계
(iv) 신토닉 쉼표 차이가 나는 두 음
(v) 시스마 차이가 나는 두 음
(vi) 다이어시스 차이가 나는 두 음
(vii) 아포톰 차이가 나는 두 음

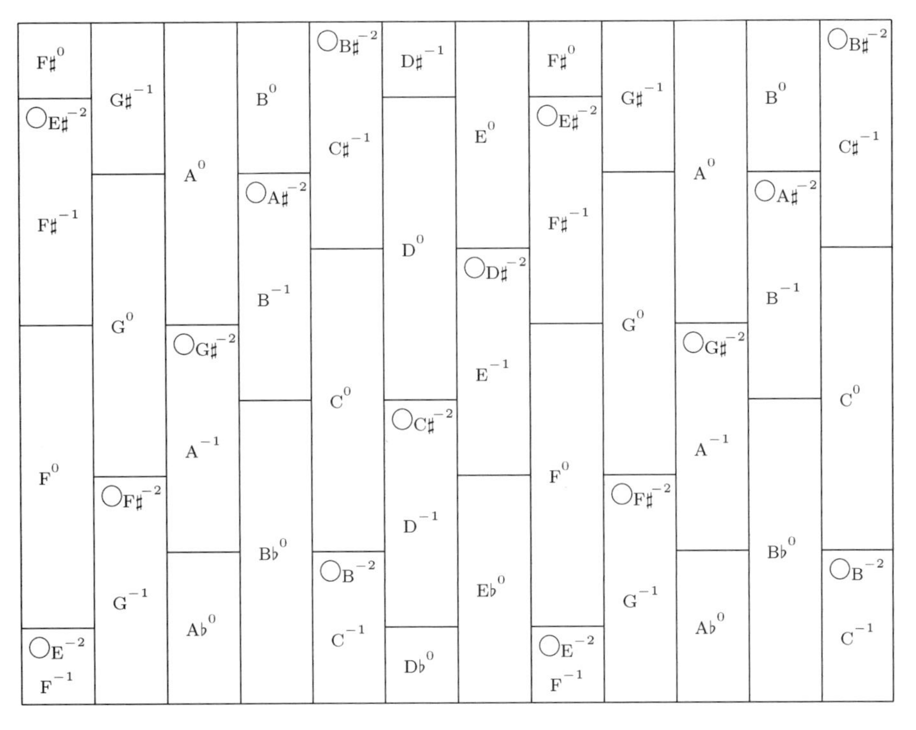

그림 5.15 콜린 브라운의 풍금 건반의 평면도

5.11 고전 화성

5.5절에서 소개한 순정 장음계는 고전 화성 이론에서 중요한 특정 화성 진행에서 문제가 발생한다. 장음계의 특정 음이 두 가지 다른 순정음 해석이 가능하고 화성 진행에서 한 순정음에서 다른 순정음으로 전환되기 때문이다. 이 절에서, 고전 화성 진행에 대해 설명하고[17] 어디서 문제가 발생하는지 조사한다.

우선 3화음의 이름에 대해서 설명한다. 대문자 로마 숫자는 주어진 음계의 장화음을, 소문자 로마 숫자는 단화음을 나타낸다. 예로서, 5.5절의 C장조의 순정 장음계에서 장화음 I, IV, V는 $C^0-E^{-1}-G^0$, $F^0-A^{-1}-C^0$, $G^0-B^{-1}-D^0$이다. 단화음 vi, iii은 $A^{-1}-C^0-E^{-1}$과 $E^{-1}-G^0-B^{-1}$이다. 음계의 두 번째 음을 기반으로 하는 3화음 $D^0-F^0-A^{-1}$에서 문제가 발생한다. D^0를 D^{-1}로 수정하면 순정 단화음이 된다. 이를 ii로 부르겠다.

고전 화성은 ii를 단3화음으로 사용하므로 장조 음계에서 D^0 대신 D^{-1}을 사용해야 했었다. 그러면 3화음 V가 $G^0-B^{-1}-D^{-1}$이 돼서 여전히 문제가 발생한다. 필요한 모든 3화음이 제대로 작동하는 순정 장음계는 불가능하다는 것을 보게 될 것이다. 이를 이해하기 위해 고전 화성 진행에 대해 먼저 설명한다.

설명은 끝부분부터 시작된다. 서구 음악의 대부분은 V–I 진행 또는 이것의 변형(V^7–I, vii^0–I)[18]을 음악의 종지로 사용한다. V–I 진행이 음악의 끝을 부여하는 이유는 아직 완전히 알 수 없지만, 하고 있는 것을 부정할 수는 없다. 많은 양의 음악이 번갈아 가며 나타나는 V와 I으로 구성돼 있다.

진행 V–I은 단독으로 사용하거나 여러 가지로 접근하는 방법이 있다. 5도 진행이 가장 일반적인 방법의 기초가 된다. 그래서 ii–V–I로 확장하고, vi–ii–V–I로 다시 확장할 수 있고 더 나아가 iii–vi–ii–V–I로 확장할 수 있다. 각각의 앞부분이 뒷부분에 비해 더 일반적으로 사용된다. 이제, 장조의 경우에 서구 음악의 가장 일반적인 화성 진행에 대한 차트를 얻을 수 있다.

---

17 여기서 사용한 '고전 화성'이라는 용어는 넓은 의미를 가진다. 클래식, 낭만주의, 바로크 음악뿐 아니라, 서양 문화의 록, 재즈, 포크 음악을 포함한다.

18 vii^0 표기에서 상첨자 0은 2개의 단3도 음정을 가지는 "감쇠 3화음(diminished triad)"을 나타낸다. 에이츠 쉼표 표기법과는 관련 없는 것이다.

$$[\text{iii}] \rightarrow [\text{vi}] \rightarrow \begin{bmatrix} \text{IV} \\ \downarrow \\ \text{ii} \end{bmatrix} \rightrightarrows \begin{bmatrix} \text{vii}^0 \\ \\ \text{V} \end{bmatrix} \rightrightarrows \text{I}$$

그러고 나서 음악을 끝내거나, I에서 임의의 다른 3화음으로 다시 돌아갈 수 있다. 나름 흔한 예외는 iii에서 IV로, IV에서 I로, V에서 vi으로 도약하는 것이다.

이제, 위의 차트에서 다음의 전형적인 진행 하나를 선택해 순정률로 해석해보자.

I–vi–ii–V–I

한 가지 간단한 규칙을 정하자. 온음계diatonic scale의 음이 인접한 두 개 화음에 나타나면 같은 순정률 해석을 하기로 한다. 그래서 I가 $C^0–E^{-1}–G^0$이면, vi는 $A^{-1}–C^0–E^{-1}$로 해석해야 한다. C와 E가 두 3화음에 공통이기 때문이다. 그래서 A가 공통이기 때문에 ii는 $D^{-1}–F^0–A^{-1}$이 된다. 결국 V는 $G^{-1}–B^{-2}–D^{-1}$이 된다. ii와 D가 공통이기 때문이다. 마지막 끝에 있는 I는 V와 G가 공통이기 때문에 $C^{-1}–E^{-2}–G^{-1}$이 돼야 한다. 시작했을 때보다 한 신토닉 쉼표 아래가 된다.

그림 5.16 모차르트, 소나타(K. 333), 3악장, 도입부

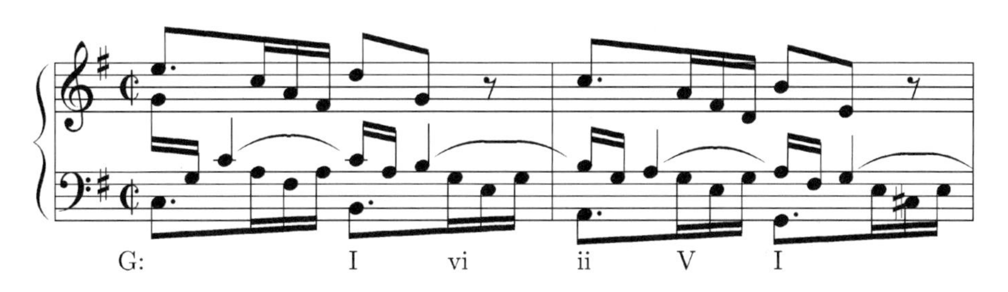

그림 5.17 바흐, "파르티타 5번, 지그", 23–24마디

같은 문제를 주파수 비율 관점에서 풀어보자. 2번째 화음에서 A는 기준이 되는 C음 주파수의 $\frac{5}{3}$이고, 3번째 화음에서 D는 A의 $\frac{2}{3}$이다. 4번째 화음에서 G는 D의 $\frac{4}{3}$이며 마지막 화음에서 C는 G의 $\frac{2}{3}$이다. 결국 마지막 C의 주파수는 처음 C의 주파수와 다음의 배율을 가진다.

$$\frac{5}{3} \times \frac{2}{3} \times \frac{4}{3} \times \frac{2}{3} = \frac{80}{81}$$

다음의 화음 진행에서도 한 신토닉 쉼표만큼 하향 표류가 발생한다.

I–IV–ii–V–I,

I–iii–vi–ii–V–I

그림 5.16에서 5.20은 실제 음악에서 나타난 예를 보여준다. 이것들은 거의 무작위로 선택된 것이다.

다음에 설명하는 가온음률에서는 음을 순정음에서 조금 벗어나게 해서 신토닉 쉼표의 문제를 해결한다. 쉼표가 균등하게 퍼질 수 있도록 관련된 네 개의 완전5도음을 쉼표의 4분의 1만큼 내린다.

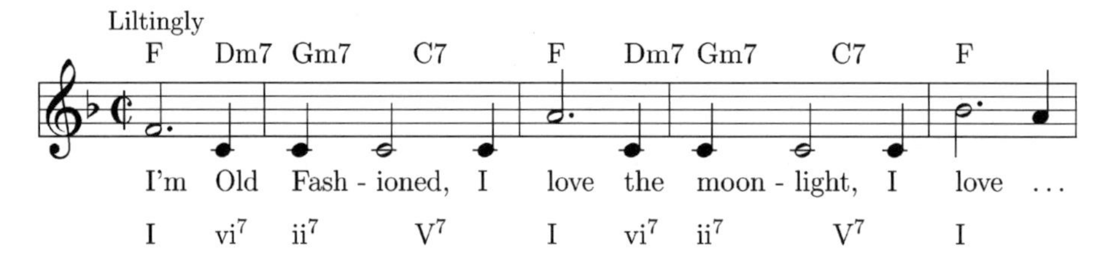

그림 5.18 "I'm Old Fashioned(1942)." Music by Jerome Kern, words by Johnny Mercer

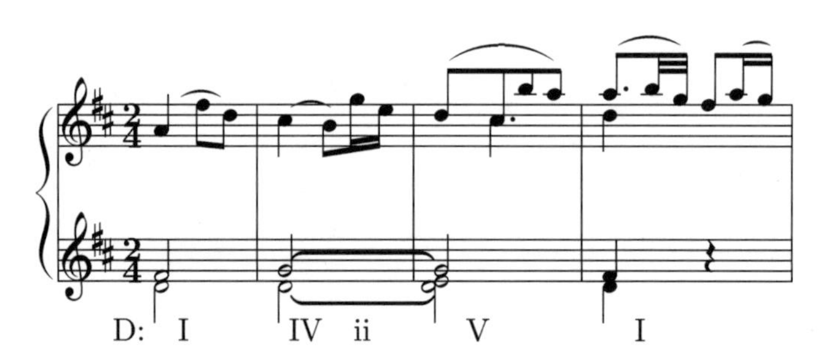

그림 5.19 모차르트, 환상곡(K. 397), 55–59마디

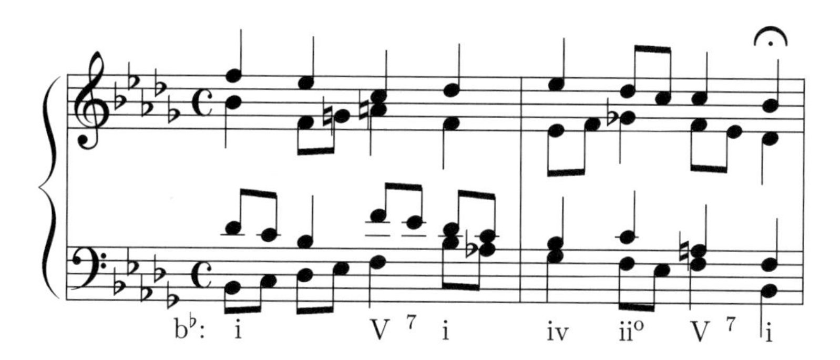

그림 5.20 단조의 예: 바흐, "Jesu, der du meine Seele"

해리 파취는 Partch(1974)의 11장 끝부분에서 신토닉 쉼표 문제를 길게 논의한다. 그는 역사적으로 채택된 것과는 다른 결론에 도달한다. 즉, 위에서 언급한 화성 진행이 순정률로 연주할 때 좋은 소리가 나기 위해서 (C장조의) 두 번째 음을 ii에서는 D^{-1}로, V에서는 D^{0}로 연주하면 된다는 것이다. 이것은 "같은 음"을 연속되는 3화음에서 두 가지로 다르게 연주해도 화성 진행의 감각을 잃지 않는다는 것을 의미한다.

5.12 가온음률

5.8절 연습문제 2의 보기나 5.11절의 논의에서 다양한 쉼표 차이가 나는 두 음을 같은 음으로 보고자 하는 바람으로 발생하는 문제를 희석하기 위해 피타고라스 음계나 순정 음계를 조정한 음계를 **조정음계**tempered scale라 한다.

가온음률은 조정음계의 한 종류인데, 장3도를 더 좋게 만들기 위해 완전5도를 (신토닉) 쉼표의 일부만큼 조정한 것이다.

고전 가온음계 또는 1/4-쉼표 가온음계로 부르는 가장 흔한 가온음률은 장3도를 5:4의 비율로 하고, 나머지 음은 같도록 내삽interplation한 것이다. 그래서 C–D–E는 $1:\sqrt{5}/2:5/4$가 되며 F–G–A와 G–A–B도 마찬가지이다. 이제 남은 것은 반음 두 개이고, 이들은 서로 같도록 한다. 비율 $\sqrt{5}/2:1$인 5개의 음정과 두 개의 반은 옥타브 2:1을 형성하므로 반음의 비율은 다음이 된다.

$$\sqrt{2/(\sqrt{5}/2)^5} : 1 = 8 : 5^{\frac{5}{4}}$$

최종적으로 구한 음계는 다음이다.

음	도	레	미	파	솔	라	시	도
비율	1:1	5:2	5:4	$2:5^{\frac{1}{4}}$	$5^{\frac{1}{4}}:1$	$5^{\frac{3}{4}}:2$	$5^{\frac{5}{4}}:4$	2:1
센트	0.000	193.157	386.314	503.422	696.579	889.735	1082.892	1200.000

이 음계에서는 5도가 더 이상 완전5도가 되지 못한다.

고전 가온계를 이해하는 다른 방식은 각각의 오도를 피타고라스 값에 비해 정확하게 1/4 쉼표 좁게 조정해 장3도가 정확한 값을 갖게 하는 것이다. 그래서 C에서 시작해서 G는 피타고라스 값보다 1/4 쉼표 낮은 값이며, D는 1/2 쉼표, A는 3/4 쉼표 낮아지며 최종적으로 E는 피타고라스 장3도에 비해 한 쉼표 낮아지게 된다. 이것이 정확한 순정 장3도이다. 이런 식으로 계속하면 B는 피타고라스 값에 비해 5/4 쉼표 낮아진다. 그리고 F는 피타고라스 4도에 비해 1/4 쉼표 높아진다.

다음은 에이츠 표기법에서 나타낸 고전 가온음계이다.

$$C^{0}-D^{-\frac{1}{2}}-E^{-1}-F^{+\frac{1}{4}}-G^{-\frac{1}{4}}-A^{-\frac{3}{4}}-B^{-\frac{5}{4}}-C^{0}$$

이것을 배열 표기법으로 나타내면 다음이 된다.

$$\begin{array}{cccccccc} & E^{-1} & & B^{-\frac{5}{4}} & & & & \\ C^{0} & & G^{-\frac{1}{4}} & & D^{-\frac{1}{2}} & & A^{-\frac{3}{4}} & & E^{-1} \\ & & & & & F^{+\frac{1}{4}} & & C^{0} & \end{array}$$

같은 원칙에 따라서 12음계(또는 그 이상)의 나머지 음을 결정하면 가온음계를 완성할 수 있다. 1/4 쉼표로 조정된 5도를 이용해 각 방향으로 얼마나 멀리까지 적용할 것인가가 남은 유일한 문제이다. Barbour(1951)에서 인용한 몇 가지 예는 다음과 같다.

아론의 순정음률 Aaron's Meantone Temperament

(Pietro Aaron, *Toscanello in Musica*, Venice, 1523)

$$C^{0}\ C\sharp^{-\frac{7}{4}}\ D^{-\frac{1}{2}}\ E\flat^{+\frac{3}{4}}\ E^{-1}\ F^{+\frac{1}{4}}\ F\sharp^{-\frac{3}{2}}\ G^{-\frac{1}{4}}\ A\flat^{+1}\ A^{-\frac{3}{4}}\ B\flat^{+\frac{1}{2}}\ B^{-\frac{5}{4}}\ C^{0}$$

순정률을 위한 기벨리우스의 모노코드Gibelius' Monochord for Meantone Temperament

(Otto Gibelius, *Propositiones mathematico-musicæ*, Münden, 1666) 음 두 개를 제외하고는 앞의 내용과 같다.

$$C^{0}\ C\sharp^{-\frac{7}{4}}\ D^{-\frac{1}{2}}\ D\sharp^{-\frac{9}{4}}\ E\flat^{+\frac{3}{4}}\ E^{-1}\ F^{+\frac{1}{4}}\ F\sharp^{-\frac{3}{2}}\ G^{-\frac{1}{4}}\ G\sharp^{-2}\ A\flat^{+1}\ A^{-\frac{3}{4}}\ B\flat^{+\frac{1}{2}}\ B^{-\frac{5}{4}}\ C^{0}$$

이 음계를 다음의 배열 표기법으로 나타낼 수 있다.

$$\begin{array}{ccccccccccc}
 & & & (G\sharp^{-2}) & & (D\sharp^{-\frac{9}{4}}) & & & & & \\
 & & E^{-1} & & B^{-\frac{5}{4}} & & F\sharp^{-\frac{3}{2}} & & C\sharp^{-\frac{7}{4}} & & (G\sharp^{-2}) \\
 & C^{0} & & G^{-\frac{1}{4}} & & D^{-\frac{1}{2}} & & A^{-\frac{3}{4}} & & E^{-1} & \\
A\flat^{+1} & & E\flat^{+\frac{3}{4}} & & B\flat^{+\frac{1}{2}} & & F^{+\frac{1}{4}} & & C^{0} & &
\end{array}$$

여기에서 오른쪽 끝은 왼쪽 끝과 같은 것으로 여길 수 있다. 그래서 음표는 그림 5.21과 원통 위에 놓인 것으로 생각할 수 있다. 원통을 한 바퀴 돌 때 1/4 쉼표 조정을 네 번 한다.

따라서 신토닉 쉼표는 처리돼 어느 정도의 전조轉調, modulation는 가능하다. 피타고라스 쉼표는 아직 처리되지 않아서 오도권 전체에 대한 전조는 아직 가능하지 않다. 실제로 이 명동음 $A\flat^{+1}$과 $G\sharp^{-1}$의 차이는 3 신토닉 쉼표 빼기 1 피타고라스 쉼표, 즉 128:125의 비율, 41.059센트이다. 이 음정은 큰 디에시스라 하며 반음의 절반 정도이며 귀로 매우 잘 인식할 수 있다. 가온음계에서 C♯과 A♭ 사이의 불완전한 5도를 (또는 위치에 상관없이) 늑대[19] 음정이라 한다. 6.5절에서 늑대5도를 해결하는 한 가지 방법으로 한 옥타브에 12음이 아닌 31음을 사용하는 것을 소개한다.

---

19 이것은 첼로와 같은 현악기의 "늑대" 음과는 관련 없다. 현악기에서는 악기 본체의 공명과 관련된 문제이다.

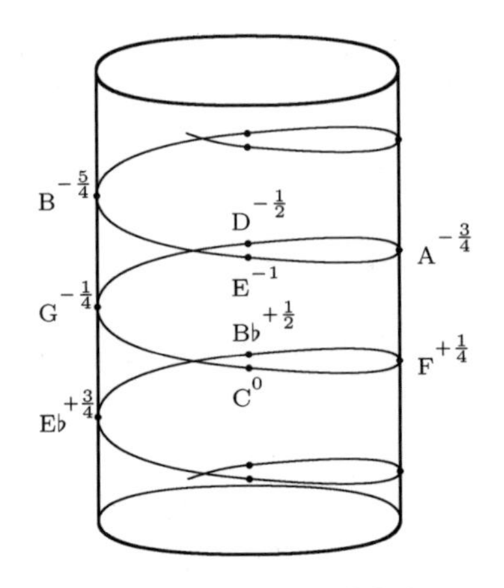

그림 5.21 원통 위의 가온음계

앞에서 설명한 것은 가장 일반적인 가온음계이지만 쉼표를 다른 방식으로 배분한 다른 형태도 있다. 일반적으로 α-쉼표로 조정한 가온음률은 다음을 나타낸다.

$$\begin{array}{ccccccccccccc} & E^{-4\alpha} & & B^{-5\alpha} & & F\sharp^{-6\alpha} & & C\sharp^{-7\alpha} & & G\sharp^{-8\alpha} & \\ C^{0} & & G^{-\alpha} & & D^{-2\alpha} & & A^{-3\alpha} & & E^{-4\alpha} & & \\ & E\flat^{+3\alpha} & & B\flat^{+2\alpha} & & F^{+\alpha} & & C^{0} & & & \end{array}$$

특별한 언급이 없으면 '가온음 조정'은 $\alpha = \frac{1}{4}$인 경우를 의미한다. 다음 표는 다양한 α값과 연관된 이름들이다.

0	Pythagoras	
$\frac{1}{7}$	Romieu	(1755); Mémoire théorique et pratique sur les systèmes tempérés de musique, Paris, 1758
$\frac{1}{6}$	Silbermann	Sorge, Gespräch zwischen einem Musico theoretico und einem Studioso musices, Lobenstein, 1748, p. 20
$\frac{1}{5}$	Abraham Verheijen, Lemme Rossi	Simon Stevin, Van de Spiegeling der Singconst, c. 1600 Sistema musico, Perugia, 1666, p. 58
$\frac{2}{9}$	Lemme Rossi	Sistema musico, Perugia, 1666, p. 64
$\frac{1}{4}$	Aaron/Gibelius/Zarlino/. . .	Aaron, 1523. . .
$\frac{2}{7}$	Gioseffo Zarlino	Istitutioni armoniche, Venice, 1558
$\frac{1}{3}$	Francisco de Salinas	De musica libri VII, Salamanca, 1577

예로서, 자를리노Zarlino의 $\frac{2}{7}$ 쉼표 가온음 조정은 다음과 같다.

$$\begin{array}{ccccccccccc} & E^{-\frac{8}{7}} & & B^{-\frac{10}{7}} & & F\sharp^{-\frac{12}{7}} & & C\sharp^{-2} & & G\sharp^{-\frac{16}{7}} & \\ C^0 & & G^{-\frac{2}{7}} & & D^{-\frac{4}{7}} & & A^{-\frac{6}{7}} & & E^{-\frac{8}{7}} & & \\ & E\flat^{+\frac{6}{7}} & & B\flat^{+\frac{4}{7}} & & F^{+\frac{2}{7}} & & C^0 & & & \end{array}$$

피타고라스 음계는 $\alpha = 0$에 해당하고, (5.14절의) 12음 평균율은 $\alpha = \frac{1}{11}$에 가까운 값에 해당한다. 그러므로 이 둘은 가온음률의 (음 높이의 관점에서) 양쪽의 극단적인 형태로 볼 수 있다. 다양한 종류의 가온음계에서 3도와 5도가 순정값에서 벗어난 정도를 보여주는 다이어그램이 부록 E에 나와 있다.

가온음 조정이라는 이름을 붙이기 위해서는 5도 크기의 이름만 있으면 충분하다는 것이 가온음 조정을 이해하는 좋은 방법이다. 여기서는 완전5도를 α 쉼표 만큼 좁게 하는 크기의 이름을 사용했다. 5도의 크기를 알면 나머지 모든 음정은 이 크기의 배수와 옥타브 축소로 얻을 수 있다. 그래서 5도가 가온음률을 생성한다는 표현을 한다. 모든 가온음률에서는 늑대가 나타나기 전까지는 모든 음이 다른 음과 순정처럼 들린다.

연습문제

1. 살리나스Salinas의 1/3 쉼표 가온음계는 순수 단3도를 만든다. 늑대5도의 크기를 계산하라.
2. 5도, 장3도, 단3도의 값과 순정값의 제곱 평균 오차를 최소화하기 위해서는 가온음률은 무엇인가?
3. 웹사이트 midiworld.com/mwbyrd.htm에서 존 산키가 만든 윌리엄 비르드의 키보드 음악의 MIDI 파일을 몇 개 들어보라. 이것은 1/4 쉼표 가온음률로 돼 있다.
4. 찰스 루시는 존 하르손John Harrson(1693–1776)이 제안한 음률을 좋아한다. 여기서는 5도를 $2^{\frac{1}{2}+\frac{1}{4\pi}}$:1로, 장3도를 $2^{\frac{1}{\pi}}$:1로 조율한다. 이것이 5도가 $\frac{3}{10}$쉼표로 조정된 가온음계와 비슷하다는 것을 보여라. 찰스의 웹사이트는 www.harmonics.com/lucy/이다.
5. 가온음계에서 옥타브는 완전 옥타브를 사용했다. 옥타브를 $\frac{1}{6}$쉼표 늘리고, 5도를 $\frac{1}{6}$ 쉼표 줄여서 구한 음계를 조사해보라. 이 음계에서 장3도와 단3도는 순정값에서 몇 센트 벗어나 있는가? 이 음률의 장음계에 대한 음을 센트 값으로 계산하라.

읽을거리(부록 G 참조)

Jacques Champion de Chambonnières, *Piéces pour Clavecin*, 1/4 쉼표 가온음계로 조율된 하프시코드를 이용해 프랑수아즈 른젤레Françoise Lengellé가 연주했다.

Heinrich Ignaz Franz von Biber, *Violin Sonatas*, Romanesca, Harmonia Mundi (1994, reissued 2002). 1/4 쉼표 가온음계로 조율한 악기로 녹음했다.

Jane Chapman, *Beau Génie: Piéces de Clavecin from the Bauyn Manuscript, Vol. I*. 1/4 쉼표 가온음계로 조율된 하프시코드로 녹음했다.

Jean-Henry d'Anglebert, *Harpsichord Suites and Transcriptions*, 1/4 쉼표 가온음계로 조율된 하프시코드로 바이런 쉥크만Byron Schenkman이 연주했다.

Johann Jakob Froberger, *The Complete Keyboard Works*, Richard Egarr, harpsichord and organ. 이 작품집의 오르간은 1/5 쉼표 가온음계, 하프시코드는 1/4 쉼표 가온음계로 조율했다.

The Katahn/Foote recording, *Six Degrees of Tonality*. 여기에는 모차르트 "환상곡"(K. 397)을 평균율, 가온음률, 프렐러의 불규칙 음률로 비교한 트랙이 있다.

Edward Parmentier, *Seventeenth Century French Harpsichord Music*. 1/3 가온음률로 녹음했다.

Aldert Winkelman, *Works by Mattheson, Couperin and Others*. 이 음반에 1/4 쉼표 가온음률로 연주한 루이스 쿠페린Louis Couperin과 고틀립 무파트Gottlieb Muffat의 작품이 있다.

오르간은 요즘에도 1/4 쉼표 가온음계로 조율해 만든다. 미국 메사추세츠 웰슬리 대학교의 피스크 오르간은 1/4 쉼표 가온음계로 조율했다. 이 오르간에 관해 상세한 것은 www.wellesley.edu/Music/facilities.html을 참조하라. 버나드 라가세Bernard Lagacé는 이 오르간을 이용해 다양한 작곡자의 작품을 CD로 녹음했다.

존 브롬보John Brombaugh는 1964년에서 1967년까지 프리츠 노악Fritz Noack과 찰스 피스크Charles Fisk와 도제 생활을 같이 했고, 1/4 쉼표 가온음률의 오르간을 다수 제작했다. 그 중에서 듀크대학교, 오베린대학교, 서던대학교, 스웨덴 예테보리의 하가 교회의 오르간이 있다.

가온음계로 조율된 현대 오르간의 다른 예로서 캐나다 토론토대학교 녹스 칼리지 예배당에 있는 헬무트 울프Hellmuth Wolf 오르간이 있다.

5.13 불규칙 음률

불규칙 음률iregular temperament, 순환 음률circulating temperament, 정조정음계well tempered scale[20]는 모두 가온음계를 변형해 다시 만나게 해 늑대5도를 제거한 음계를 가리킨다. 그래서 12개 조의 연주가 웬만큼 가능하다. 이것은 늑대5도에 가까운 오도권의 극단에 있는 음높이를 변형해 늑대음을 여러 개의 5도에 배분하는 것을 의미한다. 이 효과로 각각의 5도는 웬만큼 참을 만하다.

역사적으로, 불규칙 음률은 17세기에 (51.2절의) 가온음률을 대체하거나 같이 사용했고 (5.14절의) 평균율이 자리 잡기 전 적어도 2세기 동안 사용됐다.

평균율 클레비어 곡집Well Tempered Clavier[21]의 48개의 전주곡과 푸가에서 볼 때, 바흐는 가온음률보다는 모든 조가 웬만큼 만족스럽게 조율이 되는 불규칙 음률을 사용한 것 같다.[22]

이런 종류의 음률의 전형적인 예는 베르크마이스터Werckmeister가 자주 사용한 음률이다. 일반적으로 베르크마이스터 III이라 하고(Barbour(1951)는 베르크마이스터의 바른 조정 1번[23]이라고 했다) 다음과 같다.

베르크마이스터 III(바른 조정 1번)

(Andreas Werckmeister, *Musicalische Temperatur* Frankfort and Leipzig, 1691; 루돌프 로쉬의 논평과 함께 디아파슨 출판사가 1986년에 재인쇄)

---

20 "well tempered"를 일반적으로 평균율로 번역한다. 그러나 이 책의 저자는 "well tempered"와 평균율인 "equal temperament"를 구별하고 있다. 그래서 "well tempered"를 "정조정"으로 번역해 구별한다. – 옮긴이

21 Well Tempered가 평균율이 아닌 것으로 이 책에서 사용하고 있지만, 바흐의 작품에 대한 한글 제목이 평균율로 통용되고 있기에 이를 따랐다. "평균율 클레비어 곡집"의 한글 위키 백과에 "바흐가 썼던 음률이 평균율이라고 여겨졌으나 다른 음률이었다고 주장하는 학자들도 있다"라는 문구가 있다. 그러므로 조율에 매우 엄밀한 이론가를 제외한 대부분의 음악가들은 "well tempered"를 평균율로 생각하는 것 같다. – 옮긴이

22 바흐가 "평균율 클레비어 곡집"을 평균율로 연주하기 원했다는 것은 잘못된 생각이다. 바흐는 분명히 평균율을 알고 있었다. 그러나 선호하지는 않았다. 역사적으로 48개의 전주곡과 푸가는 이 절에서 설명하는 종류의 불규칙 음률을 의도했던 것이 더 가능성 있다(바흐가 평균율을 의도했다는 증거 또한 있다. Rudolf A. Rasch, "Does 'Well-tempered' mean 'Equal-tempered'?", in Williams(ed.), "Bach, Händel, Scarlatti Tercentenary Essays", Cambridge University Press, 1985, pp. 293–310.을 참조하라.

23 베르크마이스터 I은 일반적으로 순정률을 나타내며, 베르크마이스터 II는 고전 가온음률을 나타낸다. 베르크마이스터 IV와 V는 이 절의 뒷부분에서 설명한다. 베르크마이스터 VI, 즉 "셉테나리우스(septenarius)"로 알려진 조정도 있는데, 이는 현을 196개의 동일한 부분으로 나누는 것을 기반으로 한다. 이 음계는 비율 1:1, 196:186, 196:176, 196:165, 196:156, 4:3, 196:139, 196:131, 196:124, 196:117, 196:1610, :104, 2:1을 가진다.

$$
\begin{array}{cccccccccc}
 & E^{-\frac{3}{4}p} & & B^{-\frac{3}{4}p} & & F\sharp^{-1p} & & C\sharp^{-1p} & & G\sharp^{-1p} \\
C^{0} & & G^{-\frac{1}{4}p} & & D^{-\frac{1}{2}p} & & A^{-\frac{3}{4}p} & & E^{-\frac{3}{4}p} & \\
 & E\flat^{0} & & B\flat^{0} & & F^{0} & & C^{0} & &
\end{array}
$$

이 조정은 (신토닉 쉼표가 아니라) 피타고라스 쉼표를 C–G–D–A–B–F♯의 5도에 균등하게 분포한다. 이것을 표기하기 위해 수정된 에이츠 표기법을 사용한다. 'p'를 이용해 신토닉 쉼표가 아닌 피타고라스 쉼표를 나타낸다. 5.14절에서 설명한 $p = \frac{12}{11}$이라는 근사를 사용하면 쉽게 생각할 수 있다. 예로서, $E^{-\frac{3}{4}p}$는 결국 $E^{-\frac{9}{11}}$가 된다. $A\flat^{0}$는 $G\sharp^{-1p}$와 같게 되는 것에 주의하면 이런 조정을 하면 오도권이 적절하게 결합한다. 사실, 위의 조정은 이런 성질을 가지는 첫 번째 조정이다.

위의 것과 또 다른 불규칙 조율에서는 조에 따라 다른 소리 특징을 가진다. 일부 음은 가깝게 들리고 다른 음들은 멀리 들린다. 이것은 평균율에서도 같은 것이 성립한다는 현대적인 미신을 설명할 수도 있다.[24]

---

24 이것이 정말로 사실이라면 모차르트 시대와 우리 시대 사이에 거의 반음의 음높이 변화가 결과적인 다른 분위기를 만들텐데, 이는 말이 안 되는 것처럼 보인다. 사실, 이 주장은 실제로 건반 악기에만 적용된다. 평균율에서 현악기와 관악기가 다른 조에 다른 특성을 부여하는 것은 여전히 가능하다. 예를 들어, 바이올린의 열린 현의 음표와 정지된 현의 음표의 특성은 다르다. 모차르트와 다른 작곡자들은 현악기의 비전형적인 조율을 포함한 변칙 조율(scordatura, 이탈리아어 scordare, 잘못 조율된) 기술로 이런 차이를 이용했다. 잘 알려진 예는 솔로 비올라의 모든 현이 반음 더 높게 조율된 모차르트의 "신포니아 콘체르탄테(Sinfonia Concertante)"이다. 오케스트라는 E♭로 부드럽게 연주하면, 비올라 솔로는 D로 연주해 더 선명한 소리가 난다.

(마르쿠스 린켈만이 사적인 대화에서 나에게 알려준) 더 충격적인 예는 슈베르트의 피아노를 위한 G♭장조의 즉흥곡 3번이다. 같은 곡을 현대 피아노에서 G장조로 연주해도 느낌이 매우 다르다. 이 경우에는 운지법에 따른 문제일 수도 있다.

C장조 완전 순수함. 특성은 정직, 단순, 순진, 아이들의 말투다.

C단조 사랑의 선언과 동시에 불행한 사랑에 대한 탄식. 사랑하는 영혼이 시들고, 갈망하고, 탄식하는 것이 이 조에 있다.

D♭장조 슬픔과 황홀로 퇴화되는 조바심의 조. 크게 웃을 수는 없지만 미소지을 수는 있다. 통곡할 수는 없지만 적어도 찡찡거리며 울 수는 있다. 결국, 이 조에서 특이한 특성과 감정만을 끌어낼 수 있다.

C♯단조 참회하는 탄식, 삶의 친구이자 배우자인 하느님과의 친밀한 대화. 실망한 우정과 사랑의 한숨이 그 반경에 있다.

D장조 승리의, 할렐루야의, 전쟁 외침의, 승리의 기쁨의 조. 따라서 초대 교향곡, 행진곡, 성탄절 노래 및 하늘을 기쁘게 하는 합창은 이 조로 작곡된다.

D단조 우울한 여성스러움, 비장과 유머가 깃들어 있다.

E♭단조 영혼의 가장 깊은 고통, 우울한 절망, 가장 암울한 우울, 가장 우울한 상태에 대한 불안. 모든 두려움, 떨리는 마음의 모든 망설임이 끔찍한 E♭단조에서 숨 쉬고 있다. 유령이 말을 할 수 있다면 그 말은 이 조와 비슷할 것이다.

E♭장조 사랑의, 헌신의, 하느님과 친밀한 대화의 조. (1789년 오일러에 의하면) 세 개의 반음은 신성한 삼위일체를 표현한다.

E장조 기쁨의 시끄러운 소리, 웃음의 기쁨, 아직 완성되지 않은 완전한 기쁨이 E장조에 있다.

E단조 순진하고, 여성적이며, 순진한 사랑의 선언, 투덜거리지 않고 한탄. 약간의 눈물을 동반한 한숨. 이 조는 C장조의 순수한 행복으로 해결되는 임박한 희망을 말한다. 본질적으로 단 하나의 색을 가지므로 흰색 옷을 입고 가슴에 장미빛 리본을 한 처녀와 비교할 수 있다. 이 조에서 형언할 수 없는 매력의 한걸음을 나아가면 마음과 귀가 가장 완벽한 만족을 찾는 다장조의 기본 키로 다시 돌아간다.

불규칙 음률로 작곡한 흥미로운 예는 바흐의 "토카타 F♯단조"(BWV910)의 109ff마디이다. 여기서는 본질적으로 같은 악구phrase를 전조해 연속 20번을 반복한다. 평균율이나 가온음률에서는 이런 것이 단조롭게 들리겠지만, 불규칙 조정 음률에서는 각 음구가 미묘하게 다른 느낌을 준다.

12개의 5도에 쉼표를 불균등하게 분배하는 이유는 가장 일반적으로 사용되는 키에서 5도와 장3도가 순정음에 매우 가깝도록 하기 위해서다. 결과로 더 "멀리 떨어진" 조에서 장3도가 조금 더 높아진다. 예를 들어, 베르크마이스터 III에서 C와 F에서 3도는 약 4센트 정도 높은 반면에 C♯과 F♯에서 3도는 약 22센트 높게 된다. 비슷한 의도를 가진 불규칙 조정음계의 다른 예를 다음에 나열한다. Asselin(1997), Barbour(1951) 및 Devie(1990)에서 인용한 것이다.

F장조 만족과 침착.

F단조 깊은 우울, 장례의 애도, 비참한 신음, 무덤에 대한 그리움.

G♭장조 어려움을 이겨내고 장애물을 넘었을 때 내뱉는 자유로운 안도의 한숨. 치열하게 투쟁하고 마침내 정복한 영혼의 메아리에 이 조를 사용할 수 있다.

F♯단조 우울한 조. 개가 드레스를 물어뜯는 것처럼 열정을 끌어당긴다. 분개와 불만을 표현한다. 실제로 자신의 위치를 좋아하지 않는 것 같다. 따라서 A장조의 고요함이나 D장조의 의기양양한 행복에 항상 시들하다.

G장조 소박하고 목가적이며 서정적인 모든 것, 모든 고요하고 만족스러운 열정, 진정한 우정과 충실한 사랑에 대한 부드러운 감사. 한마디로 마음의 부드럽고 평화로운 모든 감정이 이 조로 정확하게 표현된다. 이 가벼움으로 인해 오늘날 이토록 크게 소홀히 취급되는 것이 얼마나 안타까운가?

G단조 불만, 불안, 실패한 계획에 대한 걱정. 치아를 심하게 갉아먹는 소리. 한마디로 원망과 혐오.

A♭장조 무덤의 조. 죽음, 무덤, 부패, 심판, 영원이 그 반경 안에 있다.

G♯단조 투덜거리는 사람, 숨 막히듯 가슴이 답답하다. 높은 음으로 날카롭게 탄식하는 통곡, 힘든 투쟁. 한마디로 이 조의 색깔은 어려움을 겪는 모든 것이다.

A장조 이 조는 순진한 사랑의 선언, 자신의 상태에 대한 만족, 헤어질 때 사랑하는 사람을 다시 만날 수 있다는 희망, 젊음의 쾌활함과 하나님에 대한 신뢰를 나타낸다.

A단조 경건한 여성스러움과 부드러움.

B♭장조 밝은 사랑, 깨끗한 양심, 희망, 더 나은 세상을 향한 열망.

B♭단조 종종 밤의 의복을 입은 기이한 생물. 다소 퉁명스러우며, 유쾌한 경우는 거의 없다. 하나님과 세상을 조롱한다. 자신과 모든 것에 불만이 있다. 이 조에 자살을 준비하는 소리가 있다.

B장조 강렬한 색상, 가장 눈부신 색상으로 구성된 거친 열정을 표현한다. 분노, 분노, 질투, 분노, 절망을 포함한 마음의 모든 감정이 이 영역에 있다.

B단조 인내의 열쇠, 운명을 기다리는 고요함, 신성한 섭리에 복종하는 조다. 따라서 애도는 매우 온화해서 공격적인 중얼거리거나 흐느끼는 일이 전혀 없다. 악기에서 이 조를 사용하는 것은 다소 어렵다. 따라서 이 조를 명시적으로 설정한 작품은 거의 없다.

– 조의 특성. 1784년 작성, 1806년 출판, 리타 스테블린이 번역한 Christian Schubart, "Ideen zu einer Aesthetik der Tonkunst"에서.

메르센느의 향상된 가온음률 1번 Mersenne's Improved Meantone Temperament, No. 1

(Marin Mersenne: *Cogitata physico-mathematica*, Paris, 1644)

$$\begin{array}{ccccccccc} & E^{-1p} & & B^{-\frac{5}{4}p} & & F\sharp^{-\frac{3}{2}p} & & C\sharp^{-\frac{7}{4}p} & & G\sharp^{-2p} \\ C^{0} & & G^{-\frac{1}{4}p} & & D^{-\frac{1}{2}p} & & A^{-\frac{3}{4}p} & & E^{-1p} & \\ & E\flat^{+\frac{1}{4}p} & & B\flat^{+\frac{1}{4}p} & & F^{+\frac{1}{4}p} & & C^{0} & & \end{array}$$

벤델러의 조정 1번 Bendeler's Temperament, No. 1

(P. Bendeler, *Organopoeia,* Frankfurt, 1690; 2nd. ed. Frankfurt & Leipzig, 1739, p. 40)

$$\begin{array}{ccccccccc} & E^{-\frac{2}{3}p} & & B^{-\frac{2}{3}p} & & F\sharp^{-p} & & C\sharp^{-p} & & G\sharp^{-p} \\ C^{0} & & G^{-\frac{1}{3}p} & & D^{-\frac{2}{3}p} & & A^{-\frac{2}{3}p} & & E^{-\frac{2}{3}p} & \\ & E\flat^{0} & & B\flat^{0} & & F^{0} & & C^{0} & & \end{array}$$

벤델러의 조정 2번 Bendeler's Temperament, No. 2

(Bendeler, 1690/1739, p. 42)

$$\begin{array}{ccccccccc} & E^{-\frac{2}{3}p} & & B^{-\frac{2}{3}p} & & F\sharp^{-\frac{2}{3}p} & & C\sharp^{-p} & & G\sharp^{-p} \\ C^{0} & & G^{-\frac{1}{3}p} & & D^{-\frac{1}{3}p} & & A^{-\frac{2}{3}p} & & E^{-\frac{2}{3}p} & \\ & E\flat^{0} & & B\flat^{0} & & F^{0} & & C^{0} & & \end{array}$$

벤델러의 조정 3번 Bendeler's Temperament, No. 3

(Bendeler, 1690/1739, p. 42)

$$\begin{array}{ccccccccc} & E^{-\frac{1}{2}p} & & B^{-\frac{3}{4}p} & & F\sharp^{-\frac{3}{4}p} & & C\sharp^{-\frac{3}{4}p} & & G\sharp^{-\frac{3}{4}p} \\ C^{0} & & G^{-\frac{1}{4}p} & & D^{-\frac{1}{2}p} & & A^{-\frac{1}{2}p} & & E^{-\frac{1}{2}p} & \\ & E\flat^{0} & & B\flat^{0} & & F^{0} & & C^{0} & & \end{array}$$

베르크마이스터 III(올바른 조정 1번) 앞의 내용을 참조하라.

베르크마이스터 IV(올바른 조정 2번)

(Andreas Werckmeister, 1691; 베르크마이스터 음률 중에서 가장 만족스럽지 않음)

$E^{-\frac{2}{3}p}$ B^{-1p} $F\sharp^{-1p}$ $C\sharp^{-\frac{4}{3}p}$ $G\sharp^{-\frac{4}{3}p}$

C^{0} $G^{-\frac{1}{3}p}$ $D^{-\frac{1}{3}p}$ $A^{-\frac{2}{3}p}$ $E^{-\frac{2}{3}p}$

$E\flat^{0}$ $B\flat^{+\frac{1}{3}p}$ F^{0} C^{0}

베르크마이스터 V(올바른 조정 3번)

(Andreas Werckmeister, 1691)

$E^{-\frac{1}{2}p}$ $B^{-\frac{1}{2}p}$ $F\sharp^{-\frac{1}{2}p}$ $C\sharp^{-\frac{3}{4}p}$ $G\sharp^{-1p}$

C^{0} G^{0} D^{0} $A^{-\frac{1}{4}p}$ $E^{-\frac{1}{2}p}$

$E\flat^{+\frac{1}{4}p}$ $B\flat^{+\frac{1}{4}p}$ $F^{+\frac{1}{4}p}$ C^{0}

나이다르트의 순환 조정음계 1번Neidhardt's Circulating Temperament, No. 1 "마을을 위해(für ein Dorf)"

(Johann Georg Neidhardt, *Sectio canonis harmonici*, Königsberg, 1724, 16–18)

$E^{-\frac{2}{3}p}$ $B^{-\frac{3}{4}p}$ $F\sharp^{-\frac{5}{6}p}$ $C\sharp^{-\frac{5}{6}p}$ $G\sharp^{-\frac{5}{6}p}$

C^{0} $G^{-\frac{1}{6}p}$ $D^{-\frac{1}{3}p}$ $A^{-\frac{1}{2}p}$ $E^{-\frac{2}{3}p}$

$E\flat^{0}$ $B\flat^{0}$ F^{0} C^{0}

나이다르트의 순환 조정음계 2번Neidhardt's Circulating Temperament, No. 2 "작은 도시를 위해(für eine kleine Stadt)"

(Johann Georg Neidhardt, 1724)[25]

$E^{-\frac{7}{12}p}$ $B^{-\frac{7}{12}p}$ $F\sharp^{-\frac{2}{3}p}$ $C\sharp^{-\frac{3}{4}p}$ $G\sharp^{-\frac{5}{6}p}$

C^{0} $G^{-\frac{1}{6}p}$ $D^{-\frac{1}{3}p}$ $A^{-\frac{1}{2}p}$ $E^{-\frac{2}{3}p}$

$E\flat^{+\frac{1}{6}p}$ $B\flat^{+\frac{1}{6}p}$ $F^{+\frac{1}{12}p}$ C^{0}

나이다르트의 순환 조정음계 3번Neidhardt's Circulating Temperament, No. 3 "큰 도시를 위해(für eine grosse Stadt)"

(Johann Georg Neidhardt, 1724)

25 Barbour(1951)에서 $E^{-\frac{1}{12}p}$로 돼 있는데, 이는 틀렸다. 하지만 센트 값은 정확하게 제시돼 있으므로, 오타로 여겨진다.

$E^{-\frac{7}{12}p}$ $B^{-\frac{7}{12}p}$ $F\sharp^{-\frac{2}{3}p}$ $C\sharp^{-\frac{3}{4}p}$ $G\sharp^{-\frac{5}{6}p}$

C^{0} $G^{-\frac{1}{6}p}$ $D^{-\frac{1}{3}p}$ $A^{-\frac{1}{2}p}$ $E^{-\frac{2}{3}p}$

$E\flat^{+\frac{1}{6}p}$ $B\flat^{+\frac{1}{12}p}$ F^{0} C^{0}

나이다르트의 순환 조정음계 4번[Neidhardt's Circulating Temperament, No. 4] "마당을 위해(für den Hof)"

이것은 평균율 12음과 같다.

키른베르거 II[Kirnberger II]

(Johann Phillip Kirnberger, *Construction der gleichschwebenden Temperatur*, Berlin, 1764)

E^{-1} B^{-1} $F\sharp^{-1}$

C^{0} G^{0} D^{0} $A^{-\frac{1}{2}}$ E^{-1}

$A\flat^{0}$ $E\flat^{0}$ $B\flat^{0}$ F^{0} C^{0}

$D\flat^{0}$ $A\flat^{0}$

키른베르거 III[Kirnberger III]

(Johann Phillip Kirnberger, *Die Kunst des reinen Satzes in der Musik*, 2nd part, 3rd division, Berlin, 1779)

E^{-1} B^{-1} $F\sharp^{-1}$

C^{0} $G^{-\frac{1}{4}}$ $D^{-\frac{1}{2}}$ $A^{-\frac{3}{4}}$ E^{-1}

$A\flat^{0}$ $E\flat^{0}$ $B\flat^{0}$ F^{0} C^{0}

$D\flat^{0}$ $A\flat^{0}$

램버트의 1/7 쉼표 조정음계[Lambert's 1/7-comma temperament]

(Johann Heinrich Lambert, *Remarques sur le tempérament en musique*, Nouveaux mémoires de l'Académie Royale, 1774)

$E^{-\frac{4}{7}p}$ $B^{-\frac{5}{7}p}$ $F\sharp^{-\frac{6}{7}p}$ $C\sharp^{-\frac{6}{7}p}$ $G\sharp^{-\frac{6}{7}p}$

C^{0} $G^{-\frac{1}{7}p}$ $D^{-\frac{2}{7}p}$ $A^{-\frac{3}{7}p}$ $E^{-\frac{4}{7}p}$

$E\flat^{+\frac{1}{7}p}$ $B\flat^{+\frac{1}{7}p}$ $F^{+\frac{1}{7}p}$ C^{0}

마르푸르그의 조정음계 I Marpurg's Temperament I

(Friedrich Wilhelm Marpurg, *Versuch über die musikalische Temperatur*, Breslau, 1776)

$$\begin{array}{cccccccccc}
 & E^{-\frac{1}{3}p} & & B^{-\frac{1}{3}p} & & F\sharp^{-\frac{1}{3}p} & & C\sharp^{-\frac{1}{3}p} & & G\sharp^{-\frac{2}{3}p} \\
C^{0} & & G^{0} & & D^{0} & & A^{0} & & E^{-\frac{1}{3}p} & \\
 & E\flat^{+\frac{1}{3}p} & & B\flat^{+\frac{1}{3}p} & & F^{+\frac{1}{3}p} & & C^{0} & &
\end{array}$$

바르샤의 1/6 쉼표 조정음계 Barca's 1/6-comma temperament

(Alessandro Barca, *Introduzione a una nuova teoria di musica, memoria prima*, Accademia di scienze, lettere ed arti in Padova. Saggi scientifici e lettari (Padova, 1786), 365–418)

$$\begin{array}{cccccccccc}
 & E^{-\frac{2}{3}} & & B^{-\frac{5}{6}} & & F\sharp^{-1} & & C\sharp^{-1} & & G\sharp^{-1} \\
C^{0} & & G^{-\frac{1}{6}} & & D^{-\frac{1}{3}} & & A^{-\frac{1}{2}} & & E^{-\frac{2}{3}} & \\
 & E\flat^{0} & & B\flat^{0} & & F^{0} & & C^{0} & &
\end{array}$$

영의 조정음계 1번 Young's Temperament, No. 1

(Thomas Young, Outlines of experiments and inquiries respecting sound and light, *Philosophical Transactions*, **XC** (1800), 106–150)

$$\begin{array}{cccccccccc}
 & E^{-\frac{3}{4}} & & B^{-\frac{5}{6}} & & F\sharp^{-\frac{11}{12}} & & C\sharp^{-\frac{11}{12}} & & G\sharp^{-\frac{11}{12}} \\
C^{0} & & G^{-\frac{3}{16}} & & D^{-\frac{3}{8}} & & A^{-\frac{9}{16}} & & E^{-\frac{3}{4}} & \\
 & E\flat^{+\frac{1}{6}} & & B\flat^{+\frac{1}{6}} & & F^{+\frac{1}{12}} & & C^{0} & &
\end{array}$$

그림 5.22 프란체스코 발로티(1697–1780)

발로티와 영의 1/6 쉼표 조정음계 Vallotti and Young 1/6-comma temperament(영의 조정음계 2번, Young's Temperament, No. 2)

(Francescantonio Vallotti, "*Trattato della scienza teoretica e pratica della moderna musica*," 1780; Thomas Young, Outlines of experiments and inquiries respecting sound and light, "Philosophical Transactions", **XC** (1800), 106–150. 아래 음계는 영의 것이다. 발로티의 것은 1/6 피타고라스 쉼표 좁힌 5도가 C–G–D–A–E–B–F♯ 대신 F–C–G–D–A–E–B이다.)

$$\begin{array}{ccccccccccc} & E^{-\frac{2}{3}p} & & B^{-\frac{5}{6}p} & & F\sharp^{-1p} & & C\sharp^{-1p} & & G\sharp^{-1p} & \\ C^{0} & & G^{-\frac{1}{6}p} & & D^{-\frac{1}{3}p} & & A^{-\frac{1}{2}p} & & E^{-\frac{2}{3}p} & & \\ & E\flat^{0} & & B\flat^{0} & & F^{0} & & C^{0} & & & \end{array}$$

발로티와 영의 조정음계가 "평균율 클레비어 곡집"에서 바흐의 의도와 가장 가까울 것이다. 바른스의 연구에 따르면 바흐는 F♯이 위의 조정 음률보다 1/6 피타고라스 쉼표 더 높은 것을 선호했을 수 도 있다. 그러면, B에서 F♯의 5도는 순정음이 된다. 바른스는 다른 장3도의 현저성에 대한 통계적 연구와 조정음계의 적합성을 평가하기 위해 도널드 할의 수학적 절차에 기초해 연구했다. 켈레타트와 켈르너와 같은 다른 저자들은 약간 다른 결론에 도달했으며 누가 옳았는지 결코 알 수 없을 것이다. 비교를 위한 음계 재구성을 다음에 제시한다.

켈레타트의 바흐 재구성 Kelletat's Bach reconstruction(1966)

$$\begin{array}{ccccccccccc}
 & E^{-\frac{5}{6}p} & & B^{-1p} & & F\sharp^{-1p} & & C\sharp^{-1p} & & G\sharp^{-1p} & \\
C^{0} & & G^{-\frac{1}{12}p} & & D^{-\frac{1}{3}p} & & A^{-\frac{7}{12}p} & & E^{-\frac{5}{6}p} & & \\
 & E\flat^{0} & & B\flat^{0} & & F^{0} & & C^{0} & & &
\end{array}$$

켈르너의 바흐 재구성 Kellner's Bach reconstruction(1975)

$$\begin{array}{ccccccccccc}
 & E^{-\frac{4}{5}p} & & B^{-\frac{4}{5}p} & & F\sharp^{-1p} & & C\sharp^{-1p} & & G\sharp^{-1p} & \\
C^{0} & & G^{-\frac{1}{5}p} & & D^{-\frac{2}{5}p} & & A^{-\frac{3}{5}p} & & E^{-\frac{4}{5}p} & & \\
 & E\flat^{0} & & B\flat^{0} & & F^{0} & & C^{0} & & &
\end{array}$$

바른스의 바흐 재구성 Barnes' Bach reconstruction(1979)

$$\begin{array}{ccccccccccc}
 & E^{-\frac{2}{3}p} & & B^{-\frac{5}{6}p} & & F\sharp^{-\frac{5}{6}p} & & C\sharp^{-1p} & & G\sharp^{-1p} & \\
C^{0} & & G^{-\frac{1}{6}p} & & D^{-\frac{1}{3}p} & & A^{-\frac{1}{2}p} & & E^{-\frac{2}{3}p} & & \\
 & E\flat^{0} & & B\flat^{0} & & F^{0} & & C^{0} & & &
\end{array}$$

보다 최근인 1990년대 후반에 안드레아스 스파르Andreas Sparschuh[26]와 마이클 자프Michael Zapf는 **평균율 클레비어 곡집**의 제목 표지 상단에 있는 일련의 구불구불한 물결선이(그림 5.23 참조) 조정음계를 설정하기 위한 지침을 암호화한다는 흥미로운 아이디어를 제시했다.

구불구불한 곡선의 각각의 마디에서 0, 1, 2번 꼬임이 있어 다음의 수열을 얻는다.

1–1–1–0–0–0–2–2–2–2–2

---

26 발표는 다음에 나와 있다. Andreas Sparschuh, "Stimm-Arithmetik des wohltemperierten Klaviers," Deutsche Mathematiker Vereinigung Jahrestagung 1999, Mainz S.154–155. 스파르나 지프가 작성한 완전한 논문은 없는 것 같다.

이것은 11개의 5도를 완전5도보다 좁게 만드는 정도를 조율사에게 알려주는 것으로 해석된다. 원을 완성하는 12번째의 5도는 지정할 필요가 없다.

그림 5.23 바흐의 "평균율 클레비어 곡집"의 표지 페이지

2005년 브래들리 리만Bradley Lehman은 표지에서 'Clavier'의 C의 상단 스트로크가 오도권에서 C의 위치를 나타내는 것으로 해석해 이 아이디어를 수정했다. 그는 오도권의 왼쪽 위로 진행하는 것으로 정하고, 숫자를 1/12 피타고라스 쉼표의 개수로 해석했다. 다음은 이 해석의 결과이다.

리먼의 바흐 재건 Lehman's Bach reconstruction(2005)

$$E^{-\frac{2}{3}p} \quad B^{-\frac{2}{3}p} \quad F\sharp^{-\frac{2}{3}p} \quad C\sharp^{-\frac{2}{3}p} \quad G\sharp^{-\frac{3}{4}p}$$

$$C^{0} \quad G^{-\frac{1}{6}p} \quad D^{-\frac{1}{3}p} \quad A^{-\frac{1}{2}p} \quad E^{-\frac{2}{3}p}$$

$$E\flat^{\frac{1}{6}p} \quad B\flat^{\frac{1}{12}p} \quad F^{\frac{1}{6}p} \quad C^{0}$$

연습문제

1. 여기서 주어진 다양한 조정음계에 대한 정보를 이용해 각 음계의 음을 센트로 나타낸 표를 만들어라.
2. 음계의 각 음을 개별적으로 재조율할 수 있는 신시사이저가 있는 경우 연습문제 1에 대한 답을 사용해 조정음계로 조율하라. 이 음계를 이용해 하프시코드 음악 몇 개를 연주하고, 같은 음악을 평균율을 사용해 연주한 후에 결과를 비교하라.
3. 정조정음계에서 3개의 장3도를 선택해 옥타브를 더하라. 이렇게 얻은 총량이 순정장3도보다 높은 정도는 개별 조정에 의존하지 않는다. 이 양이 큰 다이시스(약 41.059

센트)와 같다는 것을 보여라.

읽을거리

Pierre-Yves Asselin (1997), *Musique et tempérament*.

Murray Barbour (1951), *Tuning and Temperament, a Historical Survey*.

Murray Barbour, Bach and 'The art of temperament', *Musical Quarterly* **33** (1) (1947), 64–89.

John Barnes, Bach's Keyboard Temperament, *Early Music* **7** (2) (1979), 236–249.

Dominique Devie (1990), *Le tempérament musical*.

D. E. Hall, The objective measurement of goodness-of-fit for tuning and temperaments, *J. Music Theory* **17** (2) (1973), 274–290.

D. E. Hall, Quantitative evaluation of musical scale tuning, *Amer. J. Phys*. **42** (1974), 543–552.

Owen Jorgensen (1991), *Tuning*.

Herbert Kelletat, *Zur musikalischen Temperatur insbesondere bei J. S. Bach*. Onkel Verlag, 1960 and 1980.

Herbert Anton Kellner, Eine Rekonstruktion der wohltemperierten Stimmung von Johann Sebastian Bach. *Das Musikinstrument* **26** (1977), 34–35.

Herbert Anton Kellner, Was Bach a mathematician? *English Harpsichord Magazine* **2/2** April 1978, 32–36.

Herbert Anton Kellner, Comment Bach accordait-il son clavecin? *Flûte `à bec et instruments anciens* **13–14**, SDIA, Paris 1985.

Bradley Lehman, Bach's extraordinary temperament: our Rosetta Stone, *Early Music* **33** (2005), 3–24; 211–232; 545–548 (correspondence).

Rita Steblin, *A History of Key Characteristics in the 18th and Early 19th Centuries*, UMI Research Press, 1983. Second edition, University of Rochester Press, 2002.

들을거리(부록 G 참조)

Johann Sebastian Bach, *The Complete Organ Music*, Volumes 6 and 8. (큰 도시를 위한) 나이다르트 순환 조정음계 3번을 이용해 한스 파기우스가 녹음했다.

Johann Sebastian Bach, *Italian Concerto*, etc, recorded by Christophe Rousset, Editions de l'Oiseau-Lyre 433 054-2, Decca 1992. 이 작업은 베르크마이스터 III를 사용해 녹음했다.

Lou Harrison, *Complete Harpsichord Works*, New Albion, 2002. 이 작품들은 베르크마이스터 III와 다른 조정음계를 사용해 녹음했다.

The Katahn/Foote recording, *Six Degrees of Tonality*. 여기에는 모차르트의 "환상곡"(K. 397)을 평균율, 가온음률, 불규칙 프렐류드 음률을 사용해 비교한 트랙이 있다.

Johann Gottfried Walther, *Organ Works*, Volume 1. 독일 트로이텔본의 성 보니파시우스 성당의 오르간을 이용해 크레이그 크레이머가 연주했다. 이 오르간은 앞에서 설명한 켈너르의 바하 조정음계로 재구성했다.

Aldert Winkelman, *Works by Mattheson, Couperin, and Others*. 여기서 여러 작품들은 베르크마이스터 III로 조율된 하프시코드로 연주했다.

5.14 평균율

> 음악은 명확한 규칙이 있어야 하는 과학이다. 이런 규칙은 분명한 원칙에서 도출돼야 한다. 그리고 이 원칙을 수학의 도움이 없이 알기는 어렵다. 이와 관련된 음악에서 얻은 오랜 경험에도 불구하고, 수학의 도움으로 내 생각을 분명하게 하고 이전에 알지 못했던 어떤 모호함을 깨달음으로 대신할 수 있었음을 고백한다.
>
> 라모(Rameau, 1722)[27]

앞에서 설명한 각 음계는 장단점을 갖지만 대부분의 단점은 특정 조 하나 또는 인접한 몇 개의 조를 최대한 좋게 만들고 나머지는 둔다는 것이다.

12음 평균율은 이러한 타협의 자연스러운 귀결이다. 이것은 12개의 반음이 모두 동일한 비율을 가지는 음계이다. 옥타브는 비율 2:1이므로 균등하게 조정된 음계의 비율은

27 도버 출판사판의 머릿말 35페이지

모든 반음이 비율 $2^{\frac{1}{12}}:1$을 가지고 온음은 비율 $2^{\frac{1}{6}}:1$을 가진다. 따라서 비율은 다음과 같다.

음	도	레	미	파	솔	라	시	도
비율	1:1	$2^{\frac{1}{6}}:1$	$2^{\frac{1}{3}}:1$	$2^{\frac{5}{12}}:1$	$2^{\frac{7}{12}}:1$	$2^{\frac{3}{4}}:1$	$2^{\frac{11}{12}}:1$	2:1
센트	0.000	200.000	400.000	500.000	700.000	900.000	1100.000	1200.000

평균율에서 3도는 완전3도보다 약 14센트 더 높으며 긴장되고 동요된 소리가 난다. 결국, 순정률과 가온음률이 보다 차분한 조정음계이다. 내가 듣기에는 가온음률로 연주되는 다성 음악은 평균율 악기에서는 들을 수 없는 명료함과 반짝임이 있다. 앞에서 설명한 불규칙 조정 음률에서는 각 조가 고유한 특성과 색상을 유지하는 속성이 있다. 반음이 거의 없는 조는 가온음률과 비슷하게 들리지만 반음이 더 많은 조는 더 멀게 느껴진다. 그러나 평균율은 모든 조를 본질적으로 동등하게 만든다.

$\frac{12}{11}$신토닉 쉼표는 다음 값이다.

$$\left(\frac{81}{80}\right)^{\frac{12}{11}} \approx 1.013\,644\,082$$

즉, 23.4614068센트는 다음 값으로 주어지는 피타고라스 쉼표, 즉 23.4600104센트의 좋은 근사가 된다.

$$\frac{531\,441}{524\,288} \approx 1.013\,643\,265$$

그러므로 평균율은 근사적으로 $\frac{1}{11}$-쉼표 가온음계가 된다.

$$\begin{array}{ccccccccccc}
 & & E^{-\frac{4}{11}} & & B^{-\frac{5}{11}} & & F\sharp^{-\frac{6}{11}} & & C\sharp^{-\frac{7}{11}} & & G\sharp^{-\frac{8}{11}} \\
 & C^0 & & G^{-\frac{1}{11}} & & D^{-\frac{2}{11}} & & A^{-\frac{3}{11}} & & E^{-\frac{4}{11}} & \\
A\flat^{+\frac{4}{11}} & & E\flat^{+\frac{3}{11}} & & B\flat^{+\frac{2}{11}} & & F^{+\frac{1}{11}} & & C^0 & &
\end{array}$$

여기에서, $A\flat^{+\frac{4}{11}}$과 $G\sharp^{-\frac{8}{11}}$의 차이는 0.0013964센트이다.

이것은 키른베르거[28]가 처음 발견했다. 그는 이것을 건반악기를 평균율로 조율하는 기저로 삼았다.

28 Johann Philipp Kirnberger, "Die Kunst des reinen Satzes in der Musik," 2nd part, 3rd division (Berlin, 1779), pp. 197f.

그의 방법은 완전5도 3개와 장3도 1개를 조율한 후에 완전4도 4개를 내려서 평균율의 4도 음정을 얻는 것이었다. 이것은 평균율의 F를 E♯$^{-1}$으로 여기는 것과 같다. 이 방법의 단점은 분명하다. 평균율 음정 1개를 조율하기 위해서 8개의 음정을 맥놀이를 없애면서 조율해야 한다. 5도와 4도는 그리 어렵지 않지만 맥놀이를 없애면서 장3도를 조율하는 것은 어렵다. 평균율을 조율하는 이 방법은 거의 22년 후에 존 패리John Farey[29]가 독립적으로 발견했다.

알렉산더 엘리스Alexander Ellis는 헬름홀츠(1877)의 부록 XX(섹션 G, 11조)에서 평균율 조율에 대해 보다 실용적인 방법을 제시했다. 가온도를 중심으로 5도 위로, 4도를 아래로 조율한다. 완전5도를 만든 다음 초당 1맥놀이가 되도록 내린다(1.8절 참조). 완전4도를 만든 다음 (음정을 넓게 하려고) 2초마다 3맥놀이가 되도록 내린다. 결과로 얻은 모든 음은 2센트 이내로 정확하다. 이 규칙으로 한 옥타브를 조율한 후에 한 옥타브의 맥놀이를 조율하면 전체 피아노를 조율할 수 있다.

5도는 약간 좁고 4도는 약간 넓게 유지됐는지 피아노 전체에 점검해보는 것도 바람직하다. 엘리스는 Article 11의 끝부분에서 맥놀이를 사용해 약간 좁은 4도 또는 약간 넓은 5도를 구별할 방법이 없다고 말했다. 그러나 실제로 1885년에는 알려지지 않은 다음의 방법이 있다(Jorgensen(1991), Section 227, 그림 5.24 및 5.25 참조).

5도에 대해서는, C3−G3라고 하면 음정 C3−E♭3과 E♭3−G3을 비교한다. 5도가 원하는 만큼 좁으면 첫 번째 음정이 두 번째 음정보다 높은 주파수의 맥놀이를 가진다. 완전5도의 경우 맥놀이의 주파수는 동일하다. 너비가 넓으면 두 번째 음정이 첫 번째 음정보다 더 높은 주파수의 맥놀이를 가진다.

4도에 대해서는 G3−C4라고 하면 음정 C4−E♭4와 G3−E♭4를 비교하거나 또는 E♭3−C4와 E♭를 비교한다. 4도의 간격이 원하는 만큼 넓으면 첫 번째 음정은 두 번째 음정보다 높은 주파수의 맥놀이를 가진다. 완전4도의 경우에는 맥놀이의 주파수는 같다. 만약 좁다면, 두 번째 음정이 첫 번째 음정보다 높은 주파수의 맥놀이를 가진다. 이 방은 평균율에서 장3도가 순정 장3도에 비해 너무 넓으면 결국 좁아져서 테스트를 통과하지

29 John Farey, On a new mode of equally tempering the musical scale, "Philosophical Magazine", XXVII (1807), 65–66.

못하는 심각한 오류가 발생한다는 관찰에 기반하고 있다.

그림 5.24 5도에 대한 요르겐센의 조율법

그림 5.25 4도에 대한 요르겐센의 조율법

연습문제

1. 본문에서 설명한 키른베르거와 패리의 근사를 11승해서 다음 근사를 구하라.

$$2^{161} \approx 3^{84}\,5^{12}$$

이 숫자의 비율을 대략 1.000008873이며, 이것의 11제곱근은 1.0000008066이다.

2. 4.6절의 아이디어를 사용해 일반적인 배음 스펙트럼에 가까운 스펙트럼을 구성하라. 여기서 평균율의 12음이 협음 장3도와 5도뿐 아니라 협음7배음을 갖도록 하라.

3. 본문에서 설명한, 평균율을 조율하기 위한 알렉산더 엘리스 방법의 정확도를 계산하라.

4. 피타고라스 음률, 순정률, 평균율의 12음에 대해 센트 단위로 음계의 표를 작성하라.

5. (완전5도의 피아노를 위한 세르주 코디에Serge Cordier의 평균율) 세르주 코디에는 (프랑스의) 플레옐Pleyel의 전통에 따른 피아노 조율법을 공식화했다. 코디에의 방법은 다음과 같다.[30] F–C 음정을 완전5도로 만들고 7개의 동일한 반음으로 나눈다. 그런 다음 완전5도를 사용해 이 8개의 음에서 전체 피아노를 조율한다.

---

30 Serge Cordier, L'accordage des instruments à claviers, "Bulletin du Groupe Acoustique Musicale" (G. A. M.) 75 (1974), Paris VII; "Piano bien tempéré et justesse orchestrale", Buchet-Chastel, 1982.

이런 결과로 1/7 피타고라스 쉼표만큼 늘어난 옥타브가 되는 것을 보여라. 이것은 피아노 현의 물리적 특성에서 나오는 불협음으로 발생하는 옥타브의 자연스러운 확장과 같은 크기이다. 이 조정 음률을 에이츠 표기법으로 나타내라. 이것은 위쪽과 아래쪽 가장자리가 식별되는 수평 띠 형태로 구성돼야 한다. 이 조정 음률에서 장3도와 단3도의 차이를 계산하라.

읽을거리

Ian Stewart, *Another Fine Math You've Got Me Into...*, W. H. Freeman & Co., 1992.
이 책의 15장, "정조정된 계산기"에서 평균율에 대한 실제 근사의 역사에 대한 설명이 있다. 1743년의 스트라흘의 방법에 대한 설명이 매우 흥미롭다.

5.15 역사에 관하여

고대 그리스 음악

고대 그리스에서 음악(μοσυική)이라는 단어는 오늘날보다 더 넓은 의미를 가진다. 보이는 물리적 우주와 보이지 않는 영적 우주를 모두 이해하는 열쇠로 정수의 비율이라는 개념을 포함한다.

5.2절에서 논의한 피타고라스 음계가 설명된 형식대로 고대 그리스에서 사용된 주요 음계라고 가정해서는 안 된다. 오히려 이 음계는 음정을 구성하기 위해 비율 2:1과 3:2만 사용하는 피타고라스의 이상을 반영된 결과이다. 여기서 제시한 피타고라스 음계는 플라톤의 대화편[Timaeus]에서 처음 나타났고, 약 8세기에서 14세기까지 중세 유럽 음악에서 사용됐다.

프톨레마이오스의 온음계 신토논[diatonic syntonon]은 순정 장음계와 같다. 차이점은 고전 그리스 옥타브는 일반적으로 두 개의 도리안[Dorian][31] 4음표인 E–F–G–A와 B–C–D–E로 구성돼서 C가 으뜸음이 아니었다. 프톨레마이오스는 그리스 온음계 작품을 많이 기록했으며, 그가 기록한 다른 것보다 온음계 신토닉 음계를 특별히 선호했을 것 같지 않다.

---

31 도리안 4음표와 중세 교회 음악의 도리안 선법(mode)인 D–E–F–G–A–B–C–D와 혼돈하면 안 된다. 부록 F를 참조하라.

그리스 조율에서 중요한 것은 4음표, 즉 완전4도를 포함한 연속 음표 4개의 구성이었다. 5:4의 비율은 인지되는 협음 장3도를 나타내는 것이 아니라 우연한 결과인 것 같다.

그리스 음계는 온음 간격을 가지는 4음계 두 개를 중첩해 결합conjunction하거나(예: 도리안 4음계 두 개 B-C-D-E와 E-F-G-A) 또는 겹치지 않게 분리disjunction해(예: E-F-G-A와 B-C-D-E) 구성한다.

4음계는 속屬, genus이라고 하는 세 가지 유형이 있고, 음계를 구성하는 4음계 두 개는 같은 속에 속해야 한다. 첫 번째 속은 온음계 속diatonic genus으로 가장 낮은 음정은 반음이고 상단 두 개는 온음이다. 두 번째는 가장 낮은 두 음정이 반음이고 상단 음정이 온음인 반음계 속chromatic genus이다. 세 번째는 가장 낮은 두 음정이 1/4음이고 상단 음정이 2온음인 사분음계 속enharmoinc genus이다. 음정의 정확한 값은 사용법에 따라 다소 다르다.[32] 반음계 또는 사부음계의 4음계에서 가장 낮은 음에서 두 개의 움직일 수 있는 음 중 높은음 사이의 음정을 파이크논pyknon이라고 하며, 맨 위에 있는 나머지 음정보다 항상 작다.

중세에서 현대 음악까지

로마제국이 쇠퇴하기 전 유럽 음악의 화성적 내용에 대해서는 알려진 바가 거의 없다. 예를 들어 고대 그리스의 음악은 소수의 단편으로 남아 있으며 대부분이 선율적인 특색을 가진다. 중세 유럽 음악은 고대 그리스의 음악적 관습을 이어 받은 증거는 거의 없지만, 중요한 이론적 저술이 있다.

원시 형태의 화성은 800년경 전례典禮 평성가[33]에서 멜로디가 평행4도 또는 평행5도를 유지하는 평행 다성 음악parallel organum에서 처음 나타난 것으로 보인다. 장3도는 협음으로 간주되지 않았고 완전4도와 완전5도의 피타고라스 조율이 이런 음악에 적합했다.

다성polyphonic 음악은 기원후 11세기경에 발전하기 시작했다. 피타고라스 음률은 수세기 동안 계속 사용됐으므로 이 체계에서 협음은 완전5도, 완전4도, 옥타브였다. 장3도는 여전히 협음으로 간주되지 않고 경과음passing tone으로 사용됐다.

32 예를 들어, 아르키타스(Archytas)는 1:1, 28:27, 32:27, 4:3(온음계), 1:1, 28:27, 9:8, 4:3(반음계), 1:1, 28:27, 16:15, 4:3(사분음계)를 사용하는 4음계를 설명했다. 여기에서 소수 2, 3, 5, 7이 나타난다. 같은 시대의 플라톤은 피타고라스 전통을 존중해 2와 3 이외의 소수를 사용하지 않았다.

33 목소리만으로 노래하는 성가 – 옮긴이

5:4의 배율을 협음으로 옹호한 알려진 가장 초기 인물은 도버Dover의 인레드Theinred(12세기)와 월터 오딩턴Walter Odington(fl. 1298–1316)[34]이다. 이들은 초기 영어 다성 음악에서 사용했다. 화성에서 장3도를 사용한 가장 초기의 기록은 영국에서 1250년경에 만들어진 4부 돌림노래 여름이 오다sumer is icumen이다. 그러나 건반 음악의 경우 조율 문제로 사용이 지연됐다.

14세기와 15세기의 영국 민속 음악에서 멜로디 라인 아래로 장3도를 추가하고 위로 완전4도를 추가한 평행 $^6_3$ 화음을 멜로디 라인 주위의 화성으로 이용했다. 협음 장3도는 15세기 초 영국에서 유럽 대륙으로 건너갔다. 그러나 프랑스인이 $^6_3$ 화음을 모방했을 때 멜로디를 가운데 라인 대신에 가장 높은 라인으로 사용했다. 이것을 **포부르동**Faux Bourdon, 거짓 저음이라 한다.

보다 형식적인 음악에서 던스터블은 협음 장3도를 사용하는 15세기 초 가장 잘 알려진 영국 작곡가였다. 던스터블의 고용주였던 베드포드 공작이 1420년대나 1430년대에 프랑스 북부의 땅을 상속받아 그곳으로 이사했다는 이야기가 있다. 프랑스인은 던스터블의 협음 장3도를 듣고 이 아이디어에 집착했다. 기욤 두파이Guillaume Dufay는 이것을 광범위하게 사용한 최초의 주요 프랑스 작곡가였다. 선법modality에서 음조tonality로의 전환은 15세기와 16세기 동안 두파이에서 오케겜Ockeghem, 조스캥Josquin, 팔레스트리나Palestrina, 몬테베르디Monteverdi를 거치면서 발전했다.

14세기와 15세기 건반 음악에서 협음 장3도를 구하는 방법이 흥미롭다. 다음의 피타고라스 5도 배열에서 시작한다.

$$G\flat^0 - D\flat^0 - A\flat^0 - E\flat^0 - B\flat^0 - F^0 - C^0 - G^0 - D^0 - A^0 - E^0 - B^0$$

3화음 $D^0-G\flat^0-A^0$을 장3화음으로 사용한다. 순정 장3화음은 $D^0-F\sharp^{-1}-A^0$이며, $F\sharp^{-1}$과 $G\flat^0$의 차이는 1시스마, 즉 1.953센트이다. 이것은 3.686센트만큼 차이 나는 현대의 평균율보다 훨씬 더 협음이다. 체계에서 사용할 수 있는 다른 장3화음은 $A^0-D\flat^0-E^0$과 $E^0-A\flat^0-B^0$이지만 협음 C–E–G 3화음은 사용하지 않는다.

15세기 중반에서 후반까지, 특히 이탈리아에서는 예술이 많은 측면에서 새로운 수준

34 'fl'은 활발하게 활동한 것으로 알려진 연도를 나타낸다.

의 기술이 개발되고 수학적으로 정교해졌다. 레오나르도 다빈치Leonardo da Vinci는 시각 예술을 과학과 혁명적인 방식으로 통합하고 있었다. 이 시기에 음악에서는 가온음률이 개발돼 광범위한 조성에서 장3화음과 단3화음이 사용 가능했고, 이전에는 불가능했던 화성 진행과 전조가 가능해졌다.

16세기의 많은 건반 악기에는 사용 가능한 조성의 범위를 확장하기 위해 G♯/A♭과 D♯/E♭ 중 하나 또는 둘 모두에 대해 분할 건반이 있었다. 이것은 앞부분보다 뒷부분이 높게 중앙에 걸치도록 건반을 분할해 구현했다. 그림 5.26은 이탈리아 볼로냐의 산 페트로니오에 있는 말람미니Malamini 오르간의 분할 건반을 보여준다. 그림 5.27은 분할 키가 있는 클라베신clavecin[35]을 보여준다.

가온음계 조율은 오랫동안 지속됐다. 오늘날에도 오르간을 1/4 쉼표로 조율하는 것이 일반적이다. 19세기에 개발돼 현재에도 사용되는 휘트스톤사Wheatstone & Co.에서 만든 영국 콘서티나[36]는 1/4 쉼표 가온음계로 조율되며 D♯/E♭과 G♯/A♭에 대해 분할 건반을 가지고 있다.

16세기와 17세기의 음악 관행은 으뜸음을 가운데에 두고 점점 멀어지는 것이다. 가장 먼 부분은 거의 사용되지 않고 점차적으로 으뜸음으로 돌아간다.

그림 5.26 말라미니 오르간(분할 건반)

35 피아노 전신의 건반 악기인 하프시코드의 일종이다. – 옮긴이

36 아코디온의 일종으로 오르간과 같이 기명 악기이다. – 옮긴이

정확한 가온음계 조율은 20세기 전에는 실제로 이루어지지 않았다. 음정의 정확한 확정이 없었기 때문이다. 건반 악기의 조율사는 조정 음률에 색을 입히는 경향이 있어서 건반마다 소리가 약간씩 다르다. 5.13절의 불규칙 음률은 이 과정이 더 발전돼 어느 정도 공식화됐다.

건반 악기에서 평균율의 초기 옹호자는 라무(1730)였다. 이로 인해 평균율을 대중화하는 데 도움이 됐고, 19세기 초에 적어도 이론상으로는 상당히 널리 사용됐다. 그러나 베토벤의 피아노 음악 대부분은 불규칙 조정음계로 연주하는 것이 가장 좋으며(5.13절 참조) 쇼팽은 특정 조성(특히 D단조)의 특성이 자신에게 적합하지 않다고 작곡을 꺼렸다. 실제로는 평균율이 19세기 말까지 완전히 자리를 잡지 못했다. 19세기 피아노 조율 관행은 다른 조성의 개별 특성을 적어도 어느 정도 보존하기 위해 평균율에서 약간의 편차를 두었다. 20세기에 반음계의 지배와 12개의 음조 음악의 출현으로 인해 불평등 조정음계를 포기하게 됐고 피아노 조율 관행은 이를 반영했다.

12음 음악

평균율은 20세기의 12음 음악에서 필수적인 요소로, 조합과 반음이 화성을 대체하는 것처럼 보인다. 쇤베르크의 음악에서 화성이 무관하다는 몇 가지 흥미로운 증거로 그의 가장 인기 있는 작품 중 하나인 달에 홀린 피에로Pierrot Lunaire의 연주 버전의 악보에는 1980년대에 수집된 작품을 위해 재편집될 때까지 반올림, 제자리, 반내림을 혼동하는 많은 필사 오류가 있다.

그림 5.27 분할 건반이 있는 이탈리아 클라베신(1619). 악기 박물관, 브뤼셀(464년에 발명)

20세기의 12음 음악에 관련된 수학은 지금까지 설명한 수학과는 본질적으로 다르다. 이것은 본질적으로 조합론combinatorics에 가까워서 반음계의 12개 음의 하위 집합과 순열에 대한 논의이다. 이에 대해서 9장에서 자세히 설명한다.

신시사이저의 역할

디지털 신시사이저가 등장하기 전에는 여러 가지 다른 종류의 조율 절충안을 선택할 수 있었다. 순정음계는 완전 음정을 갖지만 처음 조에서 다른 조로 전조할 수 없고 3화음 ii가 상당히 낮은 배음에서 간섭하는 신토닉 쉼표의 문제를 가지고 있다. 가온음계는 신토닉 쉼표의 문제를 제거하기 위해 완전5도를 약간씩 변형하지만, 여전히 처음 조에서 멀리 떨어진 조와는 화음 전조에 문제가 있다. 평균율은 모든 키에서 똑같이 잘 작동해 오히려 똑같이 나쁘게 말할 수 있다. 특히 평균 장3도는 긴장하고 동요하는 느낌이다.

디지털로 합성되고 제어되는 오늘날의 음악에서는 평등율의 타협을 할 이유가 거의 없다. 신토닉 쉼표의 간섭을 이유로 순정음계보다 가온음계를 선호하는 것은 여전히 합리적일 수 있지만, 상황을 바꾸어 통사 쉼표를 사용해 효과를 내는 것도 좋은 생각이다.

신시사이저를 사용하는 대부분의 사용자는 이런 자유를 누리지 못했다. 신시사이저와 관련된 대부분의 음악은 평균율 12음계를 사용해 작곡됐기 때문일 것이다. 주목할 만한 예외는 다양한 음계를 사용해 신시사이저를 위한 많은 음악을 작곡한 웬디 카를로스Wendy Carlos이다. 특히 CD(SYNCD 200, Audion, 1986, Passport Records, Inc.)로 출시된 미녀와 야수Beauty in the Beast를 추천한다. 예를 들어 '저스트 이매지닝스Just Imaginings'라고 부르는 네 번째 트랙은 19배음의 순정률을 사용하며 약간의 정교한 변조가 있다. 다른 트랙에서는 카를로스의 알파와 베타 음계 그리고 발리식 가믈란 펠로그pelog와 슬렌드로slendro를 포함한 다른 음계를 사용한다.

웬디 카를로스의 초기 녹음인 바흐로의 전환Switched on Bach과 정조정 음률 신시사이저The Well Tempered Synthesizer는 평균율로 고정된 무그Moog 신시사이저에서 녹음됐다. 그러나 바흐로의 전환 2000은 원곡보다 25년이 지난 1992년에 나왔을 때는 다양한 가온음률과 불균등 조정 음률을 사용했다. 이 녹음에서 평균율과의 선명한 차이를 들을 수 있다.

읽을거리

(1) 음악 역사

Thomas Christensen (ed.)(2002), "*The Cambridge History of Music Theory*," 2002.

Leo Treitler, "*Strunk's Source Readings in Music History*," revised edition, Norton & Co., 1998. 스트렁크가 처음 작성하고 트라이트러가 대폭 개정한 1552페이지의 이 책은 고대 그리스에서 20세기까지 역사 문헌의 번역을 포함하고 있다. 7개의 절로 구성됐는데, 각각 문고판으로 구입할 수 있다.

(2) 고대 그리스 음악

W. D. Anderson, *Music and Musicians in Ancient Greece*, Cornell University Press, 1994; paperback edition 1997.

Andrew Barker, *Greek Musical Writings, Vol. 2: Harmonic and Acoustic Theory*, Cambridge University Press, 1989. This 581 page book contains translations and commentaries on many of the most important ancient Greek sources, including "Aristoxenus' *Elementa Harmonica*, the Euclidean *Sectio Canonis*, Nicomachus' *Enchiridion*, Ptolemy's "*Harmonics*", and Aristides Quintilianus' *De Musica*.

Giovanni Comotti, *Music in Greek and Roman culture*, Johns Hopkins University Press, 1989; paperback edition 1991.

John G. Landels, *Music in Ancient Greece and Rome*, Routledge, 1999; paperback edition 2001.

Thomas J. Mathiesen, *Apollo's Lyre: Greek Music and Music Theory in Antiquity and the Middle Ages*, University of Nebraska Press, 1999.

M. L. West, "*Ancient Greek Music*", Oxford University Press, 1992; paperback edition 1994. 이 책의 10장에 알려진 고대 그리스 음악 51개가 나와 있다.

R. P. Winnington-Ingram, *Mode in Ancient Greek Music*, Cambridge University Press, 1936. Reprinted by Hakkert, Amsterdam, 1968.

(3) 중세에서 현대 음악

Gustave Reese, *Music in the Middle Ages*, Norton, 1940, reprinted 1968. 오래전에 출판됐지만, 학문의 수준으로 볼 때 여전히 훌륭한 도서이다. 그리고 많은 정보가 이 책에 처음 나왔다는 것에 또한 주목해야 한다.

D. J. Grout and C. V. Palisca, *A History of Western Music*, fifth edition, Norton, 1996. 그로트가 1950년대에 처음 서술했고 팔리스카가 여러 번 개정했다. 음악 역사 학과에서는 표준 교과서로 사용하고 있다.

Owen H. Jorgensen (1991), *Tuning*. 이 책에는 조정 음률에 대해 섬세하게 논의하고 평균율이 20세기 전에는 실제로 흔한 것이 아니라는 주장을 한다.

(4) 12음 음악

Allen Forte (1973), *The Structure of Atonal Music*.

George Perle (1977), *Twelve Tone Tonality*.

(5) 신시사이저의 역할

Easley Blackwood, Discovering the microtonal resources of the synthesizer, *Keyboard*, May 1982, 26–38.

Benjamin Frederick Denckla, *Dynamic Intonation in Synthesizer Performance*, M.Sc. Thesis, MIT, 1997 (61 pp).

Henry Lowengard, Computers, digital synthesizers and microtonality, *Pitch* **1** (1) (1986), 6–7.

Robert Rich, Just intonation for MIDI synthesizers, *Electronic Musician* Nov 1986, 32–45.

M. Yunik and G. W. Swift, Tempered music scales for sound synthesis, *Computer Music Journal* **4** (4) (1980), 60–65.

06
또 다른 음계

6.1 해리 파트치의 43음과 다른 순정 음계

5.5절에서 가장 좁은 의미의 순정률에 대해서 논의했다. 이것은 12음계를 얻기 위해 소수 2, 3, 5만을 포함하는 비율을 사용해 음계를 구축하는 것이다. 순정률은 이 한계를 훨씬 넘어 확장될 수 있다. 2, 3, 5외의 소수를 이용해 정확한 유리 배수로 구성된 음정을 갖는 음계를 나타내기 위해 초순정률super just이라는 단어를 때때로 사용한다. 대부분 20세기에 개발됐다.

그림 6.1 대나무 마림바를 연주하는 해리 파트치(Boo I)

해리 파트치(그림 6.1 참조)는 43음의 순정 음계를 개발해 여러 작곡에 사용했다. 음계의 으뜸음은 G^0이다. 음계는 G^0에서 위쪽 음정은 G^0에서 아래쪽 음정이기도 하다는 점에서 대칭이다.

파트치 음계에 관련된 소수는 2, 3, 5, 7, 11이다. 이를 설명하기 위해 파트치가 사용한 표현은 그의 음계는 11-한계를 기반으로 하는 반면, 피타고라스 음계는 3-한계에 기반을 두고 있으며 5.5절과 5.10절의 순정 음계는 5-한계를 기반으로 한다는 것이다. 좀 더 일반적으로 p가 소수이면 p-한계 음계는 분모와 분자가 p보다 작거나 같은 소수의 곱으로 인수분해되는 유리수만 (반복을 허용하며) 사용한다.

해리 파트치의 43음계

G^0	1:1	0.000		10:7	617.488
G^{+1}	81:80	21.506		16:11	648.682
	33:32	53.273	D^{-1}	40:27	680.449
	21:20	84.467	D^0	3:2	701.955
A^{+1}	16:15	111.713		32:21	729.219
	12:11	150.637		14:9	764.916
	11:10	165.004		11:7	782.492
A^{-1}	10:9	182.404	E^{+1}	8:5	813.686
A^0	9:8	203.910		18:11	852.592
	8:7	231.174	E^{-1}	5:3	884.359
	7:6	266.871	E^0	27:16	905.865
B^0	32:27	294.135		12:7	933.129
B^{+1}	6:5	315.641		7:4	968.826
	11:9	347.408	F^0	16:9	996.090
B^{-1}	5:4	386.314	F^{+1}	9:5	1017.596
	14:11	417.508		20:11	1034.996
	9:7	435.084		11:6	1049.363
	21:16	470.781	F^{-1}	15:8	1088.269
C^0	4:3	498.045		40:21	1115.533
C^{+1}	27:20	519.551		64:33	1146.727
	11:8	551.318	G^{-1}	160:81	1178.494
	7:5	582.512	G^0	2:1	1200.000

또 다른 순정 음계가 있다. 중국 한나라 시대 회남淮南, 화이난 지역의 루Lü 음계는 다음의 비율을 갖는 12음 순정 음계이다.

1:1, 18:17, 9:8, 6:5, 54:43, 4:3, 27:19, 3:2, 27:17, 27:16, 9:5, 36:19, (2:1)

스코틀랜드의 그레이트 하이랜드 백파이프Great Highland Bagpipe of Scotland는 (현대 콘서트 음높이보다 약간 더 높은) A를 저음으로 하는 10음 7-한계 순정 음계로 조율돼 있다. 비율은 다음과 같다.

(7:8), (8:9), 1:1 (A), 9:8, 5:4, 4:3, 27:20, 3:2, 5:3, 7:4, 16:9, 9:5, (2:1)

웬디 카를로스Wendy Carlos는 순정 음계를 몇 개 개발했다. "웬디 카를로스 초순정 음계"는 다음 비율을 갖는 12음계이다.

1:1, 17:16, 9:8, 6:5, 5:4, 4:3, 11:8, 3:2, 13:8, 5:3, 7:4, 15:8, (2:1)

"웬디 카를로스 화성 음계"는 다음 비율을 갖는 12음계이다.

1:1, 17:16, 9:8, 19:16, 5:4, 21:16, 11:8, 3:2, 13:8, 27:16, 7:4, 15:8, (2:1)

위의 비율을 표기하는 더 좋은 방법은 16을 곱하는 것이다.

16, 17, 18, 19, 20, 21, 22, 24, 26, 27, 28, 30, (32)

루 해리슨Lou Harrison은 다음 비율을 갖는 16음 순정 음계를 개발했다.

1:1, 16:15, 10:9, 8:7, 7:6, 6:5, 5:4, 4:3, 17:12,
3:2, 8:5, 5:3, 12:7, 7:4, 9:5, 15:8, (2:1)

윌프리드 페레트Wilfrid Perret[1]는 다음 비율을 갖는 19음 7-한계 순정 음계를 개발했다.

1:1, 21:20, 35:32, 9:8, 7:6, 6:5, 5:4, 21:16, 4:3, 7:5, 35:24,
3:2, 63:40, 8:5, 5:3, 7:4, 9:5, 15:8, 63:32, (2:1)

존 찰머스John Chalmers 또한 19음 7-한계 순정 음계를 개발했는데, 위와 단지 2군데에서만 차이가 난다. 비율은 다음과 같다.

1:1, 21:20, 16:15, 9:8, 7:6, 6:5, 5:4, 21:16, 4:3, 7:5, 35:24,
3:2, 63:40, 8:5, 5:3, 7:4, 9:5, 28:15, 63:32, (2:1)

마이클 해리슨Michael Harrison은 다음 비율을 갖는 24음 7-한계 순정 음계를 개발했다.

1:1, 28:27, 135:128, 16:15, 243:224, 9:8, 8:7, 7:6, 32:27, 6:5, 135:112, 5:4,
81:64, 9:7, 21:16, 4:3, 112:81, 45:32, 64:45, 81:56, 3:2, 32:21, 14:9, 128:81,
8:5, 224:135, 5:3, 27:16, 12:7, 7:4, 16:9, 15:8, 243:128, 27:14, (2:1)

해리슨은 다음과 같이 말했다.

> 1986년부터 2년 동안 7피트 길이의 쉬멜(Schimmel) 그랜드 피아노를 대부분 개조해 "화성 피아노(Harmonic Piano)"를 만들었다. 최초로 페달을 이용해 다른 조성으로 변조할 수 있는 순정률 피아노이다. 고유한 페달 메커니즘을 이용해 화성 피아노는 일반 피아노가 같은 음으로 공유하는 음(예: C♯과 D♭)을 구별할 수 있다. 그렇게 해서 화성 피아노는 한 옥타브에

1 W. Perret, "Some Questions of Musical Theory," W. Heffer & Sons Ltd., 1926.

24개의 음을 연주할 수 있다. 표준 피아노의 하나의 음에 세 개의 현을 사용하는 것과 다르게 화성 피아노는 단일 현만 사용해 하프와 같은 음색을 갖는다. 특수 음소거 시스템을 사용해 원치 않는 공명을 줄이고 악기의 선명도를 향상시켰다.[2]

라가raga를 연주하는 데 일반적으로 사용하는 인도 슈루티Sruti 음계[3]는 22개의 음으로 구성된 5-제한 순정 음계이지만 몇 개의 큰 분자와 분모가 있다.

1:1, 256:243, 16:15, 10:9, 9:8, 32:27, 6:5, 5:4, 81:64, 4:3, 27:20, 45:32, 729:512, 3:2, 128:81, 8:5, 5:3, 27:16, 16:9, 9:5, 15:8, 243:128, (2:1)

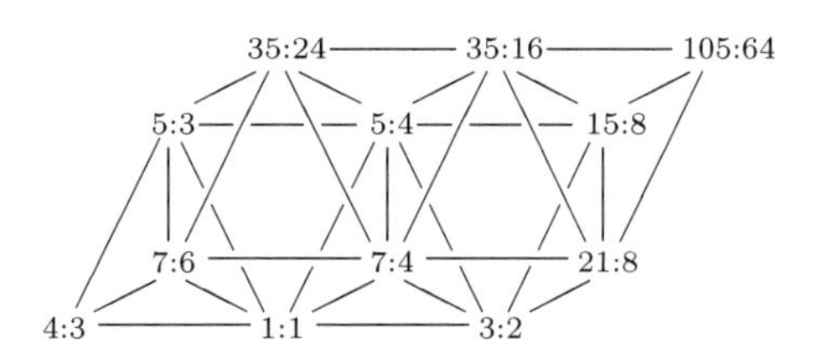

그림 6.2 12음 7-한계 순정 음계

순정 음계를 표현하기 위해 다양한 표기법이 개발됐다. 예를 들어 7-한계 음계의 경우에 4면체와 8면체의 3차원 격자를 비슷하게 종이에 그릴 수 있다. 그림 6.2는 이와 같이 3차원적으로 그린 12음 7-한계 순정 음계의 보기이다.[4]

직선은 장3도, 단3도, 완전5도와 세 개의 다른 7협음 7:4, 7:5, 7:6을 나타낸다(음표는 옥타브 1:1에서 2:1 사이에 있도록 정규화했다). 6.8절에서 순정률에 대한 논의로 다시 돌아가서 동음 벡터와 주기 블록에 대해 설명한다. 위의 다이어그램은 6.9절에서 다룬다.

연습문제

1:1을 C^0로 간주하고 여기서 설명한 인도 슈루티 음계를 (5.10절의 음계와 같이) 에이츠 쉼표 표기법으로 나타내라.

---

2 From the liner notes to Harrison's CD "From Ancient Worlds, for Harmonic Piano", 부록 G를 참고하라.

3 B. Chaitanya Deva, The Music of India (1981), Table 9.2에서 인용했다. 이 표에 있는 5번 음의 분수 값은 64/45가 아니라 32/45가 돼야 표에 있는 다른 정보와 일치한다. 이것은 또한 같은 책의 표 9.4과 9.8의 값과 일치한다. 인도 음계에서 음정의 정확한 값은 역사적으로 많은 논쟁이 있었고 아직도 계속된다.

4 4음계를 이렇게 그리는 방법은 파울 에를리히(Paul Erlich)에서 나왔다. 에를리히에 따르면 이런 음계는 아마도 1960년대에 에르브 윌슨(Erv Wilson)이 처음으로 사용했을 것이다.

읽을거리

David B. Doty, *The Just Intonation Primer* (1993), 개인 출판했고 the Just Intonation Network at www.justintonation.net에서 구할 수 있다.

Harry Partch (1974), *Genesis of a Music*.

Joseph Yasser (1932), *A Theory of Evolving Tonality*.

들을거리(부록 G 참조)

Bill Alves, *Terrain of Possibilities*.

Wendy Carlos, *Beauty in the Beast*.

Michael Harrison, *From Ancient Worlds*.

Harry Partch, *Bewitched*.

Robert Rich, *Rainforest, Gaudi*.

6.2 연분수

$$e^{2\pi/5}\left(\sqrt{\frac{5+\sqrt{5}}{2}}-\frac{\sqrt{5}+1}{2}\right)=\frac{1}{1+}\,\frac{e^{-2\pi}}{1+}\,\frac{e^{-4\pi}}{1+}\,\frac{e^{-6\pi}}{1+}\cdots$$

(스리니바사 라마누잔(Srinivasa Ramanujan))

현대 평균율 12음계는 다음 값이

$$7/12 = 0.58333\ldots$$

다음의 값의 좋은 근사가 되는 것에 기반을 두고 있다.

$$\log_2(3/2) = 0.584\,962\,5007\ldots$$

그래서 한 옥타브를 반음 12개로 균등하게 나누면 7번째 반음이 완전5도와 거의 비슷하게 된다. 여기에서 다음과 같은 질문을 생각할 수 있다. $\log_2(3/2)$를 두 정수의 비율 m/n으로 나타낼 수 있을까? 즉, $\log_2(3/2)$는 유리수인가? $\log_2(3/2)$와 $\log_2(3)$의 차이는 1이므로, $\log_2(3)$이 유리수인가를 묻는 것과 같다.

보조정리 6.2.1 숫자 $\log_2(3)$은 무리수이다.

증명

m과 n이 양의 정수이다. $\log_2(3) = m/n$을 가정한다. 그러면 $3 = 2^{m/n}$ 또는 $3^n = 2^m$이 된다. 3^n은 항상 홀수인 반면, 2^m은 항상 짝수이다($m > 0$이므로). 그래서 이것은 불가능하다. □

따라서 이제 최선의 방법은 $\log_2(3/2)$를 7/12과 같은 유리수로 근사하는 것이다. 무리수를 유리수로 근사하는 체계적인 이론인 연분수continued fraction 이론이 있다.[5] 연분수는 다음 형태의 표현식이다.

$$a_0 + \cfrac{1}{a_1 + \cfrac{1}{a_2 + \cfrac{1}{a_3 + \cdots}}}$$

여기서 a_0, a_1, ...는 정수이고 일반적으로 $i \geq 1$에 대해 a_i는 양수이다. 표현식은 유한하게 끝날 수 있고 영원히 계속될 수도 있다. 유한하게 끝나는 경우는 마지막 a_n이 일반적으로 1을 허용하지 않는다. 만약에 1이 되면 이것을 a_{n-1}에 포함시켜서 더 빨리 끝낼 수 있다(보기로서 $1 + \frac{1}{2+\frac{1}{1}}$은 $1 + \frac{1}{3}$으로 표기할 수 있다). 인쇄의 편의를 위해 연분수를 다음 형태로 표기한다.

$$a_0 + \frac{1}{a_1+}\,\frac{1}{a_2+}\,\frac{1}{a_3+}\cdots$$

보다 더 간결한 표기로 다음을 사용하기도 한다.

$$[a_0; a_1, a_2, a_3, \ldots]$$

모든 실수는 유일한 연분수 표현을 가지며, 정확히 유리수인 경우에만 정지한다. 이것은 쉽게 확인할 수 있다. x가 실수이면 x보다 작거나 같은 정수 중에서 가장 큰 값(x의 정수 부분integer part)을 $\lfloor x \rfloor$로 표기한다.[6] 그러면 $\lfloor x \rfloor$를 a_0로 선택한다. 나머지 $x - \lfloor x \rfloor$는

5 연속 분수를 사용한 것으로 알려진 최초의 수학자는 1572년의 라파엘 봄벨리(Rafael Bombelli)였다. 현대 표기법은 1613년에 카탈디(Cataldi)가 도입했다.

6 일부 책에서는 $[x]$를 사용하기도 한다.

$0 \le x - \lfloor x \rfloor < 1$을 만족한다. 이것이 영이 아니면, 역원을 취해 1보다 큰 $1/(x - \lfloor x \rfloor)$를 얻는다.

$x_0 = x$, $a_0 = \lfloor x_0 \rfloor$, $x_1 = 1/(x_0 - \lfloor x_0 \rfloor)$로 표기하면 다음을 얻는다.

$$x = a_0 + \frac{1}{x_1}$$

이것을 계속해간다. $a_1 = \lfloor x_1 \rfloor$, $x_2 = 1/(x_1 - \lfloor x_1 \rfloor)$에서 다음을 얻는다.

$$x = a_0 + \frac{1}{a_1+}\,\frac{1}{x_2}$$

귀납적으로 $a_n = \lfloor x_n \rfloor$, $x_{n+1} = 1/(x_n - \lfloor x_n \rfloor)$에서 다음을 얻는다.

$$x = a_0 + \frac{1}{a_1+}\,\frac{1}{a_2+}\,\frac{1}{a_3+}\cdots$$

$x_n \ne 0$이면 알고리듬은 계속된다. 이것은 x가 무리수인 것과 일치한다. 그렇지 않고 x가 유리수이면 알고리듬이 종료돼 유한 연분수가 나온다. 무리수의 경우 연분수 전개는 유일하다. 유리수의 경우 마지막 항이 1보다 크다고 가정하면 유일성을 가진다.

보기로서 다음 숫자의 연분수를 계산해본다.

$$\begin{aligned}\pi = {} & 3.141\,592\,653\,589\,793\,238\,462\,643\,383\,279\,502\,884\,197\,169\,399\,375 \\ & 105\,820\,974\,944\,592\,307\,8164\ldots\end{aligned}$$

이 경우, $a_0 = 3$이고 다음을 얻는다.

$$x_1 = 1/(\pi - 3) = 7.062\,513\,086\ldots$$

그래서 $a_1 = 7$이며 다음을 얻는다.

$$x_2 = 1/(x_1 - 7) = 15.996\,65\ldots$$

이런 식으로 계속해 다음을 얻는다.

$$\pi = 3 + \frac{1}{7+}\,\frac{1}{15+}\,\frac{1}{1+}\,\frac{1}{292+}\,\frac{1}{1+}\,\frac{1}{1+}\,\frac{1}{1+}\,\frac{1}{2+}\,\frac{1}{1+}\,\frac{1}{3+}\,\frac{1}{1+}\,\frac{1}{14+}\cdots$$

압축된 형식으로 더 많은 항을 나타내면 다음과 같다.[7]

$$\pi = [3; 7, 15, 1, 292, 1, 1, 1, 2, 1, 3, 1, 14, 2, 1, 1, 2, 2, 2, 2, 1, 84, 2, 1, 1, 15, 3, 13,
1, 4, 2, 6, 6, 99, 1, 2, 2, 6, 3, 5, 1, 1, 6, 8, 1, 7, 1, 2, 3, 7, 1, 2, 1, 1, 12, 1, 1, 1, 3,
1, 1, 8, 1, 1, 2, 1, 6, 1, 1, 5, 2, 2, 3, 1, 2, 4, 4, 16, 1, 161, 45, 1, 22, 1, 2, 2, 1, 4,
1, 2, 24, 1, 2, 1, 3, 1, 2, 1, 1, 10, 2, 5, 4, 1, 2, 2, 8, 1, 5, 2, 2, 26, 1, 4, 1, 1, 8, 2,
42, 2, 1, 7, 3, 3, 1, 1, 7, 2, 4, 9, 7, 2, 3, 1, 57, 1, 18, 1, 9, 19, 1, 2, 18, 1, 3, 7, 30,
1, 1, 1, 3, 3, 3, 1, 2, 8, 1, 1, 2, 1, 15, 1, 2, 13, 1, 2, 1, 4, 1, 12, 1, 1, 3, 3, 28, 1, 10,
3, 2, 20, 1, 1, 1, 1, 4, 1, 1, 1, 5, 3, 2, 1, 6, 1, 4, 1, 120, 2, 1, 1, 3, 1, 23, 1, 15, 1, 3,
7, 1, 16, 1, 2, 1, 21, 2, 1, 1, 2, 9, 1, 6, 4, 127, 14, 5, 1, 3, 13, 7, 9, 1, 1, 1, 1, 1, 5,
4, 1, 1, 3, 1, 1, 29, 3, 1, 1, 2, 2, 1, 3, 1, 1, 1, 3, 1, 1, 10, 3, 1, 3, 1, 2, 1, 12, 1, 4, 1,
1, 1, 1, 7, 1, 1, 2, 1, 11, 3, 1, 7, 1, 4, 1, 48, 16, 1, 4, 5, 2, 1, 1, 4, 3, 1, 2, 3, 1, 2, 2,
1, 2, 5, 20, 1, 1, 5, 4, 1, 436, 8, 1, 2, 2, 1, 1, 1, 1, 1, 5, 1, 2, 1, 3, 6, 11, 4, 3, 1, 1, 1,
2, 5, 4, 6, 9, 1, 5, 1, 5, 15, 1, 11, 24, 4, 4, 5, 2, 1, 4, 1, 6, 1, 1, 1, 4, 3, 2, 2, 1, 1, 2,
1, 58, 5, 1, 2, 1, 2, 1, 1, 2, 2, 7, 1, 15, 1, 4, 8, 1, 1, 4, 2, 1, 1, 1, 3, 1, 1, 1, 2, 1, 1, 1,
1, 1, 9, 1, 4, 3, 15, 1, 2, 1, 13, 1, 1, 1, 3, 24, 1, 2, 4, 10, 5, 12, 3, 3, 21, 1, 2, 1, 34,
1, 1, 1, 4, 15, 1, 4, 44, 1, 4, 20776, 1, 1, 1, 1, 1, 1, 23, 1, 7, 2, 1, 94, 55, 1, 1, 2, \ldots]$$

좋은 유리수 근삿값을 얻으려면 큰 값의 a_n 바로 앞에서 정지하는 것이 좋다. 예를 들어 15 바로 앞에서 멈추면, 잘 알려진 근사 $\pi \approx 22/7$을 얻는다. 292 바로 앞에서 멈추면 다음의 매우 좋은 근사를 얻는다.

$$\pi \approx 355/113 = 3.141\,5929\ldots$$

이것은 서기 500년에 중국 수학자 조충지祖沖之가 발견했다.

숫자의 연분수 전개를 잘라서 얻은 유리수 근삿값을 근사분수convergent라고 한다. 따라서 π의 근사분수는 다음으로 주어진다.

$$\frac{3}{1}, \frac{22}{7}, \frac{333}{106}, \frac{355}{113}, \frac{103\,993}{33\,102}, \frac{104\,348}{33\,215}, \ldots$$

연분수에서 근사분수를 계산하는 매우 효율적인 방법이 있다.

증명 6.2.2 p_n과 q_n을 다음과 같이 귀납적으로 정의한다.

$$p_0 = a_0, \qquad p_1 = a_1 a_0 + 1, \qquad p_n = a_n p_{n-1} + p_{n-2} \quad (n \geq 2) \qquad (6.2.1)$$

---

7 Hua(1982), 252페이지에 나온 값은 오류가 있다. π의 연분수 전개의 처음 20000000자리의 정확한 값은 www.lacim.uqam.ca/piDATA에서 다운로드할 수 있다.

$$q_0 = 1, \qquad q_1 = a_1, \qquad q_n = a_n q_{n-1} + q_{n-2} \quad (n \geq 2) \tag{6.2.2}$$

그러면 다음을 얻는다.

$$a_0 + \frac{1}{a_1+}\frac{1}{a_2+}\cdots\frac{1}{a_n} = \frac{p_n}{q_n}$$

증명

(Hardy and Wright(1980), Theorem 149 또는 Hua(1982), Theorem 10.1.1을 참조하라.)

증명은 n에 대한 귀납법을 이용한다. $n=0$과 $n=1$인 경우 쉽게 확인할 수 있으므로 $n \geq 2$이고 더 작은 n값에 대해서 정리가 성립한다고 가정한다. 그러면 다음을 얻는다.

$$a_0 + \frac{1}{a_1+}\frac{1}{a_2+}\cdots\frac{1}{a_{n-1}+}\frac{1}{a_n} = a_0 + \frac{1}{a_1+}\frac{1}{a_2+}\cdots\frac{1}{a_{n-1} + \frac{1}{a_n}}$$

그래서 정리에 주어진 공식에 n 대신 $n-1$을 대입하면 다음을 얻는다.

$$\begin{aligned}\frac{\left(a_{n-1} + \frac{1}{a_n}\right)p_{n-2} + p_{n-3}}{\left(a_{n-1} + \frac{1}{a_n}\right)q_{n-2} + q_{n-3}} &= \frac{a_n(a_{n-1}p_{n-2} + p_{n-3}) + p_{n-2}}{a_n(a_{n-1}q_{n-2} + q_{n-3}) + q_{n-2}} \\ &= \frac{a_n p_{n-1} + p_{n-2}}{a_n q_{n-1} + q_{n-2}} = \frac{p_n}{q_n}\end{aligned}$$

그러므로 정리는 n에 대해서 성립하고 귀납법으로 증명이 완료된다. □

그래서 위의 π의 보기에서 $p_0 = a_0 = 3$, $q_0 = 1$, $p_1 = a_1 a_0 + 1 = 22$, $q_1 = a_1 = 7$을 얻고, 또 다음을 얻는다.

$$\frac{p_2}{q_2} = \frac{p_0 + 15p_1}{q_0 + 15q_1} = \frac{333}{106}$$

그래서 $p_2 = 333$, $q_2 = 106$이어서 다음이 성립한다.

$$\frac{p_3}{q_3} = \frac{p_1 + p_2}{q_1 + q_2} = \frac{355}{113}$$

그래서 $p_3 = 355$, $q_3 = 113$이며 같은 방법으로 계속 진행할 수 있다.

위의 $x = \pi$의 경우에 x_2의 값을 조사하면 a_n의 값으로 양수뿐만 아니라 음수까지 고려하면 좋을 거라 생각할 수 있다. 그러나 이것은 실제로 도움이 되지 않는다. x_n이 $a_n + 1$

보다 조금 작으면 a_{n+1}이 1이 되고 이후의 수열은 예전과 같게 되기 때문이다. 다르게 표현하면 이렇게 구한 근삿값이 더 좋아지지 않는다. 비슷한 관찰로 $a_{n+1}=2$이면 a_n을 a_{n+1}을 a_{n+1}로 대체한 근사를 조사하고 여기서 정지하는 것이 좋다.

자연 로그의 밑에 대한 연분수 전개는 다음이다.

$$\begin{aligned} e &= 2.718\,281\,828\,459\,045\,235\,360\,287\,471\,352\,662\,497\,757\,247\,093\ldots \\ &= 2+\frac{1}{1+}\,\frac{1}{2+}\,\frac{1}{1+}\,\frac{1}{1+}\,\frac{1}{4+}\,\frac{1}{1+}\,\frac{1}{1+}\,\frac{1}{6+}\,\frac{1}{1+}\,\frac{1}{1+}\,\frac{1}{8+}\,\frac{1}{1+}\,\frac{1}{1+}\cdots \end{aligned}$$

이것은 레오나르드 오일러가 발견한 간단한 표현할 수 있는 패턴을 가진다. 황금률에 대한 연분수는 설명하기 더 쉬운 패턴을 가진다.

$$\tau = \tfrac{1}{2}(1+\sqrt{5}) = 1+\frac{1}{1+}\,\frac{1}{1+}\,\frac{1}{1+}\,\frac{1}{1+}\,\frac{1}{1+}\cdots$$

π의 연분수는 이런 면에서 정칙이지 않지만, 비슷한 공식이 있다(브룽커Brouncker).

$$\frac{\pi}{4} = \frac{1}{1+}\,\frac{1}{3+}\,\frac{4}{5+}\,\frac{9}{7+}\,\frac{16}{9+}\cdots$$

이것은 arctan 공식의 특별한 형태이다.

$$\tan^{-1} z = \frac{z}{1+}\,\frac{z^2}{3+}\,\frac{4z^2}{5+}\,\frac{9z^2}{7+}\,\frac{16z^2}{9+}\cdots$$

tan은 다음 공식을 가진다.

$$\tan z = \frac{z}{1+}\,\frac{-z^2}{3+}\,\frac{-z^2}{5+}\,\frac{-z^2}{7+}\cdots$$

이것을 이용하면 π가 무리수인 것을 증명할 수 있다(프링스하임Pringsheim).

연분수로 얻은 유리수 근사는 얼마나 좋은가? 이에 대한 답이 다음 정리이다. $x_n = p_n/q_n$이 n번째 근사분수임을 기억하라.

$$\frac{p_n}{q_n} = a_0+\frac{1}{a_1+}\,\frac{1}{a_2+}\cdots\frac{1}{a_{n-1}+}\,\frac{1}{a_n}$$

정리 6.2.3 실수 x의 연분수 전개에서 구한 n번째 근사 분수는 다음을 만족한다.

$$\left|\frac{p_n}{q_n} - x\right| < \frac{1}{q_n^2}$$

증명

(Hardy and Wright(1980), Theorem 171 또는 Hua(1982), Theorem 10.2.6을 참조하라.)

우선 $p_{n-1}q_n - p_nq_{n-1} = (-1)^n$에 주의하라. 이것은 귀납법으로 쉽게 보일 수 있다. $n=1$이면 $p_0 = a_0$, $q_0 = 1$, $p_1 = a_0a_1 + 1$, $q_1 = a_1$이므로, $p_0a_1 - p_1a_0 = -1$이 된다. $n>1$에 대해 식 (6.2.1)과 (6.2.2)를 사용하면 다음을 얻는다.

$$\begin{aligned} p_{n-1}q_n - p_nq_{n-1} &= p_{n-1}(q_{n-2} + a_nq_{n-1}) - (p_{n-2} + a_np_{n-1})q_{n-1} \\ &= p_{n-1}q_{n-2} - p_{n-2}q_{n-1} \\ &= -(p_{n-2}q_{n-1} - p_{n-1}q_{n-2}) \\ &= -(-1)^{n-1} = (-1)^n \end{aligned}$$

이제, x가 다음의 두 수 사이에 놓인다는 사실에 주의한다.

$$\frac{p_{n-2} + a_np_{n-1}}{q_{n-2} + a_nq_{n-1}} \text{ 그리고 } \frac{p_{n-2} + (a_n + 1)p_{n-1}}{q_{n-2} + (a_n + 1)q_{n-1}}$$

즉, $\frac{p_n}{q_n}$과 $\frac{p_n + p_{n-1}}{q_n + q_{n-1}}$ 사이이다. 두 수의 거리는 다음으로 주어진다.

$$\begin{aligned} \left|\frac{p_n + p_{n-1}}{q_n + q_{n-1}} - \frac{p_n}{q_n}\right| &= \left|\frac{(p_n + p_{n-1})q_n - p_n(q_n + q_{n-1})}{(q_n + q_{n+1})q_n}\right| \\ &= \left|\frac{p_{n-1}q_n - p_nq_{n-1}}{q_n^2 + q_nq_{n-1}}\right| = \left|\frac{(-1)^n}{q_n^2 + q_nq_{n-1}}\right| < \frac{1}{q_n^2} \end{aligned}$$

□

분모 q를 무작위하게 선택하면, p/q 형태의 유리수의 간격은 $1/q$의 크기이다. 그래서 오차를 최소화하기 위해 p를 선택하면 $|p/q - x| \le 1/2q$가 된다. 그러므로 위 정리의 핵심은 연분수의 근사분수는 무작위 분모보다 매우 좋다는 것을 보여준다. 실제로는 더 많이 좋다.

정리 6.2.4 $q \le q_n$인 분수 p/q 중에 x와 가장 가까운 것은 p_n/q_n이다.

증명

Hardy and Wright(1980), Theorem 181을 참조하라. □

p/q가 $|p/q-x|<1/q^2$을 만족하는 유리수이면, p/q가 x의 연분수 전개의 근사분수가 되는 것은 아니다. 그러나 후르비츠Hurwitz의 정리에서 x의 연속하는 두 개의 근사분수에 대해 적어도 하나는 $|p/q-x|<1/2q^2$을 만족한다(Hua(1982), 정리 10.4.1을 참고하라). 그리고 유리수 p/q가 이 부등식을 만족하면 x의 연분수 전개의 근사분수가 된다(Hua(1982), 정리 10.7.2를 참고하라).

a_n의 분포

초월수transcendental number x에 대해 연분수를 구하면 주어진 정수 k에 대해 $a_n=k$일 확률은 어떻게 될까? $a_n=1$이 가장 확률이 높고 k가 증가함에 따라 확률은 빨리 감소할 것 같다. 그러나 정확한 확률 분포는 무엇일까?

가우스가 라플라스에게 보내는 편지에서 이 문제에 대해 답을 했다. 그러나 증명을 출판하지는 않았다.[8] 집합 $\{-\}$에 대한 측도를 $\mu\{-\}$로 표기하면, 그가 증명한 것은 다음이다. 범위 (0, 1)에서 주어진 임의의 t에 대해서 $x_n-\lfloor x_n\rfloor$이 t보다 작거나 같은, 구간 (0, 1)의 숫자 x의 집합의 측도 극한은 다음으로 주어진다.[9]

$$\lim_{n\to\infty}\mu\{\, x\in(0,1)\mid x_n-\lfloor x_n\rfloor\le t\,\}=\log_2(1+t)$$

연분수 알고리듬에서 $x_n-\lfloor x_n\rfloor$의 역수를 취해야 한다. $1/t$를 u로 표기하면 다음을 얻는다.

$$\lim_{n\to\infty}\mu\left\{x\in(0,1)\mid\frac{1}{x_n-\lfloor x_n\rfloor}\ge u\right\}=\log_2(1+1/u)$$

a_{n+1}을 얻기 위해서는 $1/(x_n-\lfloor x_n\rfloor)$의 정수 부분을 선택해야 한다. 그래서 $k\ge1$가 정수이면 다음을 얻는다.

8 A. Khinchin, Continued Fractions, Dover 1964, page 72에 따르면 처음 출판된 증명은 1928년에 Kuz'min이 했다.

9 측도가 무엇인지 잘 모르는 독자는 주어진 구간에서 숫자를 무작위로 추출했을 때 가정을 만족할 확률이라 생각하면 된다.

$$\lim_{n\to\infty} \mu\{ x \in (0,1) \mid a_n = k \} = \log_2\left(1+\frac{1}{k}\right) - \log_2\left(1+\frac{1}{k+1}\right)$$
$$= \log_2\left(\frac{(k+1)^2}{k(k+2)}\right) = \log_2\left(1+\frac{1}{k(k+2)}\right)$$

이 공식에서 다음 확률 표를 구할 수 있다.

k의 값	$n \to \infty$일 때 $a_n = k$가 될 극한 확률
1	0.4150375
2	0.2223924
3	0.0931094
4	0.0588937
5	0.0406420
6	0.0297473
7	0.0227201
8	0.0179219
9	0.0144996
10	0.0119726

k가 증가함에 따라서, 이 값은 $1/k^2$으로 감소한다.

다중 연분수

때때로 하나 이상의 무리수를 동시에 유리수 근사를 해야 할 필요가 있다. 예를 들어 평균율에서 반음 7개가 3:2 비율의 장5도를 근사할 뿐 아니라 반음 4개가 5:4 비율의 장3도를 근사해야 한다. 그래서 다음을 얻는다.

$$\log_2(3/2) \approx 7/12; \qquad \log_2(5/4) \approx 4/12$$

디리클레 정리에서 k개의 실수를 동시에 근사할 때 오차를 구할 수 있다.

정리 6.2.5 $\alpha_1, \alpha_2, \ldots, \alpha_k$는 실수이며, 적어도 하나는 무리수이다. 그러면 다음의 근사의 오차가 $1/q^{1+\frac{1}{k}}$보다 작아지는 분모 q와 분자 $p_1, p_2, \ldots, p_k$를 선택하는 방법의 개수는 무한대다.

$$p_1/q \approx \alpha_1; \quad p_2/q \approx \alpha_2; \quad \ldots \quad p_k/q \approx \alpha_k$$

증명

Hardy and Wright(1980), Theorem 200을 참고하라. □

$k=1$인 경우는 정리 6.2.3이 된다. $k \geq 2$일 때 이 정리가 말하는 근사를 구할 수 있는 연분수 계산법은 알려진 것이 없다. 그래서 가능성이 있는 q에 대해 한 번에 한 개씩 지루한 계산을 통해 확인해야 한다.

위 정리에 있는 분모의 q의 멱(즉, $1+\frac{1}{k}$)은 최적인 것으로 알려져 있다. 무작위로 선택한 q에 대한 오차 $1/2q$에 비해 정리의 오차가 여전히 좋은 것에 주의해야 한다. 그러나 좋은 정도는 k가 증가함에 따라서 감소한다.

연습문제

1. 황금율 $\tau=(1+\sqrt{5})/2$의 연수분 전개에서 근사분수를 조사하라. 이 근사분수는 피보나치 수열과 어떤 관련이 있는가?
   결합 발진기coupled oscillator는 작은 분자와 분모를 갖는 유리수로 표현되는 주파수 비율을 찾는 경향이 있다. 예를 들어 수성은 태양 주위를 두 번 공전할 때마다 정확히 세 번 자전한다. 그러므로 수성의 하루는 수성의 1년 이상 지속된다. 비슷한 방식으로, 목성과 소행성 팔라스의 태양 주위 공전 시간은 18:7의 비율로 고정돼 있다(1812년에 가우스는 이것을 계산으로 예측했고 관측을 통해 확인했다). 또한 이것이 달이 지구를 한 바퀴 공정할 때 한 번 자전하는 것과 같은 이유다. 그래서 우리는 항상 달의 같은 면만 본다.
   결합 발진기의 작은 주파수 비율 중에서 황금률이 가까운 유리수로 고정될 가능성이 가장 작은 값이다. 왜 그런가?
2. $\sqrt{2}$의 연분수 전개를 구하라. 주기적인 연분수 전개를 가지는 숫자는 정수 계수를 가지는 이차방정식을 만족한다. 사실, 역도 성립한다. 어떤 숫자가 정수 계수의 이차방정식을 만족하면 주기적인 연분수 전개를 가진다. 예로서, Hardy and Wright (1980), 10.12절을 참고하라.
3. (Hua, 1982) 삭망월朔望月은 두 개의 초승달 사이의 기간으로 29.5306일이다. 성구星球에 사영하면, 백도(달의 경로)는 오름 노드와 내림 노드에서 황도(태양의 경로)와 교차한

다. 교점월交點月은 달이 같은 노드로 돌아오는 기간으로 27.2123일이다. 일식과 월식이 18년 10일 주기로 발생하는 것을 보여라.

4. 이 문제에서 π가 $\frac{22}{7}$와 정확하게 일치하는 것이 아님을 증명한다. 이 문제는 본문과 관련은 없지만 매우 흥미롭다.

부분 분수를 이용해 다음을 증명하라.

$$\int_0^1 \frac{x^4(1-x)^4\,\mathrm{d}x}{1+x^2} = \frac{22}{7} - \pi$$

그리고 $\pi < \frac{22}{7}$을 유도하라. 다음을 증명하라.

$$\int_0^1 x^4(1-x)^4\,\mathrm{d}x = \frac{1}{630}$$

이것을 이용해 다음을 유도하라.

$$\frac{1}{1260} < \frac{22}{7} - \pi < \frac{1}{630}$$

π가 3이면 어떻게 될까?

If π were equal to 3, this sentence would look something like this.

(Scott Kim/Harold Cooper, Douglas Hofstadter의 Metamagical Themas, Basic Books, 1985에서 인용)

5. a와 b가 공약수를 갖지 않으면 $\log_a(b)$가 무리수임을 보여라. a, b, c에서 어떤 쌍도 공통인수를 갖지 않으면 $\log_a(b)$와 $\log_a(c)$도 유리수 독립이다. 즉, $n_1 \log_a(b) + n_2 \log_a(c) = n_3$를 만족하는 영이 아닌 정수 n_1, n_2, n_3는 존재하지 않는다.

6. 피타고라스식 쉼표의 주파수 비율을 나타내는 유리수 531 441/524 288에 대한 연분수 전개를 구하라. 이 예를 이용해 유리수의 연분수 전개와 최대공약수를 찾는 유클리드 알고리듬 사이의 관계를 설명하라(유클리드 알고리듬은 보조정리 9.7.1에서 설명한다).

7. 가우스 정수는 a와 b가 정수 Z인 $a+bi$ 형식의 복소수이다. 복소수 $\alpha+\beta i$를 고려해 두 실수 α와 β를 동시에 근사하는 연분수 이론을 개발하라. 이 방법이 두 제곱의 합으로 표현되는 분모를 선호해 항상 최적의 근삿값을 찾지 못하는 이유를 설명하라.

8. 어떤 숫자가 3자리 정수 두 개의 비율이라고 알려져 있다. 십진법에서 9개의 유효 숫자까지의 값은 0.137 637 028이다. 정수는 무엇인가?

읽을거리

G. H. Hardy and E. M. Wright (1980), *Number Theory*, chapter X.

Hua (1982), *Introduction to Number Theory*, Chapter 10.

Hubert Stanley Wall, *Analytic Theory of Continued Fractions*. Chelsea, 1948.

J. Murray Barbour, Music and ternary continued fractions, *Amer. Math. Mon*. 55 (9) (1948), 545–555.

Viggo Brun, Music and ternary continued fractions, *Norske Vid. Selsk. Forh., Trondheim* **23** (1950), 38–40. This article is a response to the above article of Murray Barbour.

Viggo Brun, Music and Euclidean algorithms, *Nordisk Mat. Tidskr*. **9** (1961), 29–36, 95.

Edward Dunne and Mark McConnell, Pianos and continued fractions, *Math. Mag*., **72** (2) (1999), 104–115.

J. B. Rosser, Generalized ternary continued fractions, *Amer. Math. Mon*. **57** (8) (1950), 528–535. This is another response to Murray Barbour's article.

Murray Schechter, Tempered scales and continued fractions, *Amer. Math. Mon*. **87** (1) (1980), 40–42.

6.3 53음계

$\log_2(3/2)$의 연분수 전개가 첫 번째로 흥미롭다. 처음 몇 항은 다음과 같다.

$$\log_2(3/2) = \frac{1}{1+}\,\frac{1}{1+}\,\frac{1}{2+}\,\frac{1}{2+}\,\frac{1}{3+}\,\frac{1}{1+}\,\frac{1}{5+}\,\frac{1}{2+}\,\frac{1}{23+}\,\frac{1}{2+}\,\frac{1}{2+}\,\frac{1}{1+}\cdots$$

$\log_2(3/2)$의 연분수 전개에 대한 근사분수는 다음과 같다.

$$1, \frac{1}{2}, \frac{3}{5}, \frac{7}{12}, \frac{24}{41}, \frac{31}{53}, \frac{179}{306}, \frac{389}{665}, \frac{9126}{15\,601}, \ldots$$

이 분수의 분모는 옥타브를 몇 개의 동일한 음으로 나눌지 알려주고, 분자는 몇 개의 음이 5도를 구성하는지를 알려준다. 위의 근사분수에서 네 번째가 현재 서양 음계에 해당한다. 다음으로 좋은 근사는 큰 분모 바로 앞인 31/53과 389/665이다.

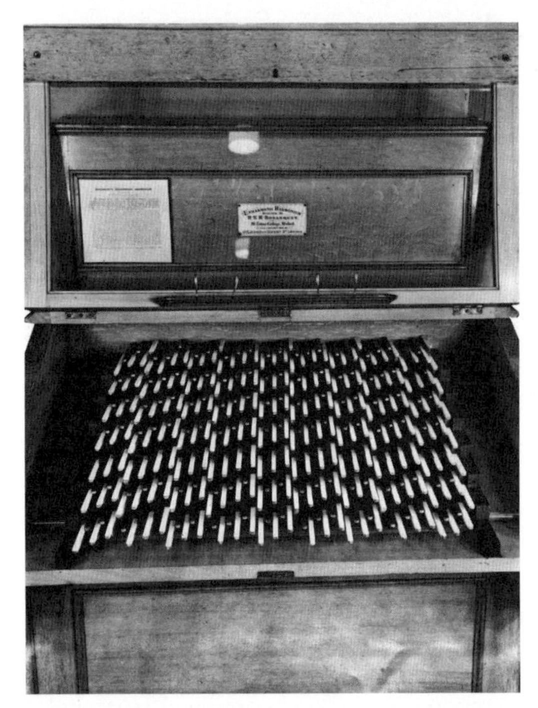

그림 6.3 보전켓의 풍금. Science Museum/Science and Society Picture Library의 허가를 받고 게재한다.

53음계 평균율은 매우 흥미로워서 논의할 가치가 있다. 1876년 로버트 보전켓Robert Bosanquet은 한 옥타브에 53개의 음을 가지는 "일반화된 건반 풍금"을 만들었다.[10] 악기의 사진은 그림 6.3에 나와 있다. 이 풍금에 대한 논의는 Helmholtz(1877)의 번역가의 부록 XX.F.8(페이지 479~481)에서 볼 수 있다. 53음계를 생각하는 한 가지 방법은 피타고라스

10 Described in "Bosanquet, Musical Intervals and Temperaments," Macmillan and Co., 1876. Reprinted with commentary by Rudolph Rasch, Diapason Press, 1986.

쉼표를 한 옥타브의 1/53으로 근사하는 것이다. 그러면, 1200/53 = 22.642센트이며 참값은 23.460센트이다. 오도권을 한 바퀴 회전하면 B♯에 해당하는 C음이 22.642센트 높아진다. 이는 다음 식과 대응한다.

$$12 \times 31 - 7 \times 53 = 1$$

이 식은 53음 평균율에서 12개의 5도에서 7옥타브를 빼면 53음계의 한 단위가 되는 것으로 해석할 수 있다.

다음 표는 피타고라스 음계에 대응해 53음계의 음을 나타냈다.

피타고라스 음계	C	B♯	D♭	C♯	D	E♭	D♯	E	F	G♭
52음계	0	1	4	5	9	13	14	18	22	26
피타고라스 음계	F♯	G	A♭	G♯	A	B♭	A♯	C♭	B	C
52음계	27	31	35	36	40	44	45	48	49	53

그러므로 53음계는 9단위의 온음 5개와 4단위의 반음 4개로 $5 \times 9 + 2 \times 4 = 53$으로 구성된다. 음의 반올림이나 반내림은 5단위가 된다. 장5도는 근사적으로 31단위이다.

$$\frac{31}{53} \times 1200 = 701.887$$

참값은 701.955센트이다.

순정 장3도는 이 음계에서 7단위로 근사된다.

$$\frac{17}{53} \times 1200 = 384.906$$

참값은 386.314센트이다. 결국 53음계의 1단위가 피타고라스 쉼표와 신토닉 쉼표의 절반 정도의 근삿값을 가진다. 그래서 에이츠 표기법에서 1시스마 차이인 $G\sharp^{0}$와 $A\flat^{+1}$를 같은 것으로 인식한다. 비슷하게 B^{-1}과 $C\flat^{0}$, $B\sharp^{-1}$과 C^{0} 등을 같게 인식한다. 또한 G^{+2}와 $A\flat^{-2}$를 같게 인식할 수 있다. 이들이 차이는 1다이어시스에서 4쉼표를 뺀 값으로 약 4.200센트이다.

$$\frac{256}{243}\left(\frac{80}{81}\right)^{4} = \frac{2^{24}5^{4}}{3^{21}} = \frac{10\,485\,760\,000}{10\,460\,353\,203}$$

이런 것의 결과로, 5.9절에서 도입한 배열 표기법에서 양쪽 방향으로 주기성을 가져 그림 6.4와 같은 다이어그램을 얻는다. 이 다이어그램에서 가장 높은 행과 가장 낮은 행을 같은 것으로, 가장 오른쪽 열과 가장 왼쪽 열을 같은 것으로 인식한다. 결과적으로 얻는 기하학적인 형상을 토러스torus라고 하고 도넛, 베이글, 타이어와 비슷한 모양이다.

22 0 31 9 40 18 49 27 5

5 36 14 45 23 1 32 10 41 19

19 50 28 6 37 15 46 24 2 33

33 11 42 20 51 29 7 38 16 47

47 25 3 34 12 43 21 52 30 8

8 39 17 48 26 4 35 13 44 22

22 0 31 9 40 18 49 27 5

F^{0} C^{0} G^{0} D^{0} A^{0} E^{0} B^{0} $F\sharp^{0}$ $C\sharp^{0}$

$C\sharp^{0}$ $A\flat^{+1}$ $E\flat^{+1}$ $B\flat^{+1}$ F^{+1} C^{+1} G^{+1} D^{+1} A^{+1} E^{+1}

E^{+1} B^{+1} $F\sharp^{+1}$ $C\sharp^{+1}$ $A\flat^{+2}$ $E\flat^{+2}$ $B\flat^{+2}$ F^{+2} C^{+2} G^{+2}

G^{+2} D^{+2} A^{+2} E^{+2} C^{-2} G^{-2} D^{-2} A^{-2} E^{-2} B^{-2}

B^{-2} $F\sharp^{-2}$ $C\sharp^{-2}$ $A\flat^{-1}$ $E\flat^{-1}$ $B\flat^{-1}$ F^{-1} C^{-1} G^{-1} D^{-1}

D^{-1} A^{-1} E^{-1} B^{-1} $F\sharp^{-1}$ $C\sharp^{-1}$ $A\flat^{0}$ $E\flat^{0}$ $B\flat^{0}$ F^{0}

F^{0} C^{0} G^{0} D^{0} A^{0} E^{0} B^{0} $F\sharp^{0}$ $C\sharp^{0}$

그림 6.4 53음 평균율에서 3도와 5도가 만드는 토러스

피타고라스 학파는 53음 평균율 음계를 알고 있었던 것 같다. 피타고라스의 제자인 필로라우스Philolaus는 온음을 2개의 단반음과 1개의 피타고라스 쉼표로 생각하고 피타고라

스 쉼표 4개를 단반음minor semitone으로 간주했다. 그러면 쉼표 9개가 온음이 되고 쉼표 4개가 단반음이 돼 한 옥타브에 총 53개의 쉼표를 가진다. 기원전 3세기 중국 이론가 방왕King Fâng도 피타고라스 식의 54음계가 처음 것과 거의 동일하다는 것을 알고 있었던 것 같다.

$\log_2(3/2)$의 연분수 전개에서 52 다음으로 좋은 분모는 665이다. 665음 평균율을 사용하면 완전5도에 매우 좋은 근사를 얻을 수 있는 장점이 있지만, 인접한 음이 너무 가까이(1.805센트) 있어 거의 구별할 수 없다는 사실이 더 문제가 된다. 53음 평균율을 쉼표의 음계로 여길 수 있다면, 665음 평균율은 시스마의 음계로 볼 수 있다.

6.4 다른 평균율

실험적으로 구현해본 다른 평균율은 19, 24, 31, 43이 있다. 19음계는 6:5, 단3도와 5:3 장6도에 대한 매우 좋은 근사를 가질 뿐 아니라 5:4 장3도와 8:5 단6도에 대한 괜찮은 근사를 가진다. 11도는 3:2 완전5도에 대한 근사인데, 12음 평균율보다 조금 나쁘지만 참을 만하다.

이름	비율	센트	19음계 단위	센트
기본음	1:1	0.000	0	0.000
단3도	6:5	315.641	5	315.789
장3도	5:4	386.314	6	378.947
완전5도	3:2	701.955	11	694.737
단6도	8:5	813.687	13	821.053
장6도	5:3	884.359	14	884.211
옥타브	2:1	1200.000	19	1200.000

17세기 후반에 크리스티안 하위헌스Christiaan Huygens가 다른 조성으로 전조가 가능한 방식으로 순정률의 근사로서 19음 평균율을 처음으로 사용했다. 20세기에 야서Yasser[11]가 19음 평균율을 선호했다. 19음 평균율에서 온음계의 특성은 12음 평균율과 매우 유사하다. 그러나 임시 음과 반음계는 매우 다르다.

11 Joseph Yasser, "A Theory of Evolving Tonality," American Library of Musicology, New York, 1932.

보통 4분음계라고 하는 24음 평균율의 주요 목적은 익숙한 12음을 버리지 않고 사용 가능한 음의 수를 늘리는 것이다. 24음계에서 3:2와 5:4 비율에 대한 근사가 12음계보다 더 좋은 것은 아니다. 7:4에 대한 근사는 약간 더 좋고 11:8에 대한 근사는 훨씬 더 좋다. 24음계에서 하나씩 고른 12개 음의 두 집합은 각각 흥미로운 효과를 내지만, 두 집합에 있는 음을 동시에 사용하면 불협음을 만드는 강한 경향이 있다. 4분음계를 사용한 작품은 1095년 독일 작곡가 리차드 슈타인Richard Stein의 첼로와 피아노를 위한 두 개의 콘서트 작품Zwei Konzertstücke 번호 26과 1917년 알로이스 하바Alois Hába의 현악 오케스트라를 위한 모음곡이 있다.[12]

미국 작곡가 하워드 핸슨Howard Hanson과 찰스 아이브스Charles Ives도 4분음으로 조율된 두 대의 피아노를 위한 음악을 작곡했다.

부록 B에 다양한 종류의 평균율을 나타냈다. 완전5도, 장3도, 7배음을 얼마나 잘 근사하는가를 보여주도록 정량화했다. 이 표를 검토하면 31음계가 한 번에 세 가지를 모두 근사하는 데 특이하게 우수한 것을 알 수 있다. 다음 절에서 이 음계에 대해 자세하게 설명한다.

읽을거리

Jim Aikin, Discover 19-tone equal temperament, *Keyboard*, March 1988, p. 74–80.

Easley Blackwood, Modes and chords progressions in equal tunings, *Perspectives in New Music* **29** (2) (1991), 166–200.

M. Yunik and G. W. Swift, Tempered music scales for sound synthesis, *Comp. Music J.* **4** (4) (1980), 60–65.

들을거리(부록 G 참조)

Between the Keys, Microtonal Masterpieces of the 20th Century. 이 CD에는 찰스 아이브스의 4분음표로 된 세 작품Three Quartertone Pieces과 72음 평균율의 이반 비시네그랏스키Ivan Vyshnegradsky의 작품이 있다.

12 하바는 한 옥타브에 60음계, 즉 1/5반음까지 정확하게 노래할 수 있도록 연습했다고 알려져 있다.

Easley Blackwood *Microtonal Compositions*. 이것은 13음 평균율에서 24음 평균율까지의 음계를 이용한 미분음을 이용해 작곡한 작품의 녹음이다.

Clarence Barlow's 'OTOdeBLU'. 이것은 17음 평균율로 작곡됐고 두 대의 피아노로 연주됐다.

Neil Haverstick, *Acoustic Stick*. 19음 평균율과 34음 평균율로 조율된 특수 제작한 기타로 연주됐다.

William Sethares, *Xentonality*. 스펙트럼이 조정된 악기를 이용한 10음, 13음, 17음, 19음 평균율 음악.

6.5 31음계

31음 평균율은 니콜라 빈센티노Nicola Vicentino[13]가 처음으로, 훗날 크리스티안 하위헌스Christiaan Huygens[14]가 연구했다. 19음계보다 완전5도에 더 잘 근사하지만 12음계보다는 여전히 나쁘다.

그리고 장3도와 단6도 그리고 7배음에 대해 좋은 근사를 가진다.

이름	비율	센트	31음계 단위	센트
기본음	1:1	0.000	0	0.000
단3도	6:5	315.641	8	309.677
장3도	5:4	386.314	10	387.097
완전5도	3:2	701.955	18	696.774
단6도	8:5	813.687	21	812.903
7배음	7:4	968.826	25	967.742

31음 평균율에 관심을 가지는 가장 큰 이유는 이 음계의 18번째 음이 완전5도가 아니라 가온음률 5도(696.579)에 예상 외로 좋은 근사이기 때문이다. 따라서 전체 가온음계를 다음 표와 같이 근사할 수 있다.

13 Nicola Vicentino, "L'antica musica ridotta alla moderna pratica", Rome, 1555. Translated as "Ancient Music Adapted to Modern Practice", Yale University Press, 1996.

14 Christiaan Huygens, "Lettre touchant le cycle harmonique", Letter to the editor of the journal "Histoire des Ouvrage de Sçavans", Rotterdam 1691. Reprinted with English and Dutch translation (ed. Rudolph Rasch), Diapason Press, 1986.

포커Fokker[15]가 31음계의 20세기 주요 지지자였다.

음	가온음계	31음계	
C	0.000	0	0.000
C♯	76.049	2	77.419
D	193.157	5	193.548
E♭	310.265	8	309.677
E	386.314	10	387.097
F	503.422	13	503.226
F♯	579.471	15	580.645
G	696.579	18	696.774
A♭	813.686	21	812.903
A	889.735	23	890.323
B♭	1006.843	26	1006.452
B	1082.892	28	1083.871
C	1200.000	31	1200.000

그림 6.5는 1606년에 비투스 트라순티니스Vitus Trasuntinis가 만든 31음 평균율 악기이다. 각 옥타브에는 오늘날 흰색 건반이 있는 자리에는 똑같이 7개의 건반이 있고 5개의 검은색 건반 자리에는 4개 건반 5세트가 있다. 그리고 검은 건반으로 구분되지 않는 흰색 건반 사이에 각각 2개의 건반이 있어서 총 $7+4\times5+2\times2=31$개의 건반이 있다.

15 포커에 관해서는 다음 문헌들을 참조하라. The qualities of the equal temperament by 31 fifths of a tone in the octave, "Report of the Fifth Congress of the International Society for Musical Research, Utrecht, 3–7 July 1952", Vereniging voor Nederlandse Muziekgeschiedenis, Amsterdam (1953), 191–192; Equal temperament with 31 notes, Organ Institute "Quarterly" 5 (1955), 41. Equal temperament and the thirty-one-keyed organ, "Scientific Monthly" 81 (1955), 161–166. M. Joel Mandelbaum, 31-Tone Temperament: The Dutch Legacy, "Ear Magazine East", New York, 1982/1983; Henk Badings, A. Joel Mandelbaum, 31-Tone Temperament: The Dutch Legacy, "Ear Magazine East", New York, 1982/1983; Henk Badings, A. D. Fokker: new music with 31 notes, "Zeitschrift für Musiktheorie 7 (1976), 46–48.

그림 6.5 트라순티우스의 31음계 클라비코드(1606), 볼로냐 주립 박물관, 이탈리아

연분수를 이용해 가온음률와 31음 평균율의 관계를 살펴보자. 가온음계는 $\sqrt[4]{5}:1$의 비율을 가지는 가온5도로 생성하므로 $\log_2(\sqrt[4]{5})$의 연분수를 조사해야 한다. 다음을 얻는다.

$$\begin{aligned}\log_2(\sqrt[4]{5}) &= \tfrac{1}{4}\log_2(5) = 0.580\,482\,024\ldots \\ &= \frac{1}{1+}\,\frac{1}{1+}\,\frac{1}{2+}\,\frac{1}{1+}\,\frac{1}{1+}\,\frac{1}{1+}\,\frac{1}{1+}\,\frac{1}{5+}\,\frac{1}{1+}\cdots\end{aligned}$$

근사분수는 다음과 같다.

$$1,\ \frac{1}{2},\ \frac{3}{5},\ \frac{4}{7},\ \frac{7}{12},\ \frac{11}{19},\ \frac{18}{31},\ \frac{101}{174},\ \frac{119}{205},\ \ldots$$

분수 5에서 절단하면 근삿값 18/31을 얻는다. 이것은 앞에서 설명한 31음 평균율이 된다.

연습문제

1. 그림 6.4와 유사하게 31음 평균율을 가온음률의 근사로 간주해 3도와 5도의 토러스를 그려라.

그림 6.6 웬디 카를로스, 웹사이트에서 가져온 사진

2. 본문에서 5도의 배수가 가온음계를 생성한다는 관찰과 5도를 근사하기 위해 연분수 이론을 적용해 31음 평균율을 일반 (1/4쉼표) 가온음계와 비교했다. 동일한 방법으로 다음을 비교하라.

   (i) 19음 평균율과 살리나스Salinas의 $\frac{1}{3}$쉼표 가온음률

   (ii) 43음 평균율과 레르헤이언과 로시Verheijen and Rossi의 $\frac{1}{5}$쉼표 가온음률

   (iii) 50음 평균율과 자를리노Zarlino의 $\frac{2}{7}$쉼표 가온음률

   (iv) 55음 평균율과 실버만Silbermann의 $\frac{1}{6}$쉼표 가온음률

   부록 E에는 이 질문과 관련된 도표가 있다.

6.6 웬디 카를로스의 음계

웬디 카를로스(그림 6.6)의 알파, 베타, 감마 음계의 이면에 있는 아이디어는 전체 음표가 한 옥타브 안에 있어야 한다는 요구 사항을 무시하고 (완전5도와 장3도인) 3:2와 5:4의 순정 음정에 좋은 근사가 되는 평균율을 찾는 것이다. $6/5 = 3/2 \div 5/4$이므로 자동으로 6:5

단3도의 좋은 근사가 된다. 그러므로 $\log_2(3/2)$과 $\log_2(5/4)$이 음계 단위의 정수 배와 가까워야 한다. 따라서 두 수의 비율에 대한 유리수 근사를 찾아야만 한다.

두 수의 비율에 대한 연분수 전개를 조사한다.

$$\frac{\log_2(3/2)}{\log_2(5/4)} = \frac{\ln(3/2)}{\ln(5/4)} = 1 + \frac{1}{1+}\ \frac{1}{4+}\ \frac{1}{2+}\ \frac{1}{6+}\ \frac{1}{1+}\ \frac{1}{10+}\ \frac{1}{135+}\cdots$$

이를 절단해 얻은 근사분수는 다음이다.

$$1,\ 2,\ \frac{9}{5},\ \frac{20}{11},\ \frac{129}{71},\ \frac{149}{82},\cdots$$

카를로스 α(알파) 음계는 위의 비율에 대한 근삿값 9/5에서 나온다. 즉, 음계 값 중에서 9개는 3:2 완전5도를 근사하고, 5개는 5:4 장3도를 근사하고, 4개는 6:5 단3도에 근사하도록 설정한다는 것을 의미한다. 근사를 최대로 좋게 하기 위해 평균 제곱 편차를 최소화한다. 그래서 x가 (옥타브로 표현한) 음계 단위이면 다음을 최소화해야 한다.

$$(9x - \log_2(3/2))^2 + (5x - \log_2(5/4))^2 + (4x - \log_2(6/5))^2$$

이 식을 x에 대해 미분하고 영이라 두면 다음을 얻는다.

$$x = \frac{9\log_2(3/2) + 5\log_2(5/4) + 4\log_2(6/5)}{9^2 + 5^2 + 4^2} \approx 0.064\,970\,824\,62$$

1200을 곱하면, 77.965센트의 음계 단위를 얻고 15.3915배를 하면 한 옥타브가 된다.[16]

카를로스는 한 옥타브에 있는 음의 개수를 두 배로 해 얻은 α' 음계 또한 생각했다. 비율 3:2, 5:4, 6:5에 대해서는 앞과 같은 근사를 하지만, 새 음계의 25번째 음(974.562센트)가 비율7:4(968.826센트)를 가지는 7배음에 좋은 근사가 된다.

다음의 근사를 고려한다.

$$1 + \frac{1}{1+}\ \frac{1}{5} = \frac{11}{6}$$

16 실제 카를로스 α-음계는 15.385배가 한 옥타브이다. 카를로스의 값은 음계 단위를 78.0센트로 근사화한 것이다.

이것은 연분수를 절단할 때 버림 대신에 올림을 한 것이다. 이로부터 카를로스 β(베타)를 얻는다. 음계의 11개가 3:2 완전5도를 근사하고, 6개가 5:4 장3도를 근사하고, 5개가 6:5 단3도를 근사하도록 음계 단위의 값을 선택한다. 앞에 방법과 같이 하면 음계 단위가 한 옥타브에서 차지하는 비율은 다음 식과 같다.

$$\frac{11\log_2(3/2)+6\log_2(5/4)+5\log_2(6/5)}{11^2+6^2+5^2}\approx 0.053\,194\,110\,48$$

1200을 곱하면 음계 단위가 63.833센트가 되며 18.7991배 하면 한 옥타브가 된다.[17] 알파 음계에 비해 베타 음계의 장점은 15번째 음(957.494센트)이 비율 7:4(968.926센트)의 7배음의 좋은 근사가 된다. 사실, 음계 단위를 구하기 위해 앞에서 행한 최소 자승법에 이 근사를 포함하는 것이 바람직하며, 이를 통해서 계산한 값은 다음 식과 같다.

$$\frac{15\log_2(7/4)+11\log_2(3/2)+6\log_2(5/4)+5\log_2(6/5)}{15^2+11^2+6^2+5^2}\approx 0.053\,542\,142\,35$$

이로부터 음계 단위는 64.251센트가 되며, 18.677배 하면 한 옥타브가 된다. 15번째 음은 963.759센트이다.

한 단계 더 나아가 근삿값 20/11을 사용하면 카를로스 γ(감마) 음계를 얻는다. 음계의 20개는 3:2 완전5도를 근사하고, 9개는 5:4 장3도를 근사하고, 11개는 4:3 단3도 근사하도록 음계 단위를 선택한다.

음계 단위가 옥타브에서 차지하는 비율은 다음과 같다.

$$\frac{20\log_2(3/2)+11\log_2(5/4)+9\log_2(6/5)}{20^2+11^2+9^2}\approx 0.029\,248\,785\,23$$

1200을 곱하면 음계 단위 35.099센트를 얻고, 이를 34.1895배 하면 한 옥타브가 된다.[18] 이 음계는 거의 순수한 완전5도와 장3도를 갖지만, 비율 7:4에 대해서는 좋은 근사가 되지는 못한다.

---

17 카를로스 β-음계의 18.809배가 한 옥타브이며 음계 단위는 63.8센트이다.

18 카를로스 γ-음계는 34.188배 해야 한 옥타브가 되며 음계 단위는 35.1센트이다.

이름	비율	센트	α	센트	β	센트	γ	센트
기본음	1:1	0.000	0	0.000	0	0.000	0	0.000
단3도	6:5	315.641	4	311.860	5	319.165	9	315.887
장3도	5:4	386.314	5	389.825	6	382.998	11	386.084
완전5도	3:2	701.955	9	701.685	11	702.162	20	701.971
7배음	7:4	968.826	$12\frac{1}{2}$	974.562	15	957.494	28	982.759

6.7 볼렌-피어스 음계

자자(Jaja)는 스트라빈스키와 달리 평생 화성으로 작곡한 적이 없다. 자자는 순수 절대 12음 주의자이다. 몇몇 프랑스 작곡가들처럼 13개 음으로 작곡하려는 유혹을 받은 적이 없다. "말도 안 돼. 이건 '불랑제'의 최악의 빵집에서 하는 거야"라고 자자는 말했다.[19]

– 제라드 호프넝(Gerard Hoffnung)의 〈우주 음악 페스티발〉에 실린
가상의 12음 작곡가인 브루노 하인츠 자자(Bruno Heinz Jaja)와
작사가 존 아미스(John Amis)의 작업에 대한 두 명의 '저명한 독일 음악학자'에 관한 분석

볼렌-피어스 음계는 Mathews and Pierce(1989), 13장에서 설명한 13음계이다. 웬디 카를로스 음계처럼 옥타브를 기본 음정으로 하지 않는다. 그러나 카를로스가 3:2와 5:4를 사용한 반면, 볼렌과 피어스는 옥타브를 한 옥타브와 완전 5분의 1(비율 3:1)로 대체한다. 이것을 평균율로 13개의 같은 것으로 나눈다. 그러면 비율이 3:5:7인 '장화음' 대한 좋은 근사를 얻는다. 아이디어는 주파수의 홀수 배음만 사용한다는 것이다. 이 음계로 작곡한 음악은 주로 홀수 배음을 많이 가지는 클라리넷과 같은 악기로 연주하거나 같은 속성을 가지는 특수하게 제작된 합성 음색을 사용하는 경우에 효과가 좋다. 옥타브를 기반으로 한 개념과의 혼돈을 피하기 위해 볼렌-피어스 음계와 관련된 모든 단어 앞에 BP라는 문자를 붙인다.

19 나디르 불랑제(Nadir Boulanger)는 프랑스 음악 교육자로 현대 음악의 많은 작곡자를 배출했고, 스트라빈스키와 깊은 교류가 있었다. 여기서 '자자'라는 가상 인물은 프랑스에서 유행한 13음계를 빵집에서 빵을 한 개를 공짜로 더 주어서 13을 의미하는 baker's dozen에 비유하고 이를 나디르 불랑제 탓이라고 풍자하고 있다. 프랑스어에서 nadir은 '최하'라는 의미를 가지는 것을 이용해 "Nadir of Boulanger"라고 언어 유희를 하고 있다.

정확한 비율 3:1 또는 1901.955센트의 간격인 한 옥타브와 완전5도의 기본 음정을 BP-트라이타브tritave라고 한다. 평균율 13음계에서 각 음계의 단위는 이것의 1/13, 즉 146.304센트이다. 이 음계를 기준으로 하는 계산에는 센트 음계가 부적절하다고 느낄 수 있지만 옥타브를 기준으로 하는 음계의 음정과의 비교를 위해 그대로 사용한다.

트라이타브의 구분에 대한 피타고라스의 접근 방식은 완전5도와 유사하게 7:3의 비율로 시작한다. 이 음정을 BP 음계의 10번째 음에 해당하므로 완전BP-10도라고 부를 것이다.

대응하는 연분수는 다음이다.

$$\log_3(7/3) = \frac{1}{1+}\,\frac{1}{3+}\,\frac{1}{2+}\,\frac{1}{1+}\,\frac{1}{2+}\,\frac{1}{4+}\,\frac{1}{22+}\,\frac{1}{32+}\cdots$$

이것의 근사분수는 다음이 된다.

$$\frac{0}{1}, \frac{1}{1}, \frac{3}{4}, \frac{7}{9}, \frac{10}{13}, \frac{27}{35}, \frac{118}{153}, \ldots$$

같은 계산을 비율 5:3에 대해 하면, 다음의 연분수를 얻는다.

$$\log_3(5/3) = \frac{1}{2+}\,\frac{1}{6+}\,\frac{1}{1+}\,\frac{1}{1+}\,\frac{1}{1+}\,\frac{1}{3+}\,\frac{1}{7+}\cdots$$

근사분수는 다음이 된다.

$$\frac{0}{1}, \frac{1}{2}, \frac{6}{13}, \frac{7}{15}, \frac{13}{28}, \frac{20}{43}, \frac{73}{157}, \ldots$$

이런 연분수를 비교하면, 트라이타브를 13개의 등간격으로 나누는 것이 좋아 보인다. 그러면 10번째 음은 비율 7:3을 근사하고 6번째 음은 비율 5:3을 근사한다.

음	번호	7/3-피타고라스	순정률
C	0	1:1	1:1
D	2	19683:16807	25:21
E	3	9:7	9:7
F	4	343:243	7:5
G	6	81:49	5:3
H	7	49:27	9:5
J	9	729:343	15:7
A	10	7:3	7:3
B	12	6561:2401	25:9
C	13	3:1	3:1

비율 7:3을 중심으로 하는 BP-피타고라스 음계를 기반으로 해 13개 음에 대한 음계를 구한다. BP-십도권은 다음의 비율로 주어지는 BP 7/3-쉼표를 가진다.

$$\frac{7^{13}}{3^{23}} = \frac{96\,889\,010\,407}{94\,143\,178\,827}$$

위의 값은 약 49.772센트이다.

완전BP-10도를 사용해 온음계 BP-피타고라스 음계를 형성하면 위 표의 세 번째 열을 얻는다. 볼렌을 따라서, 음계의 이름으로 A–H와 J 문자를 사용한다. 음계의 두 번째 음은 Mathews and Pierce의 것과 다르며, 볼렌이 람다 음계라고 한 것이다.

장3화음 3:5:7을 얻기 위해 비율 5:3인 순정 장 BP-6도를 도입한다. 이것은 BP 7/3-Pythagorean G에 매우 가깝다. 이 두 개의 G의 차이는 BP-단 다이어시스라는 음정이다. 5:3과 81:49의 차이인 이 음정은 비율 245:243 즉, 약 14.191센트이다.

에이츠 표기법의 BP 버전은 옥타브 버전과 유사하다. 음에 대한 BP 7/3-피타고라스 값에서 시작하고, 상첨자로 표시한 BP-단 다이어시스 값으로 조정한다. 그래서 G^0은 비율 81:49인 G를 나타내고, G^{+1}은 비율 5:3인 것을 나타낸다. 위의 표에 주어진 순정 음계는 다음의 배열 표기로 나타낼 수 있다.

$$\begin{array}{ccccccc} & & D^{+2} & & B^{+2} & & \\ & J^{+1} & & G^{+1} & & & \\ E^{0} & & C^{0} & & A^{0} & & \\ & H^{-1} & & F^{-1} & & & \end{array}$$

이것을 13음 음계로 채우는 합리적인 방법은 다음이다.

BP 모노코드BP Monochord

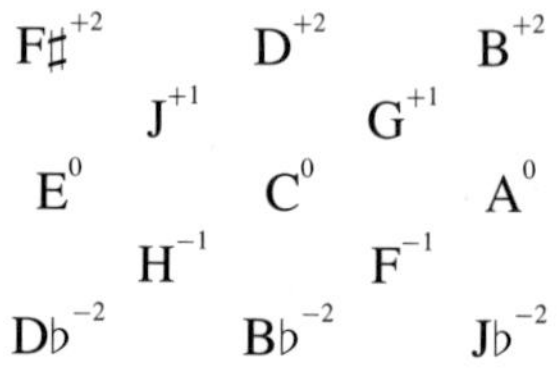

$F\sharp^{+2}$ D^{+2} B^{+2}
J^{+1} G^{+1}
E^{0} C^{0} A^{0}
H^{-1} F^{-1}
$D\flat^{-2}$ $B\flat^{-2}$ $J\flat^{-2}$

비교를 위해 위에서 논의한 음계를 소수점 3자리의 센트 값의 표로 나타낸다. 그리고 BP 엘리츠 표기법 또한 첨부한다. '차이'라는 열은 평균율과 순정률의 차이를 의미한다.

	BP 7/3-피타고라스		BP 순정률		BP 평균율	차이
C	0.000	0	0.000	0	0.000	0.000
D♭	161.619	0	133.238	−2	146.304	+13.066
D	273.465	0	301.847	+2	292.608	−9.239
E	435.084	0	435.084	0	438.913	+3.829
F	596.703	0	582.512	−1	585.217	+2.705
F♯	708.550	0	736.931	+2	731.521	−5.410
G	870.168	0	884.359	+1	877.825	−6.534
H	1031.787	0	1017.596	−1	1024.130	+6.534
J♭	1193.405	0	1165.024	−2	1170.434	+5.410
J	1305.252	0	1319.443	+1	1316.738	−2.705
A	1466.871	0	1466.871	0	1463.042	−3.829
B♭	1628.490	0	1600.108	−2	1609.347	+9.239
B	1740.336	0	1768.717	+2	1755.651	−13.066
C	1901.955	0	1901.955	0	1901.955	0.000

BP 음계의 많은 음정들은 일반 옥타브 기반 음계의 음정과 비슷하지만, 일부는 전문 음악가의 귀에 거슬릴 만큼 차이가 난다. BP 음계로 작곡된 음악을 제대로 감상하려면 음악가가 아니더라도 일상의 옥타브 기반 음악에 노출된 경험을 "잊는" 연습이 필요하다. 이런 이유로 BP 음악은 대중화될 가능성이 낮아 보인다. 한편, 존 피어스(Deutsch, 1982 1장)에 따르면 콜로라투라 소프라노[20]인 모린 차우닝Maureen Chowning은 BP 음계로 노

20 콜로라투라 소프라노(coloratura soprano)는 소프라노 중에서 가장 높은 대역을 가지며, 고음 영역에서는 플루트나 피콜로와 같은 기악적 음색을 가지기도 한다.

래하는 법을 배웠고, 라차드 불랑제Richard Boulanger는 이를 사용해 '상당한 곡'을 작곡했으며, 이 음계를 광범위하게 사용한 찰스 카펜터Charles Carpenter의 CD 두 개가 있다(다음 참조).

연습문제

(파울 에를리치Paul Erlich) BP-트라이타브에 39개의 음을 가지도록 볼렌-피어스 음계를 더 정교하게 분할하는 것을 연구하라. 5, 7, 11, 13, 16, 22, 28, 34번째 음이 근사하는 관련된 비율은 무엇인가?

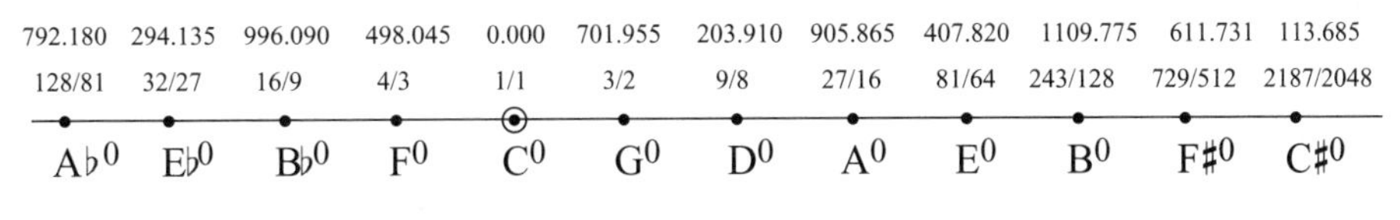

그림 6.7 Fokker 이론의 피타고라스 음계

읽을거리

Heinz Bohlen, 13 Tonstufen in der Duodezeme. *Acustica* **39** (1978), 76–86.

M. V. Mathews and J. R. Pierce (1989), The Bohlen–Pierce scale. Chapter 13.

M. V. Mathews, J. R. Pierce, A. Reeves and L. A. Roberts, Theoretical and experimental explorations of the Bohlen–Pierce scale. *J. Acoust. Soc. Amer.* **84** (4) (1988), 1214–1222.

L. A. Roberts and M. V. Mathews, Intonation sensitivity for traditional and non-traditional chords. *J. Acoust. Soc. Amer.* **75** (3) (1984), 952–959.

들을거리

찰스 카펜터Charles Carpenter의 *Frog à la Pêche*와 *Splat*는 볼렌-피어스 음계로 작곡됐고 프로그레시브 록/재즈 스타일로 연주됐다.

Cook(1999)의 부록 CD의 62번 트랙에 볼렌-피어스 음계의 예가 있다.

Mathews and Pierce(1989)의 부록 CD의 71–74번 트랙에 볼렌–피어스 음계의 예가 있다.

6.8 동음 벡터와 주기성 블록

여기서는 순정률로 돌아가 포커Fokker의 주기성 블록과 동음同音, unison 벡터에 대해 설명한다. 주기성 블록은 수학에서 잉여류 표현 집합set of coset representatives 또는 기본 영역fundamental domain에 해당한다. 시작점은 정수 배 옥타브만큼 차이 나는 음은 동일한 것으로 간주하는 옥타브 등가이다.

피타고라스 음계는 이 이론의 1차원 버전이다. 피타고라스 음계의 음을 1차원 격자에 배치한다. 원점은 C^0이다. 비교를 위해서 음 이름, 비율, 센트로 된 세 가지 표기를 꼭짓점에 표기한다. 옥타브 등가로 센트 값을 0과 1200 사이의 간격에 넣기 위해 필요에 따라 1200의 배수만큼 더하거나 뺀다. 그림 6.7을 참조하라.

격자의 점들을 정수로 표현될 수 있다는 사실을 강조하기 위해 이 1차원 격자를 $\mathbb{Z}^1$으로 표기한다. 사실 C^0를 원점으로 선택하면 정수로 색인하는 자연스러운 방법은 두 가지가 있다. 하나는 G^0을 1, D^0을 2, F^0을 -1에 대응하는 것이고, 다른 것은 F^0을 1, $B\flat^0$을 2, G^0을 -1에 대응하는 것이다. 더 자연스러워 보이는 첫 번째 방법을 이 책에서 사용한다.

이 체계에서 C^0와 $B\sharp^0$의 음높이가 음계에서 둘 다 필요하지 않을 정도로 충분히 가까운 것을 확인하면 12음 피타고라스 음계가 결정된다. $B\sharp^0$은 12번째 음이므로[21] (12)는 동음 벡터이다라고 한다. 주기성 블록은 음계를 구성하기 위해 이 격자에서 12개의 연속하는 점을 선택하는 것으로 구성된다. 다른 동음 벡터로는 (53)과 (665)가 있다(6.3절 참조).

5.5절에서 소개한 최소한 5개 제한 버전인 억양은 실제로 $\mathbb{Z}^2$로 쓰는 2차원 격자이다.

순정률은 적어도 5.5절에서 설명한 5-제한 버전은 실제로 2차원 격자이다. 이것을 $\mathbb{Z}^2$로 표기한다. 에이츠 표기법으로(5.9절을 참고하라) 격자의 일부를 여기에 나타낸다. 원점을 원으로 나타냈다.

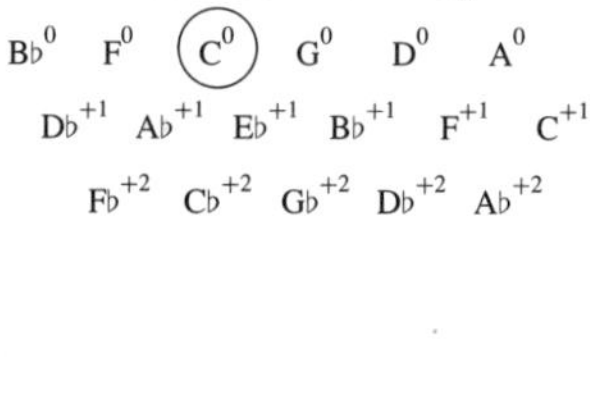

$$
\begin{array}{cccccc}
F\sharp^{-2} & C\sharp^{-2} & G\sharp^{-2} & D\sharp^{-2} & & \\
D^{-1} & A^{-1} & E^{-1} & B^{-1} & F\sharp^{-1} & \\
B\flat^{0} & F^{0} & \bigcirc\!\!\!\!\!C^{0} & G^{0} & D^{0} & A^{0} \\
D\flat^{+1} & A\flat^{+1} & E\flat^{+1} & B\flat^{+1} & F^{+1} & C^{+1} \\
F\flat^{+2} & C\flat^{+2} & G\flat^{+2} & D\flat^{+2} & A\flat^{+2} &
\end{array}
$$

21 0부터 세기 시작한다. – 옮긴이

같은 것을 비율 표기로 나타내면 다음과 같다.

$$\frac{25}{18} \quad \frac{25}{24} \quad \frac{25}{16} \quad \frac{75}{64}$$

$$\frac{10}{9} \quad \frac{5}{3} \quad \frac{5}{4} \quad \frac{15}{8} \quad \frac{45}{32}$$

$$\frac{16}{9} \quad \frac{4}{3} \quad \textcircled{\frac{1}{1}} \quad \frac{3}{2} \quad \frac{9}{8} \quad \frac{27}{16}$$

$$\frac{16}{15} \quad \frac{8}{5} \quad \frac{6}{5} \quad \frac{9}{5} \quad \frac{27}{20} \quad \frac{81}{80}$$

$$\frac{32}{25} \quad \frac{48}{25} \quad \frac{36}{25} \quad \frac{27}{25} \quad \frac{81}{50}$$

이 격자의 기저를 선택해 이 기저에 대해 모든 벡터를 표현할 수 있다. 이렇게 하면 정수로 피타고라스 음계를 색인한 두 가지 다른 방법에 대한 2차원 버전이 된다. 그러나 이번 경우에는 기저를 선택할 수 있는 방법은 무한대다.

예로서, G^0과 E^{-1}(즉, $\frac{3}{2}$와 $\frac{5}{4}$)를 기저로 선택하면 벡터 표기법의 격자는 다음이 된다.

(−2, 2) (−1, 2) (0, 2) (1, 2)

(−2, 1) (−1, 1) (0, 1) (1, 1) (2, 1)

(−2, 0) (−1, 0) (0, 0) (1, 0) (2, 0) (3, 0)

(−1, −1) (0, −1) (1, −1) (2, −1) (3, −1) (4, −1)

(0, −2) (1, −2) (2, −2) (3, −2) (4, −2)

기저의 정의에서 격자의 모든 벡터는 기저 벡터의 유일한 정수 조합으로 표현된다. 기저 벡터의 개수가 격자의 차원이다.

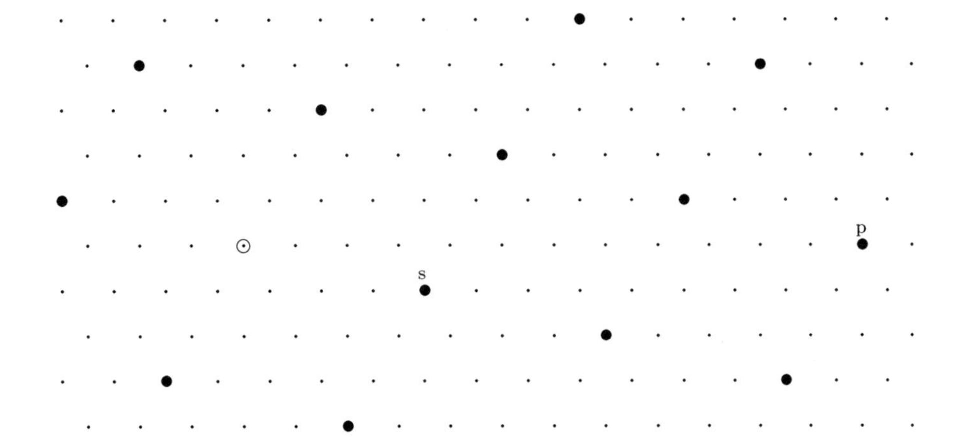

그림 6.8 동음 부분 격자

이제 동음 벡터를 결정해야 한다. 여기서 고전적인 선택은 (4, −1)과 (12, 0)이며, 이것은 신토닉 쉼표와 피타고라스 쉼표와 대응한다. 이런 동음 벡터가 생성generate하는 부분 격자는 다음 형태의 모든 선형 결합으로 구성된다.

$$m(4, -1) + n(12, 0) = (4m + 12n, -4m)$$

여기에서 $m, n \in \mathbb{Z}$이다. 이것을 **동음 부분 격자**unison sublattice라 한다. 그림 6.8을 참조하라.

그림에서 신토닉 쉼표와 피타고라스 쉼표은 s와 p로 각각 표기했다. 격자의 각 벡터 (a, b)는 다음 벡터와 **등가**equivalent로 생각할 수 있다.

$$(a, b) + m(4, -1) + n(12, 0) = (a + 4m + 12n, b - 4m)$$

여기서 $m, n \in \mathbb{Z}$이며 결국 동음 부분 격자의 벡터만큼 차이가 난다. 예로서, $m = -3$, $n = 1$을 선택하면 벡터 (0, 3)은 동음 부분 격자에 속한다. 이것은 순정 장3도 세 개가 근사적으로 한 옥타브가 되는 것을 의미한다.

주어진 부분 격자를 생성하는 동음 벡터는 여러 개가 있다. 위의 예에서 (4, −1)과 (0, 3)은 같은 부분 격자를 생성한다.

주어진 벡터와 등가인 벡터(또는 음높이)의 집합을 **잉여류**coset라고 한다. 잉여류의 개수를 격자에서 동음 부분 격자의 **지표**index라고 한다. 이 값은 동음 벡터가 형성하는 행렬의 **행렬식**determinant으로 계산할 수 있다. 위의 예의 동음 부분 격자의 지표는 다음이 된다.

$$\begin{vmatrix} 4 & -1 \\ 12 & 0 \end{vmatrix} = 12$$

2×2 행렬의 행렬식에 관한 공식은 다음과 같다.

$$\begin{vmatrix} a & b \\ c & d \end{vmatrix} = ad - bc$$

행렬식의 값이 음수이면 절댓값이 지표에 해당한다. 행렬의 두 행을 교환하면 행렬식의 부호는 바뀐다. 그러므로 행렬식의 부호는 지표와 상관없다. 이것은 **방향**orientation과 관계 있지만, 이 책에서 논의하지는 않는다.

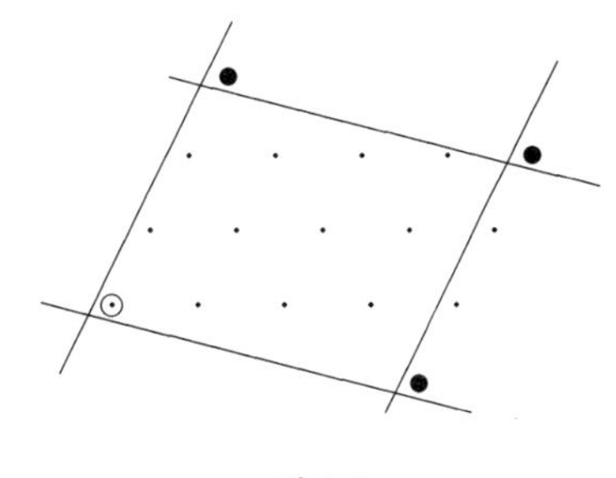

그림 6.9

주기성 블록periodicity block은 각각의 잉여류에서 벡터 하나씩 선택해 구성된다. 다르게 표현하면, 전체 격자에 있는 임의의 벡터가 주기성 블록의 유일한 벡터와 등가가 되는 유한한 개수의 벡터 집합을 구할 수 있다. 한 가지 방법은 동음 벡터를 이용해 평행 사변형을 그리는 것이다. 그런 다음에 동음 벡터를 따라 이동하면서 평행 사변형을 복사해 평면을 덮는다. 위의 예에서, 동음 부분 격자를 생성하기 위해 동음 벡터 (4, −1)과 (0, 3)을 사용하면 그림 6.9와 같은 평행 사변형이 된다.

이런 주기성 블록을 선택하면 다음의 12음 순정 음계를 얻는다.

$$\begin{array}{cccc} G\sharp^{-2} & D\sharp^{-2} & A\sharp^{-2} & E\sharp^{-2} \\ E^{-1} & B^{-1} & F\sharp^{-1} & C\sharp^{-1} \\ C^{0} & G^{0} & D^{0} & A^{0} \end{array}$$

물론, 주기성 블록을 선택하는 방법은 여러 가지다. 예를 들어, 이 평행사변형을 왼쪽으로 하나 옮기면 오일러 모노코드가 나온다(그림 6.10 참조).

주기성 블록은 평행사변형일 필요가 없다. 평행사변형의 한 모서리를 잘라서 동음 벡터를 따라서 이동해 다른 곳에 다시 붙이면 육각형을 만들 수 있다. 5.10절에서 설명한 여러 가지 순정 음계는 위에서 선택한 동음 부분 격자에 대한 다양한 주기성 블록으로 해석할 수 있다.

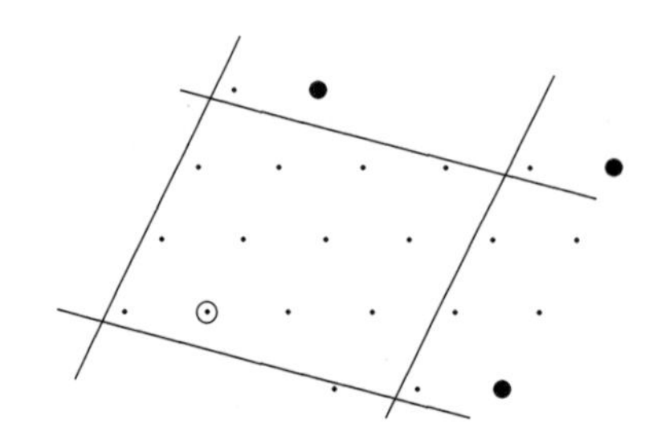

그림 6.10 오일러의 모노코드

물론 동음 부분 격자를 다르게 선택할 수 있다. 예로서, 동음 벡터를 (4, −1)과 (−1, 5)로 선택하면, 다음의 음 개수를 가지는 음계를 얻는다.

$$\begin{vmatrix} 4 & -1 \\ -1 & 5 \end{vmatrix} = 19$$

이것은 6.4절의 시작부에서 설명한 평균율을 근사하는 순정률이 된다. (4, 2)와 (−1, 5)를 선택하면 6.1절에서 설명한 인도 슈루티스 22음계가 된다. 다음 계산에서 알 수 있다.

$$\begin{vmatrix} 4 & 2 \\ -1 & 5 \end{vmatrix} = 22$$

동음 벡터로 (4, −1)과 (3, 7)을 선택하면 31음 평균율을 근사하는 31음계가 된다. 6.4절에서 이것과 가온음계와의 관계를 설명했었다. 다음 계산에서 알 수 있다.

$$\begin{vmatrix} 4 & -1 \\ 3 & 7 \end{vmatrix} = 31$$

동음 벡터로 (8, 1)과 (−5, 6)을 6.3절에서 설명한 53음 평균율을 근사하는 순정 음계가 된다. 다음 계산에서 알 수 있다.

$$\begin{vmatrix} 8 & 1 \\ -5 & 6 \end{vmatrix} = 53$$

이 동음 벡터에 대한 주기성 블록의 예를 그림 6.4에서 볼 수 있다.

9.12절에서 군과 정규 부분군에 대해 설명할 때, 동음 벡터와 주기성 블록을 군론으로 해석하는 방법에 대해서 간단하게 언급하겠다.

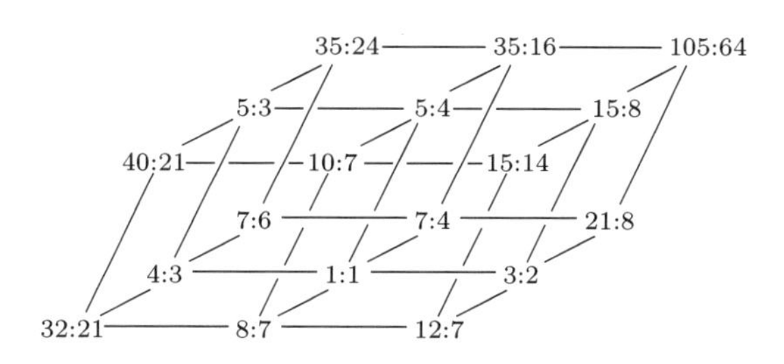

그림 6.11 순정률의 셉티멀 버전

읽을거리

이 절과 다음 절에서 설명하는 내용은 포커와 같이 작업한 파울 에를리히의 온라인 문서에서 나온 것이다(구글 검색을 해보라).

A. D. Fokker, Selections from the harmonic lattice of perfect fifths and major thirds containing 12, 19, 22, 31, 41 or 53 notes, *Proc. Koninkl. Nederl. Akad. Wetenschappen*, Series **B**, **71** (1968), 251–266.

6.9 셉티멀 화성

셉티멀 화성은 7-제한 순정률을 말한다. 즉, 소수 2, 3, 5, 7을 포함하는 순정률이다. 옥타브 등가를 고려하면 소수 3, 5, 7을 고려하기 위해서는 3차원 즉, $\mathbb{Z}^3$이 필요한 것을 의미한다. 3차원 격자를 그리는 것이 더 어렵지만 불가능하지는 않다. 비율 표기법으로 그림 6.11과 같이 나타난다.

비율 $\frac{3}{2}$, $\frac{5}{4}$, $\frac{7}{4}$를 기저 벡터로 택한다. 그러면 벡터 (a, b, c)는 비율 3^a:5^b:7^c을 나타낸다. (옥타브 등가에 의해서) 값이 1과 2 사이에 있도록 필요하면 2의 멱을 곱해도 된다. 5.8절에서 소개한 셉티멀 쉼표는 비율 64:63으로 벡터 $(-2, 0, -1)$에 해당한다. 그래서 세 쉼표 $(4, -1, 0)$(신토닉), $(12, 0, 0)$(피타고라스), $(-2, 0, -1)$(셉티멀)을 기저 벡터로 사용하는 것이 자연스럽다.

벡터	비율	센트	벡터	비율	센트
$(-7\ \ 4\ \ 1)$	$\frac{4375}{4374}$	0.40	$(-2\ \ 0\ \ -1)$	$\frac{64}{63}$	27.26
$(-1\ \ -2\ \ 4)$	$\frac{2401}{2400}$	0.72	$(-3\ \ -2\ \ 3)$	$\frac{686}{675}$	27.99
$(-8\ \ 2\ \ 5)$	$\frac{420175}{419904}$	1.12	$(-1\ \ 5\ \ 0)$	$\frac{3125}{3072}$	29.61
$(9\ \ 3\ \ -4)$	$\frac{2460375}{2458624}$	1.23	$(-2\ \ 3\ \ 4)$	$\frac{303125}{294912}$	30.33
$(8\ \ 1\ \ 0)$	$\frac{32805}{32764}$	1.95	$(-1\ \ -3\ \ -3)$	$\frac{131072}{128625}$	32.63
$(1\ \ 5\ \ 1)$	$\frac{65625}{65536}$	2.35	$(-8\ \ 1\ \ -2)$	$\frac{327680}{321989}$	33.02
$(0\ \ 3\ \ 5)$	$\frac{2100875}{2097152}$	3.07	$(-9\ \ -1\ \ 2)$	$\frac{100352}{98415}$	33.74
$(-8\ \ -6\ \ 2)$	$\frac{102760448}{102515625}$	4.13	$(0\ \ 2\ \ -2)$	$\frac{50}{49}$	34.98
$(1\ \ -3\ \ -2)$	$\frac{6144}{6125}$	5.36	$(-1\ \ 0\ \ 2)$	$\frac{49}{48}$	35.70
$(0\ \ -5\ \ 2)$	$\frac{3136}{3125}$	6.08	$(1\ \ 7\ \ -1)$	$\frac{234375}{229376}$	37.33
$(-7\ \ -1\ \ 3)$	$\frac{10976}{10935}$	6.48	$(7\ \ 1\ \ 2)$	$\frac{535815}{524288}$	37.65
$(2\ \ 2\ \ -1)$	$\frac{225}{224}$	7.71	$(0\ \ 5\ \ 3)$	$\frac{1071875}{1048576}$	38.05
$(8\ \ -4\ \ 2)$	$\frac{321489}{320000}$	8.04	$(1\ \ -1\ \ -4)$	$\frac{12278}{12005}$	40.33
$(-5\ \ 6\ \ 0)$	$\frac{15625}{15552}$	8.11	$(0\ \ -3\ \ 0)$	$\frac{128}{125}$	41.06
$(1\ \ 0\ \ 3)$	$\frac{1029}{1024}$	8.43	$(-7\ \ 1\ \ 1)$	$\frac{2240}{2187}$	41.45
$(3\ \ 7\ \ 0)$	$\frac{2109375}{2083725}$	10.06	$(2\ \ 4\ \ -1)$	$\frac{5625}{5488}$	42.69
$(-5\ \ -2\ \ -3)$	$\frac{2097152}{2083725}$	11.12	$(1\ \ 2\ \ 1)$	$\frac{525}{512}$	43.41
$(3\ \ -1\ \ -3)$	$\frac{1728}{1715}$	13.07	$(0\ \ 0\ \ 5)$	$\frac{16807}{16384}$	44.13
$(-4\ \ 3\ \ -2)$	$\frac{4000}{3969}$	13.47	$(1\ \ -6\ \ -2)$	$\frac{786432}{765625}$	46.42
$(2\ \ -3\ \ 1)$	$\frac{126}{125}$	13.79	$(-6\ \ -2\ \ -1)$	$\frac{131072}{127575}$	46.81
$(-5\ \ 1\ \ 2)$	$\frac{245}{243}$	14.19	$(2\ \ -1\ \ -1)$	$\frac{36}{35}$	48.77
$(10\ \ -2\ \ 1)$	$\frac{413343}{409600}$	15.75	$(-6\ \ 1\ \ 4)$	$\frac{12005}{11664}$	49.89
$(3\ \ 2\ \ 2)$	$\frac{33075}{32768}$	16.14	$(2\ \ 2\ \ 4)$	$\frac{540225}{524288}$	51.84
$(-3\ \ 0\ \ -4)$	$\frac{65536}{64827}$	18.81	$(2\ \ -6\ \ 1)$	$\frac{16128}{15625}$	54.85
$(3\ \ -6\ \ -1)$	$\frac{110592}{109375}$	19.16	$(-5\ \ -2\ \ 2)$	$\frac{6272}{6075}$	55.25
$(-4\ \ -2\ \ 0)$	$\frac{2048}{2025}$	19.55	$(4\ \ 1\ \ -2)$	$\frac{405}{392}$	56.48
$(5\ \ 1\ \ -4)$	$\frac{2430}{2401}$	20.79	$(3\ \ -1\ \ 2)$	$\frac{1323}{1280}$	57.20
$(4\ \ -1\ \ 0)$	$\frac{81}{80}$	21.51	$(-4\ \ 3\ \ 3)$	$\frac{42875}{42472}$	57.60
$(-3\ \ 3\ \ 1)$	$\frac{875}{864}$	21.90	$(4\ \ -4\ \ 0)$	$\frac{648}{625}$	62.57
$(12\ \ 0\ \ 0)$	$\frac{531441}{524288}$	23.46	$(-3\ \ 0\ \ 1)$	$\frac{28}{27}$	62.96
$(5\ \ 4\ \ 1)$	$\frac{1063125}{1048576}$	23.86	$(-1\ \ 2\ \ 0)$	$\frac{25}{24}$	70.72
$(4\ \ 2\ \ 5)$	$\frac{34034175}{33554432}$	24.58	$(1\ \ -1\ \ 1)$	$\frac{21}{20}$	84.42
$(-3\ \ -5\ \ -2)$	$\frac{4194302}{4134375}$	24.91	$(3\ \ 1\ \ 0)$	$\frac{135}{128}$	92.23
$(-10\ \ -1\ \ -1)$	$\frac{2097152}{2066715}$	25.31	$(-3\ \ 3\ \ 1)$	$\frac{3584}{3575}$	104.02
$(5\ \ -4\ \ -2)$	$\frac{31104}{30625}$	26.87	$(-1\ \ 4\ \ -2)$	$\frac{625}{588}$	105.65

그림 6.12 제한 순정률에서 동음 벡터

다음의 3×3 행렬을 고려한다.

$$\begin{pmatrix} a & b & c \\ d & e & f \\ g & h & i \end{pmatrix}$$

이것의 행렬식은 다음으로 주어진다.

$$\begin{vmatrix} a & b & c \\ d & e & f \\ g & h & i \end{vmatrix} = aei + bfg + cdh - ceg - bdi - afh$$

이것은 세 개의 주 대각선[leading diagonal]에서 세 개의 부 대각선[trailing diagonal] 성분의 곱을 뺀 것으로 시각화할 수 있다. 이런 대각선을 상상하기 어려우면, 행렬을 원통을 감싸는 걸로 생각하면 도움이 된다. 그러면 행렬의 첫 번째 열을 행렬에 오른쪽에 놓이게 돼서, 주 대각선과 부 대각선이 실제 대각선처럼 보인다.

세 쉼표를 동음 쉼표로 사용하면 행렬식은 다음과 같다.

$$\begin{vmatrix} 4 & -1 & 0 \\ 12 & 0 & 0 \\ -2 & 0 & -1 \end{vmatrix} = 0 + 0 + 0 - 0 - 12 - 0 = -12$$

앞에서 언급했듯이 부호를 무시하면, 주기성 블록은 12개의 원소를 가진다. 주기성 블록의 하나는 그림 6.2에 나타낸 7-제한 순정률 다이어그램이다.

7-제한 순정률에서 다양한 방법으로 동음 벡터를 선택할 수 있다. 포커[Fokker]에서 인용한 그림 6.12에 있는 표는 가장 유용한 몇 개를 나타냈다. 또한 포커는 7-제한 순정률을 표기하는 정교한 체계를 개발했다. 예로서 음표가 \ f ||과 같이 끝이 난다.

읽을거리

A. D. Fokker, Unison vectors and periodicity blocks in the three-dimensional (3-5-7-) harmonic lattice of notes, *Proc. Koninkl. Nederl. Akad. Wetenschappen*, Series **B**, **72** (1969), 153–168.

07
디지털 음악

7.1 디지털 신호

소리를 디지털 방식으로 표현하는 가장 일반적인 방법은 생각할 수 있는 가장 단순한 방법이다. 아날로그 신호를 디지털화하기 위해 신호를 1초에 여러 번 샘플링하고, 신호의 크기를 이진수를 이용해 나타낸다. 이런 두 과정을 모두 (양자역학과는 별 관련이 없이) **양자화**라고 할 때도 있지만,[1] 두 과정은 분리돼 있으며 별도로 이해하는 것이 편리하다.

예를 들어 CD는 44.1KHz의 샘플링 속도를 기반으로 해 초당 44,100샘플 포인트를 갖는다.[2] 각 샘플에 대해서 16자리 이진수로서 해당 점에서의 파형 높이를 나타낸다. 컴퓨터 WAV 파일 형식은 또 다른 예로서, 7.3절에서 자세히 설명한다.

그림 7.1에서 7.4는 이런 과정을 보여준다. 그림 7.1은 원래의 아날로그 신호를 보여준다. 그림 7.2는 샘플링된 신호를 보여주지만 진폭은 여전히 계속 변한다. 신호에 샘플

---

1 "이산화"라고 하는 것이 일반적이다. – 옮긴이

2 DAT(Digital Audio Tape, 디지털 오디오 테이프)의 기본 샘플 속도는 48KHz로 DAT에서 CD로 직접 디지털 복사를 하는 것은 어렵다. 이것은 누구나 CD에서 음악의 디지털 복사본을 만들 수 있어야 한다는 업계의 편집증 결과인 것 같다(DAT는 원래 소비자 형식으로 설계됐지만 음악 업계 전문가들만 사용했다). DAT에 대한 더 높은 샘플 속도로 인해 더 높은 차단 주파수를 갖지만 개선된 오디오 충실도가 온음의 약 3/4이라는 사실에 비추어 볼 때 본질적으로 중요하지 않다는 것을 쉽게 볼 수 있다.

다행히 비율 48000/44100은 $4/3 \times 8/7 \times 5/7$과 같이 작은 분수의 곱으로 쓸 수 있으며, 쉬운 디지털 변환 방법을 찾을 수 있다. 예를 들어 샘플 속도에 4/3로 곱하기 위해 선형 보간을 사용해 샘플 속도를 4배로 늘린 다음 세 개의 샘플 포인트 중 두 개를 생략한다. 이것은 아날로그 신호로 변환한 다음 다시 디지털 신호로 변환하는 것보다 훨씬 더 좋다.

앤 홀드sample and hold를 적용하면 그림 7.3과 같은 계단 파형을 얻는다.

7.6절 끝 부분에서, 원래 아날로그 신호에 샘플 속도의 절반 이상의 주파수 구성 요소가 없는 경우(로우패스 필터로 구현할 수 있음) 샘플링된 신호에서 원래 신호를 정확하게 재구성할 수 있는 것을 볼 것이다. 이 다소 특이한 명제를 **샘플링 정리**sampling theorem라 하며, 이를 이해하려면 샘플링이 신호의 푸리에 스펙트럼에 미치는 영향을 이해해야 한다. 7.5절부터 시작해 디랙 델타 함수를 체계적으로 사용해 이에 대해 설명할 것이다.

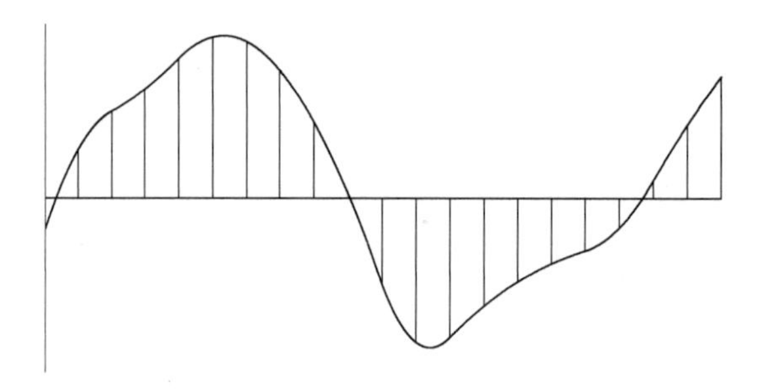

그림 7.1 아날로그 신호

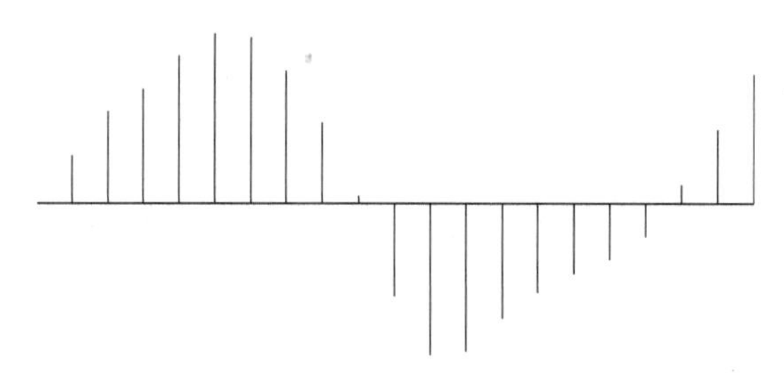

그림 7.2 샘플링된 신호

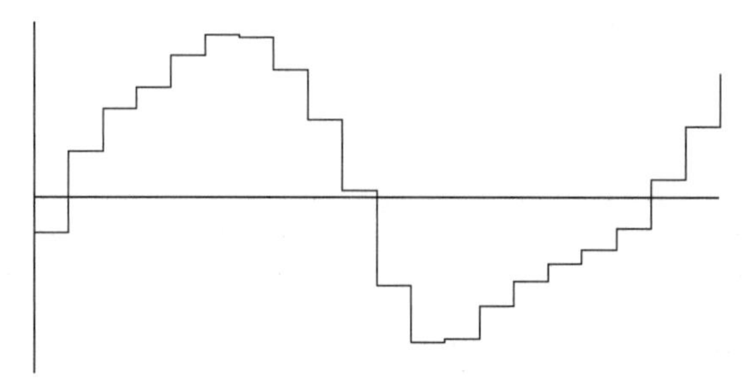

그림 7.3 샘플 앤드 홀드

마지막으로 샘플을 디지털화하면 각 샘플 값이 허용되는 가장 가까운 값으로 조정된다. 그림 7.4를 참조하라.

아날로그 신호를 디지털 신호로 변환하는 이런 과정은 원래 신호가 샘플 속도의 반 이상의 주파수 성분이 포함하지 않더라도 정보가 손실된다. 이를 보려면 매우 낮은 레벨의 신호에 어떤 일이 발생하는지 생각해보면 된다. 이는 단순히 0이 된다. 이런 한계를 어느 정도 극복하는 방법을 디더링[dithering]이라 하며 7.2절에서 설명한다.

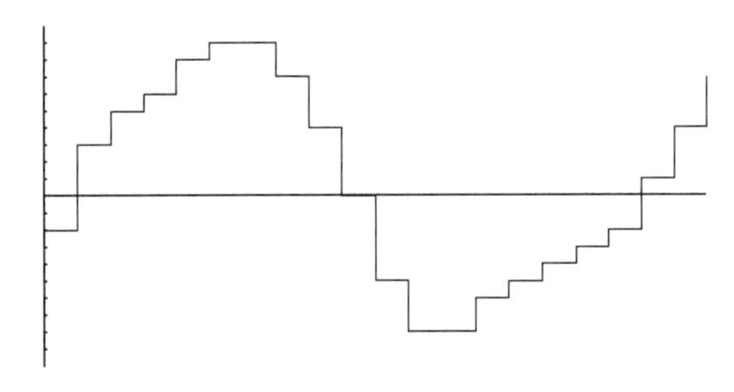

그림 7.4 디지털 신호

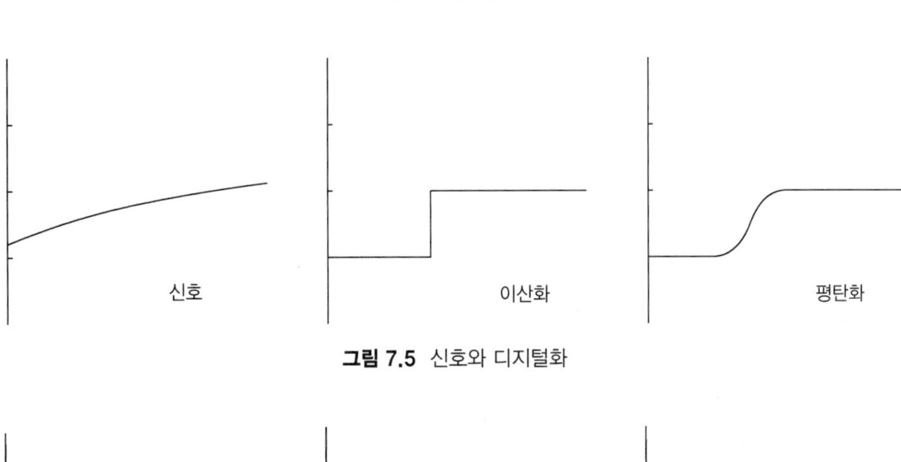

그림 7.5 신호와 디지털화

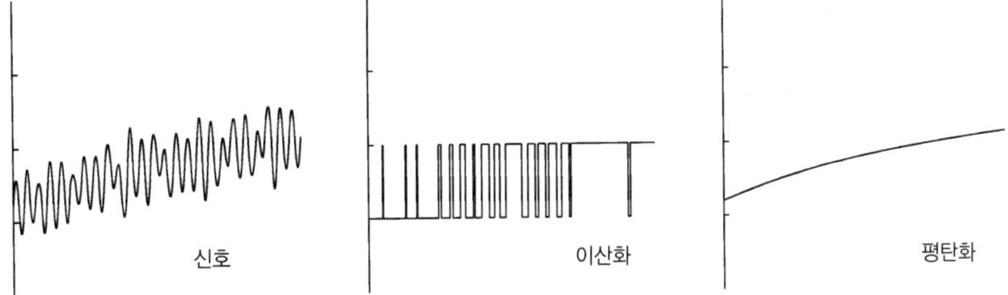

그림 7.6 노이즈의 추가

읽을거리

Ken C. Pohlmann, "*The Compact Disc Handbook*," 2nd edition, A-R Editions, Inc., 1992.

7.2 디더링

디더링은 신호 레벨을 디지털화할 때 낮은 레벨의 신호 왜곡을 줄이는 방법이다. 이것은 신호에 낮은 레벨의 랜덤 노이즈를 추가하면 신호 해상도를 높일 수 있다는 대담한 제안을 기반으로 한다. 이것은 신호가 변경되는 속도와 비해 샘플 속도가 높을 때 가장 잘 작동한다. 작동 원리를 이해하기 위해서 그림 7.5와 같이 천천히 변하는 신호와 디지털화를 생각한다.

이제 디지털화 과정의 단계의 약 1/2의 진폭을 가지는 노이즈를 원래 신호에 추가하면 그림 7.6의 결과가 된다.

디지털화된 신호를 저항-콘덴서 회로를 통해 매끈하게 하면 원래 신호에 대한 좋은 근사를 얻을 수 있다. 샘플링 속도가 충분히 높으면 이 방법으로 가능한 정확도에 대한 이론적 한계는 없다.

읽을거리

J. Vanderkooy and S. Lipshitz, Resolution below the least significant bit in digital audio systems with dither, *J. Audio Eng. Soc*. **32** (3) (1984), 106-113; Correction, *J. Audio Eng. Soc*. **32** (11) (1984), 889.

7.3 WAV와 MP3 파일

컴퓨터에서 디지털 사운드 파일의 일반적인 형식은 WAV 형식이다. 이는 멀티미디어 파일용 RIFF[Resource Interchange File Format, 자료 교환 파일 형식]의 한 가지이다. 다른 RIFF로 AVI 동영상 형식이 있다. 다음은 WAV 파일의 모양이다. 파일은 12바이트 RIFF 뭉치[junk]와 24바이트 FORMAT 뭉치로 구성된 일부 헤더 정보로 시작하고 나머지 파일을 차지하는 DATA 뭉치에 실제 파동 데이터가 있다.

WAV 파일의 이진수는 항상 리틀 엔디안little endian이다. 즉, 최하위 바이트가 먼저 나오므로 바이트는 일반적인 순서로 생각할 수 있는 것과 반대이다. 일반적으로 이진수를 16을 기반으로 하는 16진법로 나타낸다. 16진법의 각 숫자는 이진법의 숫자 네 개를 나타내며 한 바이트는 16진수 두 개가 있다. 사용하는 16개의 기호는 0–9과 A–F이다. 예를 들어, 리틀 엔디안 형식에서 4E 02 00 00은 16진수 24E를 나타내며, 이것은 이진법으로 0010 0100 1110이며 10진법으로 590이다.

처음 12바이트를 RIFF 뭉치라고 한다. 바이트 0–3은 52 49 46 46이며 ASCII 문자로 'RIFF'이다. 바이트 4–7은 위에서 설명한 리틀 엔디안 형식으로 (8바이트 이후의) 전체 WAV 파일의 나머지 부분에 있는 총 바이트 수를 나타낸다. 바이트 8–11은 57 41 56 45이며 ASCII 문자 'WAVE'로서 RIFF 파일 유형을 나타낸다.

다음 24바이트는 FORMAT 뭉치라고 한다. 바이트 0–3은 66 6D 74 20이며, ASCII 문자 'fmt'이다. 바이트 4–7은 FORMAT 뭉치의 나머지 길이를 나타내며, WAV 파일의 경우 16바이트를 나타내기 위해 항상 10 00 00 00이 된다. 바이트 8–9는 항상 01 00이다. 이유는 알 수 없다. 바이트 10–11은 채널의 개수를 나타내며 01 00은 모노, 02 00은 스테레오를 의미한다. 바이트 12–15는 Hz 단위의 샘플 속도를 나타낸다. 예를 들어 44 100Hz는 44 AC 00 00이 된다. 바이트 16–19는 초당 바이트 수를 나타낸다. 이것은 샘플 속도에 각 샘플을 나타내는 바이트 수를 곱한 값이다. 바이트 20–21은 샘플당 바이트 수를 나타내며 8비트 모노의 경우 01 00, 8비트 스테레오 또는 16비트 모노의 경우 02 00, 16비트 스테레오의 경우 04 00이다. 마지막으로 바이트 22–23은 샘플당 비트 수를 나타내며 이것은 바이트 20–21의 8배이다.

16비트 CD의 품질을 가지는 스테레오 오디오의 경우 초당 바이트 수는 $44\ 100 \times 2 \times 2 = 176\ 400$이며 리틀 엔디안 16진수로 표현하면 10 B1 02 00이 된다. 그래서 RIFF와 FORMAT 뭉치는 다음이 된다.

```
52 49 46 46 xx xx xx xx-57 41 56 45 66 6D 74 20
10 00 00 00 01 00 02 00-44 AC 00 00 10 B1 02 00
04 00 20 00
```

여기서 xx xx xx xx는 처음 8바이트 이후의 WAV 파일의 전체 길이를 나타낸다.

마지막으로 DATA 뭉치의 경우, 바이트 0–3은 ASCII 'data'에 해당하는 64 61 74 61이다. 바이트 4–7은 DATA 뭉치의 나머지 길이를 바이트 단위로 표시한 것이다. 그 후 바이트 8부터는 리틀 엔디안 2진수로 나타낸 실제 데이터이다. 데이터는 **샘플 프레임**^sample frame^이라고 하는 조각으로 나타나며 각각은 특정 시점에 재생할 데이터를 표현하다. 예를 들어 16비트 스테레오 신호의 경우 각 샘플 프레임은 왼쪽 채널에 대한 2바이트와 오른쪽 채널에 대한 2바이트로 구성된다. 양수와 음수 모두 이진수로 코딩돼야 하므로 **2의 보수**^two's complement^의 형식을 사용한다. 따라서 0에서 32767까지의 양수는 이진수 0으로 시작하고, −32768에서 −1까지의 음수는 65 536을 더하므로 이진수 1로 시작한다. 숫자 −1은 리틀 엔디안 16진수 바이트 FF FF로 표시되고, −32 768은 00 80으로 32 767은 FF 7F로 표시된다.

안타깝게도 2의 보수는 샘플의 길이가 8비트 이상인 경우에만 사용한다. 8비트 샘플은 음수 없이 0에서 255까지의 숫자를 사용해 표시한다. 따라서 128은 신호의 중립 위치이다.

WAV 파일과 본질적으로 유사한 다른 디지털 오디오 형식으로 맥킨토시 컴퓨터에서 사용하는 AIFF^Audio Interchange File Format^ 형식과 선 마이크로시스템에서 개발하고 UNIX 컴퓨터에서 사용하는 AU 형식이 있다.

MP3 형식[3]은 **데이터 압축**^data compression^을 사용한다는 점에서 WAV 형식과 차이가 있다. 파일을 재생될 때 압축을 풀어야 한다.

압축에는 무손실 압축과 손실 압축, 이 두 종류가 있다. 무손실 압축은 원본을 정확하게 복원할 수 있는 더 짧은 파일을 만든다. 이를테면 ZIP 파일 형식은 무손실 압축 형식이다. 이것은 무작위가 아닌 데이터에서만 효과적이다. 데이터가 무작위일수록 압축되는 양은 적어진다. 예를 들어, 압축할 데이터가 이진 문자열 01001000의 연속된 10,000개 복사본으로 구성된 경우 해당 정보는 10,000바이트 미만으로 압축될 수 있다. 정보 이론에서 이런 개념을 **엔트로피**^entropy^로 표현한다. 신호의 엔트로피는 신호에 대한 서로 다른 가능성의 수를 2가 밑인 로그로 정의한다. 신호의 무작위성이 적을수록 신호의 데이터에

3 MP3는 'MPEG I/II Layer 3'를 의미한다. MPEG는 그 자체로 'Motion Picture Experts Group'의 약자이며, 영화 및 음악과 같은 시청각 정보를 인코딩하기 위한 표준이다.

허용되는 가능성이 적어지므로 엔트로피가 작아진다. 엔트로피는 신호를 압축할 수 있는 최소 이진 비트 수와 밀접한 관계가 있다.

손실 압축은 파일의 가장 필수적인 기능을 보존하고 데이터의 일부 퇴화를 허용한다. 허용되는 퇴화의 종류는 내용에 따라 다르다. 예를 들어 오디오 파일의 경우 소리 인식에 거의 영향을 주지 않는 신호의 요소를 결정하고 이것이 변경될 수 있도록 한다. 이것이 바로 MP3 형식의 작동 원리이다.

실제 알고리듬은 매우 복잡하고 미묘한 심리 음향학을 사용한다. MP3 형식을 인코딩하는 데 사용하는 기술 몇 가지를 소개한다.

1. 청력의 역치threshold는 주파수에 따라 달라지며, 귀는 가청 주파수 범위의 중간에서 가장 민감하다. 이것은 1장에서 설명한 플레처-먼슨 곡선으로 설명된다. 따라서 주파수 범위의 극단에 있는 낮은 진폭의 소리는 다른 소리가 없으면 무시할 수 있다.
2. 마스킹 현상은 일부 소리가 존재하지만 소리의 다른 구성 요소가 존재하기 때문에 인식되지 않는 것을 의미한다. 이런 마스킹된 사운드는 압축된 신호에서 생략한다.
3. 지각적으로 정확한 방식으로 소리를 표현하기 위해서 더 많은 바이트가 필요한 음절이 지각적으로 더 단순한 음절을 표현하기 위해 더 적은 바이트를 사용하는 대신 그것을 사용하는 차용 시스템이 사용된다.
4. 스테레오 신호는 각 채널보다 훨씬 더 많은 정보를 포함하지 않으며, 공동 스테레오 인코딩을 사용한다.
5. MP3 형식은 더 높은 확률로 발생하는 비트를 더 짧은 문자열로 코딩하는 허프먼Huffman 코딩을 사용한다.

같은 아이디어를 더 발전시킨 새로운 파일 형식도 있다. 예를 들어 애플의 iTunes는 AACAdvanced Audio Coding라고도 하는 MPEG4 오디오를 표준으로 사용한다. 이것은 같은 크기의 MP3보다 더 좋은 오디오 품질을 갖는다. 이 형식의 파일은 〈filename〉.m4a 형태의 파일 이름을 가진다.

7.4 미디

오늘날 대부분의 신시사이저는 MIDI 케이블을 통해 서로 통신하고 컴퓨터와도 통신한다. MIDI는 'Musical Instrument Digital Interface'의 약자이다. 1982년에 도입돼 국제적으로 합의된 데이터 전송 규약protocol으로, 서로 다른 디지털 장치 간에 음악 정보를 전송한다. 메시지가 '샘플 덤프sample dump'가 아닌 한 일반적으로 MIDI에 파형 정보가 없다는 것에 주의해야 한다. 대신 대부분의 MIDI 메시지는 이벤트에 대한 추상 매개변수의 짧은 목록으로 구성된다.

MIDI 메시지에는 음표 메시지, 컨트롤러 메시지, 시스템 전용 메시지인 세 가지 기본 유형이 있다. 음표 메시지는 음표의 시작 시간과 중지 시간, 사용해야 하는 패치(또는 음색), 볼륨 레벨 등에 대한 정보를 전달한다. 컨트롤러 메시지는 코러스chorus, 리버브reverb, 패닝panning, 마스터 볼륨master volume 등과 같은 매개변수를 전달한다. 시스템 전용 메시지는 주어진 악기 또는 장치의 특별한 정보를 전송하기 위한 것이다. 이것들은 장치 식별자로 시작하며 본문은 해당 장치에 고유한 형식으로 모든 종류의 정보를 포함할 수 있다. 가장 일반적인 종류의 시스템 전용 메시지는 신시사이저에서 패치를 설정하기 위한 데이터를 전송하기 위한 것이다.

MIDI 표준에는 일부 하드웨어 사양도 포함한다. 31.25KBaud의 전송 속도를 지정한다. 현대 기계의 경우 이것은 매우 느리지만 현재로서는 이 표준을 고수하고 있다. 그 결과 중 하나로 시스템이 MIDI '병목 현상'으로 인해 종종 문제가 발생해 잘못된 타이밍을 유발할 수 있다. 볼륨이나 음높이와 같은 제어 변수의 값을 지속적으로 변경하는 것과 관련된 MIDI 데이터에서 특히 문제가 된다.

읽을거리

S. de Furia and J. Scacciaferro (1989), *MIDI Programmer's Handbook*.

F. Richard Moore, The dysfunctions of MIDI, *Computer Music Journal* **12** (1) (1988), 19–28.

Joseph Rothstein (1992), *MIDI, a Comprehensive Introduction*.

Eleanor Selfridge-Field (editor), Donald Byrd (contributor), David Bainbridge (contributor), *Beyond MIDI: The Handbook of Musical Codes*, M. I. T. Press (1997).

7.5 델타 함수와 샘플링

신호를 샘플링하는 과정을 나타내는 한 가지 방법은 디랙 델타 함수의 스트림을 곱하는 것이다(2.17절 참조). N이 초당 샘플 개수로 나타낸 샘플 속도를 의미하면 $\Delta t = 1/N$는 샘플 시간 간격이 된다. 예를 들어 CD의 경우 $N = 44100$개의 초당 샘플이 필요하며 $\Delta t = 1/44100$초가 된다. Δt 간격을 가지는 샘플링 함수sampling function를 다음으로 정의한다.

$$\delta_s(t) = \sum_{n=-\infty}^{\infty} \delta(t - n\Delta t) \tag{7.5.1}$$

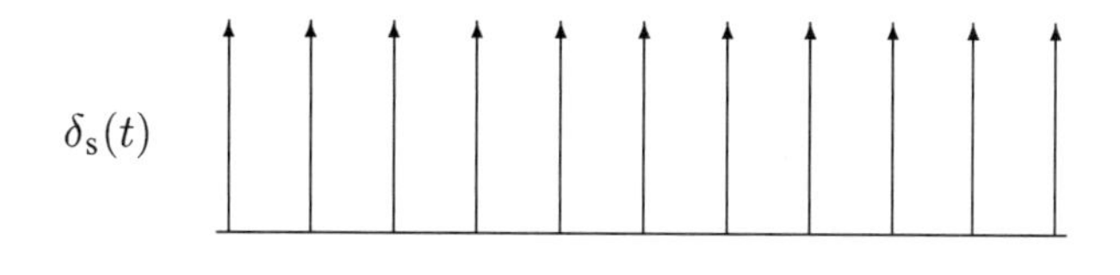

그림 7.7 샘플링 함수

$f(t)$가 아날로그 신호를 나타내면, 다음은 샘플 신호를 나타낸다.

$$f(t)\delta_s(t) = \sum_{n=-\infty}^{\infty} f(t)\delta(t - n\Delta t) = \sum_{n=-\infty}^{\infty} f(n\Delta t)\delta(t - n\Delta t)$$

이는 시간에 대해서는 이산화됐지만 신호 진폭은 아직 그대로이다. 임의의 기간 동안 디지털화된 신호 $f(t)\delta_s(t)$의 적분은 동일한 시간 간격에 대한 아날로그 신호 $f(t)$의 적분에 샘플링 속도 $N = 1/\Delta t$를 곱한 것과 유사하다.

정리 7.5.1과 따름정리 7.5.4에서 샘플링 신호의 푸리에 변환에 대해 두 가지 다른 표현을 설명한다. 두 표현식에서 푸리에 변환이 주기적이며 주기가 샘플 속도 $N = 1/\Delta t$와 동일함을 알 수 있다.

정리 7.5.1 샘플 신호의 푸리에 변환은 다음으로 주어진다.

$$\widehat{f.\delta_s}(\nu) = \sum_{n=-\infty}^{\infty} f(n\Delta t)\mathrm{e}^{-2\pi \mathrm{i}\nu n\Delta t}$$

증명

푸리에 변환의 정의 (2.13.1)에서 다음을 얻는다.

$$\begin{aligned}\widehat{f.\delta_s}(\nu) &= \int_{-\infty}^{\infty} f(t)\delta_s(t)\mathrm{e}^{-2\pi \mathrm{i}\nu t}\,\mathrm{d}t \\ &= \int_{-\infty}^{\infty}\left(\sum_{n=-\infty}^{\infty} f(n\Delta t)\delta(t-n\Delta t)\right)\mathrm{e}^{-2\pi \mathrm{i}\nu t}\,\mathrm{d}t \\ &= \sum_{n=-\infty}^{\infty} f(n\Delta t)\int_{-\infty}^{\infty}\delta(t-n\Delta t)\mathrm{e}^{-2\pi \mathrm{i}\nu t}\,\mathrm{d}t \\ &= \sum_{n=-\infty}^{\infty} f(n\Delta t)\mathrm{e}^{-2\pi \mathrm{i}\nu n\Delta t}\end{aligned}$$

□

디지털화된 신호의 푸리에 변환의 다른 표현식은 푸리에 분석의 포아송 합의 공식에서 구할 수 있다.

정리 7.5.2

$$\sum_{n=-\infty}^{\infty} f(n\Delta t) = \frac{1}{\Delta t}\sum_{n=-\infty}^{\infty}\hat{f}\left(\frac{n}{\Delta t}\right) \tag{7.5.2}$$

증명

위의 식은 포아송 합의 공식 (2.16.1)과 2.13절의 연습문제 3에서 유도된다. □

따름정리 7.5.3 샘플링 함수 $\delta_s(t)$의 푸리에 변환은 주파수 영역에서 또 하나의 샘플링 함수가 된다.

$$\widehat{\delta_s}(\nu) = \frac{1}{\Delta t}\sum_{n=-\infty}^{\infty}\delta\left(\nu - \frac{n}{\Delta t}\right)$$

증명

$f(t)$가 테스트 함수이면, $\delta_s(t)$의 정의에서 다음을 얻는다.

$$\int_{-\infty}^{\infty} f(t)\delta_s(t)\,dt = \sum_{n=-\infty}^{\infty} f(n\Delta t)$$

(샘플링 함수가 실수여서 $\delta_s(t) = \overline{\delta_s(t)}$인 것을 주의해) 좌편에 파스발의 공식 (2.15.1)을 적용하고, 우변에 식 (7.5.2)를 적용하면 다음을 얻는다.

$$\int_{-\infty}^{\infty} \hat{f}(\nu)\overline{\widehat{\delta_s}(\nu)}\,d\nu = \frac{1}{\Delta t}\sum_{n=-\infty}^{\infty} \hat{f}\left(\frac{n}{\Delta t}\right)$$

그러면, $\widehat{\delta_s}(\nu)$에 대한 원하는 식이 나온다. □

따름정리 7.5.4 디지털 신호 $f(t)\delta_s(t)$의 푸리에 변환은 다음이 된다.

$$\widehat{f.\delta_s}(\nu) = \frac{1}{\Delta t}\sum_{n=-\infty}^{\infty} \hat{f}\left(\nu - \frac{n}{\Delta t}\right)$$

이것은 샘플링 주파수 $1/\Delta t$를 주기로 가지는 주파수 영역에서 주기함수이다.

증명

정리 2.18.1(ii)에서 다음을 얻는다.

$$\widehat{f.\delta_s}(\nu) = (\hat{f} * \hat{\delta}_s)(\nu)$$

따름정리 7.5.3에서 이것은 다음이 된다.

$$\int_{-\infty}^{\infty} \hat{f}(u)\frac{1}{\Delta t}\sum_{n=-\infty}^{\infty} \delta\left(\nu - \frac{n}{\Delta t} - u\right)du = \frac{1}{\Delta t}\sum_{n=-\infty}^{\infty} \hat{f}\left(\nu - \frac{n}{\Delta t}\right)$$ □

7.6 나이퀴스트 정리

나이퀴스트 정리[4]에 따르면 아날로그 신호를 디지털화할 때 표현할 수 있는 최대 주파수는 샘플링 속도의 정확히 절반이다. 이 한계를 초과하는 주파수는 샘플링 속도의 절반인 나이퀴스트 주파수Nyquist frequency 아래에서 원치 않는 주파수를 발생시킨다. 정확히 나이퀴

4 Harold Nyquist, Certain topics in telegraph transmission theory, "Trans. Amer. Inst. Elec. Eng.", April 1928. 나이퀴스트는 그의 이름으로 된 약 150개의 특허를 가지고 1954년 벨 연구소에서 은퇴했다. 그는 복잡한 문제를 해결하는 데 다른 복잡한 접근 방식보다 훨씬 뛰어난 단순한 사고 방식의 해를 만드는 능력으로 유명했다.

스트 주파수에서 신호에서 발생하는 것은 위상에 따라 다르다. 신호의 전체 주파수 스펙트럼이 나이퀴스트 주파수 아래에 있는 경우는 샘플링 정리sampling theorem에서 신호를 디지털화된 것에서 정확하게 재구성할 수 있다.

나이퀴스트 정리를 설명하기 위해 주파수 ν를 가지는 다음의 순수 사인 형태의 파동을 생각한다.

$$f(t) = A\cos(2\pi\nu t)$$

초당 $N = 1/\Delta t$인 샘플 속도가 주어지면, M번째 샘플의 높이는 다음이 된다.

$$f(M/N) = A\cos(2\pi\nu M/N)$$

ν가 $N/2$보다 큰 경우, 즉 $\nu = N/2 + \alpha$라 가정하면 다음을 얻는다.

$$\begin{aligned} f(M/N) &= A\cos(2(N/2+\alpha)M\pi/N) \\ &= A\cos(M\pi + 2\alpha M\pi/N) \\ &= (-1)^M A\cos(2\alpha M\pi/N) \end{aligned}$$

α의 부호를 변경해도 이 계산 결과에 차이가 없으므로 $\nu = N/2 + \alpha$ 대신 $\nu = N/2 - \alpha$를 사용해도 같은 값을 얻을 수 있다. 다시 말해 이 계산의 샘플 점은 정확히 함수 $A\cos(2(N/2+\alpha)\pi t)$와 $A\cos(2(N/2-\alpha)\pi t)$의 그래프가 교차하는 점이다. 그림 7.8을 참조하라.

그 결과, 샘플 주파수의 절반보다 큰 주파수는 샘플 주파수의 절반을 통해 반사돼 절반보다 작은 주파수처럼 들린다. 이 현상을 위신호 현상僞信號, aliasing, 에일리어싱이라 한다. 그림 7.8에서 샘플을 검은 점으로 표시했다. 두 파동은 샘플 주파수의 절반보다 약간 더 큰 주파수와 약간 작은 주파수를 갖는다. 샘플 값이 동일한 이유는 그림에서 쉽게 알 수 있다. 즉, 샘플 점은 단순히 두 그래프가 교차하는 점이다.

샘플링 주파수의 정확히 절반에 있는 파동의 경우에는 흥미로운 일이 발생한다. 코사인파는 그대로 유지되지만 사인파는 완전히 사라진다. 즉, 위상 정보는 손실되고 진폭 정보는 왜곡되는 것이다.

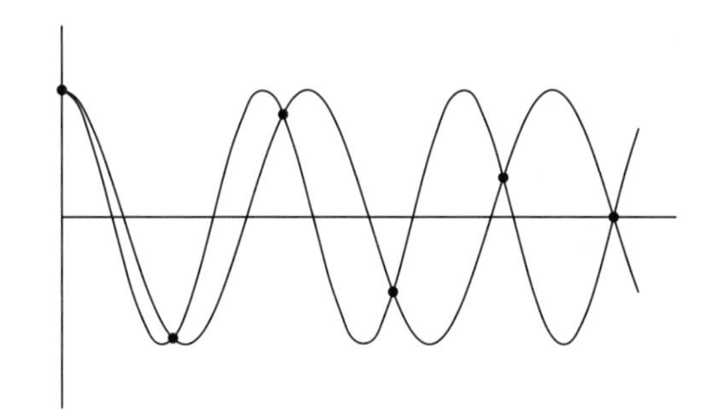

그림 7.8 위신호 현상

나이퀴스트 정리의 결론은 아날로그 신호를 디지털화하기 전에 샘플 주파수의 절반 이상의 주파수를 차단하기 위해 로우패스 필터를 통과하는 것이 필수적이라는 것이다. 그렇지 않으면 각 주파수는 반사와 쌍을 이루게 된다.

CD의 경우 차단 주파수는 44.1KHz의 절반인 22.05KHz이다. 사람이 인지할 수 있는 한계는 일반적으로 20KHz 미만이므로 만족할 만한 수준이라고 할 수 있지만 사람에 따라서 약간의 차이는 있다.

나이퀴스트 정리를 따름정리 7.5.4의 관점에서 설명할 수 있다. 다음에 주의한다.

$$\widehat{f\delta_s}(\nu) = \frac{1}{\Delta t} \sum_{n=-\infty}^{\infty} \hat{f}\left(\nu - \frac{n}{\Delta t}\right)$$

이것은 $N = 1/\Delta t$의 샘플 주파수를 주기로 가진다. 이 합계에서 $n = 0$인 항은 $f(t)$의 푸리에 변환이다. $n \neq 0$인 나머지 항은 샘플링 주파수 $N = 1/\Delta t$의 배수만큼 주파수가 이동된 주파수 성분으로 구성된 위신호 인공물을 나타낸다. $f(t)$가 $N/2$보다 큰 주파수에서 스펙트럼이 0이 아닌 부분을 가지면 이 양의 더하기 및 빼기에서 푸리에 변환이 0이 아니게 된다. 그런 다음 N을 더하거나 빼면 원점의 다른 쪽인 $N/2$보다 작은 해당 양에 인공물이 발생한다.

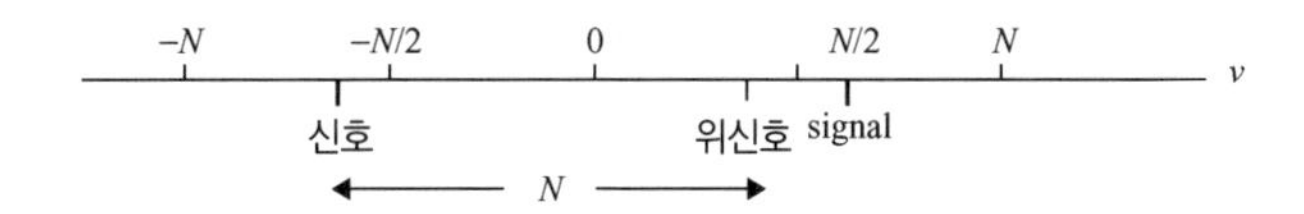

또 다른 놀라운 사실을 따름정리 7.5.4, 즉 샘플링 정리에서 알 수 있다. 원래 신호 $f(t)$가 $\nu \geq N/2$에 대해 $\hat{f}(t) = 0$을 만족하면, 즉 전체 스펙트럼이 나이퀴스트 주파수 아래에 있으면 정보의 손실 없이 원래 신호를 복원할 수 있다. $\hat{f}(\nu)$를 복원하기 위해 먼저 $\widehat{f\delta_s}(\nu)$를 자르고 그런 다음 $f(t)$를 역푸리에 변환을 사용해 복원한다. 실제로 이것을 수행하는 것은 다른 문제이며 매우 정확한 아날로그 필터가 필요하다.

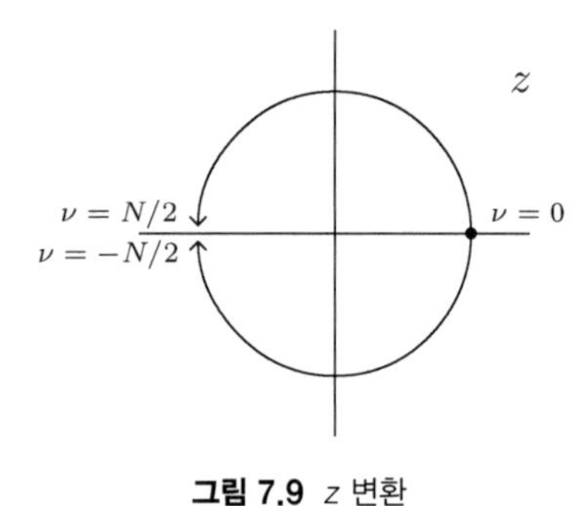

그림 7.9 z 변환

7.7 z 변환

디지털 신호의 경우 푸리에 변환 대신 z 변환을 사용하는 것이 더 편리한 경우가 많다. 중요한 것은 따름정리 7.5.4에서 디지털 신호의 푸리에 변환은 샘플링 주파수 N과 동일한 주기를 가진다는 것이다. 그래서 많은 정보가 중복된다. z 변환의 아이디어는 복소 평면의 단위 원 주위에 푸리에 변환을 옮기는 것이다. 이것은 다음의 설정을 통해 가능해진다.

$$\boxed{z = \mathrm{e}^{2\pi \mathrm{i}\nu\Delta t} = \mathrm{e}^{2\pi \mathrm{i}\nu/N}} \tag{7.7.1}$$

그래서 ν가 $N = 1/\Delta t$만큼씩 값이 변하면, z는 복소 평면에 있는 원을 정확히 한 바퀴 회전해 $z = -1$인 나이퀴스트 주파수 $\nu = \pm N/2 = \pm 1/2\Delta t$와 만나게 된다.

주기가 N인 ν의 주기함수는 z의 함수로 표기할 수 있다. 정리 7.5.1에서 샘플링된 신호 $f(t)\delta_s(t)$의 푸리에 변환 (2.13.1)은 다음이 된다.

$$\widehat{f.\delta_s}(\nu) = \sum_{n=-\infty}^{\infty} f(n\Delta t)\mathrm{e}^{-2\pi \mathrm{i}\nu n\Delta t} = \sum_{n=-\infty}^{\infty} f(n\Delta t)z^{-n}$$

그러므로 디지털 신호의 z 변환은 다음으로 정의된다.

$$F(z) = \sum_{n=-\infty}^{\infty} f(n\Delta t) z^{-n} \tag{7.7.2}$$

디지털 신호의 푸리에 변환은 다음 식으로 복원할 수 있다.

$$\widehat{f.\delta_s}(\nu) = F(e^{2\pi i\nu\Delta t})$$

주의

식 (7.7.2)와 같은 식을 다룰 때에는 오일러 농담Euler's joke으로 인해 주의가 필요하다. 농담이란 것은 다음과 같다. 항상 상수인 신호를 생각한다.

$$\begin{aligned} F(z) &= \cdots + z^2 + z + 1 + z^{-1} + z^{-2} + \cdots \\ &= \sum_{n=-\infty}^{\infty} z^n \end{aligned}$$

무한 합을 두 부분으로 나누어 각각의 합을 구한다.

$$\begin{aligned} F(z) &= (\cdots + z^2 + z + 1) + (z^{-1} + z^{-2} + \cdots) \\ &= \frac{1}{1-z} + \frac{z^{-1}}{1-z^{-1}} \\ &= \frac{1}{1-z} + \frac{1}{z-1} \\ &= 0 \end{aligned}$$

이것은 분명히 무의미한 것이다. 위의 식의 첫 번째 괄호의 합은 $|z|<1$일 때 성립하고 두 번째 괄호의 합은 $|z|>1$일 때 성립한다. 그러므로 두 합이 동시에 성립하도록 하는 공통 z의 값은 없다.[5]

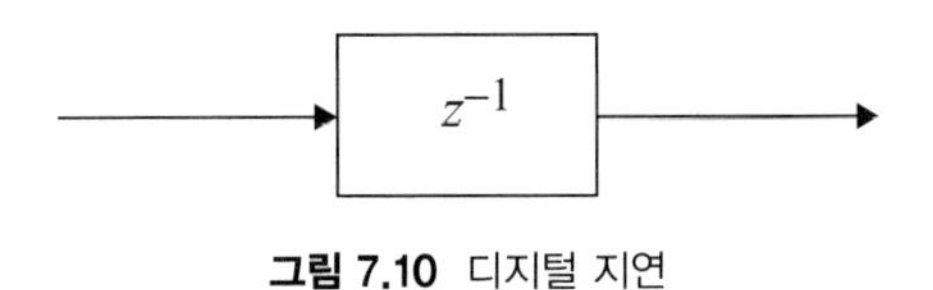

그림 7.10 디지털 지연

5 추상 대수를 이용해 좀 더 형식적으로 설명하면, 문제는 z와 z^{-1}에 대한 멱급수는 곱셈이 가능하지 않기 때문에 링(ring)을 형성하지 않는다. 이들은 로랑 다항식(Laurent polynomial)에서 모듈(module)을 형성한다. 그러나 $(1-z)(\cdots+z^2+z+1+z^{-1}+z^{-2}+\cdots)=0$과 같이 영인자(zero divisor)를 가진다.

문제를 해결하는 한 가지 방법은 신호가 유한한 시작점을 가지는 것만 허용하는 것이다. 그러면 충분히 큰 음의 값을 갖는 n에 대해 $f(n\,\Delta t)=0$을 가정할 수 있다. 이것은 z의 유한 개의 양의 멱만 나타나는 것을 의미한다. 더욱이 신호가 유한한 진폭을 가지면 $f(z)$의 멱급수는 $|z|<1$에서, 즉 원 안에서 수렴한다.

z 변환의 용어에서는 신호를 한 샘플 지연시키는 것은 z^{-1}을 곱하는 것과 같다. 그래서 많은 문헌에서 그림 7.10과 같은 디지털 지연에 대한 블록 다이어그램을 볼 수 있을 것이다. 이 책에도 같은 표기를 사용할 것이다.

7.8 디지털 필터

디지털 필터에 대한 방대한 문헌이 있다. z 변환과 어떤 연관이 있지만 간단하게 다룰 것이다. 예를 들어 시작한다. 그림 7.11을 생각해보라.

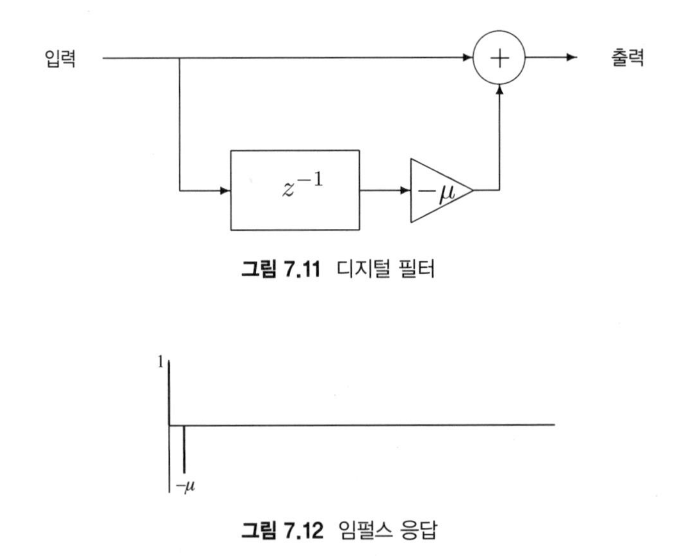

그림 7.11 디지털 필터

그림 7.12 임펄스 응답

$f(n\,\Delta t)$가 입력이고 $g(n\,\Delta t)$가 출력이면, 위의 다이어그램이 표현하는 관계식은 다음이다.

$$g(n\Delta t) = f(n\Delta t) - \mu f((n-1)\Delta t) \tag{7.8.1}$$

그래서 z 변환에서 관계는 다음이 된다.

$$G(z) = F(z) - \mu z^{-1}F(z) = (1 - \mu z^{-1})F(z)$$

이로부터 필터의 주파수 반응을 알 수 있다. 주어진 주파수 ν는 복소 평면의 단위 원상에 있는 점 $z = e^{\pm 2\pi i\nu\Delta t}$와 대응하고, 샘플 주파수의 절반은 $e^{\pi i} = -1$과 대응한다.

단위 원의 특정 점에서 값 $1 - \mu z^{-1}$은 주파수 반응을 나타낸다. 즉, 증폭은 $|1 - \mu z^{-1}|$이고 위상은 $1 - \mu z^{-1}$의 편각argument만큼 이동한다.

좀 더 일반적으로, 입력 신호와 출력 신호의 z 변환 $F(z)$와 $G(z)$의 관계가 다음으로 주어지면

$$G(z) = H(z)F(z)$$

함수 $H(z)$를 필터의 전달함수transfer function라고 한다. 앞의 필터에서 전달함수는 $1 - \mu z^{-1}$가 된다. 전달함수의 해석은 필터의 임펄스 반응impulse response의 z 변환이다. 그림 7.12를 참조하라.

임펄스 반응은 다음과 같이 한 점 $t = 0$을 제외한 다른 점에서는 영이 되는 입력 신호에서 나오는 결과로 정의한다.

$$f(n\Delta t) = \begin{cases} 1 & n = 0, \\ 0 & n \neq 0 \end{cases}$$

그러면, 샘플 함수 $f\,\delta_s$는 디랙 델타 함수가 된다.

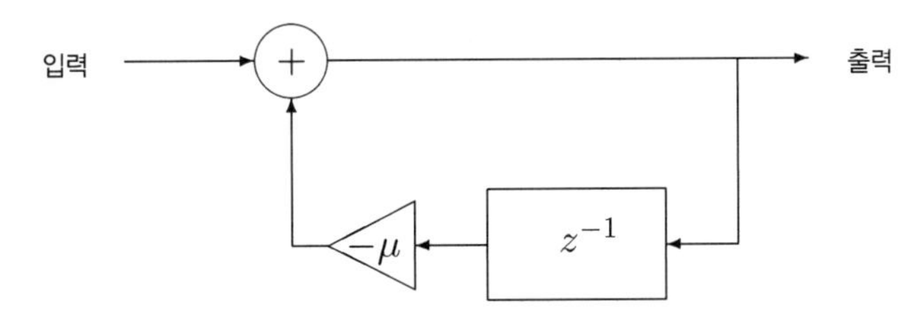

그림 7.13 피드백이 있는 필터

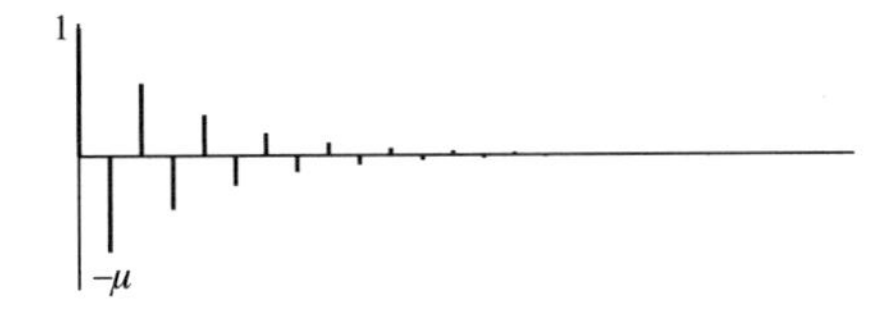

그림 7.14 피드백이 있는 필터의 임펄스 응답

디지털 신호에 대해 f_1과 f_2의 합성곱[convolution]은 다음으로 정의한다.

$$(f_1 * f_2)(n\Delta t) = \sum_{m=-\infty}^{\infty} f_1((n-m)\Delta t) f_2(m\Delta t)$$

z 변환에서 곱셈은 원래 신호에서 합성곱에 대응한다. 이것은 z^{-1}의 멱급수가 어떻게 곱해지는 지를 살펴보면 쉽게 알 수 있다. 그래서 위의 예에서 임펄스 반응은 $n=0$에서 1이고 $n=1$에서 $-\mu$이며 $n \neq 0$, 1에 대해 모두 영이다. 입력 신호 $f(n\Delta t)$와 임펄스 반응의 합성곱은 식 (7.8.1)에 의해서 출력 신호 $g(n\Delta t)$가 된다.

두 번째 예로서, 그림 7.13과 같이 피드백이 있는 필터를 생각한다. 입력 $f(n\Delta t)$와 출력 $g(n\Delta t)$의 관계는 다음으로 주어진다.

$$g(n\Delta t) = f(n\Delta t) - \mu g((n-1)\Delta t)$$

이번에는 z 변환 사이의 관계는 다음이 된다.

$$G(z) = F(z) - \mu z^{-1} G(z)$$

그러므로

$$G(z) = \frac{1}{1 + \mu z^{-1}} F(z)$$

$|\mu| > 1$인 경우에 불안정해지는 것에 주의해야 한다. 즉, 신호가 끝없이 증가하게 한다. 심지어 $|\mu| = 1$인 경우에 신호는 소멸되지 않아서 이 필터는$|\mu| < 1$인 경우에만 안정[stable]하다고 말한다. 이것은 필터의 임펄스 반응으로 쉽게 확인할 수 있다.

$$\frac{1}{1 + \mu z^{-1}} = 1 - \mu z^{-1} + \mu^2 z^{-2} - \mu^3 z^{-3} + \cdots$$

필터는 일반적으로 출력 $g(n\Delta t)$가 $m \geq 0$인 유한 개의 값 $f((n-m)\Delta t)$에 선형적으로 의존하고 유한 개의 $m > 0$인 $g((n-m)\Delta t)$에 의존하도록 설계한다. 이러한 필터의 임펄스 반응의 z 변환은 z에 대한 유리 함수가 된다. 즉, 두 다항식의 비로 표현된다.

$$\frac{p(z)}{q(z)} = a_0 + a_1 z^{-1} + a_2 z^{-2} + \cdots$$

계수 a_0, a_1, a_2, ...는 $t=0$, $t=\Delta t$, $t=2\Delta t$, ...에서의 임펄스 반응의 값이다.

n이 무한대로 갈 때 계수 a_n의 값은 영이 될 필요충분조건은 $p(z)/q(z)$의 극점pole μ가 $|\mu| < 1$을 만족하는 것이다. 이것은 $p(z)/q(z)$의 부분 분수 전개로 확인할 수 있다.

극점이 단위 원 안에 있으면 필터의 주파수 반응에 큰 영향을 미친다. 극점이 경계에 있으면 주파수 반응에 극대값이 되며 이것을 **공명**resonance라 한다. 주파수를 극점의 위치의 편각으로 나타내면 다음이 된다.

$$\nu = (\text{샘플링 주파수}) \times (\text{편각})/2\pi$$

감쇠 시간

특정 주파수에 대한 필터의 감쇠 시간은 해당하는 주파수 성분이 처음의 진폭에 비해서 1/e의 값을 가지는데 걸리는 시간으로 정의한다. 감쇠 시간에 대해 극점의 위치가 미치는 영향을 생각하기 위해 다음의 전달함수를 조사한다.

$$H(z) = \frac{1}{z-a} = \frac{z^{-1}}{1-az^{-1}} = z^{-1} + az^{-2} + a^2z^{-3} + \cdots$$

그래서 n 샘플 시간에 대해 주기적이면, 진폭은 a^n 인수를 곱하는 것이다. 그러므로 $|a^n| = 1/\mathrm{e}$ 또는 $n = -1/\ln|a|$가 된다. 결국, 감쇠 시간에 대한 공식은 다음이다.

$$\boxed{\text{감쇠 시간} = \frac{-\Delta t}{\ln|a|} = \frac{-1}{N\ln|a|}} \tag{7.8.2}$$

여기에서 $N = 1/\Delta t$는 샘플 주파수이다. 그러므로 감쇠 시간은 극점 위치의 절댓값의 로그에 반비례한다. 극점이 단위 원의 더 안쪽에 있으면 감쇠 시간이 짧아지고 감쇠가 빨라진다. 단위 원 가까이에 극점이 있으면 느린 감쇠가 일어난다.

연습문제

(a) 전달함수가 $z^2/(z^2 + z + 1/2)$인 디지털 필터를 고안하라. 앞에서와 같이 샘플 시간을 지연시키는 박스에 심볼 z^{-1}을 사용하라.

(b) 이 필터의 주파수 반응을 계산하라. N을 초당 샘플의 개수를 나타내면 답은 $-N/2 < \nu < N/2$인 ν의 함수가 돼야 한다.

(c) 이 필터는 안정한가?

읽을거리

R. W. Hamming (1989), *Digital Filters*.

Bernard Mulgrew, Peter Grant and John Thompson (1999), *Digital Signal Processing*.

7.9 이산 푸리에 변환

디지털 녹음에서 작은 부분과 같이 유한한 길이의 샘플 신호의 주파수 성분은 어떻게 기술할까? 7.7절에서 봤듯이 잠재적인 무한 신호에 대해 주파수 스펙트럼은 $z = e^{2\pi i\nu\Delta t}$인 z 평면에서 원을 형성한다. 샘플 신호의 길이를 한정하는 효과는 주파수 스펙트럼을 원의 이산점으로 한정하는 것이다.

신호의 길이가 M이라 가정한다. 그리고 $0 \le n < M$을 제외하고 $f(n\Delta t) = 0$이라 둔다. 그러면 정리 7.5.1의 푸리에 변환은 다음이 된다.

$$\widehat{f.\delta_s}(\nu) = \sum_{n=0}^{M-1} f(n\Delta t)e^{-2\pi i\nu n\Delta t}$$

이것은 앞에서 봤듯이 $N = 1/\Delta t$를 주기로 하는 ν의 주기함수이다.

신호에 M개의 정보만 존재하므로, M개의 다른 ν 값의 푸리에 변환 값에서 이것을 복원할 수 있을 거라 기대할 수 있다. 이것을 z 평면의 원에 균등하게 배열해본다. 즉, $0 \le k < M$에 대해 $\nu = k/(M\,\Delta t)$인 값으로 간주한다. 그러면 다음을 얻는다.

$$F(k) = \widehat{f.\delta_s}\left(\frac{k}{M\Delta t}\right) = \sum_{n=0}^{M-1} f(n\Delta t)e^{-2\pi ink/M}$$

이 공식을 순환군cyclic group의 지표character로 해석하는 9.7절의 연습문제 4를 참조하라.

$f(n\,\Delta t)(0 \le n < M)$을 $F(k)(0 \le k < M)$에서 재구성할 수 있는 것을 보게 될 것이다. 지금까지 설명한 푸리에 이론을 사용하지 않고 다음의 직교 관계성orthogonal relation을 이용해 증명한다.

명제 7.9.1 M은 양의 정수이고, k는 $0 \le k < M$인 정수이다. 그러면 다음이 성립한다.

$$\sum_{n=0}^{M-1} e^{2\pi ink/M} = \begin{cases} M & M\text{이 } k\text{로 나누어지는 경우,} \\ 0 & \text{그렇지 않은 경우} \end{cases}$$

증명

다음 식에 주의한다.

$$e^{2\pi ik/M}\cdot\sum_{n=0}^{M-1}e^{2\pi ink/M}=\sum_{n=0}^{M-1}e^{2\pi i(n+1)k/M}=\sum_{n=1}^{M}e^{2\pi ink/M}$$

$n=M$인 항은 $e^{2\pi ik}=1=e^0$이므로 $n=0$인 항과 같다. 그래서 $e^{2\pi ik/M}$을 곱해도 합은 변하지 않는다. 결국, 다음을 얻는다.

$$\left(e^{2\pi ik/M}-1\right)\cdot\sum_{n=0}^{M-1}e^{2\pi ink/M}=0$$

M이 k를 나누지 못하면, $e^{2\pi ik/M}\neq 1$이며, $e^{2\pi ik/M}-1$로 나누면 합이 영이 된다. 반면 M이 k를 나누면 합을 구성하는 모든 항은 영이 된다. 결국 합은 항의 개수 M이 된다. □

정리 7.9.2 (이산 푸리에 변환) $0\le n<M$을 제외할 때 $f(n\Delta t)=0$이면, 디지털 신호 $f(n\Delta t)$는 $0\le k<M$에 대한 다음 값에서 복원할 수 있다.

$$F(k)=\sum_{n=0}^{M-1}f(n\Delta t)e^{-2\pi ink/M} \tag{7.9.1}$$

공식은 다음으로 주어진다.

$$f(n\Delta t)=\frac{1}{M}\sum_{k=0}^{M-1}F(k)e^{2\pi ink/M} \tag{7.9.2}$$

증명

$F(k)$의 정의를 대입하면 다음을 얻는다.

$$\begin{aligned}\frac{1}{M}\sum_{k=0}^{M-1}F(k)e^{2\pi ink/M}&=\frac{1}{M}\sum_{k=0}^{M-1}\left(\sum_{m=0}^{M-1}f(m\Delta t)e^{-2\pi imk/M}\right)e^{2\pi ink/M}\\&=\sum_{m=0}^{M-1}f(m\Delta t)\left(\frac{1}{M}\sum_{k=0}^{M-1}e^{2\pi i(n-m)k/M}\right)\end{aligned}$$

명제 7.9.1을 안쪽의 합에 적용하면, $m=n$일 때 1이 되고 $m\neq n$일 때 영이 되는 것을 알 수 있다(m과 n은 영과 $M-1$ 사이의 값이고 차이는 크기가 M보다 작은 것에 주의하라). 그래서 바같쪽 합은 영이 아닌 원소 한 개만 가진다. $m=n$인 경우이며 이것은 $f(n\,\Delta t)$가 된다. □

보기 7.9.3 $M=4$인 경우를 고려한다. 이 경우에 $e^{2\pi ik/M}$은 복소 평면의 단위 원을 따라 균등하게 분포한다.

$$\begin{aligned} e^0 &= 1 && (k=0), \\ e^{2\pi i/4} &= i && (k=1), \\ e^{4\pi i/4} &= -1 && (k=2), \\ e^{6\pi i/4} &= -i && (k=3) \end{aligned}$$

정리의 공식은 다음이 된다.

$$\begin{aligned} F(0) &= f(0)+f(\Delta t)+f(2\Delta t)+f(3\Delta t), \\ F(1) &= f(0)-i f(\Delta t)-f(2\Delta t)+i f(3\Delta t), \\ F(2) &= f(0)-f(\Delta t)+f(2\Delta t)-f(3\Delta t), \\ F(3) &= f(0)+i f(\Delta t)-f(2\Delta t)-i f(3\Delta t) \end{aligned}$$

그리고

$$\begin{aligned} f(0) &= \tfrac{1}{4}(F(0)+F(1)+F(2)+F(3)), \\ f(\Delta t) &= \tfrac{1}{4}(F(0)+iF(1)-F(2)-iF(3)), \\ f(2\Delta t) &= \tfrac{1}{4}(F(0)-F(1)+F(2)-F(3)), \\ f(3\Delta t) &= \tfrac{1}{4}(F(0)-iF(1)-F(2)+iF(3)) \end{aligned}$$

긴 신호에 대해서는, 일반적으로 M을 신호의 움직이는 창의 창 넓이를 사용한다. 그래서 이산 푸리에 변환은 창을 가진 푸리에 변환의 이산화 버전과 실제로 같다.

7.10 고속 푸리에 변환

고속 푸리에 변환(줄여서 FFT로 표기함) 또는 **쿨리-투키**Cooley-Tukey 알고리듬은 방정식(7.9.1)을 단순하게 직접 사용하는 것보다 적은 산술 연산으로 이산 푸리에 변환을 계산하는 방법이다.

작동 원리를 설명하기 위해 M이 짝수라고 가정한다. 그러면 합 (7.9.1)을 짝수항과 홀수항으로 분리할 수 있다.

$$F(k) = \sum_{n=0}^{\frac{M}{2}-1} f(2n\Delta t)e^{-2\pi i(2n)k/M} + \sum_{n=0}^{\frac{M}{2}-1} f((2n+1)\Delta t)e^{-2\pi i(2n+1)k/M}$$

여기서 중요한 관찰은 $F(k+\frac{M}{2})$의 값이 $F(k)$의 값과 매우 유사하다는 것이다. $e^{-\pi i(2n)k} = 1$이고 $e^{-\pi i(2n+1)k} = (-1)^k$에 주의하면 다음을 얻는다.

$$F\left(k+\tfrac{M}{2}\right) = \sum_{n=0}^{\frac{M}{2}-1} f(2n\Delta t)e^{-2\pi i(2n)k/M} + (-1)^k \sum_{n=0}^{\frac{M}{2}-1} f((2n+1)\Delta t)e^{-2\pi i(2n+1)k/M}$$

그래서 $F(k)$와 $F(k+\frac{M}{2})$의 값을 일반적으로 필요한 연산의 반과 추가적으로 덧셈과 뺄셈으로 동시에 계산할 수 있다. 여기서 계산한 두 개의 합이 M개 점이 아닌, $M/2$개의 점에 대한 (우변에 $e^{-2\pi ik/M}$을 곱하면) 이산 푸리에 변환이 된다. 그래서 $M/2$가 짝수이면, 이런 과정을 반복할 수 있다.

$M = 4$인 앞의 절의 보기에서 계산을 다음과 같이 정렬할 수 있다.

$$\begin{aligned}
F(0) &= (f(0) + f(2\Delta t)) + (f(\Delta t) + f(3\Delta t)),\\
F(2) &= (f(0) + f(2\Delta t)) - (f(\Delta t) + f(3\Delta t)),\\
F(1) &= (f(0) - f(2\Delta t)) - i(f(\Delta t) - f(3\Delta t)),\\
F(3) &= (f(0) - f(2\Delta t)) + i(f(\Delta t) - f(3\Delta t))
\end{aligned}$$

M이 2의 멱이면, 이 방법으로 이산 푸리에 변환을 M^2 연산이 아닌 $2M\log_2 M$ 연산으로 계산할 수 있다. 조금 수정하면 다른 합성수 M에 대해 방법을 개발할 수 있지만, 이 방법은 2의 멱인 경우에 가장 효율적이다.

이산 푸리에 변환에서 디지털 신호를 재구성하는 공식 (7.9.2)는 같은 과정이어서 같은 방법을 적용할 수 있다.

읽을거리

G. D. Bergland, A guided tour of the fast Fourier transform, *IEEE Spectrum* **6** (1969), 41–52.

James W. Cooley and John W. Tukey, An algorithm for the machine calculation of complex Fourier series, *Math. Comp*. **19** (1965), 297–301. 고속 푸리에 변환이

19세기에 가우스의 연구에서 나왔지만(다음 도서를 참조하라), 이 논문을 실용적인 알고리듬으로 고속 푸리에 변환을 발표한 첫 논문으로 여긴다.

M. T. Heideman, D. H. Johnson and C. S. Burrus, Gauss and the history of the fast Fourier transform, *Archive for History of Exact Sciences* **34** (3) (1985), 265–277.

David K. Maslen and Daniel N. Rockmore, The Cooley–Tukey FFT and group theory, *Not. AMS* **48** (10) (2001), 1151–1160. Reprinted in *Modern Signal Processing*, MSRI Publications, Vol. 46, Cambridge University Press (2004), 281–300.

Bernard Mulgrew, Peter Grant and John Thompson (1999), *Digital Signal Processing*. 이 책의 9장과 10장에서 고속 푸리에 변환에 대해 상세하게 설명하고 다양한 창의 효과에 대해서 분석했다.

08 합성

8.1 들어가며

여기서는 음악 소리의 합성에 대해 설명한다. 이 책에서는 주파수 변조 (또는 FM) 합성에 관해 집중해 설명한다. 이것은 특별히 중요한 합성 방법이기 때문이 아니라 FM 합성이 일반 원리를 설명하는 수단으로 사용하기 쉽기 때문이다.

흥미로운 음악 소리에는 일반적으로 주파수 스펙트럼이 정적이지 않다. 음의 스펙트럼의 시간 전개는 기존 악기의 소리를 종합적으로 모방하려고 하는 것으로 이해할 수 있다. 그래서 일반적으로 음의 어택attack, 디케이decay, 서스테인sustain, 릴리스release라고 하는 ADSR에 주의한다. 음이 발생하는 구간에서 진폭뿐만 아니라 주파수 스펙트럼도 변한다. 기계적이고 지루하게 들리지 않는 소리를 합성하는 것은 생각보다 어려운 것으로 밝혀졌다. 귀는 단순한 알고리듬에 의해 생성된 규칙적인 특징을 골라내고 그것을 합성음으로 식별하는 데 매우 능숙하다. 이러한 방식으로 기존 악기가 생성되는 가장 단순한 소리의 복잡성을 이해하게 됐다.

물론, 합성의 진정한 장점은 이전에는 얻을 수 없었던 소리를 생성하고 이전에는 불가능했던 방식으로 소리를 조작하는 능력이다. 오늘날과 같이 저렴하고 강력한 디지털 신시사이저를 사용할 수 있는 시대에도 대부분의 음악은 사용 가능한 음향 팔레트의 아주 작은 부분만을 이용하는 것처럼 보인다. 신시사이저를 사용하는 대부분의 음악가들은 원하는 프리셋preset을 한 번 결정한 후에는 수정하지 않고 사용한다. 이 규칙의 예외는 군중에서 두드러진다. 예를 들어 일본 음악 합성가인 토미타Tomita의 녹음을 들으면 소리를 조형하는 데 표현된 기술에 즉시 압도된다.

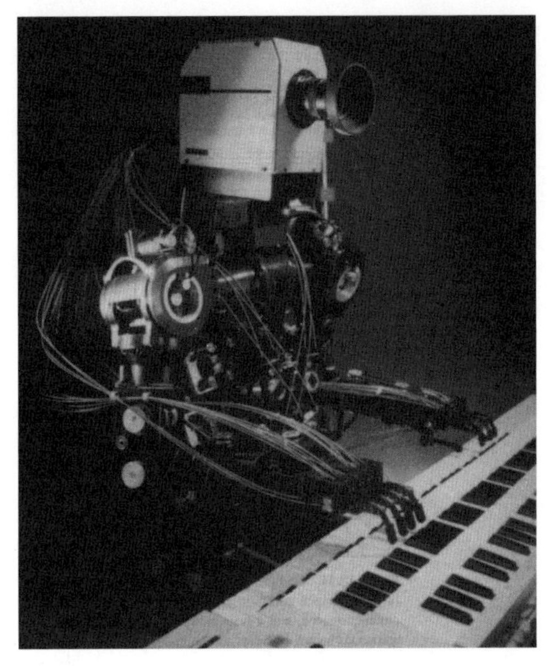

그림 8.1 WABOT-2(와세다대학과 수미토모 회사, 일본 1985)

들을거리(부록 G 참조)

Isao Tomita, *Pictures at an Exhibition* (Mussorgsky).

8.2 포락선과 LFO

소리를 합성하기 위해 어떤 방법을 사용하든지 포락선에 주의를 기울여야 하므로 먼저 이것에 대해 설명한다. 소리의 스펙트럼이 시간에 대해 정적인 것은 거의 없다. 거의 모든 악기에서 음을 들으면, 사운드의 시작 부분에 명확하게 정의된 어택이 있고 그다음에는 디케이, 중간에 서스테인 부분, 마지막으로 릴리스가 있다. 특정 악기에서 일부가 누

락될 수 있지만 기본 구조는 같다. 합성 또한 동일한 패턴을 따른다. 일반적으로 사용되는 약어로 어택/디케이/서스테인/릴리스 포락선에 대해 ADSR 포락선을 사용한다. 그림 8.2를 참조하라.

전자 신시사이저가 처음 출시됐던 20세기 중반까지는 음표의 어택 부분이 악기를 식별할 때 사람의 귀에 가장 중요하다는 사실을 제대로 이해하지 못했다. 처음의 전이 현상은 음의 안정된 부분보다 악기마다 훨씬 더 다르다.

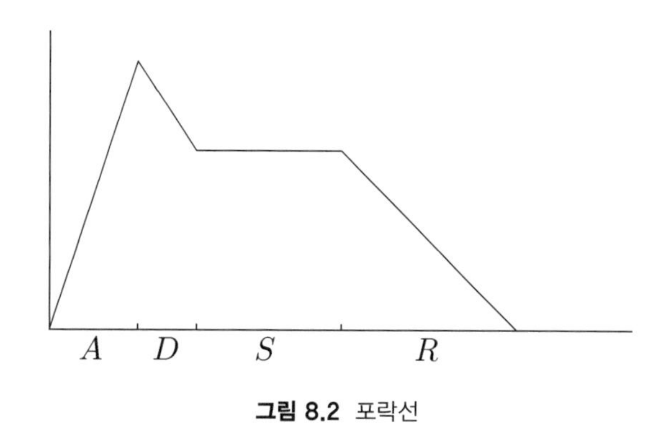

그림 8.2 포락선

일반 신시사이저에는 많은 포락선 생성기가 있다. 각각은 시스템의 일부 구성 요소의 출력 진폭이 시간에 따라 어떻게 변할지를 결정한다. 최종 신호의 진폭이 포락선에 할당된 유일한 속성이 아니라는 것을 주의해야 한다. 예를 들어 종소리가 울릴 때 초기에는 주파수 스펙트럼이 매우 풍부하지만 많은 배음이 매우 빨리 사라져 더 순수한 음만 남는다. FM 합성을 사용해 이러한 종류의 동작을 모방하는 것은 쉽다. 음색을 제어하는 변조 신호에 포락선을 할당하면 된다. FM 합성에 대해 설명할 때 이에 대해 더 자세히 설명하겠지만, 잠시 동안 음색이 종종 포락선 생성기로 제어된다는 점에 주목한다. 신시사이저가 키보드로 제어될 때, 흔히 그렇듯이 키를 누르면 어택이 시작되고 키를 놓으면 포락선의 릴리스 부분이 시작되도록 배열하는 것이 일반적이다.

포락선 생성기는 프로그래밍 가능한 여러 매개변수에 의해 모양이 결정되는 포락선을 생성한다. 이런 매개변수는 일반적으로 수준과 비율로 주어진다. 다음은 일반적인 키보드 신시사이저와 디른 MIDI 제어 환경에서 포락선이 작동하는 방법의 예이다. 레벨 0은 '키 온key on' 이벤트의 포락선 레벨이다. 그리고 속도 1은 레벨 1에 도달할 때까지 레벨이 얼마나 빨리 변경하는지를 결정한다. 그런 다음 레벨 2에 도달할 때까지 속도 2로 전환하고 레벨 3에 도달할 때까지 속도 3으로 전환한다. 레벨 3은 레벨 4에 도달해 비율 4가 적용되는 '키 오프key off' 이벤트까지 유효하다. 마지막으로 레벨 4는 레벨 0과 동일하며 다음 '키 온' 이벤트를 준비한다. 이 예에서는 포락선의 감쇠 단계에 대한 두 개의 개별 구성요소가 있다. 하나만 사용하는 신시사이저도 있고 더 많이 사용하는 것도 있다.

포락선과 유사한 개념은 저주파 발진기Low Frequency Oscillator, LFO이다. 이것은 일반적으로 0.1–20Hz 범위의 출력을 생성하고 파형은 삼각형, (위 또는 아래의) 톱니, 사인, 정사각형이 일반적이고 랜덤인 경우도 있다.

LFO를 사용해 제어 가능한 일부 매개변수를 반복적인 변경한다. 예를 들면 비브라토용 피치 제어, 트레몰로용 진폭 또는 음색 제어가 있다. LFO는 필터의 차단과 공진 또는 구형파의 펄스 폭펄스 폭 변조, PWM, Pulse Width Modulation과 같은 명확하지 않은 매개변수를 제어하는 데에도 사용할 수 있다. 2.4절의 연습문제 6을 참조하라.

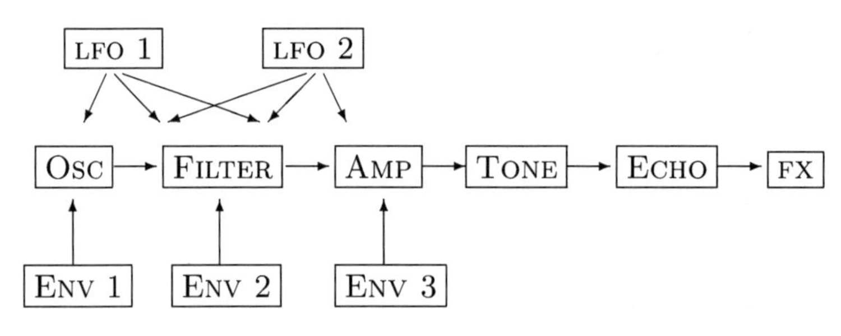

그림 8.3 아날로그 신시사이저의 블록 다이어그램

LFO와 관련된 매개변수는 속도(또는 주파수), 깊이(또는 진폭), 파형, 어택 시간이다. 어택 시간은 음표의 시작 부분에서 효과가 점진적으로 도입될 때 사용한다. 그림 8.3은 일반적인 아날로그 신시사이저의 블록 다이어그램을 보여준다.

오실레이터Osc는 사인파, 구형파, 삼각파, 톱니, 노이즈 등에서 선택한 기본 파형을 생성한다. 포락선(Env 1)은 시간에 따라 음높이가 어떻게 변하는지 지정한다. 필터는 음의 '밝기'를 지정한다. 하이 패스, 로우 패스, 밴드 패스 중에서 선택할 수 있다. 포락선(Env 2)은 밝기가 시간에 따라 어떻게 변하는지 지정한다. 또한 공진이 지정되면 컷오프 주파수 영역에서 강조를 결정한다. 앰프Amp는 볼륨을 지정하고 포락선(Env 3)은 시간에 따라

볼륨이 어떻게 변하는지 지정한다. 톤 컨트롤Tone은 전체 톤을 조정하고 지연 장치Echo는 에코 효과를 추가하며 효과 장치(fx)는 잔향, 코러스 등을 추가한다. 발진기, 필터, 증폭기를 변조하는 데 사용하는 저주파 발진기(lfo 1 및 lfo 2)가 있다.

8.3 가산 합성

이해하기 가장 쉬운 합성은 가산 합성으로, 이것은 사실상 신호의 푸리에 분석에 반대이다. 주기적인 파동을 합성하기 위해 정확한 진폭을 가지는 푸리에 성분을 생성하고 혼합한다. 이것은 꽤 비효율적인 합성 방법이다. 많은 배음이 있는 음을 생성하려면 많은 사인파를 혼합해야 하기 때문이다. 각각은 시간이 지남에 따라 음을 전개해 나가기 위해서 별도의 포락선이 필요하다. 이러한 방식으로 시간에 따른 음색의 전개와 진폭을 제어할 수 있다. 예를 들어 어택 부분에 배음이 풍부하고 그 후에 감쇠해 순수한 음으로 진행하는 파형을 생성하려면 높은 주파수의 구성 성분이 더 낮은 주파수 구성 성분보다 더 빠르게 감쇠하는 포락선을 가져야 한다.

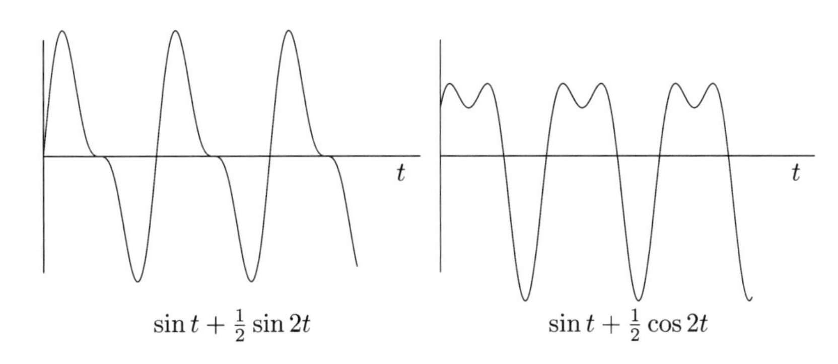

그림 8.4

위상은 정상음의 인식에는 중요하지 않지만 전이 소리의 인식에는 중요해진다. 따라서 정상 소리의 경우 파형을 나타내는 그래프는 별 정보가 없다. 예를 들어 그림 8.4는 함수 $\sin t + \frac{1}{2}\sin 2t$와 $\sin t + \frac{1}{2}\cos 2t$의 그래프를 보여준다.

이 함수들 사이의 유일한 차이점은 두 번째 부분의 위상이 $\pi/2$ 각도만큼 변경된 것이고 정상 소리로서는 동일하게 들린다. 더 많은 배음이 있으면 두 파형이 동일한 정상 소리를 나타내는지 여부를 구분하기가 매우 어렵다. 이런 이유로 파형으로 사운드를 표현하는 것은 그다지 유용한 방법이 아니며 스펙트럼과 시간에 따른 이것의 전개가 훨씬 더 유용하다.

어떤 면에서 가산 합성은 아주 오래된 아이디어이다. 전형적인 대성당이나 교회 오르간에는 음을 생성하는 파이프 세트를 결정하는 여러 개 임시 스위치가 있다. 이것의 효과는 일반적으로 옥타브와 5도가 혼합된 여러 개의 화음을 이루는 파이프를 활성화하는 단일 건반을 무력화하는 것이다. 하몬드 오르간(그림 8.5)과 같은 초기 전자 악기는 정확하게 같은 원리로 작동한다.

더 일반적으로, 가산 합성은 부분음이 주어진 기본음의 배수가 아닌 소리를 구성하는 데 사용할 수 있다. 그럼에도 불구하고 안정된 음으로 들리는 비주기적인 파형을 생성한다.

연습문제

1. 가산 합성을 사용해 순수 사인파에서 구형파를 구성하는 방법을 설명하라(힌트: 2.2절을 참조하라).
2. 정상 파형의 배음 성분의 위상이 소리를 인지하는 방식에 큰 영향을 미치지 않는 이유를 사람의 귀(1.2절)의 관점에서 설명하라.

그림 8.5 하몬드 B3 오르간

읽을거리

F. de Bernardinis, R. Roncella, R. Saletti, P. Terreni and G. Bertini, A new VLSI implementation of additive synthesis, *Computer Music Journal* **22** (3) (1998), 49–61.

8.4 물리적 모델링

물리적 모델링의 개념은 악기와 같은 물리적 시스템을 디지털 방식으로 모방하는 것이다. 요점을 설명하기 위해 간단한 예를 하나 소개한다. 3.2절에서 진동하는 현에 대한 파동방정식을 조사해 달랑베르의 일반 해를 구했다.

$$y = f(x + ct) + g(x - ct)$$

시간을 Δt 간격으로 양자화하면 $\Delta x = c\,\Delta t$ 간격으로 현을 따라 위치를 양자화하는 것이 바람직하다. 그러면 $n\,\Delta t$ 시점과 $m\,\Delta x$ 위치에서 y의 값은 다음으로 주어진다.

$$\begin{aligned} y &= f(m\Delta x + nc\Delta t) + g(m\Delta x - nc\Delta t) \\ &= f((m+n)c\Delta t) + g((m-n)c\Delta t) \end{aligned}$$

다음의 표기를 도입한다.

$$y^{-}(n) = f(nc\Delta t), \qquad y^{+}(n) = g(nc\Delta t)$$

그러면, y^{-}와 y^{+}는 각각 현의 왼쪽과 오른쪽으로 진행하는 파동을 표현한다. $n\,\Delta t$ 시점과 $m\,\Delta x$ 지점에서 다음이 된다.

$$y = y^{-}(m+n) + y^{+}(m-n)$$

이것은 그림 8.6과 같이 왼쪽과 오른쪽으로 진행하는 두 개의 지연 라인으로 표현할 수 있다.

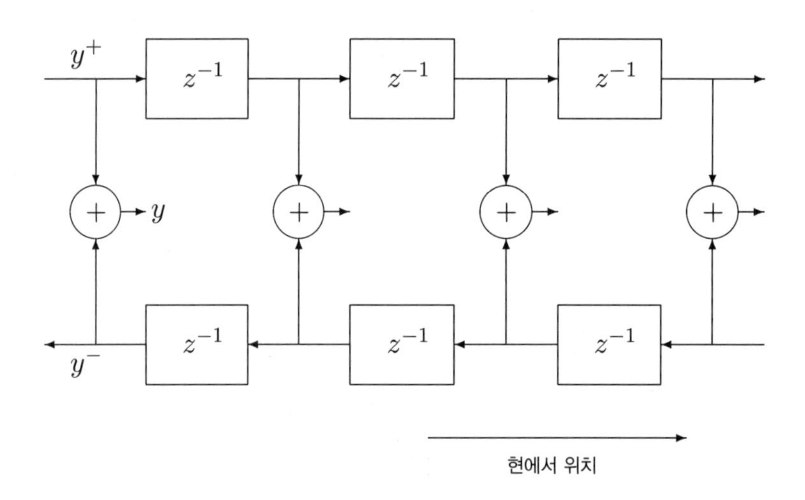

그림 8.6 지연 라인

현의 길이를 샘플 길이의 정수 배로 두는 것이 좋다. 그래서 $l = L\,\Delta x$라 둔다. 그러면 $x = 0$과 $x = l$에서 경계 조건(식 (3.2.3)과 (3.2.4)를 참조)은 다음이 된다.

$$y^{-}(n) = -y^{+}(-n)$$

그리고

$$y^+(n+2L) = y^+(n)$$

이것은 현의 끝에서 신호는 음수가 되면서 딜레이의 다른 쪽으로 전달되는 것을 의미한다. 그리고 초기에 뜯거나 때리는 것은 $t=0$에서 $0 \le n < 2L$에 대해 $y^-(n)$과 $y^+(n)$의 값을 설정하는 것이 된다.

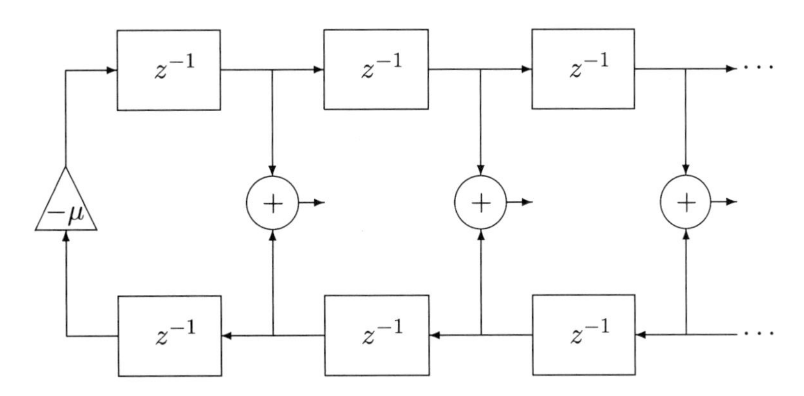

그림 8.7 에너지 손실이 있는 지연 라인

디지털 필터의 관점에서 생각해본다. y^+ 신호의 z 변환은 다음이다.

$$Y^+(z) = y^+(0) + y^+(1)z^{-1} + y^+(2)z^{-2} + \cdots$$

이것은 다음을 만족한다.

$$Y^+(z) = z^{-2L}Y^+(z) + (y^+(0) + y^+(1)z^{-1} + \cdots + y^+(2L-1))$$

즉,

$$Y^+(z) = \frac{y^+(0)z^{2L} + y^+(1)z^{2L-1} + \cdots + y^+(2L-1)z}{z^{2L}-1}$$

극점은 단위 원에 동일 간격으로 놓여진다. 그래서 공진 주파수는 N이 샘플 주파수일 때 $N/2L$의 정수 배이다. 극점이 실제로 단위 원상에 놓이므로, 공진 주파수는 감쇠하지 않는다.

현을 더욱 더 현실적으로 모델링하기 위해 한쪽 끝에 에너지 손실을 고려한다. 이것은 단지 음수를 전환하는 대신 $0<\mu\leq 1$을 만족하는 상수 계수 $-\mu$를 곱하는 것으로 나타낼 수 있다. 그림 8.7을 참조하라.

필터 분석에서 이 효과로 인해 극점이 약간 단위 원 안쪽으로 이동한다.

$$Y^{+}(z)=\frac{y^{+}(0)z^{2L}+y^{+}(1)z^{2L-1}+\cdots+y^{+}(2L-1)z}{z^{2L}-\mu}$$

극점의 위치의 절댓값은 모두 $|\mu|^{\frac{1}{2L}}$이다. 감쇠 시간은 식 (7.8.2)로 주어진다.

$$\text{감쇠 시간}=\frac{-2L}{N\ln|\mu|}$$

위의 모델은 감쇠 시간이 주파수와 무관하기 때문에 정교한 것이 아니다. 그러나 μ를 곱하는 것을 더 복잡한 디지털 필터로 대체해 쉽게 수정할 수 있다. 다음 절에서 이 아이디어에 대한 특정한 예를 소개한다. 또 다른 쉬운 수정은 각각의 끝에 있는 신호의 작은 배수를 다른 것의 끝에 추가해 두 개 이상의 스트링을 교차 결합하는 것이다. 공명판 모델을 추가하는 것은 그리 쉬운 일이 아니지만 불가능하진 않다.

읽을거리

Eric Ducasse, A physical model of a single-reed instrument, including actions of the layer, *Computer Music Journal* **27** (1) (2003), 59–70.

G. Essl, S. Serafin, P. R. Cook and J. O. Smith, Theory of banded waveguides, *Computer Music Journal* **28** (1) (2004), 37–50.

G. Essl, S. Serafin, P. R. Cook and J. O. Smith, Musical applications of banded waveguides, *Computer Music Journal* **28** (1) (2004), 51–62.

M. Laurson, C. Erkut, V. Välimäki and M. Kuuskankare, Methods for modeling realistic playing in acoustic guitar synthesis, *Computer Music Journal* **25** (3) (2001), 38–49.

Julius O. Smith III, Physical modeling using digital waveguides, *Computer Music Journal* **16** (4) (1992), 74–87.

Julius O. Smith III (1997), Acoustic modeling using digital waveguides, article 7 in Roads *et al.*, pages 221 - 263.

Vesa V₩alim₩ami, Mikael Laurson and Cumhur Erkut, Commuted waveguide synthesis of the clavichord, *Computer Music Journal* 27 (1) (2003), 71 - 82.

8.5 카르플루스-스트롱 알고리듬

카르플루스-스트롱 알고리듬은 뜯는 현악기나 타악기를 개발하는 데 매우 좋다. 기본 개념은 앞의 절에서 설명한 것을 수정해 디지털 지연 후에 평균 프로세스로 구성한다. $g(n\,\Delta t)$를 알고리듬이 생성하는 디지털 출력 신호의 n번째 샘플 값으로 둔다. 양의 정수 p로 딜레이를 나타내면, 다음의 점화식이 성립한다.

$$g(n\Delta t) = \tfrac{1}{2}(g((n-p)\Delta t) + g((n-p-1)\Delta t))$$

이것으로 처음 $p+1$번째 이후의 샘플 점의 신호를 정의한다. 점화식에 들어가는 처음 $p+1$번째 값을 일반적으로 무작위 알고리듬을 사용해 선택한 후에 피드백 회로가 시작된다. 이것은 범위 $0 \le n \le p$ 바깥에서 영이 되는 입력 신호 $f(n\,\Delta t)$로 표현된다. 그림 8.8을 참조하라.

계산 측면에서 이 알고리듬은 매우 우수하다. 각 샘플 점은 하나의 덧셈 연산을 요구한다. 반으로 나눈 것은 곱셈을 필요로 하지 않는다. 단지 이진수를 이동하면 된다.

이것을 디지털 필터로 간주해 알고리듬을 해석해보자. 7.8절에서 설명한 z 변환을 이용한다. $G(z)$를 신호 $g(n\,\Delta t)$의 z 변환, $F(z)$를 처음 $p+1$ 샘플 점의 신호 $f(n\,\Delta t)$의 z 변환으로 둔다. 다음을 얻는다.

$$G(z) = \tfrac{1}{2}(1+z^{-1})z^{-p}(F(z)+G(z))$$

그러므로

$$G(z) = \frac{z+1}{2z^{p+1}-z-1}\,F(z)$$

그래서 z 변환의 임펄스 반응은 $(z+1)/(2z^{p+1}-z-1)$이 된다. 극점은 다음 방정식의 해이다.

$$2z^{p+1} - z - 1 = 0$$

이것들은 단위 원 주의를 거의 같은 간격을 가지며 분포하고, 진폭은 1보다 조금 작다. 가장 작은 편각을 가지는 해는 진동의 기본음에 해당하며 편각은 거의 $2\pi/(p+\frac{1}{2})$이다. 조금 더 자세한 해석은 8.6절에서 설명한다.

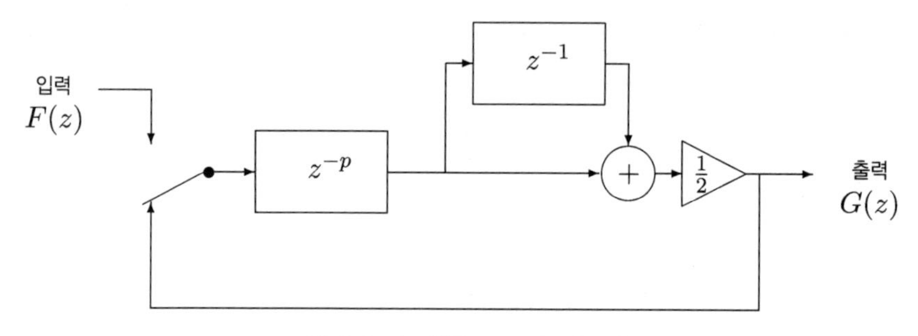

그림 8.8 카르플루스-스트롱 알고리듬

이것의 효과로 뜯은 현의 음높이는 다음의 공식으로 주어진다.

$$\text{음높이} = (\text{샘플 속도})/(P+\tfrac{1}{2})$$

p를 정수를 한정했으므로, 위의 식에서 샘플 속도가 일정할 때 가능한 음의 진동수는 한정된다. 새로운 초깃값을 도입하지 않고 p의 값을 바꾸면, 음표 사이의 붙임줄 또는 이음줄의 효과가 난다.

알고리듬을 조금 수정하면 드럼과 같은 소리를 만들 수 있다. b를 $0 \le b \le 1$에서 선택하고 다음을 정의한다.

$$g(n\Delta t) = \begin{cases} +\frac{1}{2}(g((n-p)\Delta t) + g((n-p-1)\Delta t) & \text{확률 } b, \\ -\frac{1}{2}(g((n-p)\Delta t) + g((n-p-1)\Delta t)) & \text{확률 } 1-b \end{cases}$$

매개변수 b를 블렌드 계수blend factor라 한다. $b=1$이면 원래의 뜯는 현의 소리이다. $b=\frac{1}{2}$이면 드럼 소리가 만들어진다. $b=0$이면 주파수가 배가 되며 단지 홀수 배음만 나온다. 이것은 흥미로운 소리이며 가장 높은 음에서 카르플루스와 스트롱이 뜯는 병plucked bottle 소리라고 언급한 소리가 만들어진다.

카르플루스와 스트롱이 설명한 다른 것은 그들이 감쇠 확장decay stretching이라 한 것이다.

여기에서 점화식은 다음이다.

$$g(n\Delta t) = \begin{cases} g((n-p)\Delta t) & \text{확률 } 1-\alpha, \\ \frac{1}{2}(g((n-p)\Delta t) + g((n-p-1)\Delta t)) & \text{확률 } \alpha \end{cases}$$

위의 식에서 확장 계수stretch factor는 $1/\alpha$이고 음높이는 다음으로 주어진다.

$$\text{음높이} = (\text{샘플 속도})/(P + \frac{\alpha}{2})$$

$\alpha = 0$이면 감쇠하지 않는 주기적인 신호가 생성되며, $\alpha = 1$이면 원래 알고리듬이 된다.

이 알고리듬에는 많은 변종이 있으며, 그들 중 많은 것들이 흥미로운 소리를 생성한다.

8.6 카르플루스-스트롱 알고리듬에 대한 필터 해석

카르플루스-스트롱 알고리듬을 가장 단순한 형태로 이해하려면 p가 양의 정수일 때 다항식 $2z^{p+1} - z - 1$의 해를 찾아야 한다는 것을 앞 절에서 설명했다. 이를 위해 방정식을 다음과 같이 표기한다.

$$2z^{p+\frac{1}{2}} = z^{\frac{1}{2}} + z^{-\frac{1}{2}}$$

z가 1에 가까운 절댓값을 가지므로, $z^{\frac{1}{2}} + z^{-\frac{1}{2}}$의 허수부는 매우 작을 것이다. 이런 허수부를 무시하면, 단위 원 주위에 있는 다항식의 n번째 근은 $2n\pi/(p + \frac{1}{2})$의 편각을 가질 것이다. 그래서 다음과 같이 표기한다.

$$z = (1 - \varepsilon)\mathrm{e}^{2n\pi\mathrm{i}/(p+\frac{1}{2})}$$

그리고 ε^2과 더 고차항을 무시하고 ε를 계산한다. 이러한 근사에서 벌써 n번째 극점에 대응하는 공진 주파수는 $nN/(p + \frac{1}{2})$가 된다. 여기에서 N는 샘플 주파수이다. 이것은 다른 공진 주파수는 기본 주파수 $N/(p + \frac{1}{2})$의 정수 배가 되는 것을 의미한다.

다음을 알 수 있다.

$$2z^{p+\frac{1}{2}} = 2(1 - \varepsilon)^{p+\frac{1}{2}} \approx 2 - 2\big(p + \tfrac{1}{2}\big)\varepsilon$$

그리고

$$\begin{aligned} z^{\frac{1}{2}} + z^{-\frac{1}{2}} &= (1-\varepsilon)^{\frac{1}{2}} \mathrm{e}^{n\pi \mathrm{i}/(p+\frac{1}{2})} + (1-\varepsilon)^{-\frac{1}{2}} \mathrm{e}^{-n\pi \mathrm{i}/(p+\frac{1}{2})} \\ &\approx \left(1 - \tfrac{1}{2}\varepsilon\right)\left(1 + \tfrac{1}{2}\mathrm{i}\left(\tfrac{2n\pi}{p+\frac{1}{2}}\right) - \tfrac{1}{8}\left(\tfrac{2n\pi}{p+\frac{1}{2}}\right)^2\right) \\ &\quad + \left(1 + \tfrac{1}{2}\varepsilon\right)\left(1 - \tfrac{1}{2}\mathrm{i}\left(\tfrac{2n\pi}{p+\frac{1}{2}}\right) - \tfrac{1}{8}\left(\tfrac{2n\pi}{p+\frac{1}{2}}\right)^2\right) \\ &\approx 2 - \left(\tfrac{n\pi}{p+\frac{1}{2}}\right)^2 + \tfrac{1}{2}\mathrm{i}\varepsilon\left(\tfrac{2n\pi}{p+\frac{1}{2}}\right) \end{aligned}$$

그래서 실수부를 비교하면 ε에 대한 근삿값을 구할 수 있다.

$$\varepsilon \approx \frac{n^2\pi^2}{2\left(p+\frac{1}{2}\right)^3}$$

$\ln(1-\varepsilon) \approx -\varepsilon$를 사용하면 식 (7.8.2)는 다음이 된다.

$$\text{감쇠 시간} \approx \frac{2\left(p+\frac{1}{2}\right)^3}{Nn^2\pi^2}$$

여기에서 N은 샘플 속도이다. 이것은 낮은 배음이 높은 배음에 비해 느리게 감쇠하는 것을 의미하며 일반적으로 뜯는 현의 소리와 일치한다.

읽을거리

D. A. Jaffe and J. O. Smith III, Extensions of the Karplus–Strong plucked string algorithm, *Computer Music Journal* **7** (2) (1983), 56–69. Reprinted in Roads (1989), 481–494.

M. Karjalainen, V. Välimäki and T. Tolonen, Plucked–string models: from the Karplus–Strong algorithm to digital waveguides and beyond, *Computer Music Journal* **22** (3) (1998), 17–32.

K. Karplus and A. Strong, Digital synthesis of plucked string and drum timbres, *Computer Music Journal* **7** (2) (1983), 43–55. Reprinted in Roads (1989), 467–479.

F. Richard Moore (1990), *Elements of Computer Music*, page 279.

Curtis Roads (1996), *The Computer Music Tutorial*, page 293.

C. Sullivan, Extending the Karplus–Strong plucked-string algorithm to synthesize electric guitar timbres with distortion and feedback, *Computer Music Journal* **14** (3), 26–37.

8.7 진폭 변조와 주파수 변조

진폭변조와 주파수 변조는 쉽게 라디오 주파수(AM과 FM 라디오)에서 오디오 신호를 전달하는 방법이다. AM 라디오의 경우, 반송파[搬送波, carrier signal] 주파수는 일반적으로 500~2000KHz 범위이며 전달하려는 신호의 주파수보다 훨씬 높다. 전달하려는 신호를 반송파의 진폭으로 인코딩한다. 예를 들어 440Hz의 사인파로 변조된 700KHz 반송파 신호는 다음의 함수로 표현된다.

$$x = (A + B\sin(880\pi t))\sin(1400\,000\pi t)$$

여기서 A는 파형의 양수 및 음수 값을 모두 디코딩할 수 있는 오프셋이다. 그림 8.9를 참조하라.

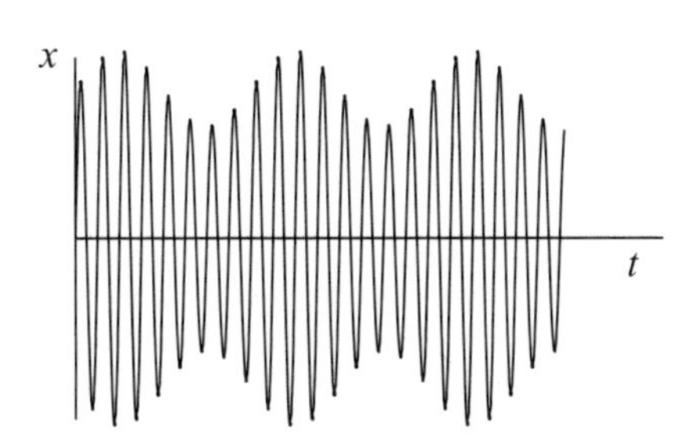

그림 8.9 진폭 변조

받은 신호를 디코딩하는 것은 쉽다. 다이오드[diode]를 사용해 양의 신호만 통과시킨 후에 커패시터[capacitor]를 사용해 신호를 매끈하게 해 고주파의 반송파를 제거한다. 결과로 얻은 오디오 신호를 증폭해 스피커로 보낸다.

주파수 변조의 경우에는, 반송파가 대략 90~120 MHz인데, 전송되는 신호와 비교하면 매우 더 크다. 전송되는 신호는 반송파의 주파수 변화에 인코딩된다. 예를 들어, 100MHz의 반송파가 440Hz의 사인파로 변조된 것을 다음의 함수로 표현할 수 있다.

$$x = A\sin(10^8.2\pi t + B\sin(880\pi t))$$

진폭 A는 반송파와 연관된 것이고 진폭 B는 오디오 파동과 연관된 것이다. 일반적으로 $x = f(t)$로 표현된 오디오 파동이 주파수 ν, 진폭 A인 반송파로 전달되는 것은 다음으로 표현된다.

$$x = A\sin(2\pi\nu t + Bf(t))$$

그림 8.10을 참조하라.

주파수 변조 신호를 디코딩하는 것은 진폭 변조 신호의 경우보다 더 어려워서 여기서는 설명하지 않는다. 그러나 주파수 변조의 가장 큰 장점은 노이즈에 강해서 보다 더 깨끗한 음질을 얻을 수 있다.

합성 이론에서 진폭 변조의 예는 링 변조ring modulation이다. 링 변조는 두 개의 입력을 받고 출력은 입력의 부분음의 합과 차의 주파수를 가진다. 이것은 주로 배음이 아닌 부분음을 가지는 파형을 생성할 때 사용해, 메탈이나 벨같은 음색을 낸다. 합과 차의 주파수를 구성하는 방법은 입력 신호를 곱하는 것이다. 식 (1.8.4), (1.8.7), (1.8.8)이 이런 원리를 보여준다. '링 변조'의 어원은 입력의 양과 음의 진폭을 다뤄 원하는 출력을 내기 위해 네 개의 다이오드를 링과 같이 연결하는 데서 나왔다.

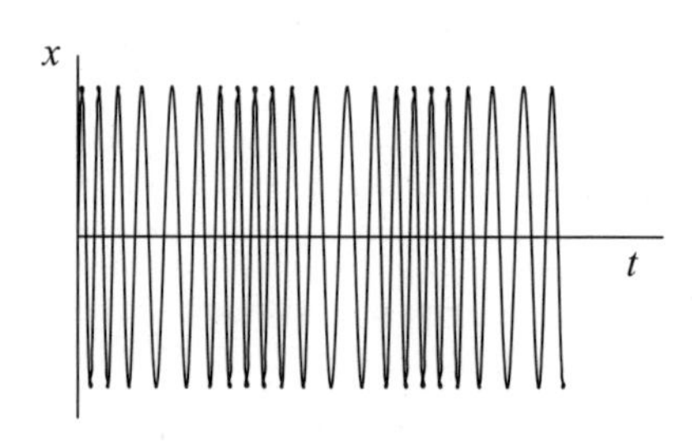

그림 8.10 주파수 변조

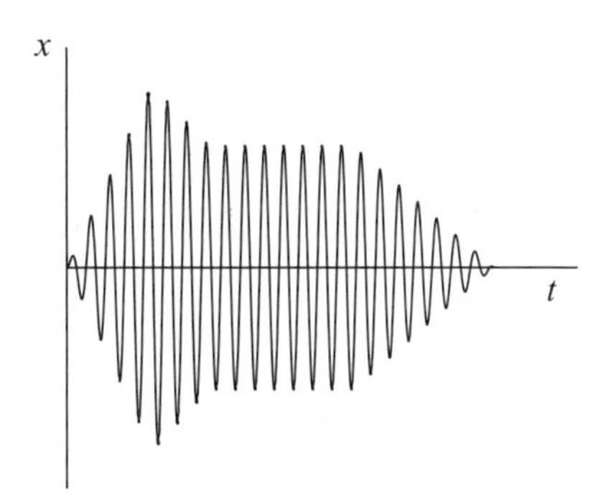

그림 8.11 포락선을 이용한 진폭 변조

진폭 변조의 또 다른 예는 8.2절에서 설명한 포락선의 응용이다. 파형을 포락선으로 표현된 함수를 이용해 곱하는 것이다. 그림 8.11을 참조하라.

합성 이론에서 가장 큰 진전은 1960년대 후반에 존 차우닝(그림 8.12)이 가산 합성 대신에 주파수 변조를 개발한 것이다.

FM[Frequency Modulation] 합성의 기본 아이디어는 FM 라디오와 유사하다. 그러나 반송파와 신호 모두 오디오 영역을 사용하며 일반적으로 작은 유리수 비율을 가진다. 예로서, 440Hz의 반송파와 440Hz 변조기는 다음 함수로 표현된다.

$$x = A \sin(880\pi t + B \sin(880\pi t))$$

결과로 얻은 파동은 여전히 주파수 440Hz의 주기함수이지만 순수 사인파에 비해 풍부한 배음 스펙트럼을 갖는다. B의 값이 작으면, 파동은 그림 8.13과 같이 거의 순순 사인파이지만 B의 값이 커지면 배음이 점점 더 풍부해진다(그림 8.14, 그림 8.15).

그림 8.12 존 차우닝

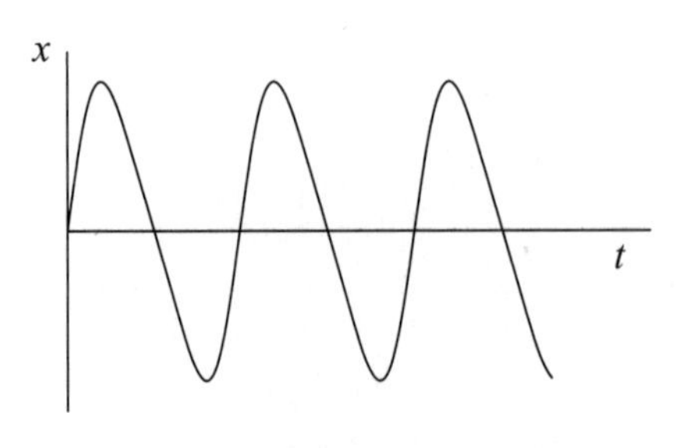

그림 8.13

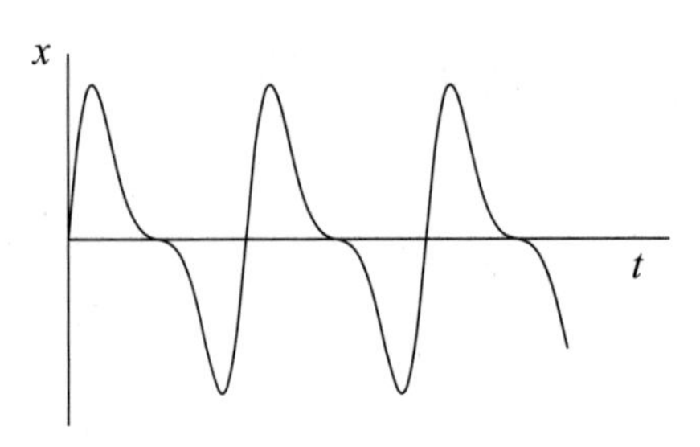

그림 8.14

이로써 간단하게 오디오 신호를 풍부한 배음을 가지도록 만들 수 있다. 가산 합성으로 이런 파동을 합성하는 것은 매우 어려운 일이다.

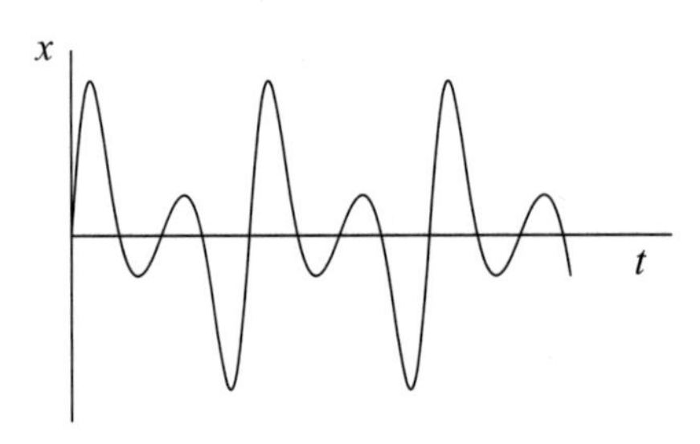

그림 8.15

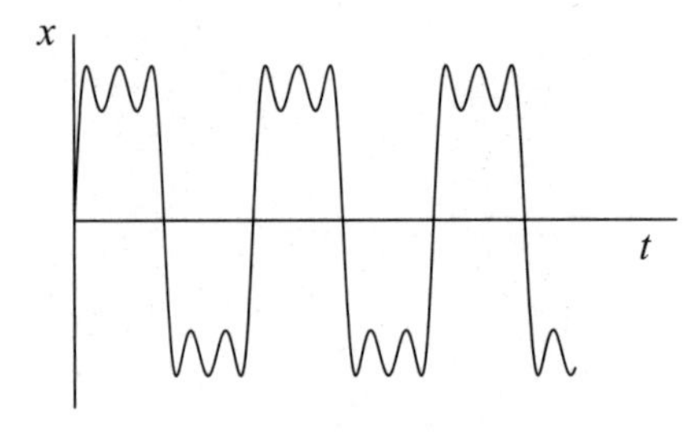

그림 8.16

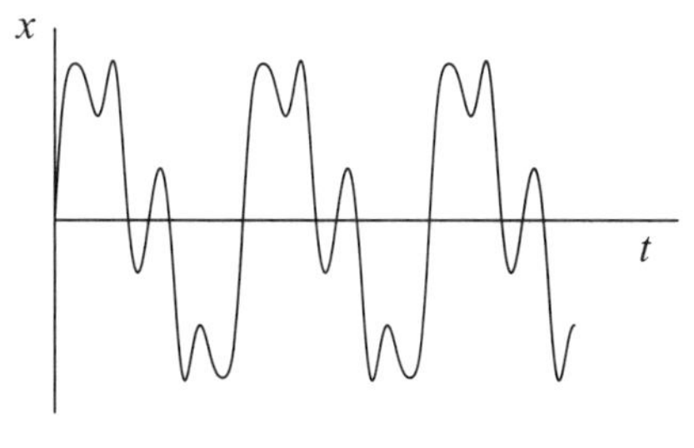

그림 8.17

그림 8.16과 그림 8.17은 주파수 변조 파동의 예를 보여준다. 8.16에서는 변조 주파수가 반송 주파수의 두 배이며 8.17에서는 세 배이다.

다음 절에서는 주파수 변조 신호에 대한 푸리에 변환을 논의한다. 푸리에 계수는 베셀 함수가 되며, 이것에 대한 기초 이론을 2.8절에서 설명했다. 베셀 함수를 주파수 변조 신호의 진폭으로 해석할 수 있는 것을 보게 될 것이다.

8.8 야마하 DX7와 FM 합성

1983년 가을에 나온 야마하 DX7(그림 8.18)은 상업적으로 이용 가능한 최초의 저렴한 디지털 신시사이저였다. 이 악기는 1970년대에 존 차우닝과 야마하 사의 오랜 협력의 결실이었다. 6개의 구성 가능한 '연산자'를 가진 FM 합성으로 작동한다. 연산자는 주파수 변조된 사인파를 출력으로 생성한다. 사인파의 주파수는 변조 입력 레벨에 의해 결정되고 포락선은 다른 입력에 의해 결정된다. 이 방법의 가장 큰 장점은 연산자의 출력을 다른 연산자의 변조 입력에 연결할 수 있다. 이 절에서는 야마하 DX7을 통해 FM 합성을 자세히 조사한다. 대부분의 논의는 다른 FM 신시사이저에도 적용할 수 있다. 나중에 8.11–8.12절에서 CSound 컴퓨터 음악 언어를 사용해 FM 합성을 살펴볼 것이다.

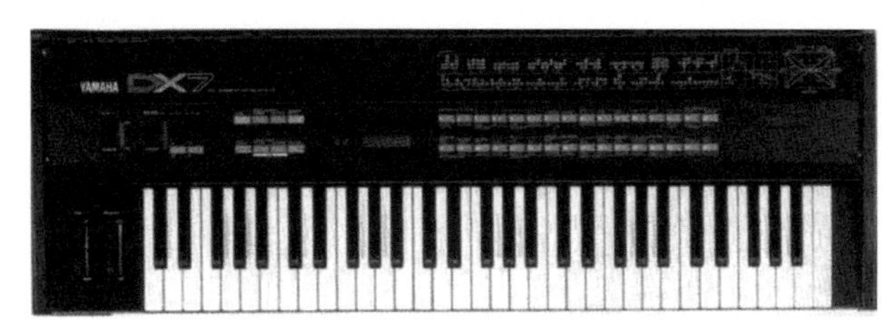

그림 8.18 야마하 DX7

DX7은 가장 간단한 방법으로 사인 함수를 계산한다. 함수값을 표로 가지고 있다. 이런 방법이 함수를 계산하기 위해 생각할 수 있는 다른 어떤 공식보다 훨씬 빠르지만 표를 위해 메모리를 사용해야 하는 추가 비용이 든다.

다음 형태를 가지는 주파수 변조 신호를 우선 생각한다.

$$\sin(\omega_c t + I \sin \omega_m t) \tag{8.8.1}$$

여기에서 $\omega_c = 2\pi f_c$이며 f_c는 반송파의 주파수이고, $\omega_m = 2\pi f_m$이며 f_m은 변조 주파수이다. I는 변조의 첨자이다.

우선 변조의 첨자 I와 신호의 최대 주파수 차이 d와 변조 파동의 주파수 f_m의 관계를 설명한다. 이를 위해 특정 시점에서 변조 신호를 선형 근사하고 근사가 유효한 범위에서 이것을 이용해 순간 주파수를 결정한다. $\sin \omega_m t$가 최대 또는 최소일 때, 즉 t에 대한 미분이 영일 때 선형 근사는 상수가 된다. 이것은 변조된 신호에서 위상 전이의 역할을 한다. 그래서 이런 점에서 주파수는 f_c가 된다. $\sin \omega_t$가 가장 빨리 변하는 점에서 최대 주파수 변이가 발생한다. n이 정수일 때, $\omega_m t = 2n\pi$인 점에서 함수가 가장 빨리 증가한다. t에 대한 $\sin \omega_m t$의 미분이 $\omega_m \cos \omega_m t$이며, 이런 t에 대해서 값 ω_m을 가진다. 이런 t의 값 주의의 선형 근사는 $\sin \omega_m t \simeq \omega_m t - 2n\pi$이다. 그러므로 함수 (8.8.1)은 다음 근사를 가진다.

$$\sin(\omega_c t + I\omega_m(t - 2\pi)) = \sin((\omega_c + I\omega_m)t - 2\pi I \omega_m)$$

결국, 순간 주파수는 $f_c + I f_m$이 된다. 비슷하게 정수 n에 대해서 $\omega_m t = (2n+1)\pi$일 때 $\sin \omega_m t$는 가장 빨리 감소한다. 비슷한 계산으로 순간 주파수는 $f_c - I f_m$이 되는 것을 알 수 있다. 결국 주파수의 최대 차이는 다음으로 주어진다.

$$d = I f_m \tag{8.8.2}$$

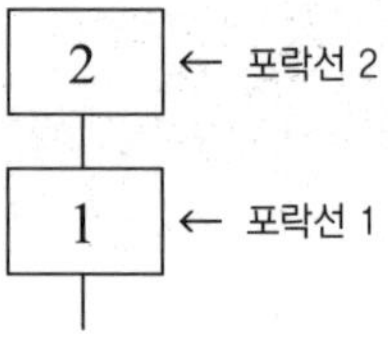

2 ← 포락선 2

1 ← 포락선 1

그림 8.19 블록 다이어그램

(8.8.1) 형태의 함수에 대한 푸리에 급수는 베셀 함수를 이용해 2.8절에서 분석했다.

식 (2.8.9)에서 $\phi=\omega_{\mathrm{c}}t$, $z=I$, $\theta=\omega_{\mathrm{m}}t$를 대입하면, 주파수 변조의 기본 방정식을 얻는다.

$$\sin(\omega_{\mathrm{c}}t+I\sin\omega_{\mathrm{m}}t)=\sum_{n=-\infty}^{\infty}J_n(I)\sin(\omega_{\mathrm{c}}+n\omega_{\mathrm{m}})t \tag{8.8.3}$$

이 식을 반송 주파수 f_{c}, 변조 주파수 f_{m}을 가지는 주파수 변조 신호에서 변조된 신호의 주파수는 $f_{\mathrm{c}}+nf_{\mathrm{m}}$이 되는 것으로 해석할 수 있다. n이 양의 값뿐만 아니라 음의 값 또한 가질 수 있는 것에 주의해야 한다. 주파수 $f_{\mathrm{c}}+nf_{\mathrm{m}}$를 가지는 성분을 신호의 n번 측파대[側波帶, sideband]라 한다. 그러므로 베셀 함수 $J_n(I)$는 n번째 측파대의 진폭을 변조 첨자로 표현한 것이다. 이런 방식으로 사인파를 주파수 변조하는 DX7의 블록 다이어그램을 그림 8.19에 나타냈다.

'1'로 표기한 것은 반송 신호를 생성하는 연산자를 나타내고, '2'로 표기한 것은 변조 신호를 생성하는 연산자를 나타낸다.

각 연산자는 시간이 지남에 따라 진폭이 어떻게 진행되는가를 결정하는 고유한 포락선을 가지고 있다. 따라서 포락선 1은 최종 신호의 진폭이 시간에 따라 어떻게 변하는지를 결정하지만 포락선 2가 무엇을 결정하는지는 명확하지 않다. 연산자 2의 출력은 주파수 변조 연산자 1이므로 출력의 진폭은 변조의 첨자 I로 해석할 수 있다. I가 작으면, $J_0(I)$는 다른 $J_n(I)$보다 훨씬 크므로(2.8절의 그래프 참조) 연산자 1은 다른 주파수는 매우 작은 진폭을 가지는 거의 순수 사인파에 가까운 출력을 생성한다. 그러나 I 값이 클수록 연산자 1의 출력 스펙트럼은 배음이 풍부해진다. I의 특정 값에 대해 n이 커질수록 진폭 $J_n(I)$은 결국 0이 되는 경향이 있다. 그러나 중요한 것은 작은 I 값이 더 큰 I 값보다 더 빠르게 이런 일이 발생하므로 배음 스펙트럼은 I 값이 작을수록 더 순수한 음이 되고 I 값이 클수록 더 풍부한 음이 된다. 따라서 포락선 2는 연산자 1의 출력 음색을 제어한다. 그림 8.20을 참조하라.

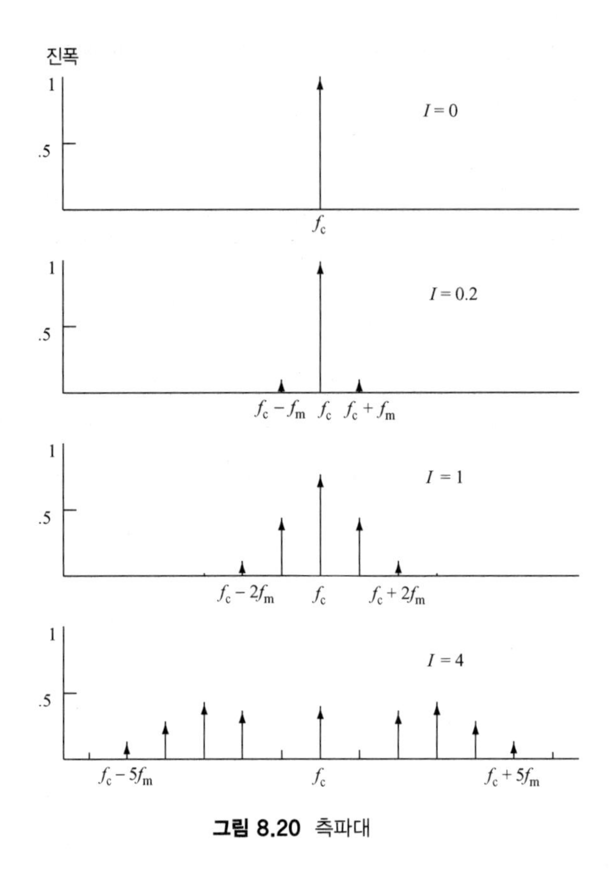

그림 8.20 측파대

보기

3ν의 반송 주파수와 2ν의 변조 주파수를 가정한다. 그러면 0번째 측파대는 주파수 3ν, 첫 번째 5ν, 두 번째 7ν의 주파수를 갖는다. 그러나 음수 값을 가지는 n에 해당하는 측파대도 있다. 음의 첫 번째 측파대는 주파수 ν를 갖는다. 그러나 다음 측파대가 음의 주파수 $-\nu$를 갖는다고 그만둘 이유는 없다. 중요한 것은 주파수 $-\nu$의 사인파는 주파수 ν의 사인파와 동일하지만 진폭이 음이 된다는 것이다. 따라서 음의 주파수를 가진 측파대가 반사됐을 때 대응하는 양의 주파수를 만든다고 생각하는 것이 좋다.

또한 이 예에서 $3 + 2n$은 항상 홀수이므로 결과로 얻은 주파수 스펙트럼에는 ν의 홀수 배수만 나타나는 것에 주의하라. 일반적으로, 주파수 스펙트럼은 f_m과 f_c의 비율에 따라 흥미롭게 달라진다.

이 비율이 작은 정수의 비율이면 결과로 얻은 주파수 스펙트럼은 기본 주파수의 배수로 구성된다. 그렇지 않으면 스펙트럼은 불협inharmonic이 된다.

이 예에서 다양한 I 값에 대한 스펙트럼을 계산해본다. 먼저 $I = 0.2$와 같은 작은 값을 사용한다. 먼저, $J_0(I) \approx 0.990$, $J_1(I) \approx 0.0995$, $J_2(I) \approx 00050$이고 $n \geq 3$이며 $J_n(I)$은 무시할 정도로 작은 값이 된다. 식 (2.8.4) ($J_{-n}(I) = (-1)^n J_n(I)$)를 사용하면, $J_{-1}(I) \approx -0.0995$, $J_{-2}(I) \approx 0.0050$이며 $n \geq 3$이면 $J_{-n}(I)$는 무시할 정도로 작은 값이 된다. 그래서 주파수 변조된 신호는 근사적으로 다음이 된다.

$$\begin{aligned} 0.0050 \sin(2\pi(-\nu)t) - 0.0995 \sin(2\pi \nu t) + 0.9900 \sin(2\pi (3\nu)t) \\ + 0.0995 \sin(2\pi (5\nu)t) + 0.0050 \sin(2\pi (7\nu)t) \end{aligned}$$

$\sin(-x) = -\sin(x)$이므로, 위의 식은 다음과 같다.

$$-0.1045 \sin(2\pi \nu t) + 0.9900 \sin(6\pi \nu t) + 0.0995 \sin(10\pi \nu t) + 0.0050 \sin(14\pi \nu t)$$

이것은 기본 주파수 ν를 가지는 음으로 인식되겠지만, 강한 삼배음을 가진다.

같은 계산을 I가 큰 경우에 대해서 수행한다. $I = 3$으로 둔다. 그러면 $J_0(I) \approx -0.2601$ ...이며 $n \geq 8$이 돼서야 $J_n(I)$의 값을 무시할 수 있다. 결국, 결과로 얻는 주파수 변조 신호의 배음 스펙트럼은 보다 더 풍부해진다. 처음 몇 개의 항을 다음에 나타낸다.

$$\begin{aligned} -0.0430 \sin(2\pi(-7\nu)t) + 0.1320 \sin(2\pi(-5\nu)t) - 0.3091 \sin(2\pi(-3\nu)t) \\ + 0.4861 \sin(2\pi(-\nu)t) - 0.3991 \sin(2\pi \nu t) - 0.2601 \sin(2\pi(3\nu)t) \\ + 0.3391 \sin(2\pi(5\nu)t) + 0.4861 \sin(2\pi(7\nu)t) \end{aligned}$$

이것은 다음과 같다.

$$-0.8852 \sin(2\pi \nu t) + 0.0490 \sin(6\pi \nu t) + 0.2071 \sin(10\pi \nu t) + 0.5291 \sin(14\pi \nu t)$$

그러나 이보다 더 배음인 17배음($3 + 2 \times 7 = 17$)까지 꽤 큰 크기를 가지는 것이 분명하며, 거기서부터 감쇠하기 시작한다. 결국, 결과로 얻은 음은 매우 풍부한 배음을 가진다. 또한 3배음의 진폭이 작아지도록 고의적으로 I값을 선택한 것에도 주의하라.

예를 들어, 연산자 2에 0에서 시작해 시작 근처에서 정점에 도달한 다음 0으로 끝나는 포락선이 할당됐다고 가정한다.

그러면 결과로 얻게 되는 변조된 신호는 순수한 사인파로 시작해 상당히 빠르게 풍부한 고조파 스펙트럼에 도달한 다음 다시 꽤 순수한 사인파로 끝난다. 2개의 연산자로 구현할 수 있는 가능성은 상당히 넓다는 것을 쉽게 알 수 있다.

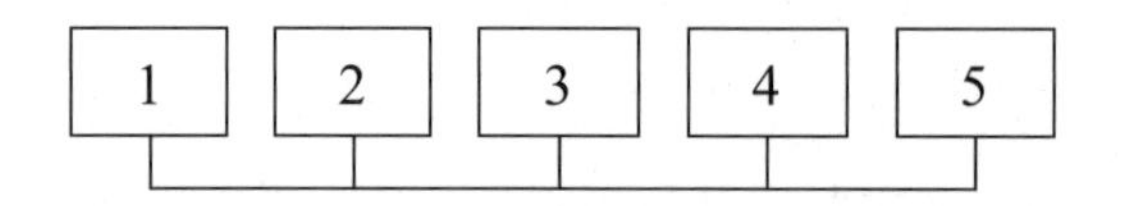

그림 8.21 5가지 구성 요소를 갖는 블록 다이어그램

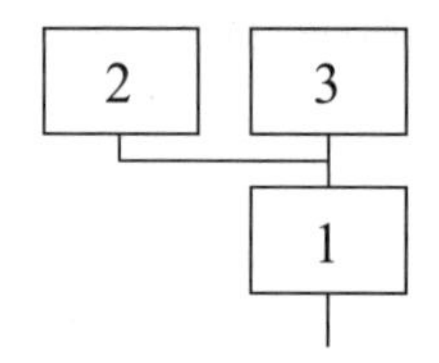

그림 8.22 추가된 주파수에 대한 블록 다이어그램

블록 다이어그램 측면에서 사인파 5개 성분이 있는 파형에 대한 가산 합성은 그림 8.21과 같이 표시된다. 따라서 위의 예에서 해당 음을 가산 합성하려면 수많은 오실레이터가 필요하다. 정확한 숫자는 가청 컷오프가 발생하는 위치에 따라 다르다.

DX7은 가산과 FM 구성 요소를 혼합하는 다양한 구성 또는 '알고리듬'을 가지고 있다. 예를 들어, 서로 다른 주파수의 두 정현파를 더하고 그 결과를 다른 정현파를 변조하는 데 사용하는 경우 블록 다이어그램은 그림 8.22와 같다.

2와 3으로 표시한 오실레이터는 가산돼 오실레이터 1을 변조하는 데 사용한다. 대응하는 파형은 다음으로 주어진다.

$$\sin(\omega_1 t + I_2 \sin \omega_2 t + I_3 \sin \omega_3 t)$$
$$= \sum_{n_2=-\infty}^{\infty} \sum_{n_3=-\infty}^{\infty} J_{n_2}(I_2) J_{n_3}(I_3) \sin(\omega_1 + n_2\omega_2 + n_3\omega_3)t$$

따라서 반송 주파수에 두 변조 주파수의 양수와 음수 배수를 가능한 모든 방법을 더한 주파수를 측대파가 갖는다. 이러한 측파대의 진폭은 베셀 함수의 해당 값을 곱해 얻는다. 그림 8.23을 참조하라.

또 다른 가능한 구성은 변조 신호 또한 변조되는 캐스케이드cascade이다. 이것은 이전 논의를 확장해 단일 사인파를 변조하는 더 많은 수의 사인파를 추가한 것과 동일한 것으로 생각해야 한다. 이 구성에 대한 블록 다이어그램은 그림 8.24에 나와 있다.

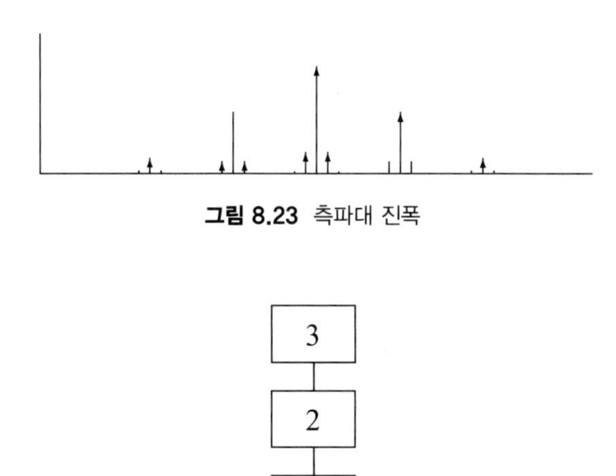

그림 8.23 측파대 진폭

그림 8.24 캐스케이드의 블록 다이어그램

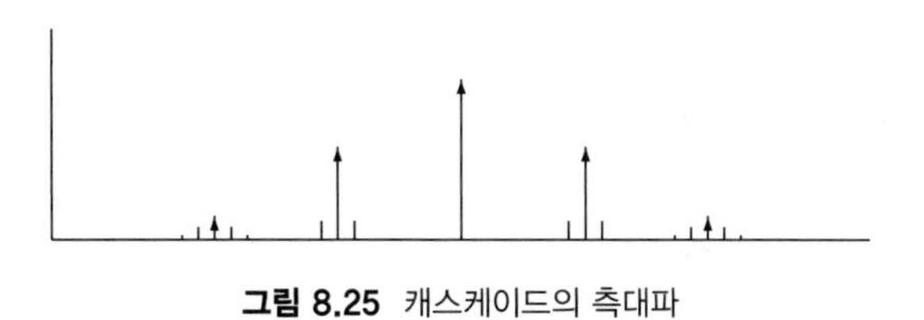

그림 8.25 캐스케이드의 측대파

식 (8.8.3)을 자기 자신에게 대입하면 대응하는 공식을 얻을 수 있다.

$$\begin{aligned}\sin(\omega_1 t + I_2 \sin(\omega_2 t + I_3 \sin \omega_3 t)) \\ &= \sum_{n_2=-\infty}^{\infty} J_{n_2}(I_2) \sin(\omega_1 t + n_2\omega_2 t + n_2 I_3 \sin \omega_3 t) \\ &= \sum_{n_2=-\infty}^{\infty} \sum_{n_3=-\infty}^{\infty} J_{n_2}(I_2) J_{n_3}(n_2 I_3) \sin(\omega_1 + n_2\omega_2 + n_3\omega_3)t\end{aligned}$$

여기에서 하첨자 2와 3은 다이어그램에서 오실레이터 번호를 나타낸다. 다시 한 번 더, 측파대의 주파수는 반송 주파수에 두 변조 주파수의 양수와 음수 배수의 가능한 모든 방법의 덧셈으로 얻을 수 있다. 그러나 이번에는 측파대의 진폭이 더 복잡한 공식 $J_{n_2}(I_2)$ $J_{n_3}(n_2I_3)$으로 주어진다. 이것의 효과는 두 번째 연산자의 측파대 수가 세 번째 연산자의 변조 첨자의 크기를 조정하는 데 사용된다는 것이다. 특히, 원래 주파수에는 세 번째 연산자에 해당하는 측대역이 없으며 두 번째 연산자의 원격 측대역이 많을수록 더 많이 변조된다. 그림 8.25를 참조하라.

연습문제

다음으로 주어지는 주파수 변조 파동의 주파수 성분을 구하라.

$$y = \sin(440(2\pi t) + \tfrac{1}{10}\sin 660(2\pi t))$$

주파수 성분이 가장 강한것에서 최소 100dB 감쇠되는 것까지 구하라.

전력은 진폭의 제곱에 비례한다는 것에 주의하면 진폭을 10으로 나누는 것은 20dB정도 신호를 감쇠시킨다.

8.9 피드백 또는 자기 변조

FM 합성의 마지막 변형은 피드백 즉, 자기 변조이다. 이것은 오실레이터의 출력을 다시 동일한 오실레이터의 입력을 변조하는 데 사용한다. 다음의 블록 다이어그램으로 나타낼 수 있다.

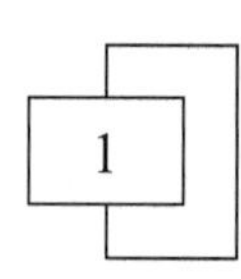

해당 방정식은 다음과 같다.

$$f(t) = \sin(\omega_c t + If(t)) \qquad (8.9.1)$$

2.11절에서 이 방정식은 $|I| \leq 1$을 만족하면 유일한 해가 있는 것을 봤다. 그리고 이것은 t에 대한 주기함수이다. 식 (2.11.4)로 주어지는 푸리에 급수는 다음이다.

$$f(t) = \sum_{n=1}^{\infty} \frac{2J_n(nI)}{nI} \sin(n\omega_c t)$$

$|I| > 1$을 만족하는 I의 값에 대해, 식 (8.9.1)은 단일 값의 연속함수가 되지 않는다(2.11절 참조). 그러나 $f(t)$의 앞의 값을 이용해 다음 값을 정의하는 점화식 형태로 의미를 가진다.

$$f(t) = \sin(\omega_c t + If(t)) \tag{8.9.2}$$

여기에서, t_n는 n번째 샘플 시간이며 샘플 시간을 일반적으로 균등한 간격을 가진다. 이 방정식의 효과는 직관적으로 자명하지는 않다. 기대할 수 있는 것은 이 함수의 그래프가 식 (8.9.1)의 유일 해와 비슷할 것이다. 유일하지 않은 경우에는 최대한 같은 분지branch에 따라 움직이다가 갑자기 다른 분지로 점프하게 된다. 그러나 간과하기 쉬운 특징은 $f(t)$의 작은 값에 대해 지연된 불안정이 존재한다는 것이다. 그림 8.26은 식 (8.9.1)의 해와 (8.9.2)를 같이 나타낸 것이다.

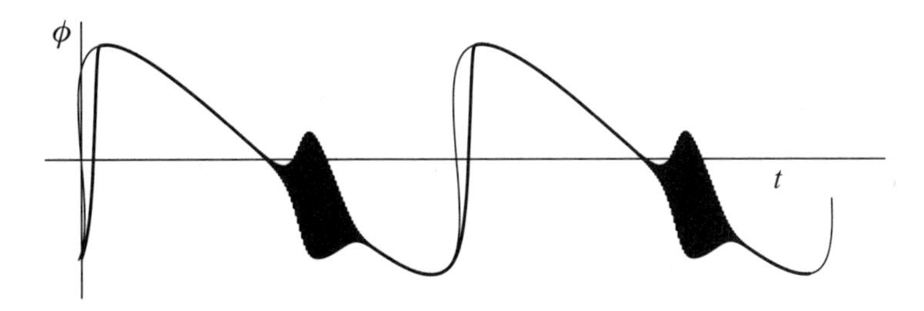

그림 8.26 식 (8.9.1)의 해와 (8.9.2)

불안정의 효과로 파속波束, wave packet이 발생한다. 파속의 주파수는 대략 샘플 주파수의 반 정도가 된다. 일반적으로 샘플 주파수는 충분히 높아서 효과가 귀에 들리지 않지만, 나이퀴스트 주파수 아래를 유지하기 위해 로우 패스 필터를 사용하는 것이 바람직하다.

두 개 또는 그 이상의 오실레이터에 대한 피드백 또한 사용한다. 이것을 수학적으로 분석하는 것은 매우 어렵고, 결과를 일반적으로 '잡음'으로 인식한다. 슬레이터Slater(367페이지 읽을거리 참조)에 따르면 변조 색인이 증가하면 각기 다른 주파수를 변조하는 두 개의

FM 발진기의 동작은 카오스chaos의 특징인 분기bifurcation 현상을 나타낸다. 이 주제는 아직 더 연구가 필요하다.

DX7에는 총 6개의 오실레이터가 있다. 패치[1]를 설계하는 과정은 먼저 이런 오실레이터에 대한 32개의 주어진 구성, 즉 '알고리듬' 중 하나를 선택한다. 각 오실레이터는 패치의 매개변수가 결정하는 포락선이 제공되므로 각 오실레이터의 출력 진폭은 선택한 방식으로 시간에 따라 변한다. 그림 8.27은 32개의 사용 가능한 알고리듬에 대한 표이다.

주어진 패치에서 모든 연산자를 사용할 필요는 없다. 사용하지 않는 연산자는 그냥 끌 수 있다. 출력 레벨은 0–99 범위의 정수이다. 변조 첨자는 출력 레벨의 선형 함수가 아니며 대략적인 지수 관계가 되는 복잡한 관계이다. 다양한 FM 신시사이저에 대한 이러한 관계를 보여주는 표는 부록 B에서 찾을 수 있다.

이제 인식 가능한 다양한 종류의 소리를 생성하기 위해 FM 합성을 사용하는 방법에 대해 논의한다. 트럼펫과 같은 금관악기처럼 들리려면 음의 맨 처음이 거의 순수한 사인파여야 한다. 그런 다음 배음 스펙트럼은 매우 빨리 풍성해져서 적절한 방법으로 정상 스펙트럼을 초과하고 다시 합리적으로 풍성한 스펙트럼으로 돌아간다. 음이 멈추면 스펙트럼은 순수한 음으로 빠르게 감쇠한 다음 완전히 사라진다. 이 효과는 하나가 다른 하나를 변조하는 두 개의 연산자를 사용해 FM 합성으로 만들 수 있다. 변조 연산자에는 그림 8.2와 같은 포락선이 제공된다. 반송파 연산자도 진폭을 제어하기 위해 유사한 포락선을 사용한다.

1 야마하는 좀 더 일반적인 '패치' 대신 비표준 용어인 '음성'을 사용한다.

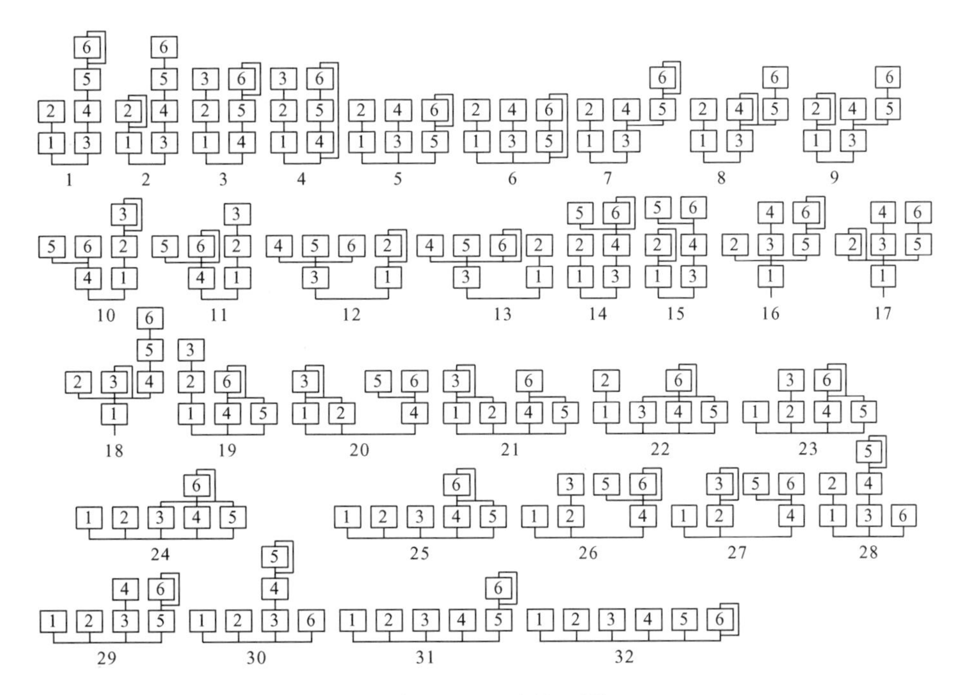

그림 8.27 DX7의 알고리듬

다음으로 플루트와 같은 목관악기와 오르간 파이프에 대해 논의한다. 음표의 시작 부분에서 어택 단계에서는 더 높은 배음이 우세하다. 그런 다음 정상 상태에서 기본이 우세하고 더 높은 배음은 그다지 강하지 않을 때까지 진폭이 감소한다. 이것은 변조 연산자가 그림 8.2와 같은 포락선이 거꾸로 보이도록 하거나 반송 주파수를 변조 주파수의 작은 정수 배로 만들어 변조 첨자의 작은 값에 대해서 더 높은 주파수가 지배적이 되도록 해 구현할 수 있다. 어떤 경우든 변조 연산자의 감쇠 단계는 보다 사실적인 음을 위해 생략해야 한다. 클라리넷과 같은 일부 목관 악기의 경우 홀수 배음이 우세하게 존재하는지 확인해야 한다. 이것은 앞의 보기에서와 같이 $f_c = 3f$와 $f_m = 2f$와 같은 아이디어를 변형해 구현할 수 있다.

타악기 소리는 매우 날카로운 어택을 갖고 대략 지수적으로 감쇠한다. 따라서 $x = e^{-t}$의 그래프와 같은 포락선이 진폭에 적합하다.

일반적으로 타악기는 비협음 스펙트럼을 가지므로 f_c와 f_m이 작은 정수의 비율로 표현할 수 없는 비율인지 확인해야 한다. 6.2절의 연습문제 1에서, 황금 비율이 적절한 의미에서 작은 정수 비율로 근사하기 어려운 숫자라는 것을 봤으므로 이것을 비협음으로 인식되는 스펙트럼을 생성하는 데 사용하면 좋다. 또는 3.6절의 분석을 이용해 실제 드럼의 주파수 스펙트럼을 사용할 수 있다.

8.10절과 그 뒷부분은 공개 컴퓨터 음악 언어인 CSound를 소개한다. 여기서의 목표는 위에서 설명한 FM 합성의 연산자 두 개를 실제로 구현하는 것이다.

읽을거리

J. Bate, The effect of modulator phase on timbres in FM synthesis, *Computer Music Journal* **14** (3) (1990), 38–45.

John Chowning, The synthesis of complex audio spectra by means of frequency modulation, *J. Audio Engineering Society* **21** (7) (1973), 526–534. Reprinted as Chapter 1 of Roads and Strawn (1985), pages 6–29.

John Chowning, Frequency modulation synthesis of the singing voice, in Mathews and Pierce (1989), Chapter 6, pages 57–63.

John Chowning and David Bristow (1986), *FM Theory and Applications*.

Demany and K. I. McAnally, The perception of frequency peaks and troughs in wide frequency modulations, *J. Acoust. Soc. Amer*. **96** (2) (1994), 706–715.

L. Demany and S. Clément, The perception of frequency peaks and troughs in wide frequency modulations, II. Effects of frequency register, stimulus uncertainty, and intensity, *J. Acoust. Soc. Amer*. **97** (4) (1995), 2454–2459; III. Complex carriers, *J. Acoust. Soc. Amer*. **98** (5) (1995), 2515–2523; IV. Effect of modulation waveform, *J. Acoust. Soc. Amer*. **102** (5) (1997), 2935–2944.

A. Horner, Double-modulator FM matching of instrument tones, *Computer Music Journal* **20** (2) (1996), 57–71.

A. Horner, A comparison of wavetable and FM parameter spaces, *Computer Music Journal* **21** (4) (1997), 55–85.

A. Horner, J. Beauchamp and L. Haken, FM matching synthesis with genetic algorithms, *Computer Music Journal* **17** (4) (1993), 17 – 29.

M. LeBrun, A derivation of the spectrum of FM with a complex modulating wave, *Computer Music Journal* **1** (4) (1977), 51 – 52. Reprinted as Chapter 5 of Roads and Strawn (1985), pages 65 – 67.

F. Richard Moore (1990), *Elements of Computer Music*, pages 316 – 332.

D. Morrill, Trumpet algorithms for computer composition, *Computer Music Journal* **1** (1) (1977), 46 – 52. Reprinted as Chapter 2 of Roads and Strawn (1985), pages 30 – 44.

C. Roads (1996), *The Computer Music Tutorial*, pages 224 – 250.

S. Saunders, Improved FM audio synthesis methods for real-time digital music generation, *Computer Music Journal* **1** (1) (1977), 53 – 55. Reprinted as Chapter 3 of Roads and Strawn (1985), pages 45 – 53.

W. G. Schottstaedt, The simulation of natural instrument tones using frequency modulation with a complex modulating wave, *Computer Music Journal* **1** (4) (1977), 46 – 50. Reprinted as Chapter 4 of Roads and Strawn (1985), pages 54 – 64.

D. Slater, Chaotic sound synthesis, *Computer Music Journal* **22** (2) (1998), 12 – 19.

B. Truax, Organizational techniques for c : m ratios in frequency modulation, *Computer Music Journal* **1** (4) (1977), 39 – 45. Reprinted as Chapter 6 of Roads and Strawn (1985), pages 68 – 82.

8.10 CSound

CSound는 MIT 미디어 연구실Media Lab의 배리 베리코Barry Vercoe가 C 프로그래밍 언어로 작성한 공개된 음악 합성 프로그램이다. 다양한 플랫폼에서 컴파일됐으며, 소스 코드와 실행 파일을 모두 무료로 사용할 수 있다.

프로그램의 입력 파일은 오케스트라orchestra 파일과 악보score 파일이라는 두 개로 구성된다. 오케스트라 파일에는 악기 정의와 원하는 음을 합성하는 방법을 지정한다. FM 합성, 카르플로스-스트롱 알고리듬, 위상 보코더vocoder,[2] 음높이 포락선, 세분화된granular 합성 등 알려진 거의 모든 합성 방법을 사용해 악기를 정의할 수 있다. 악보 파일은 진폭, 주파수, 음 길이, 시작 시간과 같은 악기 연주에 대한 정보를 설명하기 위해 MIDI와 개념은 유사하지만 실행에서 다른 언어를 사용한다. MIDI2CS 유틸리티를 이용하면 MIDI 파일을 CSound 악보 파일로 바꿀 수 있다. CSound 프로그램의 최종 출력은 컴퓨터 사운드 카드로 재생하거나, 샘플링 기능이 있는 신시사이저로 다운로드하거나, CD에 기록할 수 있는 WAV 파일 또는 AIFF 파일과 같이 선택한 사운드 형식의 파일이다.

이 책에서는 FM 합성을 구현하는 방법을 설명하는 것을 목적으로 CSound의 주요 기능 중 일부에 대해 간략하게 설명한다. 예제는 CSound 매뉴얼에서 인용한 것이다.

다운로드

Linux, Mac, MS-DOS, Windows를 포함한 여러 플랫폼에서 사용할 수 있는 CSound5.01의 소스 코드와 실행 파일은 sourceforge.net/projects/csound/에 있다. 파일은 sourceforge.net/project/showfiles.php?group_id=81968에 있다. 매뉴얼과 일부 예제 파일도 구할 수 있다.[3]

필요한 파일은 다음과 같다.

모든 시스템에 대한 매뉴얼

CSound5.01 manual pdf.zip(US letter size)
CSound5.01 manual pdf AA.zip(A4 for the rest of the world)

실행 파일(직접 컴파일하지 않으면 소스 파일은 필요없다.)

CSound5.01 src.tar.gz(Source code in C)
CSound5.01 src.zip(Source code in C)
CSound5.01 OS9 src.smi.bin(Source for Mac OS 9)
CSound5.01 i686.rpm(Compiled for Linux)
CSound5.01 x86 64.rpm(Compiled for Linux)
CSound5.01 OSX10.4.tar.gz(Compiled for Mac OS 10.4)

---

2 보코더(vocoder)는 보이스(voice)와 코더(coder)의 합성어로, 전자 악기와 이펙터로, 말과 소리를 악기 소리로 사용하는 신시사이저의 일종이다. – 옮긴이

3 2022년 2월 현재 CSound 공식 홈페이지는 http://csound.com이며, 버전은 6.10이다. – 옮긴이

CSound5.01 OSX10.3.tar.gz(Compiled for Mac OS 10.3)
CSound5.01 OSX10.2.tar.gz(Compiled for Mac OS 10.2)
CSound5.01 OS9.smi.bin(Compiled for Mac OS 9)
CSound5.01 win32.i686.zip(Compiled for Windows)
CSound5.01 win32.exe(Compiled for Windows with installer)

Mac OS X용은 csounds.com/matt/MacCsound에서 Mac-Csound를 구하는 방법이 있다. 이것은 초보적인 GUI를 갖는 완전한 설치 파일이다.

오케스트라 파일

이 파일은 두 개의 주요 부분으로 구성된다. 샘플 속도, 제어 속도, 출력 채널 수를 정의하는 헤더 섹션과 악기를 정의하는 악기 섹션이다. 각 악기에 고유 번호를 부여해 신시사이저의 패치 번호처럼 사용한다.

헤더 섹션의 형식은 다음과 같다(세미콜론 뒤의 항목은 주석이다).

```
sr = 44100 ; 초당 샘플 속도
kr = 4410  ; 초당 제어 속도
ksmps = 10 ; ksmps = sr/kr는 정수가 돼야 한다.
           ; 제어 한 주기 동안 샘플 개수
nchnls = 1 ; 채널의 개수
```
(8.10.1)

악기 정의는 디지털 신호를 생성하거나 수정하는 명령문들이다. 다음 예를 살펴보자.

```
instr 1
   asig oscil 10000, 440, 1
      out asig
endin
```
(8.10.2)

이 명령어는 진폭이 10,000인 440Hz 파동을 생성해 출력으로 내보낸다. 파형 생성기를 나타내는 코드 두 줄은 이것을 악기로 정의하는 한 쌍의 명령문으로 둘러싸여 있다. WAV 파일이 출력인 경우, 가능한 진폭 범위는 −32768~+32767이어서 가능한 값은 모두 2^{15}개다(7.3절 참조). 마지막 인수 1은 파형 번호이다. 이것은 악보 파일(다음 장 참조)에서 명령어 f로 가져오는 파형을 결정한다. 다음 장의 첫 번째 예에서는 사인파가 된다. 레이블 asig는 ('audio signal'을 나타내는) a로 시작하는 모든 문자열을 사용할 수 있다. a1도 마찬가지로 작동한다. oscil문은 CSound의 신호 생성기이며, 진폭과 주파수를 적절하게 조정해 전달된 값을 반복해 만든 주기적인 신호를 출력한다. 같은 문장 형식을 갖는 osciliㄷ도 있다. 이것은 샘플 점 사이에서 값을 찾기 위해 절단 대신 선형 보간을 수행한다. 이것은 약 2배 정도 느리지만 일부 환경에서는 더 좋은 음이 나올 수 있다. 일반적으로 음파에 대해서는 oscil을 사용하고 포락선에 대해서는 oscili를 사용하는 것이 좋다.

악기 (8.10.2)는 음높이 하나만 연주할 수 있기 때문에 그다지 유용하지 않다. 악보 파일에서 오케스트라 파일로 음높이 또는 다른 기타 속성을 매개변수로 전달하기 위해서 악기에서 p1, p2, p3 등의 변수를 사용한다. 처음 3개의 의미는 고정됐고 p4, p5,...에 다른 의미를 부여할 수 있다. 440을 p5로 바꾸면,

```
asig oscil 10000, p5, 1
```

이제 매개변수 p5가 음높이를 결정한다.

악보 파일

각 행은 행을 해석하는 방법을 결정하는 *opcode*라는 문자로 시작한다. 행의 나머지 부분은 숫자 매개변수 항목 p1, p2, p3 등으로 구성된다. 가능한 opcode는 다음이다.

```
f (함수 테이블 생성기),
i (악기 명령문. 즉, 음을 연주하라),
t (빠르기),
a (악보 시간 전진. 즉, 일부를 생략),
b (악보 시간 오프셋),
v (국소 시간 변동),
s (섹션 문장),
r (섹션 반복),
m and n (이름 붙은 섹션의 반복),
e (악보의 끝),
c (주석. 세미콜론을 사용하는 것이 더 좋다).
```

스코어 파일에서 opcode로 시작하지 않는 행은 앞의 행의 연속 행으로 간주한다.

각 매개변수 항목은 부호와 소수점을 가질 수 있는 부동소수점으로 구성된다. 수식 표현은 허용하지 않는다.

f문은 함수를 설명하는 숫자 값 집합을 생성하는 서브루틴을 호출한다. 값들은 악기 정의를 위해 오케스트라 파일에 전달하기 위한 것이다. 사용 가능한 서브루틴은 GEN01,

GEN02,... 등이다. 각각은 몇 가지 숫자 인자를 가진다. f문의 매개변수 항목은 다음이다.

p1 파형 번호
p2 비트로 표현한 테이블 시작 시점
p3 테이블의 크기. 2의 멱(또는 더하기 1)이며 최대 2^{24}
p4 GEN 서브루틴의 번호
p5, p6,... GEN 서브루틴의 매개변수

명시적인 t(빠르기) 문장이 없으면 한 비트는 초 단위로 측정한다. 앞의 예에서 t 문장은 단순화를 위해 생략됐다. 예로서 다음의 문장을 생각한다.

```
f1 0 8192 10 1
```

이 문장은 GEN10을 사용해 '지금 바로' 시작하는 크기 8192의 사인파를 생성하고 이를 파형 1로 지정한다. 서브루틴 GEN10은 주파수가 기본음의 정수 배수인 사인파의 가중합으로 구성된 파형을 생성한다. 그래서 예로서 다음을 생각한다.

```
f2 0 8192 10 1 0 0.5 0 0.333
```

이 문장은 사각파에 대한 푸리에 급수에서 앞의 5개 항을 구한 후에 이를 파형 2로 지정한다.

i문은 악기를 활성화한다. '음을 연주하다'와 같은 종류의 명령어이다. 매개변수 항목은 다음이다.

p1 악기 번호
p2 시작 비트
p3 지속 비트
p4, p5,... 악기가 사용하는 매개변수

e문은 악보의 끝을 나타낸다. 이것은 e만을 가진다. 모든 악보 파일은 이렇게 끝나야 한다.

예로서 (8.10.2)로 악기 1이 정의되면 다음의 악보 파일을 구성할 수 있다.

```
f1 0 8192 10 1     ; GEN10을 사용해 사인파를 생성한다.
i1 0 4             ; 악기 1을 0 시점에서 4초 동안 연주한다.
e
```
(8.10.3)

이것은 4초 동안 440Hz의 음을 연주할 것이다.

CSound 실행

CSound 프로그램은 명령줄 프로그램으로 설계됐으며 다양한 프론트엔드front end가 개발됐지만 여전히 명령줄이 가장 편리한 방법이다. 프로그램과 같이 있는 지침에 따라 CSound를 설치한 후에 좋아하는 (아스키) 텍스트 편집기[4]를 이용해 오케스트라 파일 `<filename>.orc`와 악보 파일 `<filename>.sco`를 만든다. CSound를 실행하는 명령어는 다음이다.

```
csound <flags> <filename>.orc <filename>.sco
```

예를 들어 파일 이름이 `ditty.orc`와 `ditty.sco`이고 WAV 파일 출력을 원하는 경우 `-W` 옵션을 사용한다(대소문자 구분).

```
csound -W ditty.orc ditty.sco
```

이렇게 하면 `test.wav`라는 파일이 출력으로 생성된다. 다른 이름을 원하면 `-o` 옵션으로 지정할 수 있다.

```
csound -W -o ditty.wav ditty.orc ditty.sco
```
(8.10.4)

CSound가 기본으로 보여주는 파형 그래프를 없애려면 `-d` 옵션을 사용하면 된다.

이제 첫 번째 예를 실행할 준비를 한다. 우선 두 개의 파일을 만든다. 하나는 명령문 (8.10.1) 뒤에 (8.10.2)가 오는 `ditty.orc`이고, 또 하나는 명령문 (8.10.3)을 갖는 `ditty.sco`이다. 프로그램을 제대로 설치한 후에 명령어 (8.10.4)를 입력하면 `ditty.wav` 파일이 생성된다. 이 파일을 사운드 카드나 다른 오디오 장치를 이용해 재생하면 주파수 440Hz의

---

4 Word Perfect 또는 Word와 같은 워드 프로세서는 기본적으로 특수 서식 문자가 파일에 포함된다. CSound는 이런 문자를 만나면 오류가 발생한다. MS-DOS에서는 다음 명령어를 사용하라.

```
edit <filename>
```

그러면 간단한 아스키 텍스트 편집기가 실행되며 CSound에서 오류가 발생하지 않는 파일을 만들 수 있다. Windows 안에서 MS-DOS 창에서 작업하면 다음을 실행하라.

```
notepad <filename>
```

이것은 독립된 창에서 notepad라는 아스키 텍스트 편집기 프로그램을 실행한다. 편집기와 CSound를 실행을 번갈아 하기에 더 편리하다.

순수 사인파가 4초 동안 들린다.

주의

오케스트라 파일과 악보 파일은 모두 대소문자를 구분한다. 앞의 오케스트라 파일과 악보 파일을 CSound에서 실행하는 데 문제가 있는 경우 모든 것이 소문자로 입력됐는지 확인해보라.

다른 성가신 기능이 있다. 입력 파일의 마지막 텍스트 행에 캐리지 리턴carriage return이 없으면 웨이브 파일이 생성되지만 읽을 수 없다. 따라서 각 파일의 끝에 빈 줄을 남겨두는 것이 가장 좋다.

앞서 예로 든 'ditty'는 그다지 흥미롭지 않다. 진폭과 음높이를 변경할 수 있도록 악기 (8.10.2)를 다음과 같이 조금 수정한다.

```
instr 1
   asig oscil p4, p5, 1 ; p4 = 진폭, p5 = 주파수
      out asig
endin
```

(8.10.5)

이제 다음 악보 파일을 사용해 배음들의 처음 10개 음을 연주한다.

```
f1 0 8192 10 1 ; 사인파
i1 0.0 0.4 32000 261.6 ; 기보음 (C음에 0.1Hz 떨어진 음)
i1 0.5 0.4 24000 523.2 ; 2배음, 옥타브
i1 1.0 0.4 16000 784.8 ; 3배음, 완전5도
i1 1.5 0.4 12000 1046.4 ; 4배음, 옥타브
i1 2.0 0.4 8000 1308.0 ; 5배음, 순정 장3도
i1 2.5 0.4 6000 1569.6 ; 6배음, 완전5도
i1 3.0 0.4 4000 1831.2 ; 7배음, 이 음을 주의 깊게 들어보라.
i1 3.5 0.4 3000 2092.8 ; 8배음, 옥타브
i1 4.0 0.4 2000 2354.4 ; 9배음, 순정 장2도
i1 4.5 0.4 1500 2616.0 ; 10배음, 순정 장3도
e
```

(8.10.6)

이 파일은 0.5초 간격으로 0.4초 동안 지속되는 220Hz의 연속되는 정수 배의 주파수를 갖는 연속된 음들을 꾸준히 감소하는 진폭으로 재생한다. (8.10.1)과 (8.10.5)에서 오케스트라 파일을 만들고 (8.10.6)에서 악보 파일을 만들고 이전과 같이 CSound를 실행하

면 결과를 들을 수 있다.

데이터 속도

(8.10.1)에서 오케스트라 파일의 헤더가 샘플 속도와 제어 속도라는 두 가지 속도를 정의하는 것을 봤다. CSound에는 갱신되는 빈도로 구분되는 세 가지 다른 종류의 변수가 있다. a-rate 변수(오디오 속도 변수)는 샘플 속도로 갱신되는 반면, k-rate 변수(제어 속도 변수)는 제어 속도로 갱신된다. 오디오 신호는 a-rate이여야 하고, 포락선은 일반적으로 k-rate 변수로 지정한다. 제어에 오디오 속도 신호를 사용할 수 있지만 계산량이 증가한다. 세 번째 종류의 변수인 i-rate 변수는 음을 연주할 때 한 번만 갱신된다. 이 변수는 주로 기기에 사용하는 값을 설정한다. 변수 이름의 첫 글자(a, k, i)가 변수의 종류를 결정한다.

지금까지 논의된 변수는 모두 지역local 변수다. 즉, 주어진 악기 내에서만 의미를 가진다. 동일한 변수를 다른 악기에서 다른 의미로 재사용할 수 있다. 각각의 속도 변수에 대한 전역 버전도 있다. 이것은 ga, gk, gi로 시작하는 이름을 가진다. 전역 변수의 값은 오케스트라 파일의 헤더 섹션에서 결정된다.

포락선

포락선을 적용하는 한 가지 방법은 지속 시간의 역수인 1/p3을 주파수로 가지는 오실레이터를 만들어 음표가 연주될 때마다 파형의 정확한 사본 하나를 사용하는 것이다. 포락선의 많은 샘플 점이 한 주기 동안 사용되기 때문에 oscil보다 socili를 사용하는 것이 좋다. 다음은 한 예다.

```
kenv oscili p4, 1/p3, 2
```

이것은 파형 2를 사용해 포락선을 만든다. 변수 이름 kenv의 첫 번째 문자 k는 제어 변수임을 의미한다. aenv와 같은 이름을 사용해 오디오 속도 변수로 만들어도 잘 작동하지만 더 많은 계산 시간이 소요될 뿐 음향의 질에는 개선이 없다.

선형 보간을 수행하는 서브루틴 GEN07은 직선으로 구성된 포락선에 이상적이다. 이 서브루틴의 인자 p4, p5,...는 점과 값의 숫자를 번갈아 가면서 나타낸다. 다음은 예다.

```
f2 0 513 7 0 80 1 50 0.7 213 0.7 170 0 ; ADSR 포락선
```

악보 파일에서 이 문장은 길이가 80, 50, 213, 170 샘플이고 높이가 다음과 같이 선형적으로 변하는 ADSR 섹션을 가지는 그림 8.2와 유사한 포락선을 생성해 파형 2로 지정한다.

$$0 \rightarrow 1 \rightarrow 0.7 \rightarrow 0.7 \rightarrow 0$$

이 절의 샘플 점의 개수를 모두 더하면 항상 총 길이 p3가 돼야 한다.

샘플 점의 총 개수는 2의 멱이거나 2의 멱 더하기 1이 돼야 한다. 파형 반복에 2의 멱을 사용하는 것이 일반적이다. 포락선과 같이 한 번만 사용되는 파형의 경우에는 샘플 점 사이의 간격 수가 2의 멱이 되도록 2의 멱 더하기 1을 더 많이 사용한다.

포락선을 악기 (8.10.5)에 적용하기 위해 p4를 kenv로 대체한다.

```
instr 1
   kenv oscili p4, 1/p3, 2 ; 파형 2의 포락선
                           ; p4 = 진폭
   asig oscil kenv, p5, 1  ; p5 = 주파수
      out asig
endin
```

kenv 정의에서 파형 번호 2를 p6과 같은 다른 변수로 교체하면 좀 더 일반적인 목적의 사인파를 만들 수 있다.

연습문제

1. 하나가 다른 것보다 2배 더 높은 주파수를 가지는 두 개의 사인파를 생성하는 오케스트라 파일과 악보 파일을 만들어서 들어보라(1.8절의 연습문제 6을 참조하라).
2. ADSR 포락선을 갖는 사인파를 이용해 장음계를 연주하는 오케스트라 파일과 악보 파일을 만들어라. 파일을 이용해 CSound를 실행하고 결과를 들어보라.

8.11 CSound를 이용한 FM 합성

다음 가장 기본적인 연산자 두 개의 FM 악기이다.

```
instr 1
   amod oscil p6 * p7, p6, 1      ; 변조파
```

```
                                  ; p6 = 변조 주파수
                                  ; p7 = 변조 첨자
   kenv oscili p4, 1/p3, 2        ; 포락선, p4 = 진폭
   asig oscil kenv, p5 + amod, 1  ; p5 = 반송 주파수
      out asig
endin
```

(8.11.1)

여기에서 매개변수 p7은 변조 첨자를 나타낸다. 변조파 amod의 정의에 p6을 곱한 이유는 변조를 위상이 아닌 주파수에서 직접 작용하기 때문이다. 이를 위해서 식 (8.8.2)에서 변조 첨자를 적용하기 전에 변조파의 주파수로 곱해야 한다. asig 정의에서 인수 p5 + amod는 반송파 주파수 p5에 변조파 amod를 더한 값이다. 파형에 포락선 kenv가 지정된다.

위의 간단한 악기를 설명하는 악보 파일을 위해 반복 악보에 사용할 수 있는 몇 가지 유용한 축약을 소개한다. 먼저 i문은 악보의 실행 시간 순서와 관계없는 것에 주의한다. 악보는 재생되기 전의 시간을 기준으로 정렬된다. 캐리carry 기능은 다음과 같이 작동한다. (시간상으로 연속일 필요는 없이) p1 매개변수가 동일한 악보 파일의 연속 i문 그룹 내에서 빈 매개변수 항목은 이전 문장에서 값을 취한다. 빈 매개변수 항목은 연속 항목 사이에 공백이 있는 점으로 표시한다. 중간에 있는 주석이나 빈 줄은 캐리 기능에 영향을 미치지 않지만 i가 아닌 다른 문장은 캐리 기능을 끈다.

두 번째 매개변수 항목 p2의 경우에만 + 기호는 이전 i 문장의 p2 + p3 값을 얻는다. 이것으로 마지막 음이 끝날 때 새로운 음을 시작한다. 기호 +는 위에서 설명한 캐리 기능을 사용해 수행할 수 있다. 캐리 기능과 +를 자유롭게 사용하면 악보의 입력과 변경이 매우 간단해진다. 다음은 $f_{\mathrm{m}} = f_{\mathrm{c}}$이며 변조 첨자를 점진적으로 증가시키면서 간단한 FM 합성을 보여주는 악보이다.

```
f1 0 8192 10 1                        ; 사인파
f2 0 513 7 0 80 1 50 0.7 213 0.7 170 0 ; ADSR
i1 1 1 10000 200 200 0                ; 첨자 = 0
                                         (순수 사인파)
i1 + . . . . 1                        ; 첨자 = 1

i1 + . . . . 2                        ; 첨자 = 2
i1 + . . . . 3                        ; 첨자 = 3
i1 + . . . . 4                        ; 첨자 = 4
```

```
i1 + . . . . 5                          ; 첨자 = 5
e
```

섹션

한 줄이 단일 s로 구성된 s문은 섹션을 끝내고 새로운 섹션을 시작한다. i와 f문의 정렬(또 이 책에서 설명하지 않는 a문)은 섹션별로 수행되며 각 섹션의 시작 부분에서 타이밍이 다시 시작된다. 비활성 악기와 데이터 공간은 섹션 끝에서 제거돼 컴퓨터 메모리를 확보한다.

다음의 악보는 같은 악기 (8.11.1)을 사용하며 다른 비율 $f_m : f_c$와 점진적으로 증가하는 변조 첨자를 가지는 섹션 세 개를 가진다.

```
f1 0 8192 10 1          ; 사인파
i1 1 1 10000 200 200 0        ; 첨자 = 0, fm:fc = 1:1
i1 + .    .    .    . 1       ; 첨자 = 1
i1 + .    .    .    . 2       ; 첨자 = 2
i1 + .    .    .    . 3       ; 첨자 = 3
i1 + .    .    .    . 4       ; 첨자 = 4
i1 + .    .    .    . 5       ; 첨자 = 5
s
i1 1 1 10000 200 400 0        ; 첨자 = 0, fm:fc = 1:2
i1 + .    .    .    . 1       ; 첨자 = 1
i1 + .    .    .    . 2       ; 첨자 = 2
i1 + .    .    .    . 3       ; 첨자 = 3
i1 + .    .    .    . 4       ; 첨자 = 4
i1 + .    .    .    . 5       ; 첨자 = 5
s
i1 1 1 10000 400 200 0      ; 첨자 = 0, fm:fc = 2:1
i1 + .    .    .    . 1       ; 첨자 = 1
i1 + .    .    .    . 2       ; 첨자 = 2
i1 + .    .    .    . 3       ; 첨자 = 3
i1 + .    .    .    . 4       ; 첨자 = 4
i1 + .    .    .    . 5       ; 첨자 = 5
e
```

음높이 등급

CSound에는 12음 평균율의 옥타브와 음높이 등급 표기법을 헤르츠 단위의 주파수로 변환하는 cpspch 함수가 있다. 이 함수는 악기 정의에서 사용할 수 있으므로 악기는 이 표기법의 악보 파일에서 음표를 입력할 수 있다.

옥타브와 음높이 등급 표기법은 옥타브를 나타내는 정수와 소수점 그리고 음높이 등급을 나타내는 두 자리 숫자로 구성된다. 음높이 등급은 C의 경우 .00으로 시작하고 B의 경우 .11로 끝난다. 더 높은 값은 다음 옥타브와 겹치게 된다. 옥타브의 번호는 8.00이 중간 C를 나타내고 9.00이 중간 C보다 한 옥타브 높은 음을 나타낸다. 예를 들어 중간 C 위의 A는 8.09 또는 7.21로 나타낼 수 있어서 다음이 성립한다.

$$\texttt{cpspch(8.09)} = \texttt{cpspch(7.21)} = 440$$

12음 평균율의 두 음 사이의 음표는 추가 숫자를 사용해 나타낼 수 있다. 그래서 소수점 뒤에 4자리 숫자를 사용하면 값이 센트로 해석된다. 예를 들어 8.00이 중간 C를 나타내면, 이보다 바로 위의 장3도는 가장 가까운 센트로 표기하면 8.0386이 된다.

8.12 간단한 FM 악기

종

여기서는 CSound와 FM 합성을 이용해 일부 악기를 흉내 낸다. 첫 번째 예는 종소리이다.[5] 일반적인 종 소리는 비협음 스펙트럼이 필요하다. 간단한 정수 비율이 되지 않는 f_c와 f_m을 갖는 간단한 두 연산자 FM 합성을 이용해 이것을 구현할 수 있다. 황금비가 6.2절의 연습문제 1에서 설명한 이유로 사용하기에 적합하므로, f_m을 f_c의 1.618배로 둔다.

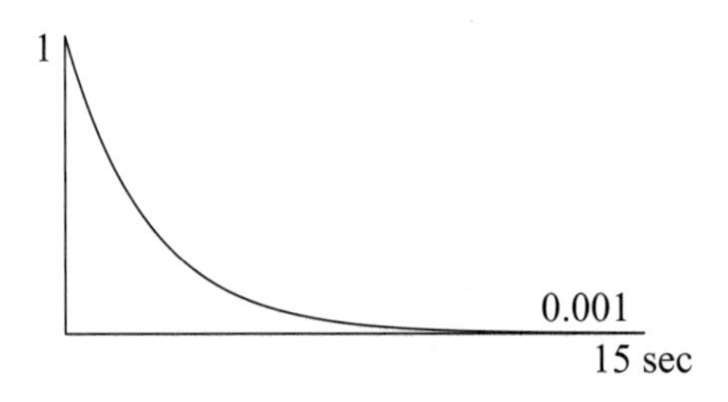

그림 8.28 종소리에 대한 변조 폭락선 첨자

5 여기의 예는 Roads and Strawn(1985)의 1장에서 재출판된 차우닝(Chowning)의 기사에서 인용한 것이다.

종소리는 진폭과 음색에 대해 모두 지수 감쇠하는 포락선을 사용하면 쉽게 만들 수 있다. 이를 위해 서브루틴 GEN05가 구현돼 있다. 이것은 지수 보간exponential interpolation을 사용한다. y_1과 y_2가 양수인 평면의 두 점 (x_1, y_1)과 (x_2, y_2) 사이에 다음 식으로 주어지는 유일한 지수 곡선이 있는 것을 기반으로 한다.

$$y = y_1^{\frac{x-x_2}{x_1-x_2}} y_2^{\frac{x-x_1}{x_2-x_1}}$$

y_1과 y_2가 모두 음수이면 위의 공식에서 해당하는 양수로 대체한 다음 최종 답을 음수로 취한다.

서브루틴 GEN05의 항목은 p5, p7,...가 모두 같은 부호여야 하는 것을 제외하고 GEN07과 같다. 앞의 포락선에 대한 논의로 돌아가서 다음 코드를 악보 파일에 넣고

```
f2 0 513 5 1 513 .0001
```

다음 코드를 악기 정의에 넣는다.

```
    kenv oscili p4, 1/p3, 2
```

그러면 1에서 0.0001까지 기하급수적으로 감소하는 kenv라는 이름을 가진 포락선이 만들어 진다. 종소리의 경우에 진폭[6]은 위의 포락선을 사용하고 변조 첨자는 1에서 0.001까지 10을 곱한 단위로 기하급수적으로 감소하는 포락선을 사용한다. 또한 소리가 오래 남도록 하기 위해 매우 긴 감쇄 시간을 사용한다. 그림 8.28을 참조하라.

위의 사항으로 다음 악기가 정의된다. 음높이는 위에서 설명한 옥타브와 음높이 등급 표기법에서 변환된다. 낮은 주파수 성분이 존재한다는 사실에도 생성된 음의 인지된 음높이는 반송파 주파수와 동일하다.

```
instr 1         ; FM 종
ifc = cpspch(p5)           ; 반송 주파수
ifm = cpspch(p5) * 1.618   ; 변조 주파수
   kenv oscili p4, 1/p3, 2 ; 포락선, p3 = 지속 시간,
                             지수 감쇠 f2
                           ; p4 = 진폭
```

6 진폭은 사람의 귀에 로그로 인식된다. 따라서 이것은 선형 감소하는 것처럼 들리고 실제로 dB 측정하면 선형 감소한다.

```
   ktmb oscili ifm * 10, 1/p3, 3 ; 음색 포락선
                                   max = 10,
                                ; 지수 감쇠 f3
   amod oscil ktmb, ifm, 1       ; 변조파
   asig oscil kenv, ifc + amod, 1 ; 반송파
      out asig
endin
```

다음은 이 악기를 사용해 차임벨을 위한 E, C, D, G 음표를 연주하는 악보 파일이다.

```
f1   0    8192     10   1
f2   0     513      5   1    513 .0001
f3   0     513      5   1    513 .001
i1   1      15   8000   8.04 ; 진폭 8000, 15초 지속하는 중간 C
i1   2.5     .      .   8.00
i1   4       .      .   8.02
i1   5.5     .      .   7.07
e
```

범용 악기

위의 악기를 조금 수정하면 범용 2 연산자 FM 합성 악기를 만들 수 있다.

```
instr 1                   ; 2 연산자 FM 악기
ifc = cpspch(p5) * p6     ; p6 = 반송 주파수 배수
ifm = cpspch(p5) * p7     ; p7 = 변조 주파수 배수
   kenv oscili p4, 1/p3, p8; p3 = 지속 시간
                          ; p4 = 진폭
                          ; p8 = 반송 포락선
   ktmb oscili ifm * p10, 1/p3, p9 ; p9 = 변조 포락선
                          ; p10 = 변조 색인의 최댓값
   amod oscil ktmb, ifm, 1    ; 변조파
   asig oscil kenv, ifc + amod, 1   ; 반송파
      out asig
endin
```

이 절의 나머지 예제는 이 설정을 사용해 설명한다.

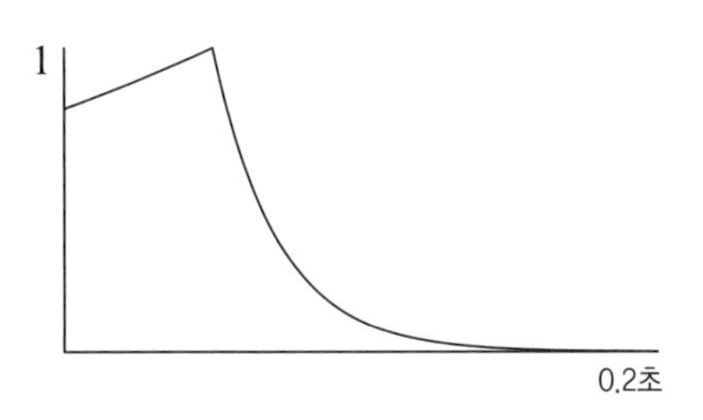

그림 8.29 나무 드럼 소리의 진폭 포락선

그림 8.30 나무 드럼 소리에 대한 변조 첨자 포락선

나무 드럼

그럴싸한 나무 드럼을 만들기 위해 진폭 포락선은 GEN05(그림 8.29)를 사용해 두 개의 지수 곡선으로 구성하는 반면, 변조 첨자에 대한 포락선은 GEN07을 사용해 0으로 감소하고 계속 0이 되는 두 개의 선분으로 구성한다.

변조 주파수가 반송파 주파수보다 낮은 것이 더 좋은 것으로 알려졌다. 그래서 여기서는 황금비의 역수인 0.618을 사용한다. 또한 최댓값이 25인 큰 변조 첨자를 사용하고 음 길이는 0.2초를 사용한다. 이 악기는 중간 C에서 내려오는 옥타브에서 가장 잘 작동한다. 따라서 함수 테이블 생성기는 다음 형식을 갖는다.

```
f1 0 8192 10 1                ; 사인파
f2 0 513 5 .8 128 1 385 .0001 ; 진폭 포락선
f3 0 513 7 1 64 0 449 0       ; 변조 첨자 포락선
```

악기 사용에 관한 명세서는 다음이다.

```
i1<time> 0.2<amplitude><pitch> 1.0 0.618 2 3 25
```

금관악기

금관악기의 경우 기본음의 모든 배수를 포함하는 배음 스펙트럼을 사용한다. 이것은 $f_c = f_m$으로 두면 쉽게 구현할 수 있다. 전체 진폭이 더 클수록 고배음의 상대 진폭이 커지므로, 음색과 진폭에 동일한 포락선을 사용한다. 이것은 어택에서 강도의 오버슈트를 나타내기 위해 그림 8.2의 ADSR 곡선처럼 보이도록 선택한 것이다. 변조 첨자는 위의 예와 달리 크지 않다. 최대 첨자 5가 자연스러운 음을 낸다. 아래 주어진 포락선은 약 0.6초 길이의 음에 적합하다. 다른 지속 기간에 대해서는 약간 수정해야 한다.

```
f1 0 8192 10 1 ; sine wave
f2 0 513 7 0 85 1 86 0.75 256 0.7 86 0 ; 금관악기의 포락선
```

그러면 일반적인 음은 다음 형식의 명령으로 표현된다.

```
i1 <time> 0.6 <amplitude> <pitch> 1.0 1.0 2 2 5
```

여기에 제시한 금관악기의 음색을 약간 향상시키기 위해 변조 주파수에 약간의 편차를 추가하면 음에 약간의 트레몰로 효과가 생긴다. 변조 주파수의 정의를 다음 문장으로 바꾼다.

```
ifm = cpspch(p5) * p7 + 0.5
```

그러면 필요한 효과가 나타난다.

목관악기

목관악기의 경우 어택 동안에 더 높은 배음이 존재한 다음 낮은 주파수로 들어간다. 그래서 반송파 주파수가 변조 주파수의 배수가 아닌 것을 선택하고 반송파에 대해 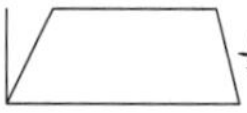 을 선택하고 변조파에 대해 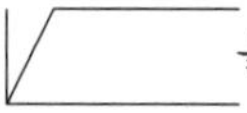 을 선택한다. 따라서 함수 테이블 생성기는 다음 형식이다.

```
f1 0 8192 10 1                  ; 사인파
f2 0  513  7 0 50 1 443 1 20 0  ; 진폭 포락선
```

```
f3 0  513  7 0 50 1 463 1          ; 변조 첨자 포락선
```

홀수 배음이 지배적인 클라리넷의 경우 $f_c = 3f_m$와 최대 첨자 2를 사용한다. 홀수 배음을 더 불규칙하게 분포시켜면 바순[bassoon] 소리가 나온다. 이것은 $f_c = 5f_m$과 최대 첨자 1.5를 사용해 구현할 수 있다.

8.13 CSound의 기타

언어 CSound는 방대하다. 여기서는 앞에서 다루지 않은 몇 가지 기능에 대해서 설명한다. 자세한 내용은 CSound 매뉴얼을 참조하라.

빠르기

기본 빠르기는 분당 60비트 즉, 초당 1비트이다. 이를 변경하기 위해서는 빠르기 명령문을 악보 파일에 추가한다. 빠르기 문의 가장 간단한 형태의 예는 다음이다.

```
t 0 80
```

이것은 빠르기를 분당 80비트로 설정한다. 빠르기 문의 첫 번째 인자(p1)는 항상 0이어야 한다. 더 많은 인자를 갖는 빠르기 문은 점점 빠르게와 점점 느리게 의미한다. 인자는 비트로 나타낸 시간(p1 = 0, p3, p5, ...)과 분당 비트 수로 나타낸 빠르기(p2, p4, p6, ...)를 교대로 의미한다. 주어진 시간 사이의 빠르기는 비트의 지속 시간이 선형적으로 변화하도록 계산해 결정한다. 다음은 빠르기 명령문의 예다.

```
t 0 100 20 120 40 120
```

이것은 처음 빠르기가 분당 100비트가 된다. 20비트에서 빠르기는 분당 120비트이다. 그러나 분당 비트 수는 이런 값 사이에 선형적으로 변화하지 않는다. 오히려 지속 시간이 처음 20비트 동안 0.6초에서 0.5초로 선형적으로 감소한다. 빠르기는 비트 20에서 비트 40까지 일정하다. 기본적으로 빠르기는 지정된 마지막 비트 이후에 일정하게 유지되므로 위의 예에서 마지막 두 인자는 필요 없다.

빠르기 명령문은 이것이 놓인 악보 섹션 내에서만 유효하다. 각 섹션에는 빠르기 명령문 하나만 사용할 수 있다. 섹션 내에서 위치는 관련 없다.

스테레오와 패닝

스테레오 출력의 경우 오케스트라 파일(8.10.1)의 헤더에 nchnls = 2로 설정한다. 악기 정의에서 out을 사용하는 대신 두 개의 인수와 함께 outs을 사용한다. 예를 들어 왼쪽에서 오른쪽으로 간단한 팬을 수행하려면 악기 정의에 다음 행이 필요하다.

```
kpanleft lineseg 0, p3, 1
kpanright = 1 kpanleft
   outs asig * kpanleft, asig * kpanright
```

이 패닝 방법의 문제는 음의 총 에너지가 두 채널에서 합산된 진폭의 제곱에 비례한다는 것이다. 그래서 팬 중앙에서 총 에너지가 왼쪽 또는 오른쪽의 총 에너지의 $1/\sqrt{2}$배에 불과해 중간에 구멍이 난 것처럼 들린다. 이것을 수정하는 간단한 방법은 신호 발생기 lineseg를 사용해 만든 직선의 제곱근을 취하는 것이다. 예를 들어 다음으로 수정할 수 있다.

```
kpan lineseg 0, p3, 1
kpanleft = sqrt(kpan)
kpanright = sqrt(1-kpan)
```

$\sin^2\theta + \cos^2\theta = 1$이므로 소리의 균일한 총 에너지를 유지하는 또 다른 방법으로 다음이 있다.

```
kpan lineseg 0, p3, 1
ipibytwo = 1.5708
kpanleft = sin(kpan * ipibytwo)
kpanright = cos(kpan * ipibytwo)
```

특히 헤드폰을 사용해 출력을 들을 때 더 넓은 팬을 갖는 소리를 만드는 좋은 방법은 각도를 0에서 $\pi/2$가 아닌 $-\pi/4$에서 $3\pi/4$로 하는 것이다. 이는 위의 kpan 정의를 다음으로 대체하면 구현할 수 있다.

```
kpan lineseg -0.5, p3, 1.5
```

디스플레이와 스펙트럼 디스플레이

악기 파일의 파형이나 해당 스펙트럼을 보는 기능이 있다. 보기로서 다음 악기를 생각한다.

```
instr 1
   asig oscil 10000 440 1
      out asig
      display asig p3
endin
```

이것은 (길이가 p3인) asig의 그래프가 표시하는 추가 명령행을 제외하면 (8.10.2)와 같다. 옵션 -d가 설정되면 이 행은 전혀 차이가 없다. 이 행을 다음의 디스플레이 행으로 대체할 수 있다.

```
      dispfft asig p3, 1024
```

그러면 1,024개의 입력 창 크기를 사용해 asig의 고속 푸리에 변환이 표시된다. 점의 개수는 16에서 4,096 사이의 2의 멱이 돼야 한다.

산술 연산

오케스트라 파일에서 변수는 부호 있는 부동 소수점을 나타낸다. 표준 산술 연산 +, −, *(곱하기), /(나누기)를 사용할 수 있을 뿐만 아니라 임의 개수의 괄호도 사용할 수 있다. 거듭제곱은 a^b로 표시되지만 오디오 속도를 b로 허용하지는 않는다. 표현식 a % b는 b로 나눈 나머지를 나타낸다. 다음은 사용 가능한 함수의 목록이다.

```
int (정수부)
frac (소수부)
abs (절댓값)
exp (지수함수, e의 주어진 값의 멱)
log and log10 (자연 로그와 10을 밑으로 하는 로그; 인자는 양수이어야 한다.)
sqrt (제곱근)
sin, cos and tan (사인, 코사인, 탄젠트. 인자는 라디안 값이다.)
sininv, cosinv, taninv (사인, 코사인, 탄젠트의 역함수. 답은 라디안 값이다.)
sinh, cosh and tanh (쌍곡사인, 쌍곡코사인, 쌍곡탄젠트)
rnd (영과 인자 사이의 무작위 수)
birnd (인자의 양수와 음수 사이의 무작위 수)
```

조건부 값도 사용할 수 있다. 다음은 예다.

```
(ka > kb  ? 3 : 4)
```

이것은 ka가 kb보다 크면 값이 3이고 그렇지 않으면 4가 된다. 다음 연산자를 사용해 비교를 할 수 있다.

```
> (보다 큰)
< (보다 작은)
>= (크거나 같은)
<= (작거나 같은)
== (같은)
!= (같지 않은)
```

변수뿐만 아니라 표현식도 이러한 방식으로 비교할 수 있지만 오디오 속도와 관련한 변수와 표현식은 허용되지 않는다.

자동 악보 생성

CSound용 악보 파일을 작성하는 지루한 과정을 피하는 방법은 여러 가지가 있다. 한 가지 방법은 악보 변환기 프로그램 scot를 사용하는 것이다. 이것은 압축된 음표 표기법으로 이루어진 텍스트 파일 <filename>.sc을 악보 파일 <filename>.sco로 변환한다. 또 다른 방법으로 악보 파일을 만들고 조작하는 프로그램인 Cscore를 사용하는 것이다. 사용자는 헤더 파일 cscore.h에 포함된 함수들을 이용하는 C 언어로 제어 프로그램을 시작할 수 있다. 마지막으로 MIDI 파일을 입력으로 받아 악보 파일로 변환하는 프로그램인 MIDI2CS가 있다. CSound 생태계 내에서 MIDI에 대해 상당히 지원을 한다.

CSoundAV는 PC용 CSound의 실시간 버전이며 다음의 가브리엘 말도나도Gabriel Maldonado의 홈페이지에서 구할 수 있다.

web.tiscali.it/G-Maldonado/

필자는 사용해보지 않아 얼마나 좋은지 말할 수 없지만 유망해 보인다.[7]

읽을거리

Richard Boulanger (2000), *The CSound Book*.
Electronic Musician, February 1998 issue.

---

7 2022년 2월 현재, 홈페이지는 접속되지만 프로그램은 다운로드되지 않는다. – 옮긴이

Keyboard, January 1997 issue.

8.14 기타 합성 방법

샘플링은 실제로 합성의 한 형태가 아니지만 디지털 신시사이저에서 많이 사용된다. 낮은 음높이들의 소리를 샘플링한 파형을 늘리거나 압축해 음높이를 이동해 간격을 채우는 것이 일반적이다. 디지털 신호의 음높이를 이동하면 고주파 잡음이 발생하는데 이것은 샘플 속도가 동시에 이동되지 않는다는 사실과 관련 있다. 이는 로우 패스 필터로 제거한다.

파형 테이블 합성은 샘플링과 관련된 방법으로 디지털로 녹음된 파형 파일을 기본으로 해 합성과 샘플링의 일종의 하이브리드인 음을 생성한다. 일반적으로 음의 어택 부분에 파형 파일을 사용하고 서스테인 부분에 다른 웨이브 파일을 사용한다. 서스테인 부분의 경우, 소리의 전체 주기를 사용해 반복되는 루프를 형성한다. 그런 다음 포락선을 적용해 음을 형성하고 마지막으로 음높이 이동을 한 후에 로우 패스 필터를 통과시킨다. 이런 일반 절차의 예외는 짧은 타악기 소리와 같은 '원샷one shot' 소리이다. 이것들은 일반적으로 루프 없이 단일 파일 파일로 녹음한다.

세분화된 합성granular synthesis은 소리가 알갱이grain라는 지속 시간이 약 10밀리초 정도인 작은 패킷으로 구성된다. 초당 수천 개의 알갱이를 사용해 소리 질감을 만든다. 일반적으로 알고리듬은 한 번에 많은 양의 알갱이를 기술하며 각 알갱이를 별도로 기술하지 않는다.

읽을거리

S. Cavaliere and A. Piccialli, Granular synthesis of musical signals, article 5 in Roads *et al*. (1997), pages 155-186.

John Duesenberry, Square one: a world in a grain of sound, *Electronic Musician*, November 1999.

Curtis Roads, Granular synthesis of sound, *Computer Music Journal* **2** (2) (1978), 61-62. 이 기사의 최신 버전이 Roads and Strawn (1985), pages 145-159의 10장에 수록돼 있다.

Curtis Roads, Granular synthesis, *Keyboard*, June 1997.

Curtis Roads (2001), *Microsound*.

8.15 위상 보코더

위상 보코더phase vocoder는 사운드를 분석하고 조작하는 방법이다. 원음의 작은 창에 이산 푸리에 변환을 기반으로 한다. 변환을 조작하고 조작된 변환으로부터 사운드를 재구성한다. 이 기술을 사용하면 음높이를 변경하지 않고 쉽게 음을 늘릴 수 있다.

읽을거리

Mark Dolson, The phase vocoder: a tutorial, *Computer Music Journal* 10 (4) (1986), 14–27.

Marie-Hélène Serra, Introducing the phase vocoder, article 2 in Roads *et al*. (1997), pages 31–90.

8.16 체비쇼프 다항식

일반적으로 함수의 합성은 합성 음을 만드는 좋은 방법이다. 예를 들어 기본 코사인파 $\cos \nu t$를 선택해 함수 $f(x) = 2x^2 - 1$와 합성하면 다음을 얻는다.

$$2\cos^2 \nu t - 1 = \cos 2\nu t$$

그래서 이 함수와 합성하면 주파수가 2배가 되는 효과가 있다. 주파수의 임의의 정수 배에 해당하는 함수를 제1종 체비쇼프[8] 다항식Chebyshev polynomials of the first kind이라 하며 이에 대해 알아본다. $T_n(x)$는 $T_0(x) = 1$, $T_1(x) = x$ 그리고 $n > 1$에 대해 다음과 같이 재귀적으로 정의한 다항식이다.

$$T_n(x) = 2xT_{n-1}(x) - T_{n-2}(x)$$

8 이름의 다른 철자는 Tchebycheff와 Chebichev이다. 러시아어 Чебышев의 음역이다.

몇 개만 예를 들면 다음이 된다.

$$\begin{aligned} T_0(x) &= 1, \\ T_1(x) &= x, \\ T_2(x) &= 2x^2 - 1, \\ T_3(x) &= 4x^3 - 3x, \\ T_4(x) &= 8x^4 - 8x^2 + 1, \\ T_5(x) &= 16x^5 - 20x^3 + 5x, \\ T_6(x) &= 32x^6 - 48x^4 + 18x^2 - 1, \\ T_7(x) &= 64x^7 - 112x^5 + 56x^3 - 7x \end{aligned}$$

보조정리 8.16.1 $n \geq 0$에 대해 $T_n(\cos \nu t) = \cos n\nu t$가 된다.

증명

증명은 n에 대해 귀납법을 사용한다. 다음에 주의한다(1.8절 참조).

$$\begin{aligned} \cos \nu t\ \cos(n-1)\nu t - \sin \nu t\ \sin(n-1)\nu t &= \cos n\nu t, \\ \cos \nu t\ \cos(n-1)\nu t + \sin \nu t\ \sin(n-1)\nu t &= \cos(n-2)\nu t \end{aligned}$$

그러므로 더한 후에 정리하면 다음 식을 얻는다.

$$\cos n\nu t = 2\cos \nu t\ \cos(n-1)\nu t - \cos(n-2)\nu t$$

$n = 0$과 $n = 1$에 대해서 보조정리의 명제는 정의로부터 자명하다. $n \geq 2$에 대해서 명제가 더 작은 n에 대해 성립한다고 가정한다. 다음 식을 얻을 수 있다.

$$\begin{aligned} T_n(\cos \nu t) &= 2\cos \nu t\ T_{n-1}(\cos \nu t) - T_{n-2}(\cos \nu t) \\ &= 2\cos \nu t\ \cos(n-1)\nu t - \cos(n-2)\nu t \\ &= \cos n\nu t \end{aligned}$$

그러므로 귀납법에 의해 보조정리는 모든 $n \geq 0$에 대해 성립한다. □

체비쇼프 다항식의 가중합과 합성을 사용하면 배음에 해당하는 가중치를 가진 파형을 얻을 수 있다. 시간에 따라 가중치를 변경하면 결과로 음색이 변경된다. 예를 들어 코사인파에 대해 다음의 연산을 적용한다.

$$T_1 + \tfrac{1}{3}T_3 + \tfrac{1}{5}T_5 + \tfrac{1}{7}T_7 + \tfrac{1}{9}T_9 + \tfrac{1}{11}T_{11}$$

그러면 사각파에 대한 근사를 얻는다(식 (2.2.10) 참조). 이 작업은 코사인파의 혼합을 사각파의 동일한 혼합으로 변형한다.

연습문제

1. $y = T_n(x)$가 다음의 체비쇼프 미분방정식을 만족하는 것을 보여라.

$$(1-x^2)\frac{\mathrm{d}^2 y}{\mathrm{d}x^2} - x\frac{\mathrm{d}y}{\mathrm{d}x} + n^2 y = 0$$

2. 다음을 증명하라.

$$T_n(x) = x^n - \binom{n}{2}x^{n-2}(1-x^2) + \binom{n}{4}x^{n-4}(1-x^2)^2 - \cdots$$

   힌트: 드무아브르De Moivre의 공식과 이항 정리를 사용하라.

3. $-1 \le x \le 1$과 $0 \le n \le 5$에 대해 $y = T_n(x)$의 그래프를 그려라.

09
음악의 대칭

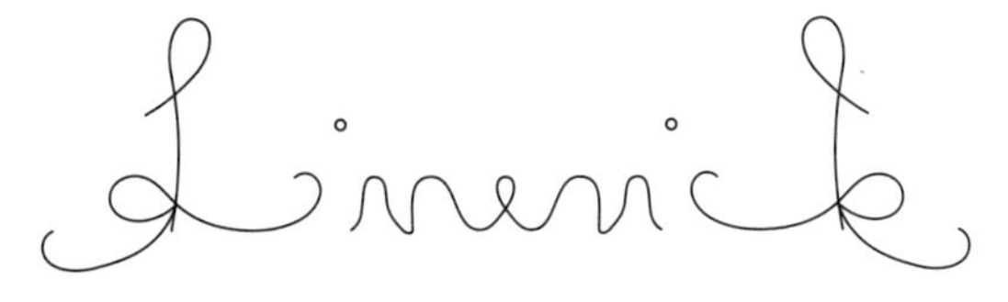

First, let me explain that I'm cursed;
I'm a poet whose time gets reversed.
Reversed gets time
Whose poet a I'm;
Cursed I'm that explain me let, first.

먼저 저주 받은 것을 설명한다.
나는 시인인데 시간이 거꾸로 흐른다.
거꾸로 시간이 흐른다.
나는 그런 시인이다.
저주 받은 것을 설명한다. 먼저.

9.1 대칭

음악은 많은 대칭을 갖는다. 여기서는 음악에서 나타나는 대칭과 대칭을 서술하는 수학적 언어인 군 이론을 설명한다.

몇 가지 예로서 시작한다. 이동 대칭translational symmetry은 그림 9.1과 같다. 다음 절에서 설명하는 군 이론에서 대칭은 무한 순환 그룹infinite cyclic group을 형성한다. 음악에서, 이것은 리듬, 멜로디 또는 다른 패턴들의 반복으로 표현된다. 그림 9.2는 베토벤의 월광 소나타

Moonlight Sonata Op. 27 No. 2의 오른손 시작 부분이다.

물론 실제 음악은 길이가 유한하므로 진정한 이동 대칭을 가질 수 없다. 실제로 음악에서 근사 대칭이 완벽한 대칭보다 훨씬 더 일반적이다. 음악적 개념인 시퀀스sequence가 이에 대한 좋은 예다. 시퀀스는 이동하며 반복되는 패턴으로 구성된다. 그러나 이동은 일반적으로 완전히 정확하지 않다. 음정은 동일하지 않으며 화성에 맞게 수정된다.

예를 들어 그림 9.3에 표시한 시퀀스는 오르간을 위한 바흐의 토카타와 푸가 라단조Toccata and Fugue in D minor, BWV 565이다. 일반적인 움직임은 아래쪽이지만 적절한 화성을 위해 셋잇단음의 반음 수는 지속적으로 변한다.

반사 대칭은 그림이나 구의 도치 형태로 음악에 나타난다. 예를 들어 그림 9.4의 벨라 바르톡Béla Bartók의 다섯 번째 현악 4중주Fifth String Quartet의 한 마디는 수평축이 B♭인 반사 대칭을 보여준다. 하단 선율을 상단 선율을 도치해서 얻을 수 있다. 여기서 대칭군은 차수 2인 순환군이다.

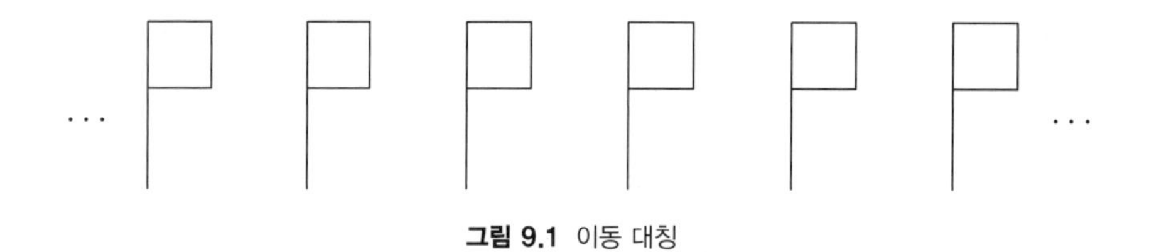

그림 9.1 이동 대칭

그림 9.2 베토벤의 월광 소나타 시작 부분

그림 9.3 바흐의 토카타와 푸가 라단조의 일부

그림 9.4 바르톡의 다섯 번째 현악 4중주 중 한 마디. 부시 앤 혹스의 허가를 받고 기재

이런 대칭은 성격상 좀 더 광역적일 수도 있다. 예를 들어 리하르트 슈트라우스Richard Strauss의 엘렉트라Elektra(1906–1908)에서 대칭은 개별 음표 선택에는 거의 역할을 하지 않지만 조성 선택에는 분명한 영향을 준다. 입부는 D단조로 아가멤논의 동기로 시작한다. 그런 다음 엘렉트라의 동기는 B단조와 F단조 3화음으로 구성되며 D를 중심으로 대칭적으로 배치된다. 그런 다음 엘렉트라의 독백에서 아가멤논은 B♭와 연관되고 클리타임네스트라는 F♯과 연관돼, 다시 D를 중심으로 대칭이다. 오페라는 처음의 D의 양쪽에서 이런 식으로 계속된다. 끝부분은 C장조로 돼 있고 마지막 4개 마디에서 장3화음 E가 두드러진다. 이런 관찰은 안토콜레츠Antokoletz, "벨라 바르톡의 음악The Music of Bela Bartok"의 15–16페이지에서 인용한 것이다.

그림 9.5 쇼팽의 "왈츠", Op. 34 No. 2, 왼손 부분

더 일반적으로 수평 반사와 시간에 따른 이동이 결합한다. 예를 들어 쇼팽의 왈츠, Op. 34 No. 2의 왼손 부분은 그림 9.5와 같이 시작한다. 왼손의 상단 선율의 각 마디가 도치돼 다음 마디를 형성한다. 시간에 따른 변위로 실제로 이것은 **미끄럼 반사 변환**glide reflection이다. 즉, 이동 변환 후에 이동 방향과 평행한 거울에 대한 반사가 뒤따른다. 군 이론의 용어로서 이것은 무한 순환 그룹의 또 다른 표현이다. 그림 9.7을 참조하라.

음악에서 대칭이 중요한 이유는 패턴의 규칙성에서 다음에 올 것에 대해 기대할 수 있기 때문이다. 그러나 지루함을 방지하기 위해 때때로 기대를 저버리는 것이 중요하다. 좋은 음악은 예측 가능성과 놀라움의 적절한 균형이 중요하다.

위의 예에서 반사 대칭을 위한 거울 선은 수평이다. 수직 거울 선으로 시간 반사 대칭을 갖도록 해 음표가 **회문**palindrome을 형성하는 것도 가능하다. 예를 들어, 상승하는 음계 다음에 하강하는 음계가 오는 것은 이런 종류의 반사 대칭을 갖는다. 그림 9.8에 표시한 기본 성악 연습은 이런 예다. 여기서 대칭군은 차수 2인 순환군이다.

이것은 회문과 음악적 등가이다. 이러한 종류의 대칭을 포함하는 음악 형식의 한 예는 **역행 캐논**retrograde canon 또는 **그랩 캐논**crab canon이다. 이 용어는 캐논 형태로 선율을 앞뒤로 동시에 연주해 시간 반사 대칭을 나타내는 작품을 의미한다. 예를 들어 바흐의 **음악적 헌정**Musical Offering(BWV 1079)은 이러한 방식으로 그림 9.9와 같이 18마디로 구성된 프리드리히 대왕의 왕실 주제를 동시에 앞뒤로 연주해 형성한 역행 캐논이다. 첫 번째 성부는 첫 번째 마디의 시작 부분에서 시작해 끝까지 앞으로 연주하는 반면, 두 번째 성부는 마지막 마디의 끝에서 시작해 처음으로 뒤로 연주한다. 다른 예를 이 절의 끝에 있는 "들을거리"에서 찾을 수 있다. 바흐의 "음악적 헌정"의 다른 곡은 대칭과 형식을 사용한 다른 까다로운 방법을 다양하게 보여준다.

회전 대칭의 예 또한 음악에서 찾을 수 있다. 예를 들어 그림 9.10의 4음 악구는 두 번째 박자 끝에 음높이 D♯이 중심인 완벽한 회전 대칭을 갖는다.

Der Spiegel (The Mirror) Duet

VIOLIN I *Allegro* ♩=120

W.A. Mozart

mf

VIOLIN II *Allegro*

Public Domain. Sequenced by Fred Nachbaur using NoteWorthy
Confused? Try playing this from opposite sides of a table.

(Note: the attribution to Mozart is dubious)

그림 9.6

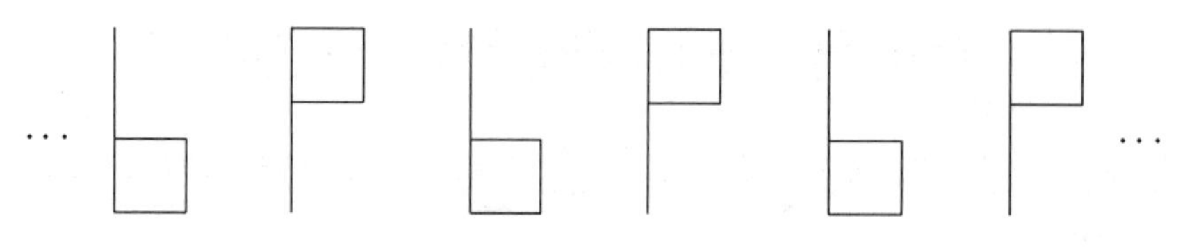

그림 9.7 미끄럼 반사 변환

그림 9.8 보컬 연습

그림 9.9 프리드리히 대왕의 주제

그림 9.10 회전 대칭

도플갱어

아내와 함께 외로운 집에 들어가며
나는 그를 처음 보았다
덤불 뒤에서 은밀히 들여다보며
움직이는 검은 물체,
그림자 속의 형상,
순간 반짝이는 눈이
너덜너덜한 달에 드러났다.
자세히 보니 (돌아보는 것 같은)
그에게 벗어날 수 있을 것 같았다.
감히 그러지 못했다.
(내가 이해하지 못한 이유로),
일단 행동해야 한다는 걸 알면서도.

나는 어리둥절해 혼자 숨어서
문에 다가오는 여자를 바라봤다.
그가 왔고 웅크린 그를 보았다.
밤마다
밤마다
그가 왔고, 웅크린 그를 보았다.
문에 다가오는 여자를 바라봤다.

나는 어리둥절해 혼자 숨어서
일단 행동해야 한다는 걸 알면서도.
감히 그러지 못했다.
그에게 벗어날 수 있을 것 같았다.

자세히 보니 (돌아보는 것 같은)
너덜너덜한 달에 드러났다.

순간 반짝이는 눈이
그림자 속의 형상,
움직이는 검은 물체,

덤불 뒤에서 은밀히 들여다보며
나는 그를 처음 보았다
아내와 함께 외로운 집에 들어가며.

린든(J. A. Lyndon), 베거슨(H.W. Bergerson)
"회문 모음집(Palindromes and Anagrams)" 1973에서 인용

라벨Ravel의 스페인 광시곡Rhapsodie Espagnole(1908)에서 이 4음 악구는 여러 번 반복된다. 이것은 실제로 그림 9.11과 같이 이동과 회전이 있음을 의미한다. 군 이론에서 대칭은 무한 이면체군infinite dihedral group을 형성한다.

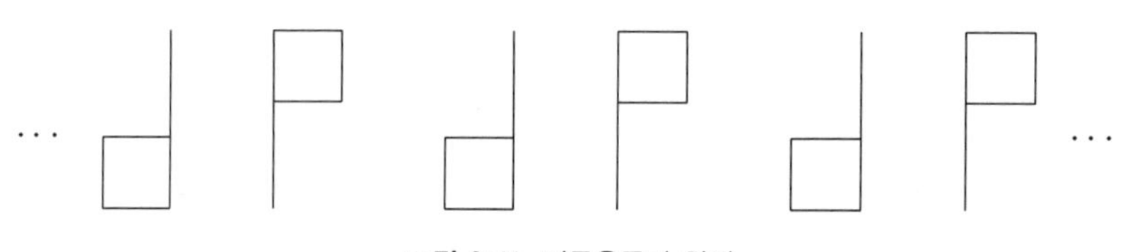

그림 9.11 이동운동과 회전

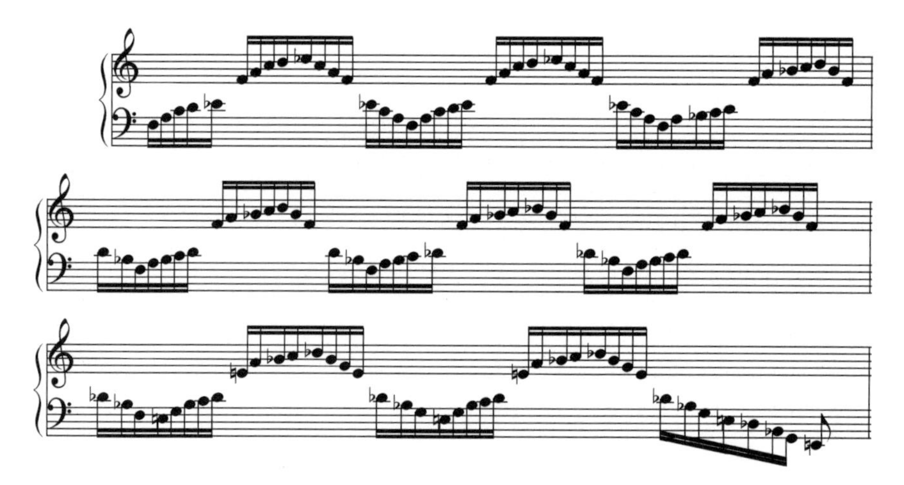

그림 9.12 모차르트의 "카프리치오", K. 395

그림 9.12에서 모차르트의 피아노를 위한 카프리치오Capriccio K. 395의 중간 부분에서, 대칭은 근사적이다. 오른손 음표의 선율은 점진적인 상승 후에 가파른 하강을 갖는 반면, 왼손 음표의 선율은 가파른 하강 후에 점진적인 상승을 갖는 것을 쉽게 관찰할 수 있다. 각 쌍의 선율은 앞의 것과 약간 다르기 때문에 지루하지 않다. 반복의 기대는 마침내 낮은 E♯까지 하강이 계속되는 마지막 선율에서 좌절한다.

수평으로 반복되는 패턴을 프리즈 패턴frieze pattern이라고도 하며 7가지 유형으로 분류한다. 그림 9.13에 나와 있는 번호 체계는 수학자와 결정학자들이 일반적으로 사용하는 국제 번호 방식이다. 이름의 이유는 그다지 명확하지 않다(예로서 Grünbaum and Shephard의 39페이지와 44페이지 참조하라). 추상군은 9장의 뒷부분에서 설명한다.

보기	이름	추상 군
	p111	$\mathbb{Z}$
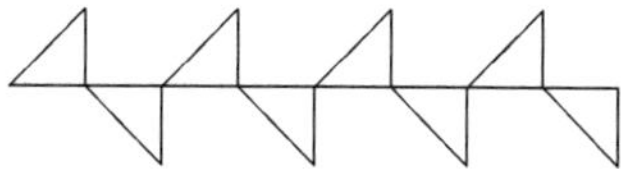	p1a1	$\mathbb{Z}$
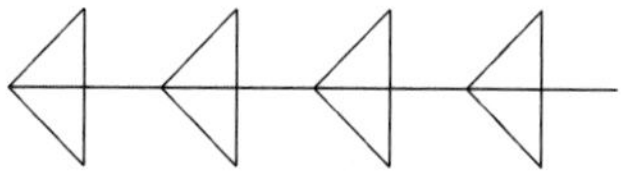	p1m1	$\mathbb{Z} \times \mathbb{Z}/2$
	pm11	D_∞
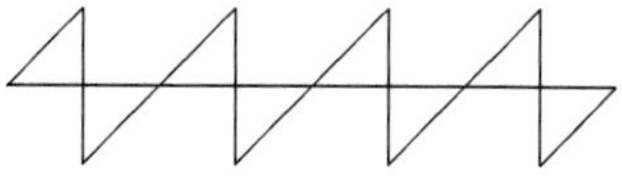	p112	D_∞
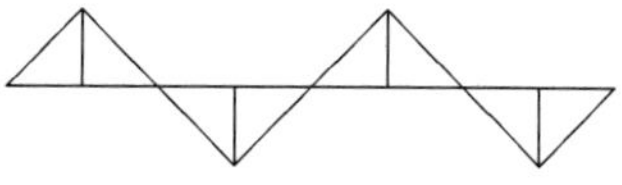	pma2	D_∞
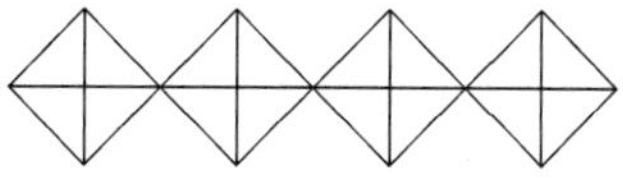	pmm2	$D_\infty \times \mathbb{Z}/2$

그림 9.13 7가지 프리즈 유형

예로서, 그림 9.5의 쇼팽 왈츠 왼손부 윗쪽 선율은 프리즈 유형 p1a1에 속하고, 그림 9.10의 라벨은 경우는 프리즈 유형 p112에 속한다.

연습문제

1. 벨라 바르토크의 *Music for Strings, Percussion and Celeste*에서 (부시 앤 훅스의 허락 하에) 인용한 다음에는 어떤 대칭이 존재하는가? 그 대칭은 근사인가?

2. *The Lamb*의 다음 마디에서 대칭을 찾아라(존 타베너 작곡, 윌리엄 블레이크 작사. Copyright 1976, 1989 체스터 뮤직 유한회사 판권 소유. 국제 저작권 확보. 허가를 얻어 재인쇄). 대칭은 근사적인가?

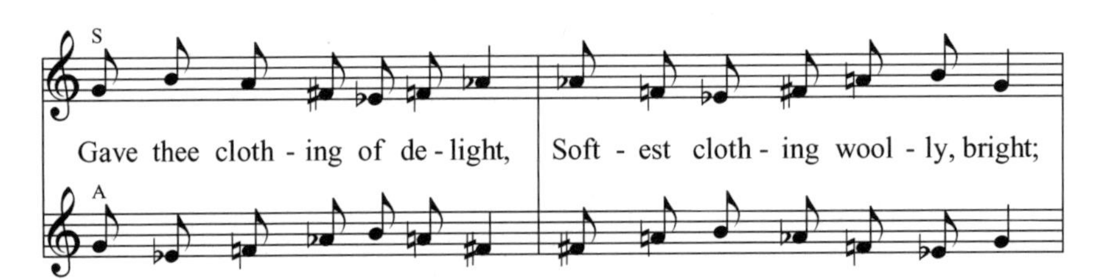

3. 쇤베르크의 크라비어슈트크 Op. 33a의 처음 두 마디에 있는 대칭은 찾아내기 어렵다.

원주상에 화음을 그리면 대칭을 찾는 데 도움이 될 것이다. 화음은 다음과 같다.

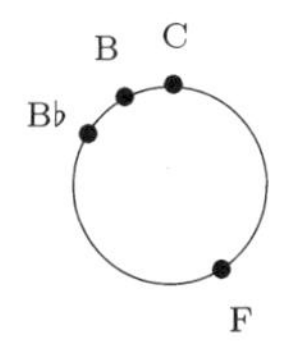

4. 드뷔시Debussy의 몽상Réverie의 처음 몇 마디에 나타난 프리즈 패턴은 무엇인가?

5. (Perle, 1977, 20페이지) 베르그Berg의 서정 모음곡Lyric Suite의 2-4마디인 다음에서 대칭을 찾아라.

질문 3에서와 같이 원에 음표를 그린 후에 6개씩 두 세트로 나누는 것이 도움이 될 것이다.

그림 9.14 피아노에서 대칭

읽을거리

Elliott Antokoletz, *The Music of Béla Bartók*, University of California Press, 1984.

Bruce Archibald, Some thoughts on symmetry in early Webern, *Perspectives in New Music* **10** (1972), 159–163.

K. Bailey, Symmetry as nemesis: Webern and the first movement of the Concerto, Opus 24, *J. Music Theory* **40** (2) (1996), 245–310.

J. W. Bernard, Space and symmetry in Bartók, *J. Music Theory* **30** (2) (1986), 185–201.

F. J. Budden, *The Fascination of Groups*, Cambridge University Press, 1972. 23장의 제목이 군과 음악이다.

Branko Grünbaum and G. C. Shephard, *Tilings and Patterns, an Introduction*. W. H. Freeman and Company, 1989.

E. Lendvai (1993), *Symmetries of Music*.

R. P. Morgan, Symmetrical form and common-practice tonality, *Music Theory Spectrum* **20** (1) (1998), 1–47.

D. Muzzulini, Musical modulation by symmetries, *J. Music Theory* **39** (2) (1995), 311–327.

L. J. Solomon, New symmetric transformations, *Perspectives in New Music* **11** (2) (1973), 257–264.

George Perle, Symmetric formations in the string quartets of Béla Bartók, *Music Review* **16** (1955), 300–312.

들을거리(부록 G 참조)

William Byrd, *Diliges Dominum*. 이것은 완벽한 회문을 형성하는 시간 반사 대칭을 보여준다.

요제프 하이든의 소나타 41번 가장조 *Menuetto al rovescio* 부분도 완벽한 회문을 보여준다.

파울 힌데미트Paul Hindemith의 루두스 토날리스Ludus Tonalis를 구성하는 작품 25개의 처음과 마지막은 전주곡praeludium과 후주곡postludium이다. 후자는 전자를 완전하게 회전하고 마지막 마디 하나를 추가해 얻어진다.

기욤 드 마쇼Guillaume de Machaut의 나의 끝은 나의 시작Ma fin est mon commencement. 회문 테너 선율을 가지는 삼성부의 역행 캐논을 가진다. 다른 두 선율은 서로의 정확한 시간적 반사 대칭이다.

그림 9.15 도치 가능한 대위법을 사용하는 미완성 건반 악보. 피터 스켈레 교수의 "The definitive biography of P.D.Q. Bach (1807 – 1742)", 랜덤 하우스, 1976에서 인용

9.2 은자카라의 하프

여기서는 Chemillier(2002)에서 인용한 예를 살펴본다. 중앙아프리카공화국, 콩고, 수단의 은자카라Nzakara와 잔데Zande 사람들은 현재 방치된 상태의 궁정 전통 음악을 갖고 있다. 음악은 다섯 현의 하프 반주에 맞춰 부르는 시로 구성된다. 하프 연주자는 반복 패턴의 형식을 가지는 음표 쌍을 연주한다.

하프의 다섯 현은 대략 C, D, E, G, B♭로 표기할 수 있는 음으로 조율된다. 이들 5개의 현은 선형 순서가 아닌 순환 순서를 갖는 것으로 간주하며 가장 낮은 현이 가장 높은 현에 인접한 것으로 간주한다.

```
      0
  4       1
    3   2
```

현을 쌍으로 뜯고, 한 쌍의 두 현은 원주상에서 인접하지 않는다. 그래서 가능한 쌍은 5개뿐이다. 현의 쌍은 고유한 공통 이웃을 가지며, 이 공통 이웃을 사용해 쌍을 표기할 수 있다. 따라서 다섯 쌍은 다음과 같다.

표기	현의 쌍	
0	1	4
1	0	2
2	1	3
3	2	4
4	0	3

반복되는 현의 패턴은 은그바키아ngbákiá, 리만자limanza, 기탕기gitangi라는 이름을 갖는 범주로 구분된다. 리만자 선율의 예는 다음 쌍의 시퀀스를 반복한다.

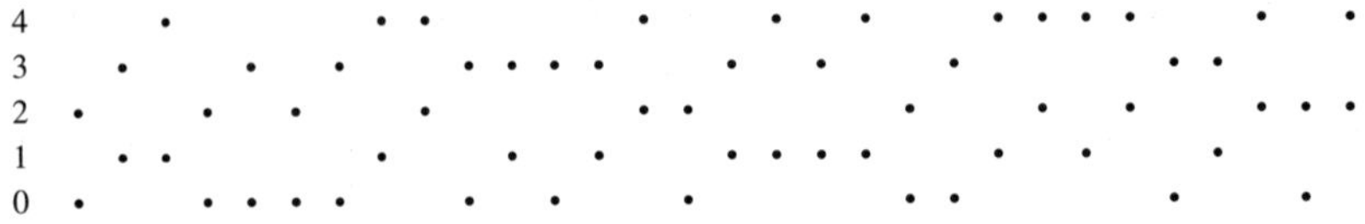

```
4     •         • •         •     •   •     • • • •     •   •
3   •     •   •     • • • •     •   •     •           • •
2 •     •   •     •         • •       •     •   •       • • •
1   • •         •     •   •     • • • •     •   •     •
0 •     • • • •     •   •     •         • •         •     •
```

이 책의 표기를 사용하면 다음의 수열을 얻는다.

120141403424231202014030342231 3

언뜻 보기에는 패턴이 없는 것 같다. 그러나 다음과 같이 6개의 그룹으로 나눈다.

12 014140 342423 120201 403034 2313

패턴이 반복돼야 하기 때문에 초기 쌍은 6개의 그룹을 만들기 위해 4개의 마지막 그룹의 끝에 있는 것으로 생각한다.

014140 342423 120201 403034 231312

이제 6개의 각 그룹을 이전 그룹에서 5개의 문자열 주기 아래로 두 자리 이동해 얻을 수 있는 것을 볼 수 있다. 이것은 일종의 비틀린 이동 대칭을 형성한다.

또한 일종의 회전 대칭이 있다(이로부터 위에서 처음에 있는 것을 뒤로 보낸 이유를 알 수 있다). 시간을 반대로 하면 다음을 얻는다.

213132 430304 102021 324243 041410

그런 다음 문자열 x를 문자열 $2 - x \pmod 5$로 대체해 5개 문자열의 순환 순서를 반대로 한다. 그러면 다음의 수열을 얻는다.

014140 342423 120201 403034 231312

이것은 원래 수열과 동일하다.

연습문제

다음은 Chemillier에서 인용한 반복되는 은그바키아 하프 선율이다.

4			•	•			•			•
3		•			•	•			•	
2	•			•			•	•		
1			•			•			•	•
0	•	•			•			•		

이 패턴에서 대칭을 찾아라.

읽을거리

Marc Chemillier, Mathématiques et musiques de tradition orale, pages 133 – 143 of Genevois and Orlarey (1997).

Marc Chemillier, Ethnomusicology, ethnomathematics. The logic underlying orally transmitted artistic practices, pages 161 – 183 of Assayag *et al*. (2002).

들을거리(부록 G 참조)

Marc Chemillier, *Central African Republic. Music of the former Bandia courts*.

9.3 집합과 군

대칭의 개념을 서술하는 수학적 구조는 군group이다. 여기서는 군 이론의 기본 공리와 이런 공리가 대칭을 어떻게 서술하는지에 대해 설명한다.

집합set은 단순히 객체의 모음이다. 집합의 객체를 집합의 원소element라 한다. 객체 x가 집합 X의 원소임을 표기하기 위해 $x \in X$로 쓰고, x가 X의 원소가 아님을 표기하기 위해 $x \notin X$로 쓴다.

엄밀히 말하면 집합은 너무 커서는 안 된다. 예를 들어 모든 집합의 모임은 집합이 되기에는 너무 커서 이것을 집합으로 허용하면 다음과 같은 러셀Russell의 역설이 발생한다. 모든 집합의 모임을 집합으로 간주하면, 집합이 자신의 원소가 될 수 있다. 즉 $X \in X$이다. 이제, $X \notin X$가 되는 모든 집합 X로 구성된 집합 S를 구성한다. $S \notin S$이면 S는 S에 속하기 위한 조건을 만족하는 집합 X 중 하나이므로 $S \in S$가 가 된다. 반면 $S \in S$이면 S는 이런 집합 X 중 하나가 아니므로 $S \notin S$가 된다. 이런 모순된 결론이 러셀의 역설이다. 다행히 유한 개와 가산 무한 모임은 충분히 작아서 집합이 되며 이 책에서는 이런 집합에만 관심을 갖는다.[1] 집합 X가 유한하면 $|X|$는 X의 원소 개수를 나타낸다.

군은 연산을 가지는 집합 G이다. 연산은 곱이라 표현하며 두 원소 g와 h를 선택해 곱하면 gh로 표기하는 G의 원소가 된다. G가 군이 되려면 G의 모든 요소 g와 h의 쌍에 대해 이 곱셈을 정의되고 다음의 공리 세 개를 만족해야 한다.

(i) (결합 법칙) G의 원소 g, h, k가 주어지면(서로 다를 필요는 없음), gh에 k를 곱하면 g에 hk를 곱한 것과 같다.

$$(gh)k = g(hk)$$

(ii) (항등원) 다음의 성질을 가지는 항등원identity element이라는 원소 $e \in G$가 존재한다. 모든 원소 $g \in G$에 대해 $eg = g$와 $ge = g$를 만족한다.

(iii) (역원) 모든 원소 $g \in G$에 대해 g^{-1}로 표기하는 역원inverse을 가진다. $gg^{-1} = e$이고 $g^{-1}g = e$를 만족한다.

---

1 집합론에 대한 합리적이며 현대적이고 정교한 입문서로 W. Just and Weese, "Discovering Modern Set Theory", two volumes, published by the American Mathematical Society, 1995를 추천한다. 정교한 현대 집합론은 음악 이론에 필요하지 않다.

군이 반드시 교환 법칙을 만족해야 하는 것이 아님에 주의해야 한다. 아벨군abelian group은 공리 (i)~(iii)에 추가해 다음 공리를 만족하는 군이다.

(iv) (교환 법칙)[2] G의 원소 g와 h가 주어지면 $gh = hg$가 성립한다.

군에 대해 **곱셈표**multiplication table를 작성할 수 있다. 예로서, 다음은 세 개의 원소를 가지는 군의 곱셈표이다.

	e	a	b
e	e	a	b
a	a	b	e
b	b	e	a

군의 원소 g와 h의 곱셈은 g행과 h열의 원소가 gh이다. 예로서 위의 표에서 $ab = e$가 되는 것을 알 수 있다. 위의 표가 대각선에 대해서 대칭이므로 군은 아벨군이 된다. 다음 곱셈표는 6개의 원소를 가지는 비아벨군 G에 관한 것이다.

	e	v	w	x	y	z
e	e	v	w	x	y	z
v	v	w	e	y	z	x
w	w	e	v	z	x	y
x	x	y	z	e	v	w
y	y	z	x	w	e	v
z	z	x	y	v	w	e

이 군에서, $xy = v$이지만 $yx = w$이다. 그러므로 아벨군이 되지 못한다. G가 6개의 원소를 가지는 것을 $|G| = 6$으로 표기한다.

물론, 군의 원소가 유한 개일 필요는 없다. 예로서, 덧셈을 연산자로 가지는 정수의 집합 Z는 아벨군이 된다. 일반적으로, 아벨군에 대해 군 연산자를 덧셈으로 표현한다. 덧셈 연산자에 대한 항등원은 0이고, 정수 n에 대한 덧셈 역원은 $-n$이다.

이제는 곱셈표가 군을 서술하는 좋은 방법이 되지 못하는 것을 알 수 있다. 위의 표가 공리 (i)~(iii)를 만족하는지를 확인하고 싶다고 가정한다. 그러면 결합 법칙에 대해서만 $6 \times 6 \times 6 = 216$번의 확인이 필요하다. 천 개 이상의 원소, 심지어 백만 개의 원소를 갖

---

2 군 이론에서처럼 실생활에서 연산이 교환 법칙을 만족하는 경우는 거의 없다. 예를 들어, 양말을 신고 난 후에 신발을 신는 것은 반대로 하게 되면 매우 달라진다. 결합 법칙은 훨씬 더 일반적으로 만족한다.

는 군에 대해 확인을 하는 것을 상상해보라.

다행히 순열군permutation group을 기반으로 하는 더 좋은 방법이 있다. 집합 X의 순열permutation은 X에서 Y로 가는 함수 f이며, X의 모든 원소 y는 유일한 $x \in X$에 대해 $f(x)$로 표기할 수 있다. 이것은 X에서 자기 자신으로 가는 전단사함수bijective가 된다. 그러므로 f는 역함수 f^{-1}을 가지며, y는 다시 x로 보낸다. 결국 $f^{-1}(f(x)) = f^{-1}(y) = x$이며 $f(f^{-1}(y)) = f(x) = y$이다.

예를 들어, $X = \{1, 2, 3, 4, 5\}$일 때 다음으로 정의하는 f는 X의 순열이 된다.

$$f(1) = 3, \quad f(2) = 5, \quad f(3) = 4, \quad f(4) = 1, \quad f(5) = 2$$

이것의 역함수는 다음으로 주어진다.

$$f^{-1}(1) = 4, \quad f^{-1}(2) = 5, \quad f^{-1}(3) = 1, \quad f^{-1}(4) = 3, \quad f^{-1}(5) = 2$$

유한 집합에 대해 순열을 표기하는 두 가지 방법이 있다. 둘 다 유용하다. 첫 번째 방법은 X의 원소와 변환되는 것을 나열하는 것이다. 위의 예를 이 표기로 나타내면 다음이 된다.

$$\begin{pmatrix} 1 & 2 & 3 & 4 & 5 \\ 3 & 5 & 4 & 1 & 2 \end{pmatrix}$$

다른 표기법은 순환 표기cycle notation이다. 위의 예의 경우, 1이 3이 되고 이것은 다시 4가 돼서 결국 1로 돌아온다. 그리고 2는 5가 되고 다시 2가 된다. 그래서 순열을 다음과 같이 표기한다.

$$f = (1, 3, 4)(2, 5)$$

이 표기법은 유한 집합의 원소에 순열을 계속 적용하면 결국 시작점으로 다시 돌아온다는 것에 기반한다. 집합 전체를 이런 방식으로 서로 다른 순환으로 분리할 수 있고, 각각의 원소는 각 순환에 오직 하나에만 포함된다. 순열이 순환 표기로 작성되면 원소에 대한 영향을 조사하기 위해서는 원소가 포함된 순환을 찾아야 한다. 원소가 순환의 끝부분에 있지 않는 경우에는, 순열은 이 원소를 순환의 다음 원소로 보낸다. 순환의 끝부분에 있는 경우에는 순열을 이 원소를 순환의 시작 원소로 보낸다. 순환의 길이는 순환에서 나타난 원소의 개수이다. 순환의 길이가 1이면, 이 순환에 나타난 원소는 순열의 고정점fixed point이 된다. 순열의 순환 표기법에서 고정점은 종종 생략한다.

순열을 곱하는 것은 함수의 합성이다. 위의 예에서, 다음으로 주어지는 같은 집합 X에 작용하는 다른 순열 g가 있다고 가정한다.

$$g = \begin{pmatrix} 1 & 2 & 3 & 4 & 5 \\ 2 & 5 & 1 & 4 & 3 \end{pmatrix}$$

순환 표기법으로 표현하면 다음이 된다.

$$g = (1, 2, 5, 3)(4)$$

이 표기에서 고정점 4를 생략하면 $g = (1,2,5,3)$으로 표기할 수 있다. 그러면 $f(g(1)) = f(2) = 5$이다. 이런 계산을 계속하면 fg는 다음 순열이 된다.

$$fg = \begin{pmatrix} 1 & 2 & 3 & 4 & 5 \\ 5 & 2 & 3 & 1 & 4 \end{pmatrix} = (1, 5, 4)$$

반면에 gf는 다음 순열이다.

$$gf = \begin{pmatrix} 1 & 2 & 3 & 4 & 5 \\ 1 & 3 & 4 & 2 & 5 \end{pmatrix} = (2, 3, 4)$$

항등 순열identity permutation은 X의 원소를 자기 자신으로 보낸다. 위의 예에서 항등 순열은 다음이다.

$$e = \begin{pmatrix} 1 & 2 & 3 & 4 & 5 \\ 1 & 2 & 3 & 4 & 5 \end{pmatrix} = (1)(2)(3)(4)(5)$$

항등 순열에서 고정점을 제거하면 다소 놀라운 빈 공간이 돼서 항등원을 표기하는 e로 채워 둘 것이다.

순열의 **차수**order는 항등 순열이 될 때까지 자기 자신을 적용하는 횟수이다. 예로서, f는 차수 6이며 g는 차수 4이며 fg와 gf는 둘 다 차수 3이다. 임의의 군의 원소 g에 대한 차수 또한 같은 방법으로 정의한다. 즉, $g^n = 1$이 되는 최소 양수인 n의 값이다. 이런 n이 없으면 g는 **무한 차수**infinite order를 가진다고 말한다. 예로서, 9장의 시작부에서 소개한 이동은 무한 차수의 변환이고 반사는 차수 2인 변환이다.

순열의 세계에 교환 법칙은 성립하지 않지만, 결합 법칙은 성립하는 것을 알 수 있다. 순열의 역원은 순열이며 두 순열의 합성은 또한 순열이 된다. 그래서 순열의 모임이 군이 되는 것을 쉽게 확인할 수 있다. 항등원이 모임이 속하고, 이 모임에 속하는 순열에 대한 역원과 합성이 여전히 이 모임이 속하는 것을 확인해야 한다.

집합 X에 대한 "모든" 순열의 집합은 군이 되며 집합 X에 대한 **대칭군**symmetric group이라 한다. 군의 곱셈은 위와 같이 순열의 합성으로 주어진다. X에 대한 대칭군을 $\mathrm{Symm}(X)$로 표기한다. $X = \{1, 2, \ldots, n\}$이 1부터 n까지 정수의 집합이면, $\mathrm{Symm}(X)$를 S_n으로 표기한다. 집합 X와 $\mathrm{Symm}(X)$의 크기가 매우 차이가 나는 것에 주의한다. $X = \{1, 2, \ldots, n\}$이면 X는 n개의 원소를 가진다. 그러나 $\mathrm{Symm}(X)$는 $n!$개의 원소를 가진다. 이를 확인하기 위해, $f \in \mathrm{Symm}(X)$가 주어지면, $f(1)$에 대해 n개의 가능성이 있다. $f(1)$의 값을 결정했으면 $f(2)$에 대해 $n - 1$개의 가능성이 있다. 이런 식으로 계속하면, f에 대한 가능성은 $n(n-1)(n-2)\cdots1 = n!$이 된다.

순환군permutation group의 정의는 적절한 집합 X에 대해 $\mathrm{Symm}(X)$의 부분군이다. 일반적으로 군 G의 **부분군**subgroup H는 G에서 상속을 받은 곱에 대해 군이 되는 G의 부분 집합이다. 이것은 항등원이 H에 속하고 H의 원소의 역원이 다시 H에 속하고 H 원소들의 곱이 H에 속하는 것을 의미한다. X에 대한 순열 집합 H가 군이 되는 것을 확인하기 위해서는 H가 $\mathrm{Symm}(X)$의 부분군이 되는 앞의 세 가지 조건만 확인하면 된다. 결합 법칙은 모든 순열에 대해서 성립하므로 따로 확인할 필요는 없다.

연습문제

1. g와 h가 군의 원소일 때, gh와 hg가 항상 같은 차수를 갖는 이유를 설명하라.
2. 함수의 합성이 결합 법칙을 만족하는 것을 보여라.

읽을거리

Hans J. Zassenhaus, *The Theory of Groups*. Dover reprint, 1999. 이 책은 원래 첼시Chelsea에서 1949년에 출판됐고, 군론에 대한 좋은 입문서이다.

9.4 종소리 바꾸기

종소리 바꾸는 기술은 영국 특유의 것이며, 대부분의 영국 특징과 마찬가지로 다른 나라에서는 이해하기 어렵다. 예를 들어 벨기에 음악가에게는 세심하게 조율된 종의 고리를 사용하는 것이 종소리를 연주하는 적절한 방법으로 보인다. 영국의 종 학자(campanologist)에 따르면 곡 연주는 외국인에게만 적합한 유치한 게임으로 간주된다. 종의 적절한 사용은 수학적 순열과 조합을 이용하는 것이다. 그가 종의 음악에 대해 말할 때 음악가의 음악을 의미하는 것이 아니며, 심지어 평범한 사람이 음악이라 하는 것이 아니다. 사실 일반인들에게 종소리는 단조롭고 귀찮은 일이며, 먼 거리와 감상적인 관계로 완화될 때만 참을 만하다. 실제로 체인지링거(change-ringer)는 순열을 생성하는 방법 사이의 음악적 차이를 구별한다. 예를 들어 그는 힌더벨(hinder bell)이 7, 5, 6 또는 5, 6, 7 또는 5, 7, 6을 울리는 곳에서 음악이 항상 더 예쁘고, 소리가 나는 곳에서 티툼스(Tittums)의 5도와 퀸(Queen)의 변화의 계단식 3도의 연속을 감지하고 승인할 수 있다고 주장한다. 그러나 그가 실제로 의미하는 것은 밧줄과 바퀴로 울리는 영국식 방법에 의해, 각각의 종이 가장 충만하고 고귀한 음을 낸다는 것이다. 그의 열정으로(이것은 열정이다) 수학적 완전성과 기계적 완벽성에서 만족을 찾고, 그의 종이 리드(lead)에서 힌더(hinder)로 리드미컬하게 위아래로 나아가는 동안 그는 수행하는 복잡한 의식에서 오는 엄숙한 도취에 흠뻑 젖는다.

도로시 세이어스(Dorothy L. Sayers), "아홉 번의 종소리(The Nine Tailors)", 1934

앞의 절 마지막에서 설명한 대칭군은 **종소리 바꾸기**change ringing 또는 **종학**campanology을 이해하는 데 필수적이다. 이 기술은 10세기에 영국에서 시작돼 오늘날까지 수많은 영국 교회에서 계속된다. 교회 탑에 있는 흔들리는 종들은 밧줄을 당겨서 작동한다. 일반적으로 종은 6개에서 12개 정도가 있다. 문제는 종이 무거워서 종이 울리는 타이밍을 바꾸기가 쉽지 않다는 것이다. 일례로 8개의 종이 있다면 다음 순서대로 연주된다.

$$1, 2, 3, 4, 5, 6, 7, 8$$

그런 뒤 다음 라운드에서 수열에서 일부 인접한 벨의 타이밍을 변경해 다음을 생성할 수 있다.

$$1, 3, 2, 4, 5, 7, 6, 8$$

그러나 종소리의 타이밍의 순서에서 위치를 두 개 이상 이동할 수 없다. 그래서 종소리를 바꾸는 일반 규칙은 종소리 구성의 일련 행을 바꾸는 것이다. 각 행은 종 세트의 순서이며 행에서 종 위치는 이전 위치와 최대 한 개 차이가 날 수 있다. 또한 마지막 행이 처음으로 돌아가는 것을 제외하고는 구성에서 행이 반복되면 안 된다. 예로서 4개의 종이 있는 플레인 밥Plain Bob은 그림 9.16과 같이 진행한다.

1 2 3 4
2 1 4 3
2 4 1 3
4 2 3 1
4 3 2 1
3 4 1 2
3 1 4 2
1 3 2 4
1 3 4 2
3 1 2 4
3 2 1 4
2 3 4 1
2 4 3 1
4 2 1 3
4 1 2 3
1 4 3 2
1 4 2 3
4 1 3 2
4 3 1 2
3 4 2 1
3 2 4 1
2 3 1 4
2 1 3 4
1 2 4 3
1 2 3 4

그림 9.16 플레인 밥

이 일련의 행은 실제로 대칭 그룹 S_4을 돌아다닌다. 따라서 첫 번째 행이 마지막에 반복되는 것을 제외하고 $4! = 24$개의 S_4 원소가 목록에 정확하게 한 번씩 나타난다.

표기법을 바꾸기 위해서 행을 종에서 시간 슬롯까지의 함수로 생각한다. 한 행에서 다음 행으로 이동하기 위해 시간 슬롯 세트의 순열을 구성한다. 순열은 시간 슬롯을 고정하거나 인접한 시간 슬롯과 교체하는 것만 허용된다. 따라서 위의 예에서 처음 몇 단계는 순열 (1, 2)(3, 4)와 (1)(2, 3)(4)를 교대로 적용하는 것이다. 그런 다음 1 3 2 4행에 도달하면 이 방법을 계속하면 첫 행이 나오게 된다. 이를 피하기 위해 (1)(2, 3)(4) 대신 순열 (1)(2)(3, 4)를 적용한 다음 이전과 같이 계속한다. 1 4 3 2행에서 다시 이전에 사용된 행으로 이동하는 문제가 있으며 동일한 방법으로 이를 방지한다. S_4의 모든 순열을 소진하면 처음으로 돌아간다.

연습문제

플레인 헌트Plain Hunt는 다음 순열을 교대로 적용하는 것으로 구성된다.

$$a = (1, 2)(3, 4)(5, 6)\ldots$$
$$b = (1)(2, 3)(4, 5)\ldots$$

종의 개수가 n이면 몇 개의 행을 거친 후에 초기 순서로 돌아가는가?

(힌트: n이 짝수인 경우와 홀수인 경우를 구분해 생각하라.)

읽을거리

F. J. Budden, *The Fascination of Groups*, Cambridge University Press, 1972. 24장의 제목은 "종소리 바꾸기: 군과 종학"이다.

D. J. Dickinson, On Fletcher's paper Campanological groups, *Amer. Math. Monthly* **64** (5) (1957), 331–332.

T. J. Fletcher, Campanological groups, *Amer. Math. Monthly* **63** (9) (1956), 619–626.

B. D. Price, Mathematical groups in campanology, *Math. Gaz.* **53** (1969), 129–133.

R. A. Rankin, A campanological problem in group theory, *Math. Proc. Camb. Phil. Soc.* **44** (1948), 17–25.

R. A. Rankin, A campanological problem in group theory, II, *Math. Proc. Camb. Phil. Soc.* **62** (1966), 11–18.

J. F. R. Stainer, Change-ringing, *Proc. Musical Assoc., 46th Sess.* (1919–20), 59–71.

Ian Stewart, *Another Fine Math You've Got Me Into...*, W. H. Freeman & Co., 1992. 이 책의 13장은 노트르 데임의 군론학자의 종소리 바꾸기에 관한 것이다.

Richard G. Swan, A simple proof of Rankin's campanological theorem, *Amer. Math. Monthly* **106** (2) (1999), 159–161.

Arthur T. White, Ringing the changes, "*Math. Proc. Camb. Phil. Soc.*" **94** (1983), 203 – 215.

Arthur T. White, Ringing the changes II, *Ars Combinatorica* **20-A** (1985), 65 – 75.

Arthur T. White, Ringing the cosets, *Amer. Math. Monthly* **94** (8) (1987), 721 – 746.

Arthur T. White, Ringing the cosets II, *Math. Proc. Camb. Phil. Soc.* **105** (1989), 53 – 65.

Arthur T. White, Fabian Stedman: the first group theorist? *Amer. Math. Monthly* **103** (9) (1996), 771 – 778.

Arthur T. White and Robin Wilson, The hunting group, *Mathematical Gazette* **79** (1995), 5 – 16.

Wilfred G. Wilson, *Change Ringing*, October House Inc., 1965.

9.5 케일리의 정리

케일리의 정리Cayley's theorem는 군 이론의 공리가 물리적 대칭 개념을 정확히 포착하는 이유를 설명한다. 9.3절에서 설명한 공리를 만족하는 곱셈을 갖는 모든 집합인 추상군은 적절한 집합의 순열군으로 실현될 수 있다고 말한다.

이 정리에는 약간 당혹스러운 면이 있다. 어디에서 집합을 만들 것인가? 주어진 것은 군뿐이고 다른 것은 없다. 그래서 명백하게 군 자체의 원소 집합을 순열이 작용할 집합으로 사용한다. 따라서 뒷부분을 읽기 전에 순열군의 원소 집합과 순열이 작용하는 집합을 마음에서 분리해야 한다. 그렇지 않으면 다음 내용이 매우 혼란스러워진다.

G는 군이다. 그러면 각 원소 $g \in G$에 대해 원소 $h \in G$를 $gh \in G$로 보내는 Symm(G)의 순열이 대응된다. 이것은 Symm(G) 내부의 순열군으로 군 G의 복사본이라고 말하고 싶다. 이렇게 말하는 가장 좋은 방법은 그룹의 준동형homomorphism 개념을 도입하는 것이다.

집합 X에서 다른 집합 Y로의 함수function f는 X의 원소 x에 대해 잘 정의된 방식으로 Y의 원소 y를 단순히 지정하는 것이다. X의 많은 원소가 Y의 같은 원소로 갈 수 있고, Y의 모든 원소가 지정될 필요는 없다. f의 치역image은 $f(x)$ 형태를 가지는 원소로 구성된 Y의 부분 집합이다. 함수 f가 단사함수injective이면, X의 다른 두 원소가 같은 Y의 원소로 가지 않는다. 함수 f가 **전사함수**surjective이면, Y의 모든 원소가 f의 치역이 된다. 전사함수이고 동시에 단사 함수인 함수를 **전단사함수**bijective라 한다. 전단사함수는 일대일 대응이라고도 한다. 전단사함수는 **역함수**inverse를 가지는 함수와 같다. 역함수는 모든 $y \in Y$에 대해 $f(f'(y)) = y$이고 모든 $x \in X$에 대해 $f'(f(x)) = x$를 만족하는 함수 f'이다. 이름 그대로, f'은 y를 $y = f(x)$를 만족하는 유일한 x로 보낸다. 이런 용어로 표현하면, 집합 X에 대한 순열은 X에서 자기 자신으로 가는 전단사함수가 된다.

G와 H가 군이면, **준동형 사상**homomorphism $f : G \to H$는 집합 G에서 집합 H로의 '곱셈을 보존하는' 함수이다. 이 의미는 G의 항등원을 H의 항등원으로 보내고, G의 원소 g_1, g_2에 대해 다음이 만족하는 것이다.

$$f(g_1 g_2) = f(g_1) f(g_2)$$

준동형 사상 f의 치역은 H의 부분군이 되는 성질을 갖는다. 단사 함수인 준동형 사상을 **단사 준동형 사상**monomorphism이라 한다. 전단사함수인 준동형 사상을 **동형 사상**isomorphism이라 한다. G에서 H로의 동형 사상이 존재하면, G와 H는 **동형**isomorphic이라 한다. 이것은 두 군의 원소가 우연히 다른 이름을 가진 것을 제외하면 '실제로' 같은 군이라는 것을 의미한다. f가 단사 준동형 사상이면 G를 H의 부분군으로 여길 수 있다. 또는 이것으로부터 G와 H의 부분군인 치역 사이에 동형 사상을 만들 수 있다.

보기 9.5.1 정육면체의 회전 대칭군 G를 생각한다. 즉, G의 원소는 정육면체를 회전시켜 면이 시작했을 때와 같은 방향으로 정렬되도록 하는 것들이다. G 원소는 24개가 있다. 그 이유는 6개의 면 중 하나를 아래쪽으로, 4개의 다른 방법으로 회전할 수 있기 때문이다. 어떤 면을 아래쪽으로 놓을지, 회전 방법을 결정하고 나면 회전 대칭이 완전히 결정된다. gh를 얻기 위해 G의 원소 g와 h를 곱하는 것은 회전 대칭 h를 수행한 다음 회전 대칭을 g를 수행하는 것이다.

$$gh(x) = g(h(x))$$

일이 일어나는 혼란스러운 순서는 함수의 인수 왼쪽에 함수를 작성하기 때문에 $g(h(x))$가 먼저 h를 수행한 다음 g를 수행함을 의미한다.

정육면체의 대칭군 G와 원소 개수 4개인 집합에 대한 순열군 Symm$\{a, b, c, d\}$ 사이에는 동형 사상이 있다. 이것은 기호 a, b, c, d로 정육면체의 주요 대각선 네 개를 지정하고 이 기호에 대한 회전 효과를 관찰해 시각화할 수 있다.

준동형 사상으로 케일리의 정리를 다음과 같이 설명할 수 있다.

정리 9.5.2 (케일리) G가 군이고 f는 $f(g)(h) = gh$로 정의되는 G에서 Symm(G)로 가는 함수이다. 그러면 f는 단사 준동형 사상이 되며 G는 Symm(G)의 부분군과 동형이다.

증명

먼저, f가 실제로 원소 $g \in G$를 순열로 보내는 것을 확인해야 한다. 즉, $f(g)$가 전단사함수인 것을 확인해야 한다. 이것은 간단한데, $f(g^{-1})$가 역함수이기 때문이다. 그래서 $h \in G$에 대해서 다음이 성립한다.

$$f(g^{-1})(f(g)(h)) = f(g^{-1})(gh) = g^{-1}(gh) = (g^{-1}g)h = h$$

비슷하게 $f(g)(f(g^{-1})(h)) = h$가 성립한다.

분명하게 f는 G의 항등원을 항등 순열로 보낸다. f가 준동형 사상이 되는 것은 실제로 G에서 결합 법칙이 성립하는 것과 같다. 즉, 다음이 성립한다.

$$\begin{aligned} f(g_1g_2)(h) = (g_1g_2)h = g_1(g_2h) &= f(g_1)(g_2h) \\ &= f(g_1)(f(g_2)(h)) = (f(g_1)f(g_2))(h) \end{aligned}$$

마지막으로, f가 단사 함수인 것을 증명하기 위해, $f(g_1) = f(g_2)$이면 모든 $h \in G$에 대해 $f(g_1)(h) = f(g_2)(h)$가 성립한다. G의 항등원을 h로 선택하면 $g_1 = g_2$를 얻는다. □

9.6 시계 산술과 옥타브 등가

시계 산술[clock arithmetic]은 12까지 세고 다시 1에서 시작한다. 예를 들어, 시계 산술에 $6+8$을 계산하기 위해서 8에서 여섯 개를 세어 9, 10, 11, 12, 1, 2를 얻는다. 따라서 이 시스템에서는 $6+8=2$가 된다. 12 대신 0을 쓰는 것이 더 나을 것이므로 12에서 1로 이동하는 대신에 11 대신 0으로 이동한다. 그래서 다음은 시계 산술에 대한 덧셈표이다.

+	0	1	2	3	4	5	6	7	8	9	10	11
0	0	1	2	3	4	5	6	7	8	9	10	11
1	1	2	3	4	5	6	7	8	9	10	11	0
2	2	3	4	5	6	7	8	9	10	11	0	1
3	3	4	5	6	7	8	9	10	11	0	1	2
4	4	5	6	7	8	9	10	11	0	1	2	3
5	5	6	7	8	9	10	11	0	1	2	3	4
6	6	7	8	9	10	11	0	1	2	3	4	5
7	7	8	9	10	11	0	1	2	3	4	5	6
8	8	9	10	11	0	1	2	3	4	5	6	7
9	9	10	11	0	1	2	3	4	5	6	7	8
10	10	11	0	1	2	3	4	5	6	7	8	9
11	11	0	1	2	3	4	5	6	7	8	9	10

일반 산술이 아닌 시계 산술로 덧셈을 한다는 점을 강조하기 위해 다음과 같이 등호 대신 **합동**congruence 기호 ≡를 사용한다.

$$6 + 8 \equiv 2 \pmod{12}$$

좀 더 일반적으로, $a \equiv b \pmod{n}$는 $a - b$가 n의 배수임을 의미한다.

군 이론의 관점에서, 위의 덧셈표는 집합 $\{0, 1, 2, 3, 4, 5, 6, 7, 8, 9, 10, 11\}$을 군으로 만든다. 연산은 덧셈으로 표현된다. 물론 시계 연산은 교환 법칙이 성립한다. 항등원은 0이고 i의 역원은 $-i$ 또는 $12 - i$이다. 값이 0과 11 사이에 놓이도록 결정된다. 이 군을 $\mathbb{Z}/12$로 표기한다.

군 $\mathbb{Z}$에서 군 $\mathbb{Z}/12$로의 명백한 준동형 사상이 존재한다. 이것은 정수를 12의 배수 차이가 나는 0부터 11까지의 범위를 갖는 유일한 정수로 보낸다.

음악적 용어로 0에서 11까지의 숫자는 평균율의 한 옥타브에서 반음의 배수로 표현된 음정을 나타내는 것으로 생각할 수 있다. 예를 들어 1은 각 음표를 반음씩 증가시키는 다음 순열을 나타낸다.

$$\begin{pmatrix} C & C\sharp & D & E\flat & E & F & F\sharp & G & G\sharp & A & B\flat & B \\ C\sharp & D & E\flat & E & F & F\sharp & G & G\sharp & A & B\flat & B & C \end{pmatrix}$$

그러면 시계 산술의 순환하는 특성은 음계에서 옥타브 등가가 된다. 여기서 두 음이 정수배의 옥타브 차이가 나는 경우 동일한 음높이 등급에 속한다. $\mathbb{Z}/12$의 각 원소는 12개의 음높이 등급의 다른 순열을 표시하며 숫자 i는 i 반음의 상승을 나타낸다. 예를 들어, 숫자 7은 각 음표를 5도만큼 높게 만드는 순열을 나타낸다. 그러면 덧셈이 음악 음정의 덧셈으로 명백하게 해석할 수 있다.

이 순열 표현은 케일리의 정리처럼 보인다. 그러나 정확하게 하려면 옥타브 어딘가에서 시작점을 선택해야 한다. C를 0으로 표현하는 것을 선택한다. 그러면 대응은 다음과 같다.

C	C♯	D	E♭	E	F	F♯	G	G♯	A	B♭	B
0	1	2	3	4	5	6	7	8	9	10	11

이 대응에서 $\mathbb{Z}/12$의 각 원소는 케일리의 정리에 따라 옥타브의 12개 음표의 순열로 표현된다.

물론, 시계 산술의 숫자 12에는 특별한 것이 없다. n이 임의의 양의 정수이면, 원소가 0부터 $n-1$까지의 정수를 원소로 갖는 군 $\mathbb{Z}/n$을 구성할 수 있다. 덧셈은 정수를 더한 후에 결과가 올바른 범위에 있도록 n을 빼는 것으로 정의한다. 예로서, 1/4 쉼표 가온음계의 좋은 근사가 되는 31음 평균율에 관심이 있으면 군 $\mathbb{Z}/31$을 사용하면 된다.

읽을거리

Gerald J. Balzano, The group-theoretic description of 12-fold and microtonal pitch systems, *Computer Music Journal* **4** (4) (1980), 66 – 84.

Paul Isihara and M. Knapp, Basic $\mathbb{Z}_{12}$ analysis of musical chords. With loose erratum, *UMAP J*. **14** (1993), 319 – 348.

D. Lewin, A label-free development for 12-pitch-class systems, *J. Music Theory* **21** (1) (1977), 29 – 48.

Paul F. Zweifel, Generalized diatonic and pentatonic scales: a group-theoretic approach. *Perspectives of New Music* **34** (1) (1996), 140 – 161.

9.7 생성자

G가 군일 때, G의 모든 원소가 S의 원소와 그 역의 곱으로 나타나면 G의 부분집합 S가 G를 생성generate한다고 한다.[3] 단일 원소 g에 의해 생성되면 G를 순환군cyclic이라 한다. 이

3 명확히 하자면, 아무것도 없는 곱을 항등원으로 간주한다. 그래서 S가 공집합이고 G가 하나의 원소를 가지는 군이면 S는 G를 생성한다.

경우, 군의 모든 원소는 적절한 $n \in \mathbb{Z}$에 대해 g^n의 형식으로 표기할 수 있다. $n = 0$인 경우는 항등원에 해당하고 음의 값을 갖는 n은 g의 역원을 곱하는 것으로 해석할 수 있다.

순환군에는 두 가지 종류가 있다. g^n이 항등원이 되는 0이 아닌 n이 없으면 원소 g^n을 곱하는 것은 정수 n을 더하는 것과 같은 방식이다. 이 경우, 군은 정수의 덧셈군 $\mathbb{Z}$와 동형이다. g^n이 항등원이 되는 0이 아닌 n이 존재하면 필요에 따라서 역을 취해 n이 양수라 가정할 수 있다. 그런 다음 이런 성질을 가지는 가장 작은 양수를 n이라 두면 G가 앞의 절에서 설명한 $\mathbb{Z}/n$과 동형이 된다.

$\mathbb{Z}/n$의 생성자는 몇 개일까? 기초 정수론을 이용해 어떤 정수 i가 $\mathbb{Z}/n$을 생성하는지를 판단할 수 있다.

보조정리 9.7.1 d는 n과 i의 최대공약수이다. 그러면 $d = rn + si$를 만족하는 정수 r과 s가 존재한다.

증명

정수 두 개의 최대공약수를 찾는 유클리드 알고리듬에서 나온다.

여기서 유클리드 알고리듬을 설명하고 어떻게 이런 형식으로 최대공약수를 표기할 수 있는지 살펴본다. 두 개의 정수가 주어질 때, 양수인 것(그렇지 않으면 마이너스를 곱한다)과 두 번째 것이 첫 번째 것보다 큰 것(그렇지 않으면 둘을 교환한다)을 가정한다. 첫 번째 숫자가 두 번째 숫자를 나누면, 이것이 최대공약수가 된다. 그렇지 않으면, 두 번째 숫자에서 첫 번째 숫자를 음수가 나오지 않을 때까지 뺀다. 그런 다음 둘을 교환하고 이 과정을 반복한다.

예로서, 정수 24와 34가 주어졌다고 가정한다. 24가 34보다 작으므로, 34에서 24를 빼고 둘을 교환하면 이제 새로운 숫자는 10과 24이다. 다시 24에서 10을 두 번 빼고 교환하면 4와 10을 얻는다. 10에서 4를 두 번 빼고 교환하면 2와 4를 얻는다. 이제, 2는 4를 나누므로, 2가 최대공약수가 된다.

이 연산을 추적하면 2를 $r \times 24 + s \times 34$가 된다.

$$\begin{aligned}
10 &= -24 + 34 \\
4 &= 24 - 2 \times 10 = 24 - 2 \times (34 - 24) = 3 \times 24 - 2 \times 34 \\
2 &= 10 - 2 \times 4 = (-24 + 34) - 2(3 \times 24 - 2 \times 34) = -7 \times 24 + 5 \times 34
\end{aligned}$$

그러므로 $r = -7$이고 $s = 5$이다. □

i가 공약수를 가지지 않으면 $d = 1$이고 위의 식에서 s 곱하기 i를 덧셈군 $\mathbb{Z}/n$의 i의 s제곱으로 해석할 수 있으며 1이 된다. 그래서 원소 1은 $\mathbb{Z}/n$의 생성자이므로 i 또한 생성자가 된다.

반면, n과 i가 공약수 $d > 1$을 가지면, $\mathbb{Z}/n$에서 i의 모든 제곱은 (즉, 덧셈으로 생각할 때 i의 모든 배수는) d로 나누어진다. 그래서 숫자 1은 i의 제곱으로 표현되지 않는다. 정리하면 다음을 얻는다.

정리 9.7.2 $\mathbb{Z}/n$의 생성자는 범위 $0 < i < n$에서 n과 i가 공약수를 갖지 않는 i의 개수와 일치한다.

위의 정리에 대한 가능한 숫자는 $\phi(n)$으로 표기하고 n의 오일러 파이 함수Euler phi function라 한다.

예를 들어 $n = 12$이면, 가능한 i는 1, 5, 7, 11이며 $\phi(12) = 4$이다. 음정의 관점에서, 7이 $\mathbb{Z}/12$의 생성자가 되는 것은 모든 음을 5도씩 반복적으로 더해서 얻을 수 있는 것과 대응한다. 이것을 오도권circle of fifths이라 한다. 반음을 올리고 내리는 것을 제외하면, 모든 음정을 생성하는 유일한 방법은 오도권뿐인 것을 알 수 있다. 이것이 5도의 협음 특성과 함께 음악에서 오도권의 중요성을 설명한다.

$n = p$가 유연히 소수가 되면(예로서 $p = 31$) $\mathbb{Z}/p$의 영을 제외한 모든 원소가 생성자가 된다. 그래서 $\phi(p) = p - 1$이다.

사실, 일반적으로 $\phi(n)$을 구하는 다음과 같은 방법이 있다. $n = p^a$이 소수의 멱이면 $\phi(n) = p^{a-1}(p-1)$이다. m과 n이 서로 소이면 $\phi(mn) = \phi(m)\phi(n)$이 된다. 임의의 양의 정수는 적절한 소수들의 소수 멱의 곱으로 표현돼서 $\phi(n)$을 구할 수 있다. 다음의 예와 같다.

$$\phi(72) = \phi(2^3.3^2) = \phi(2^3)\phi(3^2) = 2^2(2-1)3(3-1) = 24$$

작은 값의 n에 대한 $\phi(n)$의 값을 표로 나타냈다.

n	1	2	3	4	5	6	7	8	9	10	11	12	13	14	15	16
$\phi(n)$	0	1	2	2	4	2	6	4	6	4	10	4	12	6	8	8

연습문제

1. $\mathbb{Z}/24$의 생성자를 나열하라. $\phi(24)$의 값은?
2. $\mathbb{Z}/n$의 생성자 x가 $x^2 \equiv 1 \pmod{n}$을 만족할 필요충분조건은 n이 24를 나누는 것이다.
3. 다음을 구하라.
   (a) $\phi(49)$, (b) $\phi(60)$, (c) $\phi(142)$, (d) $\phi(10000)$
4. $\mathbb{C}^\times$는 곱셈을 연산으로 갖는 영이 아닌 복소수로 구성된 군이다. $\mathbb{Z}/n$에서 $\mathbb{C}^\times$로 가는 정확히 n개의 서로 다른 준동형 사상이 존재하는 것을 보여라(이것을 $\mathbb{Z}/n$의 지표character라 하고, 정수론을 비롯한 수학의 다른 분야에서 매우 중요하다). 이런 준동형 사상 중에서 단사함수는 몇 개인가? 이런 준동형 사상은 7.9절의 이산 푸리에 변환과 어떤 관계가 있는가?

9.8 음렬

12음 음악에서는 12개의 음높이 등급이 순서대로 구성돼 12개의 가능한 음높이 등급이 각각 한 번만 나타나는 12음렬音列, tone rows이 있다.

12음렬 형식을 갖지 않는 음악도 포함하려면 임의 길이와 반복 가능한 음높이 등급의 배열을 고려해야 한다.

음높이 등급 배열 $\mathbf{x}$를 반음 n개 **전조**轉調, transposition[4,5]한 것은 $\mathbf{x}$의 각 음높이 등급을 반음 n개 증가시킨 배열 $\mathbf{T}^n(\mathbf{x})$이다.

예를 들어 다음의 음렬을 생각한다.

$$\mathbf{x} = 3\ 0\ 8$$

이것의 전조는 다음이 된다.

4 안타깝게도 영어 단어 transposition은 군 이론에서 두 점을 제외한 나머지는 고정된 상태로 두고 두 점을 교환하는 순열을 나타내는 데 사용한다. 음악과 수학의 이 두 가지 용법은 관련이 없으며 혼동의 원인이 된다.
음악 이론가들은 일반적으로 T_n 대신 T^n을 사용한다. 이 책에서는 T^n을 사용할 것이다. 이것이 군 이론의 표기법과 더 잘 어울린다.

5 음악에서는 '전조'로 번역하고, 수학에서는 '전위(轉位)'로 번역한다. – 옮긴이

$$\mathbf{T}^4(\mathbf{x}) = 7\ 4\ 0$$

다른 예로서, 쇼팽 연습곡 Op. 25 No. 10의 처음 두 마디는 다음의 음높이로 구성된다.

6–5–6 7–8–9 8–7–8 9–10–11 | 10–9–10 11–0–1 0–11–0 1–2–3

이것은 두 손으로 동시에 두 배의 옥타브를 가진 셋잇단음표로 연주한다. 첫 번째 마디 절반의 뒷부분은 앞의 절반에 변환 $\mathbf{T}^2$을 적용해 얻을 수 있다. 변환 $\mathbf{T}^2$을 다시 적용하면 두 번째 마디의 앞의 절반을 얻고, 다시 적용하면 뒤의 절반을 얻는다. 따라서 $\mathbf{x}$를 음열 6 5 6 7 8 9로 두면 이 두 마디를 다음과 같이 쓸 수 있다.

$$\mathbf{x} \quad \mathbf{T}^2(\mathbf{x}) \mid \mathbf{T}^4(\mathbf{x})\ \mathbf{T}^6(\mathbf{x})$$

이 작품의 3번째, 4번째 마디는 다음과 같다.

2–3–4 3–4–5 4–5–6 5–6–7 | 6–7–8 7–8–9 7–8–9 8–9–10

음렬 2 3 4를 $\mathbf{y}$로 표기하면, 앞의 2번째 마디 마지막 부분은 $\mathbf{T}^{-1}(\mathbf{y})$이며 3번째, 4번째 마디는 다음이 된다.

$$\mathbf{y} \quad \mathbf{T}(\mathbf{y})\ \mathbf{T}^2(\mathbf{y})\ \mathbf{T}^3(\mathbf{y}) \mid \mathbf{T}^4(\mathbf{y})\ \mathbf{T}^5(\mathbf{y})\ \mathbf{T}^5(\mathbf{y})\ \mathbf{T}^6(\mathbf{y})$$

다음 연산자로서, 음렬 $\mathbf{x}$의 도치倒置, inversion $\mathbf{I}(\mathbf{x})$는 각 음높이 등급에 (시계 산술에서) 마이너스를 곱하는 것이다. 그래서 위의 예에서 $\mathbf{x} = 3\ 0\ 8$에 대해 다음을 얻는다.

$$\mathbf{I}(\mathbf{x}) = 9\ 0\ 4$$

음렬 $\mathbf{T}^n\mathbf{I}(\mathbf{x})$ 또한 $\mathbf{x}$의 도치로 볼 수 있다. 예로서 다음은 위의 음렬 $\mathbf{x}$에 대한 도치가 된다.

$$\mathbf{T}^6\mathbf{I}(\mathbf{x}) = 3\ 6\ 10$$

$\mathbf{x}$의 역행逆行, retrograde $\mathbf{R}(\mathbf{x})$는 역순으로 동일한 음렬이다. 그래서 위의 예에서 다음을 알 수 있다.

$$\mathbf{R}(\mathbf{x}) = 8\ 0\ 3$$

연산자 $\mathbf{T}$, $\mathbf{I}$, $\mathbf{R}$ 사이에는 다음의 관계식을 만족한다.

$$\mathbf{T}^{12} = e, \quad \mathbf{T}^n\mathbf{R} = \mathbf{R}\mathbf{T}^n, \quad \mathbf{T}^n\mathbf{I} = \mathbf{I}\mathbf{T}^{-n}, \quad \mathbf{R}\mathbf{I} = \mathbf{I}\mathbf{R}$$

여기에서 e는 항등 연산자를 의미하며 아무 작용도 하지 않는다($\mathbf{T}^0$에 대한 다른 이름이다). **T**, **I**, **R**의 다른 관계식도 모두 위의 관계식에서 나온다.

음렬 **x**에는 4가지 형태가 있다. 기본prime 형태는 음렬의 원래 형태 **x**나 이것의 전조 $\mathbf{T}^n(\mathbf{x})$이다. 도치 형태는 $\mathbf{T}^n\mathbf{I}(\mathbf{x})$ 형태의 음렬이다. 역행 형태는 $\mathbf{T}^n\mathbf{R}(\mathbf{x})$ 형태의 음렬이다. 마지막으로, 음렬의 역행 도치 형태는 $\mathbf{T}^n\mathbf{RI}(\mathbf{x})$ 형태의 임의 음렬이다.

군 이론의 관점에서 보면, 연산자 $\mathbf{T}^n$ $(0 \le n \le 11)$은 순환군 $\mathbb{Z}/12$를 형성한다. 연산자 **R**은 항등 연산자와 함께 순환군 $\mathbb{Z}/2$를 형성한다. 연산자 **T**와 **R**은 교환 가능하다. 교환 가능한 두 개의 연산자를 갖는 군을 서술하는 군 이론은 데카르트 곱이다. 이에 대해서는 9.9절에서 설명한다. **T**와 **I**의 관계는 더 복잡하다. 9.10절에서 논의한다.

연습문제

Spike Jones' *Liebestraum*의 끝부분에서 역행 음렬을 찾아라.

읽을거리

Allen Forte (1973), *The Structure of Atonal Music*.
George Perle (1977), *Twelve-tone Tonality*.
John Rahn, *Basic Atonal Theory*, Schirmer Books, 1980.

9.9 데카르트곱

G와 H가 군이면 데카르트곱Cartesian product 또는 직접곱direct product $G \times H$는 원소가 순서쌍 (g, h)인 군이다. 여기서 $g \in G$이고 $h \in H$이다. 곱셈은 다음으로 정의한다.

$$(g_1, h_1)(g_2, h_2) = (g_1 g_2, h_1 h_2)$$

항등원은 G와 H의 항등원으로 구성된다. (g, h)의 역원은 (g^{-1}, h^{-1})이다. 군의 공리를 만족하는 것을 쉽게 확인할 수 있다. 그러므로 이런 곱을 가지는 $G \times H$는 군을 형성한다.

G와 H는 더 큰 군 K의 부분군이다. G의 모든 원소는 H의 원소와 교환 법칙이 성립하고, G와 H의 유일한 공통 원소는 항등원이다($G \cap H = \{1\}$로 표기). 그리고 K의 모든 원소

는 G의 원소와 H의 원소의 곱으로 표현할 수 있다($K = GH$로 표기). 그러면 (g, h)를 gh로 보내는 $G \times H$에서 K로의 동형 사상이 존재한다. 이 경우, K를 G와 H의 내직접곱internal direct product이라 한다.

예를 들어 9.8절의 연산자 $\mathbf{T}^n$과 $\mathbf{T}^n\mathbf{R}$로 구성된 군은 $\mathbf{T}^n$으로 구성된 부분군과 항등원과 $\mathbf{R}$로 구성된 부분군의 내직접곱이다. 그래서 이 군은 $\mathbb{Z}/12 \times \mathbb{Z}/2$와 동형이다.

다른 예로서, 6.8절에서 순정률을 설명하기 위해 사용한 격자 $\mathbb{Z}^2$는 실제로 직접곱 $\mathbb{Z} \times \mathbb{Z}$이다. 여기에서 $\mathbb{Z}$의 일반적인 덧셈을 가지는 정수의 군이다. 이것을 $n \in \mathbb{Z}$일 때 원소 $(n, 0)$로 구성되고, 원소 $(0, n)$으로 구성되는 $\mathbb{Z}$의 복사본 두 개의 내직접곱으로 볼 수 있다. 비슷하게 6.9절의 격자 $\mathbb{Z}^3$은 $\mathbb{Z} \times \mathbb{Z} \times \mathbb{Z}$이다. 이것은 $n \in \mathbb{Z}$일 때 원소 $(n, 0, 0)$, $(0, n, 0)$, $(0, 0, n)$으로 구성되는 $\mathbb{Z}$의 복사본 세 개의 내직접곱으로 볼 수 있다.

연습문제

1. $\mathbb{Z}/3 \times \mathbb{Z}/4$와 $\mathbb{Z}/12$사이의 동형 사상을 구하라. 이것을 장3도와 단3도의 전조의 용어로 해석하라.
2. $\mathbb{Z}/12 \times \mathbb{Z}/2$와 $\mathbb{Z}/24$ 사이에 동형 사상이 없는 것을 보여라.
   (힌트: 차수가 2인 원소는 몇 개가 있는가?)
3. 군 $\mathbb{Z}/2 \times \mathbb{Z}/2$를 클라인 4원군Klein four group이라 한다. 9.1절의 연습문제 1로 돌아가서 클라인 4원군과 이 예제와 연관성을 설명하라.

9.10 이면체군

9.8절의 연산자 $\mathbf{T}$와 $\mathbf{I}$은 교환되지 않고, 관계식 $\mathbf{T}^n\mathbf{I} = \mathbf{I}\mathbf{T}^{-n}$을 만족한다. 따라서 이 경우 직접곱으로 표현할 수 없고, 오히려 더 복잡한 구조를 가져서 이면체군dihedral group이 필요하다.

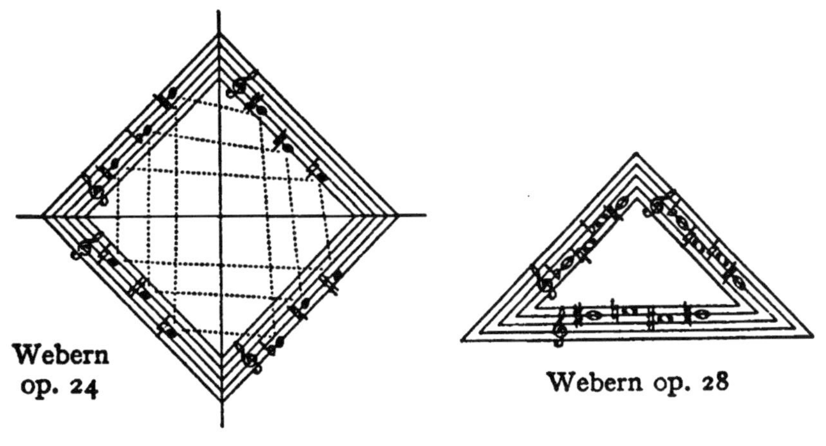

그림 9.17

이면체군은 $h^2 = 1$이며 $gh = hg^{-1}$을 만족하는 두 개의 원소 g, h를 가진다. 모든 원소는 g^i 또는 $g^i h$의 형태를 가진다. g의 멱들이 $\mathbb{Z}/n$ 또는 $\mathbb{Z}$인 순한 부분군을 형성한다. 전자인 경우, 군은 $2n$개의 원소를 가지며 D_{2n}으로 표기할 수 있다.[6] 후자의 경우, 군은 무한 개의 원소를 가지며 D_∞로 표기하고 무한 이면체군infinite dihedral group이라 한다. 이것은 9.1절에서 소개한 군들 중의 하나이다.

그래서 연산자 $\mathbf{T}^n$과 $\mathbf{T}^n\mathbf{I}$는 이면체군 D_{24}와 동형이군을 형성한다. 결국, 이들을 종합하면 다음의 연산자를 가지는 군은 $D_{24} \times \mathbb{Z}/2$와 동형인 군을 형성한다.

$$\mathbf{T}^n, \quad \mathbf{T}^n\mathbf{R}, \quad \mathbf{T}^n\mathbf{I}, \quad \mathbf{T}^n\mathbf{RI}$$

이면체군 D_{2n}은 n개의 변을 가지는 정다각형의 강체 대칭군으로 쉽게 해석할 수 있다.

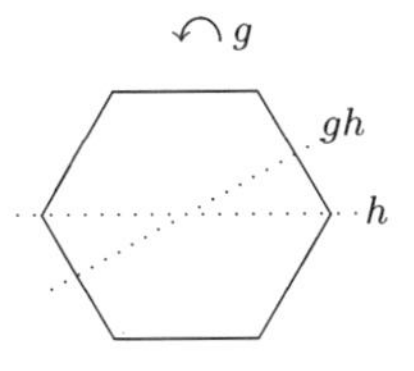

원소 g는 원주의 $1/n$만큼 반시계 방향으로 회전하는 것과 대응한다. h는 수평축에 대한 반사와 대응한다. 그래서 $g^i h$는 대칭축에 대해 반사하고 반원상을 수평에서 i/n만큼 회

6 일부 저자는 차수 $2n$인 이면체군을 D_n으로 표기해 혼동을 일으킨다. 아마도 그들은 내가 혼동을 일으킨다고 생각할 것이다.

전한 것과 대응한다. 위의 다이어그램은 $n=6$인 경우다.

연습문제

1. 이면체군 D_6과 대칭군 S_3 사이의 동형 사상을 구하라.
2. D_{12}와 $S_3 \times \mathbb{Z}/2$ 사이의 동형 사상을 구하라.
3. D_{24}가 $S_3 \times \mathbb{Z}/4$와 동형이 아닌 것을 보여라.
4. **T**와 **I**로 생성되는 군 D_{24}를 생각하라. 어떤 원소가 감7도diminished seventh 화음을 결정하는가? 이것은 어떤 종류의 군에서 나오는가?

5. 다음의 "증3도 화음augmented triad"에 대해 문제 4를 반복하라.

6. 이면체군의 데카르트 곱 $D_{12} \times D_\infty$을 이용해 9.2절의 은자카라 하프를 논의하라.

9.11 궤도와 잉여류

군 G가 집합 X에 대한 순열인 경우, $g(x)=x'd$인 원소 $g \in G$가 있는 경우 X의 두 원소 x와 x'은 같은 궤도orbit에 있다고 한다. 이로서 X를 분리된 부분집합으로 분할하며, 각각의 부분집합은 이런 방식으로 연결된 원소로 구성된다. 이 부분집합을 X에 있는 G의 궤도라 한다.

예를 들어 G가 원소 g에 의해 생성된 순환군인 경우 9.3절에서 설명한 g의 순환은 X에서 G의 궤도이다.

다른 예로서, 군 $\mathbb{Z}/12$가 주어진 음렬 집합에 연산자 $\mathbf{T}^n$으로 작용한다. 음렬 두 개는 하나가 다른 하나의 전조이면 정확하게 같은 궤도에 놓이게 된다.

X에 대한 G의 작용에 대한 궤도가 하나뿐이면 G가 X에 전이적transitive으로 작용한다고 말한다. 예를 들어, $\mathbb{Z}/12$는 12개의 음높이 등급 세트에서 전이적으로 작용하지만 주어진 길이가 1보다 큰 음렬 집합에서는 그렇지 않다.

6.8절에서 잉여류와 관련된 개념을 소개했다. 여기서는 논의를 보다 정확하게 하고 이 개념이 순열과 어떻게 연결되는지 설명한다. H가 군 G의 부분군이면 G의 원소를 다음과 같이 H의 좌잉여류left coset 집합으로 분류할 수 있다. $gh = g'$을 만족하는 원소 $h \in H$가 존재하면 두 원소 g와 g'는 G에서 동일한 H의 좌잉여류에 속한다고 한다. 이것은 군 G를 분리된 부분집합으로 분할하며, 각각의 원소는 이런 방식으로 연결된다. 이 부분집합을 G에서 H의 좌잉여류라 한다. g를 포함하는 좌잉여류를 gH로 표기한다. $gh = g'$이 되는 원소 $h \in H$가 존재하면, 즉 $g^{-1}g'$이 H의 원소이면 gH와 $g'H$는 정확하게 일치한다. 잉여류 gH는 H의 모든 원소 h에 대한 원소 gh로 구성된다. 이것을 다음과 같이 표기한다.

$$gH = \{gh \mid h \in H\}$$

G에서 H의 좌잉여류는 H와 원소의 크기는 같다. 그래서 $|G : H|$로 표기하는 좌잉여류의 크기는 $|G|/|H|$가 된다.

6.8절의 보기는 다음과 같이 된다. 군 G는 $\mathbb{Z}^2 = \mathbb{Z} \times \mathbb{Z}$이다. 부분군 H는 동음 부분 격자이다. 잉여류 각각은 동음 부분 격자를 이동하는 벡터 집합으로 구성된다. 주기 블록에 대응하는 군 이론 개념은 **잉여류 표현**coset representatives이다. 군 G에서 부분군 H의 좌잉여율 표현 집합은 단지 각각의 좌잉여류 집합에서 원소 하나를 선택해 구성한 것이다.

G가 집합 X에 순열로 작용하면, 궤도와 부분군 잉여류에는 밀접한 관계가 있다. 이를 **안정자**stabilizer로 설명한다. x가 X의 원소이면, x의 G에서 안정자는 $\mathrm{Stab}_G(x)$로 표기하고, $h(x) = x$를 만족하는 모든 원소 h로 구성된 G의 부분군이다.

정리 9.11.1 $H = \mathrm{Stab}_G(x)$이다. 그러면 잉여류 gH를 원소 $g(x) \in X$로 보내는 사상은 잘 정의되며, G에서 H의 좌잉여류와 x를 포함하는 X의 궤도 사이의 전단사함수가 된다.

증명

사상이 잘 정의됐다는 것은 $gH = g'H$를 만족하는 다른 원소 g'이 존재하면 $g(x) = g'(x)$를 만족하는 것을 의미한다. 이것이 참인 이유는 적절한 $h \in H$에 대해 $gh = g'$이며 $g'(x) =$

$gh(x)=g(h(x))=g(x)$이기 때문이다.

사상이 단사함수인 것을 보이기 위해, $g(x)=g'(x)$이면 $x=g^{-1}g(x)$이고 $g^{-1}g'\in H$이며 $gH=g'H$이다. 전사함수인 것은 궤도의 정의에서 자명한다. □

이 정리의 결과로서 한 원소의 궤도의 크기는 이 원소의 안정화 군의 차수가 같다는 것이다.

$$|\mathrm{Orbit}(x)| = |G : \mathrm{Stab}_G(x)| \tag{9.11.1}$$

9.12 정규 부분군과 몫군

앞에서 부분군의 좌잉여류에 대해 설명했다. 물론 우잉여류도 의미를 가진다. 우잉여류보다 좌잉여류를 선호하는 것은 궤도에서 함수를 인자의 왼쪽에서 표기하기 때문이다. g를 포함하는 우잉여류는 Hg로 표기한다.

$$Hg = \{hg \mid h \in H\}$$

좌잉여류와 우잉여류는 항상 일치하는 것은 아니다. 예로서, G가 대칭군 S_3이고 H가 항등원과 순열 (12)로 구성된 부분군이면, 좌잉여류는 다음이다.

$$\{e,\ (12)\},\quad \{(123),\ (13)\},\quad \{(132),\ (23)\}$$

반면에 우잉여류는 다음이다.

$$\{e,\ (12)\},\quad \{(123),\ (23)\},\quad \{(132),\ (13)\}$$

이것은 $(123)(12)=(13)$인 반면에 $(12)(123)=(23)$이기 때문이다.

G의 부분군 N이 좌잉여류와 우잉여류가 일치하면 **정규**normal라 한다. 예로서 G가 아벨군이면 모든 부분군은 정규이다.

정리 9.12.1 G의 부분군 N이 정규일 필요충분조건은 모든 $g\in G$에 대해 $gNg^{-1}=N$이 성립하는 것이다.

증명

부분군 N이 정규이면 모든 $g\in G$에 대해 $gN=Ng$가 성립한다. 양변의 오른쪽에 g^{-1}을 곱하면 우변에 곱해진 g가 없어진다. 그래서 이것이 모든 g에 대해서 $gNg^{-1}=N$이 되는 조건과 일치하는 것을 알 수 있다. □

N이 G의 정규 부분군이면, G에서 N의 잉여류는 군이 되며 G에서 N의 몫군quotient group이라 하고 G/N으로 표기한다. g_1N가 g_2N이 잉여류이면 둘을 곱하면 잉여류 g_1g_2N을 형성한다. 이것이 잘 정의되는 것을 보이기 위해서 $g_1N=g_1'N$이며 $g_1g_2N=g_1'g_2N$이고, $g_2N=g_2'N$이면 $g_1g_2N=g_1g_2'N$인 것을 확인해야 한다. 두 번째는 결합 법칙을 이용하면 되기에 쉽다. 첫 번째는 군의 정규성을 이용해야 한다. 이것을 하기 쉬운 방법은 우잉여류로 변환해 $Ng_1=Ng_1'$이면 $Ng_1g_2=Ng_1'g_2$를 확인하는 것이다. 이것은 좌잉여류에 대한 두 번째와 비슷하게 결합 법칙을 사용하면 된다. 정규성이 없으면, 좌잉여류의 곱은 잘 정의되지 않는다.

잉여류의 곱셈에 군의 공리를 만족하는 것을 확인하기 위해 우선 항등원이 필요하다. 이것은 G의 항등원 e를 포함하는 잉여류 $eN=N$이다. gN의 역원은 잉여류 $g^{-1}N$으로 주어진다. 이런 정의가 공리를 만족하는 것은 연습문제로 남겨둔다.

시계 산술은 몫군의 좋은 예다. 정수의 덧셈군 $\mathbb{Z}$에서 n으로 나눠지는 정수로 구성된 (정규) 부분군 $n\mathbb{Z}$이 있다. 몫군 $\mathbb{Z}/n\mathbb{Z}$는 시계 산술군이며 보다 일반적인 표기법으로 $\mathbb{Z}/n$을 사용했다.

다른 예로서, 6.8절의 단음 벡터와 주기성 블록이 있다. 동음 부분 격자의 $\mathbb{Z}^2$(또는 일반 저긍로 $\mathbb{Z}^n$)의 몫은 유한 아벨군이다. 차수는 단음 벡터가 형성하는 행렬의 행렬식의 절댓값으로 주어진다.

모든 유한 아벨군은 다음 형식으로 표기된다는 추상 대수학의 표준 정리가 있다.

$$\mathbb{Z}/n_1 \times \mathbb{Z}/n_2 \times \cdots \times \mathbb{Z}/n_r$$

위에서 양의 정수 n_1, ..., n_r은 유일하게 정의되지 않는다. 예로서, $\mathbb{Z}/12$는 $\mathbb{Z}/3\times\mathbb{Z}/4$와 동형이다. 그러나 각각은 앞의 것의 약수로 선택할 수 있다. 이런 식으로 선택되면, 유일한 방식으로 결정되면 이것을 유한 아벨군의 기본 인자elementary divisor라 한다. 기본 인자를 찾는 표준 알고리듬이 있다. 추상 대수학에 관한 교과서를 참조하면 된다. 음계의 관점에서는 몫군이 순환군이 되도록 동음 부분 격자를 선택하는 것과 연관 있다. 이것은 하나의 기본 인자만 가지는 것과 대응한다.

정규 부분군과 준동형 사상은 내재 관계를 가진다. f가 G에서 H로의 준동형 사상이며 f의 핵kernel은 $f(g)$가 H의 항등원이 되는 모든 g의 집합으로 정의된다. f의 핵을 N으로 두면, N이 G의 정규 부분군이 되는 것은 쉽게 확인할 수 있다.

정리 9.12.2 (제1동형 정리) f는 G에서 H로의 준동형 사상이고 핵은 N이다. 그러면 몫군 G/N과 준동형 사상 f의 치역으로 구성되는 H의 부분군 사이에는 동형 사상이 존재한다. 이것은 잉여류 gN을 $f(g)$로 보내는 동형 사상이다.

증명

여기서 확인해야 하는 것은 여러 가지가 있다. G/N에서 f의 치역으로 가는 gN을 $f(g)$로 보내는 사상이 잘 정의되는 것을 보여야 한다. 그리고 이것이 군의 준동형 사상이며 단사 함수이며 이것의 이미지가 f의 이미지와 일치하는 것을 보여야 한다. 확인은 표준적이어서 연습문제로 남겨둔다. □

초급군 이론에는 동형 정리가 실제로 세 개가 있다. 그러나 두 번째와 세 번째는 이 책에서 소개하지 않겠다.

제1동형 정리의 예는 다시 시계 산술에서 찾을 수 있다. $\mathbb{Z}$에서 $\mathbb{Z}/12$로의 준동형 사상은 전사함수이며 핵은 $12\mathbb{Z}$이다. 그래서 $\mathbb{Z}/12$는 $\mathbb{Z}$를 $12\mathbb{Z}$로 나눈 몫과 일치한다. 이것은 벌써 앞에서 언급했던 사항이다.

9.13 번사이드의 보조정리

이번 절과 다음 절은 셈counting과 관련된 것이다. 여기서 관심을 갖는 문제 유형의 대표적인 예는 다음과 같다. 음렬은 12개의 가능한 음높이 등급의 적절한 순서를 가지는 것에 주의한다. 가능한 음렬의 개수는 다음이다.

$$12 \times 11 \times 10 \times 9 \times \cdots \times 3 \times 2 \times 1 = 12!$$

즉, 479001600이다.

$\mathbf{T}^n$ 형식의 연산자를 적용해 다른 것을 얻을 수 있는 경우에 두 개의 음렬을 같은 것으

로 간주하는 가능한 12개의 음렬을 개수를 계산할 수 있다. 이 경우 이런 연산자에 의한 각 음렬은 12개의 이미지가 있다. 따라서 이런 등가 개념까지의 총 음렬 개수는 모든 음렬 개수의 1/12인 11! = 39916800이다.

상황을 더 복잡하게 만들고 싶다면 $\mathbf{T}^n$, **I**, **R** 연산자를 사용해 다른 하나를 얻을 수 있는 경우 두 개의 음렬이 동일한 것으로 간주할 수 있다. 이제 문제는 일부 음렬이 군의 일부 원소에 의해 고정된다는 것이다. 따라서 더 영리한 계산 방법을 찾지 않는 한 셈 문제는 많이 어려워진다. 이것은 번사이드의 보조정리를 사용해 풀 수 있는 문제이다.

문제의 추상적 형식화는 유한 집합에 작용하는 유한군을 갖고 있으며 궤도의 개수를 알고 싶은 것이다.

번사이드 보조정리를 사용하면 각 원소 $g \in G$에 대해 고정점의 개수를 알면 유한 집합 X에 작용하는 유한군 G의 궤도 개수를 알 수 있다. 이로부터 궤도의 개수는 고정점의 평균 개수와 같다.

보조정리 9.13.1 (번사이드) G는 유한 집합 X에 순열로 작용하는 유한군이다. $g \in G$에 대해 $n(g)$를 X에 작용하는 g의 고정점의 개수이다. 그러면 X에 작용하는 G의 궤도의 개수는 다음 식과 같다.

$$\frac{1}{|G|}\sum_{g\in G} n(g)$$

증명

$g(x) = x$가 되는 원소 $g \in G$와 점 $x \in X$로 구성된 쌍 (g, x)를 두 가지 방법으로 센다. 군의 원소를 먼저 고려하면, 군의 각 원소에 대해 고정점의 개수를 세면 $\sum_{g\in G} n(g)$가 된다. 반면 X에 대해서 고려하면, 각 x에 대해 안정화 원소 $g \in G$의 개수는 $|G|$를 x가 있는 궤도의 길이로 나눈 것과 같다. 그래서 각 궤도는 셈에서 $|G|$가 들어간다. □

다시 음렬의 셈 문제로 돌아간다. 이제, 연산자 **T**, **I**, **R**을 이용해 한 음렬을 다른 음렬로 변화할 수 있으면 같은 음렬로 간주하는 경우에 음렬의 개수를 세고자 한다. 달리 표현하면 **T**, **I**, **R**로 생성되는 군 $G = D_{24} \times \mathbb{Z}/2$가 음렬의 집합 X에 작용할 때 궤도의 개수를 구하고자 한다.

번사이드 보조정리를 적용하기 위해서는 군의 각 연산자가 고정하는 음렬의 개수를 구해야 한다. 항등 연산자는 모든 음렬을 고정해 계산이 쉽다. $1 \leq n \leq 11$일 때 $\mathbf{T}^n$은 음렬을 고정하지 않기에 또 쉽다. 연산자 **R**은 마지막 6개의 원소가 처음 6개의 원소의 도치인 음렬을 고정한다. 그러나 이런 것은 반복되므로 음렬이 되지 못한다. 연산자 $\mathbf{T}^6\mathbf{R}$에 대해서 고정된 음렬은 마지막 6개의 원소가 처음 6개의 도치이며 3온음(반 옥타브) 전조된 것이다. 그래서 처음 6개는 각각 3온음의 관계를 가지는 방식으로 선택할 수 있다. 이렇게 할 수 있는 방법의 개수는 다음과 같다.

$$12 \times 10 \times 8 \times 6 \times 4 \times 2 = 46\,080$$

0 또는 6이 아닌 n에 대해서 $\mathbf{T}^n\mathbf{R}$은 음렬을 고정하지 못한다. 연산자를 두 번 적용하면 $\mathbf{T}^{2n}$이 되며 이것은 음렬을 고정하지 못하기 때문이다.

다음은 도치를 고려한다. 연산자 **I**는 0과 6으로 구성된 음을 고정하지만 반복이 있기에 이런 것은 음렬이 되지 못한다. 같은 논리가 $\mathbf{T}^n\mathbf{I}$ 형태의 연산자에도 적용된다. 원소는 많아도 2개의 부분집합에서 나와야 하는데, 이렇게는 음렬을 구성하지 못한다.

마지막으로, 연산자 $\mathbf{T}^n\mathbf{IR}$에 대해서 고정된 음렬의 원소는 처음 6개 원소로 결정된다. 그래서 음렬의 형태는 다음과 같아야 한다.

$$a_1,\ a_2,\ a_3,\ a_4,\ a_5,\ a_6,\ n - a_6,\ n - a_5,\ n - a_4,\ n - a_3,\ n - a_2,\ n - a_1$$

n이 짝수이면, $\mathbf{T}^n\mathbf{I}$로 고정되는 음이 있다. 그러나 음이 반복되므로 고정되는 음렬은 존재하지 않는다. 그러나 n이 홀수이면 다음 개수만큼 존재한다.

$$12 \times 10 \times 8 \times 6 \times 4 \times 2 = 46\,080$$

다음 표로 정리할 수 있다.

연산자	G에서 개수	고정점 개수
항등원	1	479001600
$\mathbf{T}^n(1 \leq n \leq 11)$	11	0
$\mathbf{T}^6\mathbf{R}$	1	46080
$\mathbf{T}^n\mathbf{R}(n \neq 6)$	11	0
$\mathbf{T}^n\mathbf{I}$	12	0
$\mathbf{T}^n\mathbf{IR}$(n은 짝수)	6	0
$\mathbf{T}^n\mathbf{IR}$(n은 홀수)	6	46080

그러므로 $g \in G$에 대한 X에서 g의 고정점의 개수는 다음이다.

$$479\,001\,600 + 7 \times 46\,080 = 479\,324\,160$$

이것을 $|G| = 48$로 나누면, 음렬에서 G의 궤도의 총 개수는 9985920이 된다. 이것으로 다음의 정리가 증명된다.

정리 9.13.2 (데이비드 라이너) 두 12음렬을 연산자 **T**, **I**, **R**로 얻을 수 있는 것을 같은 것으로 간주할 때, 모든 12음렬의 개수는 9985920이다. □

읽을거리

James A. Fill and Alan J. Izenman, Invariance properties of Schoenberg's tone row system, *J. Austral. Math. Soc.* B **21** (1979/80), 268–282.

James A. Fill and Alan J. Izenman, The structure of RI-invariant twelve-tone rows, *J. Austral. Math. Soc.* B **21** (1979/80), 402–417.

Colin D. Fox, Alban Berg the mathematician, *Math. Sci.* **4** (1979), 105–107.

David Reiner, Enumeration in music theory, *Amer. Math. Monthly* **92** (1) (1985), 51–54.

9.14 음높이 등급 집합

음높이 등급 집합pitch class set은 12음높이 등급 집합의 부분집합으로 정의한다. 편의상 9.6절과 같이 음높이 등급을 {0, 1, ..., 11}을 이용한다.

밀턴 배비트Milton Babbitt, 앨런 포트Allen Forte, 엘리트 카터Elliott Carter와 같은 무조atonal 이론가나 작곡가들은 음높이 등급 집합에 등가 관계를 부과했다. 그들은 두 음높이 등급 집합이 하나가 다른 것에서 전조 $\mathbf{T}^n$와 도치 **I**로 얻을 수 있으면 등가equivalent라 했다. 즉, 등가 집합은 {0, ..., 11}의 부분집합 모임에서 **T**와 **I**로 생성되는 이면체군 D_{24}가 생성하는 궤도의 집합이다.

번사이드 보조정리 9.13.1을 사용하면 등가류의 개수를 계산할 수 있다. 이를 위해 주어진 크기의 집합 모임에서 D_{24}의 고정점을 계산해야 한다. 다음 표에서 제시한다.

군의 원소	부분집합의 크기												
	0	1	2	3	4	5	6	7	8	9	10	11	12
항등원	1	12	66	220	495	792	924	792	495	220	66	12	1
T, T_5, T_7, T_{11}	1	0	0	0	0	0	0	0	0	0	0	0	1
T_2, T_{10}	1	0	0	0	0	0	2	0	0	0	0	0	1
T_3, T_9	1	0	0	0	3	0	0	0	3	0	0	0	1
T_4, T_8	1	0	0	4	0	0	6	0	0	4	0	0	1
T_6	1	0	6	0	15	0	20	0	15	0	6	0	1
$T^{2m}I$	1	2	6	10	15	20	20	20	15	10	6	2	1
$T^{2m+1}I$	1	0	6	0	15	0	20	0	15	0	6	0	1

예로서, 첫 행은 j가 부분집합의 크기일 때 이항 계수 $\binom{12}{j}$로 구성된다. **T**의 멱에 해당하는 나머지 행 또한 이항 계수이지만, 영이 포함돼 있다. 도치 $\mathbf{T}^n\mathbf{I}$는 두 가지 종류가 있다. $n = 2m + 1$이 홀수이면, 고정된 음높이 등급은 없다. 그래서 고정된 부분집합은 짝수 크기를 가져야 하고, 개수는 다시 이항 계수 $\binom{6}{j}$가 된다. 여기서 $2j$는 부분집합의 크기이다. $n = 2m$이 짝수이면, 두 개의 고정된 음높이 집합이 존재하고, 개수가 $2j + 1$인 고정된 부분집합이 $2\binom{5}{j}$개 존재한다.

번사이드 보조 정리 9.13.1을 적용해 다양한 크기의 부분집합에 D_{24}의 궤도의 개수를 계산하고 한다. 다음 표와 같다.

부분집합 개수	0	1	2	3	4	5	6	7	8	9	10	11	12
궤도의 개수	1	1	6	12	29	38	50	38	29	12	6	1	1

예로서, 크기가 5인 부분집합에 대한 개수는 다음과 같이 계산한다.

$$\frac{1}{24}(792 + 6 \times 20) = \frac{912}{24} = 38$$

참고로 같은 데이터를 이용해 **T**의 멱으로 구성된 군 $\mathbb{Z}/12$의 궤도를 계산할 수 있다. 다음이 그 결과이다.

부분집합 개수	0	1	2	3	4	5	6	7	8	9	10	11	12
궤도의 개수	1	1	6	19	43	66	80	66	43	19	6	1	1

우연하게, 위의 표에서 나타난 대칭은 보수의 관계가 크기 j의 부분집합과 크기 $12-j$의 부분집합 간의 일대일 대응이 되며, 이런 대응은 군 D_{24}의 작용에서 보존된다.

앨런 포트Allen Forte는 기본 형태[7]라고 하는 각 궤적에서 선호하는 대푯값을 선택하는 다음의 방법을 소개한다.

부분집합의 원소를 오름차순으로 정렬하면, 첫 번째 원소는 영이어야 하고 마지막 원소는 가능한 최솟값이다. 같은 마지막 원소에 대해 하나 이상의 표현이 있으면, 가장 작은 두 번째 원소를 택하고, 그런 다음 세 번째, 이런 식으로 마지막까지 선택한다. 즉, 기본 형식은 (첫 번째, 마지막, 두 번째, 세 번째, ..., 마지막 바로 앞)을 가지는 사전순이다.

예를 들어 집합 {1, 7, 9}를 생각한다. $\mathbf{T}^{11}$을 사용해 이 집합을 영을 포함하는 집합 {0, 6, 8}로 변환할 수 있다. 또는 $\mathbf{T}^5$를 사용하면 {0, 2, 6}으로, $\mathbf{T}^3$를 사용하면 {0, 4, 10}으로 변환할 수 있다. 또한 **I**를 사용하면 {3, 5, 11}을 얻고, **T**의 멱을 이용하면 {0, 2, 8}, {0, 4, 6}, {0, 6, 10}을 얻는다. 6개의 가능성 중에서 가장 작은 마지막 항을 가지는 것은 {0, 2, 6}과 {0, 4, 6}이다. 두 개 중에서 선택하기 위해, 두 번째 항을 비교하면 {0, 2, 6}이 기본 형식이 된다.

각 궤도에 음정 벡터interval vector라고 하는 불변량을 연결하는 쉬운 방법이 있다. 다음과 같이 계산한다. 별개의 음높이 등급의 정렬되지 않은 쌍에, 가능한 두 방향 중 더 짧은 방향으로 음높이의 원을 돌면서 1에서 6까지의 음정 차이를 할당할 수 있다. 집합에서 순서가 지정되지 않은 모든 쌍을 가져와서 각 쌍에 대해 이러한 방식으로 음정을 찾는다. 그런 다음 길이가 6인 행 벡터에서 1, 2, ..., 6이 몇 번 발생하는지 기록한다. 집합 {1, 7, 9}의 경우 세 가지 차이는 2, 4, 6이다. 따라서 이 음높이 등급에 대한 음정 벡터는 (0,1,0,1,0,1)이다. 같은 음높이 등급이 동일한 음정 벡터를 생성하는 것은 분명하다. 그 반대는 성립하지 않는다. 예를 들어 집합 {0, 1, 4, 6}과 집합 {0, 1, 3, 7}는 둘 다 음정 벡터가 (1,1,1,1,1,1)이다.

다음은 크기가 3인 음높이 등급의 기본 형태이다. 앨런 포트의 이름과 엘리엇 카터의 번호와 음정 벡터를 같이 표기한다.

---

7 이것과 9.8절에서 설명한 음렬의 기본 형식과 혼동해서는 안 된다.

집합	포트	카터	벡터
{0,1,2}	3-1(12)	4	(2,1,0,0,0,0)
{0,1,3}	3-2	12	(1,1,1,0,0,0)
{0,1,4}	3-3	11	(1,0,1,1,0,0)
{0,1,5}	3-4	9	(1,0,0,1,1,0)
{0,1,6}	3-5	7	(1,0,0,0,1,1)
{0,2,4}	3-6(12)	3	(0,2,0,1,0,0)
{0,2,5}	3-7	10	(0,1,1,0,1,0)
{0,2,6}	3-8	8	(0,1,0,1,0,1)
{0,2,7}	3-9(12)	5	(0,1,0,0,2,0)
{0,3,6}	3-10(12)	2	(0,0,2,0,0,1)
{0,3,7}	3-11	6	(0,0,1,1,1,0)
{0,4,8}	3-12(4)	1	(0,0,0,3,0,0)

포트의 숫자는 집합 크기의 숫자와 음정 벡터의 사전순 정렬과 관련해 역순으로 배치를 나타내는 숫자로 구성된다. 괄호 안의 숫자는 24가 아닌 경우 D_{24}의 작용에 따른 궤도 크기를 나타낸다. 참고로 아래에 집합의 크기가 4, 5, 6일 때의 정보를 제시한다. 6보다 큰 크기의 집합은 카터에 의해 명명되지 않았고 포트는 여집합의 이름을 사용하지만 처음 번호가 변경된다. 예를 들어 9-3은 보수 3-3에서 {2, 3, 5, 6, 7, 8, 9, 10, 11}을 얻고 기본 형식으로 {0, 1, 2, 3, 4, 5, 6, 8, 9}를 얻는다.

여집합에 대한 음정 벡터를 얻는 쉬운 방법이 있다. 크기 3의 경우 벡터 (6,6,6,6,6,3)을 더한다. 크기 4의 경우 (4,4,4,4,4,2)를, 크기 5의 경우 (2,2,2,2,2,1)을 더한다. 위의 세 원소 집합에 대한 음정 벡터는 (1,0,1,1,0,0)이며 9개 집합에 대해서는 (7,6,7,7,6,3)을 얻는다.

집합	포트	카터	벡터
{0,1,2,3}	4-1(12)	1	(3,2,1,0,0,0)
{0,1,2,4}	4-2	17	(2,2,1,1,0,0)
{0,1,3,4}	4-3(12)	9	(2,1,2,1,0,0)
{0,1,2,5}	4-4	20	(2,1,1,1,1,0)
{0,1,2,6}	4-5	22	(2,1,0,1,1,1)
{0,1,2,7}	4-6(12)	6	(2,1,0,0,2,1)
{0,1,4,5}	4-7(12)	8	(2,0,1,2,1,0)
{0,1,5,6}	4-8(12)	10	(2,0,0,1,2,1)

집합	포트	카터	벡터
{0,1,5,7}	4-16	19	(1,1,0,1,2,1)
{0,3,4,7}	4-17(12)	13	(1,0,2,2,1,0)
{0,1,4,7}	4-18	21	(1,0,2,1,1,1)
{0,1,4,8}	4-19	24	(1,0,1,3,1,0)
{0,1,5,8}	4-20(12)	15	(1,0,1,2,2,0)
{0,2,4,6}	4-21(12)	11	(0,3,0,2,0,1)
{0,2,4,7}	4-22	27	(0,2,1,1,2,0)
{0,2,5,7}	4-23(12)	4	(0,2,1,0,3,0)

{0,1,6,7}	4-9(6)	2	(2,0,0,0,2,2)	{0,2,4,8}	4-24(12)	16	(0,2,0,3,0,1)
{0,2,3,5}	4-10(12)	3	(1,2,2,0,1,0)	{0,2,6,8}	4-25(6)	12	(0,2,0,2,0,2)
{0,1,3,5}	4-11	26	(1,2,1,1,1,0)	{0,3,5,8}	4-26(12)	14	(0,1,2,1,2,0)
{0,2,3,6}	4-12	28	(1,1,2,1,0,1)	{0,2,5,8}	4-27	29	(0,1,2,1,1,1)
{0,1,3,6}	4-13	7	(1,1,2,0,1,1)	{0,3,6,9}	4-28(3)	5	(0,0,4,0,0,2)
{0,2,3,7}	4-14	25	(1,1,1,1,2,0)	{0,1,3,7}	4-Z29	23	(1,1,1,1,1,1)
{0,1,4,6}	4-Z15	18	(1,1,1,1,1,1)				

여기서 설명할 유일한 추가 사항은 포트 이름에서 기호 Z의 의미이다. 이것은 동일한 음정 벡터를 가지는 두 개의 궤도가 있음을 나타낸다. 두 번째 것은 뒤에 나열했다. 이유에 대해서는 포트가 설명하지 않았다. 크기가 5와 6인 집합의 경우에도 마찬가지이지만 더 자주 발생한다.

집합	포트	카터	벡터	집합	포트	카터	벡터
{0,1,2,3,4}	5-1(12)	1	(4,3,2,1,0,0)	{0,1,3,7,8}	5-20	34	(2,1,1,2,3,1)
{0,1,2,3,5}	5-2	11	(3,3,2,1,1,0)	{0,1,4,5,8}	5-21	21	(2,0,2,4,2,0)
{0,1,2,4,5}	5-3	14	(3,2,2,2,1,0)	{0,1,4,7,8}	5-22(12)	8	(2,0,2,3,2,1)
{0,1,2,3,6}	5-4	12	(3,2,2,1,1,1)	{0,2,3,5,7}	5-23	25	(1,3,2,1,3,0)
{0,1,2,3,7}	5-5	13	(3,2,1,1,2,1)	{0,1,3,5,7}	5-24	22	(1,3,1,2,2,1)
{0,1,2,5,6}	5-6	27	(3,1,1,2,2,1)	{0,2,3,5,8}	5-25	24	(1,2,3,1,2,1)
{0,1,2,6,7}	5-7	30	(3,1,0,1,3,2)	{0,2,4,5,8}	5-26	26	(1,2,2,3,1,1)
{0,2,3,4,6}	5-8(12)	2	(2,3,2,2,0,1)	{0,1,3,5,8}	5-27	23	(1,2,2,2,3,0)
{0,1,2,4,6}	5-9	15	(2,3,1,2,1,1)	{0,2,3,6,8}	5-28	36	(1,2,2,2,1,2)
{0,1,3,4,6}	5-10	19	(2,2,3,1,1,1)	{0,1,3,6,8}	5-29	32	(1,2,2,1,3,1)
{0,2,3,4,7}	5-11	18	(2,2,2,2,2,0)	{0,1,4,6,8}	5-30	37	(1,2,1,3,2,1)
{0,1,3,5,6}	5-Z12(12)	5	(2,2,2,1,2,1)	{0,1,3,6,9}	5-31	33	(1,1,4,1,1,2)
{0,1,2,4,8}	5-13	17	(2,2,1,3,1,1)	{0,1,4,6,9}	5-32	38	(1,1,3,2,2,1)
{0,1,2,5,7}	5-14	28	(2,2,1,1,3,1)	{0,2,4,6,8}	5-33(12)	6	(0,4,0,4,0,2)
{0,1,2,6,8}	5-15(12)	4	(2,2,0,2,2,2)	{0,2,4,6,9}	5-34(12)	9	(0,3,2,2,2,1)
{0,1,3,4,7}	5-16	20	(2,1,3,2,1,1)	{0,2,4,7,9}	5-35(12)	7	(0,3,2,1,4,0)
{0,1,3,4,8}	5-Z17(12)	10	(2,1,2,3,2,0)	{0,1,2,4,7}	5-Z36	16	(2,2,2,1,2,1)
{0,1,4,5,7}	5-Z18	35	(2,1,2,2,2,1)	{0,3,4,5,8}	5-Z37(12)	3	(2,1,2,3,2,0)
{0,1,3,6,7}	5-19	31	(2,1,2,1,2,2)	{0,1,2,5,8}	5-Z38	29	(2,1,2,2,2,1)

마지막으로 6개의 음높이 등급 또는 6화음hexachord에 관한 것이다.

집합	포트	카터	벡터
{0,1,2,3,4,5}	6–1(12)	4	(5,4,3,2,1,0)
{0,1,2,3,4,6}	6–2	19	(4,4,3,2,1,1)
{0,1,2,3,5,6}	6–Z3	49	(4,3,3,2,2,1)
{0,1,2,4,5,6}	6–Z4(12)	24	(4,3,2,3,2,1)
{0,1,2,3,6,7}	6–5	16	(4,2,2,2,3,2)
{0,1,2,5,6,7}	6–Z6(12)	33	(4,2,1,2,4,2)
{0,1,2,6,7,8}	6–7(6)	7	(4,2,0,2,4,3)
{0,2,3,4,5,7}	6–8(12)	5	(3,4,3,2,3,0)
{0,1,2,3,5,7}	6–9	20	(3,4,2,2,3,1)
{0,1,3,4,5,7}	6–Z10	42	(3,3,3,3,2,1)
{0,1,2,4,5,7}	6–Z11	47	(3,3,3,2,3,1)
{0,1,2,4,6,7}	6–Z12	46	(3,3,2,2,3,2)
{0,1,3,4,6,7}	6–Z13(12)	29	(3,2,4,2,2,2)
{0,1,3,4,5,8}	6–14	3	(3,2,3,4,3,0)
{0,1,2,4,5,8}	6–15	13	(3,2,3,4,2,1)
{0,1,4,5,6,8}	6–16	11	(3,2,2,4,3,1)
{0,1,2,4,7,8}	6–Z17	35	(3,2,2,3,3,2)
{0,1,2,5,7,8}	6–18	17	(3,2,2,2,4,2)
{0,1,3,4,7,8}	6–Z19	37	(3,1,3,4,3,1)
{0,1,4,5,8,9}	6–20(4)	2	(3,0,3,6,3,0)
{0,2,3,4,6,8}	6–21	12	(2,4,2,4,1,2)
{0,1,2,4,6,8}	6–22	10	(2,4,1,4,2,2)
{0,2,3,5,6,8}	6–Z23(12)	27	(2,3,4,2,2,2)
{0,1,3,4,6,8}	6–Z24	39	(2,3,3,3,3,1)
{0,1,3,5,6,8}	6–Z25	43	(2,3,3,2,4,1)
{0,1,3,5,7,8}	6–Z26(12)	26	(2,3,2,3,4,1)
{0,1,3,4,6,9}	6–27	14	(2,2,5,2,2,2)
{0,1,3,5,6,9}	6–Z28(12)	21	(2,2,4,3,2,2)
{0,1,3,6,8,9}	6–Z29(12)	32	(2,2,4,2,3,2)
{0,1,3,6,7,9}	6–30(12)	15	(2,2,4,2,2,3)
{0,1,3,5,8,9}	6–31	8	(2,2,3,4,3,1)
{0,2,4,5,7,9}	6–32(12)	6	(1,4,3,2,5,0)
{0,2,3,5,7,9}	6–33	18	(1,4,3,2,4,1)
{0,1,3,5,7,9}	6–34	9	(1,4,2,4,2,2)
{0,2,4,6,8,10}	6–35(2)	1	(0,6,0,6,0,3)
{0,1,2,3,4,7}	6–Z36	50	(4,3,3,2,2,1)
{0,1,2,3,4,8}	6–Z37(12)	23	(4,3,2,3,2,1)
{0,1,2,3,7,8}	6–Z38(12)	34	(4,2,l,2,4,2)
{0,2,3,4,5,8}	6–Z39	41	(3,3,3,3,2,1)
{0,1,2,3,5,8}	6–Z40	48	(3,3,3,2,3,1)
{0,1,2,3,6,8}	6–Z41	45	(3,3,2,2,3,2)
{0,1,2,3,6,9}	6–Z42(12)	30	(3,2,4,2,2,2)
{0,1,2,5,6,8}	6–Z43	36	(3,2,2,3,3,2)
{0,1,2,5,6,9}	6–Z44	38	(3,1,3,4,3,1)
{0,2,3,4,6,9}	6–Z45(12)	28	(2,3,4,2,2,2)
{0,1,2,4,6,9}	6–Z46	40	(2,3,3,3,3,1)
{0,1,2,4,7,9}	6–Z47	44	(2,3,3,2,4,1)
{0,1,2,5,7,9}	6–Z48(12)	25	(2,3,2,3,4,1)
{0,1,3,4,7,9}	6–Z49(12)	22	(2,2,4,3,2,2)
{0,1,4,6,7,9}	6–Z50(12)	31	(2,2,4,2,3,2)

보수를 사용하면 어떤 6화음은 등가로 변환되고 어떤 것은 비등가로 변환된다. 비등가 쌍은 음정 벡터를 공유하고, 이것이 6화음에 대한 고유한 음정 벡터인 것으로 판명됐다. 보수의 비등가 쌍은 다음과 같다.

6-Z3	6-Z36
6-Z4(12)	6-Z37(12)
6-Z6(12)	6-Z38(12)
6-Z10	6-Z39
6-Z11	6-Z40

6-Z12	6-Z41
6-Z13(12)	6-Z42
6-Z17	6-Z43
6-Z19	6-Z44
6-Z23(12)	6-Z45(12)

6-Z24	6-Z46
6-Z25	6-Z47
6-Z26(12)	6-Z48(12)
6-Z28(12)	6-Z49(12)
6-Z29(12)	6-Z50(12)

읽을거리

Allen Forte (1973), *The Structural Function of Atonal Music*.
David Schiff, *The Music of Elliott Carter*. Ernst Eulenberg Ltd, 1983. Reprinted by Faber and Faber, 1998.

9.15 포여의 열거 정리

이 절에서는 번사이드의 보조 정리 9.13.1을 개선해 좀 더 복잡한 셈법 문제를 해결하는 방법을 설명한다. 예로서 9.14절에서 고려한 문제를 다시 살펴본다. 12개의 가능한 음높이 등급 중에서 3개로 구성된 음높이 등급이 몇 개 있는지 알고 싶다고 가정한다. 더 나아가 n에 대한 연산 $\mathbf{T}^n$로서 하나에서 다른 것을 얻을 수 있는 경우 두 개가 동등하다고 가정한다. 이것은 포여의 열거 정리Pólya's enumeration theorem를 사용해 풀 수 있는 전형적인 문제이다.

대칭을 갖는 많은 물리적 셈법 문제가 비슷한 성격을 지닌다. 전형적인 예는 빨간 구슬 세 개, 세피아 구슬 두 개, 청록색 구슬 다섯 개로 얼마나 많은 다른 목걸이를 만들 수 있는지와 관련이 있다. 이런 상황에서 대칭 그룹은 차수가 구슬 수의 두 배인 2면체 그룹이다.

문제의 일반적인 형태에서, 계산하는 구성configuration은 집합 X에서 집합 Y로의 함수로 간주되고 대칭군 G는 집합 X에 작용한다. 구슬 문제에서 집합 X는 구슬을 넣고자 하는 목걸이의 위치로 구성되고 집합 Y는 가능한 색상으로 구성된다. 그런 다음 X에서 Y까지의 함수는 목걸이의 각 위치에 사용하는 색상 구슬을 지정한다. 군 G는 목걸이를 회전하고 뒤집는 작용을 구성에 적용한다. 음높이 등급 집합의 셈법 문제에서 집합 X는 12개의 음정의 집합이고 Y는 집합 $\{0, 1\}$로 간주된다. 음높이 등급 집합은 집합의 음을 1로, 나머지 음을 0으로 보내는 함수와 대응한다. 이것은 음높이 등급 집합과 X에서 Y로의 함수 사이에 일대일 대응이 된다.

일반적으로 구성의 집합들 또는 집합 X에서 집합 Y로의 함수는 Y^X를 표기한다. 이런 표기법을 사용하는 이유는 Y^X의 원소 개수가 Y의 원소 개수를 X의 원소 개수만큼 제곱한 것과 같기 때문이다($|Y^X| = |Y|^{|X|}$). 구성의 집합 Y^X에 대한 G의 작용은 다음 공식으로 주어

진다.

$$g(f)(x) = f(g^{-1}(x))$$

역원의 기호가 있는 이유는 합성이 바르게 작용하기 위해서다. 군의 작용으로 $g_1(g_2(f)) = (g_1g_2)(f)$가 성립해야 한다. 이것은 다음에서 성립한다.

$$\begin{aligned}(g_1(g_2(f)))(x) &= (g_2(f))\left(g_1^{-1}(x)\right) = f\left(g_2^{-1}\left(g_1^{-1}(x)\right)\right) = f\left(\left(g_2^{-1}g_1^{-1}\right)(x)\right) \\ &= f((g_1g_2)^{-1}(x)) = ((g_1g_2)(f))(x)\end{aligned}$$

위에서 역원 기호가 없으면 g_1과 g_2의 순서가 바뀌게 될 것이다. 일반 문제는 이 구성에 대한 G의 궤도 개수를 구하는 것이다.

먼저, 다음과 같이 X에 대한 G의 순환 지수cycle index를 정의한다. 변수 t_1, t_2, ...를 도입하면 X에 대한 g의 주기 지수는 다음이다.

$$P_g(t_1, t_2, \ldots) = t_1^{j_1(g)} t_2^{j_2(g)} \cdots$$

여기에서 $j_k(g)$는 X에 작용하는 G의 길이 k의 순환의 개수를 의미한다. 군의 순환 지수는 각 원소의 순환 지수의 평균으로 정의한다.

$$P_G(t_1, t_2, \ldots) = \frac{1}{|G|} \sum_{g \in G} P_g(t_1, t_2, \cdots) = \frac{1}{|G|} \sum_{g \in G} t_1^{j_1(g)} t_2^{j_2(g)} \cdots \tag{9.15.1}$$

예로서, G가 사각형의 꼭짓점 네 개로 구성된 집합 X에 작용하는 차수 8의 이면체군이면, G의 8개에 대한 순환 지수는 다음과 같다. 항등원은 순환 지수 t_1^4를 갖고, 90도 회전하는 두 개는 순환 지수 t_4를, 180도 회전과 수평축, 수직축에 대한 반사는 순환 지수 t_2^2를 갖고 대각선 대칭 두 개는 순환 지수 $t_1^2t_2$를 갖는다. 그래서 다음을 얻는다.

$$P_G = \tfrac{1}{8}\left(t_1^4 + 2t_4 + 3t_2^2 + 2t_1^2t_2\right)$$

몇 개의 순환 지수의 표준 예들을 구체적으로 나열한다. $G = \mathbb{Z}/n$이 n개의 개체를 갖는 X를 순환시키면 다음을 얻는다.

$$P_{\mathbb{Z}/n} = \frac{1}{n} \sum_{j|n} \phi(j) t_j^{n/j} \tag{9.15.2}$$

여기서 ϕ는 오일러 파이 함수이고, $j \mid n$은 j가 n의 약수임을 의미한다. 위의 공식은 자명하다. 차수 j를 갖는 $\mathbb{Z}/n$의 원소의 개수는 $\phi(j)$이고, 각각은 길이 j의 순환 n/j개 갖는다.

다음 예는 이면체 계산을 확장한 것이다. n-정다면체의 꼭짓점 n개에 작용하는 이면체군 D_{2n}에 대해, n이 짝수인 경우와 홀수인 경우를 구분한다. $n = 2m + 1$이 홀수이면 다음을 얻는다.

$$P_{D_{4m+2}} = \tfrac{1}{2} P_{\mathbb{Z}/(2m+1)} + \tfrac{1}{2} t_1 t_2^m \tag{9.15.3}$$

각 반사가 정확히 한 개의 고정점을 갖기 때문이다. $n = 2m$이면 다음을 얻는다.

$$P_{D_{4m}} = \tfrac{1}{2} P_{\mathbb{Z}/2m} + \tfrac{1}{4}\left(t_2^m + t_1^2 t_2^{m-1}\right) \tag{9.15.4}$$

반사의 반은 고정점이 없고 나머지 반은 두 개를 갖기 때문이다.

n개의 원소를 갖는 집합 X에 작용하는 대칭군 S_n에 대해서는 공식이 많이 복잡하다. 그러나 대칭군에 대한 순환 지수를 모두 합하면 공식은 좀 더 분명해진다.

$$\begin{aligned}\sum_{n=0}^{\infty} P_{S_n} &= \exp\left(\sum_{j=1}^{\infty} \frac{t_j}{j}\right) = \prod_{j=1}^{\infty} \sum_{i=0}^{\infty} \frac{1}{i!}\left(\frac{t_j}{j}\right)^i \\ &= \left(1 + t_1 + \tfrac{1}{2!}t_1^2 + \tfrac{1}{3!}t_1^3 + \tfrac{1}{4!}t_1^4 + \cdots\right)\left(1 + \tfrac{1}{2}t_2 + \tfrac{1}{2^2.2!}t_2^2 + \tfrac{1}{2^3.3!}t_2^3 + \cdots\right) \\ &\quad \left(1 + \tfrac{1}{3}t_3 + \tfrac{1}{3^2.2!}t_3^2 + \tfrac{1}{3^3.3!}t_3^3 + \cdots\right)\left(1 + \tfrac{1}{4}t_4 + \tfrac{1}{4^2.2!}t_4^2 + \tfrac{1}{4^3.3!}t_4^3 + \cdots\right)\cdots\end{aligned}$$

t_j를 크기 j를 가지는 것으로 간주하고 개별 S_n에 대한 순환 지수는 n을 가진 항을 추출할 수 있다. 예로서 다음을 얻는다.

$$P_{S_4} = \tfrac{1}{24}t_1^4 + \tfrac{1}{4}t_1^2 t_2 + \tfrac{1}{8}t_2^2 + \tfrac{1}{3}t_1 t_3 + \tfrac{1}{4}t_4$$

교대군 A_n(이것은 짝수 순열로 구성된 군이다. 정확히 짝수인 S_n 원소의 절반이다)에 대해서는 다음이 성립한다.

$$2 + 2t_1 + \sum_{n=2}^{\infty} P_{A_n} = \exp\left(\sum_{j=1}^{\infty} \frac{t_j}{j}\right) + \exp\left(\sum_{j=1}^{\infty} (-1)^{j+1} \frac{t_j}{j}\right)$$

다음으로, Y의 각 원소 y에 가중치 $w(y)$를 할당한다. 가중치는 더하고 곱할 수 있는 모든 종류의 양일 수 있다(형식상 요구 사항으로 가중치는 교환환commutative ring에 속해야 한다). 예를 들어 가중치는 독립 형식 변수일 수 있으며, 계산을 편의를 위해 그중 하나를 1로 선택할 수 있다. 그런 다음 구성의 가중치는 $f(x)$의 가중치의 $x \in X$에 대한 곱으로 정의한다.

$$w(f) = \prod_{x \in X} w(f(x))$$

G 작용의 동일한 궤도에 있는 두 구성의 가중치가 동일한 것은 자명하다.

예를 들어 $Y = \{$빨강, 적갈, 청록$\}$이면 가중치에 대해서 변수 $r = w($빨강$)$, $s = w($적갈$)$, $t = w($청록$)$를 할당할 수 있다.

이런 가중치를 이용해 **구성 셈 급수**configuration counting series C라 하는 멱급수를 만들 수 있다. 즉, C는 설정된 Y^X 구성에서 G의 모든 궤도에 걸쳐 궤도를 대표하는 가중치의 합이다. 목걸이 예에서 $C = C(r, s, t)$에서 $r^a s^b t^c$의 계수는 빨간색 구슬이 a개, 적갈색 구슬이 b개, 청록색 구슬이 c개를 나타낸다. 따라서 $r^3 s^2 t^5$의 계수가 원래 문제의 목걸이 개수이다. $a + b + c$가 고정돼 있으므로 계산의 편의를 위해 t 대신에 $w($청록$) = 1$을 대입하는 것이 좋다. 그러면 $r^3 s^2$의 계수는 원하는 목걸이 개수이다. 즉, 빨강과 적갈색 구슬의 개수를 알면 청록색 구슬의 개수는 뺄셈으로 알 수 있다.

$Y = \{0, 1\}$인 음높이 등급 집합의 예에서 변수 z를 도입하고 $w(0) = 1$과 $w(1) = z$를 설정하는 것이 합리적이다. 그러면 z^a의 계수는 a 음을 갖는 음높이 등급 집합에 대해서 알려준다.

정리 9.15.1 (포여) X에 작용하는 G의 순환 지수로 구성 셈 급수 C로 표현하면 다음이 된다.

$$C = P_G\left(\sum_{y \in Y} w(y), \sum_{y \in Y} w(y)^2, \sum_{y \in Y} w(y)^3, \ldots\right)$$

정리를 적용하는 것을 먼저 살펴본 후에 증명을 한다.

보기

음높이 등급 집합의 예에서 $G = \mathbb{Z}/12$와 $G = D_{24}$의 경우를 고려한다. X는 12음높이 등급 집합이며 $Y = \{0, 1\}$, $w(0) = 1$, $w(1) = y$이다. 식 (9.15.2)와 (9.15.4)에서 순환 지수는 다음과 같다.

$$\begin{aligned} P_{\mathbb{Z}/12} &= \tfrac{1}{12}\big(t_1^{12} + t_2^6 + 2t_3^4 + 2t_4^3 + 2t_6^2 + 4t_{12}\big) \\ P_{D_{24}} &= \tfrac{1}{2}P_{\mathbb{Z}/12} + \tfrac{1}{4}\big(t_2^6 + t_1^2t_2^5\big) \\ &= \tfrac{1}{24}\big(t_1^{12} + 6t_1^2t_2^5 + 7t_2^6 + 2t_3^4 + 2t_4^3 + 2t_6^2 + 4t_{12}\big) \end{aligned}$$

그러면 정리 9.15.1에서 t_n에 $1 + z^n$을 대입하면 구성 셈 급수 C를 얻는다. 결과는 다음과 같다.

(i) $G = \mathbb{Z}/12$인 경우

$$C = 1 + z + 6z^2 + 19z^3 + 43z^4 + 66z^5 + 80z^6 + 66z^7 + 43z^8 1 + 19z^9 + 6z^{10} + z^{11} + z^{12}$$

(ii) $G = D_{24}$인 경우

$$C = 1 + z + 6z^2 + 12z^3 + 29z^4 + 38z^5 + 50z^6 + 38z^7 + 29z^8 + 12z^9 + 6z^{10} + y^{11} + y^{12}$$

예로서, 전조와 도치를 같은 것으로 간주할 때 12개의 3음과 50개의 6화음이 존재한다. 다항식의 계수가 대칭인 것은 9.14절에서 설명했다. 이것은 집합을 여집합으로 대체했을 때 j개의 음표 집합이 자연스럽게 $12 - j$개의 음표 집합과 대응되기 때문이다.

번사이드 보조 정리 9.13.1을 사용하는 대신에 포여의 열거 정리를 사용하는 이유는 9.14절에서 했던 고정 구성의 개수를 구체적으로 계산하는 것을 하지 않아도 되기 때문이다. 단점은 이런 기계적인 방법은 이해하고 기억하기 어렵다는 것이다.

포여의 열거 정리의 증명은 번사이드 보조정리 9.13.1의 가중치 버전에 의존한다.

보조정리 9.15.2 G는 유한 집합 X에 순열로 작용하는 유한군이다. w는 X상의 함수로서 같은 궤도에서는 상숫값을 갖는다. 그래서 w는 X에서 G의 궤도의 함수로 간주할 수 있다. 그러면 궤도의 가중치의 합은 다음과 같다.

$$\frac{1}{|G|}\sum_{g\in G}\sum_{x=g(x)} w(x)$$

증명

$g(x) = x$가 되는 쌍 (g, x)의 집합을 생각하고, 이 집합에 대한 가중치 $w(x)$를 두 가지 방법으로 합한다. 군 원소에 대해 먼저 합하면 $\sum_{g\in G}\sum_{x=g(x)} w(x)$를 얻는다. 반면 X 원소에

대해 먼저 합하면, 식 (9.11.1)에서 각각의 x에 대해 G의 원소의 개수는 $|G|$를 x가 놓여 있는 궤도의 길이로 나눈 것이 된다. 그래서 x가 놓인 궤도의 원소에 대해 합하면 $|G|w(x)$가 된다. 그래서 모든 x에 대해 합하면 궤도의 가중치의 합에 $|G|$를 곱한 것이 된다. □

포여의 열거 정리의 증명

구성 집합 Y^X에 작용하는 G에 대해 위의 버전의 번사이드 보조정리를 적용한다. 그러면 C가 다음이 된다.

$$\frac{1}{|G|}\sum_{g\in G}\sum_{f=g(f)} w(f) \tag{9.15.5}$$

각각의 $g \in G$에 대해 다음을 증명하면 증명이 끝난다.

$$P_g\left(\sum_{y\in Y} w(y), \sum_{y\in Y} w(y)^2, \sum_{y\in Y} w(y)^3, \ldots\right) = \sum_{f=g(f)} w(f)$$

(9.15.1)과 (9.15.5)를 비교하면 G의 원소에 대해 평균을 구한 것이 정리의 공식이 되기 때문이다. $j_k(g)$가 X에 작용하는 g의 길이 k인 순환의 개수임을 기억하면, 정의에 의해서 위 식의 좌변은 다음이 된다.

$$\left(\sum_{y\in Y} w(y)\right)^{j_1(g)}\left(\sum_{y\in Y} w(y)^2\right)^{j_2(g)}\cdots \tag{9.15.6}$$

우변은 다음이 된다.

$$\sum_{f=g(f)}\prod_{x\in X} w(f(x)) \tag{9.15.7}$$

이제, 구성 f는 X에서 작용하는 g의 궤도에서 상수일 때, 정확하게 $f = g(f)$를 만족한다. 그래서 이런 구성을 선택해 Y의 원소를 X에 작용하는 g의 궤도 각각에 대응한다. 그러면 $f(x)$의 가중치를 곱하면 이미지 $y \in Y$를 갖는 길이 j의 궤도는 곱에서 인수 $w(y)^j$와 대응한다.

(9.15.6)을 i가 궤도의 길이일 때 X에 작용하는 g의 궤도에 대해 계수$\sum_{y\in Y} w(y)^i$를 모두 곱해 얻은 것으로 간주할 수 있다. 이런 합을 모두 곱하면, Y 원소를 X에 작용하는 g의

궤도에 대응하는 하나의 항이 존재하는데, 이 항이 정확하게 (9.15.7)과 대응한다. □

읽을거리

Harald Fripertinger, Enumeration in music theory, *Séminaire Lotharingien de Combinatoire*, **26** (1991), 29–42; also appeared in *Beiträge zur elektronischen Musik* **1**, 1992.

Harald Fripertinger, Enumeration and construction in music theory, *Diderot Forum on Mathematics and Music Computational and Mathematical Methods in Music, Vienna, Austria, December 2-4, 1999*. H. G. Feichtinger and M. Dörfler, editors. Österreichische Computergesellschaft (1999), 179–204.

Harald Fripertinger, Enumeration of mosaics, *Discrete Math*. **199** (1999), 49–60.

Harald Fripertinger, Enumeration of non-isomorphic canons, *Tatra Mountains Math. Publ*. **23** (2001).

Harald Fripertinger, Classification of motives: a mathematical approach, to appear in *Musikometrika*.

Michael Keith (1991), *From Polychords to Pólya; Adventures in Musical Combinatorics*.

G. Pólya, Kombinatorische Anzahlbestimmungen für Gruppen, Graphen und chemische Verbindungen, *Acta Math*. 68 (1937), 145–254.

R. C. Read, Combinatorial problems in the theory of music, *Discrete Mathematics* **167/168** (1997), 543–551.

D. Reiner, Enumeration in music theory, *Amer. Math. Monthly* **92** (1) (1985), 51–54. Note that there is a typographical error in the formula for the cycle index of the dihedral group in this paper.

9.16 마티외 군 M_{12}

12음 음악의 조합은 언급할 가치가 있는 흥미로운 우연의 일치가 있다. 메시앙[Messiaen]은 피아노를 위한 불의 섬[Ile de Feu] 2에서 마티외 군 M_{12}를 재발견했다. Berry(1976)의 409–414페이지에서 메시앙이 다음 순열을 사용해 음의 배열과 지속 시간의 배역을 생성하는 것에 대해 찾을 수 있다.

$$\begin{pmatrix} 1 & 2 & 3 & 4 & 5 & 6 & 7 & 8 & 9 & 10 & 11 & 12 \\ 7 & 6 & 8 & 5 & 9 & 4 & 10 & 3 & 11 & 2 & 12 & 1 \end{pmatrix}$$

그리고

$$\begin{pmatrix} 1 & 2 & 3 & 4 & 5 & 6 & 7 & 8 & 9 & 10 & 11 & 12 \\ 6 & 7 & 5 & 8 & 4 & 9 & 3 & 10 & 2 & 11 & 1 & 12 \end{pmatrix}$$

이런 순열은 19세기에 마티외가 발견한 차수 95040인 군 M_{12}를 생성한다.[8]

군이 오직 두 개의 정규 부분군, 즉 전체 군과 항등원만으로 구성된 부분군만 있으면 단순군simple group이라 한다.[9] 20세기 수학의 뛰어난 업적 중 하나가 유한 단순군의 분류이다. 대략적으로 말하면, 분류 정리로부터 유한 단순군은 26개의 산발적인 군을 제외하고 명시적으로 설명할 수 있는 특정 무한군에 속하는 것을 알 수 있다. 이 26개군 중에서 5개군은 19세기에 마티외가 발견했고 나머지 군은 1960년대와 70년대에 발견했다.

디아코니스Diaconis, 그레이엄Graham, 캔터Kantor는 M_{12}가 몽고 셔플Mongean shuffle이라고 부르는 위의 두 가지 순열에 의해 생성됐음을 발견했다. 왼손에 12장의 카드를 쥐고 시작해, 오른손에 지금까지 가지고 있는 카드의 위와 아래에 번갈아가며 배치하면서 오른손으로 옮긴다. 끝나면 카드 전체를 다시 왼손으로 넘긴다. 아래와 위의 시작 위치를 지정하지 않았기에 이것은 12개의 카드에 대한 두 가지 다른 순열이 된다. 이것이 위에서 제시한 순열이다. 순환 표기법으로는 다음이 된다.

$$(1, 7, 10, 2, 6, 4, 5, 9, 11, 12)(3, 8)$$

이것은 차수 10인 경우이고 다음은 차수 11인 경우다.

$$(1, 6, 9, 2, 7, 3, 5, 4, 8, 10, 11)(12)$$

이런 순열은 다음과 같이 가시화할 수 있다.

---

8 E. Mathieu, Mémoire sur l'étude des fonctions de plusieurs quantités, "J. Math. Pures Appl." 6 (1861), 241–243; Sur la fonction cinq fois transitive de 24 quantités, "J. Math. Pures Appl." 18 (1873), 25–46.

9 그래서 원소를 하나만 가지는 군은 단순군이 아니다. 이것은 정규 부분군의 개수가 둘이 아닌 하나이기 때문이다. 이것을 소수의 정의와 비교해보라. 1은 소수가 아니다.

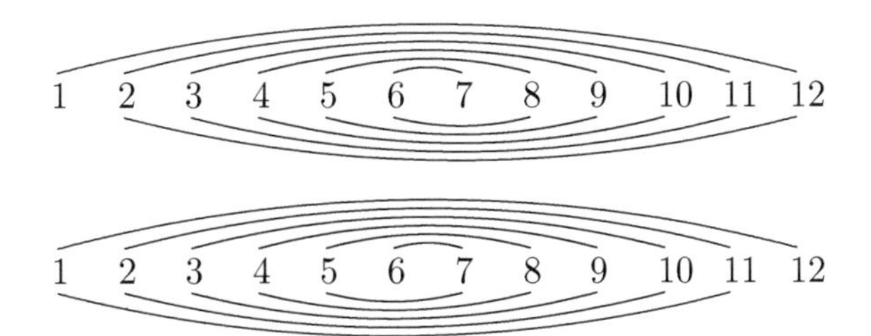

연습문제

(Carl E. Linderholm, 1971) 이 책을 (마지막 페이지의 마지막 단어에서 시작해) 거꾸로 읽으면 마지막으로 읽은 것은 "들어가며"(물론 역순)이다. 따라서 "들어가며introduction"는 "나가며extraduction"가 되고, 독자들은 막혔을 때 이런 식으로 사용하면 단순한 치료 방편이 된다. 이 연습문제를 거꾸로 읽고 "나가며"를 작성하라.

읽을거리

Wallace Berry, ***Structural Function in Music***, Prentice-Hall, 1976. Reprinted by Dover, 1987. This book contains a description of the Messiaen example referred to in this section.

J. H. Conway and N. J. A. Sloane, ***Sphere Packings, Lattices and Groups***, Grundlehren der mathematischen Wissenschaften 290, Springer-Verlag, 1988. This book contains a huge amount of information about the sporadic groups in general, and Section 11.17 contains more information on Mongean shuffles and the Mathieu group M12.

P. Diaconis, R. L. Graham and W. M. Kantor, The mathematics of perfect shuffles, *Adv. Appl. Math*. **4** (1983), 175-196.

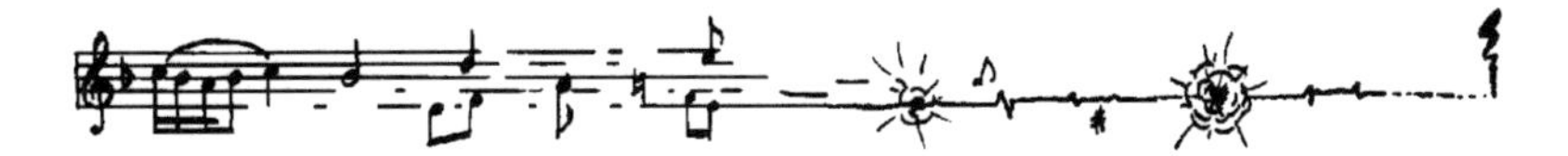

Unlike Mozart's ***Requiem*** and Bartók's ***Third Piano Concerto***, the piece that P. D. Q. Bach was working on when he died has never been finished by anyone else.[10]

10 Professor Peter Schickele, "The Definitive Biography of P. D. Q. Bach (1807-1742)?", Random House, 1976.

A
베셀 함수

베셀 함수 근의 표

참고: J_n의 k번째 근을 $j_{n,k}$로 표기한다.

k	J_0	J_1	J_2	J_3	J_4	J_5	J_6	J_7
1	2.40482 55577	3.831706	5.135622	6.380162	7.588342	8.771484	9.936110	11.08637
2	5.52007 81103	7.015587	8.417244	9.761023	11.06471	12.33860	13.58929	14.82127
3	8.65372 79129	10.17347	11.61984	13.01520	14.37254	15.70017	17.00382	18.28758
4	11.79153 44391	13.32369	14.79595	16.22347	17.61597	18.98013	20.32079	21.64154
5	14.93091 77086	16.47063	17.95982	19.40942	20.82693	22.21780	23.58608	24.93493
6	18.07106 39679	19.61586	21.11700	22.58273	24.01902	25.43034	26.82015	28.19119
7	21.21163 66299	22.76008	24.27011	25.74817	27.19909	28.62662	30.03372	31.42279
8	24.35247 15308	25.90367	27.42057	28.90835	30.37101	31.81172	33.23304	34.63709
9	27.49347 91320	29.04683	30.56920	32.06485	33.53714	34.98878	36.42202	37.83872
10	30.63460 64684	32.18968	33.71652	35.21867	36.69900	38.15987	39.60324	41.03077
11	33.77582 02136	35.33231	36.86286	38.37047	39.85763	41.32638	42.77848	44.21541
12	36.91709 83537	38.47477	40.00845	41.52072	43.01374	44.48932	45.94902	47.39417
13	40.05842 57646	41.61709	43.15345	44.66974	46.16785	47.64940	49.11577	50.56818
14	43.19979 17132	44.75932	46.29800	47.81779	49.32036	50.80717	52.27945	53.73833
15	46.34118 83717	47.90146	49.44216	50.96503	52.47155	53.96303	55.44059	56.90525

k	J_8	J_9	J_{10}	J_{11}	J_{12}	J_{13}	J_{14}	J_{15}
1	12.22509	13.35430	14.47550	15.58985	16.69825	17.80144	18.90000	19.99443
2	16.03777	17.24122	18.43346	19.61597	20.78991	21.95624	23.11578	24.26918
3	19.55454	20.80705	22.04699	23.27585	24.49489	25.70510	26.90737	28.10242
4	22.94517	24.23389	25.50945	26.77332	28.02671	29.27063	30.50595	31.73341
5	26.26681	27.58375	28.88738	30.17906	31.45996	32.73105	33.99318	35.24709
6	29.54566	30.88538	32.21186	33.52636	34.82999	36.12366	37.40819	38.68428
7	32.79580	34.15438	35.49991	36.83357	38.15638	39.46921	40.77283	42.06792
8	36.02562	37.40010	38.76181	40.11182	41.45109	42.78044	44.10059	45.41219

푸리에 급수

$$\sin(z\sin\theta) = 2\sum_{n=0}^{\infty} J_{2n+1}(z)\sin(2n+1)\theta,$$

$$\cos(z\sin\theta) = J_0(z) + 2\sum_{n=1}^{\infty} J_{2n}(z)\cos 2n\theta,$$

$$J_n(z) = \frac{1}{\pi}\int_0^{\pi}\cos(n\theta - z\sin\theta)\,\mathrm{d}\theta.$$

미분방정식

$$J_n''(z) + \frac{1}{z}J_n'(z) + \left(1 - \frac{n^2}{z^2}\right)J_n(z) = 0.$$

멱급수

$$J_n(z) = \sum_{k=0}^{\infty}\frac{(-1)^k\left(\frac{z}{2}\right)^{n+2k}}{k!(n+k)!}.$$

생성함수

$$\mathrm{e}^{\frac{1}{2}z\left(t-\frac{1}{t}\right)} = \sum_{n=-\infty}^{\infty} J_n(z)t^n.$$

극한값

n이 상수이고 z가 실수일 때 $|z| \to \infty$이면,

$$J_n(z) = \sqrt{\frac{2}{\pi z}}\cos\left(z - \tfrac{1}{2}\left(n + \tfrac{1}{2}\right)\pi\right) + O\left(|z|^{-3/2}\right)$$

(여기에서 $O(|z|^{-3/2})$는 $|z|^{-3/2}$의 상수 배로 한정되는 오차 항을 나타낸다.)

z가 상수이고, $n \to \infty$이면 $J_n(z) \sim \frac{1}{\sqrt{2n\pi}}\left(\frac{ez}{2n}\right)^n$이 된다.

n을 고정하고 $k \to \infty$이면 $j_{n,k} \sim (k + \frac{1}{2}n - \frac{1}{4})\pi$이다.

다른 공식들

$$
\begin{aligned}
J_{-n}(z) &= (-1)^n J_n(z), \\
J_n'(z) &= \tfrac{1}{2}(J_{n-1}(z) - J_{n+1}(z)), \\
J_n(z) &= \tfrac{z}{2n}(J_{n-1}(z) + J_{n+1}(z)), \\
\frac{\mathrm{d}}{\mathrm{d}z}(z^n J_n(z)) &= z^n J_{n-1}(z), \\
1 &= \sum_{n=-\infty}^{\infty} J_n(z) = J_0(z) + 2J_2(z) + 2J_4(z) + 2J_6(z) + \cdots \\
1 &= \sum_{n=-\infty}^{\infty} J_n(z)^2 = J_0(z)^2 + 2J_1(z)^2 + 2J_2(z)^2 + 2J_3(z)^2 + \cdots
\end{aligned}
$$

특히, 모든 n과 z에 대해 $|J_n(z)| \le 1$이며 $n \ne 0$이면 $|J_n(z)| \le \frac{1}{\sqrt{2}}$이다.

컴퓨터 계산

멱급수는 z가 작은 경우에 매우 빨리 수렴하고 모든 z에 대해 수렴하지만, z가 커짐에 따라서 오차가 누적된다. 이것은 매우 큰 수를 더하고 빼서 결과로 얻는 값이 작은 값이기 때문이다.

대신 베셀 함수를 계산하는 컴퓨터 프로그램은 점화식 $J_n(z) = (2(n+1)/z)J_{n+1}(z) - J_{n+2}(z)$를 기반으로 해 관계식 $J_0(z) + 2J_2(z) + 2J_4(z) + \ldots = 1$을 이용해 정규화한다. 이것을 밀러의 후진 점화 알고리듬이라고 한다. (J. C. P. Miller, *The Airy integral*, Cambridge University Press, 1946) n을 첨자로 갖는 배열을 만든 후에 마지막 두 개를 첨자 1과 0을 사용해 점화식으로 나머지를 채우고 정규화한다. 100개의 항목을 갖는 배열은 메모리도 많이 사용하지 않으면서 상당히 정확한 값을 계산할 수 있다. 다음은 이 방법을 구현한 C++ 코드이다. 예외 처리는 하지 않았다.

```
/* file bessel.cpp */
#include <iostream.h>
#include <stdio.h>
#define length 100
```

```
void main() {
  long double X[length], z, sum;
  int n=0, j=0;
  X[length - 2]=1; X[length - 1]=0;
  while (1)
  {
    printf("\n\nOrder (integer); -1 to exit: ");
    cin>>n;
    if (n<0)
      break;
    printf("Argument (real): ");
    cin>>z;
    if (z==0) // prevent divide by zero
      {printf("J 0(0)=1; J n(0)=0 (n>0)");}
    else
      {for(j=length - 3; j>=0; --j)
        {X[j]=(2*(j+1)/z)*X[j+1] - X[j+2];}
      sum=X[0];
      for(j=2; j < length; j=j+2)
        {sum+=2*X[j];}
      printf("J %d(%Lf)= %11.10Lf",n,z,X[n]/sum);
    }
  }
}
```

볼랜드 C++를 이용해 프로그램을 컴파일했다. 실행하면 소수점 10째 자리까지 결과를 프린트하며, 이 결과는 n과 z가 50미만의 비교적 작은 값에 대해서는 출판된 다른 결과와 일치한다. 좀 더 정확한 값이 필요하면 표준 유닉스의 다중 정밀도 계산기인 **bc**를 추천한다. (수학 함수의 라이브러리인 **mathlib**을 로드하는) **-l** 옵션을 사용하면 명령어 **j(n,z)**는 위의 알고리듬을 이용해 $J_n(z)$를 계산한다. 예로서 명령어 **scale=50**을 이용하면 소수점 이후 자리수를 50개로 설정할 수 있다. 윈도우 사용자는 무료 유닉스 환경인 Cygwin(www.cygwin.com)에서 **bc**를 사용할 수 있다.[1] 또한 UnxUtils.zip(unxutils.sourgeforge.net)에 MS-DOS용으로 컴파일된 (무료) 실행 파일이 있다. 다음은 예제이다.

---

1 Windows 10 이상의 사용자는 WSL(Windows Subsystem for Linux)을 사용하는 것이 더 편하다. – 옮긴이

```
$ bc -l
j(1,1)
.44005058574493351595
scale=50
for (n=0;n<5;n++) {j(n,1)}
.76519768655796655144971752610266322090927428975532
.44005058574493351595968220371891491312737230199276
.11490348493190048046964688133516660534547031423020
.01956335398266840591890532162175150825450895492805
.00247663896410995504378504839534244418158341533812
quit
$
```

B
평균율

q	p_3	e_3	p_5	e_5	p_7	e_7	e_{35}	e_{357}	$e_5.q^2$	$e_{35}.q^{\frac{3}{2}}$	$e_{357}.q^{\frac{4}{3}}$
2	1	+213.686	1	−101.955	2	+231.174	166.245	190.365	392	470	480
3	1	+13.686	2	+98.045	2	−168.826	70.000	112.993	882	**364**	489
4	1	−86.314	2	−11101.955	3	−68.826	94.459	86.760	1631	756	551
5	2	+93.686	3	+18.045	4	−8.826	67.464	55.319	451	754	473
6	2	+13.686	4	+98.045	5	+31.174	70.000	59.922	3530	1029	653
7	2	−43.457	4	−1116.241	6	+59.746	32.804	43.672	796	608	585
8	3	+63.686	5	+48.045	6	−68.826	56.410	60.831	3075	1276	973
9	3	+13.686	5	−1135.288	7	−35.493	26.764	23.104	2858	723	433
10	3	−26.314	6	+18.045	8	−8.826	22.561	19.113	1804	713	412
11	4	+50.050	6	−1147.410	9	+12.992	48.748	40.503	5737	1778	991
12	4	+13.686	7	−111.955	10	+31.174	9.776	19.689	**282**	**406**	541
13	4	−17.083	8	+36.507	10	−45.749	28.500	35.202	6170	1336	1076
14	5	+42.258	8	−1116.241	11	−25.969	32.012	30.132	3183	1677	1017
15	5	+13.686	9	+18.045	12	−8.826	16.015	14.034	4060	930	519
16	5	−11.314	9	−1126.955	13	+6.174	20.671	17.250	6900	1323	695
17	5	−1133.373	10	+3.927	14	+19.409	23.761	22.404	1135	1665	979
18	6	+13.686	11	+31.378	15	+31.174	24.207	26.732	10167	1849	1261
19	6	−117.366	11	−117.218	15	−23.457	7.293	13.745	2606	604	697
20	6	−1126.314	12	+18.045	16	−8.826	22.561	19.113	7218	2018	1038
21	7	+13.686	12	−1116.241	17	+2.603	15.018	12.354	7162	1445	716
22	7	−114.496	13	+7.136	18	+12.992	5.964	8.943	3454	615	551
31	10	+0.783	18	−115.181	25	−1.084	3.705	3.089	4979	639	**301**
41	13	−115.826	24	+0.484	33	−2.972	4.134	3.786	814	1085	535
53	17	−1.408	31	−0.068	43	+4.759	0.997	2.866	**192**	**385**	570
65	21	+1.379	38	−0.417	52	−8.826	1.018	5.163	1760	534	1349
68	22	+1.922	40	+3.927	55	+1.762	3.092	2.722	18160	1734	755
72	23	−2.980	42	−1.955	58	−2.159	2.520	2.406	10135	1540	721
84	27	−0.599	49	−1.955	68	+2.603	1.446	1.911	13794	1113	703
99	32	+1.565	58	+1.075	80	−0.871	1.343	1.206	10539	1323	552
118	38	+0.127	69	−0.260	95	−2.724	0.205	1.582	3621	**262**	915

130	42	+1.379	76	−0.417	105	+0.405	1.018	0.864	7040	1509	569
140	45	−0.599	82	+0.902	113	−0.254	0.766	0.642	17682	1269	467
171	55	−0.349	100	−0.201	138	−0.405	0.285	0.330	5866	636	**313**
441	142	+0.081	258	+0.086	356	−0.118	0.083	0.096	16689	772	**324**
494	159	−0.079	289	+0.069	399	+0.405	0.074	0.241	16909	815	943
612	197	−0.039	358	+0.006	494	−0.198	0.028	0.117	2166	**424**	607
665	214	−0.148	389	−0.0001	537	+0.197	0.105	0.142	**50**	1798	825

이 표는 옥타브의 동일한 분할을 기반으로 한 음계가 장3도 5:4, 완전5도 3:2, 7도 화음 7:4를 얼마나 잘 근사하는지를 보여준다. 첫 번째 열(q)은 옥타브를 나눈 개수를 의미한다. 두 번째 열(p_3)은 (영에서부터 세어서) 장3도 5:4에 가장 가까운 음계의 숫자를 보여주고, 그다음 열(e_3)은 센트 단위로의 오차를 나타낸다.

$$e_3 = 1200\left(\frac{p_3}{q} - \log_2\left(\frac{5}{4}\right)\right)$$

비슷하게, 다음의 두 열(p_5와 e_5)은 완전5도 3:2에 가장 가까운 음계와 센트 단위로의 오차이다.

$$e_5 = 1200\left(\frac{p_5}{q} - \log_2\left(\frac{3}{2}\right)\right)$$

그다음의 두 열(p_7과 e_7)은 7도 화음 7:4와 가장 가까운 음계와 오차이다.

$$e_7 = 1200\left(\frac{p_7}{q} - \log_2\left(\frac{7}{4}\right)\right)$$

e_{35}는 장3도와 완전5도의 RMS root mean square 오차를 나타낸다.

$$e_{35} = \sqrt{(e_3^2 + e_5^2)/2}$$

e_{357}은 장3도, 완전5도, 7도 화음의 RMS 오차를 나타낸다.

$$e_{357} = \sqrt{(e_3^2 + e_5^2 + e_7^2)/3}$$

정리 6.2.3에서 $e_5.q^2$이 옥타브의 p_5/q를 이용해 완전5도를 근사할 때 이 음계에 대해서 얼마나 잘 근사하는지를 보여주는 양인 것을 알 수 있다. 정리에서 $e_5.q^2 < 1200$을 만

족하는 q는 무한히 많지만, 평균적으로 이 양은 q에 대해 선형적으로 증가하는 것을 알 수 있다.

비슷하게 정리 6.2.5에서 $k = 2$이면, $e_{35}.q^{\frac{3}{2}}$는 장3도와 완전5도를 동시에 얼마나 잘 근사하는지에 대한 측도가 된다. $e^{35}.q^{\frac{3}{2}} < 1200$을 만족하는 q는 무한 개가 있으며, 평균적으로 이 값은 q의 제곱근에 비례해 증가한다. 정리 6.2.5에서 $k = 3$이면, $e_{357}.q^{4/3}$은 장3도, 완전5도, 7도 화음인 세 개의 음정을 얼마나 잘 근사하는지에 대한 측도가 된다. $e_{357}.q^{\frac{4}{3}} < 1200$을 만족하는 q는 무한히 많으며 평균적으로 이 값은 q의 3제곱근에 비례해 증가한다.

$e_5.q^2$, $e_{35}.q^{\frac{3}{2}}$, $e_{357}.q^{\frac{4}{3}}$의 특별히 좋은 값은 표의 마지막 세 개의 열에서 굵은 글꼴로 나타냈다.

C
주파수와 MIDI 차트

이 표는 표준 A4 = 440Hz를 기반으로 하는 표준 평균율 음표의 주파수와 MIDI 번호를 보여준다.

piano ↑	108	4186.01	C8	c'''''
violin ↑	107	3951.07	B7	
	106	3729.31		
	105	3520.00	A7	
	104	3322.44		
	103	3135.96	G7	
	102	2959.96		
	101	2793.83	F7	
	100	2637.02	E7	
	99	2489.02		
flute ↑	98	2349.32	D7	
	97	2217.46		
	96	2093.00	C7	c''''
	95	1975.53	B6	
	94	1864.66		
	93	1760.00	A6	
	92	1661.22		
–	91	1567.98	G6	
	90	1479.98		
	89	1396.91	F6	
–	88	1318.51	E6	
leger	87	1244.51		
lines	86	1174.66	D6	
	85	1108.73		
–	84	1046.50	C6	c'''
	83	987.767	B5	
	82	932.328		
–	81	880.000	A5	
	80	830.609		
	79	783.991	G5	
	78	739.989		
┌	77	698.456	F5	
|	76	659.255	E5	
|	75	622.254		
├	74	587.330	D5	
|	73	554.365		
| treble	72	523.251	C5	c''
├ clef	71	493.883	B4	
|	70	466.164		
|	69	440.000	A4	
|	68	415.305		
├	67	391.995	G4	
|	66	369.994		
|	65	349.228	F4	
└	64	329.628	E4	
	63	311.127		
	62	293.665	D4	
	61	277.183		
middle c	60	261.626	C4	c'

flute ↓	59	246.942	B3	
	58	233.082		
┌	57	220.000	A3	
|	56	207.652		
violin ↓	55	195.998	G3	
|	54	184.997		
├	53	174.614	F3	
|	52	164.814	E3	
| bass	51	155.563		
├ clef	50	146.832	D3	
|	49	138.591		
|	48	130.813	C3	c
├	47	123.471	B2	
|	46	116.541		
|	45	110.000	A2	
|	44	103.826		
└	43	97.9989	G2	
	42	92.4986		
	41	87.3071	F2	
–	40	82.4069	E2	
	39	77.7817		
	38	73.4162	D2	
	37	69.2957		
–	36	65.4064	C2	C
leger	35	61.7354	B1	
lines	34	58.2705		
–	33	55.0000	A1	
	32	51.9131		
	31	48.9994	G1	
	30	46.2493		
–	29	43.6535	F1	
	28	41.2034	E1	
	27	38.8909		
	26	36.7081	D1	
	25	34.6478		
	24	32.7032	C1	C_1
	23	30.8677	B0	
	22	29.1352		
piano ↓	21	27.5000	A0	
	20	25.9565		
	19	24.4997	G0	
	18	23.1247		
	17	21.8268	F0	
	16	20.6017	E0	
	15	19.4454		
	14	18.3540	D0	
	13	17.3239		
	12	16.3516	C0	C_2
	11	15.4339		

D
음정

이것은 한 옥타브(또는 볼렌-피어스 또는 BP 음계의 경우 트라이타브)를 초과하지 않는 음정의 표다. 훨씬 더 자세한 표는 번역가 알렉산드 엘리스가 추가한 헬름홀츠Helmholtz(1877)의 부록 20(453페이지)을 참조하라. BP 음계의 음 이름은 옥타브 기반 음계의 동일한 이름과 혼동을 피하기 위해 아래첨자 BP로 표시한다.

첫 번째 열은 두 번째 열에서 주어진 비율의 밑수 2인 로그에 1200배한 값이다. 밑이 2인 로그는 자연 로그를 취하고 ln 2로 나눠 계산할 수 있다. 그래서 첫 번째 영은 두 번째 열의 자연 로그에 다음 값을 곱한 것이다.

$$\frac{1200}{\ln 2} \approx 1731.234$$

모든 음정은 이론적인 목적을 위해 소수점 세 자리까지 제시한다. 몇 센트 정도의 차이는 멜로디에서는 사람 귀로 인지할 수 없지만, 화성에서 매우 작은 차이는 비트와 화성의 매끈함에 큰 차이를 유발한다. 소수점 세자리는 여러 번 계산해 쌓인 오차가 귀로 인식할 수 없는 정도의 정확도다.

좀 더 섬세한 정확도를 원하면, 다중 정밀도 계산기 **bc**를 -l 옵션을 이용해 사용하길 권한다. 다음 코드는 센트 단위로 음정을 정의하는 파일이다. 예로서 이런 파일을 **music.bc**로 저장하고 명령어 **bc -l music.bc**를 실행하면 시작 시에 파일을 로드한다.

```
scale=50 /* fifty decimal places - seems like plenty but you
  never know */
octave=1200
savart=1.2*l(10)/l(2)
syntoniccomma=octave*l(81/80)/l(2)
```

```
pythagoreancomma=octave*l(3^12/2^19)/l(2)
septimalcomma=octave*l(64/63)/l(2)
schisma=pythagoreancomma-syntoniccomma
diaschisma=syntoniccomma-schisma
perfectfifth=octave*l(3/2)/l(2)
equalfifth=700
meantonefifth=octave*l(5)/(4*l(2))
perfectfourth=octave*l(4/3)/l(2)
justmajorthird=octave*l(5/4)/l(2)
justminorthird=octave*l(6/5)/l(2)
justmajortone=octave*l(9/8)/l(2)
justminortone=octave*l(10/9)/l(2)
```

센트	음정 비율	엘리츠 표기	이름	참고
0.000	1:1	C^0, C^0_{BP}	기본음	§4.1
1.000	$2^{\frac{1}{1200}}:1$		센트	§5.4
1.805	$2^{\frac{1}{665}}:1$		665 음계의 기본 단위	§6.4
1.953	32805:32768	$B\sharp^{-1}$	시스마	§5.8
3.986	$10^{\frac{1}{1000}}:1$		사바르트	§5.4
14.191	245:243	C^{+1}_{BP}	BP-단 다이어시스	§6.7
19.553	2048:2025	$D\flat\flat^{+2}$	다이어시스마	§5.8
21.506	81:80	C^{+1}	신토닉 또는 일반 쉼표	§5.5
22.642	$2^{\frac{1}{53}}:1$		53음계의 기본 단위	§6.3
23.460	$3^{12}:2^{19}$	$B\sharp^0$	피타고라스 쉼표	§5.2
27.264	64:63		셉티멀 쉼표	§5.8
35.099			카를로스 γ 음계 기본 단위	§6.6
41.059	128:125	$D\flat\flat^{+3}$	큰 다이어시스	§5.12
49.772	$7^{13}:3^{23}$	$D\flat\flat^0_{BP}$	BP 7/3 쉼표	§6.7
63.833			카를로스 β 음계 기본 단위	§6.6
70.672	25:24	$C\sharp^{-2}$	작은 (순정) 반음	§5.5
77.965			카를로스 α 음계 기본 단위	§6.6
90.225	256:243	$D\flat^0$	디어시스 또는 리마	§5.2
100.000	$2^{\frac{1}{12}}:1$	$\approx C\sharp^{-\frac{7}{11}}$ 711	평균율 반음	§5.14
111.731	16:15	$D\flat^{+1}$	순정 단반음(시-도, 미-파)	§5.5
113.685	2187:2048	$C\sharp^0$	피타고라스 아포토메	§5.2
133.238	27:25	$D\flat^{-2}_{BP}$		§6.7
146.304	$3^{\frac{1}{13}}:1$		BP-평균율 반음	§6.7
182.404	10:9	D^{-1}	순정 단음(레-미, 솔-라)	§5.5
193.157	$\sqrt{5}:2$	$D^{-\frac{1}{2}}$	가온음 온음	§5.12

200.000	$2^{\frac{1}{6}}:1$	$\approx D^{-\frac{2}{11}}$	평균율 온음	§5.14
203.910	9:8	D^0	순정 장음(도-레, 파-솔, 라-시)	§5.5
			피타고라스 장음	§5.2
			9배음	§4.1
294.135	32:27	$E\flat^0$	피타고라스 단3도	§5.2
300.000	$2^{\frac{1}{4}}:1$	$\approx E\flat^{+\frac{3}{11}}$	평균율 단3도	§5.14
315.641	6:5	$E\flat^{+1}$	순정 단3도(미-솔, 라-도, 시-레)	§5.5
386.314	5:4	E^{-1}	순정 장3도(도-미, 파-라, 솔-시)	§5.5
			가온음 장3도	§5.12
			5배음	§4.1
400.000	$2^{\frac{1}{3}}:1$	$\approx E^{-\frac{4}{11}}$	평균율 장3도	§5.14
407.820	81:64	E^0	피타고라스 장3도	§5.2
498.045	4:3	F^0	완전4도	§5.2
500.000	$2^{\frac{5}{12}}:1$	$\approx F^{+\frac{1}{11}}$	평균율 4도	§5.14
503.422	$2:5^{\frac{1}{4}}$	$F^{+\frac{1}{4}}$	가온음률4도	§5.12
551.318	11:8		11배음	§4.1
600.000	$\sqrt{2}:1$	$\approx F\sharp^{-\frac{6}{11}}$	평균율	§5.14
611.731	729:512	$F\sharp^0$	셋온음	§5.2
696.579	$5^{\frac{1}{4}}:1$	$G^{-\frac{1}{4}}$	가온음 5도	§5.12
700.000	$2^{\frac{7}{12}}:1$	$\approx G^{-\frac{1}{11}}$	평균율 5도	§5.14
701.955	3:2	G^0	순정률과 피타고라스 (완전) 5도	§5.2
			3배음	§4.1
792.180	128:81	$A\flat^0$	피타고라스 단6도	§5.2
800.000	$2^{\frac{2}{3}}:1$	$\approx A\flat^{+\frac{4}{11}}$	평균율 단6도	§5.14
813.687	8:5	$A\flat^{+1}$	순정 단6도	§5.5
840.528	13:8		13배음	§4.1
884.359	5:3	A^{-1}	순정 장6도	§5.5
889.735	$5^{\frac{3}{4}}:2$	$A^{-\frac{3}{4}}$	가온음률 장6도	§5.12
900.000	$2^{\frac{3}{4}}:1$	$\approx A^{-\frac{3}{11}}$	평균 장6도	§5.14
905.865	27:16	A^0	피타고라스 장6도	§5.2
968.826	7:4		7배음	§4.1
996.091	16:9	$B\flat^0$	피타고라스 단7도	§5.2
1000.000	$2^{\frac{5}{6}}:1$	$\approx B\flat^{+\frac{2}{11}}$	평균 단7도	§5.14
1082.892	$5^{\frac{5}{4}}:4$	$B^{-\frac{5}{4}}$	가온 장7도	§5.12
1088.269	15:8	B^{-1}	순정 장7도	§5.5
			15배음	§4.1
1100.000	$2^{\frac{11}{12}}:1$	$\approx B^{-\frac{5}{11}}$	평균 장7도	§5.14
1109.775	243:128	B^0	피타고라스 장7도	§5.2

1200.000	2:1	C^0	옥타브; 2배음	§4.1
1466.871	7:3	A^0_{BP}	BP-10도	§6.7
1901.955	3:1	C^0_{BP}	BP-트라이타브	§6.7

E

순정률, 평균율, 가온음률의 비교

그림 E.1의 수평축은 (신토닉) 쉼표 단위의 값이고 수직축은 센트 단위의 값이다. 각 수직선은 5도로 생성한 일반 음계를 나타낸다. 이 음계에서 5도의 크기는 피타고라스 5도(비율 3:2 즉, 701.955센트)에서 수평축을 따라 위치에 의해 주어진 쉼표의 배수를 뺀 것과 같다. 세 개의 경사선은 이 음계에서 5도, 장3도 및 단3도가 순정률 값에서 얼마나 멀리 떨어져 있는지를 보여준다. 이 그림은 6.4절의 연습문제 2와 관련이 있다.

1/11 쉼표 가온음계를 이 다이어그램에 추가하면, 12음 평균율과 구분할 수 없는 것을 주의해야 한다. 5.14절을 참조하라.

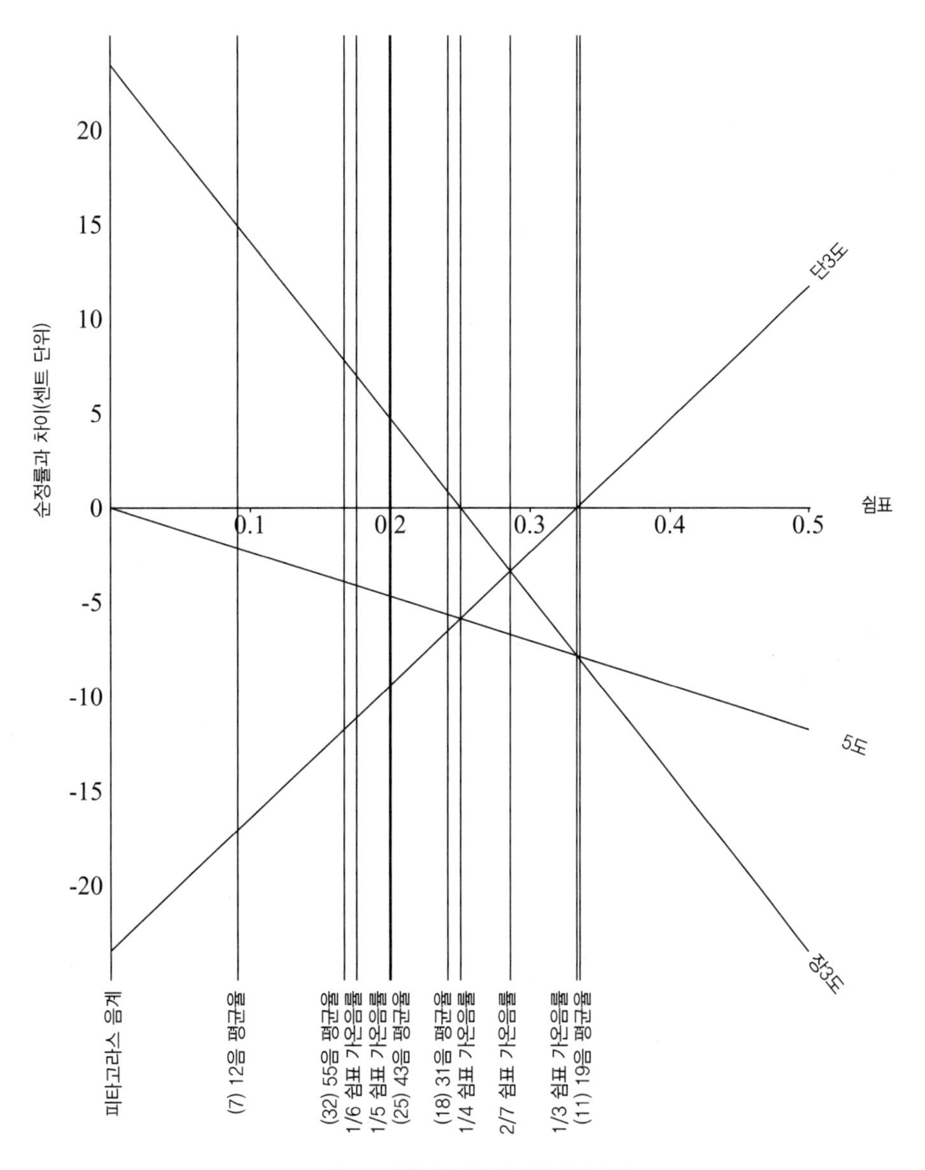

그림 E.1 일반 음계와 순정률과의 편차

F
음악 이론

여기서는 본문을 이해하는 데 필요한 기초 음악 이론의 배경지식을 설명한다. 강조하는 부분은 표준 음악 교과서와 조금 다르다. 현대 음계를 편리하게 표현하는 방법으로 피아노 건반으로 시작한다(그림 F.1과 부록 C 참조).

검은색 건반과 흰색 건반은 모두 음표를 나타낸다. 이 건반은 7개의 흰색 음표와 5개의 검은색 음표 뒤에 반복된다는 점에서 수평 방향으로 주기적이다. 한 주기는 음표에 해당하는 주파수를 두 배로 늘리는 한 옥타브이다. 옥타브 등가의 원리로 옥타브의 정수 수만큼의 다른 음표는 화성에서 동등한 역할을 한다. 실제로는 이것이 완전한 진실은 아니다.

현대식 건반에서 옥타브를 구성하는 12개의 음정을 반음semitone이라고 하며 동일한 주파수 비율을 나타낸다. 이름은 두 개의 반음이 하나의 온음을 만드는 것에서 유래됐다. 반음의 주파수 비율의 12승은 2:1이므로 반음은 주파수 비율 $2^{\frac{1}{12}}$}:1을 나타낸다. 이와 같이 모든 반음이 같은 배열을 평균율이라고 한다. 주파수는 키보드 위치의 지수함수이며 키보드는 실제로 주파수의 로그 표현이다.

이런 로그 스케일로 인해 음정의 덧셈에 대해 이야기하면 주파수의 곱이 된다. 예를 들어 반음에 다른 반음을 더하면 주파수 비율이 $2^{\frac{1}{12}} \times 2^{\frac{1}{12}}$: 1 즉, $2^{\frac{1}{6}}$: 1이 된다. 덧셈 표기법과 곱셈 표기법 간의 이러한 전환은 혼란의 원인이 된다.

오선보staff 표기법도 비슷하다. 수직 방향이 로그 주파수를 나타내고 수평 방향이 시간을 나타낸다. 따라서 악보 표기는 선형 수평 시간 축과 로그 수직 주파수 축을 갖는 그래프 용지로 간주할 수 있다.

그림 F.2에서 각 음표는 이전 음표의 주파수의 두 배여서 로그 주파수 음계에서 동일 간격을 갖는다(낮은음자리표와 높은음자리표 사이의 구분 제외). 인접한 음 사이의 간격은 한 옥타브이므로 가장 낮은 음과 가장 높은 음 사이의 간격은 주파수 비율의 곱인 2^5:1가 되며 5옥타브이다.

이 다이어그램에는 두 개의 음자리표가 있다. 위의 것은 높은음자리표treble clef이며 각각의 선은 가온도 위의 두 개의 흰색 건반인 미로 시작해 미, 솔, 시, 레, 파를 나타낸다. 그 사이의 공백은 파, 라, 도, 미를 나타내어서 가온도 위의 미부터 한 옥타브 반음 높은 파 사이의 모든 흰색 건반에 해당한다.

검은색 건반은 같은 글자의 흰색 음표에 해당하는 줄이나 공백에서 샤프(♯) 또는 플랫(♭)을 앞에 붙여서 표기한다.

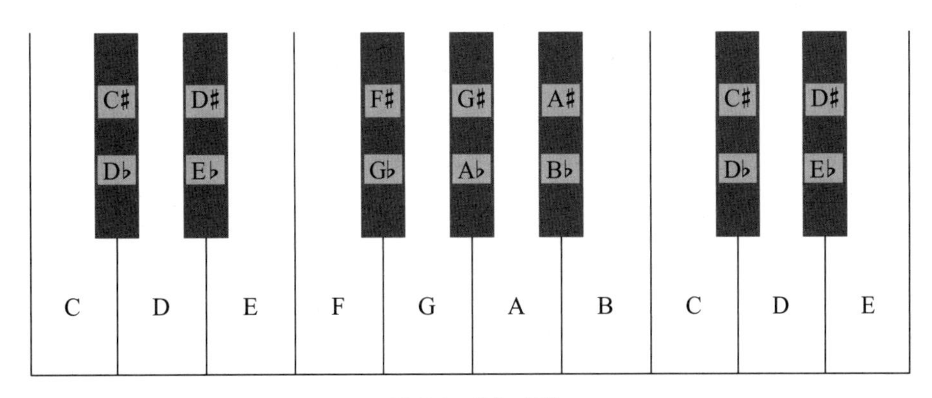

그림 F.1 피아노 건반

그림 F.2 도의 옥타브

밑의 것은 낮은음자리표라 하며 각 선은 솔, 시, 레, 파, 라를 나타낸다. 마지막 음인 라는 가온도에서 흰 건반 두 개 밑이고, 첫 음인 솔은 가온도에서 앞의 라에서 한 옥타브와 한 온음 밑이다.

가온도 자체는 높은음자리표 밑과 낮은음자리표 위에 덧줄leger line을 이용해 표기한다.

반음 7개로로 표시되는 주파수 비율, 예를 들어 도에서 그 위의 솔까지의 음정을 완전5도perfect fifth라 한다. 사실은 정확한 표현은 아니다. 완전5도는 주파수 비율이 3:2 즉, 1.5:1인 반면, 현대 평균율에서 7개의 반음은 $2^{\frac{7}{12}}$:1인 대략 1.4983:1의 주파수 비율을 갖는다. 완전5도는 4장에서 설명했듯이 옥타브와 마찬가지로 협음이다. 따라서, 반음 7개는 협음과 매우 가깝다. 맥놀이를 듣지 않고 완전5도와 평균율 5도의 차이를 구별하기가 매우 어렵다. 그 차이는 반음의 50분의 1 정도이다.

완전4도는 4:3의 음정을 나타내며 또한 협음이다. 완전4도와 반음 5개로 구성된 평균율 4도의 차이는 완전5도와 평균율 5도의 차이와 정확하게 같다. 이것은 한 옥타브에서 대응하는 5도를 빼서 만들기 때문이다.

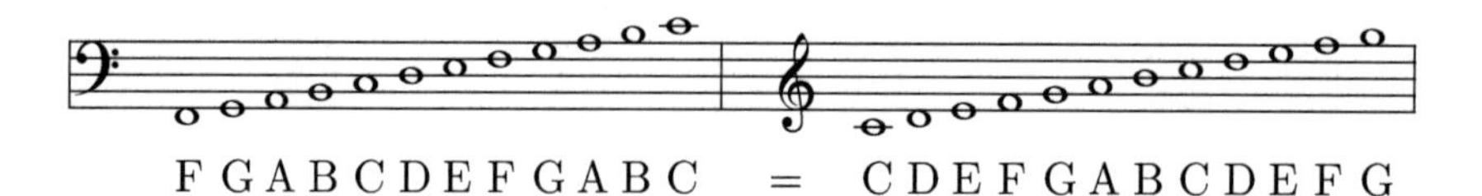

그림 F.3 낮은음자리표와 높은음자리표

그림 F.4 C 장화음

그림 F.5 도치된 C 장화음

반음 4개가 표시하는 주파수 비율, 예를 들어 도에서 바로 위의 미까지의 음정을 장3도major third라 한다. 이것은 $2^{\frac{4}{12}}$:1 또는 $\sqrt[3]{2}$:1로서 대략 1.25992:1의 주파수 비율을 나타낸다. 순정 장3도just major third는 주파수 비율 5:4 즉, 1.25:1로 정의한다. 다시 한 번, 협음을 나타내는 것은 순정 장3도이며, 현대 평균율 장3도는 이에 대한 근사이다. 이 근사치는 완전5도에 비해서 많이 나쁘다. 순정 장3도와 평균율 장3도의 차이는 귀로 인지할 수 있으며, 대략 반음의 1/7이다.

반음 3개가 표시하는 주파수 비율, 예를 들어 미에서 바로 위의 솔까지의 간격을 **단3도**minor third라 한다. 이것은 $2^{\frac{3}{12}}$:1 즉, $\sqrt[4]{2}$:1 또는 대략 1.1892:1의 주파수 비율을 나타낸다. 협음인 **순정 단3도**just minor third는 6:5즉, 1.2:1의 주파수 비유로 정의한다. 평균 단3도와의 차이는 앞에서와 같이 반음의 7분의 1 정도이다.

순정률(완전)과 평균율 둘 다에서 장3도에 단3도를 더하면 5도가 된다. 그래서 도에서 미의 음정(장3도)에 미에서 솔의 음정(단3도)를 더하면 도에서 솔의 음정(5도)이 된다. 순정률(완전)에서는 이것은 **순정 장3화음**just major triad 도-미-솔에 대한 4:5:6의 비율이 된다. 여기서 도를 이 화음의 **근음**root이라고 한다. 화음의 이름은 근음에서 따온 것이므로 C 장화음이다.

주파수 비율 3:4:5를 사용한다면 옥타브 등가의 원리로 C 장화음의 변형 형식으로 간주할 수 있는 **도치**inversion 화음이 된다. 주파수 비율 2:3:4를 사용한다면 그림 F.6과 같이 5도와 옥타브로 구성된 더 간단한 화음이 된다.

그래서 순정 3장화음 4:5:6 은 서구 음악 체계에서 화성의 기본이 되는 화음이다. 이것은 평균율에서 화음 1:$2^{\frac{4}{12}}$:$2^{\frac{7}{12}}$로 근사되며 다소 날카롭지만 좋은 근사이다.

장음계major scale는 5도 간격의 음 3개를 근음으로 하는 세 개의 장3화음으로 구성된다. 예를 들어, C 장음계는 F 장3화음, C 장3화음, G장3화음으로 구성된다. 이들 사이에 있는 음이 C 장조의 음계를 구성하는 흰색 건반을 나타낸다. 그래서 순정률에서 C 장조 음계는 그림 F.7의 주파수 비율을 가진다.

그림 F.6 5도와 옥타브

C	D	E	F	G	A	B	C	D
$\frac{1}{1}$	$\frac{9}{8}$	$\frac{5}{4}$	$\frac{4}{3}$	$\frac{3}{2}$	$\frac{5}{3}$	$\frac{15}{8}$	$\frac{2}{1}$	$\frac{9}{4}$
4	:	5	:	6	:		(8)	
			4	:	5	:	6	
	(3)	:		4	:	5	:	6

그림 F.7 순정률에서 C장조의 주파수 비율

여기서는 다이어그램 오른쪽 끝과 왼쪽 끝은 2:1 옥타브로 옥타브 등가 원리를 사용했다.

이 음계의 기본적인 문제는 레에서 라까지의 음정이 완전5도가 아니라는 것이다. 음이 조율이 잘못된 5도와 같이 들린다. 실제로 비율 81:80로서 완전5도에 좀 부족하다. 이 음정을 신토닉 쉼표라 한다. 여기서 형용사 없이 사용한 쉼표는 신토닉 쉼표를 의미한다. 이 쉼표와 다른 쉼표는 5.8절에 자세히 설명한다.

가온음계[meantone scale]는 이 문제를 해결하기 위해 신토닉 쉼표를 네 개의 5도인 도-솔-레-라-미에 균등하게 배분한다. 그래서 가온음계에서 5도는 완전5도에 비해 1/4 쉼표 낮고, 장3도는 순정 장3도와 같다. 순정음계에서 여러 개의 조성이 잘 작동하지만, 멀어질수록 나빠진다. 자세한 내용은 5.12절을 참조하라.

모든 조성이 잘 작동되게 하려면 가온음계가 뒤에서 만나도록 구부려져야 한다. 베르크마이스터[Werckmeister]가 처음 제안한 후에 역사적으로 여러 가지 다른 것들이 있었다. 이런 정조정음계의 일부를 5.13절에서 설명한다. 가온음계와 정조정음계를 4세기 동안 사용한 후, 19세기 후반과 20세기 초반에 평균율이 널리 보급됐다.

단3화음[minor triad]은 장3화음에서 음정의 순서를 바꾸어 얻는다. 예를 들어 C를 근음으로 하는 단3도는 도, 미♭, 솔로 구성된다. 순정률에서 도-미♭의 주파수 비율은 5:6, 미♭-솔은 4:5이므로 도-솔은 여전히 완전5도를 형성한다. 따라서 비율은 10:12:15이다. 단3화음의 역할에 대한 논의는 5.6절을 참조하라. 단음계는 장음계에서 했던 것과 같은 방식으로 3개의 단3화음에서 만들 수 있다. 그림 F.8에 주파수 비율을 나타냈다.

이것을 자연 단음계[natural minor scale]라 한다. 음계의 6도음 또는 7도음 중 하나 또는 둘을 등가의 장음계에 비해 반음 위로 이동한 다른 형태의 단음계가 존재한다.

C	D	E♭	F	G	A♭	B♭	C	D
$\frac{1}{1}$	$\frac{9}{8}$	$\frac{6}{5}$	$\frac{4}{3}$	$\frac{3}{2}$	$\frac{8}{5}$	$\frac{9}{5}$	$\frac{2}{1}$	$\frac{9}{4}$
10	:	12	:	15				
			10	:	12	:	15	
				10	:	12	:	15

그림 F.8 C단조의 주파수 비율

그림 F.9 조표

조표key signature의 개념은 다음 관찰에서 나온다. 5도 간격으로 분리된 음에서 시작하는 장조 스케일을 보면 하나의 음을 제외하고 두 조의 음은 모두 같다. 예를 들어 다장조에서는 음이 C-D-E-F-G-A-B-C인 반면 사장조에서는 음이 G-A-B-C-D-E-F♯-G이다. 유일한 차이는 음표의 주기에서 재배열을 제외하고 F 대신에 F♯이다. 따라서 다장조가 아닌 사장조임을 나타내기 위해 각 보표의 시작 부분에서 F에 샤프 기호를 사용한다.

마찬가지로 바장조는 F-G-A-B♭-C-D-E-F 음표를 사용한다. 다장조와의 유일한 차이는 B 대신에 B♭이다.

이것은 시작하는 음이 5도 간격이면 조표가 서로 인접adjacent하는 걸로 간주할 수 있다. 그래서 조표는 그림 F.9와 같이 오도권circle of fifths을 형성한다.

위의 조표의 순서에서, 처음과 마지막은 같은 조의 이명 동음enharmonic이 된다. 평균율에서는 이것들이 같은 조를 나타내는 다른 방법에 불과하지만, 가온음률과 같은 다른 체계에서는 실제 음높이가 달라지는 것을 의미한다.

조표와 장조 이름 사이의 대응 관계를 쉽게 외우는 방법이 있다. 샤프가 있는 조표의 경우, 마지막 샤프의 위치가 그 조의 (으뜸음의 반음 아래인) 이끈음leading note이다.[1] 예를 들어 샤프가 4개인 경우 마지막 샤프가 D♯이므로 조는 E장조이다. 플랫이 있는 조표의 경

1 이동도법(movable do)에서 시가 된다. – 옮긴이

우, 뒤에서 두 번째 플랫이 조 이름이 된다. 예를 들어 4개의 플랫이 있는 경우 뒤에서 두 번째 플랫이 A♭이므로 조 이름은 A♭ 장조이다. 이것은 플랫이 하나뿐인 경우에는 성립하지 않지만, 이런 경우는 누구나 쉽게 기억하는 F장조이다.

자연 단음계의 음표는 장음계를 3반음 내려서 시작하는 것과 같다. 예를 들어 A단조의 음표는 A-B-C-D-E-F-G-A이다. 따라서 A단조는 C장조와 동일한 조표를 사용하며 A단조를 C장조의 **상대단조**relative minor라 한다.

음계가 시작되는 음을 **으뜸음**tonic이라 한다. 으뜸음에서 5도 높은 것은 **딸림음**dominant이라 한다. **로마 숫자 표기법**roman numerical notation을 사용해 으뜸음에 대한 3화음을 나타낸다.

예를 들어 딸림 장3화음은 V로 표기한다. 대문자 로마 숫자는 장3화음, 소문자는 단3화음을 나타낸다. 예를 들어 C장조에서 화음은 그림 F.10과 같다.

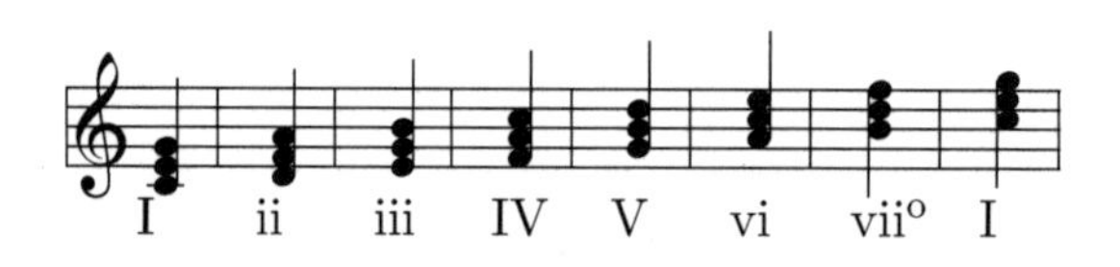

그림 F.10 로마 숫자 표기법

D장조에서 각 화음은 온음이 높아진다. 따라서 V는 G장조 대신 A장조의 코드를 나타낸다. 따라서 로마 숫자는 절대 음높이가 제공하는 것이 아니라 각 조에서 화음의 조성 기능을 나타낸다.

여기서 장조도 단조도 아닌 유일한 3화음은 음계의 7도 음을 근으로 하는 **감쇠**diminished 3화음이다. 이것은 vii°로 표시하며 장3도가 없이 단3도의 두 음정으로 구성한다.

선법

선법mode이라는 단어는 한 옥타브를 형성하기 위해 반음 크기의 약 두 배(정확한 크기는 음계 선택에 따라 다름)로 온음와 반음의 배열을 나타낸다. 선법의 이름은 상당한 혼동스럽다. 문제는 중세 교회 양식의 이름이 고대 그리스 **토노이**tonoi[2]의 이름과 충돌한다는 것인데, 이는 일부 10세기 작가들이 고대 문헌을 잘못 읽었기 때문이다. **하이포도리안**hypodorian의

2 그리스 고전 음악 – 옮긴이

두 정의는 일치하지만 중세 교회 양식은 원을 따라 잘못된 방향으로 갔다.

각 선법은 선택한 시작점에서 출발한 피아노의 흰색 건반 세트로 간주할 수 있다. 예를 들어 하이포도리안은 A에서 A로 이동해 음계와 반음의 배열은 아래쪽에서 위쪽으로 단음계와 같이 TSTTSTT이다. 물론 선법의 음높이가 절대적이지 않으므로 조 전체를 다른 조표로 전조할 수 있다. 여기서는 편의상 C의 음표인 '흰색 건반'만을 사용한다.

중세 교회 선법에는 피날리스finalis 또는 피날레 음표final note를 선택할 수 있다. 이것은 일반적으로 멜로디의 마지막 음표로 사용한다. 정통 선법은 피날리스로 시작하고 끝나는 반면, 플라갈plagal 선법은 음계의 네 번째 음표를 피날리스로 사용한다. 피날리스의 네 가지 선택은 D, E, F, G이며 정통 모드인 도리안Dorian, 프리기안Phrygian, 라디안Lydian, 믹소라디안Mixolydian에 해당한다. 접두사 하이포hypo는 동일한 종료를 사용하는 변격變格, plagal 선법을 나타낸다.

더 혼란스럽게, 16세기 스위스 이론가 글라레안Glareanus은 피날리스 A, C를 갖는 선법 4가지를 추가했다. 그는 이것을 에올리안aeolian, 이오니안ionian이라 불렀다. 그는 피날리스로 B는 유효하지 않다고 생각했다. 이것의 5도가 틀린 크기를 갖기 때문이다. 좀 더 상세한 것은 Grout and Palisca, *A History of Western Music*, fifth edn, Norton, 1996을 참조하라.

다음 표에서 요약한다. 첫 번째 열은 음계의 처음에서 끝까지의 반음과 온음의 패턴을 나타내다. 피날리스 칼럼은 그리스 토노이가 아니라 중세 교회 양식만을 언급한다. 이름보다 1에서 8까지의 숫자를 대부분의 중세 논문에서 사용했고 9에서 12까지는 글라레안에서 인용한 것이다. 현대 음악 이론 책은 숫자 1, 3, 5, 7, 9, 4, 11의 이름을 선법 이름으로 사용한다.

음정	그리스 "토노이"	중세 교회 선법	흰건반	"피날리스"
TSTTTST	피리지안	1. 도리안	D → D	D
STTTSTT	도리안	3. 피리지안	E → E	E
TTTSTTS	하이포라디안	5. 라디안	F → F	F
TTSTTST	하이포리지안	7. 믹소라디안	G → G	G
TSTTSTT	하이포도리안	2. 하이포도리안	A → A	D
STTSTTT	믹소라디안	4. 하이포피리지안	B → B	E
TTSTTTS	라디안	6. 하이포라디안	C → C	F
TSTTTST		8. 하이포믹소라디안	D → D	G
TSTTSTT		9. 에오리안	A → A	A
STTTSTT		10. 하이포에오리안	E → E	A
TTSTTTS		11. 이오니안	C → C	C
TTSTTST		12. 하이포아이니안	G → G	C

간단하게 말하면, 이오니안 선법이 현대 장음계로 발전한 이유는 사용 가능한 세 개의 장3화음이 화성에 사용하기에 가장 적합하기 때문이다.

G
녹음

Bill Alves, *Terrain of Possibilities*, Emf media #2, 2000. Music made with Synclavier and CSound using just intonation.

Johann Sebastian Bach, *The Complete Organ Music*, recorded by Hans Fagius, Volumes 6 and 8, BIS-CD-397/398 (1989) and BIS-CD-443/444 (1989 & 1990). These recordings are played on the reconstructed 1764 Wahlberg organ, Fredrikskyrkan, Karlskrona, Sweden. This organ was reconstructed using the original temperament, which was Neidhardt's Circulating Temperament No. 3 'für eine grosse Stadt' (for a large town).

Johann Sebastian Bach, *Italian Concerto*, BWV 971; *French Concerto*, BWV 831; 4 *Duetti*, BWV 802-5; *Chromatic Fantasy & Fugue*, BWV 903. Recorded by Christophe Rousset, Editions de l'Oiseau-Lyre 433 054-2, Decca 1992. These works were recorded on a 1751 Henri Hemsch (Paris) harpischord tuned in Werckmeister III temperament.

Clarence Barlow's 'OTOdeBLU' is in 17 tone equal temperament, played on two pianos. This piece was composed in celebration of John Pierce's eightieth birthday, and appeared as track 15 on the Computer Music Journal's Sound Anthology CD, 1995, to accompany volumes 15-19 of the journal. The CD can be obtained from MIT press for $15.

Between the Keys, Microtonal Masterpieces of the 20th Century, Newport Classic CD #85526, 1992. This CD contains recordings of Charles Ives' Three Quartertone Pieces, and a piece by Ivan Vyshnegradsky in 72 tone equal temperament.

Heinrich Ignaz Franz von Biber, Violin Sonatas, Romanesca (Andrew Manze, baroque violin; Nigel North, lute and theorbo; John Toll, harpsichord and organ), Harmonia Mundi (1994, reissued 2002), HMU 907134.35. This recording is on original and reproductions of original instruments tuned in quarter comma meantone temperament, with A at 440 Hz.

Easley Blackwood has composed a set of microtonal compositions in each of the equally tempered scales from 13 tone to 24 tone, as part of a research project funded by the National Endowment for the Humanities to explore the tonal and modal behaviour of these temperaments. He devised notations for each tuning, and his compositions were designed to illustrate chord progressions and practical application of his notations. The results are available on compact disc as Cedille Records CDR 90000 018, Easley Blackwood: *Microtonal Compositions* (1994). Copies of the scores of the works can be obtained from Blackwood Enterprises, 5300 South Shore Drive, Chicago, IL 60615, USA for a nominal cost.

Dietrich Buxtehude, *Orgelwerke*, Volumes 1–7, recorded by Harald Vogel, published by Dabringhaus and Grimm. These works are recorded on a variety of European organs in different temperaments. Extensive details are given in the liner notes.

CD1 Tracks 1–8: Norden – St. Jakobi/Kleine organ in Werckmeister III;

Tracks 9–15: Norden – St. Ludgeri organ in modified $\frac{1}{5}$ Pythagorean comma meantone with $C\sharp^{-\frac{6}{5}p}$, $G\sharp^{-\frac{6}{5}p}$, $B\flat^{+\frac{1}{5}p}$ and $E\flat^{0}$;

CD2 Tracks 1–6: Stade – St. Cosmae organ in modified quarter comma meantone with[1] $G\sharp^{-\frac{3}{2}}$, F^{0}, $B\flat^{0}$, $E\flat^{-\frac{1}{5}}$.

Tracks 7–15: Weener – Georgskirche organ in Werckmeister III;

CD3 Tracks 1–10: Grasberg organ in Neidhardt No. 3;

Tracks 11–14: Damp – Herrenhaus organ in modified meantone with pitches taken from original pipe lengths;

CD4 Tracks 1–8: Noordbroeck organ in Werckmeister III;

Tracks 9–15: Groningen – Aa–Kerk organ in (almost) equal temperament;

1 The liner notes are written as though $G\sharp^{-\frac{3}{2}}$ were equal to $A\flat^{-\frac{2}{5}}$, which is not quite true. But the discrepancy is only about 0.2 cents.

CD5 Tracks 1–5: Pilsum organ in modified $\frac{1}{5}$ Pythagorean comma meantone (the same as the

Norden – St. Ludgeri organ described above);

Tracks 6–7: Buttforde organ;

Tracks 8–10: Langwarden organ in modified quarter comma meantone with $G\sharp^{-\frac{7}{4}}$, $B\flat^{-\frac{1}{4}}$, $E\flat^{-\frac{1}{4}}$;

Tracks 11–13: Basedow organ in quarter comma meantone;

Tracks 14–15: Groß Eichsen organ in quarter comma meantone;

CD6 Tracks 1–10: Roskilde organ in Neidhardt (no. 3?);

Track 11: Helsingør organ (unspecified temperament);

Tracks 12–15: Torrlösa organ (unspecified temperament);

CD7 Tracks 1–10 modified $\frac{1}{5}$ comma meantone with[2] $C\sharp^{-\frac{6}{5}}$, $G\sharp^{-\frac{6}{5}}$, $B\flat^{+\frac{1}{5}}$ and $E\flat^{\frac{1}{5}-\frac{1}{10}p}$

William Byrd, *Cantones Sacrae 1575, The Cardinall's Music*, conducted by David Skinner. Track 12, *Diliges Dominum*, exhibits temporal reflectional symmetry, so that it is a perfect palindrome (see Section 9.1).

Wendy Carlos, *Beauty in the Beast*, Audion, 1986, Passport Records, Inc., SYNCD 200. Tracks 4 and 5 make use of Carlos' just scales described in Section 6.1.

Wendy Carlos, *Switched-On Bach 2000*, 1992. Telarc CD–80323. Carlos' original *Switched-On Bach* recording was performed on a Moog analog synthesizer, back in the late 1960s. The Moog is only capable of playing in equal temperament. Improvements in technology inspired her to release this new recording, using a variety of temperaments and modern methods of digital synthesis. The temperaments used are $\frac{1}{5}$ and $\frac{1}{4}$ comma meantone, and various circular (irregular) temperaments.

Wendy Carlos, *Tales of Heaven and Hell*, 1998. East Side Digital, ESD 81352. The third track, *Clockwork Black*, uses $\frac{1}{5}$th comma meantone temperament. The sixth track, *Afterlife*, uses 15 tone equal temperament, alternating with another

---

2 The liner notes identify $A\flat^{-\frac{1}{10}p}$ with $G\sharp^{-\frac{6}{5}}$, in accordance with the approximation of Kirnberger and Farey described in Section 5.14.

more *ad hoc* scale. The seventh and final track uses a variation of Werckmeister III.

Charles Carpenter has two CDs, titled *Frog à la Péche* (Caterwaul Records, CAT8221, 1994) and *Splat* (Caterwaul Records, CAT4969, 1996), composed using the Bohlen-Pierce scale, and played in a progressive rock/jazz style. Although Carpenter does not restrict himself to sounds composed mainly of odd harmonics, his compositions are nonetheless compelling.

Jacques Champion de Chambonnières, ***Pièces pour Clavecin***, Françoise Lengellé, Clavecin. Lyrinx, LYR CD066, France. These pieces were recorded on copies of original harpsichords, tuned in quarter comma meantone, with A at 415 Hz.

Jane Chapman, ***Beau Génie: Pièces de Clavecin from the Bauyn Manuscript, Vol. I***, Collins Classics 14202, 1994. These pieces were recorded on a 1614 Ruckers harpsichord, tuned in quarter comma meantone with A at 415 Hz.

Marc Chemillier and E. de Dampierre, ***Central African Republic. Music of the Former Bandia Courts***, CNRS/Musée de l'Homme, Le Chant du Monde, CNR 2741009, Paris, 1996.

Perry Cook (ed.) (1999), ***Music, Cognition and Computerized Sound. An Introduction to Psychoacoustics*** comes with an accompanying CD full of sound examples.

Jean-Henry d'Anglebert, ***Harpsichord Suites and Transcriptions***, Byron Schenkman, Harpsichord. Centaur CRC 2435, 1999. These pieces were recorded on a copy of an original 1638 harpsichord, tuned in quarter comma meantone.

Johann Jakob Froberger, ***The Complete Keyboard Works***, Richard Egarr, Harpsichord and Organ. Globe GLO 6022-5, 1994. The organ works in this collection were recorded on the organ at St. Martin's Church in Cuijk, tuned in 1/5 comma meantone with A at 413 Hz. The suites for harpsichord were recorded in 'the tuning described by Marin Mersenne in his ***Harmonie Universelle*** of 1636 (generally known as '***Ordinaire***')'. The remaining harpsichord works were recorded in quarter comma meantone. The harpsichords were tuned with A at 415 Hz.

Lou Harrison, ***Complete Harpsichord Works; Music for Tack Piano and Fortepiano; in Historic and Experimental Tunings***, New Albion Records (2002). Linda Burman-

Hall, solo keyboards. The pieces on this recording are: *A Sonata for Harpsichord* (Kirnberger II with A at 415 Hz), *Village Music* (a well temperament with A at 415 Hz), *Six Sonatas for Cembalo* (Werckmeister III with A at 440 Hz), *Instrumental Music for Corneille's 'Cinna'* (7 limit just intonation), *A Summerfield Set* (Werckmeister III), *Triphony* (modified well temperament based on Charles, Earl of Stanhope), *A Twelve-tone Morning After to Amuse Henry*, and *Largo Ostinato* (both in the same unspecified temperament based on tuning its core sonorities in just intonation).

Michael Harrison, *From Ancient Worlds*, for Harmonic Piano, New Albion Records, Inc., 1992. NA 042 CD. The pieces on this recording all make use of his 24 tone just scale, described in Section 6.1.

Michael Harrison has also released another CD using his Harmonic Piano, *Revelation*, recorded live in the Lincoln Center in October 2001 and issued in January 2002. In this recording, the harmonic piano is tuned to a just scale using only the primes 2, 3 and 7 (not 5). The 12 notes in the octave have ratios

$$1:1,\ 63:64,\ 9:8,\ 567:512,\ 81:64,\ 21:16,\ 729:512,\ 3:2,\ 189:128,\ 27:16,\ 7:4,\ 243:128,\ (2:1)$$

The scale begins on F, and has the peculiarity that ♯ lowers a note by a septimal comma.

Jonathan Harvey, *Mead: Ritual Melodies*, Sargasso CD #28029, 1999. Track two on this CD, *Mortuos Plango, Vivos Voco*, makes use of a scale derived from a spectral analysis of the Great Bell of Winchester Cathedral.

Neil Haverstick, *Acoustic Stick*, Hapi Skratch, 1998. The pieces on this CD are played on custom made guitars using 19 and 34 tone equal temperament.

In Joseph Haydn's Sonata 41 in A (Hob. XVI:26), the movement *Menuetto al Rovescio* is a perfect palindrome (see Section 9.1). This piece can be found as track 16 on the Naxos CD number 8.553127, Haydn, *Piano Sonatas*, Vol. 4, with Jenõ Jandó at the piano.

A. J. M. Houtsma, T. D. Rossing and W. M. Wagenaars, *Auditory Demonstrations*, Audio CD and accompanying booklet, Philips, 1987. This classic collection of sound examples illustrates a number of acoustic and psychoacoustic phenomena. It can be obtained from the Acoustical Society of America at asa.aip.org/discs.html for $26 + shipping.

Ben Johnson, *Music for Piano*, played by Phillip Bush, Koch International Classics CD #7369. Pieces for piano in a microtonal just scale.

Enid Katahn, *Beethoven in the Temperaments* (Gasparo GSCD–332, 1997). Katahn plays Beethoven's Sonatas Op. 13, *Pathétique* and Op. 14 Nr. 1 using the Prinz temperament, and Sonatas Op. 27 Nr. 2, *Moonlight* and Op. 53 *Waldstein* in Thomas Young's temperament. The instrument is a modern Steinway concert grand rather than a period instrument. The tuning and liner notes are by Edward Foote.

Enid Katahn and Edward Foote have also brought out a recording, *Six Degrees of Tonality* (Gasparo GSCD–344, 2000). This begins with Scarlatti's Sonata K. 96 in quarter comma meantone, followed by Mozart's *Fantasie* K. 397 in Prelleur temperament, a Haydn sonata in Kirnberger III, a Beethoven sonata in Young temperament, Chopin's *Fantaisie-Impromptu* in DeMorgan temperament, and Grieg's *Glochengeläute* in Coleman 11 temperament. Finally, and in many ways the most interesting part of this recording, the Mozart *Fantasie* is played in quarter comma meantone, Prelleur temperament and equal temperament in succession, which allows a very direct comparison to be made. Unfortunately, the tempi are slightly different, which makes this recording not very useful for a blind test.

Bernard Lagacé has recorded a CD of music of various composers on the C. B. Fisk organ at Wellesley College, Massachusetts, USA, tuned in quarter comma meantone temperament. This recording is available from Titanic Records Ti–207, 1991.

Guillaume de Machaut (1300 – 1377), *Messe de Notre Dame* and other works. The Hilliard Ensemble, Hyperíon, 1989, CDA66358. This recording is sung in Pythagorean intonation throughout. The mass alternates polyphonic with monophonic sections. The double leading–note cadences at the end of each polyphonic section are particularly striking in Pythagorean intonation. Track

19 of this recording is *Ma fin est mon commencement* (My end is my beginning). This is an example of retrograde canon, meaning that it exhibits temporal reflectional symmetry (see Section 9.1).

Mathews and Pierce (1989), *Current Directions in Computer Music Research* comes with a companion CD containing numerous examples; note that track 76 is erroneous, cf. Pierce (1983), page 257 of 2nd edn.

Microtonal Works, Mode CD #18, contains microtonal works of Joan la Barbara, John Cage, Dean Drummond and Harry Partch.

Edward Parmentier, *Seventeenth Century French Harpsichord Music*, Wildboar, 1985, WLBR 8502. This collection contains pieces by Johann Jakob Froberger, Louis Couperin, Jacques Champion de Chambonnieres, and Jean-Henri d'Anglebert. The recording was made using a Keith Hill copy of a 1640 harpsichord by Joannes Couchet, tuned in $\frac{1}{5}$ comma meantone temperament.

Many of Harry Partch's compositions have been rereleased on CD by Composers Recordings Inc., 73 Spring Street, Suite 506, New York, NY 10012-5800. As a starting point, I would recommend *The Bewitched*, CRI CD 7001, originally released on Partch's own label, Gate 5. This piece makes extensive use of his 43 tone just scale, described in Section 6.1.

A number of Robert Rich's recordings are in some form of just scale. His basic scale is mostly 5-limit with a 7:5 tritone:

1:1, 16:15, 9:8, 6:5, 5:4, 4:3, 7:5, 3:2, 8:5, 5:3, 9:5, 15:8

This appears throughout the CDs *Numena, Geometry, Rainforest*, and others. One of the nicest examples of this tuning is The Raining Room on the CD Rainforest, Hearts of Space HS11014-2. He also uses the 7-limit scale

1:1, 15:14, 9:8, 7:6, 5:4, 4:3, 7:5, 3:2, 14:9, 5:3, 7:4, 15:8

This appears on Sagrada Familia on the CD Gaudi, Hearts of Space HS11028-2.

William Sethares, *Xentonality*, Music in 10-, 13-, 17- and 19-tone equal temperament using spectrally adjusted instruments. Frog Peak Music www.frogpeak.org, 1997.

William Sethares (1998), *Tuning, Timbre, Spectrum, Scale* comes with a CD full of examples.

Isao Tomita, ***Pictures at an Exhibition*** (Mussorgsky), BMG 60576-2-RG. This recording was made on analogue synthesizers in 1974, and is remarkably sophisticated for that era. Johann Gottfried Walther, Organ Works, Volume 1, played by Craig Cramer on the organ of St. Bonifacius, Tr¨ochtelborn, Germany. Naxos CD number 8.554316. This organ was restored in Kellner's reconstruction of Bach's temperament, see Section 5.13. For more information about the organ (details are not given in the CD liner notes), see www.gdo.de/neurest/troechtelborn.html.

Aldert Winkelman, ***Works by Mattheson, Couperin, and Others***. Clavigram VRS 1735–2. This recording is hard to obtain. The pieces by Johann Mattheson, Fran¸cois Couperin, Johann Jakob Froberger, Joannes de Gruytters and Jacques Duphly are played on a harpsichord tuned to Werckmeister III. The pieces by Louis Couperin and Gottlieb Muffat are played on a spinet tuned in quarter comma meantone.

참고도서

G. Assayag, H. G. Feichtinger and J. F. Rodrigues (eds.), 2002. *Mathematics and Music, a Diderot Mathematical Forum*, Springer-Verlag.

Pierre-Yves Asselin, 1997. *Musique et tempérament*, Éditions Costallat, 1985; reprinted by Jobert.

J. Murray Barbour, 1951. *Tuning and Temperament, a Historical Survey*, Michigan State College Press. Reprinted by Dover, 2004.

James Beament, 1997. *The Violin Explained: Components, Mechanism, and Sound*, Oxford University Press.

Georg von Békésy, 1960. *Experiments in Hearing*, McGraw-Hill.

Richard Charles Boulanger (ed.), 2000. *The CSound Book: Perspectives in Software Synthesis, Sound Design, Signal Procesing, and Programming*, MIT Press.

Murray Campbell and Clive Greated, 1986. *The Musician's Guide to Acoustics*, Oxford University Press, reprinted 1998.

John Chowning and David Bristow, 1986. *FM Theory and Applications*, Yamaha Music Foundation.

Thomas Christensen (ed.), 2002. *The Cambridge History of Western Music Theory*, Cambridge University Press.

Perry R. Cook (ed.), 1999. *Music, Cognition, and Computerized Sound. An Introduction to Psychoacoustics*, MIT Press.

Lothar Cremer, 1984. *The Physics of the Violin*, MIT Press.

Diana Deutsch (ed.), 1982. *The Psychology of Music*, Academic Press; 2nd edn, 1999.

B. Chaitanya Deva, 1981. *The Music of India: a Scientific Study*, Munshiram Manoharlal Publishers Pvt. Ltd.

Dominique Devie, 1990. *Le tempérament musical: philosophie, histoire, théorie et practique*, Société de musicologie du Languedoc Béziers.

William C. Elmore and Mark A. Heald, 1969. *Physics of Waves*, McGraw-Hill. Reprinted by Dover, 1985.

Neville H. Fletcher and Thomas D. Rossing, 1991. *The Physics of Musical Instruments*, Springer-Verlag.

Allen Forte, 1973. *The Structure of Atonal Music*, Yale University Press.

Steve De Furia and Joe Scacciaferro, 1989. *MIDI Programmer's Handbook*, M & T Publishing, Inc.

H. Genevois and Y. Orlarey, 1997. *Musique & Mathématiques*, Aléas–Grame.

Karl F. Graff, 1975. *Wave Motion in Elastic Solids*, Oxford University Press. Reprinted by Dover, 1991.

R. W. Hamming, 1989. *Digital Filters*, Prentice Hall. Reprinted by Dover Publications, 1998.

G. H. Hardy and E. M. Wright, 1980. *An Introduction to the Theory of Numbers*, Oxford University Press, fifth edn.

Hermann Helmholtz, 1877. *Die Lehre von den Tonempfindungen*, Longmans & Co., fourth German edn. Translated by Alexander Ellis as *On the Sensations of Tone*, Dover, 1954 (and reprinted many times).

Hua, 1982. *Introduction to Number Theory*, Springer-Verlag.

Ian Johnston, 1989. *Measured Tones: the Interplay of Physics and Music*, Institute of Physics Publishing.

Owen H. Jorgensen, 1991. *Tuning*, Michigan State University Press.

Michael Keith, 1991. *From Polychords to Pólya; Adventures in Musical Combinatorics*, Vinculum Press.

T. W. Körner, 1988. *Fourier Analysis*, Cambridge University Press, reprinted 1990.

Patricia Kruth and Henry Stobart (eds.), 2000. *Sound*, Cambridge University Press.

Marc Leman, 1997. *Music, Gestalt, and Computing; Studies in Cognitive and Systematic Musicology*, Lecture Notes in Computer Science, vol. 1317, Springer-Verlag.

Ernő Lendvai, 1993. *Symmetries of Music*, Kodály Institute, Kecskemét.

Carl E. Linderholm, 1971. *Mathematics Made Difficult*, Wolfe Publishing, Ltd.

Mark Lindley and Ronald Turner-Smith, 1993. *Mathematical Models of Musical Scales*, Verlag für systematische Musikwissenschaft GmbH.

Max V. Mathews and John R. Pierce, 1989. *Current Directions in Computer Music Research*, MIT Press. Reprinted 1991.

Brian C. J. Moore, 1997. *Psychology of Hearing*, Academic Press.

F. Richard Moore, 1990. *Elements of Computer Music*, Prentice Hall.

Philip M. Morse and K. Uno Ingard, 1968. *Theoretical Acoustics*, McGraw Hill. Reprinted with corrections by Princeton University Press, 1986.

Bernard Mulgrew, Peter Grant and John Thompson, 1999. *Digital Signal Processing*, Macmillan Press.

Cornelius Johannes Nederveen, 1998. *Acoustical Aspects of Woodwind Instruments*, Northern Illinois Press.

Harry Partch, 1974. *Genesis of a Music*, Second edn, enlarged. Da Capo Press, 1979 (pbk).

George Perle, 1977. *Twelve-tone Tonality*, University of California Press. Second edn, 1996.

James O. Pickles, 1988. *An Introduction to the Physiology of Hearing*, Academic Press, second edn.

John Robinson Pierce, 1983. *The Science of Musical Sound*, Scientific American Books; 2nd edn, W. H. Freeman & Co, 1992.

Jean-Philippe Rameau, 1722. *Traité de l'harmonie*, Ballard. Reprinted as *Treatise on Harmony* in English translation by Dover, 1971.

J. W. S. Rayleigh, 1896. *The Theory of Sound* (2 vols.), Second edn, Macmillan. Dover, 1945.

Curtis Roads, 1989. *The Music Machine. Selected Readings from Computer Music Journal*, MIT Press.

Curtis Roads, 1996. *The Computer Music Tutorial*, MIT Press.

Curtis Roads, 2001. *Microsound*, MIT Press.

Curtis Roads, Stephen Travis Pope, Aldo Piccialli and Giovanni De Poli (eds.), 1997. *Musical Signal Processing*, Swets & Zeitlinger Publishers.

Curtis Roads and John Strawn (eds.), 1985. *Foundations of Computer Music. Selected Readings from Computer Music Journal*, MIT Press.

Thomas D. Rossing (ed.), 1988. *Musical Acoustics, Selected Reprints*, American Association of Physics Teachers.
Thomas D. Rossing, 1990. *The Science of Sound*, Addison-Wesley, Reading, Mass., Second edn.
Thomas D. Rossing, 2000. *Science of Percussion Instruments*, World Scientific.
Joseph Rothstein, 1992. *MIDI, a Comprehensive Introduction*, Oxford University Press.
William A. Sethares, 1998. *Tuning, Timbre, Spectrum, Scale*, Springer-Verlag.
Stan Tempelaars, 1996. *Signal Processing, Speech and Music*, Swets & Zeitlinger Publishers.
Martin Vogel, 1991. *Die Naturseptime*, Verlag für systematische Musikwissenschaft.
G. N. Watson, 1922. *A Treatise on the Theory of Bessel Functions*, Cambridge University Press. Reprinted, 1996.
Joseph Yasser, 1932. *A Theory of Evolving Tonality*, American Library of Musicology, Inc.
William A. Yost, 1977. *Fundamentals of Hearing. an Introduction*, Academic Press.
Eberhard Zwicker and H. Fastl, 1999. *Psychoacoustics: Facts and Models*, Springer-Verlag, second edn.

참고문헌

John Backus, 1969. *The Acoustical Foundations of Music*, W. W. Norton & Co. Reprinted 1977.

Patrice Bailhache, 2001. *Une histoire de l'acoustique musicale*, CNRS Éditions.

Scott Beall, 2000. *Functional Melodies: Finding Mathematical Relationships in Music*, Key Curriculum Press.

James Beament, 2001. *How We Hear Music: the Relationship Between Music and the Hearing Mechanism*, The Boydell Press.

Arthur H. Benade, 1990. *Fundamentals of Musical Acoustics*, Oxford University Press. Reprinted by Dover, 1990.

Richard E. Berg and David G. Stork, 1982. *The Physics of Sound*, Prentice-Hall. Second edn, 1995.

Easley Blackwood, 1985. *The Structure of Recognizable Diatonic Tunings*, Princeton University Press.

Pierre Buser and Michel Imbert, 1992. *Audition*, MIT Press.

Peter Castine, 1994. *Set Theory Objects: Abstractions for Computer-aided Analysis and Composition of Serial and Atonal Music*, European University Studies, vol. 36, Peter Lang Publishing.

David Colton, 1988. *Partial Differential Equations, an Introduction*, Random House.

Deryck Cooke, 1959. *The Language of Music*, Oxford University Press, reprinted in paperback, 1990.

David H. Cope, 1989. *New Directions in Music*, Wm. C. Brown Publishers, fifth edn. Sixth edn, Waveland Press, 1998.

David H. Cope, 1991. *Computers and Musical Style*, Oxford University Press.

David H. Cope, 1996. *Experiments in Musical Intelligence*, Computer Music and Digital Audio, vol. 12, A-R Editions.

David H. Cope, 2001. *Virtual Music*, MIT press, 2001.

Malcolm J. Crocker (ed.), 1998. *Handbook of Acoustics*, Wiley Interscience.

Alain Daniélou, 1967. *Sémantique musicale. Essai de psycho-physiologie auditive*, Hermann, Reprinted 1978.

Alain Daniélou, 1995. *Music and the Power of Sound*, Inner Traditions, revised from a 1943 publication.

Peter Desain and Henkjan Honig, 1992. *Music, Mind and Machine: Studies in Computer Music, Music Cognition, and Artificial Intelligence (Kennistechnologie)*, Thesis Publishers.

Charles Dodge and Thomas A. Jerse, 1997. *Computer Music: Synthesis, Composition, and Performance*, Simon & Schuster, second edn.
W. Jay Dowling and Dane L. Harwood, 1986. *Music Cognition*, Academic Press Series in Cognition and Perception.
Laurent Fichet, 1996. *Les théories scientifiques de la musique aux XIXe et XXe siècles*, Librairie J. Vrin.
Trudi Hammel Garland and Charity Vaughan Kahn, 1995. *Math and Music: Harmonious Connections*, Dale Seymore Publications.
Ben Gold and Nelson Morgan, 2000. *Speech and Audio Signal Processing: Processing and Perception of Speech and Music*, Wiley & Sons.
Heinz Götze and Rudolf Wille (eds.), 1995. *Musik und Mathematik. Salzburger Musikgespräch 1984 unter Vorsitz von Herbert von Karajan*, Springer-Verlag.
Penelope Gouk, 1999. *Music, Science and Natural Magic in Seventeenth-century England*, Yale University Press.
Niall Griffith and Peter M. Todd (eds.), 1999. *Musical Networks: Parallel Distributed Perception and Performance*, MIT Press.
Donald E. Hall, 1980. *Musical Acoustics*, Wadsworth Publishing Company.
W. M. Hartmann, 1998. *Signals, Sound and Sensation*, Springer-Verlag.
Michael Hewitt, 2000. *The Tonal Phoenix; a Study of Tonal Progression Through the Prime Numbers Three, Five and Seven*, Verlag für systematische Musikwissenschaft GmbH.
Douglas R. Hofstadter, 1979. *Gödel, Escher, Bach*, Harvester Press. Reprinted by Basic Books, 1999.
David M. Howard and James Angus, 1996. *Acoustics and Psychoacoustics*, Focal Press.
Stuart M. Isacoff, 2001. *Temperament: the Idea that Solved Music's Greatest Riddle*, Knopf; paperback 2003.
Sir James Jeans, 1937. *Science & Music*, Cambridge University Press. Reprinted by Dover, 1968.
Franck Jedrzejewski, 2002. *Mathématiques des systèmes acoustiques: Tempéraments et modèles contemporains*, L'Harmattan.
Franck Jedrzejewski, 2004. *Dictionnaire des musiques microtonales*, L'Harmattan.
Jeffrey Johnson, 1997. *Graph Theoretical Methods of Abstract Musical Transformation*, Greenwood Publishing Group.
Tom Johnson, 1996. *Self-similar Melodies*, Editions 75.
Lawrence E. Kinsler, Austin R. Frey, Alan B. Coppens and James V. Sanders, 2000. *Fundamentals of Acoustics*, John Wiley & Sons, fourth edn.
Albino Lanciani, 2001. *Mathématiques et musique. Les Labyrinthes de la phénoménologie*, Éditions Jérôme Millon.
J. Lattard, 1988. *Gammes et tempéraments musicaux*, Masson.
J. Lattard, 2003. *Intervalle, échelles, tempéraments et accordages musicaux: De Pythagore à la simulation informatique*, L'Harmattan.
Marc Leman, 1995. *Music and Schema Theory: Cognitive Foundations of Systematic Musicology*, Springer Series on Information Science, vol. 31, Springer-Verlag.
David Lewin, 1987. *Generalized Musical Intervals and Transformations*, Yale University Press.
Llewelyn S. Lloyd and Hugh Boyle, 1963. *Intervals, Scales and Temperaments*, Macdonald.
R. Duncan Luce, 1993. *Sound and Hearing, a Conceptual Introduction*, Lawrence Erlbaum Associates, Inc.

Charles Madden, 1999. *Fractals in Music – Introductory Mathematics for Musical Analysis*, High Art Press.
Max V. Mathews, 1969. *The Technology of Computer Music*, MIT Press.
W. A. Mathieu, 1997. *Harmonic Experience*, Inner Traditions International.
Guerino Mazzola, 1985. *Gruppen und Kategorien in der Musik*, Heldermann-Verlag.
Guerino Mazzola, 1990. *Geometrie der Töne: Elemente der Mathematischen Musiktheorie*, Birkhäuser.
Guerino Mazzola, with contributions by Stefan Göller, Stefan Müller and Karin Ireland, 2002. *The Topos of Music: Geometric Logic of Concepts, Theory, and Performance*, Birkhäuser.
Ernest G. McClain, 1976. *The Myth of Invariance: the Origin of the Gods, Mathematics and Music from the Ṛg Veda to Plato*, Nicolas-Hays, Inc. Paperback edn, 1984.
Joseph Morgan, 1980. *The Physical Basis of Musical Sounds*, Robert E. Krieger Publishing Company.
Erich Neuwirth, 1997. *Musical Temperaments*, Springer-Verlag.
Harry F. Olson, 1952. *Musical Engineering*, McGraw Hill. Revised and enlarged version, Dover, 1967, with new title: *Music, Physics and Engineering*.
Jack Orbach, 1999. *Sound and Music*, University Press of America.
Charles A. Padgham, 1986. *The Well-tempered Organ*, Positif Press.
Hermann Pfrogner, 1976. *Lebendige Tonwelt*, Langen Müller.
Dave Phillips, 2000. *Linux Music and Sound*, Linux Journal Press.
Ken C. Pohlmann, 2000. *Principals of Digital Audio*, McGraw-Hill, fourth edn.
Giovanni De Poli, Aldo Piccialli and Curtis Roads (eds.), 1991. *Representations of Musical Signals*, MIT Press.
Stephen Travis Pope (ed.), 1991. *The Well-tempered Object: Musical Applications of Object-oriented Software Technology*, MIT Press.
Daniel R. Raichel, 2000. *The Science and Applications of Acoustics*, American Institute of Physics.
Joan Reinthaler, 1990. *Mathematics and Music: Some Intersections*, Mu Alpha Theta.
Geza Révész, 1946. *Einführung in die Musikpsychologie*, Amsterdam. Translated by G. I. C. de Courcy as *Introduction to the Psychology of Music*, University of Oklahoma Press, 1954, and reprinted by Dover, 2001.
John S. Rigden, 1977. *Physics and the Sound of Music*, Wiley & Sons. Second edn, 1985.
Juan G. Roederer, 1995. *The Physics and Psychophysics of Music*, Springer-Verlag.
Thomas D. Rossing (ed.), 1984. *Acoustics of Bells*, Van Nostrand Reinhold.
Thomas D. Rossing and Neville H. Fletcher (contributor), 1995. *Principles of Vibration and Sound*, Springer-Verlag.
Heiner Ruland, 1992. *Expanding Tonal Awareness*, Rudolf Steiner Press.
Joseph Schillinger, 1941. *The Schillinger System of Musical Composition,* Carl Fischer, Inc. Reprinted by Da Capo Press, 1978.
Albrecht Schneider, 1997. *Tonhöhe, Skala, Klang: akustiche, tonometrische und psychoakustische Studien auf Vergleichender Grundlage*, Verlag für systematische Musikwissenschaft.
Günter Schnitzler, 1976. *Musik und Zahl*, Verlag für systematische Musikwissenschaft.
Ken Steiglitz, 1996. *A Digital Signal Processing Primer: with Applications to Digital Audio and Computer Music*, Addison-Wesley.
Reinhard Steinberg (ed.), 1995. *Music and the Mind Machine. the Psychophysiology and Psychopathology of the Sense of Music*, Springer-Verlag.
Charles Taylor, 1992. *Exploring Music: the Science and Technology of Tones and Tunes*, Institute of Physics Publishing. Reprinted 1994.

David Temperley, 2001. *The Cognition of Basic Musical Structures*, MIT Press.

Martin Vogel, 1975. *Die Lehre von den Tonbeziehungen*, Verlag für systematische Musikwissenschaft.

Martin Vogel, 1984. *Anleitung zur harmonischen Analyse und zu reiner Intonation*, Verlag für systematische Musikwissenschaft.

Scott R. Wilkinson, 1988. *Tuning in: Microtonality in Electronic Music*, Hal Leonard Books.

Fritz Winckel, 1967. *Music, Sound and Sensation, a Modern Exposition*, Dover.

Iannis Xenakis, 1971. *Formalized Music: Thought and Mathematics in Composition*, Indiana University Press. Revised edn (four new chapters and a new appendix), Pendragon Press, 1992. Paperback edn, 2001.

찾아보기

ㅇ

ㅈ

ㅊ

ㅋ

B

C

K

L

M

Q

R

S

음악 수학

음악에게 수학의 헌정

발 행 | 2023년 1월 3일

옮긴이 | 추 정 호
지은이 | 데이비드 벤슨

펴낸이 | 권 성 준
편집장 | 황 영 주
편 집 | 김 진 아
김 은 비
디자인 | 윤 서 빈

에이콘출판주식회사
서울특별시 양천구 국회대로 287 (목동)
전화 02-2653-7600, 팩스 02-2653-0433
www.acornpub.co.kr / editor@acornpub.co.kr

ISBN 979-11-6175-707-0
http://www.acornpub.co.kr/book/music

책값은 뒤표지에 있습니다.